集成电路科学与工程系列教材

模拟集成电路设计

魏廷存　陈　楠　刘　伟　编著

電子工業出版社
Publishing House of Electronics Industry
北京•BEIJING

内 容 简 介

本书是作者在结合多年的集成电路科研实践及“模拟集成电路设计”等课程的教学经验，并参考国内外同类教材的基础上，精心编著而成的。本书基于现代CMOS工艺，从电路元器件出发，详细分析了各种典型模拟CMOS集成电路的工作原理和设计方法，并引入大量的工程设计实例，对模拟集成电路的研究和设计具有较高的学术和工程实用价值。本书还具有通俗易懂、便于自学的特点。

全书共10章，其中，前8章介绍CMOS元器件及经典模拟集成电路模块的基础知识和设计方法，后2章介绍它们的具体应用，包括时钟信号产生电路和数据转换电路。本书可供微电子与集成电路（或集成电路科学与工程）专业的本科生及研究生作为教材使用（理论教学大约需要60学时），也可供模拟集成电路设计工程师参考。本书的读者应具备“电路分析基础”及“信号与系统”等方面的专业基础知识，若读者还具备“半导体物理和器件”及“集成电路制造工艺”等方面的专业知识，则更容易理解本书的内容。

图书在版编目（CIP）数据

模拟集成电路设计 / 魏廷存，陈楠，刘伟编著. —北京：电子工业出版社，2022.9

ISBN 978-7-121-44205-6

Ⅰ. ①模… Ⅱ. ①魏… ②陈… ③刘… Ⅲ. ①模拟集成电路－电路设计－高等学校－教材 Ⅳ. ①TN431.102

中国版本图书馆CIP数据核字（2022）第156013号

责任编辑：孟　宇　　　　特约编辑：田学清
印　　刷：三河市鑫金马印装有限公司
装　　订：三河市鑫金马印装有限公司
出版发行：电子工业出版社
　　　　　北京市海淀区万寿路173信箱　　　邮编：100036
开　　本：787×1092　1/16　印张：23.75　字数：638千字
版　　次：2022年9月第1版
印　　次：2023年12月第3次印刷
定　　价：79.80元

凡所购买电子工业出版社图书有缺损问题，请向购买书店调换。若书店售缺，请与本社发行部联系，联系及邮购电话：（010）88254888，88258888。

质量投诉请发邮件至zlts@phei.com.cn，盗版侵权举报请发邮件至dbqq@phei.com.cn。

本书咨询联系方式：mengyu@phei.com.cn。

前　　言

集成电路（Integrated Circuit，IC）也称为芯片（Chip），是由美国 TI 公司的杰克•基尔比（Jack Kilby）于 1958 年发明的。60 多年以来，集成电路一直遵循着摩尔定律（Moore's Law）预期的速度向前推进，其发展速度远远超过其他行业，极大地推动了电子信息技术和相关产业的快速发展。集成电路从早期的数字或模拟专用集成电路（Application Specific Integrated Circuit，ASIC），发展到超大规模集成电路（Very Large Scale Integration Circuit，VLSI）及系统芯片（System on Chip，SoC），再到目前的混合信号 SoC（Mixed-Signal SoC），单颗芯片的功能越来越强大，性价比不断提高，极大地提升了电子系统的性能并降低了成本。集成电路目前虽然已进入后摩尔时代，单个器件尺寸的缩小速度有所放缓，但异质集成微系统（Heterogeneous Integration Microsystem）异军突起，使得系统整体的性能仍然得到不断提升。在异质集成微系统中，将利用不同工艺制造的小芯片（Chiplet）集成在一起，如模拟或射频电路等不需要采用最先进工艺的芯片，可以用较成熟且廉价的工艺实现，而数字电路需要采用最先进的工艺实现，以提高微系统整体的性能（集成度、成本、功耗、计算速度等），即所谓的“超越摩尔（More than Moore）”技术。

在目前的混合信号 SoC 及异质集成微系统中，除了微处理器、存储器、数字处理单元和外部接口，还集成了高性能模拟电路、射频（Radio Frequency，RF）电路及电源管理电路等。由于数字集成电路具有精度高（容差特性好）、功耗低和设计灵活的特点，人们一直在探索利用标准的数字电路实现复杂的模拟电路功能。另外，在模数转换器（Analog-to-Digital Converter，ADC）、数模转换器（Digital-to-Analog Converter，DAC）、锁相环（Phase Locked Loop，PLL）和 RF 电路等混合信号电路中，采用各种数字校准技术来校正和补偿模拟电路的误差，即将模拟电路设计中难以克服的精度问题转移到数字领域中解决，这种方法被称为“数字辅助模拟设计（Digitally Assisted Analog Design）”。尽管数字集成电路可以完成许多模拟信号处理的功能，但模拟集成电路在混合信号 SoC 或微系统中仍然起着非常重要的作用，实践证明，它们的功能是无法用数字集成电路完全替代的，而且随着各种复杂高性能混合信号 SoC 和异质集成微系统的不断出现，高性能模拟集成电路所起的作用更加重要，其应用领域也更加广泛（详见本书第 1 章）。因此，模拟集成电路永远也不能缺少，这是因为：①现实世界的物理量（温度、位移等）和人类能够感知的信息（声音、图像等）都是模拟量，因此需要模拟↔数字转换和接口电路；②随着数字集成电路的工作频率不断提高，数字集成电路的设计也需要遵循模拟集成电路（甚至射频电路）的设计思想；③模拟集成电路通常不需要利用最先进的工艺制造，具有成本优势，可与数字集成电路实现异质集成（利用 3D/2.5D 等微系统异质集成技术），以提升系统整体的性价比。

由于互补金属-氧化物半导体（Complementary Metal-Oxide Semiconductor，CMOS）工艺具有低功耗、低成本（器件尺寸可按比例不断缩小）、高速动作等优点，以及数模混合信号 SoC 的单片集成的需要，CMOS 工艺已成为制造模拟集成电路或数模混合信号 SoC 的主流工艺。因此，本书主要讨论模拟 CMOS 集成电路的原理和设计。目前，CMOS 集成电路制造工艺已进入深亚微米和纳米（5nm）阶段，各种寄生效应更加凸显，电源电压也相应降低，这给设计高速、高精度模拟集成电路带来了极大的挑战。这是由于，模拟集成电路所处理的信号幅度是连续变化的，任何混入系统的噪声和系统的非线性特性所引起的信号失真都会直接造成模拟信号的幅度误差，随着电源电压的进一步降低，信噪比将显著减小。另外，模拟集成电路通常消耗整个系统或芯片的大部分功耗和面积。因此，在模拟集成电路设计中，通常需要关心精度（增益和信噪比）、功耗、面积、速度、稳定性及电源电压等性能指标，而通常这些指标是互相矛盾的，必须针对具体应用场合在它们之间进行折中或优化。

就设计方法学而言，数字集成电路可利用标准单元电路实现自动综合和布局布线，而模拟集成电路目前还只能依靠设计工程师借助 EDA（Electronic Design Automation）工具进行“手工设计”，包括电路和版图设计，因为模拟集成电路模块的标准化困难重重，目前远未达到实用的程度（未来借助人工智能，也许可以实现模拟集成电路的自动设计和优化）。另外，模拟集成电路的性能与制造工艺密切相关（工艺移植性较差），而数字集成电路的工艺移植性较好。因此，作为一名优秀的模拟集成电路设计工程师，需要具备以下素质：能够定性地分析理解一个复杂电路的工作原理；能够定量地估算电路的主要性能参数；对半导体制造工艺和元器件特性有充分的了解；能够不断发明新的电路结构或不断提升电路性能。本书作为初级教材，重点介绍基本的模拟集成电路设计知识，而为了具备以上素质，需要读者亲身参与大量的工程设计（正所谓“纸上得来终觉浅，绝知此事要躬行”），不断积累经验（包括电路、版图和工艺方面的经验），并且要具有精益求精、一丝不苟的工匠精神。通常一名优秀的模拟集成电路设计工程师需要具备 5～10 年以上的工程设计经验，最终才能成为模拟集成电路设计领域的“老中医”。

当前，我国集成电路设计人才的数量和质量都远远不能满足行业发展的需求。但相对而言，数字集成电路设计工程师较多，模拟集成电路设计工程师较少，而射频集成电路设计工程师则稀缺。这是因为相对数字集成电路设计而言，模拟和射频集成电路设计需要熟悉制造工艺、不断地积累设计经验和持续进行电路创新，因此，模拟集成电路设计工程师的职业生涯中不存在所谓的“中年危机”（在大型 IC 设计企业中，银发工程师往往起着“定海神针”的作用）。

本书是作者在结合长期的集成电路研发实践及多年的“模拟集成电路设计”等课程的教学经验，并参考国内外同类教材的基础上，精心编著而成的。本书基于现代 CMOS 工艺，从元器件出发，详细分析了各种典型模拟 CMOS 电路的工作原理和设计方法，并引入大量的工程设计实例，对模拟 CMOS 集成电路的研究和设计具有较高的学术和工程实用价值。

全书共 10 章。

第 1 章，绪论，主要介绍模拟集成电路的功能及应用领域、模拟集成电路与数字集成电路的区别及模拟集成电路的设计流程。通过对本章的学习，读者可以了解模拟集成电路在系统中所起的作用，以及模拟集成电路的特点和设计流程。

第 2 章，元器件及其模型，重点介绍现代模拟 CMOS 集成电路设计中用到的各种有源和无源器件的工艺实现方法、工作原理及电学模型。作为优秀的模拟集成电路设计者，只有深入地掌握了各种器件的工作原理和特性后，才能设计出高质量的模拟集成电路。由于模拟集成电路的性能与制造工艺密切相关，通过对本章的学习，可以帮助读者在今后的具体电路设计中充分利用各种电路器件的特性，从而做到“扬长避短、组合互补、精准设计”。

第 3 章，单级放大器，主要介绍四种典型的单级放大器（仅含有一个放大管的放大器），包括共源放大器、共栅放大器、共漏放大器和共源共栅放大器，这些单级放大器是模拟集成电路中基本的“标准模块”（类似于数字集成电路中的门电路）。深入理解它们的工作原理和特性，对读者今后设计更复杂的电路或发明新的电路结构是非常有益的。

第 4 章，运算放大器，主要介绍差动放大器和普通两级运算放大器的工作原理和性能，同时讨论它们在负反馈状态下的稳定性和相位补偿方法。运算放大器在模拟集成电路中的应用最为广泛，是模拟集成电路设计的精髓。通过对本章的学习，读者可以亲自动手设计和仿真一个普通两级运算放大器。

第 5 章，高性能运算放大器，本章以第 4 章的运算放大器为基础，重点介绍各种进一步提升运算放大器性能的方法，包括提高电压增益、增大输出电压的摆幅、扩展输入共模电压范围、提高共模抑制比和信噪比、降低功耗、提高负载驱动能力等。这些高性能运算放大器的性能各有所长，可满足不同应用场合的特殊需求。

第 6 章，比较器，主要介绍比较器的性能参数、典型的比较器电路结构及比较器的失调电压校正技术。比较器实质上是高增益的开环运算放大器，用于比较和判别两个输入信号的大小，其输出只有两种状态（高、低电平）。因此，比较器设计中优先关注的性能指标是动作速度（输出状态的翻转速度）和电压分辨精度，而不是像放大器一样关注输出信号的幅度信息。

第 7 章，基准电压与电流，主要介绍各种产生基准电压和基准电流的典型电路，它们主要用于给各种模拟集成电路或混合信号 SoC 提供稳定的直流偏置电压或电流。对于理想的基准电压源与电流源，其输出电压或电流应不受制造工艺误差、电源电压和温度变化的影响。

第 8 章，电路噪声，主要介绍各种电路元器件的噪声及其电学模型，以及各种单级放大器和运算放大器的噪声性能。最后，以折叠式共源共栅放大器为例，介绍低噪声放大器的设计方法。在集成电路中，除了人为调控的受控电子，还存在各种不受控制的随机运动的电子（噪声）。由于噪声混杂在信号中会影响信号的精度和动态范围，因此必须尽量减小噪声的影响。

第 9 章，时钟信号产生电路，主要介绍适合片上集成的各种时钟信号产生电路，包括电容充放电振荡电路、锁相环电路和延迟锁相环电路。时钟信号是数字、模拟及混合信号集成电路工作时不可或缺的系统工作信号（本地时钟信号），要求其振荡频率的精度高、稳定性好，且能灵活调节。

第 10 章，数据转换电路，主要介绍各种 ADC 和 DAC 的电路结构、工作原理和性能特点。数据转换器在信号链电路中起着十分重要的作用，要求具有高速、高精度和低功耗的特性。各种数据转换器的电路结构不同，它们的性能也各有所长、各具特色。通过对本章的学习，读者可以了解各种数据转换器的结构和工作原理，为今后设计或使用数据转换器奠定基础。

第 9 章和第 10 章是前几章介绍的经典模拟集成电路的具体应用，其内部的核心电路仍然是运算放大器和比较器等电路。

本书各章后面的习题可供读者自己练习，通过做习题，可以帮助读者进一步理解本书的内容，同时，习题中给出了大量的经典电路和工程实用电路，可供读者参考，以扩展视野。

本书附有编写过程中的参考文献，读者可以查阅这些参考文献，以进一步加深对本书内容的理解和拓展知识面。

本书可供微电子与集成电路（或集成电路科学与工程）专业的本科生及研究生作为教材使用（理论教学大约需要 60 学时，同时需要配套相应的实验课程），也可供模拟集成电路设计工程师参考。本书的读者应具备“电路分析基础”及“信号与系统”等方面的专业基础知识，若读者还具备“半导体物理和器件”及“集成电路制造工艺”方面的专业知识，则更容易理解本书的内容。

模拟集成电路设计是一门实践性很强的专业核心课程，强烈建议读者在学习或自学本书时，尽可能利用 EDA 工具做大量的电路设计和仿真实验（或选修相关的实验课程）。在进行电路设计时，建议读者首先根据设计指标自己手动计算管子的尺寸参数，然后利用仿真工具确认电路性能，如果性能不满足设计要求，可逐步调整元器件参数或改变电路结构（这种调整需要在理论指导下进行，做到有的放矢，而不是漫无目的地随意试探），最终完成电路设计。只有通过以上设计过程，才能更加深刻地理解本书内容，从而逐步提高自己的集成电路设计能力。

本书由西北工业大学的魏廷存、陈楠及西安邮电大学的刘伟编著，全书内容由魏廷存教授策划和审校。参加本书编写和习题整理工作的还有：西北工业大学的博士生刘德琛、陈思杰和王伊榛，以及硕士生杨利、林通等同学。电子工业出版社的编辑孟宇在本书的出版和编辑过程中付出了非常辛勤的劳动。在此，作者向他们表示衷心的感谢。

虽然作者在本书的编写过程中倾注了大量的心血，前后持续两年多的时间，但仍可能存在诸多不足和不妥之处，非常真诚地欢迎各位读者提出宝贵的建议和意见，力争在本书的第二版中予以修改和补充（编著者邮箱：weitc@nwpu.edu.cn）。

编著者

2022 年 8 月，西安

目　　录

第 1 章　绪论

1.1　集成电路的发展历史及趋势

集成电路科学与工程是新兴交叉学科，涉及半导体材料与器件、集成电路设计与设计方法学、集成电路制造与工艺、集成电路制造装备与材料等。该学科主要研究电子在半导体材料中的运动规律和调控方法，以及芯片的微纳尺度集成制造技术。

1958 年，美国 TI 公司的杰克·基尔比（Jack Kilby）研制出全球第一块集成电路（Integrated Circuit，IC），2000 年，他获得诺贝尔物理学奖。2022 年是集成电路发明 64 周年。集成电路自发明以来，以年平均 46%的速度向前推进，远远超越其他行业的发展速度，晶体管的特征尺寸从 1960 年的 25μm 减小到 2022 年的 5nm。正如 Intel 公司的创始人戈登·摩尔（Gordon Moore）在 1975 年所预期的那样，当价格不变时，集成电路上的晶体管数量约每两年翻一番，性能也相应提升一倍（摩尔定律，Moore's Law）。过去 60 多年的发展历史证实了摩尔定律的有效性，目前虽然已进入后摩尔时代，晶体管的尺寸缩小速度有所放缓，但这种趋势还将持续下去。

随着集成电路制造技术的飞速发展，晶体管的尺寸随时间按照指数规律缩小，集成电路的集成度不断提高，芯片的制造成本降低、工作速度提高、功耗降低，集成电路的功能和性能更加丰富和强大，从而推动了其他行业的快速发展和新技术与新产品的不断涌现。

集成电路的发明开启了人类的信息时代（第三次工业革命），目前正在推动人类进入智能时代（第四次工业革命）。从 20 世纪的下半叶开始，集成电路有力推动了信息和电子技术领域的革命性进步和跨越式发展，这些领域包括：①以计算机、互联网、云计算和大数据为代表的信息技术；②以类脑计算和人工神经网络为代表的人工智能技术；③以智能手机和移动互联网为代表的现代移动通信技术；④以数字家电、平板显示和可穿戴电子设备为代表的消费类电子技术；⑤以汽车电子、物联网（IoT）、高端制造装备和卫星导航为代表的工业电子技术；⑥以武器装备和空间探测为代表的军工宇航电子技术；⑦以生物医疗电子和柔性电子为代表的新型交叉学科领域。作为信息和电子产业的核心元器件，集成电路将继续推动这些新型技术进步和发展，尤其在目前的人工智能（AI）时代，集成电路需要提供巨大的硬件计算能力（硬件加速），是人工智能技术发展的基石和引擎。

集成电路是国民经济和社会发展的战略性、基础性、先导性产业，其技术水平和产业规模已成为衡量一个国家经济发展、工业技术、国防实力的重要标志。微电子与集成电路技术代表了当今世界微细制造的最高水平，处于信息产业链的顶端，是当今全球经济的重要增长点，已成为 21 世纪非常活跃的高科技产业。

集成电路也称为芯片（Chip），它处理或加工两类信号，一类是时间和幅值均离散的数字信号，另一类是时间和幅值均连续的模拟信号。根据所处理信号的类型不同，集成电路分为数字集成电路和模拟集成电路，前者处理数字信号，而后者处理模拟信号。随着半导体加工工艺不断微细化，集成电路从最初的数字或模拟专用集成电路（Application Specific Integrated Circuit，ASIC）发展到目前的系统芯片（System on Chip，SoC）及超大规模数模混合信号集成电路（Mixed-Signal IC），单颗芯片的功能越来越强大，性价比不断提高，大大提高了系统的整体性能，并降低了系统成本。例如，2020 年，美国苹果公司采用 5nm 半导体工艺设计制造的 A14 手机处理器中包含 118 亿个晶体管，工作速度（主频）高达 3.1GHz。

模拟集成电路的制造工艺最初采用双极型晶体管（Bipolar Junction Transistor，BJT）技术，由于 BJT 具有很大的跨导（很高的电压增益）和优异的高频特性，并可提供较大的驱动电流（安培级），目前仍在高品质运算放大器、高性能音频功率放大器、大功率电源芯片及射频电路中被广泛应用。但随着互补金属-氧化物半导体（Complementary Metal-Oxide Semiconductor，CMOS）工艺技术的不断进步和完善，模拟及混合信号集成电路普遍采用 CMOS 技术。这是因为与双极型晶体管集成电路相比，模拟 CMOS 集成电路具有功耗小、输入阻抗高、制造成本低、CMOS 器件的尺寸很容易按比例缩小、易于和数字电路集成在同一芯片上等优势。

另外一种模拟集成电路的制造工艺就是 BiCMOS（Bipolar-CMOS）技术，它是指在同一颗芯片上同时集成 BJT 和 CMOS 电路。BiCMOS 技术可以分为两类：①以 BJT 为主体，同时集成 CMOS；②以 CMOS 为主体，同时集成 BJT。BiCMOS 技术有效地利用了 BJT 和 CMOS 各自的优点，特别适用于高性能模拟集成电路。在这种集成电路中，其内部电路（如存储器、数字电路）大多采用标准 CMOS 工艺制作，以实现更高密度的功能集成和更低的功耗，而输出驱动部分或高性能模拟电路（如低噪声放大器）采用双极型晶体管实现，以提高输出驱动能力或模拟电路的性能。然而采用 BiCMOS 技术的代价是制造技术较为复杂、制造成本较高。

双极型晶体管-互补金属-氧化物半导体-双重扩散金属氧化物半导体（BJT-CMOS-DMOS，BCD）也是当前模拟集成电路的典型制造工艺。它综合了 BJT 的大跨导、强负载驱动能力和 CMOS 的高集成度、低功耗的优点。更为重要的是，它集成了 DMOS（Double-diffused MOS）功率器件，由于 DMOS 的导通电阻小、功耗小、击穿电压高，因此可以在开关模式下工作。BCD 工艺适用于开关电源和高压驱动电路，但制造成本较高。

以上模拟集成电路的制造工艺普遍采用硅（Si）和锗（Ge）等传统的单质（元素）半导体材料，都属于硅基半导体（或元素半导体）工艺，也称为第一代半导体技术。以砷化镓（GaAs）和磷化铟（InP）为代表的化合物半导体称为第二代半导体技术，具有优良的高频特性。以氮化镓（GaN）和碳化硅（SiC）等为代表的化合物半导体称为第三代半导体技术，具有禁带宽度大、电子迁移率高、电子漂移饱和速率高、介电常数小等优点，非常适合制作高速、高频、大功率、耐高温、耐高压和抗辐射的半导体器件，在微波和射频通信、光电转换（半导体照明）、抗辐射集成电路等领域具有广泛用途，目前存在的主要问题是，与硅基半导体相比，其制造成本较高。

如图 1.1 所示，集成电路的性能决定了软件的性能（如电脑操作系统和应用软件的升级换代需要强大的 CPU 芯片支持），进而决定了电子产品的整机性能和市场竞争力，因此集成电路是现代信息和电子工业体系的基石。而集成电路的性能主要取决于制造工艺水平、集成电路设计水平及 EDA（Electronic Design Automation）工具和 IP（Intellectual Property）核，其中，集成电路设计水平尤为重要，也是本书讨论的范畴。集成电路的制造工艺水平是由半导体器件和工艺设计能力，以及集成电路制造装备和材料决定的。EDA 工具决定了集成电路的仿真精度（设计成功率）和设计效率，IP 核的复用可提高设计效率和成功率。

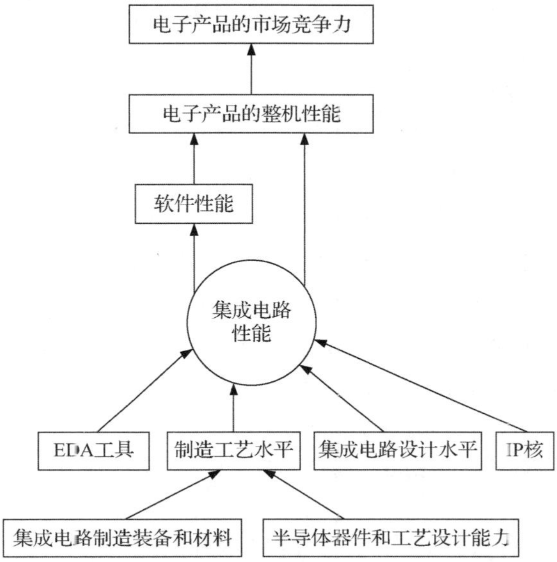

图 1.1　集成电路的重要性及决定其性能的因素

1.2　模拟集成电路的功能及应用领域

尽管数字集成电路可以完成许多信号处理的功能，但模拟集成电路在系统中仍然起着非常重要的作用，实践证明，它们的功能是无法用数字集成电路代替的，而且随着各种复杂高性能混合信号集成电路和系统的不断出现，模拟集成电路所起的作用越来越重要，其应用领域也越来越广泛。下面列举的是典型模拟集成电路及它们的主要功能和应用领域。

1.2.1　电源管理电路

通常芯片或电子系统的外部供电电源是单一电压的直流电源（如锂电池），而芯片或系统内部则需要各种电压等级的工作电压。例如，在液晶显示驱动控制芯片中，外部输入电压通常为 3.3V，而芯片内部需要产生 2.5V、5V 和±16V 三种工作电压，以驱动液晶显示屏显示彩色图像，这时就需要将输入电压进行升压（Boost）、降压（Buck）或反压（Inverse），统称为 DC-DC 变换。这种电压变换功能通常由内置（或片上）开关电容式电荷泵（Charge Pump）电路实现，它可以实现对输入电压的升压、降压或反压，其升压或降压倍数可通过编程控制，通常可提供毫安级的输出电流。

另外，通常芯片或系统的外部供电电压会有波动，但芯片或系统内部却需要稳定的工作电压，以提高电路性能，这时就需要具有负反馈功能的稳压电源。低压差线性稳压电源（Low Dropout Linear Voltage Regulator，LDO）能够提供几乎不随外部供电电压、工作温度及制造工艺变化的恒定电压，它可以是芯片的内置模块或单个电源芯片。LDO 属于降压型稳压电源（不能实现升压），可提供数百毫安级的输出电流。另一类普遍应用的稳压电源是开关稳压电源（Switching Regulator，SWR），它可以实现对输入电压的升压、降压或反压。与线性稳压电源相比，它可以提供较大的输出电流（安培级），且具有较高的转换效率，通常作为单独的电源芯片或模块给系统提供稳定的工作电压和电流。目前人们正在不断开发各种高精度、高转换效率、高功率密度（小巧轻便）的稳压电源。

另外，随着半导体加工工艺的微细化及数模混合信号 SoC 芯片的功能和规模不断扩大，负载电流急剧增加且频繁变动，这就要求电源管理电路更加数字化、智能化和高能效，使得电源具有更加优异的瞬态响应特性。为了降低系统功耗，通常需要针对各电路模块的特点提供不同电压等级的电源电压（在芯片内部形成多个独立的“电压岛”），还需要对各模块的供电电源实行动态管理（例如，对于暂时不工作的模块随时关闭其供电电源；低电压和负荷状态的监测；电源启动顺序管理等）。为了适应这种需求，近年来数字控制 DC-DC 开关变换器（简称为数字电源）的研究和开发得到广泛重视，数字电源除了可以对系统电源进行动态管理，还可以使开关稳压电源的内部实现数字环路反馈控制，以提高开关电源的稳态和瞬态性能。

另外，近年来微弱环境能量采集自供电技术得到迅速发展。在这种技术中，利用高效率的能量采集器和高性能的最大能量采集-电源管理电路（模拟集成电路），将周围环境中的各种微弱能量（太阳能/光能、机械能、热能和射频能等）转换为稳定的电能，可为物联网的传感节点或可穿戴设备提供持久和稳定的供电电压。该技术具有自供电、免维护、绿色环保等优点，具有广阔的应用前景。

1.2.2 驱动电路

电子系统的最终输出结果通常是通过图像、声音及马达转动等物理现象被人们感知的。目前在各种便携式（或可穿戴）消费类电子产品及数字家电产品中，广泛使用液晶显示器（Liquid Crystal Display，LCD）及有机发光二极管（Organic Light Emitting Diode，OLED）等新型平板显示设备，而这些显示设备的图像显示功能是通过平板显示驱动控制芯片实现的（芯片需要输出高精度的模拟驱动电压，以“点亮”显示屏的形式显示高画质的图像），其模拟电路的性能直接决定了画面质量。

各种高保真音响系统的美妙声音是通过音频功率放大电路驱动喇叭振动实现的，音频功率放大器的线性特性决定了音响系统的声音失真程度，而其功率转换效率决定了系统的整体功耗。

另一类物理输出是控制步进马达的转动，如在计算机的磁盘驱动系统及 DVD 的光盘驱动系统中，都是通过模拟驱动电路将数字控制信号转换为驱动马达转动的模拟信号的。

1.2.3 模拟–数字接口电路

自然界的物理现象（包括声音、图像、振动及自然界的其他物理量）是通过传感器转换成电信号后被输入系统中进行处理的，而这些电信号在时间和幅值上都是连续的微弱模拟信号。为了在数字领域完成对这些信号的复杂算法处理，必须先通过模拟-数字转换器（Analog-to-Digital Converter，ADC）将模拟信号转换为数字信号，同时为了最终将处理后的数字信号还原为人们所能感知的声音和图像等，必须通过数字-模拟转换器（Digital-to-Analog Converter，DAC）将数字信号转换为模拟信号。高速、高精度、低功耗、小面积的 ADC 和 DAC 电路设计始终是模拟集成电路的重要研究方向之一。图 1.2 所示为典型的信号处理系统框图，其中，自动增益控制放大器（Automatic Gain Control AMP，AGC）是前置放大器，用于放大传感器输出的微弱信号，而前置滤波器（Pre Filter）用于去除输入信号中的噪声和高频成分。数字信号处理器（Digital Signal Processor，DSP）用于在数字域实现对数据的处理、加工（如对语音和图像数据的编解码），而后置滤波器（Post Filter）则用于去除数字信号处理带来的噪声。ADC 和 DAC 作为模拟信号与数字信号之间的接口电路，在系统中起着非常重要的作用。

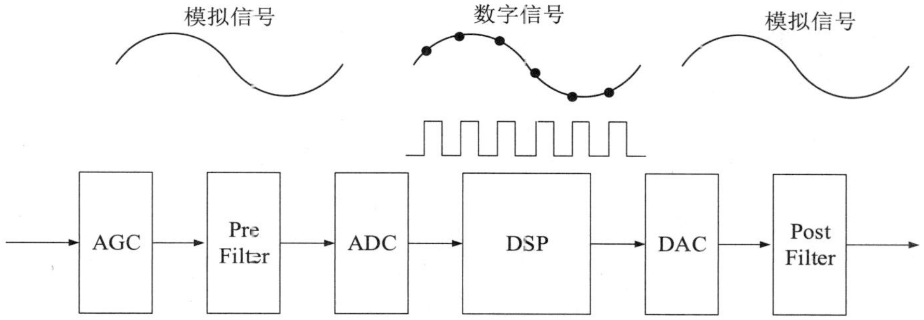

图 1.2 典型的信号处理系统框图

在数字领域进行信号处理的优点：①数字信号对噪声不敏感，抗干扰能力强；②容易实现各种复杂和先进的算法，功能强大；③系统灵活性强，系统的结构和控制算法可编程、可重构；④随着集成电路制造工艺的微细化，数字电路的工作电压降低，集成度和处理速度均提高（摩尔定律），面积和功耗相应减小。

计算机主机与外围设备及多媒体之间的高速信号接口电路也是典型的模拟集成电路，它们的功能是完成计算机主机与外围设备及多媒体（如数码相机/摄像机）之间的信号串行传输。目前常用的有通用串行总线（Universal Serial Bus，USB）和 IEEE1394 两种接口标准，USB 的 3.0 版本中要求最大信号传输速度为 5.0Gbit/s，而 IEEE1394 要求 3.2Gbit/s 的信号传输速率。

为了实现印刷电路板（Printed Circuit Board，PCB）上芯片之间的高速信号传输，目前广泛使用小振幅差动信号接口电路标准，包括低摆幅差动信号（Reduced Swing Differential Signaling，RSDS）及低压差动信号（Low Voltage Differential Signaling，mini-LVDS）接口等。由于这类接口电路在传输信号时将信号幅度减小到几百毫伏，不仅可以显著提高信号的传输速率，还可以大大降低功率损耗和电磁干扰噪声（Electro Magnetic Interference，EMI）。但在这种高速信号接口电路中，需要高速、高精度的模拟集成电路（如电压比较器）将 CMOS 电平的数字信号转换为小振幅差动信号，还要将接收到的小振幅差动信号还原为 CMOS 电平的标准数字信号，然后传给后级电路处理。图 1.3 所示为采用 RSDS 接口电路实现高速率数据传输的原理图。

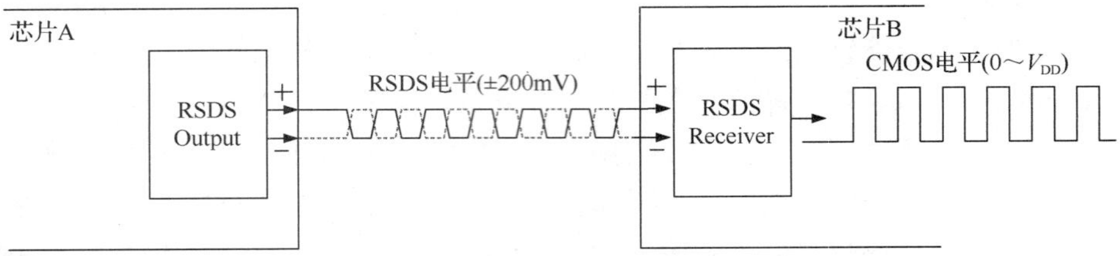

图 1.3　采用 RSDS 接口电路实现高速率数据传输的原理图

1.2.4　时钟信号产生电路

时钟信号是数字集成电路、模拟集成电路或混合信号集成电路工作时不可缺少的工作信号，利用它可以实现系统工作同步，也可将其用作单个模块的本地工作时钟信号。常用的时钟信号产生电路有 RC 振荡器、LC 振荡器、压控振荡器（Voltage Controlled Oscillator，VCO）、锁相环（Phase Locked Loop，PLL）和延迟锁相环（Delay Locked Loop，DLL）等。常见的 RC 振荡器有环形振荡器（Ring Oscillator）及窗口比较式振荡器（Window Comparator Oscillator）等，可产生数十 MHz 频率的方波时钟信号，主要用作本地工作时钟信号。LC 振荡器主要用于射频（Radio Frequency，RF）电路，可产生数百 MHz 频率的正弦信号，其电感元件目前可由片内集成的平面螺旋电感实现。压控振荡器及锁相环电路可产生数 GHz 频率的方波或正弦信号，主要用于高速数字电路（如 CPU、GPU、DSP 等）或射频电路（如混频器及调制/解调电路的本振信号）。延迟锁相环可产生同频但不同相位（不同延时）的多相时钟信号，主要用于高速、高精度采样电路和时间-数字转换电路（Time-to-Digital Converter，TDC）等。

1.2.5　射频集成电路

所谓射频（RF）集成电路，通常是指工作频率在 300MHz 到数 GHz 范围内的高频电路。其主要应用领域包括手机等便携式移动通信设备，以及蓝牙（Bluetooth）、Wi-Fi、无线局域网（Local Area Network，LAN）、GPS、汽车雷达及军事通信等无线数据通信设备。进入 21 世纪以来，随着个人移动通信和移动互联网技术的快速发展，射频集成电路的性能得到显著提升，有关射频集成电路的研究与开发也是当今模拟集成电路领域的热点研究方向之一，优秀的射频集成电路设计工程师更是目前微电子行业的紧缺人才。由于射频集成电路的高频工作特性，因此其设计方法和流程与低频模拟集成电路有所不同，需要引入散射参数（Scattering Parameter）、史密斯图（Smith Chart）和阻抗匹配等概念。

射频集成电路的基本单元电路包括低噪声放大器（Low Noise AMP，LNA）、功率放大器（Power AMP，PA）、混频器（Mixer）、带通滤波器（Band Pass Filter，BPF）、LC 振荡器、压控振荡器（VCO）、锁相环（PLL）、无源元件（平面螺旋电感、电阻、电容）等。图 1.4 所示为 WCDMA 手机的射频集成电路部分的结构框图（1.8～2.4GHz）。

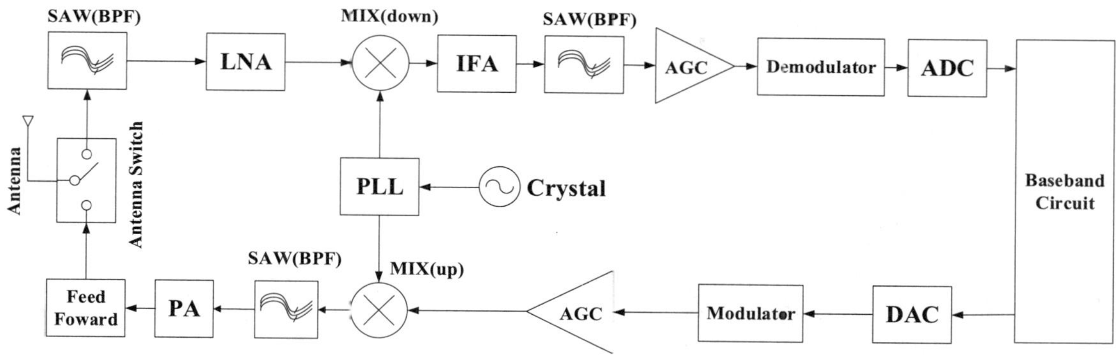

图 1.4　WCDMA 手机的射频集成电路部分的结构框图（1.8～2.4GHz）

射频集成电路的发展趋势是，制造工艺从锗硅（SiGe）和砷化镓（GaAs）双极型晶体管工艺逐渐转变为 RF CMOS 工艺（具有高速、低成本和低功耗的优势），并且利用 CMOS 工艺实现射频/模拟/数字电路（基带电路）混载的混合信号 SoC 芯片。

1.2.6　有源滤波器

在一个电子系统中存在各种各样的干扰信号和噪声，它们通常是由器件、电路和系统引入的。例如，传感器的输出信号中包含高频噪声信号，在射频接收器的天线接收的信号中，除了所期望的信号，还混杂有大量的频带外信号。另外，系统的非线性特性会导致信号失真，产生高次谐波。有源滤波器的功能是去除或抑制这些干扰信号和噪声，提高系统的信噪比。

有源滤波器是由运算放大器（Operational Amplifier，OPAMP）、电阻 R 和电容 C 构成的模拟集成电路。对于中心频率小于 100kHz 的滤波器，通常采用 RC 有源滤波器（OPAMP+R/C）或开关电容滤波器（Switched-Capacitor Filter，SCF，　OPAMP+CMOS 开关+C）。对于中心频率大于 100kHz 的滤波器，通常采用 Gm-C 滤波器（OTA-Capacitor filter，其中，OTA 是 Operational Transconductance Amplifier 的缩写）。对于更高频率范围（数 MHz 级以上），则需采用声表面波滤波器（Surface Acoustic Wave Filter，SAW Filter）。

1.2.7　电子成像及传感器电路

自然界的物理现象（声音、图像、温度、压力、加速度等）需要先通过传感器电路转换为电信号，然后才能输入电子系统进行处理。目前在手机、数码相机和数码摄像机中广泛使用的 CMOS 图像传感器（CMOS Image Sensor，CIS），就是通过光敏二极管阵列将自然界的光信号转换为代表彩色图像的电信号，然后输入系统进行图像处理（包括前端读出电路、ADC 电路及图像处理算法等）、存储和显示的。由于 CMOS 图像传感器可用 CMOS 工艺制造，且具有体积小和功耗低等优点，因此其已完全取代传统的电荷耦合型（Charge Coupled Device，CCD）图像传感器，其发展趋势是利用先进的 CMOS 工艺在单芯片上集成具有图像处理功能的图像传感器。例如，为了提高图像分辨率，已成功研制三维集成的图像传感器；为了提高图像处理速度，已成功研发具有人工智能的 CIS。除了这些检测可见光的图像传感器，在生物医学成像、空间探测、核检测等领域，还广泛使用能够检测 X/γ 射线等高能粒子的图像传感器。在这些图像传感器中，需要高性能的低噪声前端信号读出电路、高精度的 ADC 电路和 TDC 电路。

另外，加速度、压力、温度等传感器芯片具有微型化、集成化、多功能等特点，被广泛应用于各种电子设备中。其中，压力传感器芯片利用压敏电阻的压阻效应感知压力的变化，而加速度传感器芯片（可用于汽车中，触发气囊弹出）利用可变电容（由一个固定的金属板和一个可偏斜的金属板组成）的电容值变化感知运动物体的加速度变化。温度传感器芯片利用电阻的电阻率随温度变化的特性感知温度的变化。目前广泛应用于手机等的电容式触摸屏则利用寄生电容值的变化（电容式触摸感应原理）感知操作者的触摸位置。由于这些传感器的输出信号非常微弱，因此在这些传感器芯片中需要集成高精度的模拟电路，如低噪声前置放大器、滤波器、ADC 电路和 TDC 电路等。

随着半导体集成电路微细加工技术和超精密机械加工技术的发展，单个的传感器芯片已逐渐演变为功能更为强大的微机电系统（Micro Electro-Mechanical Systems，MEMS）。所谓微机电系统，是指在单个硅片上同时集成微型传感器、微型执行器及微电子器件和电路（信号检测、处理和控制电路等）的微型器件或系统，具有微型化、多功能化、集成化、智能化及可批量生产等特点。例如，MEMS 陀螺仪可用于检测物体的运动量（如震动、加速平动、冲击、倾斜和旋转等），因此又称为运动传感器，目前已在手机、汽车、航天、医疗和生物工程中得到广泛应用，并将不断开拓新的应用领域。

1.2.8 半导体存储器电路

半导体存储器电路是电子系统中不可缺少的重要模块，它用来存储数字化的二进制数据。根据半导体存储器的性质可将其分为三大类：闪存存储器、静态存储器及动态存储器。闪存存储器（Flash Memory）是由 Floating Gate CMOS 工艺制造的，具有不挥发性质（即使系统断电，闪存存储器的内容也不会丢失），主要用于手机、U 盘等便携式电子设备的数据存储。目前，利用三维（3D）集成技术使得闪存存储器的存储容量得到显著提升。静态存储器和动态存储器均是挥发性存储器（如果系统断电，存储器的内容会全部丢失），其中，静态存储器不需要刷新，而动态存储器需要不断刷新。设计高速、小面积、低功耗、大容量的半导体存储器需要利用许多模拟集成电路的设计技术。

目前微处理器及存储器的动作速度已达到数 GHz 级，且芯片面积逐渐增大。在这种复杂的高速数字电路中，元器件及互连线的寄生参数的影响变得非常显著，集总参数电路变为分布参数电路，各种信号反射、串扰等现象将导致信号波形和时序发生严重畸变。对于这种高速数字集成电路的设计，也需要利用模拟集成电路甚至射频集成电路的设计技术。

模拟集成电路在电子系统中的作用如图 1.5 所示，其中，粗边框内的电路为模拟或混合信号集成电路，其余模块为数字集成电路。

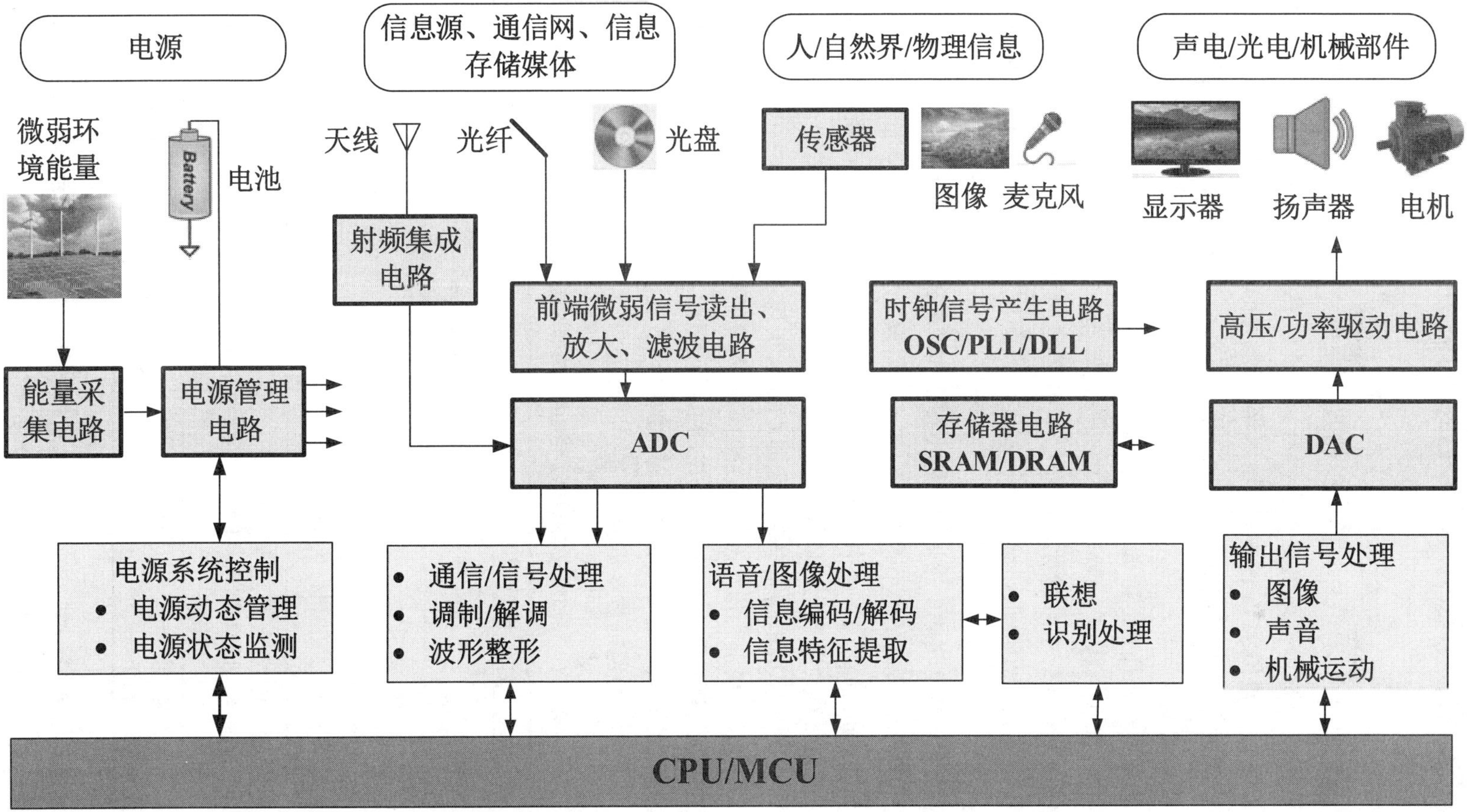

图 1.5 模拟集成电路在电子系统中的作用

1.3 模拟集成电路与数字集成电路的区别

数字集成电路的输入/输出信号只有“0”和“1”两个电平，通常将 $0.7\times V_{DD}$ 以上的电平视为“1”电平，而将 $0.3\times V_{DD}$ 以下的电平视为“0”电平，即使数字信号中混入干扰信号，也可通过某种波形整形电路恢复真实信号。因此，在数字电路设计中，通常只要关心速度和功耗即可。在模拟集成电路中，输入/输出信号的幅度是连续变化的，由任何混入系统的噪声及系统的非线性特性引起的信号失真都会直接造成模拟信号的幅度误差，有时真实信号会被淹没在这些噪声信号中。另外，模拟集成电路通常会消耗整个系统或芯片的绝大部分功耗和面积。因此，在模拟集成电路设计中，通常需要关心精度（增益和信噪比）、功耗、面积、速度、稳定性及电源电压等指标，而通常这些指标是互相矛盾的，必须在它们之间进行折中或优化。随着 CMOS 工艺的微细化和混合信号 SoC 芯片的快速发展，电源电压进一步降低，这给设计高速、高精度、大动态范围的模拟集成电路带来了极大的挑战。

就设计方法学而言，数字集成电路可利用标准模块实现自动综合和布局布线，而模拟集成电路目前只能依靠设计工程师的“手工设计”，包括电路设计和版图设计，因为模拟集成电路模块的标准化困难重重，远未达到实用的程度。另外，模拟集成电路的特性与制造工艺密切相关，而数字集成电路对制造工艺的依赖性相对较小，其工艺移植性较好。

就制造工艺而言，数字集成电路完全采用标准 CMOS 工艺制造。由于 CMOS 工艺的低功耗、低成本等优点，以及数模混合信号 SoC 芯片的单片集成需要，虽然目前可采用双极型晶体管及 BiCMOS 工艺制造模拟集成电路，但随着 CMOS 工艺的不断进步和完善，CMOS 工艺已成为制造模拟集成电路和数模混合信号 SoC 芯片的主流工艺。

表 1.1 所示为模拟集成电路与数字集成电路的性能比较。

表 1.1 模拟集成电路与数字集成电路的性能比较

芯 片 特 性	模拟集成电路	数字集成电路
性能的可重复性（再现性）	差（性能随温度、工艺及电源电压等变化）	好（容差特性好）
电路规模（CMOS 元器件的个数）或占用的芯片面积	小	大（对于实现同一功能，数字集成电路比模拟集成电路使用更多的 CMOS 器件）
工作频率范围	DC～数百 MHz～数 GHz	配线的寄生效应限制了高频应用（高频时应考虑分布参数的影响）
输出或功耗	从小到大（如电机的高速驱动）	小（只有动态充放电电流，静态时几乎没有功耗）
产品开发周期	长（可复用标准模块电路少，绝大部分由人工设计）	短（利用标准单元库、调整参数容易、功能追加或修改简单）
抗干扰能力	弱（受寄生效应、衬底噪声、串扰信号等的影响）	强（可通过波形整形电路恢复原波形）

由于数字集成电路具有设计灵活、容差特性好等优点，目前的发展趋势是，各种电路和功能模块尽可能用数字集成电路实现（如数字辅助模拟设计，Digitally Assisted Analog

Design)。但是模拟集成电路永远不可或缺，其原因为：①现实世界的物理量和人类能够感知的信息（声音和图像等）都是模拟量，因此需要模拟-数字转换和接口电路；②随着数字集成电路的工作频率不断提高（或者数字信号的上升/下降沿变得更加陡峭），数字集成电路的设计也需要遵循模拟集成电路（甚至射频集成电路）的设计思想；③模拟集成电路通常不需要利用最先进的工艺制造，具有成本优势，可与数字集成电路实现异质集成，即利用 3D/2.5D 等先进封装技术，将利用不同工艺制造的多颗小芯片（也称为 Chiplet，芯粒）集成在一起，实现异质集成微系统，以提高系统整体的性能（集成度、功耗、计算速度、成本等方面），这也是后摩尔时代集成电路的重要发展方向之一——超越摩尔（More than Moore）。

1.4　模拟集成电路的设计流程

模拟集成电路的设计开发流程如图 1.6 所示。首先，需要确定模拟集成电路的设计指标，包括需要实现的功能及详细的性能参数指标。然后，需要确定所使用的制造工艺，向芯片代工厂家（Foundry）索取工艺文件，包括设计规则、元器件模型和标准单元数据库等。电路图（Schematic）设计完全由设计人员手工完成，可参考以前的相关设计资料或根据设计人员的经验（Know-how），初步确定电路结构和手动计算元器件尺寸。接下来需要利用电路仿真工具（如 HSpice）对所设计的电路特性进行仿真验证，仿真中需使用代工厂家提供的元器件模型。如果仿真结果不满足设计指标，则应修改电路结构或元器件尺寸，直到满足设计指标为止。但要注意的是，电路仿真工具只能代替设计人员计算，而不能代替设计人员思考，因此设计人员必须对所设计的电路的工作原理有充分、透彻的理解，在调整电路结构或元器件参数时做到有的放矢。待电路图设计完成后，开始版图设计。版图设计也完全由设计人员手工完成，设计时除了需要遵循代工厂家提供的设计规则，还要充分考虑模拟集成电路版图设计的特殊要求（如器件的对称、匹配、噪声隔离或屏蔽、芯片整体布局、电源线布局等），使电路特性达到最优化。这是因为与数字集成电路不同，模拟集成电路的版图设计好坏与最终流片后芯片的实际特性有很大关系，模拟集成电路版图设计工程师只有通过长期的积累才能设计出高质量的电路版图（版图设计在某种程度上讲是一门艺术）。版图设计完成后，需要进行 DRC（Design Rule Check）、LVS（Layout Versus Schematic）及 ERC（Electrical Rule Check）等版图验证，分别检查版图是否违反工艺厂家的设计规则、是否与电路图（Schematic）完全一致及是否违反电气规则。由于模拟集成电路中的布线尺寸相对较大，其寄生参数的影响在高频时变得不可忽略。因此，为了考察布线的寄生参数对电路特性的影响，需要从版图数据中提取布线的寄生参数（主要是寄生电阻和电容），然后重新对电路特性进行仿真（称为后仿真）。如果考虑寄生参数的影响后电路特性变得不满足设计指标，则需要重新调整电路（或版图）结构或元器件参数，直到满足设计指标为止。最后，交付版图设计数据（GDS Ⅱ）到芯片代工厂进行加工，并对流片后的芯片进行封装和测试、评价。

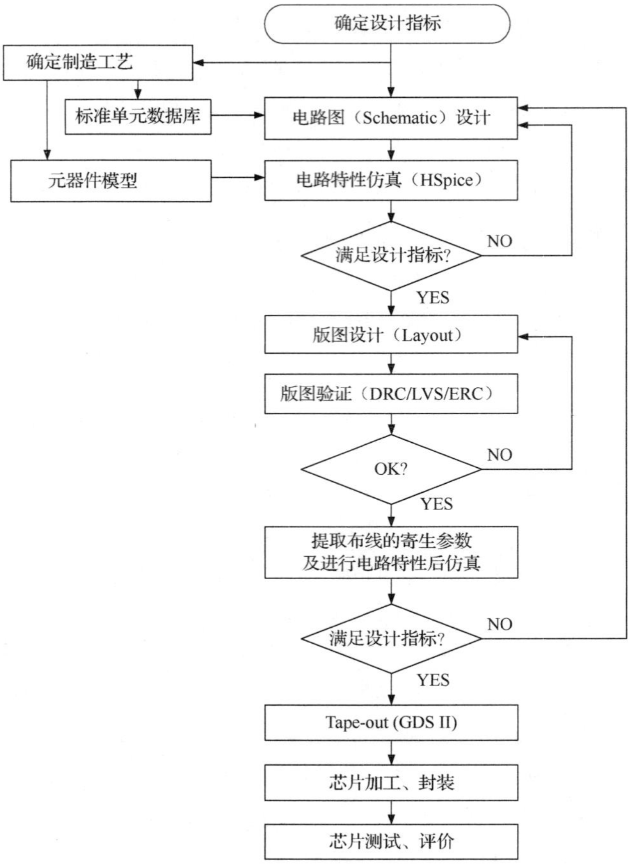

图 1.6　模拟集成电路的设计开发流程

作为一名优秀的模拟集成电路设计工程师，应该能够定性分析、理解一个复杂电路的工作原理；定量估算电路的各种主要性能和重要参数；对半导体制造工艺和元器件特性有充分的了解；能够不断发明新的电路结构。为了具备以上素质，需要电路设计工程师亲身参与大量的工程项目设计，不断积累经验（包括电路、版图和工艺方面的经验），通常一名优秀的模拟集成电路设计工程师需要具备 5～10 年以上的工程设计经验。

当前，我国集成电路设计人才的数量和质量远远不能满足集成电路行业的发展需求。相对而言，数字集成电路设计工程师较多，模拟集成电路设计工程师较少，射频集成电路设计工程师则更为稀缺。这是因为相对数字集成电路设计而言，模拟和射频集成电路设计需要不断积累经验和创新。从事模拟集成电路设计需要真正的工匠精神，只有通过长年累月的积累和探索，才能成为一名集成电路设计领域的“老中医”。

1.5　HSpice 仿真简介

在本书的后续章节中，需要借助电路仿真工具分析和理解电路的工作原理和特性，为此，这里简要介绍模拟集成电路的重要仿真工具——HSpice。

在模拟集成电路设计中，电路仿真工具起着非常重要的作用，它可以协助设计人员精确地仿真电路的许多特性，快速验证设计人员的电路设计思想，大大提高设计效率。例如，利用电路仿真工具可以观测电路中任意处的电压或电流信号，可以方便地修改电路和元器件参数，还可以仿真各种工作环境下的电路特性。SPICE（Simulation Program with Integrated Circuit Emphasis）是重要的模拟集成电路仿真工具，目前其商用版本有好几种，如 HSpice、PSpice、Spectre、Eldo、UltraSim 等，其中，HSpice 由于在仿真精度、速度及收敛性方面的独特优势在业界得到广泛使用。

利用 HSpice 仿真电路特性时需要的输入文件有：①网表（Netlist），描述电路的拓扑结构和元器件尺寸参数；②模型（Model），芯片制造厂家提供的由制造工艺决定的元器件特性模型，该模型的精度决定了仿真特性与芯片的实际特性的差别；③仿真用控制文件，该文件中定义了仿真条件（包括电源电压、输入激励信号、工作温度、有关仿真工具的 Option 选择、元器件的 Model 选择等）、仿真内容（包括 DC、AC、Transient 等）及需要输出和测量的信号（包括电压、电流波形和各种特性参数）。

SPICE 仿真中使用的 CMOS 器件的模型是由美国加州大学伯克利分校（U.C. Berkeley）开发的 BSIM（Berkeley Short-channel IGFET Model，其中，IGFET 为 Insulated-Gate Field Effect Transistor）模型，其最新版本是 2020 年推出的 BSIM4.8.2 模型，该模型中大约包含 350 个参数。

随着制造工艺的微细化，CMOS 器件的特性与其尺寸大小（栅宽 W，栅长 L）有着更加紧密的关系，用同一套模型参数对应所有尺寸范围的 CMOS 器件变得非常困难。为此，目前广泛使用 CMOS 器件的 Bin Model，在该模型中，不同尺寸范围的 CMOS 器件具有不同的模型参数，从而最大限度地提高了模型的精度。另外，考虑到制造工艺的偏差，仿真中还需要使用 CMOS 器件的 Corner Model（工艺角模型），在该模型中，将 CMOS 器件的阈值电压分为 Typical（T）、Fast（F）和 Slow（S）三种值，反映了制造工艺的偏差范围。在 SPICE 仿真时，通过对 NMOS 和 PMOS 的 Corner Model 进行组合（如 TT、SS、FF、SF、FS），可实现对电路特性的工艺误差解析。

SPICE 仿真的内容包括 DC（直流）解析、AC（交流）解析、Transient（瞬态）解析及噪声解析等。其中，DC 解析分析电路的直流特性，如当电源电压、负载电流及工作温度等变化时的电路特性。AC 解析分析电路的频域特性，如 AMP 的增益和相位的频率特性，包括直流或低频增益和相位裕度。Transient 解析分析电路在时域的特性，包括信号的上升/下降沿时间、上升速率（Slew Rate）、安定时间（Settling Time）、时延（Delay Time）、频率与占空比（Duty）等参数。

另外，利用 SPICE 仿真也可以分析电路特性的误差范围，包括由制造工艺误差（Process）、电源电压（Voltage）及工作温度（Temperature）（简称为 PVT）的变化导致的电路特性变化。表 1.2 所示为仿真 PVT 变化影响电路特性的典型组合，这里的 Best（最快）、Typical（典型值）、Worst（最慢）是针对数字电路的动作速度而言的。对于模拟电路，除了这些典型组合，还需要采用其他组合进行电路特性误差的仿真（共有 3×3×3=27 种组合），以全面验证电路特性随 PVT 的变化情况。

表 1.2　仿真 PVT 变化影响电路特性的典型组合

组　合	模　型	电源电压（V）	工作温度（℃）
Best	FF	3.3	−40
Typical	TT	3.0	27
Worst	SS	2.7	125

下面给出一个使用 HSpice 仿真 NMOS 器件的直流特性的具体例子，以说明 HSpice 仿真电路的全过程。为了进一步加深对 HSpice 的了解，读者可以参考 HSpice 仿真工具的相关使用说明。

例 1.1

图 1.7 所示为 NMOS 器件的直流特性仿真电路图。其中，NMOS 器件 M_1 的尺寸为：W=5μm，L=0.35μm，采用 0.35μm CMOS 工艺制造，电源电压 V_{DD}=3.5V。试用 HSpice 仿真 NMOS 器件的 I_{DS}-V_{DS} 特性曲线（V_{GS} 在 0～3.5V 之间变化，步长为 0.5V）。

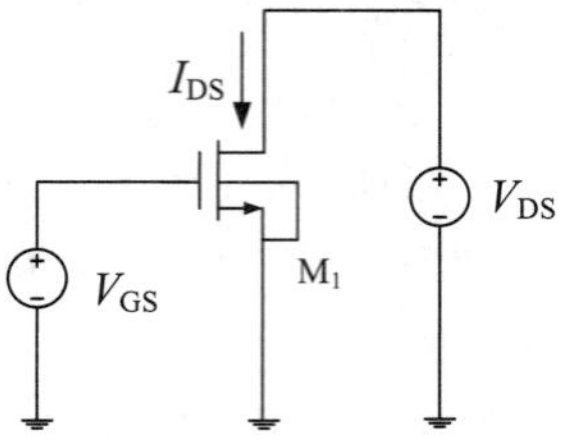

图 1.7　NMOS 器件的直流特性仿真电路图

以下为 HSpice 仿真时的输入文件。图 1.8 所示为 NMOS 器件的直流特性仿真曲线。

```
vds    1    0
vgs    2    0
vbs    3    0    0
.dc    vds  0    3.5    0.1    vgs    0    3.5    0.5
.option    acct    post    nomod    wl    scale=1.0e-6
.Temp    27
.lib    "~/model.lib"    TT
mn    1    2    0    3    nch    l=0.35    w=5
.print    dc    I1(mn)
.end
```

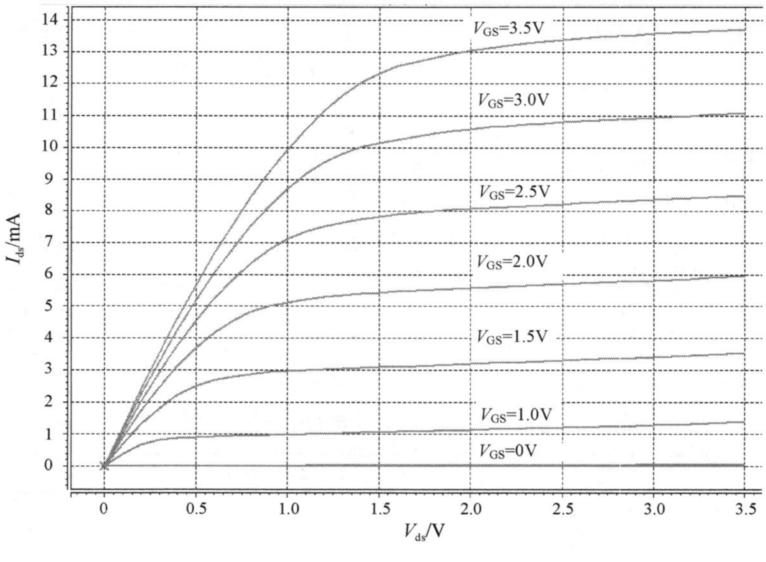

图 1.8　NMOS 器件的直流特性仿真曲线

本章小结

本章第 1 节介绍了集成电路的发展历史及趋势。从集成电路的规模来看，从最初的数字或模拟专用集成电路发展到目前的超大规模数模混合信号集成电路或 SoC 芯片，单颗芯片的功能越来越强大。就模拟集成电路的制造工艺而言，从双极型晶体管逐步演变为目前占据主导地位的 CMOS 工艺，CMOS 工艺可以实现低功耗、低成本及超大规模数模混合信号集成电路。第 2 节举例介绍了模拟集成电路的功能及应用领域，模拟集成电路的功能难以用数字集成电路代替，并且随着电子和信息技术的发展，会不断拓展模拟集成电路的应用领域。第 3 节介绍了模拟集成电路与数字集成电路的区别，具体体现在它们处理的信号类型、所关心的电路性能指标、设计方法及制造工艺等方面。第 4 节给出了模拟集成电路的设计流程，需要重点强调的是，电路仿真工具只能代替设计人员计算，而不能代替设计人员思考，模拟集成电路设计工程师需要在实践中不断积累经验并发明新的电路结构。第 5 节简要介绍了模拟集成电路的重要仿真工具——HSpice，为学习后续章节做准备。

第 2 章　元器件及其模型

与数字集成电路设计相比，模拟集成电路设计中需要更多地考虑半导体器件的相关特性。这是因为半导体器件在数字电路和模拟电路中的工作区域不同，如 CMOS 管在数字电路中主要起开关作用，而在模拟电路中主要用来进行信号放大。CMOS 管的偏置电压不同，会表现出不同的电压-电流特性。因此在模拟集成电路设计中，我们不能把 CMOS 管简单地看成一个开关（导通或关断）。另外，CMOS 管的寄生电容及一些二级效应会直接影响模拟电路的性能。随着半导体制造工艺的微细化，器件的尺寸在不断缩小，这些效应会更加凸显。所以，只有设计者充分掌握了半导体器件的特性和制造工艺方面的相关知识，才能在模拟集成电路设计中有意识地利用各种偏置状态下的器件特性，从而优化电路性能。

模拟集成电路的制造工艺最初采用的是双极型晶体管技术。由于双极型晶体管具有高频性能好、电流驱动能力强等优点，目前仍在音频功率放大器、大功率电源芯片及射频电路中被广泛应用。但随着 CMOS 工艺技术的不断进步和完善，模拟 CMOS 集成电路逐渐占据了主流地位。这是因为与双极型晶体管集成电路相比，模拟 CMOS 集成电路具有功耗小、输入阻抗高、制造成本低、CMOS 器件的尺寸容易按比例缩小及易于和数字电路集成在同一芯片上等优点。

除了主流的 CMOS 工艺，目前的模拟集成电路制造工艺还有 BiCMOS 及 BCD 工艺，可在一颗芯片上同时集成双极型晶体管、CMOS 和 DMOS。这些工艺技术充分利用了 BJT 和 CMOS 各自的优点，特别适合制作高性能数字-模拟混合信号集成电路。然而，其代价是制造工艺较为复杂，制造成本较高。

本章将以 CMOS 技术为重点，介绍各种有源和无源器件的相关知识，包括它们的工艺实现方法、动作原理、大信号特性、小信号特性及电学模型等。另外，将在拓展阅读中简要介绍 CMOS 工艺技术的相关知识。本章的目的是为读者打下半导体器件特性与工艺方面的基础，为学习后续章节的电路分析和设计做准备。

任何电路都是通过各种半导体器件的优化组合实现的，电路设计者只有熟练掌握它们的物理特性和制造工艺，才能理解各种电路的工作原理，做到有目的地调整元器件参数或电路结构，从而实现电路性能的优化，并不断创造新的电路结构。本章的内容虽然与半导体物理和器件的基础知识密切相关，但我们将把重点放在半导体器件的外特性及其工艺实现方法上，详细的内容读者可参考半导体物理或固体电子学等相关书籍。

2.1　pn 结与二极管

pn 结除了可以直接形成二极管，也是双极型晶体管的基本组成部分，并在 CMOS 工艺中发挥重要作用。因此，本节简要介绍 pn 结的基本工作原理及其外特性。

半导体是导电性介于导体和绝缘体之间的一类晶体的统称。常用的半导体材料有硅和锗，它们都是四价元素，原子之间结合形成相对稳定的共价键。纯净的硅晶体和锗晶体称为本征半导体，其导电性由本征激发产生的载流子（空穴和电子）浓度确定。而本征激发的强烈程度由温度决定，温度越高，本征激发越强烈。在常温下，即 300K 左右时，硅晶体和锗晶体本征激发产生的载流子（数量相等的电子和空穴）浓度分别如式（2.1）和式（2.2）所示

$$n_{\mathrm{i}} = p_{\mathrm{i}} = 1.43 \times 10^{10} / \mathrm{cm}^3 \tag{2.1}$$

$$n_{\mathrm{i}} = p_{\mathrm{i}} = 2.38 \times 10^{13} / \mathrm{cm}^3 \tag{2.2}$$

应当指出，本征半导体的导电性能很差，且与环境温度密切相关。本征半导体的这一特点可以用来实现热敏和光敏器件，这也是导致半导体器件的特性随温度变化的主要原因。

我们在制作半导体器件时一般使用杂质半导体。所谓杂质半导体，就是通过扩散、注入等工艺在本征半导体中掺入少量的杂质元素而获得的半导体。根据掺入的杂质元素的不同，可以形成 n 型半导体和 p 型半导体，调节掺入的杂质元素的浓度可以控制半导体的导电性能。

n 型半导体是在本征半导体中掺入五价元素（如磷）而形成的。由于五价元素杂质原子的最外层有 5 个价电子，在与周围的 4 个硅原子形成共价键后会多余一个电子，这个电子不受共价键的约束，所以极易被激发成为自由电子。掺入的杂质原子被固定在晶格上，且由于其失去 1 个电子，变成不能移动的正离子。n 型半导体中的自由电子（由本征激发与掺杂离子共同作用产生）的浓度大于空穴（只由本征激发产生）的浓度，因此称前者为多数载流子（多子），称后者为少数载流子（少子）。

p 型半导体是在本征半导体中掺入三价元素（如硼）形成的。由于三价元素杂质原子的最外层只有 3 个价电子，在与周围的 4 个硅原子形成共价键后会多余一个空穴。当硅原子的外层电子受到热激发时会复合掉这个空穴，此时掺入的杂质原子就成了不可移动的负离子，同时在硅原子的共价键上产生了一个空穴。在 p 型半导体中，空穴为多子，电子为少子。

无论是 n 型半导体，还是 p 型半导体，都主要靠其中的多子导电。杂质半导体的掺杂浓度越高，导电性越好。

2.1.1　pn 结的形成

将 p 型半导体和 n 型半导体制作在同一片硅片上，在它们的交界面处就形成了 pn 结，如图 2.1 所示。pn 结的一个重要特征就是具有单向导电性，下面分析其形成机理。

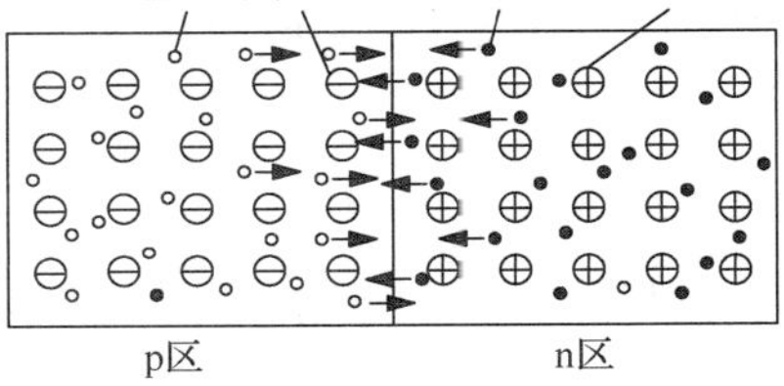

（a）载流子的扩散

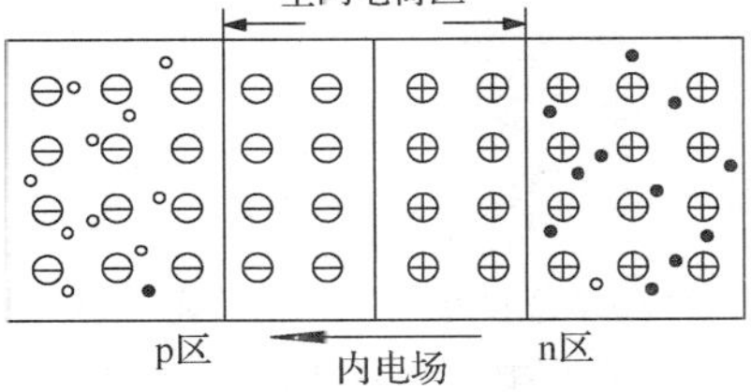

（b）pn结稳定状态的形成

图 2.1　pn 结的形成

在 p 型半导体和 n 型半导体的交界面处，多子的浓度发生突变。参照图 2.1（a），由于扩散运动，p 区的空穴向 n 区扩散，同时，n 区的电子也必然向 p 区扩散。由于扩散到 p 区的自

由电子与空穴复合，而扩散到 n 区的空穴与自由电子复合，所以在交界面附近，多子的浓度下降，p 区出现负离子区，n 区出现正离子区，这些离子是失去或得到电子的原子，它们是不能移动的，pn 结两侧的这种离子区域称为空间电荷区，如图 2.1（b）所示。空间电荷区内的正负离子形成了内建电场，随着扩散运动进行，空间电荷区加宽，内建电场也随之增强。

在内建电场的作用下，界面两侧的少子发生漂移运动。空穴从 n 区向 p 区运动，而自由电子从 p 区向 n 区运动。在无外电场和其他激发作用的情况下，在某一时刻，参与扩散运动的多子数目等于参与漂移运动的少子数目，达到了动态平衡，从而形成了 pn 结。此时 pn 结内没有电流流过，空间电荷区具有一定的宽度，其内部的自由电子和空穴的数目都非常少，因此也将空间电荷区称为耗尽层（Depletion Region）。

耗尽层的宽度取决于 pn 结两侧的掺杂浓度。重掺杂 pn 结具有较窄的耗尽层，而轻掺杂 pn 结具有较宽的耗尽层。如果 pn 结一侧的掺杂浓度远远高于另一侧，则耗尽层向轻掺杂的一侧延伸得更多（耗尽层不对称）。

如果在 pn 结的两端加上外加电压，扩散运动和漂移运动之间的动态平衡将被打破。此时，扩散电流不再等于漂移电流，因此 pn 结中将有电流流过。当外加电压的极性不同时，pn 结会表现出截然不同的导电性能，这就是 pn 结的单向导电性。

2.1.2 pn 结的特性

1）pn 结的正向偏置

当 pn 结的 p 端接电源正极、n 端接电源负极时，称 pn 结被正向偏置了。此时，外电场将多数载流子推向空间电荷区，使其变窄，削弱了内建电场，破坏了原有的动态平衡，扩散运动加剧，漂移运动减弱。在外部电源的作用下，扩散运动将源源不断地进行下去，从而形成正向电流，pn 结处于导通状态。

2）pn 结的反向偏置

当 pn 结的 p 端接电源负极、n 端接电源正极时，称 pn 结被反向偏置了。此时，外电场将多数载流子吸引到电源电极附近，使空间电荷区变宽，加强了内建电场，阻止扩散运动进行，从而加剧了漂移运动，形成反向电流（漂移电流）。因为少子的数目极少，其形成的反向电流也非常小，在近似分析中常将其忽略不计，可以认为 pn 结中无电流通过，这时 pn 结处于截止状态。

3）pn 结的伏安特性

根据半导体理论，pn 结的电流 I 与电压 V 之间的关系（不包含反向击穿区）如式（2.3）所示

$$I = I_S(e^{\frac{qV}{kT}} - 1) \tag{2.3}$$

式中，I_S 为反向饱和电流（也称比例电流），其典型值为 10^{-18}～10^{-12}A，具体值取决于 pn 结的面积大小。q 为电子的电荷量（1.60×10^{-19}C），k 为玻尔兹曼常数（1.38×10^{-23}J/K），T 为热力学温度。将式(2.3)中的 kT/q 用 V_T 表示，V_T 称为热电压，在室温下（$T=300\,\text{K}$），$V_T \approx 26\,\text{mV}$。这时式（2.3）可改写为式（2.4）

$$I = I_S(e^{\frac{V}{V_T}} - 1) \tag{2.4}$$

根据前面对 pn 结的分析及式（2.4）所示的 pn 结的电流-电压关系，我们可以描绘出 pn

结的伏安特性曲线，如图 2.2 所示。

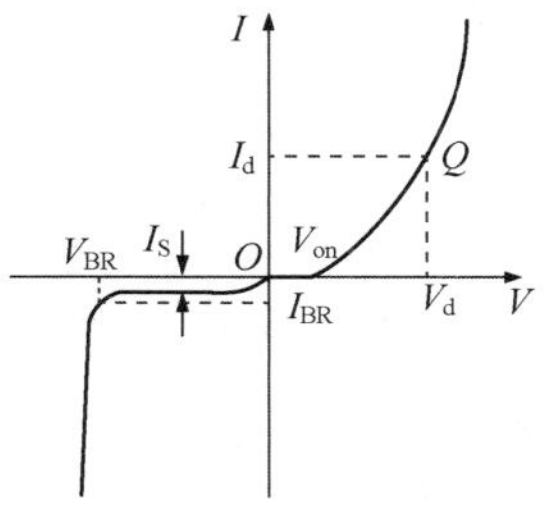

图 2.2 pn 结的伏安特性曲线

由图 2.2 可知，当 pn 结被正向偏置，且 $V \gg V_{on}$ 时，$I \approx I_S e^{\frac{V}{V_T}}$，$I$ 是 V 的指数函数，正向电流随着正向电压的增大而呈指数增加；其中，V_{on} 是 pn 结正向导通时的开启电压；当 pn 结被反向偏置（未被击穿）且 $|V| \gg V_T$ 时，$I \approx -I_S$。在图 2.2 中，I 轴左侧（$V<0$）的曲线描述了 pn 结的反向特性，I 轴右侧（$V>0$）的曲线描述了 pn 结的正向特性。

4）pn 结的反向击穿

如图 2.2 所示，当施加在 pn 结两端的反向电压 V 超过了 V_{BR} 后，反向电流会急剧增加，此时，我们称 pn 结被反向击穿了，V_{BR} 称为反向击穿电压，I_{BR} 为对应 V_{BR} 的反向电流。反向击穿分为齐纳击穿和雪崩击穿两类。

若 pn 结两端所加的反向电压过大，将在耗尽层形成很强的电场，直接破坏共价键，使价电子脱离共价键的束缚，形成电子-空穴对，致使电流急剧增大，这种击穿称为齐纳击穿。

当反向电压继续增大到某一个较大的数值时，耗尽层电场加快了少子的漂移速度，导致自由电子与价电子碰撞，使价电子脱离共价键产生电子-空穴对。新产生的电子被电场加速后又碰撞出其他价电子，使载流子呈雪崩式增加，电流急剧增大，这种击穿称为雪崩击穿。

与雪崩击穿相比，发生齐纳击穿所需的反向电压相对较小。无论发生哪种击穿，若不对其反向电流（功耗）进行限制，都可能造成 pn 结的永久性损坏。

5）pn 结的结电容

（1）耗尽电容。

当 pn 结两端所加的电压发生变化（无论是正向偏置还是反向偏置）时，空间电荷区（耗尽层）的宽度也将随之改变，即耗尽层中储存的电荷量随外加电压的变化而变化，这种现象类似于电容的充放电过程。耗尽层中所产生的这种电容效应，我们称之为耗尽电容，用 C_b 来表示其值，它是非线性电容，其电容值与 pn 结面积、耗尽层宽度、半导体的介电常数及外加电压有关。图 2.3 所示为耗尽电容的形成，当电压从 V_1 变化到 V_2 时（$V_2 > V_1$），耗尽层的宽度从 L_1 变化到 L_2，即耗尽层变宽，导致耗尽电容 C_b 的值相应减小。

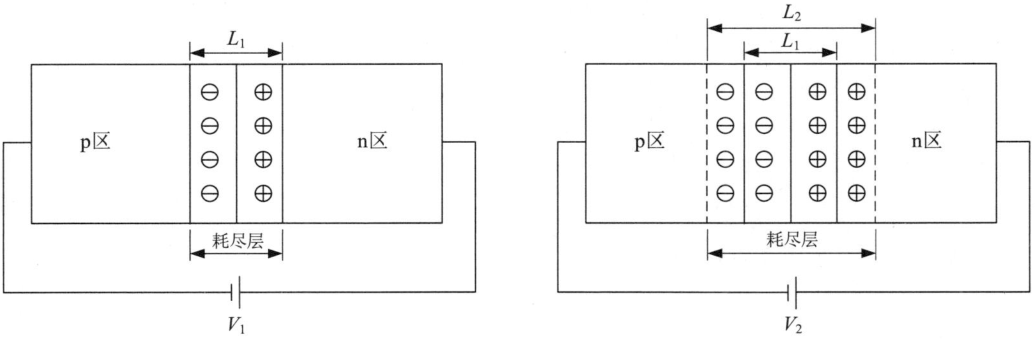

图 2.3 耗尽电容的形成

图 2.4 所示为 pn 结反向偏置时耗尽层的电荷量与外加电压的关系。从图 2.4 中可以看出，耗尽电容与外加电压之间成非线性关系，随着外加电压增大，耗尽电容逐渐减小。在静态偏

置点 Q 附近（设反向偏置电压为 V_d），若信号的幅度很小，则可将其近似为线性电容（小信号电容）。对于给定的反向偏置电压 V_d，pn 结的小信号耗尽电容 C_b 的值由式（2.5）给出

$$C_b = \frac{C_{j0}}{\sqrt{1+\frac{V_d}{\Phi_0}}} \tag{2.5}$$

式中，C_{j0} 表示偏置电压 V_d=0（零偏置）时的耗尽电容，Φ_0 为 pn 结的内建电势，室温时，Φ_0=0.6～0.8V。

当外加正向偏置电压时，由于电压越大，耗尽层的宽度越窄，因此耗尽电容 C_b 的值将增加。对于正向偏置的 pn 结（$V>\Phi_0$ 的区域），其小信号耗尽电容 C_b 可由式（2.6）近似表示

$$C_b = 2C_{j0} \tag{2.6}$$

由于当 pn 结被正向偏置时，会有电流流通，因此通常避免使用正向偏置的 pn 结电容。

图 2.5 所示为 pn 结的耗尽电容与外加电压的关系（图中外加电压小于 0 的部分为 pn 结被反向偏置）。利用 pn 结的耗尽电容与外加电压相关这一特性，可实现压控电容（可变电容）。

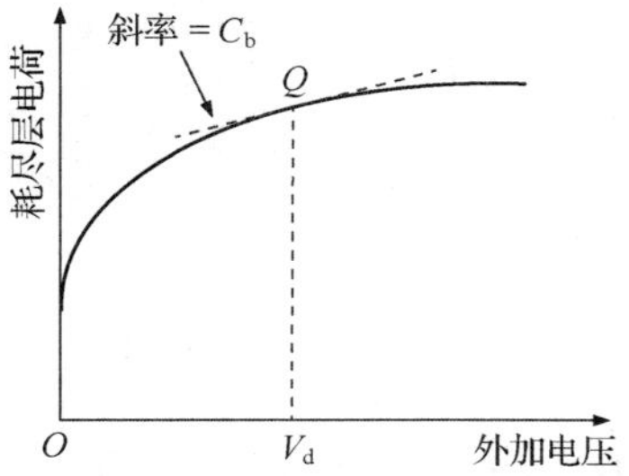

图 2.4　pn 结反向偏置时耗尽层的电荷量与外加电压的关系

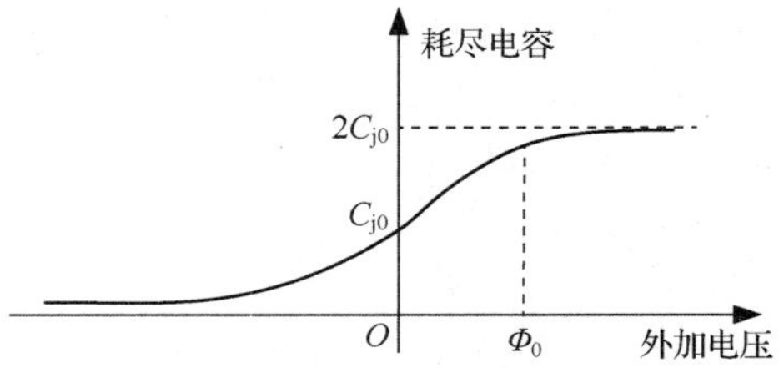

图 2.5　pn 结的耗尽电容与外加电压的关系

（2）扩散电容。

当 pn 结被正向偏置时，p 区和 n 区的多子扩散到对方区域而成为对方区域的少子。这些少子除有一部分参与复合外，多余（过剩）的少子按照一定的浓度梯度分布在 pn 结两侧，越靠近 pn 结，少子的浓度越高，如图 2.6 所示（图中，外加正向偏置电压 $V_2>V_1$）。不同的偏置电压会有不同的过剩少子浓度分布，正向偏压越大，过剩少子在 pn 结两侧积累得越多。扩散区内这种过剩少子的数量随偏置电压的变化类似电容的充放电，这种电容称为扩散电容，用符号 C_d 表示。

扩散电容与偏置电流成非线性关系。在静态偏置点 Q 附近（偏置电流为 I_d），如果信号的幅度很小，则可近似为线性电容（小信号电容）。对于给定的正向偏置电流 I_d，pn 结的小信号扩散电容 C_d 的值由式（2.7）给出

$$C_d = \tau_T \frac{I_d}{V_T} \tag{2.7}$$

式中，τ_T 是 pn 结的传输时间，V_T 为热电压。

由式（2.7）可知，扩散电容与 pn 结中的电流成正比，因此，当 pn 结被反向偏置时，C_d 可以忽略不计。

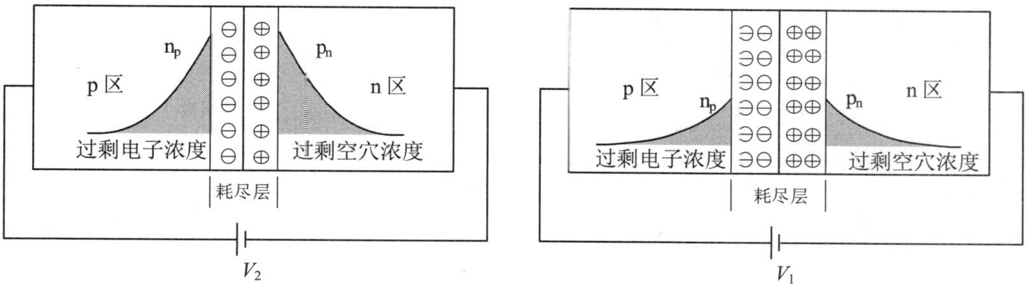

图 2.6 扩散电容的形成

根据以上分析可知，当 pn 结被正向偏置时，pn 结的结电容 C_j 为耗尽电容 C_b 与扩散电容 C_d 之和（通常扩散电容远远大于耗尽电容），即

$$C_j = C_b + C_d \tag{2.8}$$

而当 pn 结被反向偏置时，pn 结的结电容 C_j 主要为耗尽电容 C_b，即 $C_j \approx C_b$。对于确定的制造工艺，pn 结的结电容大小随 pn 结面积及外加电压的不同而变化。

2.1.3 二极管

1）工艺实现方法

二极管是由上述 pn 结分别从 p 区和 n 区引出金属连线而形成的二端器件，其中，p 区的引出端称为二极管的正极，n 区的引出端称为二极管的负极。用 CMOS 工艺实现的二极管及其电路符号如图 2.7 所示。在图 2.7 中，左边的二极管 VD_A 是直接在 p 型衬底上形成 n^+区而产生的，其中，pn 结的面积是由 n^+区的面积决定的，二极管的正极和负极分别从 p^+区和 n^+区通过金属接触引出。对于图 2.7 中右边的二极管 VD_B，则是先在 p 型衬底上形成 n 阱（n-well），然后在 n 阱中形成 p^+区，其中，pn 结的面积是由 p^+区的面积决定的。

值得指出的是，在这里及以后的章节中，“p^+、p^-、n^+、n^-”符号中的上标“+”和“−”表示杂质半导体的掺杂浓度的相对大小，如“p^+”比“p^-”的杂质掺杂浓度高。另外，由于金属（如铝）与中度或轻度掺杂的 n 型半导体（通常用 n 或 n^-表示）或 p 型半导体（通常用 p 或 p^-表示）直接接触会产生肖特基二极管（Schottky Diode）效应，图 2.7 中的金属引出电极是通过在高浓度掺杂的 n 型半导体（图 2.7 中用 n^+表示）或 p 型半导体（图 2.7 中用 p^+表示）表面上沉积金属（硅化物）而形成的，即形成所谓的“欧姆接触”，以降低金属引线处的接触电阻。

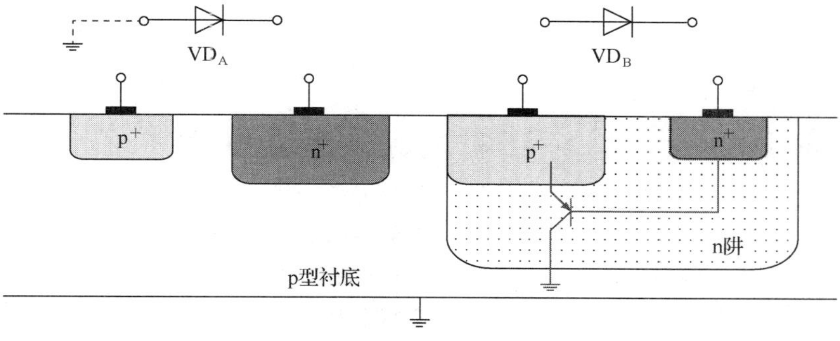

图 2.7 用 CMOS 工艺实现的二极管及其电路符号

值得注意的是，在 CMOS 电路中使用时，图 2.7 中的二极管 VD_A 必须被反向偏置，这是因为在 CMOS 工艺中，p 型衬底（连接二极管的正极）必须接电路中的最低电位（通常为 0 电位）。对于二极管 VD_B，虽然是在独立的 n 阱中形成的（注意，n 阱的阱电位应大于 p 型衬底的电位，以保证 n 阱和 p 型衬底之间的 pn 结被反向偏置，起到与衬底隔离的作用），似乎二极管的两端可以悬浮，但是当 VD_B 被正向偏置时，由 p^+区和 n 阱及 p 型衬底形成的寄生双极型晶体管也被正向偏置，此时将有很大的电流从 p^+区流向衬底，就不能仅仅将 VD_B 看作一个两端悬浮的二极管。因此，在实际电路中，用 CMOS 工艺实现的二极管必须在反向偏置的条件下使用。鉴于以上原因，模拟 CMOS 集成电路中很少使用正向偏置的二极管，而是采用双极型晶体管实现正向偏置二极管的功能（参照 2.2 节双极型晶体管）。

2）应用实例

下面给出二极管在 CMOS 集成电路中的一个应用实例。当一个具有高电压的带电体（人体或其他物体）接触到芯片的焊盘（PAD）时，会发生静电放电（Electrostatic Discharge，ESD）现象，可能导致芯片内部的 CMOS 器件遭到永久性破坏，因此必须在集成电路设计中加入 ESD 保护电路。图 2.8 所示为使用二极管实现的 ESD 保护电路。当芯片的 PAD 端未受到外部 ESD 冲激电压的作用时，由于 PAD 端的正常工作电压为 0～V_{DD}，此时二极管 VD_A 和 VD_B 都被反向偏置，处于截止状态，不影响内部电路的正常工作（如果不考虑二极管的等效电容影响）。当芯片的 PAD 端受到外部 ESD 冲激电压的作用时，若 PAD 端的电压超过电源电压 V_{DD}，则 VD_B 二极管正向导通，泄放正向 ESD 电流，同时将 PAD 端电位钳位在 V_{DD}（忽略二极管的正向导通压降）；相反，若 PAD 端的电压低于 0，则 VD_A 二极管正向导通，泄放反向 ESD 电流，同时将 PAD 端电位钳位在 0 电位（忽略二极管的正向导通压降），从而保护内部电路不受 ESD 的影响。电阻 R 用于限制流过二极管的电流，起到保护二极管的作用。

在 CMOS 电路中，二极管的另一个用途是用作可变电容。对于结构和工艺参数确定的二极管，其等效电容值随外加电压的大小而变化[见式（2.5）～式（2.8）]，因此可将二极管用作压控电容。值得指出的是，对于二极管 VD_B，有以下两个寄生效应影响它的电容值（参照图 2.7）：①n 阱与 p 型衬底之间形成的 pn 结呈现相当大的寄生电容 C_n；②n 阱材料的电阻率相对较高，在二极管中产生了串联电阻 R_S，此时，二极管 VD_B 的等效电路如图 2.9 所示。

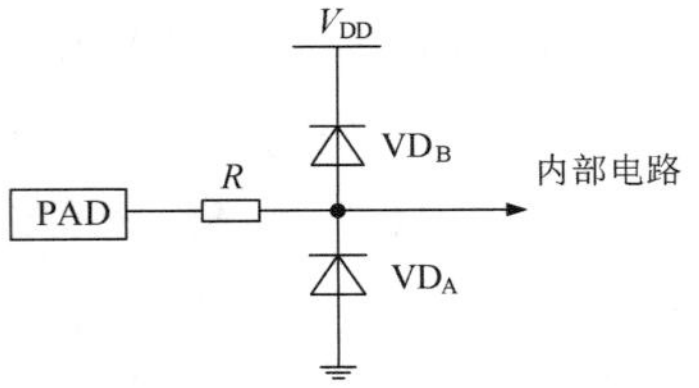

图 2.8　使用二极管实现的 ESD 保护电路

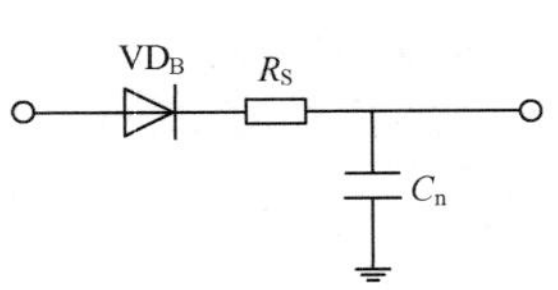

图 2.9　二极管 VD_B 的等效电路

3）电压-电流关系

二极管的电压-电流关系（大信号特性）与 pn 结完全相同，如图 2.2 所示。在近似估算中，我们可认为硅二极管导通时，正向压降为零，硅二极管截止时，反向电流为零，这种二极管称为理想二极管。然而，在实际情况中，二极管两端的正向电压达到开启电压 V_{on}（通常为 0.7～0.8V）后，正向电流才会随着正向电压的增加而呈指数增加；给二极管两端加一定的反向电压（小于击穿电压），反向饱和电流为 I_S，若反向电压继续增大到击穿电压 V_{BR}，则反向电流会突然增大，二极管处于击穿状态。

4）二极管模型

在本书中，将经常用到器件的大信号模型和小信号模型的概念。所谓大信号模型，是指描述器件整体特性的电压-电流关系（通常为非线性），它的适用范围包括满足该器件正常工作条件时的所有电压/电流。而所谓小信号模型，通常是指大信号模型在某一局部范围内（通常在静态工作点附近）的线性近似，用于分析小幅度信号变化时的器件特性。

二极管的大信号模型如图2.10所示。其中，串联电阻R_S包含二极管pn结两侧的p区和n区的总电阻，以及金属与硅材料之间的接触电阻，通常在几欧姆的范围内；电容C_j是pn结的结电容，它是耗尽电容C_b与扩散电容C_d之和；电流源I代表了式（2.4）所示的二极管的电流-电压关系。这里需要指出的是，对于在n阱中形成的二极管，图2.10所示的模型中忽略了n阱与p型衬底之间的寄生电容C_n（见图2.9）。

对于小信号模型，这里只给出二极管被正向偏置时的模型，如图2.11所示。图2.11中的电阻r_d表示静态偏置点Q附近（参照图2.2，静态偏置电压和电流分别为V_d和I_d）的小信号电阻，这是因为对于静态偏置点Q附近的小幅度信号变化，二极管的非线性伏安特性可近似为线性电阻。电阻r_d可由二极管被正向偏置时的近似伏安特性（$I \approx I_S e^{\frac{V}{V_T}}$）推导而得，如式（2.9）所示，$r_d$与静态偏置电流$I_d$成反比。电容$C_j$是pn结的结电容在静态偏置点$Q$附近的小信号电容（在静态偏置点$Q$附近，近似为线性电容）

$$r_d = \frac{1}{(\partial I / \partial V)_{I=I_d}} = \frac{V_T}{I_d} \tag{2.9}$$

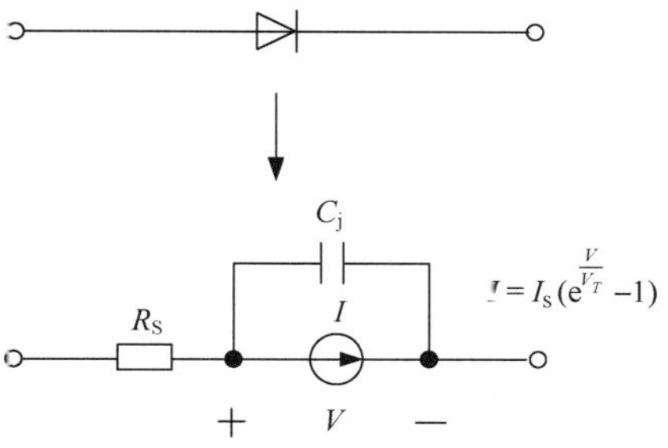

图2.10 二极管的大信号模型

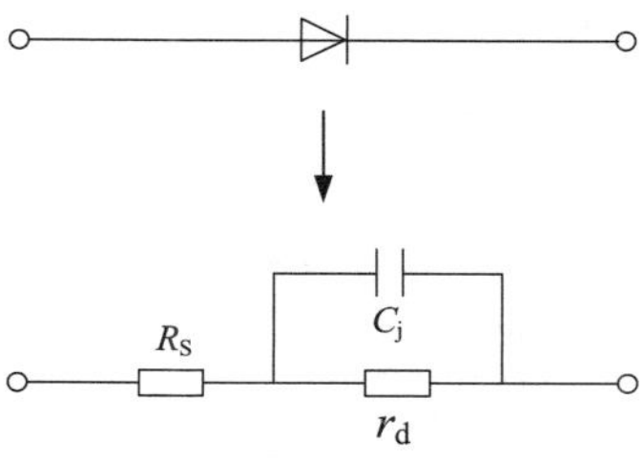

图2.11 二极管的小信号模型

表2.1所示为二极管的部分SPICE模型参数。

表2.1 二极管的部分SPICE模型参数

SPICE模型参数	本书中的符号	物 理 意 义	单 位
IS	I_S	反向饱和电流	A
RS	R_S	二极管pn结两侧的p区和n区的总电阻，以及金属与硅材料之间的接触电阻	Ω
BV	V_{BR}	反向击穿电压	V
IBV	I_{BR}	电压为V_{BR}时的反向电流	A
CJ	C_{j0}	零偏置时的pn结耗尽电容	F
VJ	Φ_0	pn结的内建电势	V
TT	τ_T	传输时间	s

2.2 双极型晶体管

双极型晶体管（Bipolar Junction Transistor，BJT），简称为晶体管或三极管。在双极型晶体管中，电子和空穴两种载流子同时参与导电，双极型晶体管的名称由此而来。优异的高频性能（动作速度）和较强的电流驱动能力是双极型晶体管的两大优点。本节将从双极型晶体管的结构出发，用 pn 结的概念来解释其工作原理。由于晶体管在放大电路中通常被偏置在线性区，因此本节将重点讨论晶体管工作在线性区时的特性，包括大信号特性和小信号特性。

2.2.1 结构及工艺实现

双极型晶体管的简化结构及电路符号如图 2.12 所示，它是一个三端器件。双极型晶体管内部有三个独立的掺杂区，在它们的交界面处形成了两个 pn 结，这两个 pn 结共用一个掺杂区，它们之间具有相互作用，完全不同于背靠背的二极管。

图 2.12（a）中的 npn 晶体管的结构包括两个 n 区，以及两个 n 区之间很薄的一个 p 区。图 2.12（b）中的 pnp 晶体管则包括两个 p 区，以及两个 p 区之间很薄的一个 n 区。中间的薄区称为基区，两边分别称为发射区和集电区。三个区通过金属引出的连接端子分别称为基极 B（Base）、发射极 E（Emitter）和集电极 C（Collector）。基区与发射区构成的 pn 结称为发射结（EBJ），基区与集电区构成的 pn 结称为集电结（CBJ）。这两个 pn 结之间的距离必须足够小，才能够相互作用，使晶体管正常工作，因此基区的宽度很窄，一般小于 1μm。

在图 2.12 中，箭头代表晶体管的实际电流方向。另外，由于电路图中的习惯画法是，电流从上往下流，上面电压高，下面电压低，因此 npn 晶体管的集电极在上面，而 pnp 晶体管的发射极在上面，且在晶体管的三个电极中，它们分别代表最高电位。

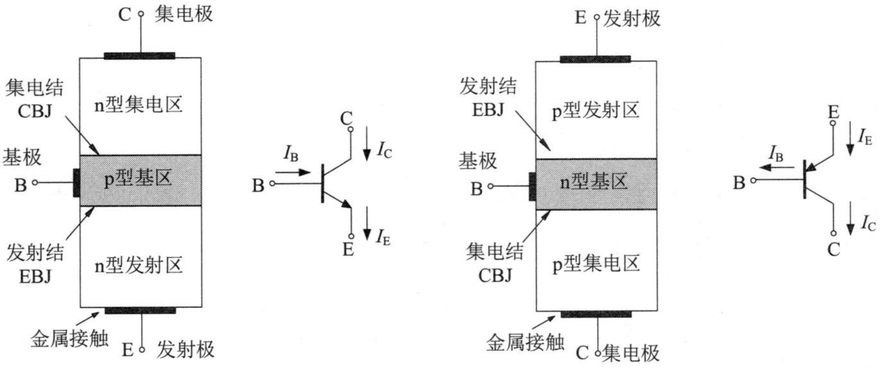

（a）npn 晶体管　　（b）pnp 晶体管

图 2.12　双极型晶体管的简化结构及电路符号

由图 2.12 可以看出，双极型晶体管的结构是对称的，但实际器件的结构并不是对称的，图 2.13 所示为 npn 晶体管的横截面图。器件结构不对称的原因除了各掺杂区的几何尺寸及所处位置的不同，还有各掺杂区的掺杂浓度不同。一般来讲，发射区的掺杂浓度最高，基区次之，集电区最低。另外，集电结的面积远大于发射结的面积（集电区包围着发射区）。因此，如果在使用过程中交换集电极和发射极的外部连接，会使晶体管处于截然不同的工作状态。集电极的 n^+预埋层（Buried Layer）的主要作用是降低集电极的等效串联电阻。

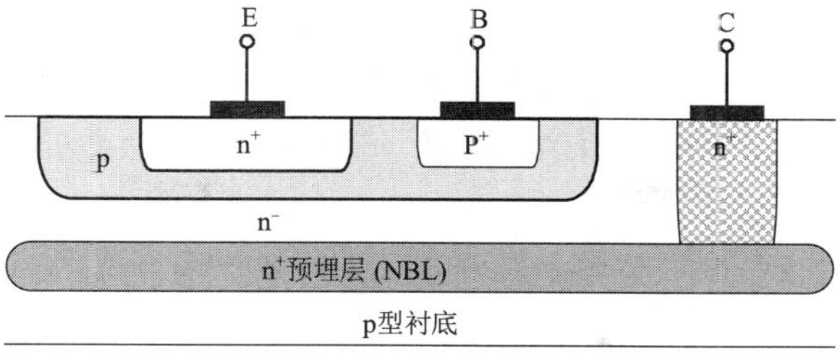

图 2.13　npn 晶体管的横截面图

2.2.2　基本工作原理

本小节将以 npn 晶体管为例，说明晶体管的工作原理。根据晶体管的外接偏置电压的不同（发射结和集电结处于正向偏置或反向偏置），晶体管可工作在线性区、饱和区及截止区三个不同的区域。

首先考虑晶体管工作在线性区的情况。晶体管工作在线性区时，发射结处于正向偏置、集电结处于反向偏置。可通过两个外部电源建立晶体管工作在线性区时的偏置条件，如图 2.14 所示，其中，V_{BE} 为发射结的正向偏置电压（通常情况下，要求 V_{BE}>0.7V），V_{CB} 为集电结的反向偏置电压（通常情况下，要求 V_{CB}>−0.4V，即 V_{CE}>0.3V）。

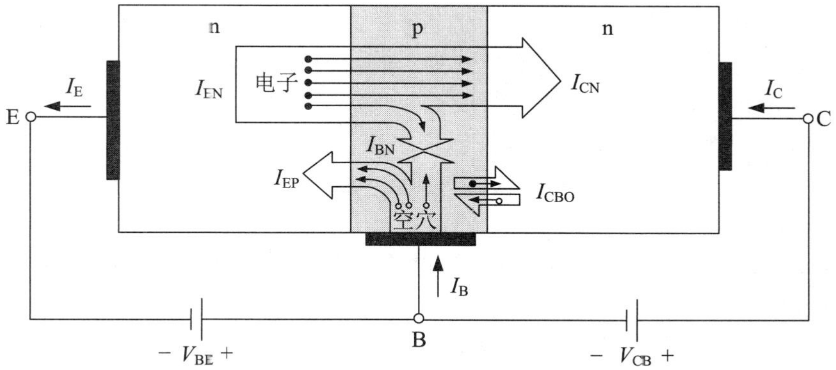

图 2.14　npn 晶体管工作在线性区时载流子的运动

在以下的讨论中只考虑由多子产生的扩散电流分量，由少子引起的漂移电流分量通常很小，可以忽略。参照图 2.14，由于发射结处于正向偏置（严格讲，发射结偏置电压 V_{BE} 应大于 pn 结正向导通时的开启电压 V_{on}，通常情况下，要求 V_{BE}>0.7V），流过发射结的电流主要由两部分组成：一部分是从发射区注入基区的电子电流 I_{EN}；另一部分是从基区注入发射区的空穴电流 I_{EP}。由于发射区的 n 型掺杂浓度远远大于基区的 p 型掺杂浓度，因此流过发射结的电子电流远远大于空穴电流。I_{EN} 和 I_{EP} 共同构成了发射极电流 I_E。另外，从发射区注入基区的电子电流 I_{EN} 的一部分在基区与空穴复合，构成了基极电流 I_B 的另一部分 I_{BN}。

从发射区注入基区的大量电子使基区的电子浓度分布梯度很大，如图 2.15 所示。基区电子浓度在发射结耗尽区边界最大，在集电结耗尽区边界变为零，基区的电子浓度随着电子在基区的扩散距离增加以一定斜率（不考虑基区内被空穴复合的电子）减小。由于基区非常薄，而且基区掺杂浓度很小，只有一小部分电子被基区的空穴复合掉，其余大部分电子能够扩散到集电结耗尽区边界。因为集电结是反向偏置的，在集电极正电压的作用下，这些电子将穿过集电结耗尽区到达集电区，形成电流 I_{CN}，这一电流是集电极电流 I_C 的主要组成部分。另外，由于集电结处于反向偏置，因此集电结中还存在数值很小的漂移电流 I_{CBO}，在以下的讨论中忽略不计。

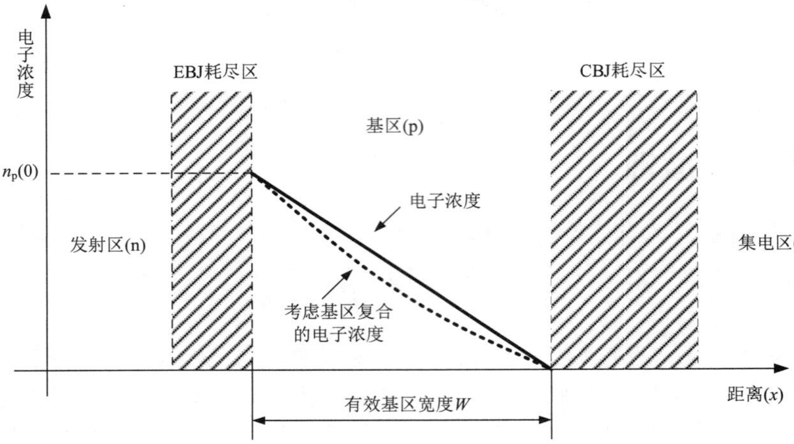

图 2.15　npn 晶体管工作在线性区时基区的电子浓度分布

由以上分析可知，由于晶体管结构上的特点（基区非常薄，而且基区相对于发射区的掺杂浓度很小，来自发射区的载流子在基区被复合前会被集电极收集），流过集电极或发射极的电流远比基极的电流大，并且与基极电流成比例增加（见下面的讨论）。也就是说，一个小的基极电流可以控制一个很大的集电极或发射极电流，这就是晶体管的电流放大原理。另外，由于两种极性的载流子——电子和空穴在晶体管中都参与了电流的传导过程，因此将晶体管称为双极型晶体管。

根据以上分析，我们可以将工作在线性区的晶体管电流在各掺杂区的分配关系总结如下。

发射极电流

$$I_E = I_{EN} + I_{EP} = I_{CN} + I_{BN} + I_{EP} \tag{2.10}$$

基极电流

$$I_B = I_{EP} + I_{BN} \tag{2.11}$$

集电极电流

$$I_C = I_{CN} \tag{2.12}$$

从外部特性看，有

$$I_E = I_B + I_C \tag{2.13}$$

1）线性区

下面我们讨论晶体管工作在线性区时各电流之间的关系及晶体管的电流放大系数。由半导体器件理论可知，npn 晶体管的集电极电流 I_C 可表示为

$$I_C = I_S e^{V_{BE}/V_T} \tag{2.14}$$

式中，V_{BE} 为发射极正向偏置电压，V_T 为热电压。I_S 为饱和电流，它与发射极的面积成正比，与基区宽度 W 成反比。I_S 的典型值为 10^{-12}～10^{-18}A（取决于器件尺寸）。I_S 与发射极的面积成正比，对于用相同工艺实现的晶体管，可通过改变发射极的面积参数线性地调节集电极电流

的大小，这是晶体管集成电路设计者常用的概念和设计手段。需要指出的是，在工艺厂家通常提供的晶体管模型中，发射极面积只有确定的几种类型，设计者可通过改变并联的晶体管个数（称为 m 值）调节集电极的电流大小。

npn 晶体管的基极电流 I_B 可表示为

$$I_B = I_{EP} + I_{BN} = \frac{1}{\beta} I_S e^{V_{BE}/V_T} \tag{2.15}$$

式中，β 是由晶体管的结构决定的常数。由式（2.14）和式（2.15）可知，集电极电流与基极电流之间的关系为

$$\beta = \frac{I_C}{I_B} \tag{2.16}$$

我们称 β 为共射极电流增益，它描述了集电极电流相对于基极电流的放大系数。对于制造工艺和结构确定的晶体管，β 为常数，其值主要取决于基区和发射区的相对掺杂浓度及基区宽度。为了得到较高的 β 值（较大的电流增益），基区必须要薄，且为低掺杂，而发射区应为重掺杂。npn 晶体管的 β 值一般在 50～200 之间，有一些特殊的器件，其 β 值可以达到 1000。

根据式（2.13）和式（2.16），有

$$I_E = (1+\beta) I_B \tag{2.17}$$

那么

$$I_C = \frac{\beta}{\beta+1} I_E \tag{2.18}$$

我们定义

$$\alpha = \frac{\beta}{\beta+1} \tag{2.19}$$

为共基极电流增益，它描述了集电极电流相对于发射极电流的放大系数。由式（2.19）可知，α 也是一个常数，它小于 1 但非常接近于 1，如当 β=100 时，α≈0.99。

再观察如图 2.13 所示的 npn 晶体管的横截面图。之所以使集电区包围发射区和基区，是为了让集电区尽可能收集从发射区注入薄层基区的电子。在这种情况下，α 就会非常接近于 1，由式（2.20）可知，此时 β 将会非常大。这也体现了设计晶体管时对正向放大模式下的电流放大系数的优化。

$$\beta = \frac{\alpha}{1-\alpha} \tag{2.20}$$

值得指出的是，如果将 BJT 的集电极和发射极交换，BJT 将工作在反向放大模式下。由于各区掺杂浓度和晶体管几何结构的设计都趋向于优化正向放大模式下的电流放大系数，反向放大模式下的 α 和 β 相对正向放大模式都非常小，我们将它们记作 α_R 和 β_R。其中，α_R 的典型值为 0.5～0.8，β_R 的典型值为 1～4，它们之间的关系也满足式（2.20）。为了进行区别，我们也可以将正向放大模式下的电流放大系数记作 α_F 和 β_F。

2）饱和区

当发射结和集电结都被正向偏置时，即 V_{BE} 和 V_{BC} 都为正电压（通常情况下，V_{BE}≈0.7V，V_{BC}>0.5V，即 V_{CE}<0.2V）时，晶体管工作在饱和区。此时，I_C 与 V_{BE} 和 V_{BC} 的关系为

$$I_C = I_S e^{V_{BE}/V_T} - \left(\frac{I_S}{\alpha_R}\right) e^{V_{BC}/V_T} \tag{2.21}$$

式中，第一项表示了正向偏置的发射结对 I_C 电流的贡献（正向放大模式）；第二项则表示正向偏置的集电结对 I_C 电流的贡献（反向放大模式），它由基区的空穴扩散到集电区形成的电流及从集电区注入基区的电子与基区空穴复合形成的电流两部分组成。由式（2.21）可知，上述两种电流相互抵消，随着 V_{BC} 增大，I_C 将逐渐减小，直至为零。

3）截止区

当发射结和集电结都被反向偏置，即 V_{BE} 和 V_{BC} 都为零或负电压（通常情况下，V_{BE}<0.7V，即 V_{BE} 小于发射结的开启电压 V_{on}）时，晶体管工作在截止区。此时，I_E、I_C 和 I_B 都几乎为零，我们称晶体管处于截止状态。

pnp 晶体管的工作原理与上述 npn 晶体管类似。pnp 晶体管工作在线性区时载流子的运动情况如图 2.16 所示，其中，V_{EB} 为发射结的正向偏置电压，V_{BC} 为集电结的反向偏置电压。

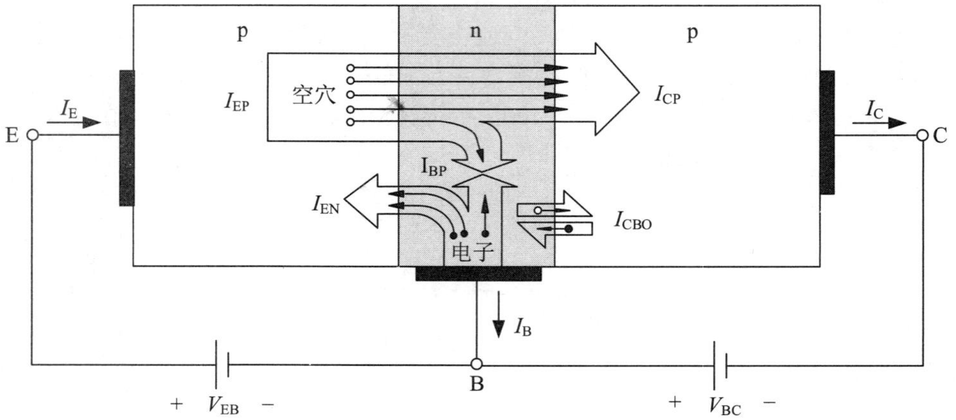

图 2.16　pnp 晶体管工作在线性区时载流子的运动情况

对于工作在线性区的 pnp 晶体管，流过发射结的电流主要由两部分组成：一部分是从发射区注入基区的空穴电流 I_{EP}；另一部分是从基区注入发射区的电子电流 I_{EN}。由于发射区的 p 型掺杂浓度远远大于基区的 n 型掺杂浓度，所以流过发射结的空穴电流远远大于电子电流。I_{EP} 和 I_{EN} 共同构成了发射极电流 I_E。另外，从发射区注入基区的空穴电流 I_{EP} 的一部分在基区与电子复合，构成了基极电流 I_B 的另一部分 I_{BP}。到达集电极耗尽区边界的空穴由于受到集电极上的负电压吸引，将通过集电极耗尽区进入集电区形成集电极电流。

由以上分析可知，pnp 晶体管的电流-电压关系与 npn 晶体管的电流-电压关系相同，只要将式（2.14）、式（2.15）及式（2.21）中的 V_{BE} 用 V_{EB} 代替，将 V_{CB} 用 V_{BC} 代替即可。

在晶体管的尺寸和掺杂浓度相同的情况下，pnp 晶体管的 β 值要小于 npn 晶体管，这是由于空穴的迁移率小于电子的迁移率。

2.2.3　大信号模型

这里我们只讨论工作在线性区的晶体管模型。npn 晶体管工作在线性区时的大信号模型如图 2.17 所示。其中，基极和发射极之间可以等效为一个正向偏置的二极管，其电流值取决于偏置电压 V_{BE} 的大小。集电极和发射极之间可以等效为一个受基极电流 I_B 控制的电流源，其大小等于 βI_B。发射极电流等于集电极电流和基极电流之和。

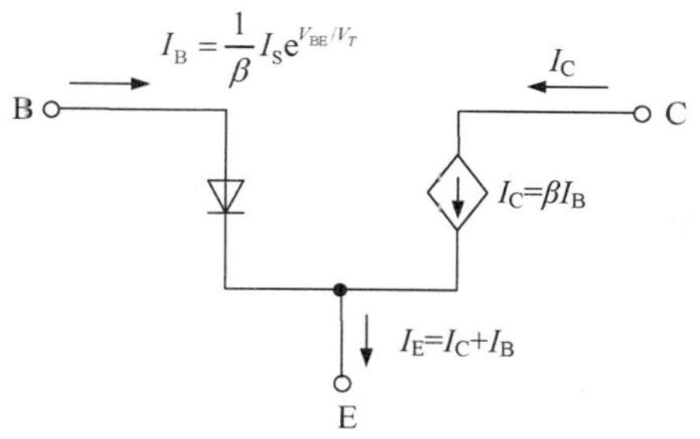

图 2.17　npn 晶体管工作在线性区时的大信号模型

1）典型特性曲线

图 2.18（a）和图 2.18（b）分别为 npn 晶体管的 I_B-V_{BE} 特性曲线和 I_C-V_{CE} 特性曲线（仿真结果）。由图 2.18（a）可知，只有当 V_{BE} 大于发射结的开启电压 V_{on}（$V_{on}\geqslant0.7V$）时，晶体管才能导通。由图 2.18（b）可知，在线性区（$V_{CE}>0.3V$），I_C-V_{CE} 曲线非常平坦，集电极电流表现出非常大的输出电阻，当 $V_{CE}\leqslant0.3V$ 时，晶体管进入饱和区，集电极电流急剧下降到零。

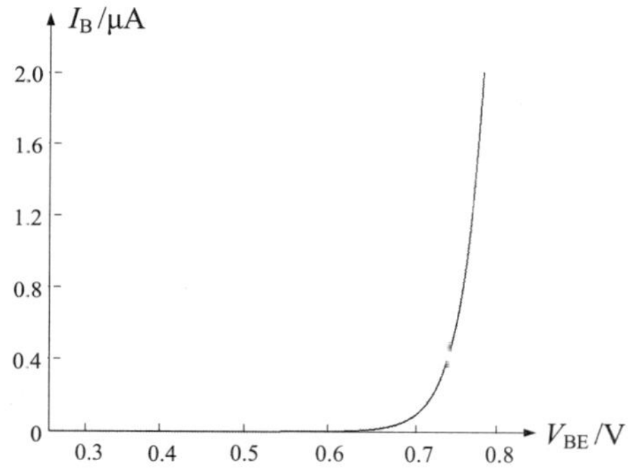

（a）I_B-V_{BE} 特性曲线

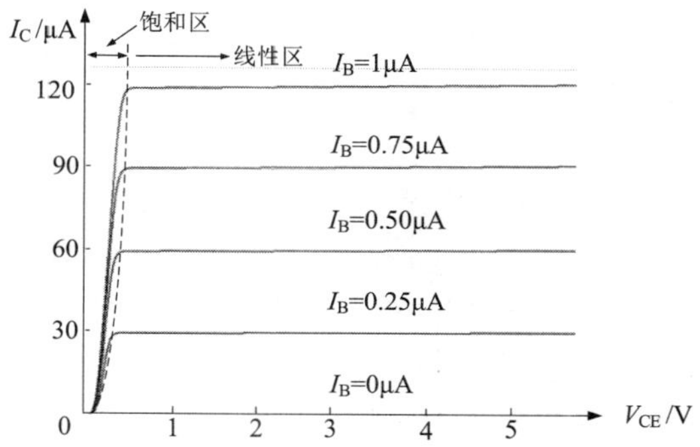

（b）I_C-V_{CE} 特性曲线

图 2.18　晶体管的特性曲线

2）集电极电流的二阶效应（厄尔利效应）

在前面的讨论中，我们认为当晶体管工作在线性区时，集电极电流只取决于基极电流 I_B，而与集电极电压无关。但从图 2.18（b）所示的晶体管的 I_C-V_{CE} 特性曲线中可以看到，对于确定的基极电流 I_B 值，I_C 随着 V_{CE} 的增加略微增加（I_C-V_{CE} 特性曲线不是纯粹的水平直线，而是稍微上翘），这种现象称为集电极电流的二级效应（厄尔利效应：Early effect）。这是由于随着集电极电压的增加（集电结的反向偏置电压增加），集电结的耗尽区宽度增加，导致基区的有效宽度 W 减小。由于 I_C 的饱和电流 I_S 与基区宽度 W 成反比，因此 I_C 随着 V_{CE} 的增加而增加，这就是厄尔利效应。降低集电区的掺杂浓度（比基区的掺杂浓度更低）可以减小厄尔利效应的影响，这是因为此时集电结耗尽区主要向集电区而不是基区扩展。

当把如图 2.18（b）所示的晶体管的 I_C-V_{CE} 特性曲线反向延伸时，发现它们均与 V_{CE} 的负轴相交于 $V_{CE}=-V_A$ 处，如图 2.19 所示。电压 V_A 是晶体管的一个重要参数，其典型值为 50～100V，称为厄尔利电压（Early Voltage）。

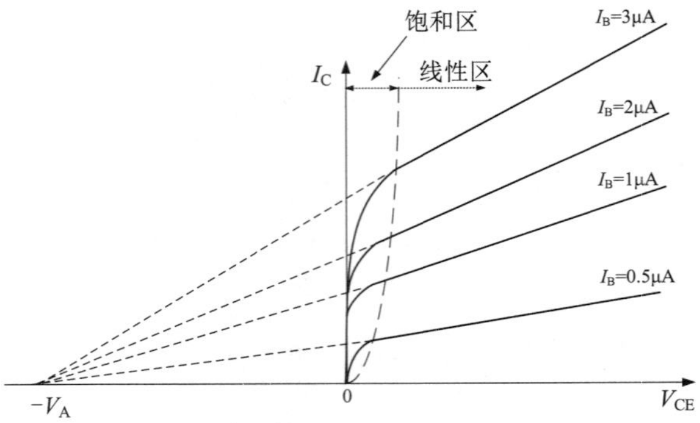

图 2.19　晶体管的厄尔利电压

考虑晶体管的厄尔利效应后，式（2.14）所示的集电极电流 I_C 的表达式可修改为

$$I_C = I_S e^{V_{BE}/V_T}\left(1+\frac{V_{CE}}{V_A}\right) = \beta I_B\left(1+\frac{V_{CE}}{V_A}\right) \tag{2.22}$$

此时，在如图 2.17 所示的 npn 晶体管工作在线性区时的大信号模型中，I_C 的表达式须由式（2.22）代替。

2.2.4　小信号模型

当晶体管被偏置在线性区时，我们可在其静态工作点附近将其非线性的电压-电流关系进行线性近似，该线性近似称为小信号模型。为区分小信号与大信号，本书中讲述小信号模型时，部分相关参数对应采用小写，如电压 v、电流 i 等，以及下标 b、c、e 分别表示基极 B、集电极 C、发射极 E。显然，小信号模型的参数与静态偏置的电压/电流值有关。当输入信号的幅度较小时（不影响管子的静态工作点），可以利用线性小信号模型对电路特性进行分析。

晶体管的常用小信号模型是混合 π 模型（Hybrid-π Model），如图 2.20 所示。下面详细分析各参数的物理意义。

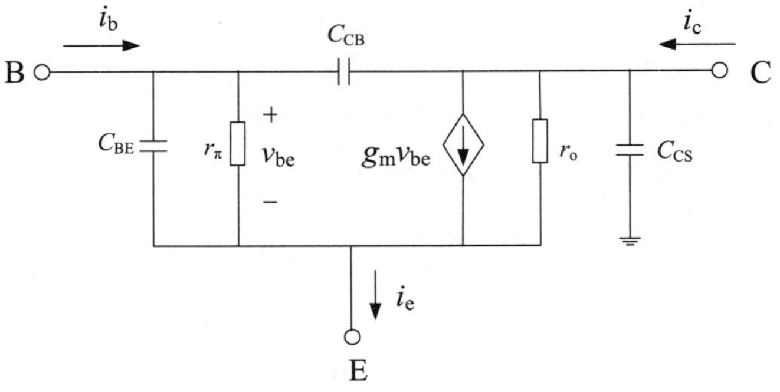

图 2.20　晶体管的常用小信号模型

图 2.20 中，电压控制电流源 $g_m v_{be}$ 反映了基极-发射极电压对集电极电流的控制作用。g_m 是集电极电流与基极-发射极电压 v_{be} 之间的跨导，是晶体管的小信号模型中最重要的参数。g_m 的定义为

$$g_m = \left.\frac{\partial I_C}{\partial V_{BE}}\right|_{V_{CE}} \tag{2.23}$$

如果不考虑晶体管的厄尔利效应，则

$$I_C = I_S e^{V_{BE}/V_T} \tag{2.24}$$

因此

$$g_m = \left.\frac{\partial I_C}{\partial V_{BE}}\right|_{V_{CE}} = \frac{I_S}{V_T} e^{V_{BE}/V_T} = \frac{I_C}{V_T} \tag{2.25}$$

由式（2.25）可知，由于热电压 V_T 是常数（室温时约等于 26mV），因此跨导 g_m 与静态偏置电流 I_C 成正比。

r_π 是从基极看进去的输入电阻，其定义由式（2.26）给出

$$r_\pi = \frac{\partial V_{BE}}{\partial I_B} \tag{2.26}$$

由于

$$I_B = \frac{I_C}{\beta} = \frac{I_S}{\beta} e^{V_{BE}/V_T} \tag{2.27}$$

则

$$\frac{1}{r_\pi} = \frac{\partial I_B}{\partial V_{BE}} = \frac{I_S}{\beta V_T} e^{V_{BE}/V_T} \tag{2.28}$$

由式（2.27）可得

$$r_\pi = \frac{V_T}{I_B} \tag{2.29}$$

考虑式（2.25）中 g_m 的表达式，则

$$r_\pi = \frac{V_T}{I_B} = \beta \frac{V_T}{I_C} = \frac{\beta}{g_m} \tag{2.30}$$

由式（2.29）可知，r_π 与静态偏置电流 I_B（或 I_C）成反比。另外，由式（2.30）可知，r_π 与 g_m 的乘积等于电流放大系数 β，是一常数。

r_o 是集电极的输出电阻，它反映了晶体管的厄尔利效应。对于理想的晶体管，$r_o \to \infty$，而对于实际的晶体管，r_o 由式（2.31）给出

$$\frac{1}{r_o} = \left.\frac{\partial I_C}{\partial V_{CE}}\right|_{V_{BE}} \tag{2.31}$$

考虑晶体管的厄尔利效应后，集电极电流可表示为

$$I_C = I_S e^{V_{BE}/V_T}\left(1 + \frac{V_{CE}}{V_A}\right) \tag{2.32}$$

则

$$\frac{1}{r_o} = \left.\frac{\partial I_C}{\partial V_{CE}}\right|_{V_{BE}} = \frac{I_S}{V_A} e^{V_{BE}/V_T} \tag{2.33}$$

因此

$$r_o = \frac{V_A}{I_C} \tag{2.34}$$

由式（2.34）可知，r_o 与静态偏置电流 I_C 成反比。

另外，由式（2.25）和式（2.34）可知，g_m 与 r_o 的乘积为一常数，如式（2.35）所示。$g_m r_o$ 的值与晶体管的静态偏置条件无关，对于 npn 晶体管，其典型值为 2000～8000，它表示单级晶体管放大器可能取得的最大电压增益（在未接负载的情况下）。

$$g_m r_o = \frac{V_A}{V_T} \tag{2.35}$$

下面考虑晶体管的寄生电容，它们是影响晶体管在高频应用时的主要因素。由于晶体管被偏置在线性区时，发射结处于正向偏置，集电结处于反向偏置，因此图 2.20 中的 C_{BE} 是正向偏置的发射结电容，C_{CB} 是反向偏置的集电结电容。

根据 2.1.2 节中关于 pn 结的结电容的讨论可知，C_{BE} 可表示为

$$C_{BE} = C_b + C_d \tag{2.36}$$

式中，C_b 是发射结耗尽电容。由于发射结处于正向偏置，因此 C_b 可近似表示为

$$C_b = 2C_{je0} \tag{2.37}$$

式中，C_{je0} 为发射结在零偏置时的耗尽电容。C_d 是发射结扩散电容，参考式（2.7），当静态偏置电流为 I_C 时，C_d 可由式（2.38）给出

$$C_d = \tau_T \frac{I_C}{V_T} = g_m \tau_T \tag{2.38}$$

C_{CB} 是反向偏置的集电结耗尽电容，参考式（2.5），当静态偏置电压为 V_{CB} 时，C_{CB} 可由式（2.39）给出

$$C_{CB} = \frac{C_{jc0}}{\sqrt{1+\dfrac{V_{CB}}{\Phi_{c0}}}} \tag{2.39}$$

式中，Φ_{c0} 是集电结的内建电势，C_{jc0} 为集电结在零偏置时的耗尽电容。值得指出的是，由于晶体管的集电结面积通常远远大于发射结面积，因此集电结耗尽电容大于发射结耗尽电容。

C_{CS} 是集电极与 p 型衬底之间的耗尽电容（反向偏置），当静态偏置电压为 V_{CS} 时，C_{CS} 可由式（2.40）给出

$$C_{CS} = \frac{C_{js0}}{\sqrt{1+\dfrac{V_{CS}}{\Phi_{s0}}}} \tag{2.40}$$

式中，Φ_{s0} 是集电结-衬底之间的内建电势，C_{js0} 为集电结-p 型衬底之间在零偏置时的耗尽电容。由于集电极与衬底之间的 pn 结的面积相当大，C_{CS} 远远大于集电结耗尽电容 C_{CB} 及发射结耗尽电容 C_b。

单位增益频率是衡量晶体管的高频特性（或动作速度）的一个重要参数。它是当集电极接地时，晶体管的小信号电流增益降到 1 时所对应的频率，通常用 f_t 表示。下面分析晶体管的寄生电容与 f_t 的关系。

根据前面关于单位增益频率的定义，我们可以得到求解 f_t 的晶体管小信号等效电路，如

图 2.21 所示。其中，晶体管的小信号模型与图 2.20 相同，但发射极作为输入和输出电流的公共端接地，集电极也是接地的，电流增益为 i_c 与 i_b 的比值。

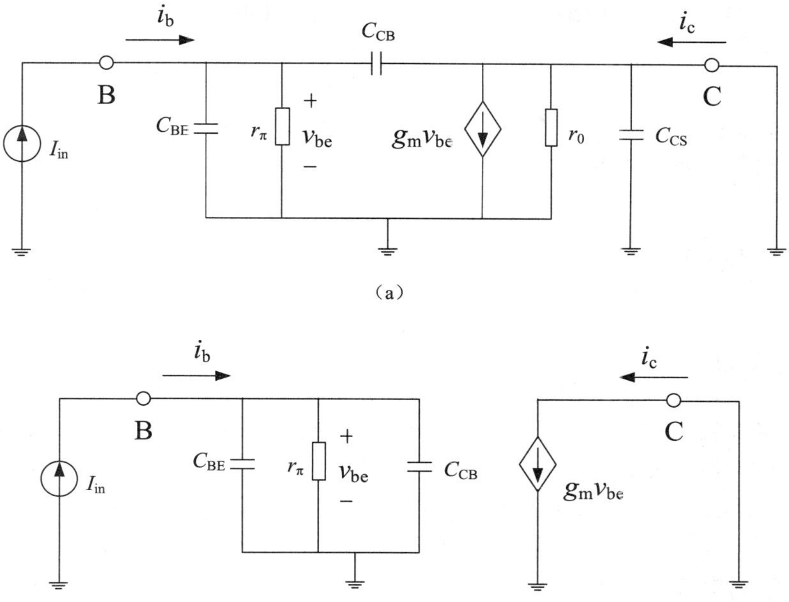

图 2.21　求解 f_t 的晶体管小信号等效电路

图 2.21（a）中的电路可等效简化为如图 2.21（b）所示的电路。读者可以由图 2.21（b）所示的电路推导出 i_c 与 i_b 之间的关系

$$\frac{i_c}{i_b}(j\omega)=\frac{g_m r_\pi}{1+j\omega(C_{BE}+C_{CB})r_\pi} \tag{2.41}$$

由式（2.41）可知，当频率 ω 为 0 时（或低频），电流增益就等于 $g_m r_\pi$，即电流放大系数 β[参考式（2.30）]。在高频时，式（2.41）的幅值可近似表示为

$$\left|\frac{i_c}{i_b}(j\omega)\right|\cong\frac{g_m r_\pi}{\omega(C_{BE}+C_{CB})r_\pi}=\frac{g_m}{\omega(C_{BE}+C_{CB})} \tag{2.42}$$

为了得到单位电流增益频率 ω_t，可令

$$\left|\frac{i_c}{i_b}(j\omega_t)\right|=1 \tag{2.43}$$

由式（2.42），可得

$$\omega_t=\frac{g_m}{C_{BE}+C_{CB}} \tag{2.44}$$

或

$$f_t=\frac{g_m}{2\pi(C_{BE}+C_{CB})} \tag{2.45}$$

晶体管的单位增益频率 f_t（或 ω_t）决定了晶体管的高频应用极限频率，它显然是由寄生电容 C_{BE} 和 C_{CB} 决定的。

2.3 CMOS 器件

CMOS 制造工艺最早是为数字集成电路开发的，CMOS 器件具有功耗小、输入阻抗高、制造成本低、器件尺寸很容易按比例缩小（摩尔定律）等优点，显著提高了数字集成电路的集成度和工作速度，并降低了功耗和制造成本。随着 CMOS 工艺技术的不断进步，CMOS 器件的工作频率显著提高，CMOS 技术也被广泛应用于模拟集成电路。另外，CMOS 技术可将数字集成电路和模拟集成电路集成在同一芯片上，它是目前超大规模数模混合信号集成电路的主流制造工艺。

CMOS 器件是模拟 CMOS 集成电路中的核心器件。本节将详细介绍现代 CMOS 器件的物理结构、工作原理及电路模型等。

2.3.1 物理结构

在互补金属-氧化物半导体（Complementary Metal-Oxide Semiconductor，CMOS）技术中，同时用到了 n 型 MOS 器件（NMOS）和 p 型 MOS 器件（PMOS）。图 2.22 所示为 NMOS 器件的简化结构。在 p 型衬底（Substrate，也称为 Bulk 或 Body）上制作两个重掺杂的 n^+区，分别称为源区（Source）和漏区（Drain），引出连线，分别形成源极 S 和漏极 D，同时在源区和漏区之间的 p 型衬底表面制作绝缘的氧化层薄膜（SiO_2，厚度为 t_{ox}），然后在氧化层薄膜上制作重掺杂的（导电的）多晶硅，从而形成栅区（Gate），引出连线，形成栅极 G。

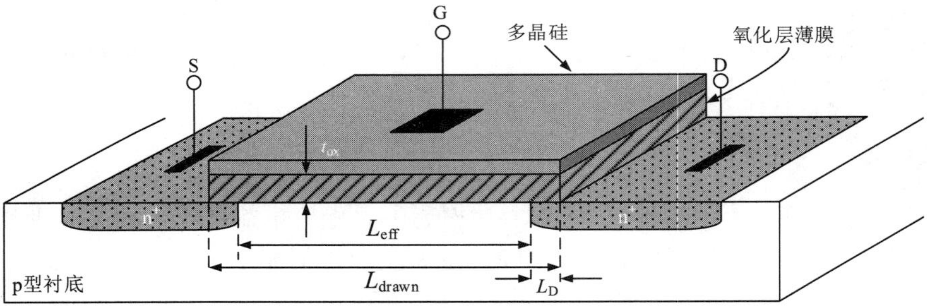

图 2.22 NMOS 器件的简化结构

在图 2.22 中，有两个比较重要的参数，即源-漏极方向栅区的长度叫栅长 L，与之垂直的栅区的宽度叫栅宽 W。在制造过程中，源-漏区的横向扩散现象导致源-漏区之间的实际距离略小于栅长 L，在图 2.22 中以 L_{eff} 表示有效的栅长，以 L_{drawn} 表示栅长的设计长度（制作版图时定义的尺寸）。L_D 表示源/漏极的横向扩散长度，可以看出，$L_{eff} = L_{drawn}-2L_D$。器件的有效区域是氧化层薄膜下的衬底区，CMOS 器件的导电机能均发生在衬底的表面区域。

值得提出的是，氧化层薄膜厚度 t_{ox} 与栅长 L 都对 CMOS 器件的性能起着非常重要的作用。在不导致其他参数退化的情况下，不断地减小这两个特征尺寸正是 CMOS 工艺技术发展的主要方向（摩尔定律），一般 $t_{ox} \approx L_{min}/50$。例如，对于工艺节点为 45nm 的 CMOS 工艺，栅长 L（L_{min}）= 45nm，对应的氧化层薄膜厚度 t_{ox} 小于 1nm（10Å，即 10 埃米）。

从图 2.22 中可以看出，NMOS 管的源区和漏区在物理结构上无区别，是完全对称的。但为了电路设计和分析时方便，通常把两个重掺杂的 n^+区划分为源区和漏区，这是因为两个 n^+

区在器件动作时具有不同的功能。源区被定义为提供载流子（在 NMOS 中为电子）的区域，而漏区被定义为收集载流子的区域。事实上，当外部连接电压发生变化时，两个 n^+区的功能也会发生变化，此时源/漏区也会相应发生改变。

简单来讲，只需要将 NMOS 器件的所有掺杂类型取反即可获得 PMOS 器件，如图 2.23 所示。

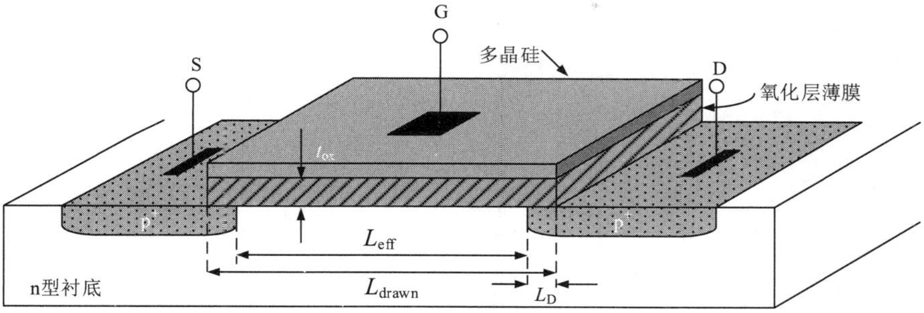

图 2.23　PMOS 器件的简化结构

CMOS 器件的栅-源极间无直流电流通路，因此 CMOS 器件功耗低、输入电阻高，这是 CMOS 与双极型晶体管的主要区别。CMOS 器件是压控器件，且只有一种载流子参与导电（电子或空穴），而双极型晶体管是电流控制器件，同时有两种载流子参与导电。

在 CMOS 技术中，NMOS 与 PMOS 器件必须制作在同一晶圆片上（同一个 p 型衬底上）。由图 2.22 可知，可以直接将 NMOS 器件制作在 p 型衬底上，但是如何在 p 型衬底上制造 PMOS 器件呢？这就要利用阱工艺了。所谓阱工艺，就是将某一种类型的器件做在一个局部衬底上，这个局部衬底称为阱（well）。现在的大多数 CMOS 工艺都是在 p 型衬底上形成 n 阱（n-well），然后将 PMOS 器件做在 n 阱中（称为 n 阱工艺），如图 2.24 所示。这样，所有的 NMOS 器件就具有同一个 p 型衬底，而可以将每一个 PMOS 器件制作在各自独立的 n 阱中。一般情况下，p 型衬底接电路中的最低电位（接地），以确保 NMOS 的源/漏区与 p 型衬底之间的 pn 结被反向偏置；而 n 阱电位应高于 p 型衬底的电位（n 阱通常接电路中的最高电位），以确保 n 阱与 p 型衬底之间的 pn 结处于反向偏置状态，从而实现 PMOS 器件与 p 型衬底之间的隔离。

如图 2.24 所示，对于 NMOS 器件，其衬底 B（Bulk）是通过在 p^+区引出连线形成的，对于 PMOS 器件，其衬底 B（n 阱）是通过在 n^+区引出连线形成的，这里加入 p^+区和 n^+区的目的是形成“欧姆接触”，以降低金属（硅化物，Salicide）引线处的接触电阻，从而消除肖特基二极管效应（当金属与轻掺杂的 n 型或 p 型半导体直接接触时，会产生肖特基二极管效应）。

NMOS 和 PMOS 器件有时也称为“NFETs”和“PFETs”。

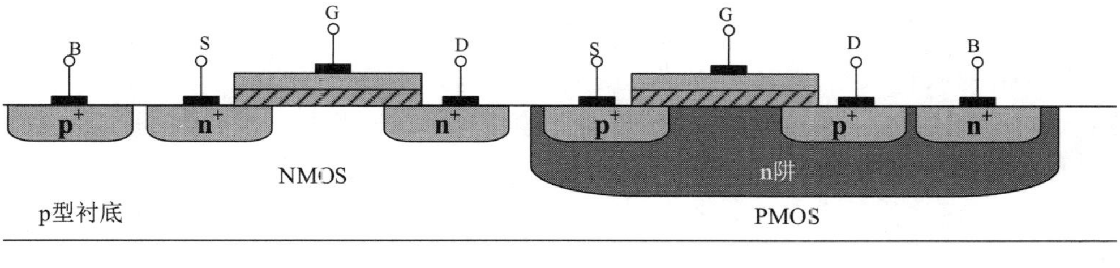

图 2.24　CMOS 器件的简化结构

由于 CMOS 器件的栅极与衬底之间是绝缘的，且栅氧化层薄膜很薄，当栅极上形成的感应电荷不易泄放时，栅氧化层很容易被高压击穿。栅极是 CMOS 器件的薄弱环节。因此，栅极不使用时（如电路中的虚拟管子和备用管子）也不能开路（悬空），应与衬底（或电源）短接。

2.3.2 电路符号

由图 2.24 可知，无论是 NMOS 器件还是 PMOS 器件，都有四个端子：漏极（D）、栅极（G）、源极（S）和衬底（B），属于四端器件。每个端子的外部电压连接情况对于 CMOS 器件的正常工作都是非常重要的。在电路原理图中，我们用一个四端的符号表示 CMOS 器件，如图 2.25 所示。

（a）NMOS （b）PMOS （c）NMOS （d）PMOS

图 2.25 CMOS 器件的电路符号

CMOS 器件的源极和漏极在物理结构上虽然是对称的，但为了帮助理解其在电路中的工作状态，在如图 2.25 所示的 CMOS 器件的电路符号中，对源极和漏极进行了明显的区别表示，其箭头方向代表了器件正常工作时源-漏极之间的实际电流流向。NMOS 器件工作时，源极提供的载流子为电子，因此电流从漏极流向源极（电子与电流的方向相反）；PMOS 器件工作时，源极提供的载流子为空穴，因此电流从源极流向漏极（空穴与电流的方向相同）。另外从电压的角度来看，对于 NMOS 器件，漏极电压大于源极电压，而对于 PMOS 器件，源极电压大于漏极电压。由于在电路图中习惯将高电位画在上端，将低电位画在下端，因此在 NMOS 器件与 PMOS 器件的电路符号中，漏极和源极的位置是相反的。

在很多电路中（尤其是数字电路），所有 NMOS 和 PMOS 的衬底默认分别接地（0）和正电源（V_{DD}），因此画电路图时衬底及其连线经常被省略，此时 CMOS 器件就变成一个三端器件，如图 2.25（c）和图 2.25（d）所示。

2.3.3 版图设计

由于集成电路是采用平面加工工艺逐层加工而成的，因此需要将集成电路的原理图设计为版图（Layout）。版图设计对集成电路的性能非常重要，作为模拟集成电路设计者，必须熟练掌握版图设计的相关知识和经验。这里只针对 CMOS 器件的版图设计进行简单介绍，以方便读者理解后续章节的内容，有关版图设计的详细内容可参考相关书籍或资料。

集成电路的版图设计需要同时满足电路设计要求和版图设计规则（Design Rules）。图 2.26（a）和图 2.26（b）分别为 CMOS 器件的结构示意图和版图设计实例。CMOS 管的尺寸 W 和 L 由电路设计决定，源区和漏区的长度 E 由版图设计规则确定。在栅极（G）、源极（S）和漏极（D）区域，均设置多个接触孔（Contact），以实现与上层金属的连接。由于 CMOS 器件的导电机能均发生在栅氧化层的下面区域，为了提高其工作可靠性和制造良品率，多晶硅栅的接触孔不设置在栅极区域（导电沟道）的垂直上方，而是放在导电沟道以外的部分，如图 2.26（b）所示。另外，尽可能设置多个接触孔（在设计规则允许的范围内），以减小总接触电阻（总接触电阻为所有接触孔的电阻并联结果），并使电流在源极和漏极均匀分布。

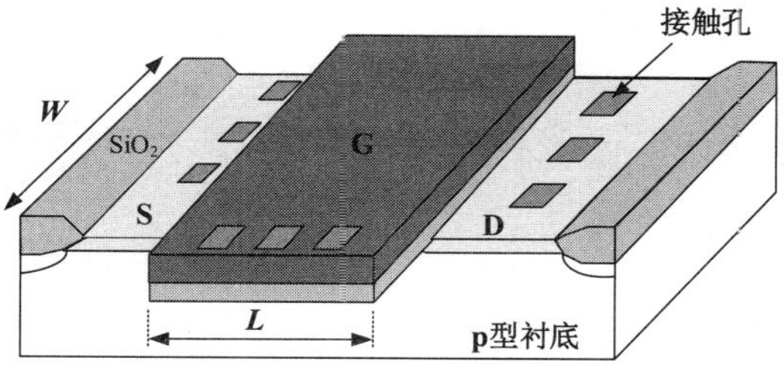

（a）结构示意图

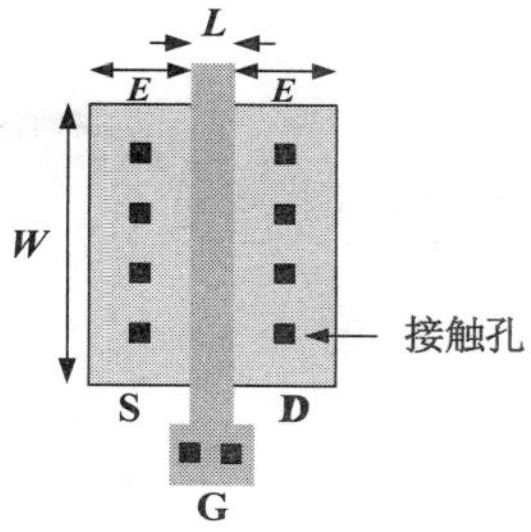

（b）版图设计实例

图 2.26 CMOS 器件的版图设计

2.3.4 工作原理

本节将以 NMOS 器件为例，说明 CMOS 器件的工作原理。根据 CMOS 器件的外部连接电压（通常称为偏置电压）的不同，其工作状态通常可分为三个工作区，即截止区、线性区和饱和区。

1）截止区（Cutoff Region）

由图 2.27（a）可以看出，NMOS 器件的衬底与漏/源区之间可以看作两个背对背的 pn 结。当 NMOS 的四个端子全部接零电位时，源-漏极之间不会有载流子流动。当栅极电位从零电位开始逐渐增大，而其他端子全部接零电位时，如图 2.27（b）所示，栅极正电位排斥 p 型衬底中的空穴，使 p 型衬底的表面只剩下不能移动的负电荷（带负电荷的固定离子），因此形成所谓的耗尽层（Depletion Region）。由于耗尽层中没有可移动的载流子，源-漏极之间不会有电流形成，此时我们称管子工作在截止区。另外，由于栅氧化层薄膜（绝缘层）的存在，栅极电流始终为零。

2）线性区（Linear Region）

随着栅极正电压进一步增大，一方面耗尽层增宽，另一方面，p 型衬底中的少数载流子——自由电子被吸引到 p 型衬底的表面，在栅氧化层薄膜的下面形成了一个自由电子薄层，称为反型层（Inversion Region），如图 2.27（c）所示。反型层的形成意味着源-漏极之间有了一个导电沟道（将源极和漏极连接起来的通道）。此时，如果在漏极加上正电压，电子便会从源极流向漏极，形成导通电流，我们称管子处于导通状态。形成导电沟道时所对应的栅极电压称为管子的阈值电压（通常用 V_{TH} 表示）。随着栅-源电压 V_{GS} 进一步增加，导电沟道的宽度变宽，导通电流增加；另外随着漏-源电压 V_{DS} 增加，导通电流也增加，此时导电沟道表现出电阻的性质，其导通电流与栅-源电压 V_{GS} 和漏-源电压 V_{DS} 成正比，我们称管子工作在深度线性区。

当在漏-源极之间加上正电压 V_{DS} 后，由于导电沟道存在一定的电阻，源-漏极之间的导电沟道上产生电压差，即从源极的零电位逐渐升高到漏极的 V_{DS}，导致栅极与 p 型衬底表面各点之间的电压差将沿着源-漏极的方向逐渐减小。由于栅极吸引 p 型衬底中的自由电子的能力沿着源-漏极方向逐渐减弱，此时形成的导电沟道就不像图 2.27（c）那样均匀，而是如图 2.27（d）所示，导电沟道的宽度从源极到漏极逐渐减小，呈锥形。但只要漏-源电压 V_{DS} 满足 $V_{DS} < V_{GS} - V_{TH}$（$V_{GD} > V_{TH}$），导电沟道就是连续的，因此继续表现出电阻的性质，我们称此时管子工作在线性区。

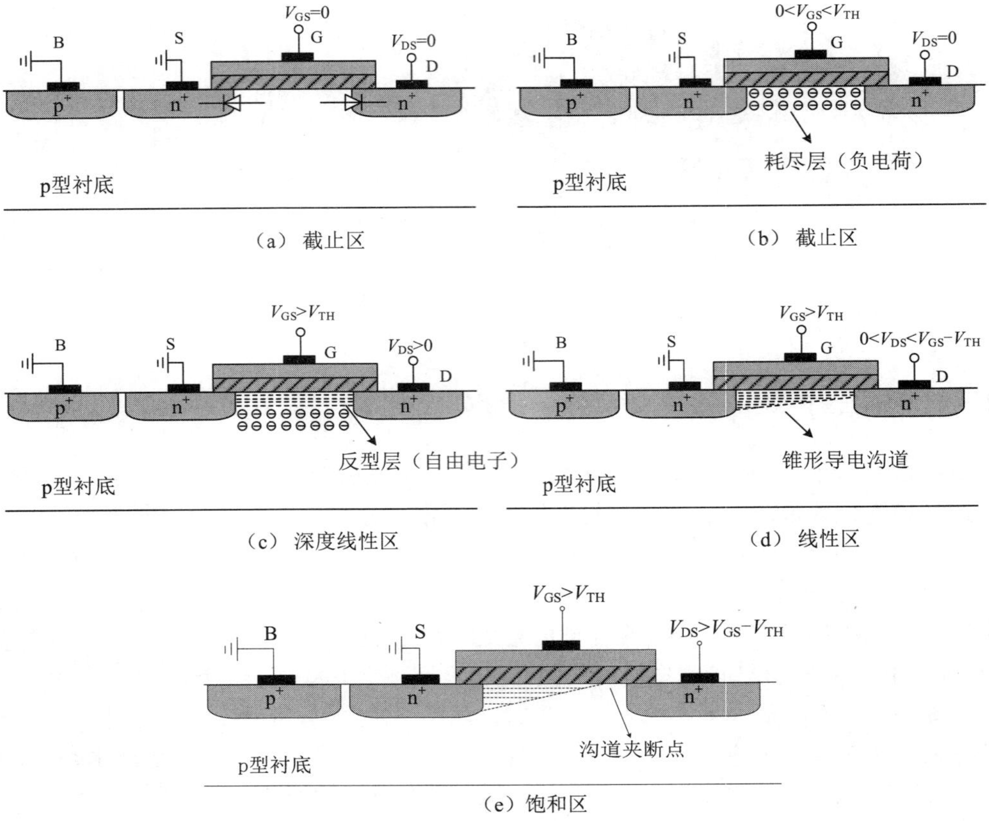

图 2.27　NMOS 管的工作原理

3）饱和区（Saturation Region）

随着漏-源电压 V_{DS} 进一步增加，当 $V_{DS}>V_{GS}-V_{TH}$ 时，导电沟道在靠近漏极处被夹断，如图 2.27（e）所示。这是由于，在靠近漏极处，栅极与 p 型衬底表面之间的电压差小于阈值电压（$V_{GS}-V_{DS}<V_{TH}$ 或 $V_{GD}<V_{TH}$），因此该处不足以形成反型层，且漏-源电压 V_{DS} 越大，导电沟道的夹断点越往源极方向移动。虽然导电沟道在漏极附近被夹断，但是由于电子漂移的机能，自由电子在漏极正电压的作用下流到漏极，继续形成导通电流。但导通电流不再随着漏-源电压增加而增加，而是基本保持恒定（对于给定的栅-源电压 V_{GS}），这是因为此时导电沟道两端的电压基本保持恒定，漏-源电压的增加量全部落在导电沟道的夹断处。此时我们称管子工作在饱和区。值得注意的是，即使在饱和区，导通电流仍然随着栅-源电压 V_{GS} 增加而增加，这是由于栅-源电压的增加将使导电沟道进一步变宽（垂直方向变深）。

4）阈值电压（Threshold Voltage）

前面我们提到，在 p 型衬底的表面形成导电沟道（反型层）时所对应的栅极电压称为阈值电压。但由于形成导电沟道是一个逐渐的过程（通常分为弱反型与强反型两个阶段），我们无法给阈值电压一个确切的数学定义。在半导体物理学中，通常将 NMOS 管的阈值电压 V_{TH} 定义为 p 型衬底表面的自由电子浓度等于其空穴浓度时的栅极电压，即

$$V_{TH} = \Phi_{MS} + 2\Phi_F + \frac{Q_{dep}}{C_{ox}} \tag{2.46}$$

式中，Φ_{MS} 是多晶硅栅和硅衬底之间的功函数之差，$\Phi_F = (kT/q)\ln(N_{sub}/n_i)$，是强反型层表面势垒，$kT/q$ 是热电压，N_{sub} 是 p 型衬底的掺杂浓度，n_i 是本征激发产生的载流子浓度。Q_{dep} 是耗尽区的电荷，C_{ox} 是单位面积的栅氧化层电容。由 pn 结的理论可知，$Q_{dep} = \sqrt{4q\varepsilon_{si}\Phi_F N_{sub}}$，$\varepsilon_{si}$ 是硅材料的相对介电常数。

由式（2.46）可知，影响阈值电压的两个重要参数是 p 型衬底的掺杂浓度 N_{sub} 和单位面积的栅氧化层电容 C_{ox}。由于 C_{ox} 与栅氧化层的厚度 t_{ox} 成反比，因此减小栅氧化层的厚度即可减小阈值电压（这是缩小 CMOS 管子尺寸的好处）。例如，对于 0.18μm 的 CMOS 工艺，t_{ox} 约为 30Å（埃米），栅氧化层电容的典型值为 9.7fF/μm^2，这个值在器件和电路计算中经常被用到。另外，随着 p 型衬底的掺杂浓度 N_{sub} 增加，NMOS 管的阈值电压相应增加，反之亦然。这是由于 p 型衬底的掺杂浓度 N_{sub} 越大，空穴的浓度越高，耗尽层的宽度越宽，为了在衬底表面形成反型层，需要更高的 V_{GS} 电压才能将自由电子吸引到衬底表面。

根据前面对阈值电压 V_{TH} 的数学定义，无法直接测量 V_{TH}。因为我们只能通过漏极是否有电流来判断器件是否导通，而无法确切地知道 V_{GS} 增大到何值时 p 型衬底表面的自由电子浓度刚好等于空穴浓度。但是，在通常的电路分析中，根据工艺厂商提供的 V_{TH} 数值，我们认为当 $V_{GS} \geqslant V_{TH}$ 时，器件会突然导通。

有时候普通 CMOS 器件的阈值电压并不能满足电路设计要求，因此需要我们对阈值电压进行调整。在 p 型衬底的导电沟道区注入杂质是常用的一种调整阈值电压的方法。如图 2.28 所示，如果在导电沟道区注入了 p$^+$型杂质，沟道区的空穴增多，那么要形成反型层所需要的栅极电压必然增大，从而达到了提高阈值电压的目的；相反，如果在导电沟道区注入了 n$^+$型杂质，则可将 NMOS 管的阈值电压变为 0 或负值（相当于在 p 型衬底的表面预埋了导电沟道），这一类型的 CMOS 器件称为耗尽型 CMOS 器件。与此相对应，将前面讨论的 CMOS 器件称为增强型 CMOS 器件。除非特别说明，本书所讨论的 CMOS 器件均为增强型 CMOS。

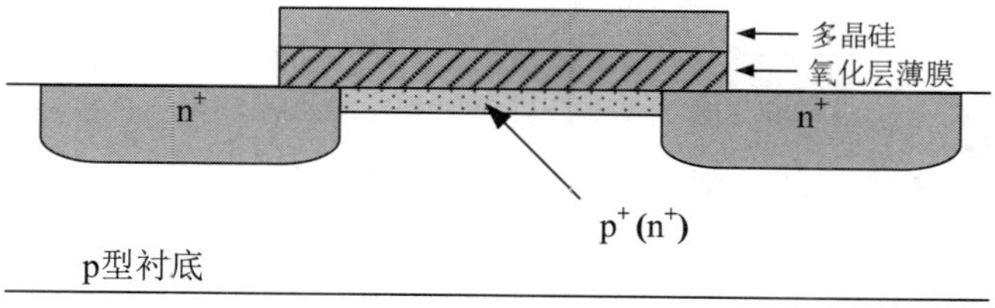

图 2.28　在导电沟道区注入 p$^+$或 n$^+$型杂质调整阈值电压

PMOS 器件的动作原理与 NMOS 器件类似，但因为它的掺杂类型与 NMOS 器件相反，其阈值电压为负值，所以在栅-源电压足够“负”的情况下，可以形成一个由空穴组成的反型层，由空穴充当载流子，使源-漏之间形成导电沟道。

2.3.5　大信号模型

前面我们定性介绍了 CMOS 器件的动作原理，下面定量分析 CMOS 器件工作在线性区和饱和区时的电压-电流关系，并给出其大信号模型。

1）NMOS 器件的电压-电流特性

我们知道，电荷定向移动形成电流。电流的定义是每秒钟通过导体截面的电荷量。假设沿电流方向的电荷密度为 Q_d(C/m)，电荷的移动速度是 v(m/s)，那么每秒通过导体截面的电荷量（电流 I ）可表示为

$$I = Q_d v \tag{2.47}$$

在 CMOS 器件中，导电沟道内的载流子移动形成了源-漏极之间的导通电流。

（1）工作在线性区。

前面分析过，对于 NMOS 管，当 $V_{GS} \geqslant V_{TH}$ 时，在 p 型衬底的表面形成了由自由电子构成的导电沟道（反型层）。由于沟道内的自由电子是由栅氧化层电容（多晶硅栅和导电沟道分别为电容的上、下极板，氧化层为电容的绝缘介质）所引起的镜像电荷，因此沟道内的自由电子密度正比于该电容两端的电压：$V_{GS}-V_{TH}$，其比例系数就是栅氧化层电容值：WLC_{ox}，其中，W 和 L 分别为栅宽和栅长，C_{ox} 是单位面积的栅氧化层电容。

前面提到，如果源-漏极之间的电压 V_{DS} 为 0，那么导电沟道的宽度及沟道内的电荷密度沿源-漏极方向是均匀分布的。此时导电沟道内的电荷密度 Q_d(C/m) 可表示为

$$Q_d = WC_{ox}(V_{GS} - V_{TH}) \tag{2.48}$$

式中，WC_{ox} 为单位沟道长度的栅氧化层电容。

当源-漏极之间的电压 V_{DS} 不为 0 时，导电沟道的宽度及沟道内的电荷密度沿源-漏极方向的分布是不均匀的（但只要工作在线性区，导电沟道就是连续的），如图 2.29 所示。

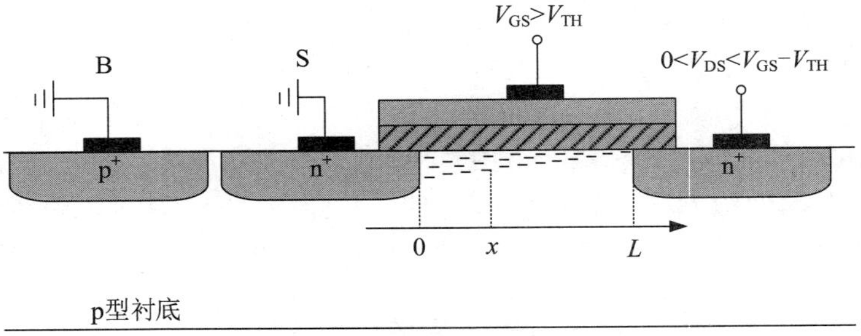

图 2.29　NMOS 工作在线性区时导电沟道内的电荷密度分布

可以将沿导电沟道各点的电势大小看作距离 x 的函数 $V(x)$ 。此时导电沟道内各点的电荷密度 Q_d(C/m) 可表示为

$$Q_d = WC_{ox}(V_{GS} - V(x) - V_{TH}) \tag{2.49}$$

由式（2.49）可知，在源极处（ x=0），$V(x)$=0，电荷密度最大；而在漏极处（ x=L），$V(x)=V_{DS}$，电荷密度最小。

下面讨论作为载流子的电子的漂移速度。电子的漂移速度 v_n （单位是 cm/s）可表示为

$$v_n = \mu_n E(x) \tag{2.50}$$

式中，μ_n 是电子的迁移率（单位是 cm²/V·s），$E(x)$ 为电子迁移方向的电场（单位是 V/cm），它可进一步表示为

$$E(x) = -\frac{dV(x)}{dx} \tag{2.51}$$

根据式（2.47）中电流的定义，并代入式（2.49）、式（2.50）和式（2.51），则源-漏极之

间的导通电流 I_D 可表示为

$$I_D = -WC_{ox}(V_{GS} - V(x) - V_{TH})[\mu_n(-\frac{dV(x)}{dx})] \tag{2.52}$$

因为载流子是电子，所以在式（2.52）中计算从漏极流向源极的电流 I_D 时引入了负号。将式（2.52）中的微分项 dx 移到左边，有

$$I_D dx = WC_{ox}\mu_n(V_{GS} - V(x) - V_{TH})dV(x) \tag{2.53}$$

对式（2.53）两侧同时积分，有

$$\int_{x=0}^{x=L} I_D dx = \int_{V(x)=0}^{V(x)=V_{DS}} WC_{ox}\mu_n(V_{GS} - V(x) - V_{TH})dV(x) \tag{2.54}$$

由于 I_D 沿导电沟道方向是常数，所以有

$$I_D = \mu_n C_{ox}\frac{W}{L}[(V_{GS} - V_{TH})V_{DS} - \frac{1}{2}V_{DS}^2] \tag{2.55}$$

式（2.55）就是 NMOS 器件工作在线性区时漏-源极电流与电压之间的关系。对于给定的工艺（$\mu_n C_{ox}$ 和 V_{TH} 不变）和管子尺寸（宽长比 W/L 不变），I_D 是漏-源电压 V_{DS} 及栅-源电压 V_{GS} 的函数。其中，$V_{GS} - V_{TH}$ 称为管子的过驱动电压（Overdrive Voltage）或有效电压（Effective Voltage），通常用 V_{eff} 表示，即 $V_{eff} \equiv V_{GS} - V_{TH}$，过驱动电压表示施加的栅-源电压中超过阈值电压的部分，它是描述 CMOS 管子工作状态的一个非常重要的参数，后面我们会经常用到它。我们先根据式（2.55）绘制出 I_D 随 V_{DS} 变化的曲线，如图 2.30 所示。图 2.30 中给出了 3 个不同 V_{GS} 电压所对应的 $I_D - V_{DS}$ 曲线（$V_{GS1} < V_{GS2} < V_{GS3}$）。

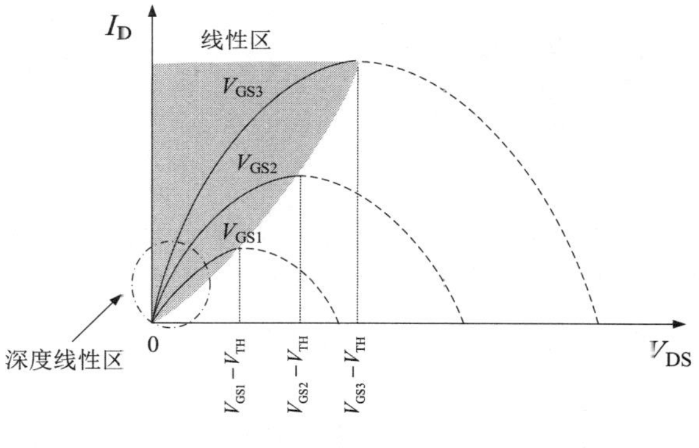

图 2.30 在线性区内（阴影部分）I_D 随 V_{DS} 变化的曲线

在式（2.55）中，如果 $V_{DS} \ll 2(V_{GS} - V_{TH})$，可以近似得到

$$I_D \approx \mu_n C_{ox}\frac{W}{L}(V_{GS} - V_{TH})V_{DS} \tag{2.56}$$

从式（2.56）中可以看出，漏极电流 I_D 是 V_{DS} 的线性函数，此时我们称管子工作在深度线性区，如图 2.30 中所指出的区域。这种线性关系说明源-漏极之间的导电沟道可以用一个线性电阻来表示，该电阻的等效电阻 R_{on} 为

$$R_{on} = \frac{V_{DS}}{I_D} = \frac{1}{\mu_n C_{ox}\frac{W}{L}(V_{GS} - V_{TH})} \tag{2.57}$$

由式（2.57）可知，可以将工作在深度线性区的 NMOS 管看作一个由过驱动电压（$V_{GS} - V_{TH}$）控制的线性电阻。过驱动电压越大，等效电阻越小。

随着 V_{DS} 增大（但仍保持 $V_{DS} < V_{GS} - V_{TH}$），管子脱离深度线性区，而进入线性区工作。在线性区，I_D 与 V_{DS} 之间的关系不再是线性关系，而是抛物线形状，如图 2.30 所示。如果对式（2.55）求偏微分，即令 $\frac{\partial I_D}{\partial V_{DS}} = 0$，则有

$$\mu_n C_{ox} \frac{W}{L}[(V_{GS} - V_{TH}) - V_{DS}] = 0 \tag{2.58}$$

由式（2.58）可知，当 $V_{DS} = V_{GS} - V_{TH}$ 时，I_D 达到抛物线的峰值，该峰值电流为

$$I_{D_{max}} = \frac{1}{2}\mu_n C_{ox} \frac{W}{L}(V_{GS} - V_{TH})^2 \tag{2.59}$$

如图 2.30 所示，对应不同的 V_{GS} 电压，I_D 与 V_{DS} 曲线的峰值均发生在 $V_{DS} = V_{GS} - V_{TH}$ 处。

由于推导式（2.55）时，假定管子工作在线性区，即 $V_{DS} < V_{GS} - V_{TH}$。因此，在图 2.30 所示的 I_D 随 V_{DS} 变化的曲线中，只有阴影部分有效，当 $V_{DS} > V_{GS} - V_{TH}$ 时，管子进入饱和区，式（2.55）不再适用，其 I_D 与 V_{DS} 的关系将在后面给出。

（2）工作在饱和区。

根据前面的分析可知，当 $V_{DS} \geqslant V_{GS} - V_{TH}$ 时，管子工作在饱和区。此时，导电沟道在靠近漏极处被夹断，如图 2.31 所示。

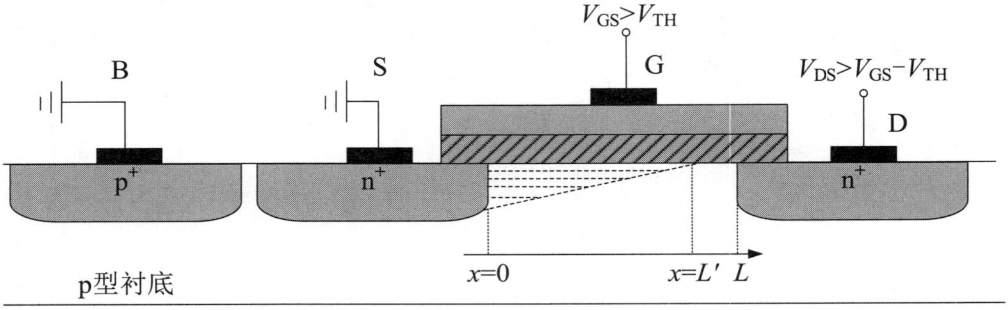

图 2.31　NMOS 工作在饱和区时导电沟道内的电荷密度分布

根据式（2.49），导电沟道中某点 x 处的电荷密度 Q_d 正比于 $V_{GS} - V(x) - V_{TH}$。参照图 2.31，在 $x = L'$ 处，导电沟道被夹断，这是由于该点处的 $V(x) = V_{GS} - V_{TH}$，因此电荷密度变为零。而在被夹断的沟道区间[L', L]中，由于各点电势 $V(x)$ 都足够大，使得 $V_{GS} - V_{TH} - V(x) \leqslant 0$，因此在这一区间内无法形成反型层，即电荷密度都为零。

对于工作在饱和区的 NMOS 管，在式（2.54）的积分中，左侧的积分区间应该从 $x = 0$ 到 $x = L'$，右侧的积分区间则应该从 $V(x) = 0$ 到 $V(x) = V_{GS} - V_{TH}$，因此有下面的结果

$$I_D = \frac{1}{2}\mu_n C_{ox} \frac{W}{L'}(V_{GS} - V_{TH})^2 \tag{2.60}$$

式（2.60）就是 NMOS 工作在饱和区时漏-源电流 I_D 与栅-源电压 V_{GS} 之间的关系。如果 L' 近似等于 L，那么我们认为 I_D 与 V_{DS} 无关。对于给定的工艺（$\mu_n C_{ox}$ 和 V_{TH} 不变）和管子尺寸（宽长比 W/L 不变），I_D 与管子的过驱动电压（$V_{GS} - V_{TH}$）的平方成正比。

根据式（2.60），可以绘制出 NMOS 工作在饱和区时 I_D 随 V_{DS} 变化的曲线，如图 2.32 所示，图 2.32 中给出了 3 个不同 V_{GS} 电压所对应的曲线（$V_{GS1} < V_{GS2} < V_{GS3}$）。注意，这里假定 L' 近似等于 L，因此 I_D 与 V_{DS} 无关。从图 2.32 中可以看出，以过驱动电压（$V_{GS} - V_{TH}$）为分界

线，左边部分为线性工作区，而右边部分为饱和工作区。另外，由式（2.59）和式（2.60）也可以看出，工作在线性区时的 I_D 峰值电流与工作在饱和区时的 I_D 电流完全相同，因此线性区和饱和区在过驱动电压（$V_{GS}-V_{TH}$）处相衔接。

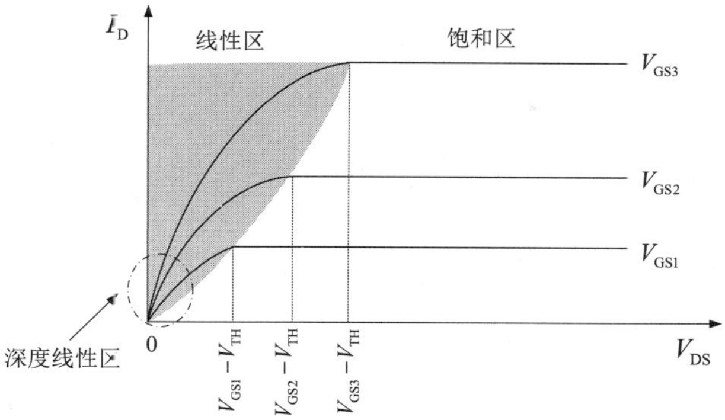

图 2.32 NMOS 工作在饱和区时 I_D 随 V_{DS} 变化的曲线

2）PMOS 器件的电压-电流特性

前面我们讨论的是 NMOS 器件，对于 PMOS 器件，我们也可以根据类似的推导过程得到其工作在线性区和饱和区时的电压-电流关系，分别如式（2.61）和式（2.62）所示

$$I_D=\mu_p C_{ox}\frac{W}{L}[(V_{GS}-V_{TH})V_{DS}-\frac{1}{2}V_{DS}^2] \tag{2.61}$$

$$I_D=\frac{1}{2}\mu_p C_{ox}\frac{W}{L'}(V_{GS}-V_{TH})^2 \tag{2.62}$$

值得注意的是，与 NMOS 器件相反，这里 PMOS 器件的漏极电流从源极流向漏极（与空穴的移动方向相同），且 V_{DS}、V_{GS}、V_{TH} 及（$V_{GS}-V_{TH}$）均为负值。另外，PMOS 工作在线性区和饱和区的条件分别是 $V_{DS}>V_{GS}-V_{TH}$ 和 $V_{DS}<V_{GS}-V_{TH}$。如果用绝对值表示，则上述条件分别是 $|V_{DS}|<|V_{GS}|-|V_{TH}|$ 和 $|V_{DS}|>|V_{GS}|-|V_{TH}|$。

由于空穴的迁移率 μ_p 是电子的迁移率 μ_n 的 1/4～1/2，在管子尺寸相同的情况下，NMOS 器件较 PMOS 器件具有较大的电流能力。在 NMOS 管中，多子是自由电子，导电沟道中的自由电子就像直达的快速列车，在 V_{DS} 电压的作用下，自由电子从源极直达漏极。而在 PMOS 管中，多子是空穴，导电沟道中的空穴就像每站都停的普通列车，空穴的运动是共价键中的电子依次填补空穴，它不如自由电子灵活，所以其漂移速度慢。空穴的移动实际上是一连串自由电子的接力移动，而不是从源极到漏极的直达移动。因此，电子的迁移率大于空穴的迁移率。

3）跨导（Transconductance）

由以上分析可知，当 CMOS 器件工作在饱和区时，漏极电流的大小取决于过驱动电压，因此可以将 CMOS 器件看作一个受栅-源电压 V_{GS} 控制的电流源。为了便于分析，我们引入“跨导”的概念，它可以表征 CMOS 器件将电压变化转换为电流变化的能力。跨导用 g_m 来表示，可以将其直观地理解为漏极电流变化量与栅-源电压变化量的比值。根据式（2.60）可以绘制出在饱和区内的 I_D-V_{GS} 曲线，如图 2.33 所示，呈抛物线形状。另外，跨导 g_m 是 I_D-V_{GS} 曲线在任意点的斜率，显然，g_m 随 I_D 增加而增大。

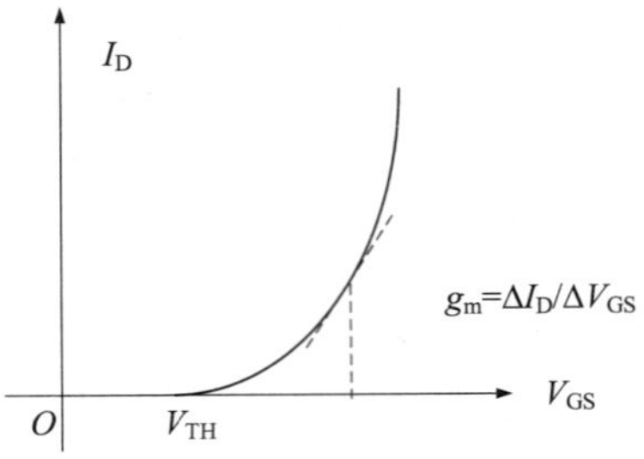

图 2.33 在饱和区内的 $I_D \sim V_{GS}$ 曲线

由式（2.60）可以得到工作在饱和区时 NMOS 器件的跨导 g_m

$$g_m = \left.\frac{\partial I_D}{\partial V_{GS}}\right|_{V_{DS}} \tag{2.63}$$

$$g_m = \mu_n C_{ox} \frac{W}{L}(V_{GS} - V_{TH}) \tag{2.64}$$

这里假定 L' 近似等于 L 。式（2.64）给出的 g_m 值恰好等于工作在深度线性区时的等效电阻 R_{on} 的倒数。g_m 的数值反映了 CMOS 器件的灵敏度，对于比较大的 g_m，较小的栅-源电压变化就能引起漏极电流很大的变化。根据式（2.64）和式（2.60），g_m 也可以表示为其他形式，即

$$g_m = \sqrt{2\mu_n C_{ox} \frac{W}{L} I_D} \tag{2.65}$$

$$g_m = \frac{2I_D}{V_{GS} - V_{TH}} \tag{2.66}$$

根据式（2.64）～式（2.66），可以分别绘制出 g_m 的变化曲线，如图 2.34 所示。由图 2.34（a）、图 2.34（b）可知，如果管子的宽长比 W/L 不变，那么 g_m 随过驱动电压或漏极电流增加而增大（I_D 增大的缘故）。而由图 2.34（c）可知，如果漏极电流保持不变，那么 g_m 随过驱动电压增加而减小。这是因为，为了保持漏极电流不变，在增加过驱动电压的同时要相应地减小宽长比 W/L，且宽长比 W/L 的减小量大于过驱动电压的增加量（这是由于漏极电流与宽长比成线性关系，而与过驱动电压成平方关系），从而导致 g_m 减小（跨导与宽长比和过驱动电压均成线性关系）。

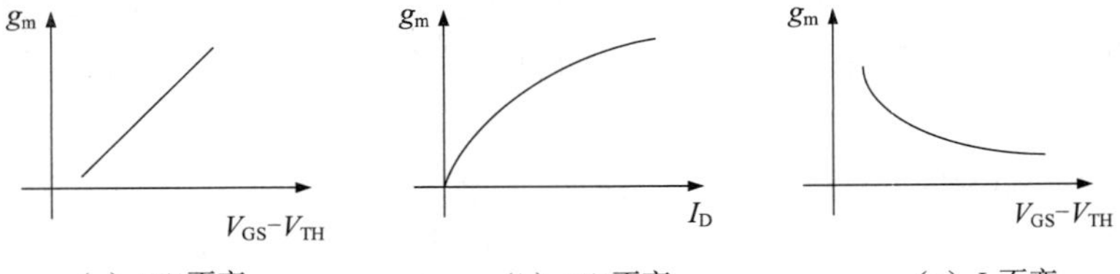

图 2.34 CMOS 的跨导随过驱动电压和漏极电流的变化

假设宽长比 W/L 增加为 $K(W/L)$（K>1），为了保持 I_D 不变，则（$V_{GS}-V_{TH}$）需相应减小为 $(V_{GS}-V_{TH})/\sqrt{K}$，此时，g_m 变为 $\sqrt{K}g_m > g_m$，因此 g_m 增大。相反，如果（$V_{GS}-V_{TH}$）增加为 K（$V_{GS}-V_{TH}$）（K>1），为了保持 I_D 不变，则 W/L 需相应减小为$(W/L)/K^2$，此时 g_m 变为

$g_m / K < g_m$，因此 g_m 减小。由以上分析可以得出结论：在 I_D 一定的前提下，增加管子的宽长比 W/L，并相应减小过驱动电压（$V_{GS} - V_{TH}$），可使 g_m 增大。

2.3.6　二级效应

我们在上一节讨论 CMOS 器件的电压-电流关系时，为了突出 CMOS 的基本特性，暂时忽略了它们的一些二级效应，包括体效应、沟道长度调制效应及亚阈值导电性。这些二级效应对模拟 CMOS 集成电路的设计非常重要。

1）体效应（Body Effect）

体效应是一种影响 CMOS 器件的阈值电压 V_{TH} 大小的二级效应。在式（2.46）中，我们给出了阈值电压的计算公式，可以注意到，阈值电压的大小与耗尽区电荷总数 Q_{dep} 有关。在前面对 NMOS 器件的分析中，我们假定源极和衬底都接到了地电位（V_{SB}=0）。如果衬底的电位低于源极电位会出现什么情况呢？此时源/漏区与 p 型衬底之间的 pn 结依然处于反向偏置状态，器件可以正常工作，但是其阈值电压将增大，这种现象称为体效应。

为了分析方便起见，我们假定源极和漏极都接零电位，而衬底电位低于零电位，如图 2.35 所示。由于衬底电位 V_B 变得更“负”，更多的空穴将被 V_B 吸引，离开 p 型衬底的表面，而留下更多的负电荷，使耗尽区变宽。由于负电荷对自由电子具有排斥力，此时为了在沟道内形成反型层，必须增加 V_{GS} 电压，因此阈值电压将增大。由式（2.46）也可以看出，耗尽区电荷 Q_{dep} 增加将导致阈值电压 V_{TH} 升高。

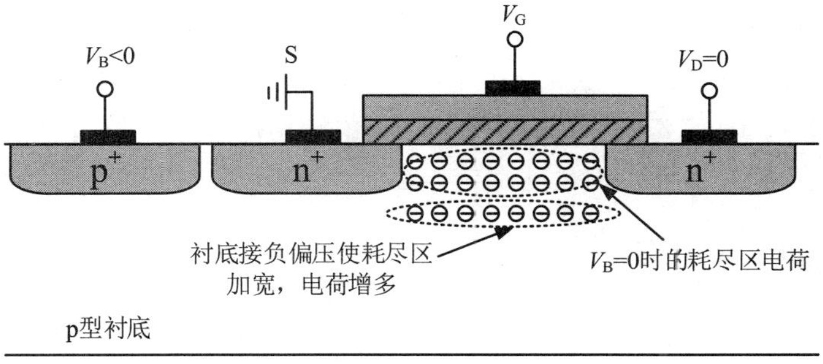

图 2.35　NMOS 器件的体效应形成原理

考虑体效应后，NMOS 器件的阈值电压可表示为

$$V_{TH} = V_{TH0} + \gamma(\sqrt{V_{SB} + 2\Phi_F} - \sqrt{2\Phi_F}) \tag{2.67}$$

式中，V_{TH0} 由式（2.46）得到，它是不存在体效应（V_{SB}=0）时的阈值电压；$\gamma = \sqrt{2q\varepsilon_{si}N_{sub}} / C_{ox}$ 为体效应系数（单位是 $V^{1/2}$），反映了体效应对阈值电压的影响程度，其典型值为 $0.3V^{1/2}$ ～ $0.4V^{1/2}$；V_{SB} 是源极和衬底之间的电压（$V_{SB} \geqslant 0$）；$2\Phi_F$ 的典型值为 0.7V。由式（2.67）可知，当 V_{SB}=0 时，$V_{TH} = V_{TH0}$，即不存在体效应。

对于 PMOS 器件，如果衬底的电位高于源极电位（$V_{BS} \geqslant 0$），则考虑体效应后的阈值电压可表示为

$$V_{TH} = V_{TH0} + \gamma(\sqrt{V_{BS} + 2\Phi_F} - \sqrt{2\Phi_F}) \tag{2.68}$$

式中，V_{TH0} 是不存在体效应（V_{BS}=0）时的阈值电压（注意，V_{TH0} 为负值）；体效应系数

$\gamma = -\sqrt{2q\varepsilon_{si}P_{sub}} / C_{ox}$，其中，$P_{sub}$ 是形成 PMOS 器件的 n 阱的掺杂浓度，γ 的典型值为$-0.5V^{1/2}$；$2\varPhi_F$ 的典型值为 0.8V。

2）沟道长度调制效应（Channel-length Modulation Effect）

在前面的分析中，我们给出了 CMOS 器件工作在饱和区时的电压–电流关系，如式（2.60）和式（2.62）所示。如果认为实际导电沟道长度 L' 近似等于栅长 L，则漏极电流 I_D 与漏–源电压 V_{DS} 无关。现在我们分析当 L' 不等于 L 时 I_D 与 V_{DS} 之间的关系。

令 $\Delta L = L - L'$，它表示栅长 L 与实际导电沟道长度 L' 之间的差值，即导电沟道被夹断的长度。由前面的分析可知，对于 NMOS 器件，漏–源电压 V_{DS} 越大，导电沟道的夹断点越靠近源极方向，即 L' 越小，ΔL 越大，这一现象称为沟道长度调制效应。为了分析方便起见，我们假定沟道长度的相对变化量 $\Delta L / L$ 正比于 V_{DS}，令

$$\Delta L / L = \lambda V_{DS} \tag{2.69}$$

函数 $f(x) = 1/x$ 在 x_0 处的泰勒近似展开为

$$f(x) \approx f(x_0) + \Delta x f'(x_0) = \frac{1}{x_0} - \Delta x \frac{1}{x_0^2} \tag{2.70}$$

令 $x = L' = L - \Delta L$，则 $1/L'$ 在 L 处的泰勒近似展开为

$$\frac{1}{L'} \approx \frac{1}{L}(1 + \frac{\Delta L}{L}) = \frac{1}{L}(1 + \lambda V_{DS}) \tag{2.71}$$

将式（2.71）代入式（2.60）即可得到 NMOS 工作在饱和区时的电压–电流关系

$$I_D = \frac{1}{2}\mu_n C_{ox} \frac{W}{L}(V_{GS} - V_{TH})^2 (1 + \lambda V_{DS}) \tag{2.72}$$

式中，λ 称为沟道长度调制系数（单位是 V^{-1}）。可以看出，工作在饱和区时，$I_D - V_{DS}$ 曲线呈现非零斜率，如图 2.36 所示。λ 值越大，沟道长度调制效应越明显。沟道长度调制效应的物理含义是：在饱和区，随着 V_{DS} 电压逐渐增加，导电沟道的实际长度逐渐缩小，其沟道的等效电阻也相应减小，但是由于导电沟道两端的电压在饱和区基本维持不变（增加的 V_{DS} 电压全部降落在夹断区），因此漏极电流逐渐增大。

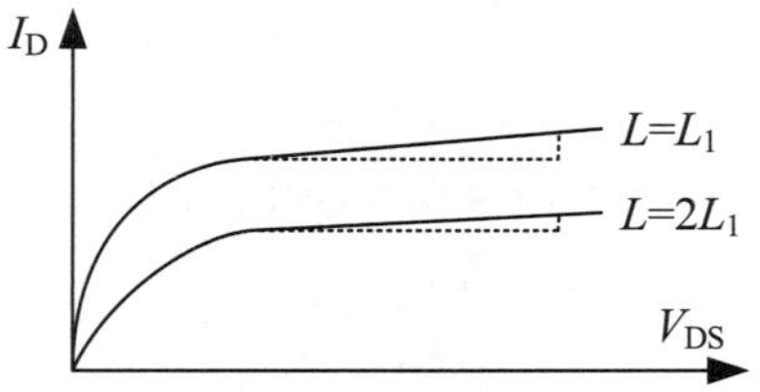

图 2.36　沟道长度调制效应对漏极电流的影响（栅长 L 不同）

由式（2.69）可知，λ 是表征由 V_{DS} 的增量引起的沟道长度相对变化量 $\Delta L / L$ 的参数，因此，对于栅长 L 较大的 CMOS 器件，其 λ 值较小。在图 2.36 中，给出了栅长 L 不同的两条 $I_D - V_{DS}$ 曲线，随着栅长 L 增加，沟道长度调制效应减弱（$I_D - V_{DS}$ 曲线的斜率变小），但漏极电流相应减小，为了保持同样的漏极电流，必须相应增大栅宽 W（保持管子的宽长比 W / L 不变）。

由式（2.72）可知，当 CMOS 器件工作在饱和区时，漏极电流的大小不仅取决于过驱动电压，还和 V_{DS} 有关。但是，如果把工作在饱和区的 CMOS 器件看作一个等效电流源，其电

流大小主要受栅-源电压 V_{GS} 的控制，而 λ 的存在只导致该等效电流源的输出电阻由无穷大变为有限值，因此通常认为沟道长度调制效应是 CMOS 器件的一个“缺陷”。在后面的 CMOS 放大器分析中可知，λ 的大小影响放大器的增益。

为了说明沟道长度调制系数 λ 与栅长 L 之间的关系，图 2.37 中给出了在 0.18μm CMOS 工艺条件下 λ 随栅长 L 的变化曲线（仿真结果）。可以看出，当 L 大于 0.7μm（$4L_{min}$）时，λ 趋于平缓变化。因此，在模拟 CMOS 集成电路中，通常不使用工艺允许的最小栅长 L_{min}，而一般取 $L=(4\sim8)L_{min}$，以减小 λ 值，提高放大器的增益。

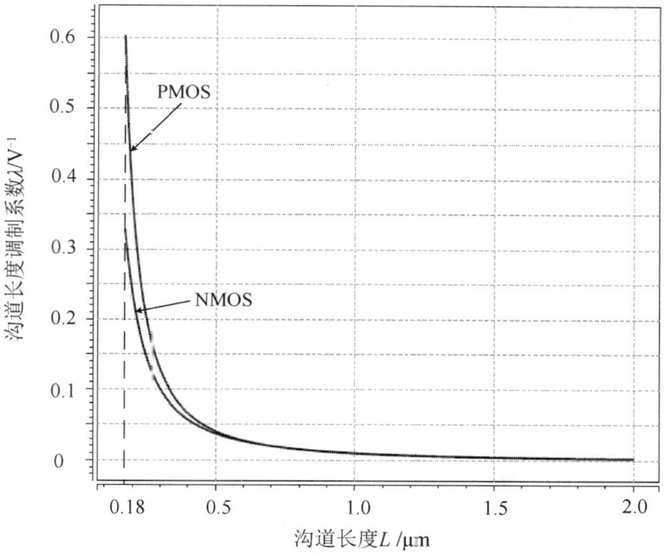

图 2.37　λ 随栅长 L 的变化趋势（0.18μm CMOS 二艺）

3）亚阈值导电性（Sub-threshold Operation）

在前面的各种分析中，都假定当 $V_{GS}<V_{TH}$ 时，CMOS 器件会立刻关断。事实上，当 $V_{GS}<V_{TH}$ 时，在 p 型衬底的表面仍然存在一个弱反型层，此时如果 V_{DS} 不为 0，则漏-源极之间会存在一个小的电流，这一效应称为亚阈值导电性，此时我们称器件工作在弱反型区（Weak Inversion Region）或亚阈值区（Sub-threshold Region）。当 V_{DS} 大于 200mV 时，其漏极电流 I_D 与 V_{GS} 成指数关系，可近似表示为

$$I_{\mathrm{D}} \approx \frac{W}{L} I_{\mathrm{D0}} \exp\left(\frac{V_{\mathrm{GS}}}{nV_T}\right) \tag{2.73}$$

式中，n 是亚阈值斜率因子（$1<n<3$），$V_T=kT/q$，是热电压，I_{D0} 是常数，约为 20nA。

亚阈值导电现象使得 CMOS 器件在 V_{GS} 很小时也不能彻底关断，存在漏电现象，导致 CMOS 电路存在功率损耗及模拟量（电压或电流）信息丢失等现象。但另一方面，在模拟 CMOS 集成电路中，利用 CMOS 器件的亚阈值导电性可实现低电压、低功耗设计。例如，用于驱动电阻性负载的大尺寸 CMOS 管（如 LDO 中的输出电压调节管），为了减小静态时的功耗，当空载或负载电流较小时，其工作在亚阈值导电区，只有当负载电流较大时，才工作在饱和区。另外，我们也可以将管子偏置在亚阈值导电区，构成低功耗放大器（见第 5 章 5.6 节微功耗运算放大器）。

2.3.7 小信号模型

前面我们介绍了 CMOS 器件的电压-电流关系（包括二级效应），这些关系也称为 CMOS 器件的大信号模型，它们对于任意的有效电压或电流值都是适用的（所谓“有效”，是指推导出该关系式的前提条件）。正如前面所分析的那样，根据 CMOS 管子的偏置电压不同，可以将其工作状态分为截止区、饱和区及线性区三个区域，每个区域对应不同的电压-电流关系。

在模拟 CMOS 集成电路中，CMOS 器件的主要功能是实现对交流小信号的放大。为了实现最大的放大倍数，通常要求 CMOS 器件工作在饱和区，这可通过设计合适的直流偏置电路来保证。由于拟放大的输入信号的幅度与静态工作点相比非常小，输入信号的加入不会影响 CMOS 器件的直流工作状态，此时我们可以将 CMOS 器件的特性在静态工作点附近进行线性近似，从而简化分析和计算。该线性近似称为 CMOS 器件的小信号模型，可以用它来分析 CMOS 器件的一系列小信号特性，如电压放大倍数及输入输出电阻等。注意，小信号模型的参数与静态工作点的位置有关，只有在确定了器件的静态工作点以后才能计算相应的小信号模型参数。

由于模拟 CMOS 器件通常工作在饱和区，下面我们重点分析工作在饱和区时的小信号模型。在式(2.72)中已经给出了 NMOS 工作在饱和区时的电压-电流关系(已考虑了二级效应)，为了方便起见，我们将它重写在这里

$$I_D = \frac{1}{2}\mu_n C_{ox}\frac{W}{L}(V_{GS}-V_{TH})^2(1+\lambda V_{DS}) \tag{2.74}$$

由式（2.74）可知，漏极电流 I_D 与电压 V_{GS}、V_{SB} 及 V_{DS} 均有关系，其中，V_{SB} 的变化通过体效应引起 V_{TH} 的变化。为了将式（2.74）所示的电压-电流关系在静态工作点附近进行线性近似，我们引入以下三个微分参数，分别表示 V_{GS}、V_{SB} 及 V_{DS} 对漏极电流 I_D 的控制关系，它们都具有电导的性质，且与静态工作点的位置有关。

（1）g_m：我们在前面已经给出了跨导 g_m 的定义，它表示由栅-源电压 V_{GS} 的变化引起的漏极电流 I_D 的变化（此时 V_{DS} 与 V_{SB} 为常数），是漏极电流的主要分量，其定义为

$$g_m = \left.\frac{\partial I_D}{\partial V_{GS}}\right|_{V_{DS},V_{SB}} \tag{2.75}$$

将式（2.74）代入式（2.75），可得 g_m 的表达式如下

$$g_m = \mu_n C_{ox}\frac{W}{L}(V_{GS}-V_{TH})(1+\lambda V_{DS}) \tag{2.76}$$

（2）g_{mb}：V_{SB} 的变化通过体效应引起 V_{TH} 的变化，最终导致漏极电流 I_D 发生变化。为了表示由源-衬电压 V_{SB} 的变化引起的漏极电流 I_D 的变化（此时 V_{GS} 与 V_{DS} 为常数），即反映体效应对 I_D 的影响，引入 g_{mb}，它的定义如下

$$g_{mb} = \left.\frac{\partial I_D}{\partial V_{SB}}\right|_{V_{DS},V_{GS}} \tag{2.77}$$

将式（2.74）代入式（2.77），可得

$$g_{mb} = \mu_n C_{ox}\frac{W}{L}(V_{GS}-V_{TH})(1+\lambda V_{DS})(-\frac{\partial V_{TH}}{\partial V_{SB}}) \tag{2.78}$$

由式（2.67）可知

$$\frac{\partial V_{\text{TH}}}{\partial V_{\text{SB}}}=\frac{\gamma}{2}\frac{1}{\sqrt{V_{\text{SB}}+2\Phi_{\text{F}}}} \tag{2.79}$$

将式（2.79）代入式（2.78）可得

$$g_{\text{mb}}=-\mu_{\text{n}}C_{\text{ox}}\frac{W}{L}(V_{\text{GS}}-V_{\text{TH}})(1+\lambda V_{\text{DS}})\left(\frac{\gamma}{2\sqrt{V_{\text{SB}}+2\Phi_{\text{F}}}}\right)=-g_{\text{m}}\frac{\gamma}{2\sqrt{V_{\text{SB}}+2\Phi_{\text{F}}}} \tag{2.80}$$

由式（2.80）可知，正如我们所预料的那样，g_{mb} 与体效应系数 γ 成正比，同时，式中的负号表示 g_{mb} 为负值，即源-衬电压 V_{SB} 增加时漏极电流 I_{D} 相应减小。同时由式（2.80）可知，随着 V_{SB} 增加，g_{mb} 将相应减小，即体效应对漏极电流 I_{D} 的影响将减弱。

（3）g_{ds}：g_{ds} 表示由漏-源电压 V_{DS} 的变化引起的漏极电流 I_{D} 的变化（此时 V_{GS} 与 V_{SB} 为常数），它反映了沟道长度调制效应对 I_{D} 的影响，其定义为

$$g_{\text{ds}}=\left.\frac{\partial I_{\text{D}}}{\partial V_{\text{DS}}}\right|_{V_{\text{GS}},V_{\text{SB}}} \tag{2.81}$$

将式（2.74）代入式（2.81），可得 g_{ds} 的表达式如下

$$g_{\text{ds}}=\frac{1}{2}\mu_{\text{n}}C_{\text{ox}}\frac{W}{L}(V_{\text{GS}}-V_{\text{TH}})^2\lambda\approx\lambda I_{\text{D}} \tag{2.82}$$

由于 g_{ds} 表示漏-源电压 V_{DS} 与漏极电流 I_{D} 之间的关系，因此可以将 g_{ds} 看作漏-源极之间的一个线性电阻 r_{ds}，即

$$r_{\text{ds}}=\frac{1}{g_{\text{ds}}}=\frac{1}{\partial I_{\text{D}}/\partial V_{\text{DS}}}\approx\frac{1}{\lambda I_{\text{D}}} \tag{2.83}$$

r_{ds} 是 CMOS 管工作在饱和区时的输出电阻，它直接影响放大器的电压增益。为了得到较大的 r_{ds}（有利于提高放大器的电压增益），可适当增大管子的栅长 L，以减小沟道长度调制系数 λ（这就是模拟 CMOS 集成电路中通常不使用工艺允许的最小栅长的原因）。

至此，我们建立了 CMOS 器件工作在饱和区时的小信号模型。可利用以上三个微分参数分别描述电压 V_{GS}、V_{SB} 及 V_{DS} 对漏极电流 I_{D} 的控制关系，从而得到如图 2.38 所示的 CMOS 器件工作在饱和区时的小信号模型。

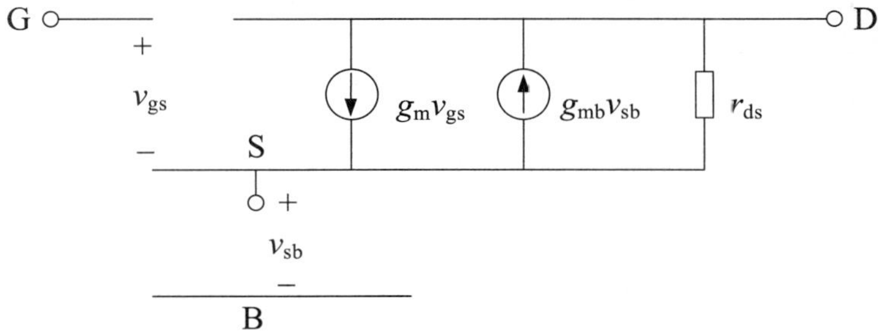

图 2.38 CMOS 器件工作在饱和区时的小信号模型

在图 2.38 中，我们认为栅-源极间的低频阻抗很大，因此栅-源极间处于开路状态。另外，由于 g_{mb} 为负值，其 $g_{\text{mb}}v_{\text{sb}}$ 电流的方向与 $g_{\text{m}}v_{\text{gs}}$ 电流的方向相反。

2.3.8 寄生电容

前面我们讨论的是 CMOS 器件的直流或低频特性，未考虑 CMOS 器件的寄生电容影响。在考察 CMOS 器件的交流小信号特性或动态特性时，必须考虑 CMOS 器件的寄生电容，因为它是影响 CMOS 集成电路高频特性（或动作速度）的主要因素。

在 CMOS 器件的 4 个端子中，任意两个端子之间都存在寄生电容，其中，源极和漏极之间的寄生电容很小，一般可以忽略不计。图 2.39 显示了 NMOS 器件的寄生电容分布。需要指出的是，源区和漏区周围的场氧（FOX，Field Oxide，SiO_2）用于在电气上隔离 CMOS 器件。另外，图 2.39 中的 P^+沟道阻断注入，用于防止两个相邻的 NMOS 管之间形成寄生 NMOS。

根据 CMOS 器件的物理结构，可把 CMOS 器件的寄生电容分为以下 4 类：①多晶硅栅和导电沟道之间的氧化层电容 C_{GC}；②导电沟道和衬底之间的耗尽层电容 C_{CB}；③多晶硅栅分别与源区和漏区之间的交叠电容 C_{GSO} 和 C_{GDO}；④源区和漏区分别与衬底之间的耗尽层电容 C_{SB} 和 C_{DB}。

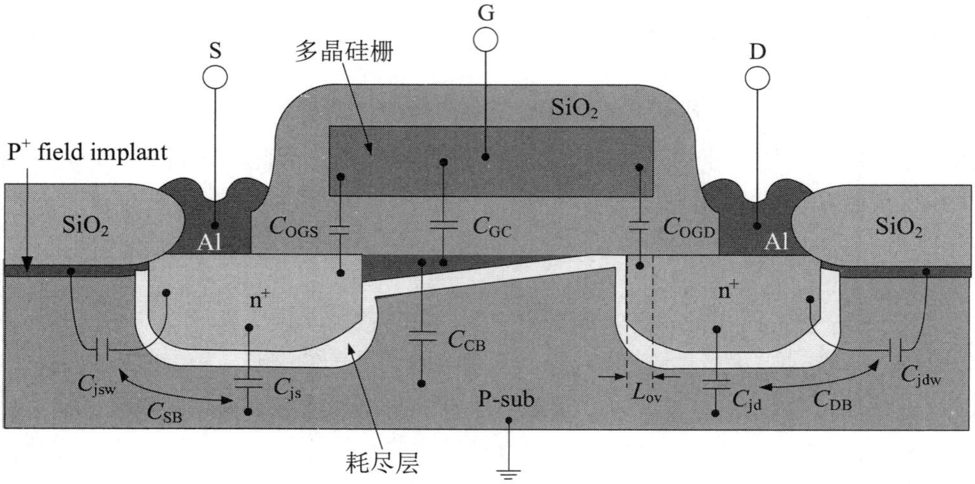

图 2.39 NMOS 器件的寄生电容分布

下面我们分别讨论这些寄生电容的形成机理及其计算方法。

1）多晶硅栅和导电沟道之间的氧化层电容 C_{GC}

假定在栅氧化层的下面存在导电沟道（如管子工作在线性区或饱和区时），则形成了以多晶硅栅和导电沟道分别为上、下极板的平板电容，栅氧化层作为该电容的绝缘介质。氧化层电容 C_{GC} 可表示为

$$C_{GC} = WL_{equ}C_{ox} \tag{2.84}$$

式中，W 为栅宽，L_{equ} 为导电沟道的等效长度（管子工作在线性区和饱和区时，导电沟道的等效长度不同），WL_{equ} 为平板电容的等效面积，C_{ox} 是单位面积的栅氧化层电容（其大小与栅氧化层的厚度 t_{ox} 成反比）。氧化层电容 C_{GC} 在 CMOS 器件的所有寄生电容中电容值最大。

2）导电沟道和衬底之间的耗尽层电容 C_{CB}

由于导电沟道是由自由电子形成的反型层，它与 p 型衬底之间存在耗尽层电容 C_{CB}，其大小可表示为

$$C_{CB} = WL\sqrt{q\varepsilon_{si}N_{sub}/(4\Phi_F)} \tag{2.85}$$

3）多晶硅栅分别与源区和漏区之间的交叠电容 C_{GSO} 和 C_{GDO}

由于在 CMOS 制造过程中存在源/漏区的横向扩散现象，多晶硅栅分别与源区和漏区之间发生部分重叠（中间介质为栅氧化层），因此分别形成交叠电容 C_{GSO} 和 C_{GDO}，它们可表示为

$$C_{GSO} = C_{GDO} = WL_{ov}C_{ox} = WC_{ov} \tag{2.86}$$

式中，L_{ov} 是多晶硅栅与源区或漏区重叠部分的等效长度，由于边缘电力线的不均匀分布，L_{ov} 与重叠部分的实际尺寸略有不同，需要通过复杂的电磁场计算才能得到，通常取一个经验性参数。$C_{ov} = L_{ov}C_{ox}$，表示单位栅宽的交叠电容。

4）源/漏区分别与衬底之间的耗尽层电容 C_{SB} 和 C_{DB}

这是 n^+源/漏区和 p 型衬底之间的反向偏置 pn 结的耗尽层电容。源/漏区与衬底之间的耗尽层电容由两部分组成，如图 2.40 所示。一部分是源/漏区的底部面积与衬底之间形成的底部电容 C_j；另一部分是源/漏区的边墙与周围 p^+场注入（p^+ Field Implant，也称为沟道阻断注入）之间形成的侧壁电容（C_{jsw}）。这里应指出的是，由于源区的右侧边墙与导电沟道相接，漏区的左侧边墙与 p 型衬底相接，因此与其他三个边墙相比，它们所形成的耗尽层电容较小，可忽略不计（这是由于 p^+场注入与 n^+源/漏区之间的三个边墙是重掺杂 pn 结，具有较窄的耗尽层和较大的耗尽层电容），因此在考虑侧壁电容时，通常只计算与 p^+场注入相接的三个边墙对 C_{jsw} 的贡献。

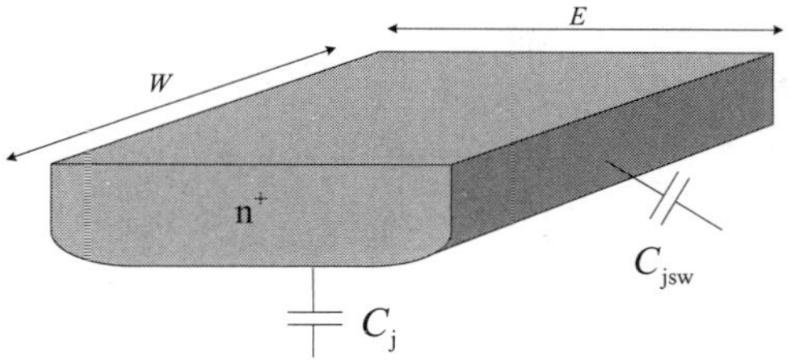

图 2.40　源/漏区与衬底之间的耗尽层电容

下面首先分析源区与衬底之间的耗尽层电容 C_{SB}。对于源区的底部面积和衬底之间形成的底部电容 C_j，其电容值可表示为

$$C_j = A_sC_{js} = WEC_{js} \tag{2.87}$$

式中，$A_s = WE$，为源区的底部面积（结面积），C_{js} 为单位面积的耗尽层电容，可表示为

$$C_{js} = \frac{C_{j0}}{\sqrt{1+V_{SB}/\Phi_0}} \tag{2.88}$$

式中，V_{SB} 是源区与衬底之间的反向偏置电压，C_{j0} 是 V_{SB}=0 时的单位面积耗尽层电容，Φ_0 为 pn 结的内建电势。

对于源区的三个边墙和 p^+场注入之间形成的侧壁电容 C_{jswt}，可表示为

$$C_{jswt} = P_SC_{jsw} = (W+2E)C_{jsw} \tag{2.89}$$

式中，$P_S = W + 2E$，是源区与 p^+场注入相接的三个边墙的周长，C_{jsw} 为单位边墙长度的耗尽

层电容，可表示为

$$C_{\text{jsw}} = \frac{C_{\text{jsw}0}}{\sqrt{1+V_{\text{SB}}/\Phi_0}} \tag{2.90}$$

式中，$C_{\text{jsw}0}$ 是 V_{SB}=0 时的单位边墙长度的耗尽层电容。

因此，由式（2.87）和式（2.89）可得源区与衬底之间的耗尽层电容 C_{SB}

$$C_{\text{SB}} = C_{\text{j}} + C_{\text{jswt}} = A_{\text{s}}C_{\text{js}} + P_{\text{s}}C_{\text{jsw}} = WEC_{\text{js}} + (W+2E)C_{\text{jsw}} \tag{2.91}$$

对于漏区与衬底之间的耗尽层电容 C_{DB}，可得到与式（2.91）类似的表达式，即

$$C_{\text{DB}} = A_{\text{d}}C_{\text{jd}} + P_{\text{d}}C_{\text{jdw}} = WEC_{\text{jd}} + (W+2E)C_{\text{jdw}} \tag{2.92}$$

式中，

$$C_{\text{jd}} = \frac{C_{\text{j0}}}{\sqrt{1+V_{\text{DB}}/\Phi_0}} \tag{2.93}$$

$$C_{\text{jdw}} = \frac{C_{\text{jdw}0}}{\sqrt{1+V_{\text{DB}}/\Phi_0}} \tag{2.94}$$

下面我们就根据 CMOS 器件中的寄生电容分布，分析 CMOS 器件在各种工作状态下的各端子之间的寄生电容，如图 2.41 所示。

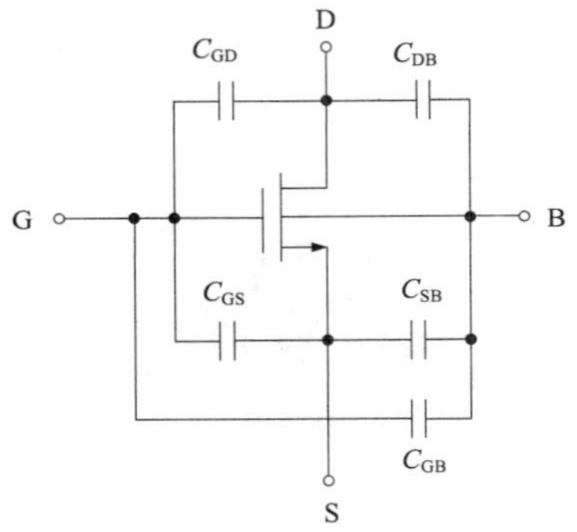

图 2.41　CMOS 器件的寄生电容

（1）线性区。

当 CMOS 器件工作在线性区时，V_{DS} 较小，导电沟道具有比较均匀的宽度，此时可以将多晶硅栅和导电沟道之间的氧化层电容 C_{GC} 等分为源极和漏极的两个电容。这是因为，栅压的变化将从源极和漏极抽取相同数量的电荷。因此有

$$C_{\text{GS}} = \frac{1}{2}C_{\text{GC}} + C_{\text{GSO}} = \frac{1}{2}WL_{\text{eff}}C_{\text{ox}} + WC_{\text{ov}} \tag{2.95}$$

$$C_{\text{GD}} = \frac{1}{2}C_{\text{GC}} + C_{\text{GDO}} = \frac{1}{2}WL_{\text{eff}}C_{\text{ox}} + WC_{\text{ov}} \tag{2.96}$$

式中，L_{eff} 是导电沟道的有效长度。

当 CMOS 器件工作在线性区时，由于导电沟道将源区和漏区连接起来，因此可将导电沟道与衬底之间的耗尽层电容 C_{CB} 等分到源区和漏区。因此，源区和漏区与衬底之间的耗尽层电容 C_{SB} 和 C_{DB} 可分别表示为

$$C_{\text{SB}} = (A_{\text{s}} + WL/2)C_{\text{js}} + P_{\text{s}}C_{\text{jsw}} \tag{2.97}$$

$$C_{DB}=(A_d+WL/2)C_{jd}+P_dC_{jdw} \tag{2.98}$$

（2）饱和区。

当 CMOS 器件工作在饱和区时，导电沟道呈锥形，并且在靠近漏端的附近被夹断。此时多晶硅栅和导电沟道之间的氧化层电容可近似为 $\frac{2}{3}C_{GC}$（相当于导电沟道的等效长度 L_{equ} 减小到线性区时的 $\frac{2}{3}$，导电沟道的非均匀性导致等效栅面积减小），由于漏端没有导电沟道，可以将该电容全部分配给 C_{GS}，因此有

$$C_{GS}=\frac{2}{3}C_{GC}+C_{GSO}=\frac{2}{3}WL_{eff}C_{ox}+WC_{ov} \tag{2.99}$$

$$C_{GD}=C_{GDO}=WC_{ov} \tag{2.100}$$

当 CMOS 器件工作在饱和区时，源区与导电沟道相接，而漏区与导电沟道断开，因此，源区和漏区与衬底之间的耗尽层电容 C_{SB} 和 C_{DB} 可分别表示为

$$C_{SB}=(A_s+WL)C_{js}+P_sC_{jsw} \tag{2.101}$$

$$C_{DB}=A_dC_{jd}+P_dC_{jdw} \tag{2.102}$$

图 2.42 所示为 C_{GS} 与 C_{GD} 随 V_{GS} 的变化曲线，图中显示了当 CMOS 器件分别工作在截止区、饱和区及线性区时 C_{GS} 与 C_{GD} 的变化。

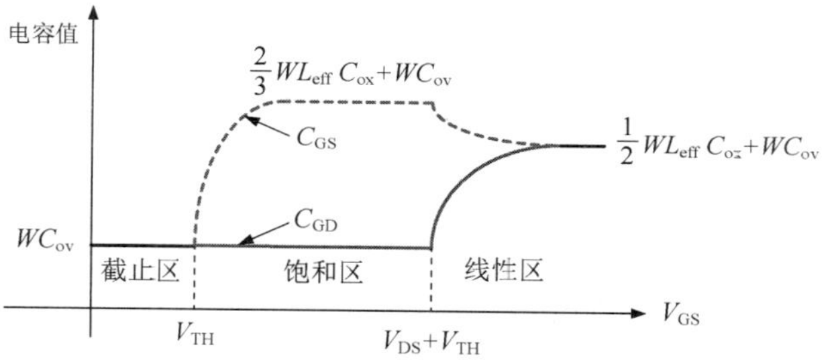

图 2.42　C_{GS} 与 C_{GD} 随 V_{GS} 的变化曲线

栅-衬电容 C_{GB} 在饱和区和线性区时通常被忽略，这是因为导电沟道“屏蔽”了栅极和衬底之间的电荷转移。也就是说，当栅压发生变化时，电荷是由源极和漏极提供，而不是由衬底提供。

（3）截止区。

当 CMOS 器件工作在截止区时，由于没有导电沟道存在，此时多晶硅栅和源/漏极只有交叠电容，因此有

$$C_{GS}=C_{GD}=WC_{ov} \tag{2.103}$$

此时，栅-衬电容 C_{GB} 是由氧化层电容 $WL_{eff}C_{ox}$ 和耗尽层电容 C_{CB} 串联得到的，即

$$C_{GB}=\frac{(WL_{eff}C_{ox})C_{CB}}{WL_{eff}C_{ox}+C_{CB}} \tag{2.104}$$

当 CMOS 器件工作在截止区时，源区和漏区与衬底之间的耗尽层电容 C_{SB} 和 C_{DB} 的值可分别由式（2.91）和式（2.92）得到，它们分别与源极和漏极相对于衬底的电压大小有关。

在分析交流小信号电路（尤其是高频特性）时，还必须考虑 CMOS 器件的寄生电容，CMOS 管工作在饱和区时的完整交流小信号模型如图 2.43 所示。

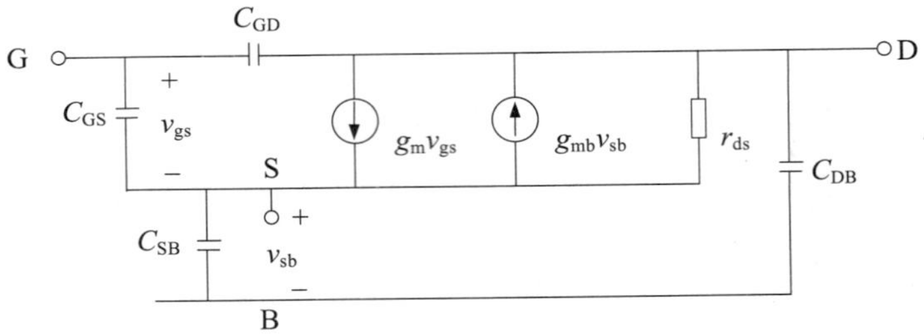

图 2.43　CMOS 管工作在饱和区时的完整交流小信号模型

值得指出的是，如果 V_{SB}=0，即不存在体效应，那么图 2.43 中的 C_{SB} 与 $g_{mb}v_{sb}$ 将不再存在。

当 CMOS 工作在深度线性区时，其小信号模型就是一个受过驱动电压（$V_{GS}-V_{TH}$）控制的线性电阻。

表 2.2 所示为 CMOS 器件的部分 SPICE 模型参数，同时给出了它们的物理意义及与本书中相对应的符号，方便读者查阅相关工艺文件参数。

表 2.2　CMOS 器件的部分 SPICE 模型参数

SPICE 模型参数	本书中的符号	物 理 意 义	单　　位
VTH0	V_{TH0}	$V_{SB}=0$ 时的阈值电压	V
TOX	t_{ox}	栅氧化层厚度	m
NSUB	N_{sub}	p 型衬底的掺杂浓度	cm^{-3}
GAMMA	γ	体效应系数	$V^{1/2}$
LAMBDA	λ	沟道长度调制系数	V^{-1}
LD	L_D	源/漏极的横向扩散长度	m
UO	μ_n，μ_p	电子/空穴迁移率	$cm^2/V\cdot s$
PHI	$2\Phi_F$	强反型层表面势垒	V
CJ	C_{js}，C_{jd}	单位面积的源/漏结耗尽电容（在零偏置电压条件下）	F/m^2
CJSW	C_{jsw}，C_{jdw}	单位边墙长度的源/漏结侧壁电容（在零偏置电压条件下）	F/m
VJ	Φ_0	pn 结的内建电势	V
TNOM	T_0	参数抽出时的基准温度	℃

2.3.9　闩锁效应

闩锁（Latch-Up）是 CMOS 工艺中特有的一种寄生电路效应，尤其容易发生在高电压/大电流模拟 CMOS 电路中，如果不采取相应的防止措施，它会导致电源和地之间的大电流流过，最终使芯片损伤失效或停止工作。闩锁效应是早期 CMOS 技术不能被接受的重要原因之一。现在，通过 CMOS 制造工艺的改善及电路和版图设计方面的相应防护措施，闩锁效应可以得到有效的抑制或消除。

下面我们分析模拟 CMOS 电路中为什么会产生闩锁效应。图 2.44（a）中给出了采用标准 CMOS 工艺制作的一对相邻的 NMOS 管与 PMOS 管的剖面图，NMOS 管直接在 p 型衬底上形成，而 PMOS 管被制作在 n 阱中，在图 2.44（a）中，同时画出了它们的寄生元器件，包括两个寄生晶体管和两个寄生电阻。寄生晶体管 Q_P 是由 PMOS 的 p^+源区（接电源 V_{DD}）、n 阱（通过寄生电阻 R_{well} 接电源 V_{DD}）和 p 型衬底（通过寄生电阻 R_{sub} 接地）形成的纵向 pnp 晶体管，而寄生晶体管 Q_N 则是由 n 阱、p 型衬底和 NMOS 的 n^+源区（接地）形成的横向 npn 晶体管。这两个寄生晶体管通过 n 阱和 p 型衬底耦合在一起，形成一个等效的可控硅（SCR）电路。其中，两个寄生电阻 R_{well} 和 R_{sub} 分别是由 n 阱和 p 型衬底产生的。

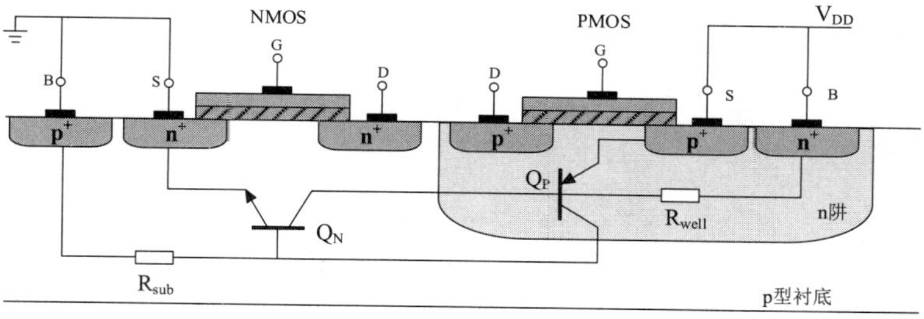

（a）

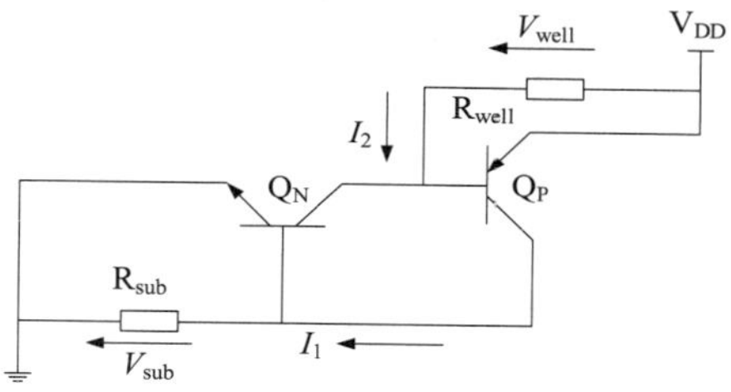

（b）

图 2.44 CMOS 电路中的闩锁效应

为了分析方便起见，图 2.44（b）中给出了图 2.44（a）的等效寄生电路。当 p 型衬底中瞬间流过一个大的电流 I_1 时（这在高电压/大电流模拟 CMOS 电路中经常发生），该电流将流过 p 型衬底的寄生电阻 R_{sub}，并产生压降 V_{sub}，使 Q_N 的偏压 V_{be} 增大，触发 Q_N 导通，使得 Q_N 的集电极电流 I_2 增大。由于 I_2 流过 n 阱的寄生电阻 R_{well} 产生压降 V_{well}，使 Q_P 的偏压$|V_{be}|$增大，触发 Q_P 导通，使得 Q_P 的集电极电流 I_1 继续增大，这样就形成了正反馈，最终导致两个寄生晶体管完全导通，从 V_{DD} 抽取很大的电流流向地端，此时称该电路被闩锁。

为了避免闩锁效应，就要阻止或削弱两个寄生晶体管之间的正反馈（使回路增益小于 1），这可以通过降低寄生晶体管的电流增益或减小寄生电阻 R_{well} 和 R_{sub} 的电阻值来实现。为了降低寄生晶体管的电流增益，可以增大 NMOS 与 PMOS 管之间的距离，使横向 npn 寄生晶体管 Q_N 的基区宽度增大，以减小其电流放大系数 β 的值，但这将增加版图面积。为了减小寄生电阻 R_{well} 和 R_{sub} 的电阻值，通常采取两种措施：①尽可能增加 p 型衬底和 n 阱的接触孔（Contact）数目，这相当于将多个 R_{sub} 和 R_{well} 并联，使总电阻减小；②给每个管子周围加保护环（Guard Ring），即对于 NMOS，加 p^+保护环并且与 p 型衬底相接（接地），而对于 PMOS，加 n^+保护环并且与 n 阱相接（接 V_{DD}），这里的保护环同时兼作 CMOS 管的衬底电位（Pick Up）。由于保护环为重掺杂，其导电能力优于 p 型衬底或 n 阱，且将整个管子包围起来并连接于固定电位，从而将 p 型衬底和 n 阱的电阻 R_{sub} 和 R_{well} 几乎短路，使得其压降近似为 0，因此不会触发寄生晶体管导通。

图 2.45 所示为给 NMOS 和 PMOS 加保护环的结构示意图，图 2.46 所示为给 CMOS 管加保护环的版图设计。

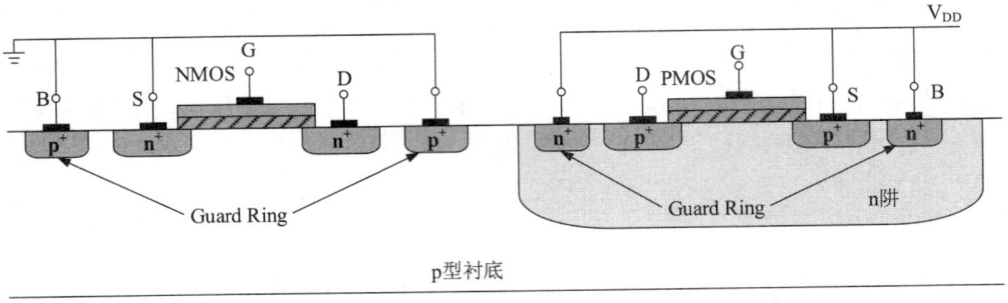

图 2.45　给 NMOS 和 PMOS 加保护环的结构示意图

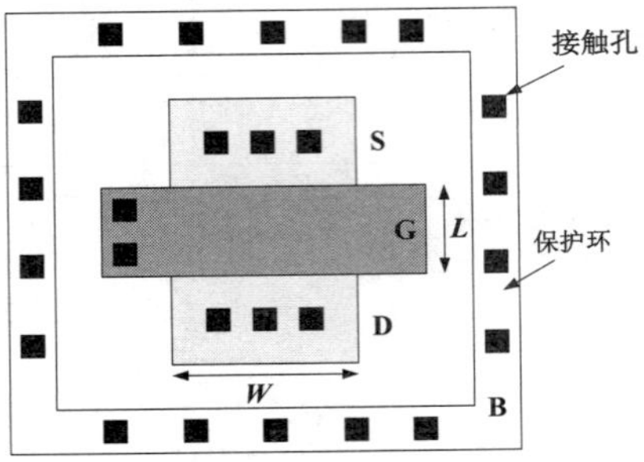

图 2.46　给 CMOS 管加保护环的版图设计

2.3.10　传输门电路

作为 CMOS 器件的简单应用，本小节介绍传输门电路（Transmission Gate）。传输门电路又称为模拟开关（Analog Switch），在模拟 CMOS 集成电路中被广泛使用（如用作译码电路中的开关）。这是因为与 BJT 相比，它有两个明显的优势：①CMOS 栅极电压的变化基本不会影响源极电压和漏极电压；②当通过它的电流为零时，CMOS 仍可以保持导通（工作在深度线性区）；③模拟 CMOS 开关可以实现双向电流传输（源极和漏极的功能可互换）。

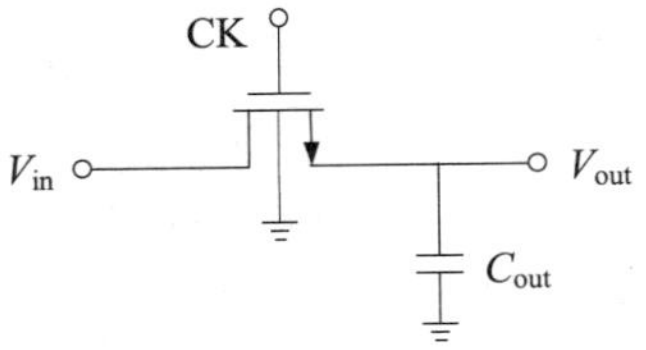

图 2.47　模拟 NMOS 开关

（1）单管 CMOS 开关。

单个 CMOS 管可以用作模拟开关，栅极电压用来控制 CMOS 管的导通与关断。图 2.47 所示为模拟 NMOS 开关，其中，C_{out} 为输出端的等效负载电容。当栅极电压 CK 为高电平（V_{DD}）时，开关导通，输入电压可以传输到输出端，当栅极电压 CK 为低电平（零电位）时，开关关断，输入与输出之间被高阻隔离。

衡量一个模拟开关性能的重要指标就是它的导通电阻。在图 2.47 中，如果 CK 为高电平（V_{DD}），假定输入电压与输出电压的差 $V_{in}-V_{out} \ll 2(V_{DD}-V_{TH})$，则 NMOS 管工作在深度线性区，根据式（2.57），其导通电阻可表示为

$$R_{on,N}=\frac{1}{\mu_n C_{ox}\dfrac{W}{L}(V_{DD}-V_{in}-V_{TH})} \tag{2.105}$$

这里，我们假定模拟开关已处于稳定状态，即负载电容 C_{out} 已被充电到 V_{in}（$V_{out}=V_{in}$）。

由式（2.105）可知，随着输入电压 V_{in} 增加，导通电阻增大，当输入电压 V_{in} 接近 $(V_{DD}-V_{TH})$ 时，导通电阻将趋于无穷大，此时 NMOS 管将会关断，输入电压无法通过 NMOS 开关传输到输出端。因此模拟 NMOS 开关所能传输的电压范围是 0～$(V_{DD}-V_{TH})$。模拟 NMOS 开关的导通电阻随输入电压 V_{in} 的变化如图 2.48（a）所示。

对于由 PMOS 单管形成的模拟开关，当栅极电压 CK 为低电平（零电位）时，开关导通，输入电压可以传输到输出端，当栅极电压 CK 为高电平（V_{DD}）时，开关关断，输入与输出之间被高阻隔离。仿照前面对模拟 NMOS 开关的分析，可得到 PMOS 模拟开关的导通电阻

$$R_{on,P}=\frac{1}{\mu_p C_{ox}\dfrac{W}{L}\left(V_{in}-|V_{TH}|\right)} \tag{2.106}$$

PMOS 模拟开关的导通电阻随输入电压 V_{in} 的变化如图 2.48（b）所示。与模拟 NMOS 开关相反，随着输入电压 V_{in} 减小，导通电阻增大，当输入电压 V_{in} 接近 $|V_{TH}|$ 时，导通电阻将趋于无穷大，此时 PMOS 管将会关断，输入电压无法通过 PMOS 开关传输到输出端。因此 PMOS 模拟开关所能传输的电压范围是 $|V_{TH}|$～V_{DD}。

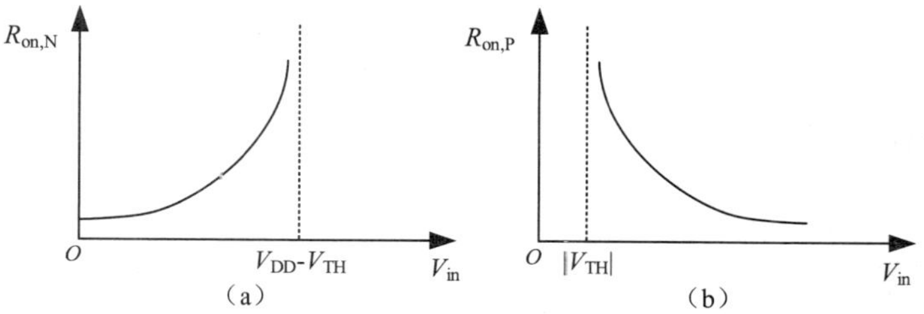

图 2.48 NMOS 与 PMOS 模拟开关的导通电阻随输入电压 V_{in} 的变化

（2）CMOS 传输门。

根据前面的分析可知，采用单管 NMOS 或 PMOS 模拟开关，导通电阻分别在传输高电压和低电压时变得非常大，开关的传输特性变得很差。为此，我们引入 CMOS 传输门，如图 2.49（a）所示。CMOS 传输门是通过并联 NMOS 和 PMOS 模拟开关实现的，从而使两者的优势互补，以期在很宽的传输电压范围内获得良好的导通特性。这种电路需要一对互补的开关时钟信号分别控制 NMOS 和 PMOS 的栅极，使两个管子同时导通或关断。

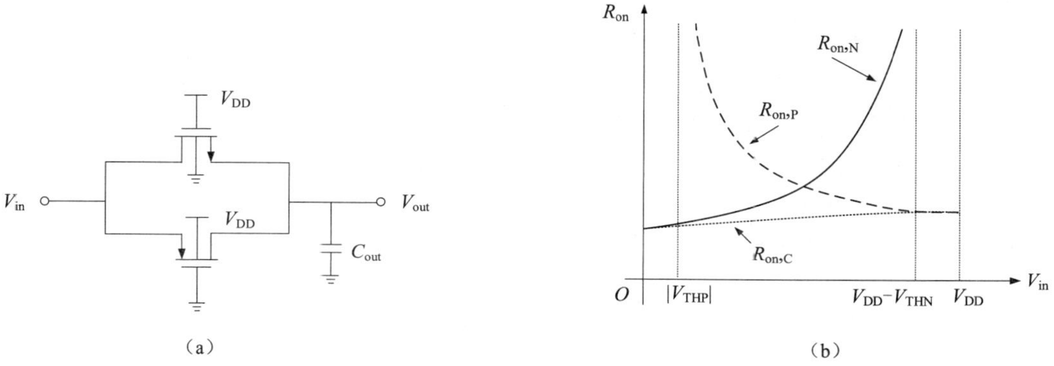

图 2.49 CMOS 传输门及其导通电阻

CMOS 传输门的导通电阻 $R_{\text{on,C}}$ 为

$$R_{\text{on,C}} = R_{\text{on,N}} \,\|\, R_{\text{on,P}} \tag{2.107}$$

$$= \frac{1}{\mu_n C_{\text{ox}}\left(\dfrac{W}{L}\right)_{\text{N}}(V_{\text{DD}} - V_{\text{in}} - V_{\text{THN}})} \,\Big\|\, \frac{1}{\mu_p C_{\text{ox}}\left(\dfrac{W}{L}\right)_{\text{P}}(V_{\text{in}} - |V_{\text{THP}}|)} \tag{2.108}$$

令

$$k_{\text{N}} = \mu_n C_{\text{ox}}\left(\frac{W}{L}\right)_{\text{N}}, \quad k_{\text{P}} = \mu_p C_{\text{ox}}\left(\frac{W}{L}\right)_{\text{P}} \tag{2.109}$$

则

$$R_{\text{on,C}} = \frac{1}{k_{\text{N}}(V_{\text{DD}} - V_{\text{THN}}) - (k_{\text{N}} - k_{\text{P}})V_{\text{in}} - k_{\text{P}}|V_{\text{THP}}|} \tag{2.110}$$

由式（2.110）可以看出，如果适当调整两个管子的尺寸参数，使得 $k_{\text{N}} = k_{\text{P}}$，那么 CMOS 传输门的导通电阻就与输入电压 V_{in} 无关。一般情况下，CMOS 传输门的导通电阻随输入电压的变化要比单管模拟开关小得多，如图 2.49（b）所示。

但是，CMOS 传输门比单管模拟开关占用更多的版图面积，同时具有较大的寄生电容。因此，应根据实际电路中所传输的电压范围决定使用 NMOS 开关、PMOS 开关或 CMOS 开关。

2.3.11 短沟道效应

式（2.72）中给出的 NMOS 管的电压-电流关系近似为 I-V 平方律特性，对于最小沟道长度（$L_{\min}$）大于几微米的器件是有效的。但是，随着 $L_{\min}$ 减小，CMOS 管的短沟道效应（Short Channel Effect）凸显，主要表现为：在大的栅-源电压 V_{GS} 的作用下，载流子的迁移率下降，而且速度饱和。这将导致 CMOS 管的漏极电流和跨导 g_{m} 均减小，即 g_{m} 不随过驱动电压 V_{eff} 线性增加[而在式（2.64）中，g_{m} 与 V_{eff} 成正比]，同时 CMOS 管的 I-V 特性偏离上述平方律关系。为了减小短沟道效应的影响，在进行电路设计时应尽可能设置较小的过驱动电压 V_{eff}（通常取几百毫伏）。

2.4 电阻

在模拟 CMOS 集成电路中，除了 CMOS 等有源器件，还经常要用到电阻、电容等无源器件。本节和 2.5 节将分别介绍与当前模拟 CMOS 集成电路工艺兼容的电阻和电容的种类、工艺实现方法、电气特性及仿真模型。

模拟 CMOS 集成电路中的电阻按照其加工工艺及半导体材料可以分为多晶硅电阻、阱电阻、扩散电阻和金属电阻等。这些电阻的电阻率和精度各不相同，可应用在不同场合。为了对各种类型的电阻阻值进行量化，下面首先引入方块电阻的概念。

2.4.1 方块电阻

图 2.50 所示为集成电阻的结构示意图，它是一个由电阻率为 ρ 的均匀半导体材料构成的长条形电阻。如果该长条形电阻的长度为 L（电流流动方向），宽度为 W，厚度为 t，则其电

阻值 R 可表示为

$$R = \rho \frac{L}{W \cdot t} \tag{2.111}$$

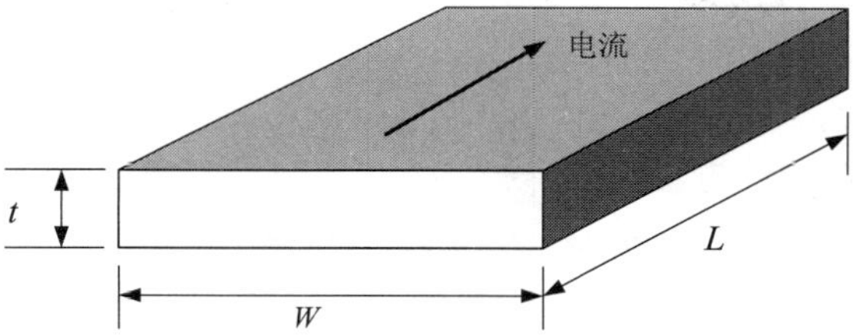

图 2.50 集成电阻的尺寸定义

由于集成电路中的电阻通常由扩散或掺杂工艺制作而成，其材料的电阻率和厚度与制造工艺有关，对于电路设计者而言，可认为它们是定值。为了方便起见，通常将电阻率 ρ 和电阻厚度 t 合并为一个常量（与工艺有关），即令 $R_S = \rho / t$， R_S 称为方块电阻，单位为 Ω/□。此时，式（2.111）可改写为

$$R = R_S \left(\frac{L}{W} \right) \tag{2.112}$$

式中，当电阻的长度 L 和宽度 W 相等时（电阻为一个正方形的方块），其电阻值 R 就等于方块电阻 R_S，这就是“方块电阻”名称的由来。利用方块电阻的概念很容易直观地计算出集成电阻的电阻值。

在模拟集成电路设计中，为了保证电阻的精度，通常要求电阻的宽度 W 和长度 L 都在一定值以上，如要求 W >2μm， L >5 W （最小电阻值应大于 5 个方块电阻）。对于所需电阻值小于最小电阻值的情况，可采取电阻并联的方式。另外，对于流过大电流的电阻（如 ESD 保护用电阻），在设计电阻宽度 W 时还应考虑电流密度的大小。

使用不同的工艺或材料形成的电阻，其方块电阻的大小亦不相同，表 2.3 所示为方块电阻的典型值。值得指出的是，这些电阻均是非硅化物电阻（Non-Salicide Resistor），即电阻的表面未进行硅化物处理。对于实现相同阻值的电阻，方块电阻较大的电阻将占用较小的芯片面积。

表 2.3 方块电阻的典型值

电 阻 类 型	方块电阻（Ω/□）
多晶硅电阻	100～1000
n/p 阱电阻	1000～1500
n^+/p^+扩散电阻	50～150
金属电阻（铝）	0.03～0.1

2.4.2 多晶硅电阻

在单晶硅中掺杂 p^+或 n^+杂质，即可形成多晶硅电阻。CMOS 器件的金属栅极就是由多晶硅材料制成的，只是为了改善栅极的导电性能，通过重掺杂及表面硅化物处理可显著降低电阻值，通常其方块电阻只有几十欧姆。而轻掺杂的多晶硅材料的方块电阻可达到几百到几千欧姆，具体值取决于掺杂浓度。

多晶硅电阻的 CMOS 工艺实现如图 2.51 所示。这种电阻被周围的厚氧化层（SiO_2）包围，以实现与其他器件的电气隔离。多晶硅电阻与 p 型衬底之间的 n 阱的作用是将电阻与 p 型衬底隔离开，以防止衬底噪声通过耦合电容（多晶硅电阻与 p 型衬底之间的耦合电容）干扰电阻，即起到了屏蔽噪声的作用。

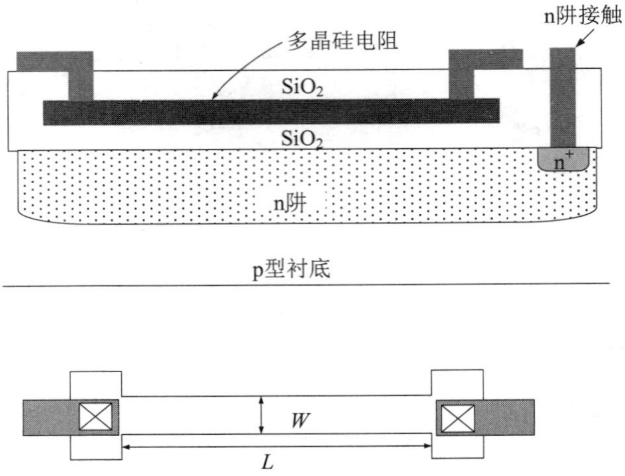

图 2.51　多晶硅电阻的 CMOS 工艺实现

多晶硅电阻的方块电阻的绝对误差小于±20%，相对误差则小于 10%。方块电阻的温度系数取决于掺杂类型和浓度，其典型值为：+0.1%/°C（p^+掺杂），−0.1%/°C（n^+掺杂）。与其他电阻相比，多晶硅电阻的电压系数较小，其电压的一次系数近似为零。

为了实现大阻值电阻，通常将相同阻值的电阻单元并排放置，然后串联在一起。为了防止拐角处的应力影响（导致拐角处局部电阻增大），在设计电阻的版图时，应避免采用“蛇行”的拐弯形状，而应采取金属连接的方式实现电阻串联。另外，为了提高电阻的精度，通常需要在电阻的边缘添加适当的虚拟（Dummy）电阻，以保持电阻周围的电磁环境对称，图 2.52 所示为 A、B 两端之间电阻串联的版图设计实例。在电路设计中，有时要求两个电阻的比值（相对值）具有很高的精度（如分压电阻的分压系数），此时在版图设计中就要注意实现两个电阻之间的高精度匹配，图 2.53 所示为两个匹配电阻（R_1 和 R_2）的版图设计实例。

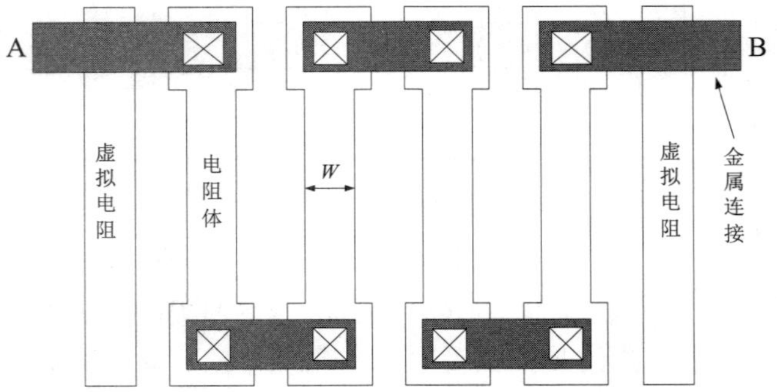

图 2.52　电阻串联的版图设计实例

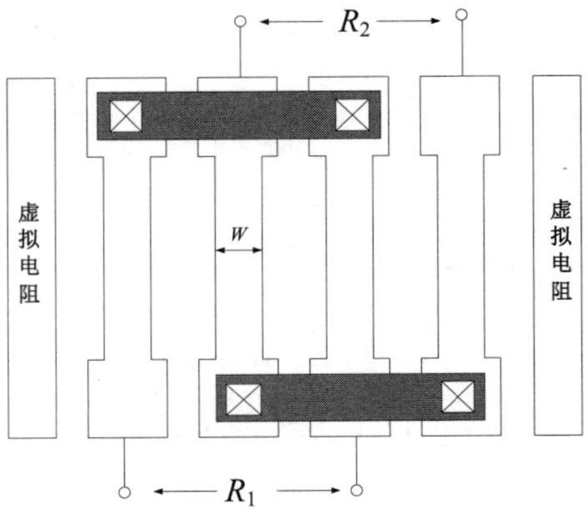

图 2.53　两个匹配电阻的版图设计实例

2.4.3　n 阱电阻

n 阱电阻的工艺实现如图 2.54 所示。首先在 p 型衬底上制作 n 阱，然后在 n 阱的两端通过 n^+接触区引出金属连线即可形成 n 阱电阻，其电阻体为 n 阱本身。n 阱电阻的方块电阻值较大，典型值为数 kΩ/□。n 阱电阻的绝对误差高达百分之几十，相对误差一般为百分之几，且电压和温度系数较大。另外，n 阱电阻与 p 型衬底之间有较大的寄生电容（耗尽区电容），而且该寄生电容与电阻上的电压大小有关。n 阱电阻适合用作对精度要求不高的大电阻，如 PAD 的上拉/下拉电阻或输入端的 ESD 保护电阻。

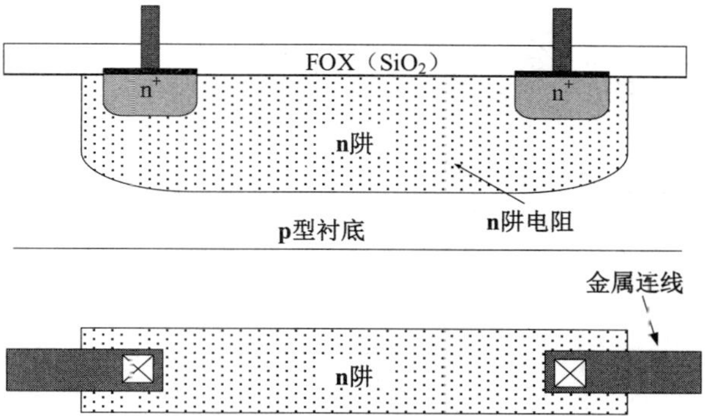

图 2.54　n 阱电阻的工艺实现

2.4.4　扩散电阻

扩散电阻的工艺实现如图 2.55 所示，它和制作 CMOS 器件的源/漏区的扩散工艺相同，即利用 n^+或 p^+扩散区形成电阻体。扩散电阻的方块电阻值较小（取决于扩散浓度），典型值为数十 Ω/□。扩散电阻的绝对精度有百分之几十，相对精度一般为百分之几，且电压系数较大。另外，对于图 2.55 中的 n^+扩散电阻，它与 p 型衬底之间有较大的寄生电容（耗尽区电容），并与电压大小有关。但对于图 2.55 中的 p^+扩散电阻，它与 p 型衬底之间的寄生电容可以忽略，这是因为该电阻与 p 型衬底之间的 n 阱起到了隔离作用。另外，可通过 n 阱接触将 n 阱接到“干净”的固定电位，这样就不会有噪声耦合到扩散电阻中。

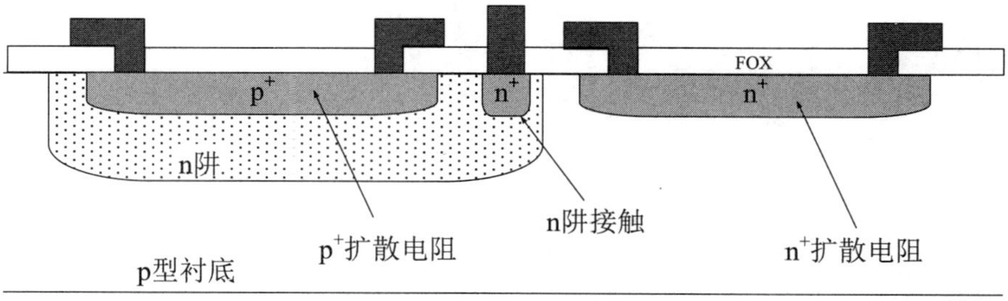

图 2.55　扩散电阻的工艺实现

由于硅材料的导热性能远高于 SiO_2，所以与多晶硅电阻（电阻周围被 SiO_2 包围）相比，扩散电阻（电阻底部材料为硅材料）可以承受更大的瞬态功耗，因此，扩散电阻通常用作 ESD 保护电路中的限流电阻。

2.4.5 金属电阻

除了以上电阻类型，还可以利用金属层形成电阻，其方块电阻的典型值为数十 mΩ/□。金属电阻的精度受接触孔（Contact）电阻（电阻值通常为 5～10Ω）的影响较大。

金属电阻通常被串入电路中使用，用于间接地检测电路中的电流大小。例如，在电源电路中，通过这种方法可以动态监测负载电流的变化，从而实现短路或过载保护。

2.4.6 电阻模型

由以上分析可知，电阻的方块电阻值与温度和电压都有关系。另外，电阻还存在对衬底的寄生电容。但在 Spice 仿真时，电阻通常被认为是一个二端器件，即不考虑电阻的寄生电容效应。

电阻的仿真模型可用式（2.113）表示（这里只考虑了温度的影响）

$$R(T)=(R_{\square}\times\frac{L}{W})(1+T_{C1}\Delta T+T_{C2}\Delta T^{2}+\cdots) \tag{2.113}$$

式中，$\Delta T=T-T_0$，为温度变化量；T_0 是参数抽出时的基准温度（如 25℃）；T_{C1} 是 1 次温度系数，T_{C2} 是 2 次温度系数。

2.5 电容

在模拟 CMOS 集成电路中，需要高性能的电容器件。例如，在运算放大器中用作相位补偿电容；在 ADC（或 DAC）及开关电容电路中用作电荷存储元件。另外，电容在 RC 振荡电路及低通滤波器中也得到广泛应用。

对于高性能的集成电容器件，应满足以下条件：①较大的单位面积电容值（占用芯片面积小）；②良好的匹配精度；③较小的寄生电容；④较小的电压和温度系数。

2.5.1 平板电容的结构

图 2.56 所示为平板电容的结构示意图，它由上下两层金属极板（或导电层）与中间的薄层绝缘介质构成。

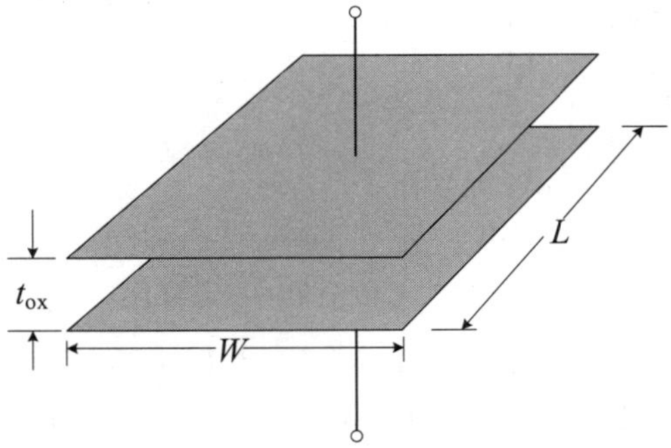

图 2.56　平板电容的结构示意图

平板电容的电容值 C 可表示为

$$C=\varepsilon_0\varepsilon_{\rm r}\frac{WL}{t_{\rm ox}}=\left(\frac{\varepsilon_0\varepsilon_{\rm r}}{t_{\rm ox}}\right)WL=C_{\rm ox}A \tag{2.114}$$

式中，$\varepsilon_0\approx 8.85\times10^{-18}\,\rm F/\mu m$，为真空的介电常数（或绝对介电常数），$\varepsilon_{\rm r}$（无量纲）为绝缘介质的相对介电常数（对于真空，$\varepsilon_{\rm r}=1$；对于 SiO_2，$\varepsilon_{\rm r}\approx3.9$），$WL=A$ 为电容的有效极板面积，$t_{\rm ox}$ 为薄层绝缘介质的厚度，$C_{\rm ox}=\varepsilon_0\varepsilon_{\rm r}/t_{\rm ox}$ 为单位面积电容。对于给定的绝缘介质材料，通过减小薄层绝缘介质的厚度 $t_{\rm ox}$，可提高单位面积电容值 $C_{\rm ox}$。

对于平板电容，由于其上下极板都与周围的半导体材料（如氧化层或 p 型衬底）有物理接触，因此上下极板都有寄生电容存在。

2.5.2　传统电容

在模拟 CMOS 工艺中，通常在两个悬浮的金属极板或导电层之间生长或淀积一层较薄的氧化层（SiO_2）来制作集成电容。传统电容的结构有：①多晶硅-扩散层电容；②多晶硅-多晶硅电容；③金属-多晶硅电容。图 2.57 所示为传统电容的结构示意图。

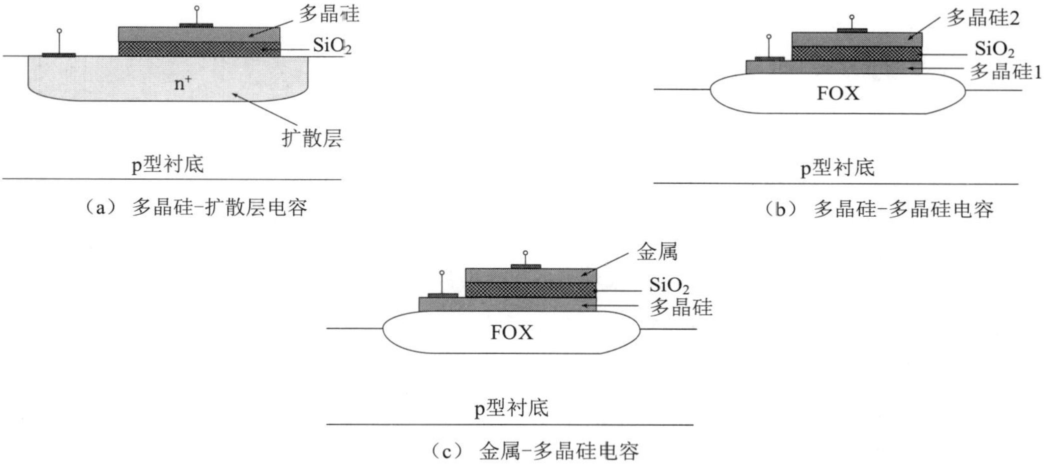

图 2.57　传统电容的结构示意图

图 2.57（a）所示为多晶硅-扩散层电容，电容的上极板是多晶硅，下极板是 n^+扩散层。图 2.57（b）所示为多晶硅-多晶硅电容，它需要具有两层多晶硅的工艺才能实现。图 2.57（c）所示为金属-多晶硅电容，金属和多晶硅分别作为电容的上、下极板。与如图 2.57（a）所示的电容不同，如图 2.57（b）和图 2.57（c）所示的电容的下极板可以接任意电压，即可以实现两端“悬浮”的电容。

以上介绍的由传统工艺实现的电容存在以下缺点：①电容值随外加电压变化，即电压系数较大。这是由于导电层/氧化层交界面处的耗尽层宽度随外加电压变化，导致两极板之间的等效绝缘层厚度发生变化；②下极板寄生电容较大，典型值为极板间电容的 10%～20%；③与 CMOS 电容相比，由于其中间的绝缘介质较厚，因此单位面积电容小；④制造工艺复杂，尤其是与现代 CMOS 数字电路工艺不兼容。因此，在现代模拟 CMOS 或混合信号 CMOS 工艺中，一般很少使用以上电容。

2.5.3 CMOS 电容

在现代模拟 CMOS 集成电路中，常用的电容器件是 CMOS 电容。CMOS 电容的连接方式如图 2.58 所示，即将 CMOS 管的漏极和源极连接在一起，甚至还与衬底连接在一起，形成电容的一端，而电容的另一端是 CMOS 管的栅极。图 2.58（a）所示为 NMOS 电容，其中，电容的一端接地；图 2.58（b）所示为 PMOS 电容，其中电容的一端接正电源 V_{DD}；图 2.58（c）所示为衬底接地的 NMOS 电容；图 2.58（d）所示为衬底接 V_{DD} 的 PMOS 电容。图 2.58（c）和图 2.58（d）可以实现两端悬浮的 NMOS 电容和 PMOS 电容（电容的两端可接 0～V_{DD} 之间的任意电位）。

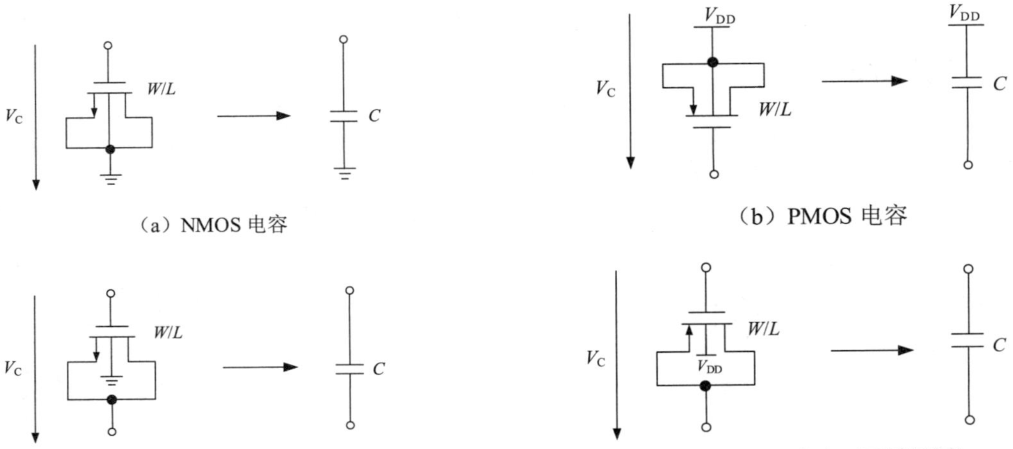

（a）NMOS 电容　　（b）PMOS 电容

（c）NMOS 电容（两端悬浮）　　（d）PMOS 电容（两端悬浮）

图 2.58　CMOS 电容的连接方式

CMOS 电容的等效电容值与两端所加的偏置电压的大小有关。图 2.59 给出了如图 2.58（a）所示的 NMOS 电容与其两端电压之间的关系。

当电容两端电压 V_C 大于 NMOS 管的阈值电压 V_{TH} 时，栅氧化层下面形成导电沟道（强反型层），由于将漏极、源极和衬底连接在一起形成电容的下极板（V_{DS}=0），因此 NMOS 管工作在深度线性区，此时的等效电容就是栅氧化层电容 $C_{ox}WL$。

当电容两端的电压 V_C 为负电压时，NMOS 管工作在所谓的“积累区（Accumulation）”。在积累区，p 型衬底中的多数载流子（空穴）被栅极负电压吸引到栅氧化层下面（p 型衬底的表面），此时等效电容值也是栅氧化层电容 $C_{ox}WL$。

但是，当电容两端的电压 V_C 小于 V_{TH} 时（在 V_{TH} 附近），由于没有导电沟道存在，等效电容为栅氧化层电容 $C_{ox}WL$ 和耗尽区电容 C_{dep} 的串联值，因此电容值较小。

值得指出的是，对于如图 2.58（c）和图 2.58（d）所示的两端悬浮的 NMOS 和 PMOS 电容，由于它们的衬底分别接地和正电源 V_{DD}，它们与电容的另一端不相连，因此无法工作在“积累区”（如对于 NMOS，当电容两端加上负电压时，虽然衬底有空穴积累，但由于衬底与电容的另一端不相连，不参与电容的电荷变化过程，因此无法形成电容效应）。另外，由于此时 $V_{SB}\neq 0$，存在体效应，导致阈值电压 V_{TH} 增大，电容与电压的关系曲线向右平移。图 2.60 给出了如图 2.58（c）所示的衬底接地的 NMOS 电容与其两端电压之间的关系（图 2.60 中的虚线为如图 2.58（a）所示的衬底与漏极和源极连接在一起时的情况）。

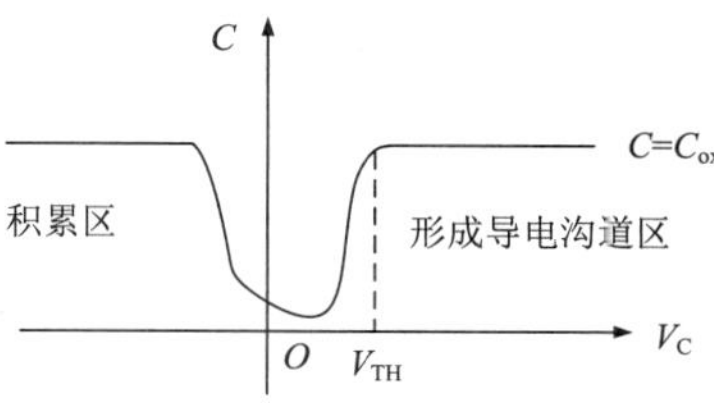

图 2.59 NMOS 电容与其两端电压之间的关系

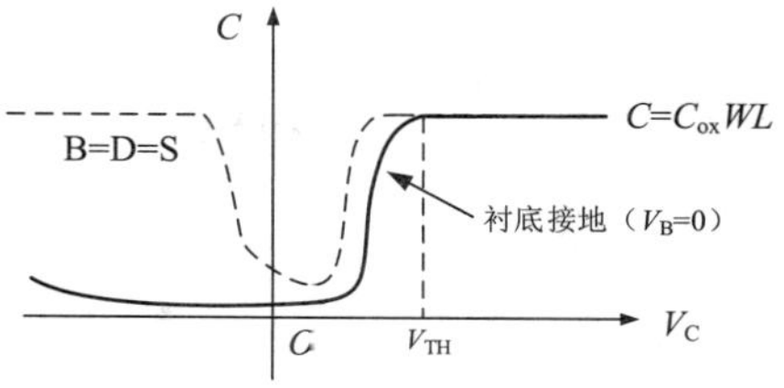

图 2.60 衬底接地的 NMOS 电容与其两端电压之间的关系

由于 CMOS 工艺中制作 CMOS 管的栅氧化层通常是最薄的，因此与其他集成电容相比，CMOS 电容的单位面积电容值最大（例如，由 0.18μm CMOS 工艺实现的 CMOS 电容，其单位面积电容值约为 $9.7\text{fF}/\mu\text{m}^2$），如果电路中需要大的电容值（如电源线上的降噪电容），使用 CMOS 电容可有效节省芯片面积。

以上讨论的 CMOS 电容均是由增强型 CMOS 管实现的，它们的等效电容值与其两端电压 V_C 有关，尤其是对于两端悬浮的 CMOS 电容，其电容与电压之间的关系表现出严重的非对称性。为了消除这一现象，可以将 NMOS 电容与 PMOS 电容并联起来使用。例如，如图 2.61 所示，如果将两端悬浮的 NMOS 电容与 PMOS 电容并联起来使用，当电容两端电压 V_C 从 $-V_{DD}$ 到 $+V_{DD}$ 变化时，其总的等效电容与电压 V_C 之间的关系如图 2.62 所示（基于 0.18μm CMOS 工艺的 Spice 仿真结果），显然，与单个 CMOS 电容相比，并联 CMOS 电容的电容-电压特性得到显著改善。

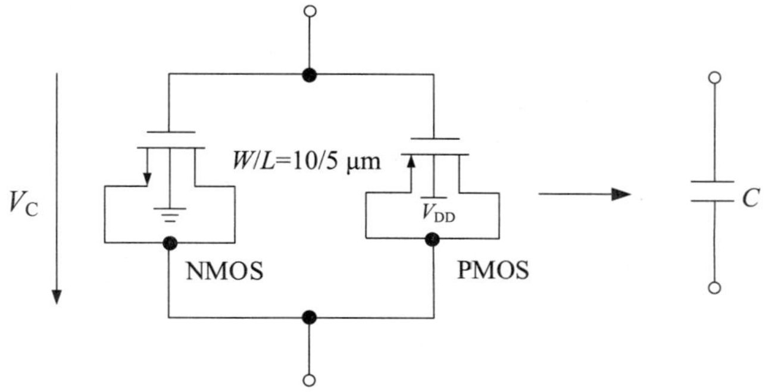

图 2.61 将两端悬浮的 NMOS 电容与 PMOS 电容并联使用

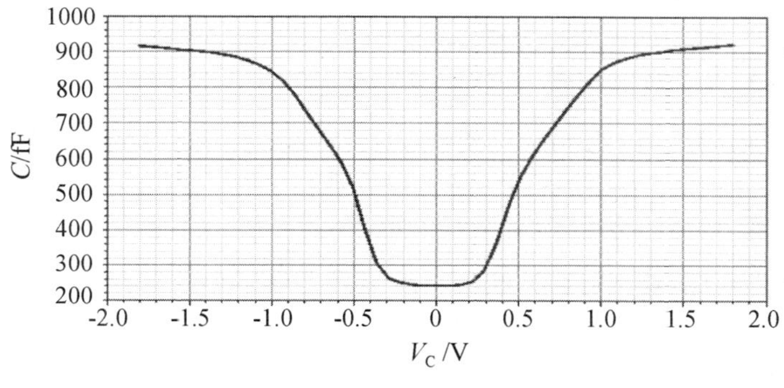

图 2.62 并联 CMOS 电容的总等效电容与电压之间的关系

读者可以进一步考虑如下问题：如果将两个相同的 NMOS 电容或 PMOS 电容反向并联，其总的等效电容随 V_C 如何变化？（详见习题 2.18～2.19）。

另外，对于由耗尽型 CMOS 工艺实现的 CMOS 电容，由于栅极偏置电压为零（甚至为负）时也有导电沟道存在，其 CMOS 电容值几乎与电容两端的电压无关，即可以实现定常线性电容。但这种耗尽型 CMOS 工艺目前很少被采用。

2.5.4 金属-金属电容

CMOS 电容虽然具有最大的单位面积电容值，但其电容值与偏置电压有关，尤其是当偏置电压小于阈值电压时，其等效电容值变化较大。为了得到高精度的电容值，现代模拟 CMOS 集成电路工艺提供了另一种电容器件，即金属-金属电容（MIM Capacitor: Metal-Insulator-Metal Capacitor）。

图 2.63 所示为金属-金属电容的结构示意图。它是在两层金属极板之间形成的电容，其中，电容的下极板是次顶层金属（Second Top Metal），而电容的上极板是顶层金属（Top Metal）与次顶层金属之间额外添加的一层金属（Option Metal）。

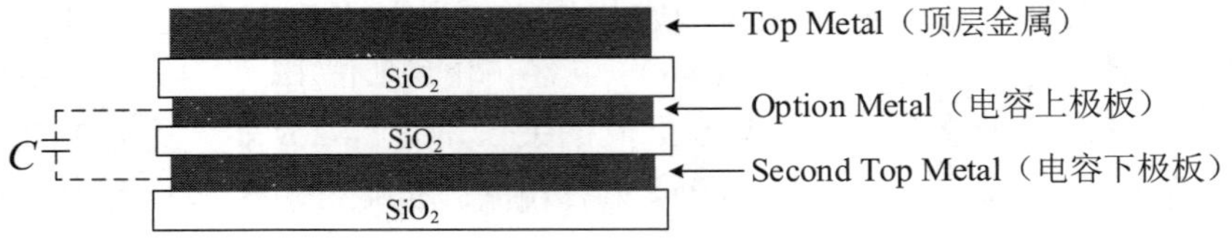

图 2.63 金属-金属电容的结构示意图

金属-金属电容的优点是实现的电容值精度高、耐压高（中间绝缘层较厚），电容值几乎不受电容两端电压的影响。金属-金属电容的电压系数和温度系数的典型值分别为 30ppm/V 和 40ppm/℃。另外，由于金属-金属电容制作在芯片顶部的金属层领域，不占用底层有源区的面积，因此可节省芯片面积。

金属-金属电容的缺点是单位面积电容小。这是由于中间绝缘层 SiO_2 的厚度远大于 CMOS 管的栅氧化层厚度 t_{ox}，因此与 CMOS 电容相比，其单位面积电容小，其典型值为 0.8fF/μm^2（约为 CMOS 电容的 1/10）。另外，在使用 CMOS 工艺加工时通常需要多加一层光罩（MASK）用于制作电容的上极板，这通常是标准 CMOS 工艺中的额外选择项（Option MASK），需增加光罩制造费用。

2.5.5 电容模型

由以上分析可知，集成电容的线性特性主要受偏置电压的影响。另外，电容的上、下极板还存在寄生电容。但在 Spice 仿真时，电容通常被认为是一个二端器件，即不考虑电容的寄生电容效应。

电容的仿真模型可用式（2.115）表示（这里只考虑了电压的影响）

$$C(V) = (C_{ox}A)(1 + V_{C1}\Delta V + V_{C2}\Delta V^2 + \cdots) \tag{2.115}$$

式中，$\Delta V = V - V_0$，为电压变化量；V 是电容两端的实际电压，V_0 是参数抽出时的基准电压；V_{C1} 是 1 次电压系数，V_{C2} 是 2 次电压系数。

2.6　混合电压 CMOS 工艺

本章前面部分介绍了使用单一工作电压（V_{DD}）时 CMOS 管的实现方式。但是，随着超大规模混合信号集成电路的功能和规模不断扩大，单颗芯片中通常包含多种电压等级的 CMOS 管。例如，对于单片集成 TFT-LCD 驱动控制芯片，为了提高芯片的集成度，通常采用低压/中压/高压混合电压 CMOS 工艺，其中，低压、中压和高压 CMOS 管分别用于数字电路、模拟电路和输出高压驱动电路。这里以 2.5V/5V/±16V HV CMOS 工艺为例，说明混合电压 CMOS 工艺的实现方式。

图 2.64 所示为 2.5V/5V/±15V HV CMOS 工艺的实现方式示意图。如图 2.64（a）所示，对于 V_{DD} 为 2.5V（低压）和 5V（中压）的 CMOS 管，分别制作在阱电压为 2.5V 和 5V 的深 n 阱（Deep n-well，DNW）中，由于 p 型衬底接地（0 电位），这些 DNW 和衬底之间的 pn 结始终处于反向偏置状态，使得低压和中压 CMOS 管与衬底之间实现了完全隔离。在阱电压为 2.5V 和 5V 的深 n 阱中，可以分别制作 V_{DD} 为 2.5V 和 5V 的 LV N/PMOS 和 MV N/PMOS。

如图 2.64（b）最右边的结构所示，对于衬底接地的高压（16V）NMOS（HV NMOS），可以直接制作在 p 型衬底上。而对于高压（16V）PMOS（HV PMOS），则制作在阱电压为+16V 的高压 n 阱（HV n-well，HVNW）中，如图 2.64（b）中间的结构所示。

另外，为了电路设计方便，有时需要衬底不接地（0 电位）的高压 NMOS。如图 2.64（b）最左边的结构所示，此时可以首先在 p 型衬底上制作阱电压为+16V 的隔离深 n 阱（Isolated DNW），然后在该隔离深 n 阱内制作隔离高压 p 阱（Isolated HVPW），该隔离高压 p 阱用作隔离高压 NMOS（Isolated HV NMOS）的衬底，可在该隔离高压 p 阱内制作高压 NMOS。由于隔离高压 p 阱的阱电压 V_B 可接−16V～+16V 之间的任意电压，所制作的高压 NMOS 的衬底电位也可以为−16V～+16V 之间的任意电位。如图 2.64（b）所示，Isolated DNW 与 p 型衬底之间以及 Isolated HVPW 与 Isolated DNW 之间的 pn 结均始终处于反向偏置状态，保证了 HV NMOS 与 p 型衬底之间的完全隔离。

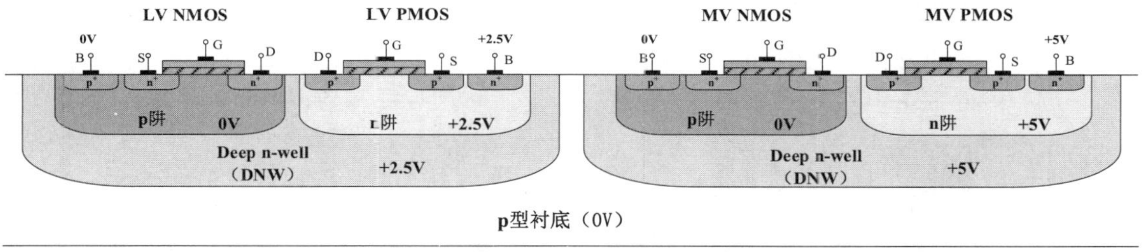

（a）　低压（2.5V）和中压（5V）CMOS 的实现

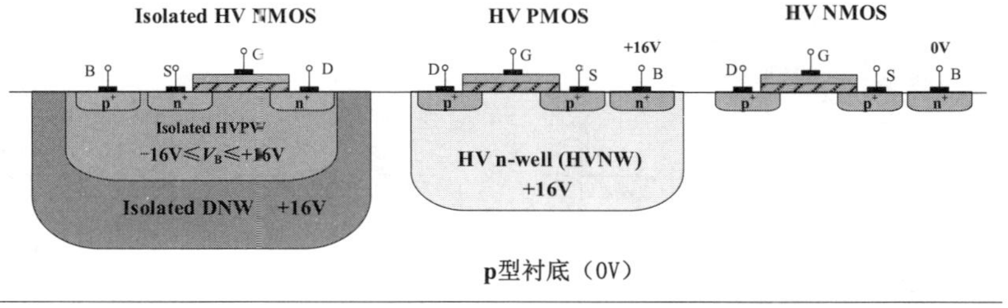

（b）高压（±16V）CMOS 的实现

图 2.64　2.5V/5V/±16V HV CMOS 工艺的实现方式示意图

本章小结

本章主要讨论了模拟 CMOS 集成电路中使用的元器件及其模型。这些元器件包括有源器件（二极管、双极型晶体管和 CMOS）及无源器件（电阻和电容）。有源器件的特性或工作状态与其偏置电压密切相关，应根据其应用场合设计合适的静态偏置电路，以保证器件工作在所期望的状态（截止区、线性区和饱和区），这是本书的后续章节将要讨论的问题。对于无源器件，应根据电路对其精度和电阻、电容值大小的要求选择不同类型的电阻和电容器件，在保证精度（包括绝对精度和相对精度）的前提下，力求占用较少的芯片面积。

元器件的模型包括大信号模型和小信号模型，大信号模型用于描述器件的整体电压-电流关系，通常为非线性；而小信号模型则是大信号模型在静态工作点附近的线性近似，用于分析器件或电路的小信号交流特性或动态特性，我们在后续章节中将会经常用到它们。

拓展阅读一：CMOS 工艺技术简介

随着 CMOS 制造工艺技术的不断进步和发展，模拟 CMOS 器件的特性得到显著提升。由于模拟集成电路的性能与 CMOS 制造工艺密切相关，所以在进行模拟集成电路设计时，充分了解 CMOS 制造工艺对电路和版图设计的要求是非常必要和有益的。为了使读者对 CMOS 制造工艺有初步了解，这里简要介绍 CMOS 工艺中的一些典型加工技术，如氧化、光刻、扩散和离子注入、沉积和刻蚀等，更详细的内容读者可以参考“半导体器件与制造工艺”方面的书籍或资料。

这里，以在 p 型衬底上制作 n 阱为例，说明这些工序的加工过程，如图 2.65 所示。

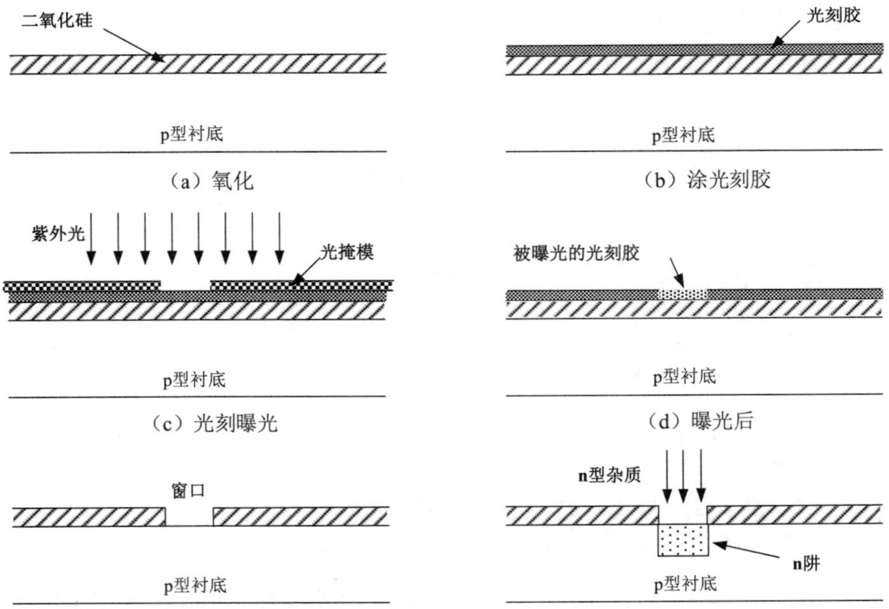

（a）氧化　（b）涂光刻胶　（c）光刻曝光　（d）曝光后　（e）刻蚀氧化层　（f）杂质注入

图 2.65　n 阱的制造工艺流程

1）氧化

如果将裸露的硅晶片放在 1000℃左右的氧化环境中，其表面将会生成一层非常均匀的二氧化硅（SiO_2）层，如图 2.65（a）所示。二氧化硅作为绝缘介质，在 CMOS 工艺中具有非常重要的作用。例如，二氧化硅是 CMOS 器件的栅极绝缘材料，利用二氧化硅可以实现器件之间或金属层之间的电气隔离，另外，二氧化硅还可以在后续工序中起到保护层的作用，包括芯片表面的钝化层保护膜。

对于 CMOS 器件的制作，栅氧化层的生长工序非常重要，这是因为栅氧化层的厚度 t_{ox} 决定了管子的阈值电压及驱动能力等性能。因此，为了在同一张晶圆（Wafer）中制造出特性相同的 CMOS 器件，必须精确控制栅氧化层的生长精度。

2）光刻

前面提到，当将一个单晶硅的硅片置于氧化环境中时，表面会生成一层二氧化硅薄膜。在高温处理的过程中，这层二氧化硅可将杂质隔离开，使其不能进入硅晶体内部。在 CMOS 工艺中，通常需要去除硅晶体表面指定区域的氧化物，然后在该区域上进行沉积、扩散等工艺操作。指定区域的氧化物去除就是由光刻工艺完成的。

光刻是利用光掩模（MASK）将电路的版图信息转移到晶片上的过程。光刻所用到的基本材料是光刻胶和光掩模。光刻胶是一种暴露在特定波长的光源下就会改变特性的有机聚合体，它有阳性和阴性之分。阳性光刻胶在光作用后会变得“松软”而易于刻蚀。光掩模用来有选择性地遮蔽光线，从而形成需要刻蚀的区域。

如图 2.65（a）所示，如果对 p 型衬底的硅晶片进行氧化，则其表面就会生长出一层二氧化硅薄膜。然后在其表面涂上光刻胶（阳性），如图 2.65（b）所示。在图 2.65（c）中，在光刻胶的上面罩上一层光掩模，使光线选择性通过。由于光线为定向光源（紫外线），只会照射在掩模板上透明区域下方的光刻胶上。光刻胶上被曝光的区域变得松软，易于刻蚀，如图 2.65（d）所示。下一步就是刻蚀氧化层，可以使用等离子刻蚀机来完成刻蚀，最后的结果是光刻胶“松软”区域所遮盖的氧化物被刻蚀掉，只留下了裸露在外的硅晶体表面，形成了如图 2.65（e）所示的窗口。之后就可以在该窗口所暴露的硅晶体上进行沉积等操作。

3）扩散和离子注入

在 CMOS 工艺中，必须对晶片进行选择性地掺杂。例如，在如图 2.65（e）所示的工序完成后，通过在刻蚀出的区域进行 n 型杂质注入即可形成 n 阱，如图 2.65（f）所示。CMOS 器件的源/漏区及用于连接衬底和阱区的 p^+、n^+接触区的形成也需要掺杂工序完成。杂质的掺杂方法分为扩散法与离子注入法。

扩散是将某种杂质原子由材料表面向其内部移动的过程。在 CMOS 工艺中，扩散发生在 800～1200℃的温度范围内。与气体在空气中的扩散类似，在高温环境下，半导体中杂质的浓度分布是扩散时间的相关函数。扩散分为两个阶段，首先是预扩散，预扩散的目的是在材料表面附近掺入高浓度的杂质，预扩散之后就是主扩散（或推进扩散），主扩散的目的是使杂质进一步深入材料内部。

目前常用的掺杂方法是离子注入法，这是一种把杂质原子直接掺入硅晶片的技术，将杂质原子加速变为高能离子束，然后射向硅晶片表面，使杂质原子注入其内部。杂质掺杂浓度由注入密度和注入时间决定，而掺杂区域的深度则取决于高能离子束的能量。

离子注入会严重破坏硅晶片的晶格结构。因此，注入工序完成后需要将硅片在 1000℃下加热 15～30 分钟，以使晶格键重新形成，这道工艺叫退火。退火的同时会引起杂质扩散，使杂质朝各个方向延伸。例如，退火会导致源/漏区侧向扩散，形成与栅极的交叠。所以，通常在所有的注入都完成之后再对硅片进行一次退火。

如果注入离子束的方向与硅晶轴平行，那么离子就会在晶片中渗透得很深。因此，通常使离子束的注入方向与硅晶轴之间保持 7～9° 的倾斜角，以保证形成预期的杂质浓度分布。

离子注入法与扩散法相比具有显著的优点：一是可以精确控制掺杂浓度，误差为±5%；二是离子注入是在室温下进行的，只在退火时要求高温；三是可以透过薄层注入，因此在离子注入前后，被注入的材料都不会暴露于污染物中。与离子注入不同，在进行扩散之前需要把硅晶片表面的氧化层去除。

4）沉积

除前面介绍的几道工序外，还需要对各种导电和绝缘材料进行沉积。例如，加工制作多晶硅、隔离互连层的绝缘材料及作为互连的金属层。

在厚的绝缘层上沉积多晶硅的一种常用方法是化学气相沉积（CVD）。这种方法是将晶片放在一个充满某种气体的扩散炉中，通过气体的化学反应生成所需的材料。在现代 CMOS 工艺中，通常采用低压 CVD 法以达到更高的均匀性。

5）刻蚀

在图 2.65（e）中，腐蚀掉窗口处的二氧化硅的过程就是由刻蚀工艺完成的。材料刻蚀也是现代 CMOS 工艺中非常关键的步骤，随着 CMOS 工艺的微细化，对刻蚀的精度要求更加严格。例如，加工面积非常小（如 0.3μm×0.3μm）而深度相对较大（如 1μm）的接触窗口时，必须采用高精度刻蚀工艺。根据刻蚀工艺中要求的速度、精度、选择性及被刻蚀材料的种类，可以选择以下几种刻蚀方法：

（1）湿法刻蚀，即将硅片置于化学溶液中刻蚀（精度较低）；

（2）等离子体刻蚀，即用等离子体轰击晶片（精度较高）；

（3）反应离子刻蚀（RIE），用反应气体中产生的离子轰击晶片（精度较高）。

拓展阅读二：CMOS 传输门的导通电阻仿真

在模拟及混合信号集成电路设计中，经常使用由 CMOS 传输门实现的电子开关，其中，传输门的导通电阻 R_{on} 是最重要的性能参数，希望 R_{on} 的值越小越好，且不随输入电压发生变化（理想情况下，$R_{on}=0$）。CMOS 传输门的 R_{on} 值与 NMOS 和 PMOS 的尺寸相关，同时还与拟传输的电压大小有关。在电路设计时，通常需要通过电路仿真验证 R_{on} 的大小，以确定最佳管子尺寸。为此，可采用如图 2.66 所示的仿真电路仿真 R_{on}，当输出电压 V_{out} 在 0～V_{DD} 的范围内变化时，可利用下式求出 R_{on} 随输出电压变化的曲线

$$R_{on}=-\frac{0.1}{I(V_{DS})} \tag{2.116}$$

在图 2.66 中，V_{DS} 是外加的直流电压源（0.1V），使得 NMOS 和 PMOS 均工作在深度线性区，$I(V_{DS})$是流过 V_{DS} 的电流。

图 2.67 所示为 CMOS 传输门的导通电阻仿真实例，仿真中用到的电路元器件参数为 0.18μm CMOS 工艺，V_{DD}=1.8V；PMOS 和 NMOS 的尺寸分别为 W/L=6.2μm/0.18μm 和

W/L=2μm/0.18μm。由图 2.67 可以看出，当输出电压 V_{out} 在 0 或 V_{DD} 附近时，导通电阻 R_{on} 较小，这是由于此时 NMOS 或 PMOS 的 V_{GS} 较大（接近 V_{DD}）；而当输出电压 V_{out} 在 V_{DD}/2 附近时，导通电阻 R_{on} 较大，这是由于此时 NMOS 和 PMOS 的 V_{GS} 均减小（接近 V_{DD}/2）。

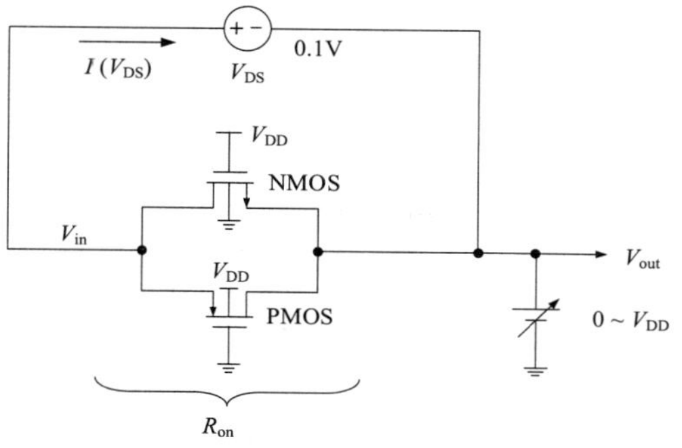

图 2.66 CMOS 传输门的导通电阻仿真电路

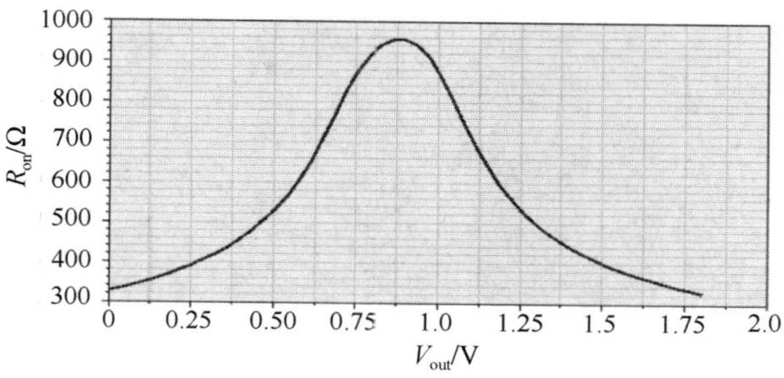

图 2.67 CMOS 传输门的导通电阻仿真实例

对于由单个 NMOS 或 PMOS 构成的电子开关，也可以采用上述方法对其导通电阻进行仿真验证。

参考文献

[1] 毕查德·拉扎维. 模拟 CMOS 集成电路设计[M]. 2 版. 陈贵灿，译. 西安：西安交通大学出版社，2018.

[2] Phillip E. Allen. CMOS Analog Circuit Design [M]. Third Edition. New York: Oxford University Press, 2011.

[3] David A. Johns & Ken Martin. Analog Integrated Circuit Design [M]. New York: John Wiley & Sons, Inc., 1997.

[4] P. R. Gray, P. J. Hurst, S. H. Lewis, et al. Meyer. Analysis and Design of Analog Integrated Circuits [M]. Fifth Edition. New York: John Wiley & Sons, Inc., 2009.

[5] Willy M. C. Sansen. Analog Design Essentials [M]. BerLin: Springer, 2006.

习题

2.1 已知 pn 结的反向饱和电流 $I_S=10^{-16}A$，求在室温（$T=300\,K$）下，当 $V_D=0.7\,V$ 和 $V_D=-0.7\,V$ 时的 pn 结电流。

2.2 在如图 2.68 所示的电路中，假定所有二极管均为理想二极管（忽略二极管的正向导通压降），电源电压 V_{DD}=3V，限流电阻 R=4.7kΩ，两个输入信号 V_{i1} 和 V_{i2} 的取值为 0V 或 3V。试分析当 V_{i1} 和 V_{i2} 在不同取值的组合情况下，电路输出电压 V_0 的值，并分析输入与输出信号之间的逻辑关系。

2.3 在如图 2.69 所示的电路中，假定所有二极管均为理想二极管（忽略二极管的正向导通压降），判断 VD_1 和 VD_2 是否导通，并求出 V_0 的值。

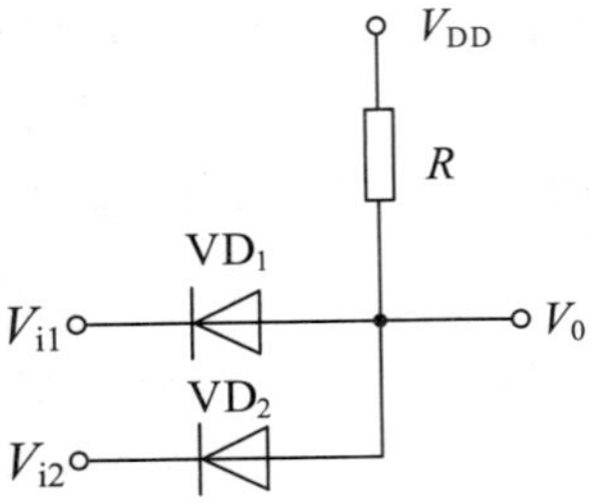

图 2.68

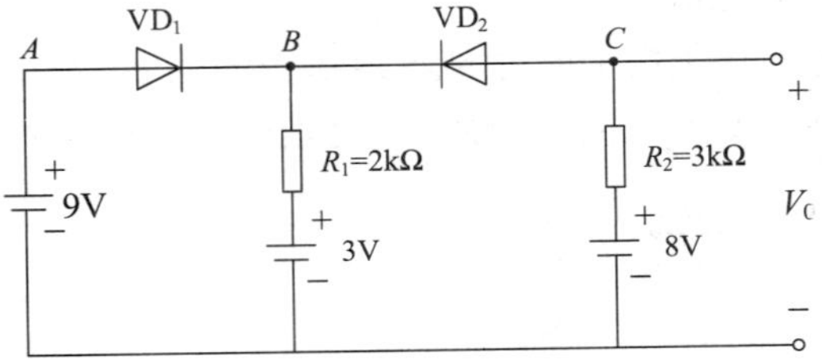

图 2.69

2.4 图 2.70 所示为三个晶体管的直流偏置电路，计算并判断晶体管的工作状态（设 V_{BE}=0.7V）。若不在线性放大区，如何调整偏置电阻，使其工作在线性放大区？

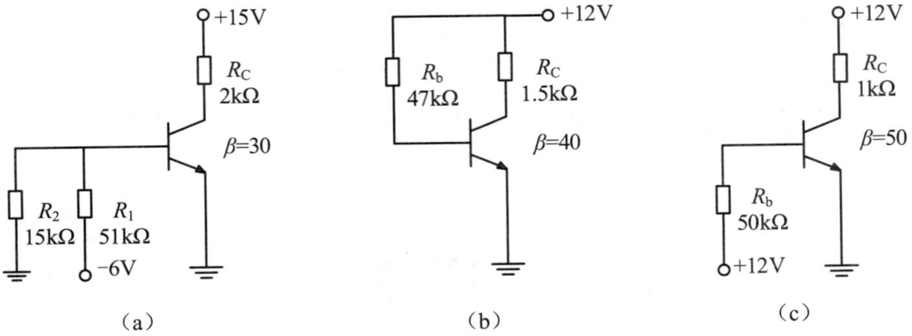

图 2.70

2.5 设晶体管的共射极电流放大系数 $\beta=150$，基极电流 $I_B=15\mu A$，晶体管工作在线性放大区。试求出集电极电流 I_C、发射极电流 I_E 和共基极电流放大系数 α。

2.6 图 2.71 所示为共射极放大电路，已知 $\beta=150$，晶体管的厄尔利电压 $V_A=90\,V$，热电压 $V_T=0.026\,V$，C_1 和 C_2 是输入和输出信号的耦合电容。请近似估算电路的直流工作点 Q（I_C 和 V_{CE}），并计算该共射极放大电路的低频电压增益 A_v（忽略寄生电容和耦合电容，设 V_{BE}=0.7V）。

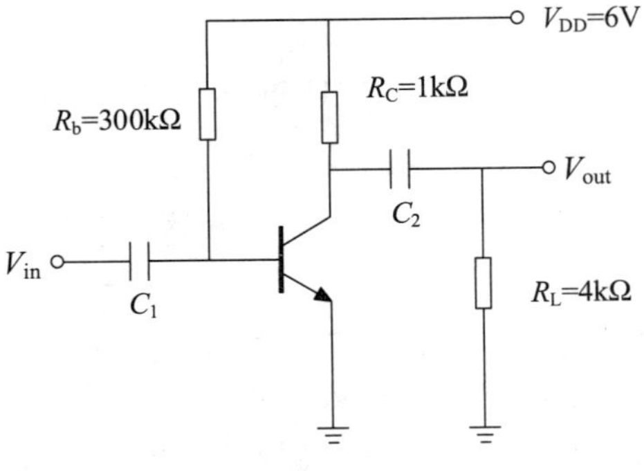

图 2.71

2.7 假定晶体管工作在线性放大区，饱和电流 $I_S=10^{-16}A$，V_{BE}=0.75V，C_{BE}=3pF，C_{CB}=6pF，热电压 $V_T=0.026\,V$。不考虑厄尔利效应，求晶体管的单位增益频率 f_T。

2.8 假定晶体管的V_{BE}保持不变，已知当V_{CE}=1V 时，I_C=1mA。求当V_{CE}=10V 时，在以下厄尔利电压V_A的条件下，相应的I_C值：（a）V_A=75V；（b）V_A=150V。

2.9 已知 CMOS 管的宽长比W/L=50μm/0.5μm，漏极电流$|I_D|$= 0.5mA，分别计算 NMOS 和 PMOS 的跨导g_m和输出电阻r_{ds}，以及$g_m r_{ds}$的值。假设$\mu_n C_{ox}=1.34\times10^{-4}$ A/V^2，$\mu_p C_{ox}=0.45\times10^{-4}$ A/V^2，$\lambda=0.5$ V^{-1}。

2.10 对于 NMOS 管，推导出用漏极电流I_D和宽长比W/L表示的$g_m r_{ds}$的表达式，并画出以L为参数的$g_m r_{ds}$与I_D之间的关系曲线。

2.11 一个工作在线性区的 NMOS 管，V_{DS}=0.1V。当 V_{GS}=2V 时，I_{DS}=40μA；当V_{GS}=3V 时，I_{DS}=80μA。求：

（1）阈值电压V_{TH}。

（2）如果$\mu_n C_{ox}$=40μA/V^2，那么W/L的值是多少？

（3）如果V_{GS}=2.5V，V_{DS}=0.15V，那么漏极电流I_D为多大？

（4）如果V_{GS}=2.5V，那么V_{DS}为多大时 NMOS 管的导电沟道开始夹断？此时的漏极电流为多大？

2.12 假定 NMOS 管工作在饱和区。在以下条件下，画出过驱动电压$V_{GS}-V_{TH}$与宽长比W/L之间的关系曲线。（1）漏极电流I_D恒定；（2）跨导g_m恒定。

2.13 对于如图 2.72（a）和图 2.72（b）所示的电路，当V_X从 0 到V_{DD}变化时，画出I_X与V_X之间的关系曲线。设 NMOS 管的阈值电压为V_{TH}，不考虑体效应和沟道长度调制效应。

2.14 对于如图 2.73 所示的电路，假定 PMOS 工作在线性区，NMOS 工作在饱和区，试推导V_{out}与V_{in}之间的关系（设λ=0）。

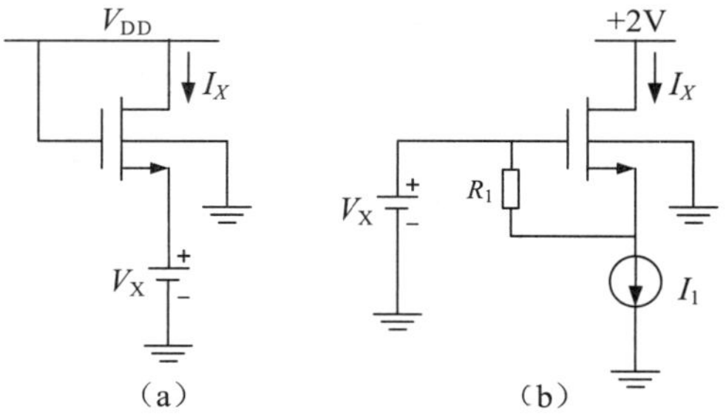

图 2.72

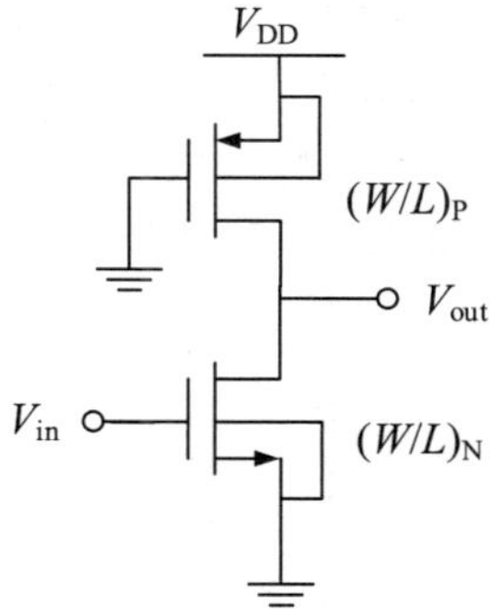

图 2.73

2.15 对于如图 2.74 所示的电路，（1）求I_D与V_{GS}和V_{DS}之间的函数关系（设$\lambda=\gamma=0$），并证明该电路与一个宽长比为$W/2L$的 NMOS 管等效。（2）为了使M_1和M_2都工作在饱和区，它们之间的阈值电压应满足什么关系？

2.16 分别仿真 NMOS 和 PMOS 的直流特性：（1）I_D-V_{GS}（以V_{DS}为参数）；（2）I_D-V_{DS}（以V_{GS}为参数）。假定$W=5$ μm，$L=0.35$ μm，V_{DD}=3.3V，采用 0.35μm CMOS 工艺模型。

2.17 图 2.75 所示为由单个 NMOS 器件实现的 CMOS 电容，分析并仿真总的等效电容C与V_C之间的关系：$C-V_C$（V_C从$-V_{DD}$到$+V_{DD}$变化）。假定W=10μm，L=5μm，m=5，V_{DD}=3.3V，采用 0.35μm CMOS 工艺模型。

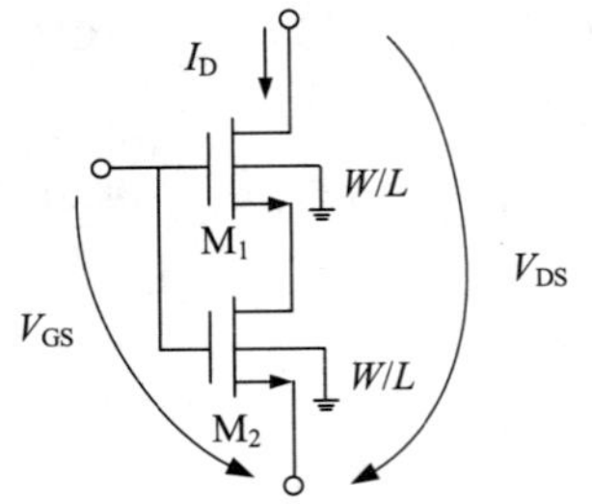

图 2.74

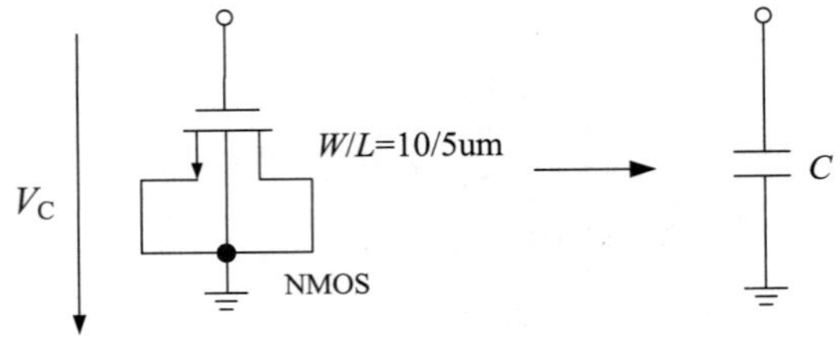

图 2.75

2.18 图 2.76 所示为由两个相同的 NMOS 电容反向并联形成的两端悬浮电容，分析并仿真总的等效电容 C 与 V_C 之间的关系：C-V_C（V_C 从-V_{DD} 到+V_{DD} 变化）。假定 W=10μm，L=5μm，m=5，V_{DD}=3.3V，采用 0.35μm CMOS 工艺模型。

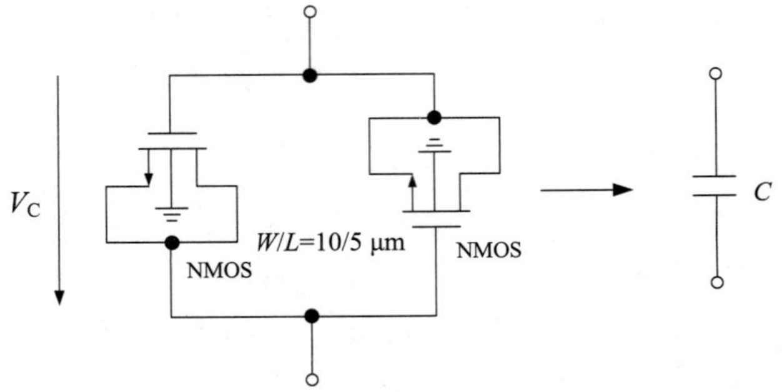

图 2.76

2.19 图 2.77 所示为由两个相同的 PMOS 电容反向并联形成的两端悬浮电容，（1）分析并仿真总的等效电容 C 与 V_C 之间的关系：C-V_C（V_C 从-V_{DD} 到+V_{DD} 变化）。假定 W=2μm，L=1μm，V_{DD}=3.3V，采用 0.18μm CMOS 工艺模型。（2）如果去掉其中一个 PMOS 管，等效电容 C 将如何变化？（3）与如图 2.76 所示的电路相比，如图 2.77 所示的电路有何优点？

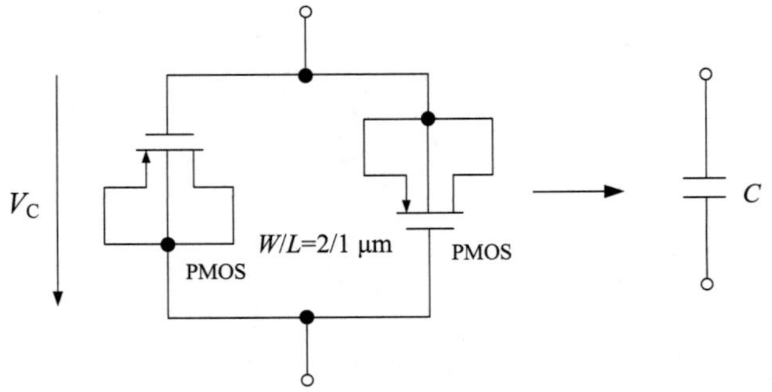

图 2.77

2.20 一个多晶硅电阻的 $W=0.8\,\mu\text{m}$，$L=20\,\mu\text{m}$。假设多晶硅的电阻率 $\rho=9\times10^{-4}\,\Omega\cdot\text{cm}$，厚度 t=3000Å，忽略接触孔电阻。求方块电阻 R_S、该电阻的方块数和总电阻值。

2.21 一个厚度为 7kÅ 的铝薄膜电阻的电阻率 $\rho=2.8\,\mu\Omega\cdot\text{cm}$，求其方块电阻值。

第 3 章　单级放大器

放大电压或电流信号是模拟集成电路的基本功能。例如，从天线接收到的电磁波信号及各种传感器产生的输出信号都是非常微弱的（通常为毫伏或微伏级），必须将其放大后才能供给后级电路处理；对于经过音频系统处理的声音信号，必须进行功率放大才能驱动喇叭发出声音；在各种信号处理反馈系统中，需要将误差信号（基准电压与输出电压之差）放大，以调节输出电压，使其保持稳定。

放大器的应用领域非常广泛，对其性能要求也各不相同。放大器的主要性能指标包括：电压或电流增益、瞬态响应速度（带宽）、输入电压范围、输出电压的摆幅、输入/输出电阻、共模电压抑制比、电源噪声抑制比、功耗、电源电压、增益线性度及信噪比等。放大器的这些性能指标通常是相互制约的，需根据实际应用场合对它们进行折中和优化。

所谓单级放大器，通常是指仅含有一个放大管的放大器，它是模拟 CMOS 集成电路的基本单元电路，也是构成运算放大器的基本模块。根据电路结构不同，单级放大器可分为：共源放大器、共栅放大器、共漏放大器（源极跟随器）及共源共栅放大器。共源共栅放大器虽然含有两个放大管，但一般把它划分到单级放大器的范畴。

本章主要讨论这些单级放大器的特性，包括电路的工作原理（静态工作点的设置与电压放大原理），大信号特性（输入-输出特性曲线、输入电压范围、输出电压的摆幅），直流或低频时的小信号特性（电压增益、输入/输出电阻、共模电压抑制比、电源噪声抑制比等），性能改善措施等。最后分析各种单级放大器在高频时的频率特性（带宽），包括幅频特性与相频特性。

由于电流镜作为放大器的有源负载和偏置电流在模拟 CMOS 放大器中得到广泛应用，下面首先分析电流镜的特性。

3.1　电流镜

顾名思义，电流镜（Current Mirror）的功能是产生某个基准电流的镜像电流，在模拟 CMOS 集成电路中得到广泛应用。电流镜的主要应用场合有：①由于电流镜具有很大的小信号等效电阻，且只消耗很小的电压余度（直流电阻小），因此被用作各种放大器的有源负载，可显著提高放大器的电压增益和输出电压的摆幅；②由于电流镜的输出电流恒定，不受输入电压的影响，因此被用作各种放大器的电流偏置电路，可使放大器的漏极电流（或跨导）保持恒定，有利于改善放大器电压增益的线性度；③由于电流镜的输出电流恒定，可以实现对电容的恒流源充放电，因此可产生近似固定的延迟时间，被广泛应用在各种 RC 振荡器中，可实现高精度的振荡频率。另外，电流镜在数模转换（DAC）电路、基准电压产生电路等其他领域，也得到了广泛应用。

3.1.1 电流镜的结构

电流镜的电路结构如图 3.1 所示，其中，图 3.1（a）所示为 NMOS 电流镜，图 3.1（b）所示为 PMOS 电流镜。I_{REF} 为基准电流源，通常被认为是不随温度、工艺和电源电压变化的理想电流源，我们将在第 7 章讨论这种基准电流源的产生方法。电流镜由基准电流源和输出电流两条支路构成，通过将两个 CMOS 管 M_1 和 M_2 的栅极连在一起（它们的 V_{GS} 电压相等），即可在输出电流支路得到基准电流源的镜像电流。同时将 M_1 管的栅极和漏极短接，并通过该点引入 M_1 和 M_2 管的栅极偏置电压 V_{GS}。

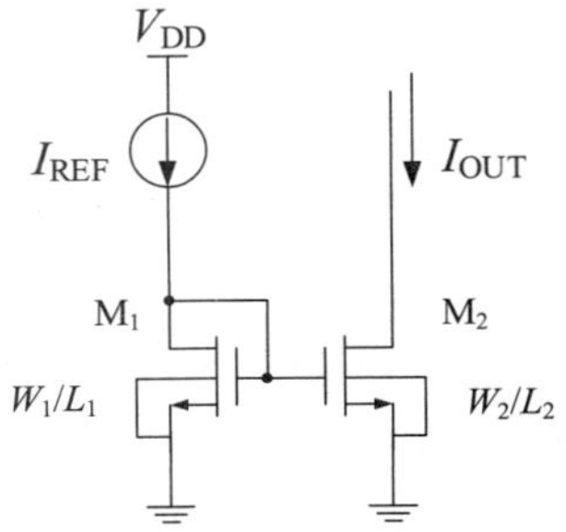

（a）NMOS 电流镜

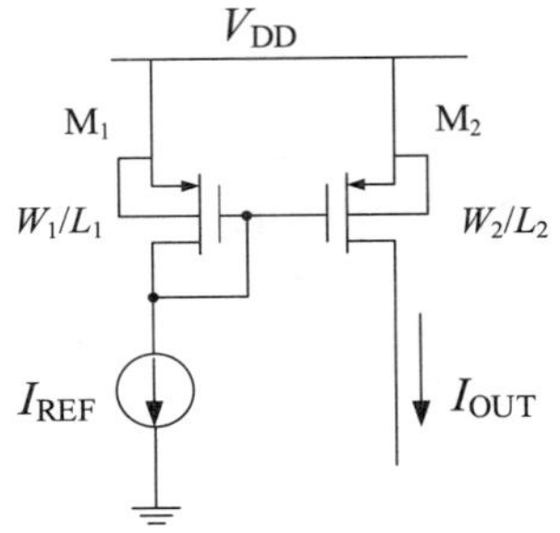

（b）PMOS 电流镜

图 3.1　电流镜的电路结构

下面我们以如图 3.1（a）所示的 NMOS 电流镜为例，说明电流镜的工作原理。假定已给 M_1 和 M_2 提供了合适的偏置电压，使它们均工作在饱和区（对于 M_1，由于 $V_{DS1}=V_{GS1}$，且 $I_{REF}\neq 0$，因此 M_1 始终工作在饱和区）。如果不考虑沟道长度调制效应，且假定 M_1 和 M_2 的阈值电压相等，则有

$$I_{REF}=\frac{1}{2}\mu_n C_{ox}\frac{W_1}{L_1}\left(V_{GS}-V_{TH}\right)^2 \tag{3.1}$$

$$I_{OUT}=\frac{1}{2}\mu_n C_{ox}\frac{W_2}{L_2}\left(V_{GS}-V_{TH}\right)^2 \tag{3.2}$$

将以上两式相除，可以得到

$$I_{OUT}=\frac{W_2/L_2}{W_1/L_1}I_{REF} \tag{3.3}$$

式（3.3）表明，输出电流 I_{OUT} 与基准电流 I_{REF} 之间的比值只由 M_1 和 M_2 的宽长比确定，而与温度、工艺和电源电压无关，因此输出电流可以精确地镜像基准电流。这样，如果基准电流确定，通过调节 M_1 和 M_2 的宽长比，可以得到所希望的输出电流值。

在模拟 CMOS 集成电路中，通常需要各种不同输出电流值的电流镜，这时可以利用一个基准电流源形成多路输出电流镜，通过调整各输出支路的管子的宽长比，即可得到所希望的输出电流值。图 3.2 所示为多路输出电流镜，该电路不仅可以形成不同电流值的输出电流，还可以利用由 M_3 和 M_4 组成的 PMOS 电流镜实现输出电流的导向。在图 3.2 中，I_1 是流入接地端的电流（称为 Sink Current），而 I_4 是从电源端流出的电流（称为 Source Current）。如果所有管子都工作在饱和区，则图 3.2 中各输出支路的电流可分别表示为

$$I_1 = \frac{W_1 / L_1}{W_0 / L_0} I_{\text{REF}} \tag{3.4}$$

$$I_2 = I_3 = \frac{W_2 / L_2}{W_0 / L_0} I_{\text{REF}} \tag{3.5}$$

$$I_4 = \frac{W_4 / L_4}{W_3 / L_3} I_3 = \left(\frac{W_4 / L_4}{W_3 / L_3}\right)\left(\frac{W_2 / L_2}{W_0 / L_0}\right) I_{\text{REF}} \tag{3.6}$$

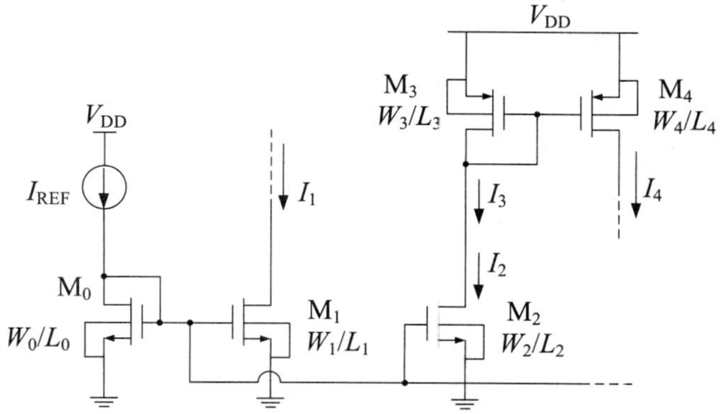

图 3.2　多路输出电流镜

在实际的电路设计中，为了减小功耗，通常将 I_{REF} 设定为一个较小的值（如 1～2μA），而其他输出支路的电流大小可根据实际需求而定。

3.1.2　电流镜的误差

式（3.3）～式（3.6）中给出的电流镜的输出电流与基准电流之间的关系只是理想情况，在实际的模拟 CMOS 集成电路中实现的电流镜通常存在误差。电流镜的输出电流误差主要由以下三方面的原因引起：①管子的沟道长度调制效应；②两个管子的阈值电压偏差；③两个管子的尺寸误差（尺寸失配）。

现在假定只存在第一种误差。如果考虑 CMOS 的沟道长度调制效应，则式（3.1）和式（3.2）可分别改写为

$$I_{\text{REF}} = \frac{1}{2}\mu_n C_{\text{ox}} \frac{W_1}{L_1}(V_{\text{GS}} - V_{\text{TH}})^2(1 + \lambda V_{\text{DS1}}) \tag{3.7}$$

$$I_{\text{OUT}} = \frac{1}{2}\mu_n C_{\text{ox}} \frac{W_2}{L_2}(V_{\text{GS}} - V_{\text{TH}})^2(1 + \lambda V_{\text{DS2}}) \tag{3.8}$$

此时，输出电流与基准电流之间的关系为

$$I_{\text{OUT}} = \frac{W_2 / L_2}{W_1 / L_1}\left(\frac{1 + \lambda V_{\text{DS2}}}{1 + \lambda V_{\text{DS1}}}\right) I_{\text{REF}} \tag{3.9}$$

对于 M_1，$V_{\text{DS1}} = V_{\text{GS1}} = V_{\text{GS2}}$，而对于 M_2，受输出端负载的影响，通常不能保证 $V_{\text{DS2}} = V_{\text{GS2}}$。因此，如果 $V_{\text{DS2}} \neq V_{\text{DS1}}$，那么 CMOS 的沟道长度调制效应将导致电流镜的输出电流偏离式（3.3）给出的理想值。另外，更为重要的是，如果输出管 M_2 的 V_{DS2} 随输出负载而变化，将会引起输出电流波动。为了减小这种误差，通常采取以下两方面的措施：①使用栅长 L 较

大的管子（通常要求$L \geqslant 4L_{min}$），这是因为沟道长度调制系数λ与栅长L成反比，适当增大L可以减小λ，进而减小电流镜的误差；②采用共源共栅电流镜结构，可以使输出管M_2的V_{DS2}尽可能不受负载端电压变化的影响，可有效抑制输出电流随输出电压的波动（见本章3.5节）。

CMOS的工艺偏差（如栅氧化层薄膜厚度t_{ox}的偏差，以及导电沟道中杂质掺杂浓度的偏差）会使两个管子的阈值电压不同，即 $V_{TH1} \neq V_{TH2}$，此时也会引起电流镜的输出电流误差。为此，在电流镜的版图设计中应注意使两个管子实现匹配，M_1和M_2的结构应尽可能保持对称且紧靠在一起配置，使阈值电压的偏差减到最小。

两个管子的加工尺寸误差也会引起电流镜的输出电流误差，可将管子的W和L的尺寸适当取大一些，以减小管子尺寸失配的影响。

这里特别要注意的是，在CMOS制造过程中，存在源/漏区的横向扩散现象，即CMOS的有效栅长$L_{eff}=L_{drawn}-2L_D$，由于源/漏区的横向扩散长度L_D是与工艺相关的某一常数，与设计栅长L_{drawn}无关，因此，如果将L_{drawn}加倍，L_{eff}并不能相应加倍。为了消除这种误差，电流镜中的所有CMOS管通常采用相同的设计栅长L_{drawn}，而对输出电流的调节只能通过调节管子的栅宽W来实现。

例 3.1 考察如图3.3所示的电流镜，其中：$V_{TH}=0.7\text{ V}$，$\mu_n C_{ox}=1.34\times10^{-4}\text{ A/V}^2$，$W_1/L_1=W_2/L_2=W_3/L_3=40\mu\text{m}/0.5\mu\text{m}$，$I_{REF}=0.3\text{mA}$，$\gamma=0$，$\lambda=0.5\text{ V}^{-1}$。（1）求当$V_{DS1}=V_{DS2}$时的$V_{bias}$值；（2）如果将（1）中求得的$V_{bias}$值增加0.1V，求此时输出电流的相应变化量。

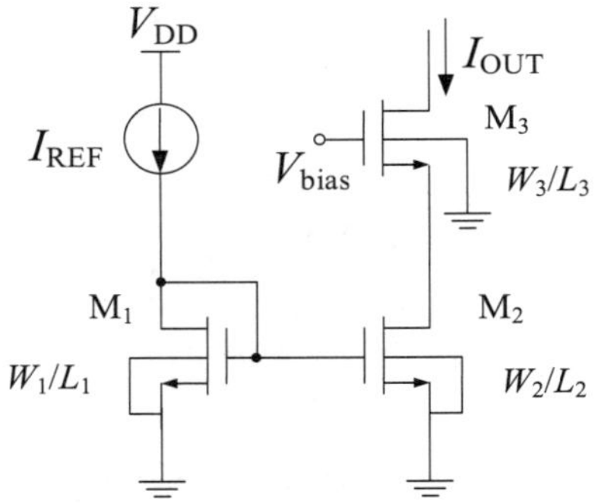

图 3.3　电流镜

解：

（1）如果$V_{DS1}=V_{DS2}$，则由式（3.9）可知，此时$I_{OUT}=I_{REF}$。因为$I_{OUT}=I_{REF}$，即$I_{D3}=I_{D1}$，且$W_1/L_1=W_3/L_3$，所以$V_{GS1}=V_{GS3}$（忽略沟道长度调制效应的影响）。V_{GS1}电压可由下式求得

$$V_{GS1}=\sqrt{\frac{2I_{REF}}{\mu_n C_{ox}(W_1/L_1)}}+V_{TH}=\sqrt{\frac{2\times0.3\times10^{-3}}{1.34\times10^{-4}\times40/0.5}}+0.7=0.9\text{ V}$$

由于V_{bias}电压为$V_{bias}=V_{GS3}+V_{DS2}=V_{GS1}+V_{GS1}=2V_{GS1}$，所以，$V_{bias}=2V_{GS1}=1.8\text{ V}$。

（2）V_{bias}的波动会导致V_{DS2}变化，根据式（3.9），可求得I_{OUT}与V_{DS2}之间的相对变化关系，即$\Delta I_{OUT}=\dfrac{\lambda I_{REF}}{1+\lambda V_{DS1}}\Delta V_{DS2}=\dfrac{\lambda I_{REF}}{1+\lambda V_{GS1}}\Delta V_{DS2}$。所以，当$V_{bias}$增加0.1V时（假定此时$V_{GS3}$不

变，即 $\Delta V_{\text{bias}} = \Delta V_{\text{DS2}}$），输出电流的相应增加量为 $\Delta I_{\text{OUT}} = \dfrac{\lambda I_{\text{REF}}}{1+\lambda V_{\text{GS1}}}\Delta V_{\text{DS2}} = \dfrac{0.5\times0.3\times10^{-3}}{1+0.5\times0.9}\times 0.1 = 1\times10^{-5}\,\text{A}$。

3.1.3 电流镜的小信号等效电路

电流镜被广泛用作各种放大器的有源负载，其小信号等效电阻与放大器的电压增益直接相关，下面我们考察电流镜的小信号等效电阻，为后面分析放大器的增益等特性做准备。电流镜的小信号等效电阻 r_{out} 为从输出电流支路端（或负载端）看进去的等效电阻，如图 3.4 所示。

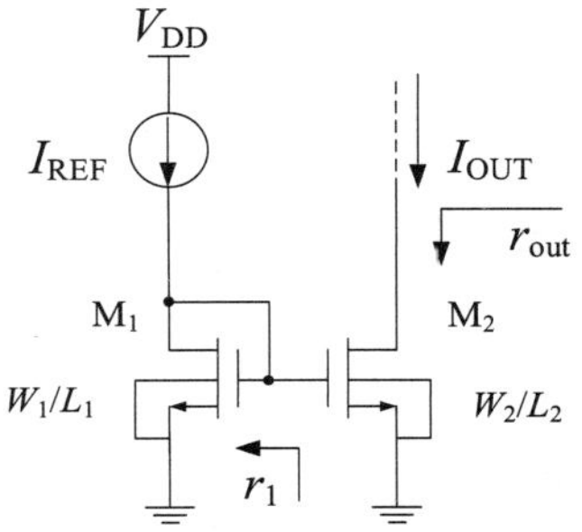

图 3.4 电流镜的小信号等效电阻

根据前面对电流镜的小信号等效电阻的定义，我们可以画出电流镜的小信号等效电路，如图 3.5 所示。这里，M_1 和 M_2 的交流小信号模型是第 2 章中给出的工作在饱和区时的低频（不考虑寄生电容）小信号等效电路，其中，r_{ds} 是由沟道长度调制效应引起的 MOS 管的等效输出电阻。

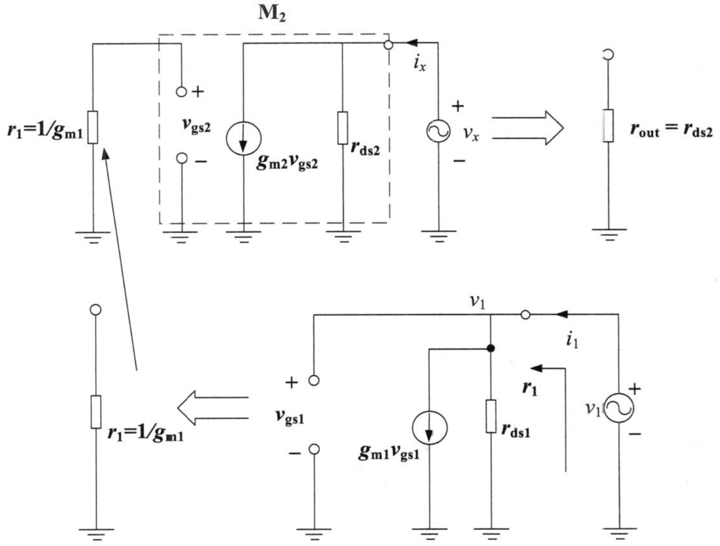

图 3.5 电流镜的小信号等效电路

先考虑电流镜左边电路的等效电阻 r_1，如图 3.4 所示。由于基准电流源 I_{REF} 为理想电流源，将其小信号等效电阻视为无穷大，因此左边只有 M_1 的小信号等效电路，如图 3.5 的下半部分

所示。由于 M_1 的漏极和栅极短接，如果外加电压 v_1，则相应的电流 i_1 为

$$i_1 = v_1 / r_{ds1} + g_{m1}v_1 \tag{3.10}$$

因此

$$i_1 / v_1 = 1 / r_{ds1} + g_{m1} \tag{3.11}$$

由于通常跨导 $g_{m1} \gg 1/r_{ds1}$，因此 M_1 的小信号等效电阻 $r_1 = v_1/i_1 \approx 1/g_{m1}$。

用 M_1 的小信号等效电阻 $1/g_{m1}$ 代替 M_1，即可得到如图 3.5 的上半部分所示的等效电路。由于此时 M_2 的 v_{gs2}=0（流过 r_1 的电流为 0），因此，电流镜的等效电阻 $r_{out} = r_{ds2}$，即电流镜工作在饱和区时的等效电阻就等于 M_2 的输出电阻。

3.2 共源放大器

共源放大器的电路结构如图 3.6 所示，其中，M_1 是放大管，R_D 是负载。输入电压信号接在 M_1 的栅极和源极之间，而输出电压信号为漏极和源极之间的电压，因为源极作为输入、输出信号的公共端，所以称为共源放大器。

在第 2 章分析 CMOS 器件的特性时，我们引入了“跨导”的概念，即当 CMOS 管的栅-源电压发生变化时，其漏极电流相应发生变化。若将该漏极电流的变化通过电阻负载（包括放大管本身的输出电阻）转换为输出电压的变化，则可实现对输入电压信号的放大。

共源放大器的负载可以是无源电阻、二极管或电流镜，下面我们分别介绍它们的结构和工作原理。值得指出的是，这里所谓的负载是放大器本身的负载，而不是放大器输出端的外接负载。

3.2.1 电阻负载共源放大器

图 3.6 所示为共源放大器的电路结构，M_1 是 NMOS 放大管，R_D 是无源电阻负载，V_{DD} 是电源电压，输入电压 V_{in} 接到 M_1 的栅极，并在 M_1 的漏极输出电压 V_{out}，输入/输出电压的公共端是源极（接地）。

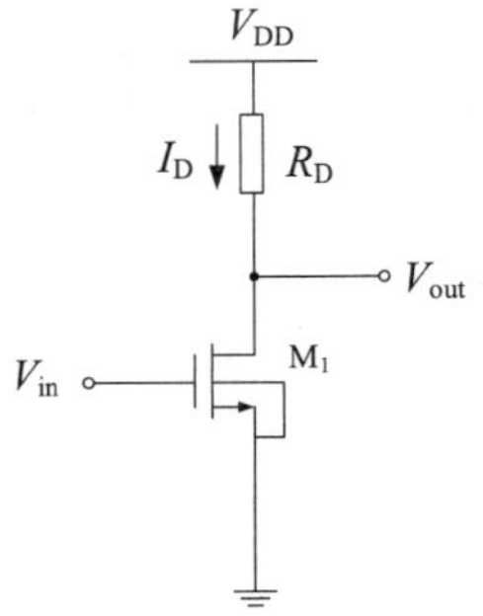

图 3.6　共源放大器的电路结构

首先分析共源放大器的大信号特性。当 V_{in} 等于零时，M_1 工作在截止区，漏极电流 I_D 为零，$V_{out} = V_{DD}$。随着 V_{in} 逐渐增大，M_1 进入亚阈值导电区，但由于漏极电流很小，V_{out} 基本等于 V_{DD}。当 V_{in} 接近管子的阈值电压 V_{TH} 时，M_1 开始导通，其漏极电流 I_D 流过 R_D 产生压降，由于 $V_{out} = V_{DD} - I_D R_D$，$V_{out}$ 开始减小。假定 M_1 最终进入饱和区，则由饱和区的电压-电流关系（暂不考虑沟道长度调制效应），可得 V_{out} 与 V_{in} 之间的关系为

$$V_{out} = V_{DD} - I_D R_D = V_{DD} - \frac{1}{2}\mu_n C_{ox}\frac{W}{L}(V_{in} - V_{TH})^2 R_D \tag{3.12}$$

由式（3.12）可知，随着 V_{in} 增大，V_{out} 减小，输入-输出特性曲线呈现抛物线形状，如图 3.7 所示，注意图 3.7 中只有抛物线的右半部分（$V_{TH} < V_{in} < V_{out} + V_{TH}$，即饱和区工作范围）有效。

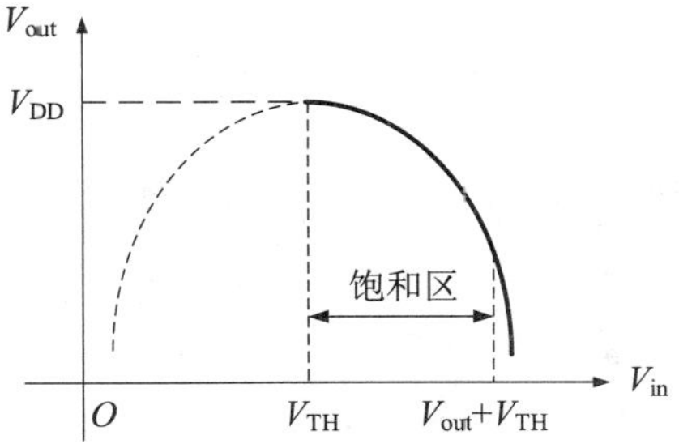

图 3.7 工作在饱和区时的输入-输出特性曲线

当 $V_{in} > V_{out} + V_{TH}$（或 $V_{out} < V_{in} - V_{TH}$）时，$M_1$ 进入线性区，此时

$$V_{out} = V_{DD} - \frac{1}{2}\mu_n C_{ox}\frac{W}{L}\left[2\left(V_{in} - V_{TH}\right)V_{out} - V_{out}^2\right]R_D \tag{3.13}$$

如果 $V_{out} \ll 2(V_{in} - V_{TH})$，那么 M_1 进入深度线性区，此时漏极电流 I_D 可近似为

$$I_D \approx \mu_n C_{ox}\frac{W}{L}(V_{in} - V_{TH})V_{out} \tag{3.14}$$

则此时 V_{out} 可表示为

$$V_{out} = V_{DD} - I_D R_D = V_{DD} - \mu_n C_{ox}\frac{W}{L}\left(V_{in} - V_{TH}\right)V_{out}R_D \tag{3.15}$$

将式（3.15）进一步整理后可得

$$V_{out} = \frac{V_{DD}}{1 + \mu_n C_{ox}\frac{W}{L}\left(V_{in} - V_{TH}\right)R_D} \tag{3.16}$$

综合以上分析结果，我们可以得出共源放大器的输入-输出特性曲线（大信号特性），如图 3.8 所示。

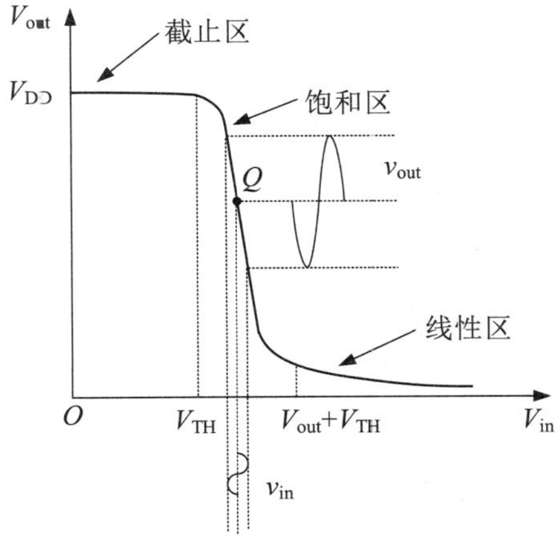

图 3.8 共源放大器的输入-输出特性曲线

由图 3.8 可以看出，随着输入电压从零开始逐渐增大，M_1 依次经历了截止区→饱和区→线性区三个工作区域。由于在线性区跨导会减小，导致电压放大倍数下降，作为放大管，通常要求工作在饱和区。因此，在设置共源放大器的静态工作点时，应保证输入电压在以下范围：$V_{TH} < V_{in} < V_{out} + V_{TH}$，即为了使 M_1 工作在饱和区而不进入线性区，输出电压 V_{out} 应大于 M_1

的过驱动电压（$V_{in}-V_{TH}$）。此时，相应的输出电压范围（输出电压的摆幅）是：$V_{in}-V_{TH}<V_{out}<V_{DD}$，即输出电压的下限是 M_1 的过驱动电压（$V_{in}-V_{TH}$），而上限则接近电源电压 V_{DD}。

下面我们考察共源放大器如何实现电压信号放大。假定将 M_1 偏置在饱和区，M_1 的静态工作点是 Q，如图 3.8 所示。如果在静态工作点上叠加一个小振幅的交流小信号输入电压 v_{in}，则在输出端可以得到一个幅度被放大的交流小信号电压 v_{out}，v_{out} 与 v_{in} 的相位相差 180 度（v_{in} 增加时 v_{out} 减小，反之亦然）。如果输入/输出交流小信号的幅度与静态工作点的电压相比非常小，那么交流小信号的加入不会影响 M_1 的静态工作点。在图 3.8 中，为了说明信号放大的原理，对输入/输出交流小信号的幅度进行了夸大。

电压放大器的主要性能指标是电压增益。对式（3.12）求 V_{in} 的导数（这里暂时不考虑沟道长度调制效应），可以得到电压增益 A_v

$$A_v=\frac{\partial V_{out}}{\partial V_{in}}=-\mu_n C_{ox}\frac{W}{L}(V_{in}-V_{TH})R_D=-g_m R_D \tag{3.17}$$

这里，$g_m=\mu_n C_{ox}\dfrac{W}{L}(V_{in}-V_{TH})$ 是 M_1 的跨导。式（3.17）中的电压增益的产生机理是：输入交流小信号电压 v_{in} 导致漏极电流变化 $g_m v_{in}$（M_1 的跨导作用），该漏极电流流过负载电阻 R_D 导致输出电压变化 $-g_m v_{in} R_D$，因此其电压增益为 $-g_m R_D$。

求电压增益的另一种有效方法是利用交流小信号等效电路。对于如图 3.6 所示的电阻负载共源放大器，利用第 2 章中给出的 NMOS 管的交流小信号模型，可以画出工作在饱和区时的低频（不考虑寄生电容）交流小信号等效电路，如图 3.9 所示。在图 3.9 中，r_{ds} 是由沟道长度调制效应引起的 M_1 的等效输出电阻。另外，由于 V_{DD} 是直流电压，因此对于交流小信号而言，相当于交流接地。

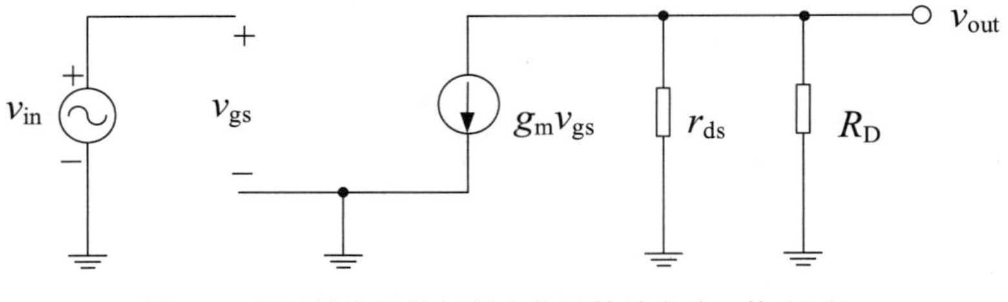

图 3.9　共源放大器的低频小信号等效电路（饱和区）

根据图 3.9，由于 $v_{gs}=v_{in}$，可以求出电压增益 A_v

$$A_v=\frac{v_{out}}{v_{in}}=\frac{-g_m v_{in}(r_{ds}\parallel R_D)}{v_{in}}=-g_m(r_{ds}\parallel R_D) \tag{3.18}$$

在式（3.18）中，如果不考虑 r_{ds}（沟道长度调制效应），则电压增益 A_v 的表达式与式（3.17）完全相同。对于更为复杂的电路，利用交流小信号等效模型能够大大降低计算复杂度，同时也能帮助设计者直观地分析电路的诸多特性。

在前面分析放大器的电压增益时，假定交流小信号的加入不会影响 M_1 的静态工作点，这样跨导 g_m 近似不变，因此电压增益 A_v 保持恒定，输入电压与输出电压之间为线性关系。但是，如果输入信号 v_{in} 与静态工作点具有同等程度的电压幅度（假定放大管仍然工作在饱和区），由

于 $g_m = \mu_n C_{ox} \dfrac{W}{L}(V_{in} - V_{TH})$，输入信号 v_{in} 的加入使 g_m 发生变化，导致电压增益 A_v 与输入信号的幅度有关。这种电压增益对信号电平的依赖关系导致放大器具有输入-输出非线性。也可以从图 3.7 中观察到放大器的这种非线性现象，因为即使工作在饱和区，输入-输出特性曲线也是抛物线形状，而并非直线，只有当输入信号的幅度足够小时，才可以进行线性近似。在模拟 CMOS 集成电路中，通常采取差动放大器或负反馈等措施，将放大器的输入-输出非线性降至最低程度。另外，电流镜负载可以提供恒定的偏置电流，从而保持 g_m 恒定。

在多级放大器中，单级放大器的输入电阻是前级放大器的等效负载，其大小直接影响前级放大器的电压增益，而单级放大器的输出电阻影响到与后级放大器的阻抗匹配，因此放大器的输入/输出电阻也是非常重要的参数。下面分析共源放大器的输入/输出电阻。

将放大器的输出端悬空，从输入端看进去的等效电阻就是放大器的输入电阻。由如图 3.9 所示的共源放大器的低频小信号等效电路可知，由于 CMOS 管的栅-源极之间是开路，因此其输入电阻为无穷大，这是 CMOS 电路的显著优点。

将放大器的输入信号短路（v_{in}=0），从输出端看进去的等效电阻就是放大器的输出电阻。计算输出电阻时，可以在输出端外加一个电压 v_{out}，然后求出相应的输出电流 i_{out}，它们的比值就是输出电阻 r_{out}，如图 3.10 所示。即

$$r_{out} = \frac{v_{out}}{i_{out}} = \frac{i_{out}(r_{ds} \parallel R_D)}{i_{out}} = r_{ds} \parallel R_D \tag{3.19}$$

显然，共源放大器的输出电阻是 CMOS 管的输出电阻 r_{ds} 与负载电阻 R_D 的并联结果。

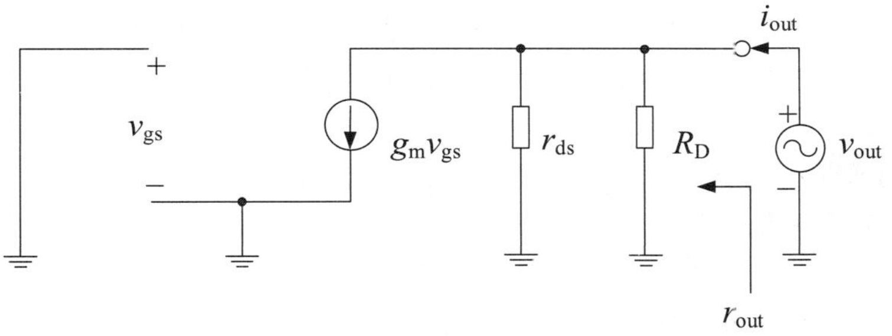

图 3.10　计算共源放大器的小信号输出电阻

如何提高放大器的电压增益呢？由式（3.18）可知，电压增益为跨导和输出电阻的乘积，即

$$A_v = -g_m(r_{ds} \parallel R_D) \tag{3.20}$$

根据第 2 章对 CMOS 的特性分析可知，g_m 和 r_{ds} 可分别表示为

$$g_m = \sqrt{2\mu_n C_{ox} \frac{W}{L} I_D} \tag{3.21}$$

$$r_{ds} \approx \frac{1}{\lambda I_D} \tag{3.22}$$

式中，I_D 是放大管的静态偏置电流。如果不考虑负载电阻 R_D 的影响（认为 R_D 为无穷大），此时的电压增益称为本征增益，它是仅存在放大管的输出电阻 r_{ds} 时的电压增益，我们用 A_{v0} 表示，即

$$A_{v0}=-g_m r_{ds}\approx-\sqrt{2\mu_n C_{ox}\frac{W}{L}I_D}\left(\frac{1}{\lambda I_D}\right)=-\sqrt{2\mu_n C_{ox}\frac{W}{L}}\left(\frac{1}{\lambda\sqrt{I_D}}\right) \tag{3.23}$$

因此，减小静态偏置电流 I_D 可以提高本征增益。这是由于在饱和区，输出电阻 r_{ds} 与 I_D 成反比，而跨导 g_m 与 I_D 的平方根成正比，其综合效果是本征增益与 I_D 的平方根成反比。虽然减小静态偏置电流 I_D 可以提高本征增益，但 I_D 的最小值会受到放大器的瞬态响应速度和噪声等要求的限制。

由于沟道长度调制系数 $\lambda\propto 1/L$，因此式（3.23）可进一步改写为

$$A_{v0}=-g_m r_{ds}\propto\sqrt{\frac{WL}{I_D}} \tag{3.24}$$

因此，增大放大管的栅宽 W 或栅长 L 尺寸也可以提高本征增益。但是，在增大 W 和 L 尺寸时，应保持宽长比 W/L 不变。这是因为，在饱和区，$I_D=\frac{1}{2}\mu_n C_{ox}\frac{W}{L}(V_{in}-V_{TH})^2$，对于确定的工艺参数和静态偏置电流 I_D，过驱动电压 $(V_{in}-V_{TH})\propto 1/\sqrt{W/L}$，如果只增加 L 而不增加 W，则必须增加过驱动电压（$V_{in}-V_{TH}$），即要求更大的静态输入电压 V_{in}，这将限制输出电压的下限摆幅。

但是，增大管子的 W 和 L 尺寸会使得其寄生电容增大（由于栅极面积增大），从而导致放大器的高频特性变差（带宽变窄）。

如果考虑负载电阻的影响，那么电压增益会降低（比本征增益小），其降低的程度取决于负载电阻 R_D 的大小。即使本征增益很大，如果负载电阻 R_D 太小，电压增益也会降得很低，因此希望负载电阻 R_D 尽可能大（与 r_{ds} 具有同等程度的阻值）。但如果增大 R_D，那么输出电压的上限摆幅（$V_{out}=V_{DD}-I_D R_D$）将受到限制（除非增大电源电压 V_{DD}），输出信号的摆幅会减小。

因此，正如前面指出的那样，放大器的性能指标是相互制约和矛盾的，我们必须在电压增益、功耗、带宽和摆幅之间折中，根据不同的应用场合选择相应的优化目标。

电阻负载共源放大器的主要缺点是电压增益低，因此在低频模拟 CMOS 集成电路中很少采用。这是因为为了实现高增益，必须增大负载电阻，这将要求非常高的电源电压（见 3.2.3），不符合 CMOS 工艺低电压、低功耗的特点。另外，在 CMOS 工艺中，实现大电阻将占用很大的芯片面积，而且大电阻会增加直流功耗。电阻负载共源放大器的优点是寄生电容和噪声电压都比较小，适用于低增益高频放大器（如在 RF 电路中得到广泛使用）。

例 3.2 考虑如图 3.6 所示的电阻负载共源放大器，假定 M_1 工作在饱和区，其特性参数为 W/L=50μm/1μm，$\mu_n C_{ox}=1.34\times10^{-4}$ A/V²，$\lambda=0.05$ V⁻¹。静态时的漏极电流 $I_D=2$mA；$R_D=2\text{K}\Omega$；求小信号电压增益和输出电阻。

解： 根据式（3.18），为了得到小信号电压增益，必须求出 M_1 的 g_m 和 r_{ds}。根据式（3.21）和式（3.22），有

$$g_m=\sqrt{2\mu_n C_{ox}\frac{W}{L}I_D}=\sqrt{2\times1.34\times10^{-4}\times50\times2\times10^{-3}}\approx5.2\times10^{-3}\ \text{A/V}$$

$$r_{ds}\approx\frac{1}{\lambda I_D}=\frac{1}{0.05\times2\times10^{-3}}=10\ \text{k}\Omega$$

因此，小信号电压增益为 $A_v = -g_m(r_{ds} \| R_D) = -5.2\times10^{-3}\times(10\text{k}\Omega \| 2\text{k}\Omega) \approx -8.7$，输出电阻为 $r_{out} = r_{ds} \| R_D = 10\text{k}\Omega \| 2\text{k}\Omega \approx 1.7\ \text{k}\Omega$。

3.2.2　二极管负载共源放大器

由于使用无源电阻作为放大器的负载会导致电压增益降低、输出电压的摆幅减小等问题，在模拟 CMOS 放大器中广泛使用二极管和电流镜等有源器件作为负载，可显著提高放大器的性能。下面我们首先讨论二极管负载共源放大器。

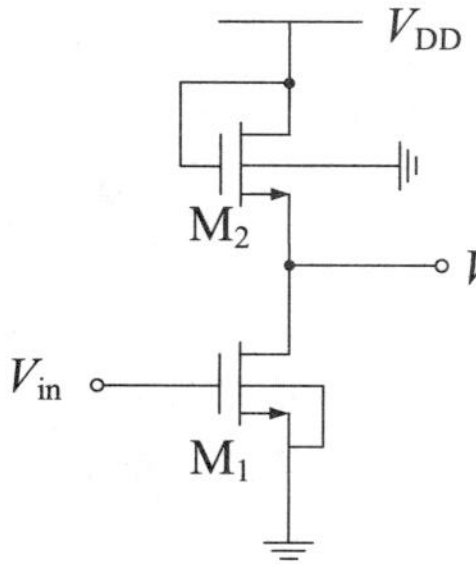

图 3.11　由 NMOS 管构成的二极管负载共源放大器

由 NMOS 管构成的二极管负载共源放大器如图 3.11 所示。M_1 是放大管，M_2 是“二极管连接”的有源负载（简称为二极管负载），M_2 与前面的电流镜中与基准电流串联的管子接法完全相同。由于 M_2 的栅极和漏极短接，满足 $V_{DS2} > V_{GS2} - V_{TH2}$，所以只要 $I_{D2} \neq 0$，M_2 就始终工作在饱和区而不会进入线性区。注意，M_2 存在体效应（M_2 的 $V_{SB} = V_{out}$）。

首先考虑该放大器的大信号特性。当 $0 < V_{in} < V_{TH1}$ 时，M_1 处于截止状态，漏极电流 I_{D1} 为零，由于 $I_{D1} = I_{D2}$，M_2 处于深度线性区，此时 M_2 的过驱动电压（$V_{GS2} - V_{TH2}$）为零，因此 $V_{GS2} = V_{TH2}$。如果忽略亚阈值导电，此时 $V_{out} = V_{DD} - V_{GS2} = V_{DD} - V_{TH2}$。当 $V_{in} > V_{TH1}$ 时，M_1 和 M_2 都进入饱和区，如果暂时不考虑沟道长度调制效应，由于 $I_{D1} = I_{D2}$，因此

$$\frac{1}{2}\mu_n C_{ox}\frac{W_1}{L_1}(V_{in} - V_{TH1})^2 = \frac{1}{2}\mu_n C_{ox}\frac{W_2}{L_2}(V_{DD} - V_{out} - V_{TH2})^2 \tag{3.25}$$

由上式可以得到

$$V_{out} = V_{DD} - V_{TH2} - \sqrt{\frac{W_1/L_1}{W_2/L_2}}(V_{in} - V_{TH1}) \tag{3.26}$$

式（3.26）表明，随着输入电压 V_{in} 增加，输出电压 V_{out} 减小，输入–输出电压之间成线性关系（暂时不考虑由 M_2 的体效应引起的 V_{TH2} 的变化）。当 $V_{in} > V_{out} + V_{TH1}$（或 $V_{out} < V_{in} - V_{TH1}$）时，$M_1$ 进入线性区，输入–输出电压关系变成非线性。二极管负载共源放大器的大信号输入–输出特性曲线如图 3.12 所示。

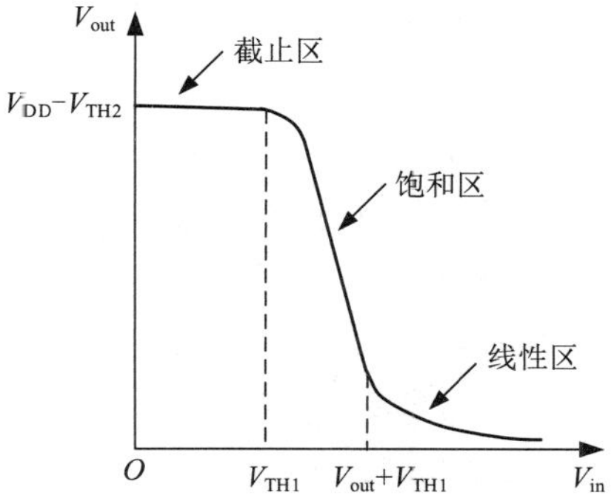

图 3.12　二极管负载共源放大器的大信号输入–输出特性曲线

因此，为了使放大器工作在饱和区，设置静态工作点时，输入电压的范围应满足：$V_{TH1} < V_{in} < V_{out} + V_{TH1}$，此时的输出电压的摆幅是：$V_{in} - V_{TH1} < V_{out} < V_{DD} - V_{TH2}$，即输出电压的下限是 M_1 的过驱动电压（$V_{in} - V_{TH1}$），而输出电压的上限是电源电压减去 M_2 的阈值电压。

下面我们考察放大器工作在饱和区时的小信号特性。首先求出二极管连接 NMOS 管 M_2 的小信号等效电阻 r_d，如图 3.13 所示。

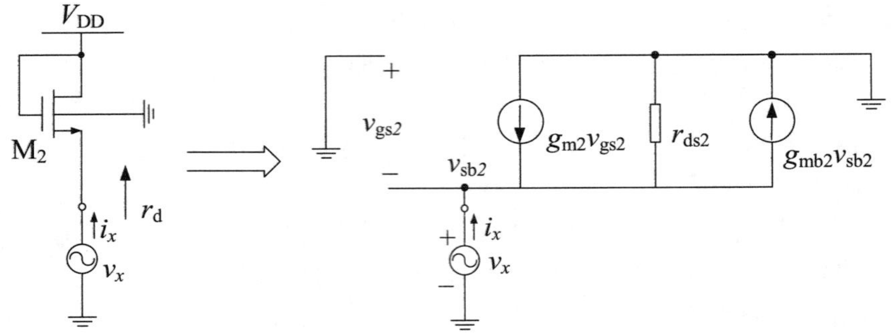

图 3.13　二极管连接 NMOS 管 M_2 的小信号等效电阻

由图 3.13 可知，由于 $v_x = -v_{gs2} = v_{sb2}$，可得

$$r_d = \frac{v_x}{i_x} = \frac{v_x}{(g_{m2} + g_{mb2})v_x + \dfrac{v_x}{r_{ds2}}} = \frac{1}{(g_{m2} + g_{mb2}) + \dfrac{1}{r_{ds2}}} = \frac{1}{g_{m2} + g_{mb2}} \| r_{ds2} \tag{3.27}$$

由式（3.27）可知，二极管连接 NMOS 管 M_2 的小信号等效电阻 r_d 为两个等效电阻 $1/(g_{m2} + g_{mb2})$ 与 r_{ds2} 的并联结果，由于通常 $g_{m2} + g_{mb2} \gg 1/r_{ds2}$，因此可以将式（3.27）近似表示为

$$r_d \approx \frac{1}{g_{m2} + g_{mb2}} \tag{3.28}$$

由式（3.28）可知，考虑 M_2 的体效应后，其等效电阻 r_d 略有下降。由于 M_2 的小信号等效电阻 r_d 是共源放大器的负载，其大小直接影响放大器的电压增益。

需要说明的是，M_2 的栅极和漏极短接，与双极型晶体管相对应，将其称为“二极管连接的 MOS 管（Diode Connected MOS）”。

下面我们考察二极管负载共源放大器的小信号特性。二极管负载共源放大器的小信号等效电路如图 3.14 所示，其中，r_d 为 M_2 的小信号等效电阻。

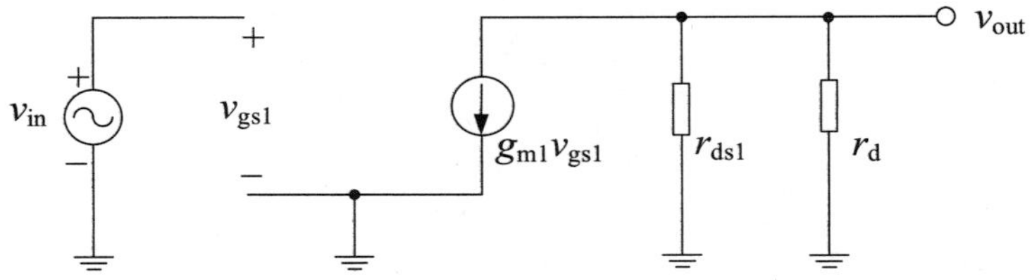

图 3.14　二极管负载共源放大器的小信号等效电路

根据图 3.14 可求得电压增益 A_v

$$A_v = -g_{m1}\left(r_{ds1} \| r_d\right) = -g_{m1}\left(\frac{1}{g_{m2}+g_{mb2}} \| r_{ds1} \| r_{ds2}\right) \tag{3.29}$$

为了近似估算电压增益 A_v，可以将式（3.29）简化，如果忽略 r_{ds1} 和 r_{ds2}，则

$$A_v \approx -\frac{g_{m1}}{g_{m2}+g_{mb2}} = -\frac{g_{m1}}{g_{m2}}\frac{1}{1+\eta} \tag{3.30}$$

式中，$\eta = g_{mb2}/g_{m2}$。如果用管子尺寸和偏置电流表示 g_{m1} 和 g_{m2}，则式（3.30）可改写为

$$A_v \approx -\frac{\sqrt{2\mu_n C_{ox}\left(W_1/L_1\right)I_D}}{\sqrt{2\mu_n C_{ox}\left(W_2/L_2\right)I_D}}\frac{1}{1+\eta} = -\frac{\sqrt{W_1/L_1}}{\sqrt{W_2/L_2}}\frac{1}{1+\eta} \tag{3.31}$$

式（3.31）表明，如果忽略 η 随输出电压的变化，那么电压增益与静态偏置电压或电流无关（只要 M_1 和 M_2 都工作在饱和区）。即当输入和输出直流电平发生变化时，电压增益近似保持恒定，使得电压增益在很大的输入电平范围内呈线性特性。

电阻负载共源放大器的电压增益为 $A_v = -g_m\left(r_{ds} \| R_D\right)$，其中，$g_m$ 是一个随输入电平变化的量，所以电压增益的线性度不如二极管负载共源放大器好。

二极管负载共源放大器的输入电阻与电阻负载时相同，可将其视为无穷大。输出电阻 r_{out} 可由如图 3.14 所示的二极管负载共源放大器的小信号等效电路求得，即

$$r_{out} = \frac{1}{g_{m2}+g_{mb2}} \| r_{ds1} \| r_{ds2} \approx \frac{1}{g_{m2}+g_{mb2}} \tag{3.32}$$

与电阻负载及电流镜负载（见 3.2.3）共源放大器相比，二极管负载共源放大器的输出电阻较低，这是由于二极管负载本身的等效电阻较小。放大器的低输出电阻有助于改善放大器的高频特性，即扩展放大器的带宽。

图 3.15 所示为采用 PMOS 管作为二极管负载的共源放大器，由于 M_2 管不存在体效应，如果忽略沟道长度调制效应（r_{ds1} 和 r_{ds2} 为无穷大），则其电压增益 A_v 可近似为

$$A_v \approx -\frac{\sqrt{\mu_n\left(W_1/L_1\right)}}{\sqrt{\mu_p\left(W_2/L_2\right)}} \tag{3.33}$$

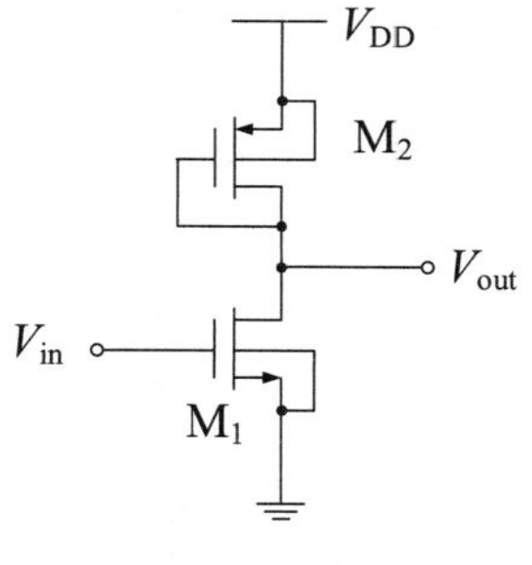

图 3.15　采用 PMOS 管作为二极管负载的共源放大器

由式（3.31）和式（3.33）可知，为了提高电压增益，必须增大 M_1 和 M_2 的宽长比的相对比值，这将带来两方面的问题：①使用过大尺寸的管子会导致大的寄生电容；②输出电压的摆幅减小。下面我们举例说明。

对于如图 3.15 所示的电路，如果要求 A_v=10，则 $\mu_n\left(W_1/L_1\right)/\mu_p\left(W_2/L_2\right)$=100。假设

$\mu_n = 2\mu_p$，则 $(W_1/L_1) = 50(W_2/L_2)$，这将使得 M_1 和 M_2 的尺寸相差过于悬殊。另外，由于 $I_{D1} = I_{D2}$，即

$$\mu_n(W_1/L_1)(V_{GS1} - V_{TH1})^2 \approx \mu_p(W_2/L_2)(V_{GS2} - V_{TH2})^2 \tag{3.34}$$

利用式（3.33）可得

$$A_v \approx -\frac{|V_{GS2} - V_{TH2}|}{V_{GS1} - V_{TH1}} \tag{3.35}$$

即要求 M_2 的过驱动电压是 M_1 的 10 倍。如果 $V_{GS1} - V_{TH1}$=0.2V，$|V_{TH2}|$=0.7V，那么 $|V_{GS2}|$=2.7V，这将严重限制输出电压的摆幅。

因此，虽然二极管负载共源放大器只能提供较低的电压增益，但是，其电压增益的线性度好，另外其具有较低的输出电阻和较好的高频特性（大带宽）。

例 3.3 考虑如图 3.11 所示的二极管负载共源放大器，其中，$V_{DD} = 3V$，$W_1/L_1 = 100\mu m/1\mu m$，$W_2/L_2 = 20\mu m/1\mu m$，$V_{TH1} = V_{TH2} = 0.7\,V$，$\lambda = \gamma = 0$。求：如果 M_1 处于线性区的边缘，对应的输入电压是多少？此时的电压增益是多少？

解：

如果 M_1 处于线性区的边缘，则 $V_{out} = V_{in} - V_{TH1}$，由式（3.26），我们可以得到

$$V_{in} - V_{TH1} = V_{DD} - V_{TH2} - \sqrt{\frac{W_1/L_1}{W_2/L_2}}(V_{in} - V_{TH1})$$

因此，M_1 处于线性区的边缘时对应的输入电压为

$$V_{in} = \frac{V_{DD} - V_{TH2} + \left(1 + \sqrt{\frac{W_1/L_1}{W_2/L_2}}\right)V_{TH1}}{1 + \sqrt{\frac{W_1/L_1}{W_2/L_2}}} = \frac{3 - 0.7 + (1 + \sqrt{5}) \times 0.7}{1 + \sqrt{5}} = 1.4\,V$$

根据式（3.31），此时的电压增益为

$$A_v = -\frac{\sqrt{W_1/L_1}}{\sqrt{W_2/L_2}} = -\frac{\sqrt{100}}{\sqrt{20}} = -2.2$$

3.2.3 电流镜负载共源放大器

对于单级共源放大器，其电压增益为 $A_v = -g_m(r_{ds} \| R_D)$，其中，$r_{ds}$ 是放大管的等效电阻，R_D 是负载电阻。为了提高电压增益，必须增大负载电阻 R_D，使 R_D 与 r_{ds} 具有同等程度的阻值。但对于采用电阻负载的共源放大器，增大 R_D 会使 R_D 上的直流压降相应增加，这将要求更高的电源电压 V_{DD}。对于采用二极管负载的共源放大器，虽然增大管子尺寸可提高电压增益，但将严重限制输出电压的摆幅。因此采用这两种负载的共源放大器只能实现较低的电压增益。

显然，对于理想的负载，既要具有很大的等效电阻 R_D，还要消耗很小的直流电压余度，即希望这二者之间的关联较弱。我们前面讨论的电流镜就符合这种理想负载的要求。我们知道，电流镜的等效电阻与放大管的等效电阻具有同等程度的阻值；另外，它所消耗的电压余度只是电流镜输出管的过驱动电压，通过增加输出管的宽长比（W/L），可以使其过驱动电压

减小到几百毫伏。

图 3.16 所示为电流镜负载共源放大器，其中，M_1 是放大管，图 3.16（a）中采用 NMOS 放大管，图 3.16（b）中采用 PMOS 放大管。由 M_0 和 M_2 组成的 PMOS 电流镜及 NMOS 电流镜分别作为有源负载，给放大管提供恒定的偏置电流。下面我们以如图 3.16（a）所示的 NMOS 放大器为例，分析电流镜负载共源放大器的特性。对于 PMOS 放大器，具有与 NMOS 放大器类似的性质，读者可自己分析。

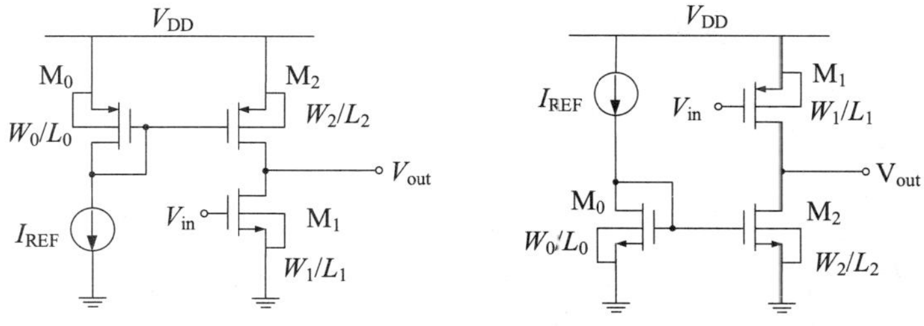

（a）NMOS 放大器　　（b）PMOS 放大器

图 3.16　电流镜负载共源放大器

首先考虑大信号特性。当 $V_{in} < V_{TH1}$ 时，M_1 截止，其漏极电流 I_{D1} 为零。对于 M_2，漏极电流 $I_{D2}=I_{D1}=0$，但 $V_{GS2}=V_{GS0}>V_{TH2}$，因此 M_2 只能工作在深度线性区，由于此时 $I_{D2}=\mu_p C_{ox}(W/L)(V_{GS2}-V_{TH2})V_{DS2}$，所以其漏-源电压 V_{DS2} 接近于零，$V_{out} \approx V_{DD}$。当 $V_{in} > V_{TH1}$ 时，M_1 和 M_2 都进入饱和区，漏极电流基本保持恒定（电流镜的电流镜像作用），V_{out} 开始减小。最后，当 $V_{in} > V_{out} + V_{TH1}$（或 $V_{out} < V_{in} - V_{TH1}$）时，$M_1$ 进入线性区。因此，输出电压 V_{out} 的下限是 M_1 的过驱动电压 V_{eff1}（$V_{eff1} = V_{in} - V_{TH1}$），而输出电压的上限是 V_{DD} 减去 M_2 的过驱动电压 $|V_{eff2}|$（$|V_{eff2}| = |V_{GS2} - V_{TH2}|$），因此输出电压的摆幅是电源电压减去两个过驱动电压，即 $V_{eff1} < V_{out} < V_{DD} - |V_{eff2}|$。

由于 M_2 工作在饱和区，$I_D = \frac{1}{2}\mu_p C_{ox}\frac{W_2}{L_2}(V_{GS2} - V_{TH2})^2$，对于给定的电流 I_D，如果增加 W_2/L_2，可相应减小 M_2 的过驱动电压（$|V_{GS2} - V_{TH2}|$）。因此，为了增加输出电压的摆幅，可以增大 M_2 的宽长比，使其过驱动电压减小到几百毫伏。由于输出电压的下限是 M_1 的过驱动电压（$V_{in} - V_{TH1}$），因此可以通过增加 W_1/L_1 达到减小过驱动电压的目的。

图 3.17 所示为电流镜负载共源放大器的放大原理。假定 M_1 和 M_2 都工作在饱和区，其静态工作点 Q 处的电流为 I_D。如果电流镜为恒流源（M_2 的输出电阻为无穷大），则负载线是一条平行的直线，当输入信号电压变化 ΔV_{in} 时，对应的输出信号电压变化 ΔV_{out}，具有电压放大功能。我们也可以由以下公式得到同样的结论。对于工作在饱和区的 M_1，有

$$I_D = \frac{1}{2}\mu_n C_{ox}\frac{W_1}{L_1}(V_{in} - V_{TH1})^2(1 + \lambda V_{out}) \tag{3.36}$$

由于漏极电流 I_D 为恒定值，因此当 V_{in} 增加时，V_{out} 必然减小；由于 I_D 与 V_{in} 的平方项成正比，而与 V_{out} 的一次项成正比，因此 V_{out} 的变化量大于 V_{in} 的变化量，这样就实现了对电压信号的放大。对于恒流源负载，其电压放大的原理与电阻负载时不同，这里 V_{in} 的变化不会转换为负载电流的变化（负载电流保持恒定），而是通过放大管的等效电阻 r_{ds1}（沟道长度调制效应）直接形成 V_{out} 的变化。

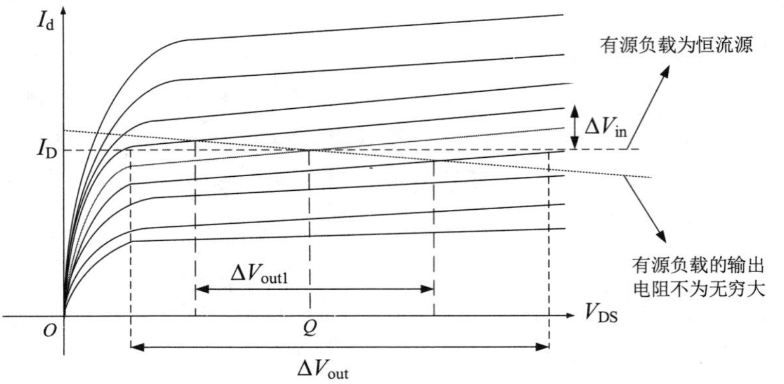

图 3.17 电流镜负载共源放大器的放大原理

如果电流镜不是恒流源，即 M_2 的输出电阻为有限值，那么如图 3.17 所示，负载线不再是平行的直线，而是斜线。此时，对于同样的输入电压变化 ΔV_{in}，对应的输出电压变化为 ΔV_{out1}，与恒流源负载时相比，输出电压的变化量减小，即电压增益下降。这是由电流镜的等效电阻引起的，此时，由输入电压变化引起的小信号电流 $g_{m1}v_{in}$ 同时流过放大管和电流镜的等效电阻，导致输出电压下降。这种现象也可以从以下公式中得到解释，请读者自己思考。

$$I_{D1}=\frac{1}{2}\mu_n C_{ox}\frac{W_1}{L_1}(V_{in}-V_{TH1})^2(1+\lambda V_{out}) \tag{3.37}$$

$$\begin{aligned}I_{D2}&=\frac{1}{2}\mu_p C_{ox}\frac{W_2}{L_2}(V_{GS2}-V_{TH2})^2(1+\lambda|V_{ds2}|)\\&=\frac{1}{2}\mu_p C_{ox}\frac{W_2}{L_2}(V_{GS2}-V_{TH2})^2[1+\lambda(V_{DD}-V_{out})]\end{aligned} \tag{3.38}$$

$$I_{D1}=I_{D2} \tag{3.39}$$

下面，我们考察电流镜负载共源放大器的小信号特性，其低频小信号等效电路与图 3.9 完全相同，只是负载的等效电阻为电流镜的输出电阻 r_{ds2}，因此，电压增益可表示为

$$A_v=-g_{m1}(r_{ds1}\parallel r_{ds2}) \tag{3.40}$$

式中，g_{m1} 和 r_{ds1} 分别是放大管 M_1 的跨导和等效电阻。

我们在前面已经讨论了共源放大器的本征增益 A_{v0}，即

$$A_{v0}=-g_{m1}r_{ds1}\propto\sqrt{\frac{W_1L_1}{I_D}} \tag{3.41}$$

按比例增大 M_1 的 W_1 和 L_1 尺寸（保持 M_1 的宽长比 W_1/L_1 不变），或减小偏置电流 I_D，都可以提高本征增益。

对于电流镜的输出电阻 r_{ds2}，由于

$$r_{ds2}\approx\frac{1}{\lambda I_D}\propto\frac{L_2}{I_D} \tag{3.42}$$

因此，增加 L_2 的尺寸可以增大 r_{ds2}，从而提高电压增益。但是，在偏置电流 I_D 不变的情况下，仅增加 L_2 将使 M_2 的过驱动电压增加，使输出电压的摆幅降低，为此，在增加 L_2 的同时需按比例增加 W_2，使 M_2 的宽长比 W_2/L_2 保持不变，从而使输出电压的摆幅不变，也可以保持电流镜的输出电流不变。

综上所述，在偏置电流 I_D 确定的情况下（I_D 的最小值受放大器的瞬态响应速度和噪声等要求的限制），通过增加 M_1 和 M_2 的 W 和 L 尺寸（W/L 不变）能够提高电压增益，但导致的问题是增大了它们的栅极面积，从而使寄生电容增大，高频特性变差（带宽变窄）。

电流镜负载共源放大器的输入电阻与电阻负载时相同，可将其视为无穷大。输出电阻 r_{out} 可由其小信号等效电路得到（请读者自己推导），即 $r_{out}=r_{ds1}\|r_{ds2}$。

图 3.18 所示为电阻负载与电流镜负载的比较。图 3.18 中的粗实线是电流镜的负载线（PMOS 管 M_2 的 I_D-V_{DS} 曲线），电流镜工作在饱和区时具有很大的等效电阻，而工作在线性区时表现出较小的电阻，因此电流镜可以同时提供较大的偏置电流和很大的小信号等效电阻。而对于无源电阻负载，由图 3.18 可知，如果电源电压 V_{DD} 相同，则其电阻值远小于电流镜的等效电阻（见图 3.18 中的电阻负载线 1），因此其电压增益很小。为了得到与电流镜负载相同的电压增益，电阻值必须增大到与电流镜的等效电阻相同（见图 3.18 中的电阻负载线 2）。例如，如果要求负载电阻为 500kΩ，偏置电流为 100uA，则此时要求电源电压 V_{DD}^* 约为 50V。

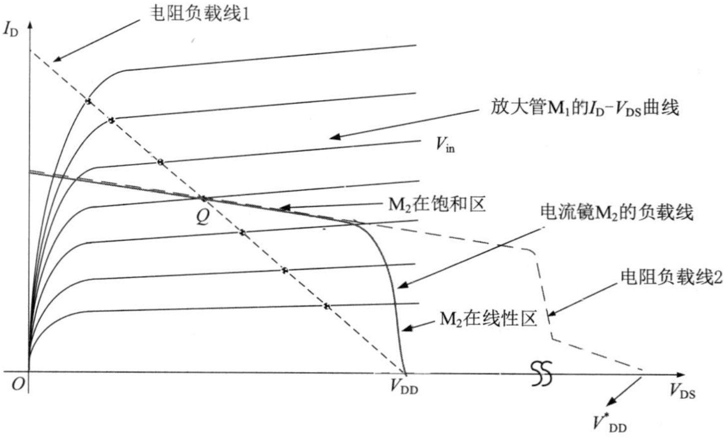

图 3.18 电阻负载与电流镜负载的比较

与无源电阻负载和二极管负载共源放大器相比，电流镜负载共源放大器具有电压增益高、输出电压的摆幅大等优点，被广泛应用于模拟 CMOS 集成电路中。

下面以如图 3.16（a）所示的电路为例，说明电流镜负载共源放大器的设计方法和流程。

（1）首先根据瞬态响应速度、功耗或噪声特性等要求确定 M_1 的电流 I_D；

（2）确定 M_1 和 M_2 的 V_{GS}：$V_{GS}=V_{eff}+V_{TH}$，选 $V_{eff}=0.2\sim0.3V$，V_{TH} 根据工艺参数确定；

（3）根据饱和区的电流-电压关系：$I_{D1}=\dfrac{1}{2}\mu_n C_{ox}\dfrac{W}{L}(V_{GS}-V_{TH})^2$，确定 M_1 和 M_2 的宽长比 W/L；

（4）确定 M_1 和 M_2 的尺寸：取 $L=(4\sim8)L_{min}$，则 W=宽长比×L；

（5）仿真验证（如果放大器的增益不够，可同时增大 W 和 L，但保持 W/L 不变）。

例 3.4 考虑如图 3.16（a）所示的电路，假定 M_1 和 M_2 均工作在饱和区。其中：W_1/L_1=20μm/1μm，$\mu_n C_{ox}=1.34\times10^{-4}\,A/V^2$，$\lambda=0.1\,V^{-1}$，直流偏置电流 $I_D=1mA$，求放大器的本征增益。

解：

$$g_{m1}=\sqrt{2(W_1/L_1)\mu_n C_{ox} I_D}=\sqrt{2\times20\times1.34\times10^{-4}\times10^{-3}}=2.3\times10^{-3}\ \text{A/V}$$

$$r_{ds1}\approx\frac{1}{\lambda I_D}=\frac{1}{0.1\times10^{-3}}=10\text{k}\Omega$$

所以，放大器的本征增益为

$$A_{v0}=-g_{m1}r_{ds1}=-2.3\times10^{-3}\times10\times10^{3}=-23$$

3.2.4 推挽放大器

推挽放大器的电路结构如图 3.19 所示，它与数字集成电路中使用的反相器电路完全相同，但工作状态完全不同。在数字电路中，由于反相器中的管子作为开关使用，CMOS 管工作在截止区或线性区。但是，当反相器作为放大器时，必须使两个 CMOS 管均工作在饱和区。

在图 3.19 中，如果 M_1 和 M_2 都工作在饱和区，则 M_1 为 NMOS 共源放大器，M_2 为 PMOS 共源放大器，同时，M_1 和 M_2 彼此形成对方的有源负载。由于两个共源放大器并行工作，输入电压被 M_1 和 M_2 同时放大，并在输出端叠加在一起，它将具有更高的电压增益。两个共源放大器的输出端形成互补的推挽结构，因此称为推挽放大器。

图 3.20 所示为推挽放大器的输入-输出电压关系。当输入电压 V_{in} 从 0～V_{DD} 变化时，相应的输出电压 V_{out} 从 V_{DD}～0 变化。为了使 M_1 工作在饱和区，要求 $V_{out}>V_{in}-V_{TH1}$，而为了使 M_2 工作在饱和区，应使 $V_{DD}-V_{out}>V_{DD}-V_{in}-|V_{TH2}|$，即 $V_{out}<V_{in}+|V_{TH2}|$。如图 3.20 所示，为了使 M_1 和 M_2 都工作在饱和区，输入-输出电压的范围被限制在两条直线（$V_{out}=V_{in}+|V_{TH2}|$ 和 $V_{out}=V_{in}-V_{TH1}$）之间，最大输出电压的摆幅是 $|V_{TH2}|+V_{TH1}$，即两个管子的阈值电压之和。为了获得最大电压增益和最大输出电压的摆幅，通常将推挽放大器的静态工作点偏置在 $V_{in}=V_{DD}/2$ 附近（如图 3.20 中的 45 度虚线所示）。例如，用于 A/D 变换电路的反相器型比较器中，通过将输入端和输出端短接，即可将静态工作点偏置在 $V_{DD}/2$ 处。

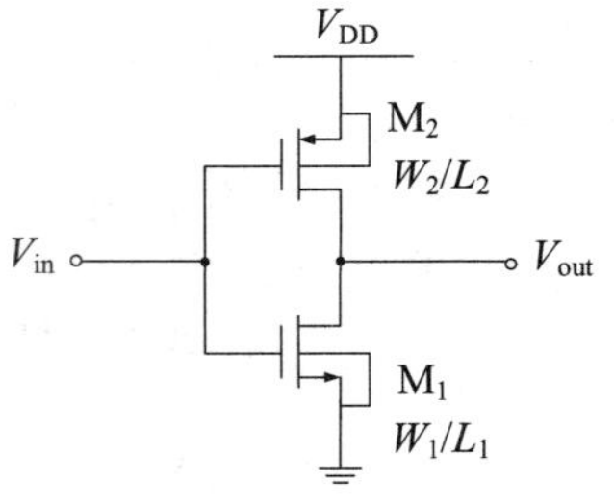

图 3.19　推挽放大器的电路结构

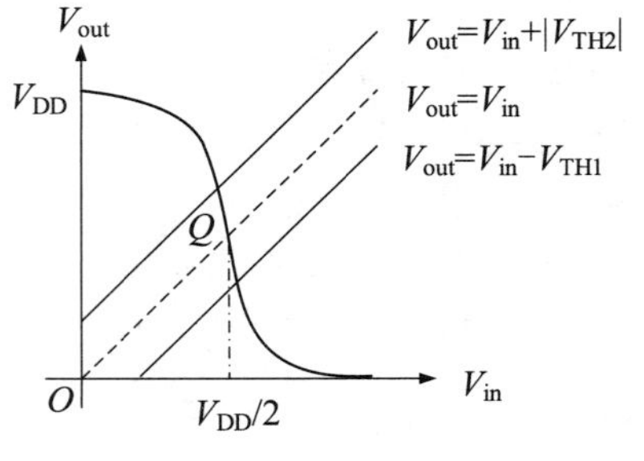

图 3.20　推挽放大器的输入-输出电压关系

推挽放大器的小信号等效电路（饱和区）如图 3.21 所示。由此可求得小信号电压增益 A_v 为

$$A_v=\frac{v_{out}}{v_{in}}=-(g_{m1}+g_{m2})(r_{ds1}\parallel r_{ds2})\tag{3.43}$$

如果 $g_{m1}\approx g_{m2}$，那么电压增益约为电流镜负载共源放大器的 2 倍。推挽放大器的输入/输出电阻与电流镜负载共源放大器相同。

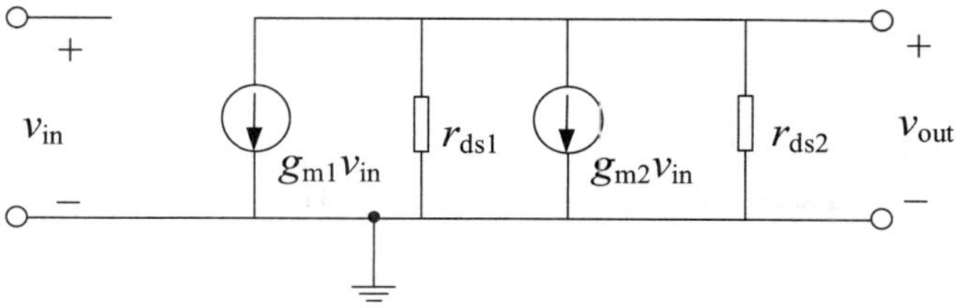

图 3.21 推挽放大器的小信号等效电路

推挽放大器的优点是在饱和区具有较高的电压增益，缺点是输入电压范围和输出电压的摆幅较小。

3.3 源极跟随器

图 3.22 所示为采用 NMOS 管的源极跟随器（Source Follower）。M_1 为放大管，输入信号 V_{in} 从放大管的栅极输入，输出信号 V_{out} 从源极输出，漏极接电源电压 V_{DD}（交流接地），由于输入/输出交流小信号电压的公共端为漏极，因此源极跟随器又称为共漏放大器。注意，由于 M_1 的衬底接地，存在体效应。由 M_0 和 M_2 构成的电流镜作为放大器的有源负载，同时给放大管提供恒定的直流偏置电流。

首先分析大信号特性。当 V_{in} 从 0～V_{DD} 逐渐增加时，源极跟随器的输入-输入特性如图 3.23 所示。当 $V_{in} < V_{TH1}$ 时，M_1 处于截止区，I_{D1}=0，M_2 处于深度线性区（I_{D2}=0，V_{DS2}=0），V_{out}=0。当 $V_{in} > V_{TH1}$ 时，M_1 和 M_2 都进入饱和区，由于电流镜的作用，漏极电流 I_{D1} 基本保持恒定。如果忽略 M_1 的沟道长度调制效应和体效应（V_{TH1} 随 V_{out} 变化），那么 M_1 的漏极电流 I_{D1} 可表示为

$$I_{D1} = \frac{1}{2}\mu_n C_{ox}\frac{W_1}{L_1}(V_{in} - V_{out} - V_{TH1})^2 \tag{3.44}$$

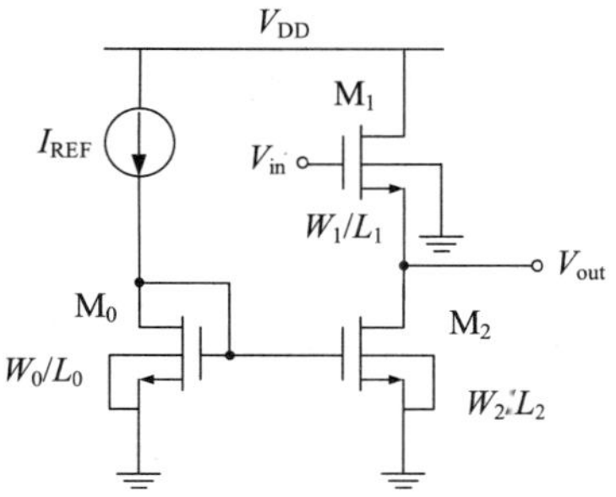

图 3.22 采用 NMOS 管的源极跟随器

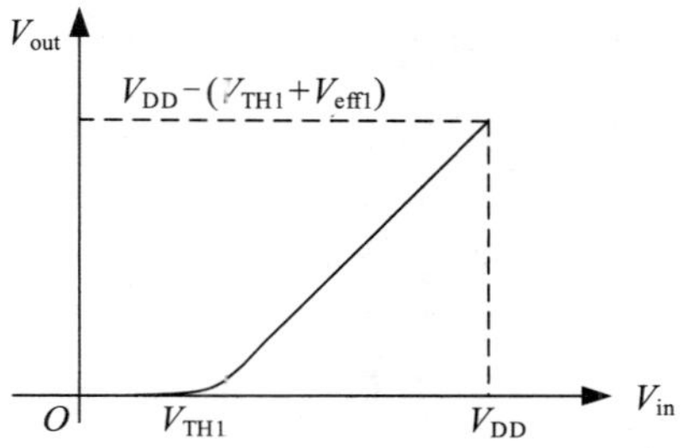

图 3.23 源极跟随器的输入-输出特性

由式（3.44）可知，如果 I_{D1} 保持恒定，则 V_{out} 随 V_{in} 线性增加，但其差值始终保持为 $V_{GS1} = V_{TH1} + V_{eff1}$。因此，源极跟随器的输入和输出直流电压之间产生电平位移，其位移幅度为 $V_{TH1} + V_{eff1}$，这也是源极跟随器的用途之一。由于输入电压 $V_{in} < V_{DD}$（最大工作电压），因此 M_1 始终工作在饱和区，不会进入线性区（由于 M_1 的 V_{GD} 始终小于 0）。

源极跟随器的输入电压范围是 $V_{TH1} < V_{in} \leqslant V_{DD}$；输出电压范围是 $(V_{GS2} - V_{TH2}) < V_{out} <$

$V_{DD}-(V_{TH1}+V_{eff1})$ 或 $V_{eff2}<V_{out}<V_{DD}-V_{GS1}$，其中，输出电压的下限受 M_2 的过驱动电压（$V_{eff2}=V_{GS2}-V_{TH2}$）的限制，对于给定的偏置电流 I_{D2}（$I_{D2}=I_{D1}$），如果增加 W_2/L_2，则可相应减小 M_2 的过驱动电压，从而增大输出电压的摆幅。

源极跟随器的小信号等效电路如图 3.24 所示。M_1 的小信号等效电路中考虑了沟道长度调制效应和体效应的影响，电流镜负载的等效电阻为 M_2 的等效电阻 r_{ds2}。

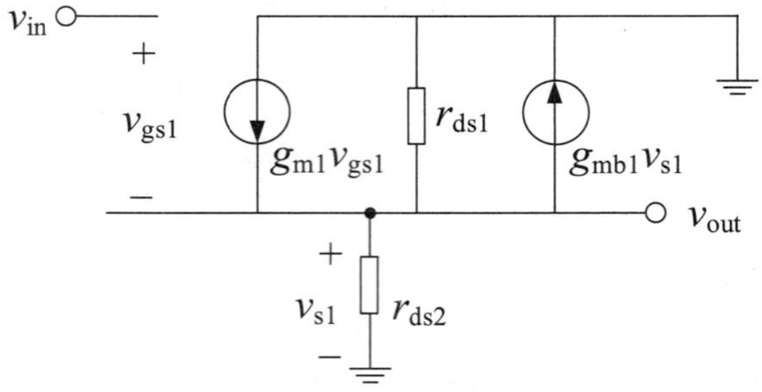

图 3.24　源极跟随器的小信号等效电路

根据图 3.24，对于小信号电压，有 $v_{gs1}=v_{in}-v_{out}$，$v_{s1}=v_{out}$，且 $g_{mb1}v_{s1}$ 支路可以等效为一个电导 g_{mb1}。为了表达方便起见，令 $g_{ds1}=1/r_{ds1}$，$g_{ds2}=1/r_{ds2}$，则节点 v_{out} 处的电流方程为

$$v_{out}\left(g_{ds1}+g_{ds2}+g_{mb1}\right)=g_{m1}\left(v_{in}-v_{out}\right) \tag{3.45}$$

由式（3.45）可进一步求得源极跟随器的小信号电压增益 A_v

$$A_v=\frac{v_{out}}{v_{in}}=\frac{g_{m1}}{g_{m1}+g_{mb1}+g_{ds1}+g_{ds2}} \tag{3.46}$$

由式（3.46）可知，源极跟随器的小信号电压增益为正且恒小于 1。在通常情况下，$g_{mb1}=\left(1/10\sim1/5\right)g_{m1}$，$g_{ds1}$ 和 g_{ds2} 约为 $(1/10)g_{mb1}$，因此电压增益 A_v 接近于 1。源极跟随器的电压增益接近于单位增益，说明源极跟随器的输出电压跟随输入电压变化，这就是“源极跟随器”名称的由来。

M_1 的体效应是导致电压增益小于单位增益的主要原因，这是因为输出电压的变化导致 M_1 的阈值电压发生变化。由式（3.44）可知，V_{in} 增加时引起 V_{out} 增加，但 V_{out} 增加会导致 M_1 的阈值电压 V_{TH1} 相应增加，从而抵消了一部分 V_{out} 的增加量，使得电压增益降低。另外，从如图 3.24 所示的源极跟随器的小信号等效电路中，也可以得到相同的结果，请读者自己分析。

下面我们考察式（3.46）给出的电压增益的线性度。由于放大管 M_1 的跨导 $g_{m1}=\sqrt{2\mu_n C_{ox}\left(W_1/L_1\right)I_{D1}}$，对于恒定的偏置电流 I_{D1}，可认为跨导 g_{m1} 是恒定值，即不随输入电压变化。但是由于 M_1 存在体效应，因此电压增益具有一定的非线性。根据第 2 章对 CMOS 的体效应分析，g_{mb1} 可表示为

$$g_{mb1}=-g_{m1}\frac{\gamma}{2\sqrt{V_{SB}+2\Phi_F}} \tag{3.47}$$

式中，$V_{SB}=V_{out}$，因此 g_{mb1} 与输出电压 V_{out} 有关，这就导致了电压增益的非线性。

可以利用如图 3.25 所示的小信号等效电路求得源极跟随器的输出电阻。由于 $v_{gs1}=-v_{s1}$，则

$$i_x=\left(g_{ds1}+g_{ds2}+g_{mb1}\right)v_x+g_{m1}v_x \tag{3.48}$$

因此，输出电阻 r_{out} 为

$$r_{out}=\frac{v_x}{i_x}=\frac{1}{g_{m1}+g_{mb1}+g_{ds1}+g_{ds2}}\approx\frac{1}{g_{m1}+g_{mb1}} \tag{3.49}$$

通常 $1/(g_{m1}+g_{mb1})$ 远小于 CMOS 管的输出电阻（r_{ds1} 或 r_{ds2}），因此，与共源放大器相比，源极跟随器具有较小的输出电阻。注意，体效应的存在使输出电阻减小，这也是因为输出电压的变化导致 M_1 的阈值电压发生变化（读者可自己分析）。

由于源极跟随器具有很高的输入电阻（与共源放大器相同，低频时为无穷大）和较低的输出电阻，且电压增益接近于 1，因此在电路中通常用作电压缓冲器（Buffer）。例如，假设要求共源放大器驱动一个低阻抗负载 R_{out}，如果将这一低阻抗负载直接接到共源放大器的输出端，那么会显著降低共源放大器的电压增益（此时 $A_v=-g_{m1}(r_{ds1}\,||\,r_{ds2}\,||\,R_{out})$）。如图 3.26 所示，若在共源放大器与低阻抗负载之间插入源极跟随器，则可以起到隔离低阻抗负载的作用，使总的电压增益保持近似不变。源极跟随器的输出电阻越小，其电压损失越小，总的电压增益就越大。理想情况下，若源极跟随器的输入电阻为无穷大、输出电阻为零，则源极跟随器的电压增益恒等于 1，此时共源放大器的输出电压可以无损耗地传输到输出端。

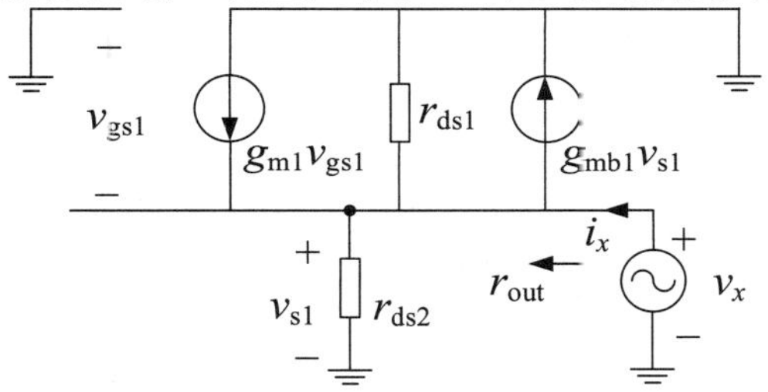

图 3.25　求源极跟随器输出电阻的等效电路

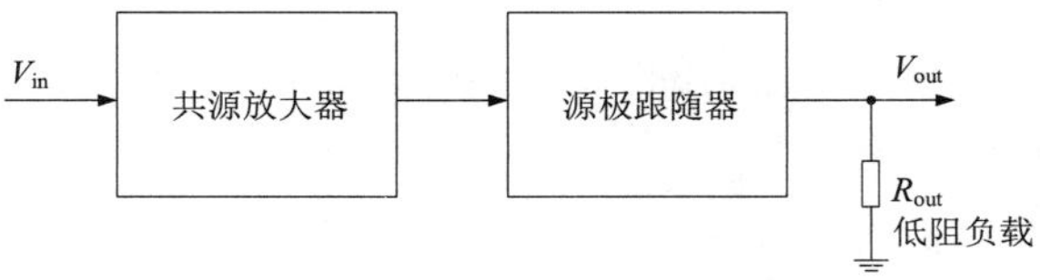

图 3.26　将源极跟随器用作电压缓冲器

前面已经指出，放大管 M_1 的体效应导致源极跟随器的电压增益偏离单位增益，且具有一定的非线性。如果将放大管 M_1 的衬底和源极连接在一起，即可消除体效应。但是，由于在一般的模拟 CMOS 工艺中，所有的 NMOS 管公用一个衬底，因此这种方法只适用于 PMOS 管。

图 3.27 所示为采用 PMOS 放大管的源极跟随器。将 M_1 和 M_2 做在两个分离的 n 阱中便可实现该电路。但是，与采用 NMOS 放大管的源极跟随器相比，由于 PMOS 放大管的空穴迁移率低[μ_p=(0.25～0.5)μ_n]，对于相同的器件尺寸和偏置电流，跨导 g_m 变小，因此源极跟随器的输出电阻略有增大。

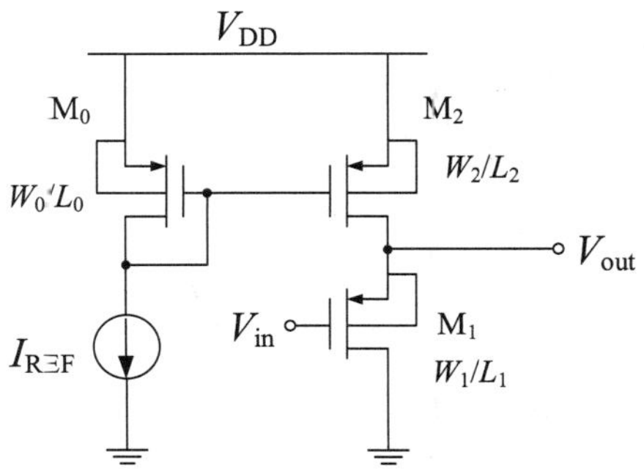

图 3.27　采用 PMOS 放大管的源极跟随器

在 M_1（M_2）的电流 $I_{D1,2}$ 确定的前提下，可采用与电流镜负载共源放大器相同的设计方法和流程设计源极跟随器。

3.4 共栅放大器

图 3.28 所示为共栅放大器的电路结构图。M_1 是 NMOS 放大管，输入信号 V_{in} 加在其源极，从漏极输出电压 V_{out}，栅极接适当的直流偏置电压 V_b，使 M_1 工作在饱和区。由于栅极接直流电压（交流接地），是输入-输出小信号电压的公共端，因此称为共栅放大器。由 M_0 和 M_2 构成的 PMOS 电流镜作为放大器的有源负载，同时给放大管 M_1 提供恒定的直流偏置电流。注意，该偏置电流流经输入信号源。

首先分析大信号特性。为方便起见，我们考察当输入电压 V_{in} 从大到小变化时，相应的输出电压 V_{out} 的变化情况。当 $V_{in} \geqslant V_b - V_{TH1}$ 时，$V_{GS1} < V_{TH1}$，M_1 截止，M_2 处于深度线性区，$I_{D2}=0$，$V_{out}=V_{DD}$。当 $V_{in} < V_b - V_{TH1}$ 时，M_1 逐渐导通，M_2 逐渐脱离线性区，假定最终 M_1 和 M_2 都进入饱和区，此时，漏极电流 I_{D1} 为

$$I_{D1}=\frac{1}{2}\mu_n C_{ox}\frac{W_1}{L_1}\left(V_b - V_{in} - V_{TH1}\right)^2\left[1+\lambda\left(V_{out}-V_{in}\right)\right] \tag{3.50}$$

由于电流镜的作用，漏极电流 I_{D1} 为恒定值（忽略 M_2 的沟道长度调制效应）。由式（3.50）可知，随着 V_{in} 减小，V_{out} 相应降低。最后，当 $V_{out} < V_b - V_{TH1}$ 时，M_1 进入线性区。共栅放大器的输入-输出电压特性如图 3.29 所示。

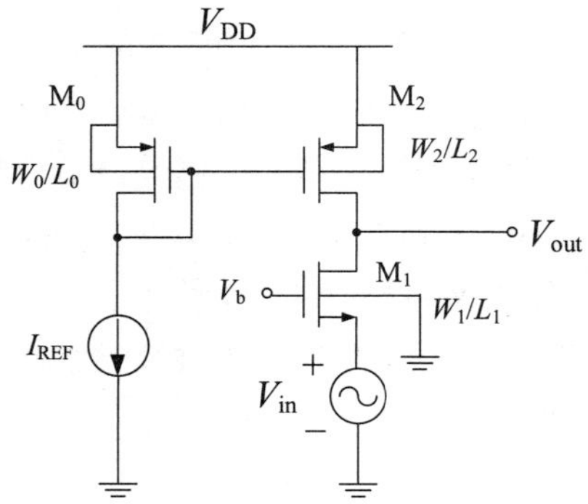

图 3.28　共栅放大器的电路结构图

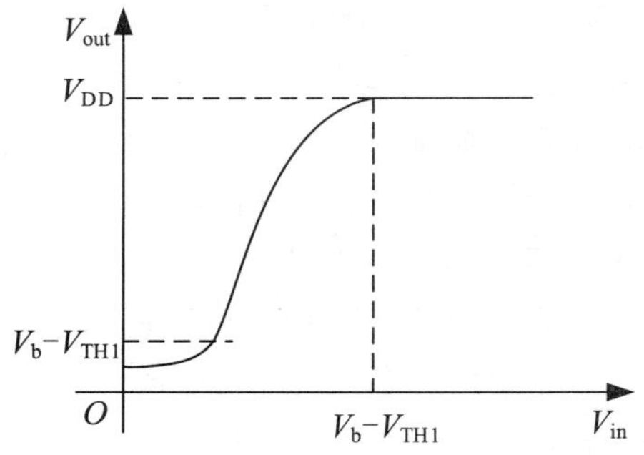

图 3.29　共栅放大器的输入-输出电压特性

为了使 M_1 和 M_2 都工作在饱和区，输出电压的下限是 $V_b - V_{TH1}$，而上限是 V_{DD} 减去 M_2 的过驱动电压，即 $V_{DD} - |V_{GS2} - V_{TH2}|$，因此输出电压的摆幅为

$$V_b - V_{TH1} < V_{out} < V_{DD} - |V_{GS2} - V_{TH2}| \tag{3.51}$$

由于 $V_b = V_{GS1} + V_{in} = V_{TH1} + V_{eff1} + V_{in}$，当 V_{in} 的范围确定以后，可根据此式确定直流偏置电压 V_b 的大小。

下面我们考察共栅放大器的小信号特性。假定 M_1 和 M_2 都工作在饱和区，此时，共栅放大器的小信号等效电路如图 3.30 所示，其中，r_{ds2} 是电流镜 M_2 的等效输出电阻。

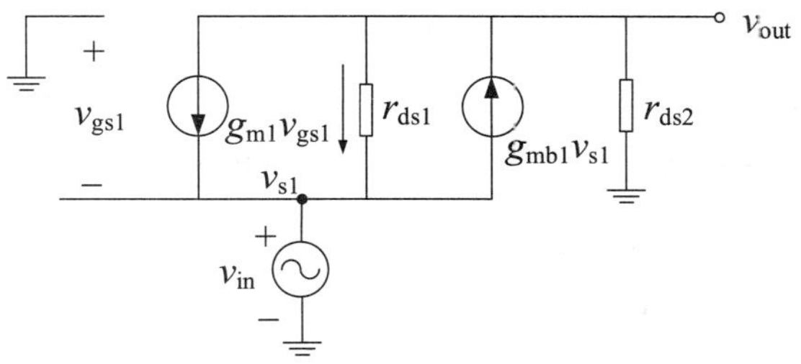

图 3.30 共栅放大器的小信号等效电路

由于 $v_{s1}=v_{in}$， $v_{gs1}=-v_{in}$，流过 r_{ds1} 的电流为 $-\dfrac{v_{out}}{r_{ds2}}+g_{m1}v_{in}+g_{mb1}v_{in}$，因此

$$v_{out}=v_{in}+\left[-\frac{v_{out}}{r_{ds2}}+\left(g_{m1}+g_{mb1}\right)v_{in}\right]r_{ds1} \tag{3.52}$$

电压增益 A_v 为

$$A_v=\frac{v_{out}}{v_{in}}=\frac{r_{ds2}}{r_{ds2}+r_{ds1}}\left[1+\left(g_{m1}+g_{mb1}\right)r_{ds1}\right] \tag{3.53}$$

由上式可知，电压增益是正值，即输入电压与输出电压同相位。通常情况下，$\left(g_{m1}+g_{mb1}\right)r_{ds1}\gg 1$，式（3.53）可近似为

$$A_v\approx\left(g_{m1}+g_{mb1}\right)\left(r_{ds1}\parallel r_{ds2}\right) \tag{3.54}$$

由式（3.54）可知，共栅放大器的小信号电压增益与共源放大器接近，但是由于存在体效应，因此共栅放大器的电压增益略高一些。

这里我们分析体效应使共栅放大器的电压增益提高的原因。式（3.50）可改写为

$$I_{D1}=\frac{1}{2}\mu_n C_{ox}\frac{W_1}{L_1}\left[V_b-\left(V_{in}+V_{TH1}\right)\right]^2\left[1+\lambda\left(V_{out}-V_{in}\right)\right] \tag{3.55}$$

根据上式，由于当 V_{in} 增加时会引起 M_1 的阈值电压 V_{TH1} 相应增加，与无体效应时相比，使 $\left[V_b-\left(V_{in}+V_{TH1}\right)\right]^2$ 部分减小得更多，相应地，要求后面一项 $[\lambda\left(V_{out}-V_{in}\right)]$ 中的 V_{out} 增加得更多，因此电压增益提高。以上基于大信号模型的分析结果与基于小信号等效电路的分析结果完全一致，说明 CMOS 管的小信号模型与其实际物理效应是一致的。

下面考察共栅放大器的小信号输入电阻，可利用如图 3.31 所示的小信号等效电路求得输入电阻。

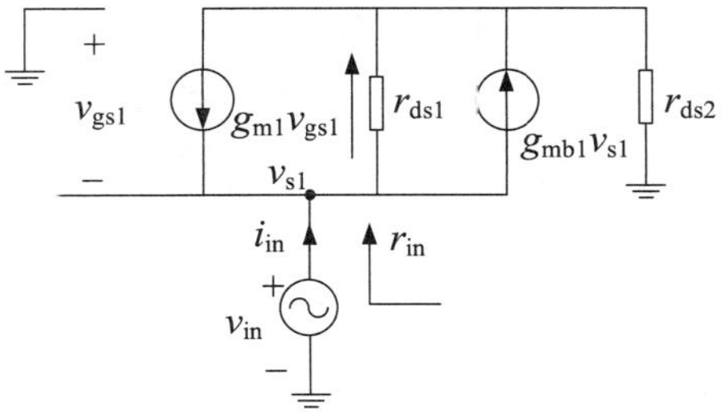

图 3.31 共栅放大器的小信号输入电阻

由于流过 r_{ds1} 的电流为 $i_{in}-g_{m1}v_{in}-g_{mb1}v_{in}$，因此

$$v_{in} = (i_{in} - g_{m1}v_{in} - g_{mb1}v_{in})r_{ds1} + i_{in}r_{ds2} \tag{3.56}$$

输入电阻r_{in}为

$$r_{in} = \frac{v_{in}}{i_{in}} = \frac{r_{ds1} + r_{ds2}}{1 + (g_{m1} + g_{mb1})r_{ds1}} \tag{3.57}$$

如果$(g_{m1} + g_{mb1})r_{ds1} \gg 1$，则上式可近似为

$$r_{in} \approx \frac{1}{g_{m1} + g_{mb1}} + \frac{r_{ds2}}{(g_{m1} + g_{mb1})r_{ds1}} \tag{3.58}$$

由于r_{ds1}与r_{ds2}通常具有同等程度的阻值，因此上式可进一步简化为

$$r_{in} \approx \frac{2}{g_{m1} + g_{mb1}} = \frac{2}{g_{m1}(1+\eta)} \tag{3.59}$$

式中，$\eta = g_{mb1} / g_{m1}$。由上式可以看出，共栅放大器的输入电阻较低。另外，M_1的体效应减小了输入电阻，这是由于输入电压的变化引起M_1的阈值电压发生变化。输入电阻较低是共栅放大器的一个显著特点，在某些应用中可以实现与前级电路的阻抗匹配。

可以很容易地求得共栅放大器的输出电阻$r_{out} = r_{ds1} \| r_{ds2}$，它与共源放大器的输出电阻相同。

我们在前面分析共栅放大器的小信号特性时，假定输入小信号电压源的内阻为零。但是由于共栅放大器的输入电阻较低，其输入信号源的内阻会导致放大器的有效电压增益降低。如图 3.32 所示，假定输入信号源的内阻为r_s，则考虑信号源内阻后的电压增益A_{vs}为

$$A_{vs} = \frac{v_{out}}{v_{in}} = \frac{v_{out}}{v_{in1}} \times \frac{v_{in1}}{v_{in}} = A_v \times \frac{r_{in}}{r_{in} + r_s} \tag{3.60}$$

由于A_v和r_{in}分别已由式（3.53）和式（3.57）给出，代入上式后可求得电压增益A_{vs}为

$$A_{vs} = \frac{1 + (g_{m1} + g_{mb1})r_{ds1}}{r_{ds2} + r_{ds1} + r_s + (g_{m1} + g_{mb1})r_{ds1} r_s} r_{ds2} \tag{3.61}$$

显然，考虑输入信号源的内阻后，共栅极放大器的有效电压增益降低。

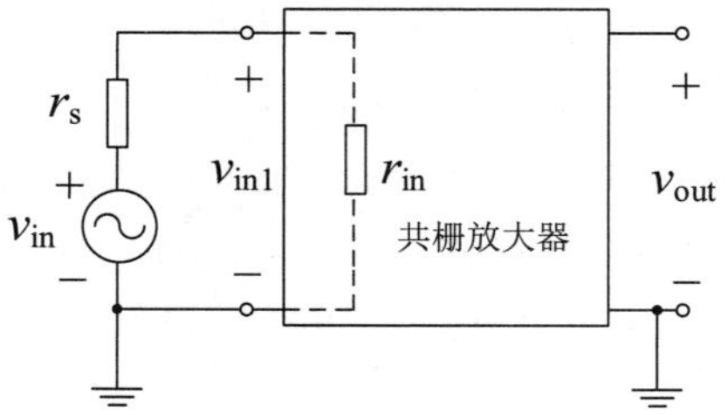

图 3.32　考虑输入信号源的内阻后的电压增益

考虑输入信号源的内阻r_s后，共栅放大器的输出电阻需要修改为（请读者自己证明）：$r_{out} = \{[1 + (g_{m1} + g_{mb1})r_{ds1}]r_s + r_{ds1}\} \| r_{ds2}$，由于$r_s$一般较小，因此输出电阻略有增加。

3.5　共源共栅电流镜

我们在 3.1 节讨论电流镜的精度时已经指出，受输出端负载的影响，通常不能保证两个管子的漏-源电压相等，即$V_{DS2} \neq V_{DS1}$。此时，CMOS 的沟道长度调制效应将导致电流镜的输

出电流出现偏差或波动。另外，电流镜作为放大器的有源负载时，希望具有更大的等效电阻，以提高放大器的电压增益。为了抑制沟道长度调制效应的影响，进一步提高电流镜的输出电阻，除了适当增大管子的尺寸 L，更为有效的措施是采用共源共栅电流镜（Cascode Current Mirror），共源共栅电流镜也称为高输出阻抗电流镜。

3.5.1 普通共源共栅电流镜

考察如图 3.33（a）所示的电路。若在 M_2 的上面叠加一个 NMOS 管 M_3，并给 M_3 的栅极施加合适的偏置电压 V_C，使得 $V_A = V_B$，则可以消除由沟道长度调制效应引起的输出电流误差。

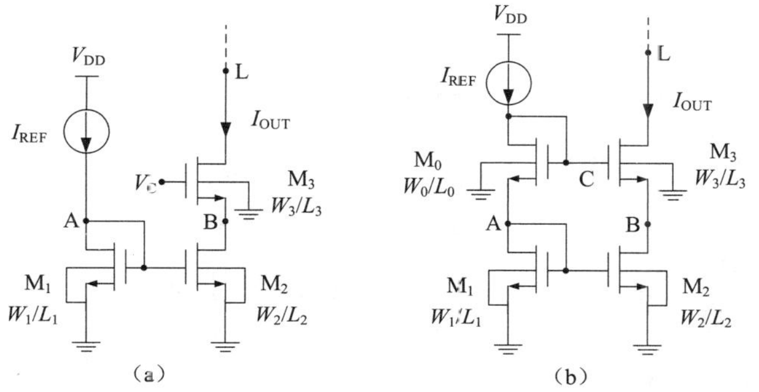

图 3.33 共源共栅电流镜

为了使 $V_A = V_B$，要求 $V_C = V_{GS3} + V_B = V_{GS3} + V_A$，因此如果在 V_A 上面也叠加一个 V_{GS3} 电压，即可得到 V_C 电压，从而使 $V_A = V_B$。如图 3.33（b）所示，在 M_1 上面串联一个二极管连接的 NMOS 管 M_0，并将其栅极与 M_3 的栅极相连，则 $V_C = V_{GS0} + V_A = V_{GS3} + V_B$。若使 $V_{GS0} = V_{GS3}$，则可保证 $V_A = V_B$。

那么如何使 $V_{GS0} = V_{GS3}$？假定 M_0 ～ M_3 都工作在饱和区，由于 $I_{D0} = I_{D1}$，$I_{D3} = I_{D2}$，若忽略沟道长度调制效应，则有

$$\frac{I_{D2}}{I_{D1}} = \frac{W_2/L_2}{W_1/L_1} = \frac{I_{D3}}{I_{D0}} = \frac{W_3/L_3}{W_0/L_0} \frac{(V_{GS3} - V_{TH3})^2}{(V_{GS0} - V_{TH0})^2} \tag{3.62}$$

若选择 M_0 ～ M_3 的尺寸，使得

$$\frac{W_2/L_2}{W_1/L_1} = \frac{W_3/L_3}{W_0/L_0} \tag{3.63}$$

则

$$V_{GS3} - V_{TH3} = V_{GS0} - V_{TH0} \tag{3.64}$$

因此，如果 M_0 ～ M_3 的宽长比满足式(3.63)的关系，那么 $V_{GS3} = V_{GS0}$，从而使得 $V_A = V_B$。注意，虽然 M_0 和 M_3 都存在体效应，但由于 $V_A = V_B$，阈值电压对称（$V_{TH3} = V_{TH0}$），因此不影响以上结果，即 $V_{GS3} = V_{GS0}$ 仍然成立。

下面分析共源共栅电流镜的大信号特性。对于如图 3.33（b）所示的共源共栅电流镜，我们假定 M_0 ～ M_3 的特性和尺寸都相同。如果负载端电压 $V_L \geqslant V_C - V_{TH3}$，$M_2$ 和 M_3 都工作在饱和区，此时，$I_{OUT} = I_{REF}$，并且 $V_{GS3} = V_{GS0}$。随着 V_L 减小，M_3 先于 M_2 进入线性区。当

$V_L < V_C - V_{TH3}$ 时，M_3 首先进入线性区，此时为了维持 M_3 的漏极电流近似不变，M_3 要求更大的过驱动电压，这将导致 V_B 下降（V_C 不变，V_B 下降，从而使得 V_{GS3} 增大），同时 I_{OUT} 稍微有所减小。随着 V_L 进一步降低，V_B 继续减小（V_A 不变），最终，当 $V_B < V_A - V_{TH2}$（$V_L < V_A - V_{TH2} + V_{DS3}$）时，$M_2$ 也进入线性区，此时 I_{OUT} 急剧下降（表现出电阻的性质）。最后当 V_L=0 时，$I_{OUT} = 0$，M_2 和 M_3 都工作在深度线性区。电压 V_B 及输出电流 I_{OUT} 随负载端电压 V_L 的变化曲线如图 3.34 所示。

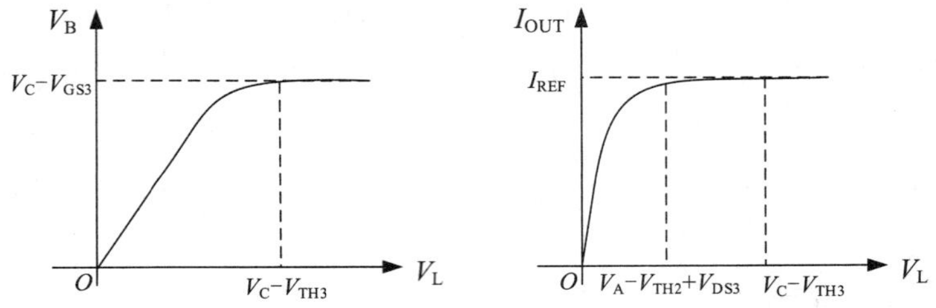

（a）$V_B - V_L$ 曲线　　（b）$I_{OUT} - V_L$ 曲线

图 3.34　电压 V_B 及输出电流 I_{OUT} 随负载端电压 V_L 的变化曲线

我们现在考察如图 3.33（b）所示的共源共栅电流镜所消耗的电压余度。为了简单起见，假定 $M_0 \sim M_3$ 的特性和尺寸都相同，并且忽略体效应。由前面的分析可知，为了使 M_2 和 M_3 都工作在饱和区，要求 V_L 的最小电压为 $V_{L,min} = V_C - V_{TH}$，考虑图 3.33（b）中的左边电路（M_0 和 M_1），由于 $V_C = V_{GS0} + V_{GS1}$，有

$$V_{L,min} = V_{GS0} + V_{GS1} - V_{TH} = (V_{GS0} - V_{TH}) + (V_{GS1} - V_{TH}) + V_{TH} = V_{eff0} + V_{eff1} + V_{TH} \tag{3.65}$$

因此，V_L 的最小电压为两个过驱动电压加上一个阈值电压。

如果只考虑图 3.33（b）中的右边电路（M_2 和 M_3），为了使 M_2 和 M_3 工作在饱和区，要求 V_L 的最小电压仅为 M_2 和 M_3 的过驱动电压之和，比式（3.65）给出的最小电压少一个阈值电压。这是由 $V_{DS2} = V_{GS1} = V_{GS2}$（$V_A = V_B$）引起的，如果单纯考虑 M_2，为了使其工作在饱和区，V_{DS2} 可以小到等于（$V_{GS2} - V_{TH}$）。例如，当 M_2 和 M_3 被用作放大器的有源负载时，为了减小其消耗的电压余度（以增加放大器的输出电压的摆幅），V_L 的最小电压通常被设为 M_2 和 M_3 的过驱动电压之和，但此时不能保证 $V_A = V_B$。

3.5.2　宽摆幅共源共栅电流镜

图 3.35 所示为宽摆幅共源共栅电流镜（Wide-swing Cascode Current Mirror），可以减小所消耗的电压余度。在图 3.35 中，将 M_0 的漏极连接到 M_1 和 M_2 的栅极，M_0 的漏极电压就是 M_1 和 M_2 的栅极偏置电压；而 V_b 是外加的直流偏置电压，给 M_0 和 M_3 提供栅极偏置电压。$M_0 \sim M_3$ 的尺寸仍然满足式（3.63）的关系。由于 M_1 和 M_2 的 V_{DS} 相同，直观上可以判断，M_2 和 M_3 所消耗的电压余度要比图 3.33（b）中的电路少一个阈值电压。

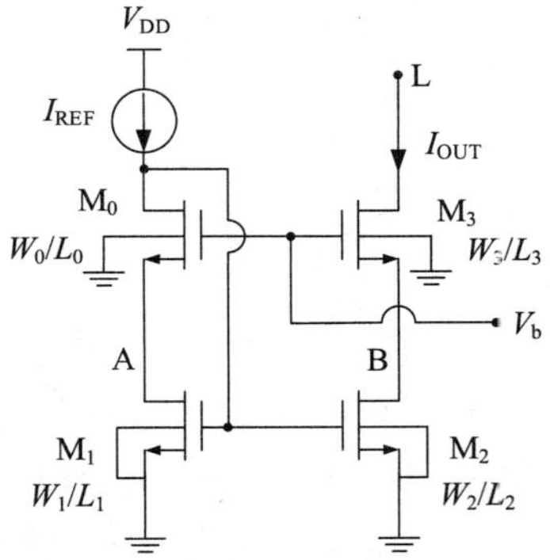

图 3.35　宽摆幅共源共栅电流镜

为了使 $M_0 \sim M_3$ 均工作在饱和区，我们考虑偏置电压 V_b 应满足的条件。为了使 M_0 工作在饱和区，应满足 $V_b - V_{TH0} \leqslant V_{GS1}$，

为了使 M_1 工作在饱和区，应满足 $V_{GS1}-V_{TH1} \leqslant V_A = V_b - V_{GS0}$，因此 V_b 应满足以下条件

$$V_{GS0}+\left(V_{GS1}-V_{TH1}\right) \leqslant V_b \leqslant V_{GS1}+V_{TH0} \tag{3.66}$$

若 $V_{GS0}+\left(V_{GS1}-V_{TH1}\right) \leqslant V_{GS1}+V_{TH0}$，即 $V_{GS0}-V_{TH0} \leqslant V_{TH1}$，则式（3.66）中的 V_b 有解（是可实现的）。此时，M_0 的宽长比应足够大，使它的过驱动电压（$V_{GS0}-V_{TH0}$）始终小于 M_1 的阈值电压（V_{TH1}）。

如果选择合适的 V_b 使其满足式(3.66)，则 $M_0 \sim M_3$ 均工作在饱和区，同时，如果使 $M_0 \sim M_3$ 的尺寸满足式（3.63）的关系，则 $V_{GS3}=V_{GS0}$。如果选择 V_b 的最小值，即 $V_b = V_{GS0}+\left(V_{GS1}-V_{TH1}\right)=V_{GS3}+\left(V_{GS2}-V_{TH2}\right)$，则 M_1 和 M_2 的过驱动电压相等，此时，M_2 和 M_3 所消耗的电压余度最小，其值为

$$V_L \geqslant V_b - V_{TH3} = V_{GS3}+\left(V_{GS2}-V_{TH2}\right)-V_{TH3}=\left(V_{GS3}-V_{TH3}\right)+\left(V_{GS2}-V_{TH2}\right) \tag{3.67}$$

即 M_2 和 M_3 的过驱动电压之和。而且此时输出电流 I_{OUT} 可以精确地镜像输入电流 I_{REF}。

宽摆幅共源共栅电流镜所消耗的电压余度仅为两个过驱动电压之和，且能产生精确的镜像电流，尤其适用于低电源电压供电的模拟 CMOS 集成电路。其缺点是需要额外的偏置电路，以产生合适的直流偏置电压 V_b。

3.5.3 共源共栅电流镜的输出电阻

共源共栅电流镜除了可以提供高精度的输出电流，还具有很高的输出电阻，将其用作放大器的有源负载时可以提高放大器的电压增益。下面我们讨论它的小信号输出电阻。

首先考虑带源极负反馈电阻的电流镜，如图 3.36 所示。在图 3.36（a）所示为电路原理图，图 3.36（b）所示为求输出电阻 r_{out} 的小信号等效电路，R_S 为源极负反馈电阻。

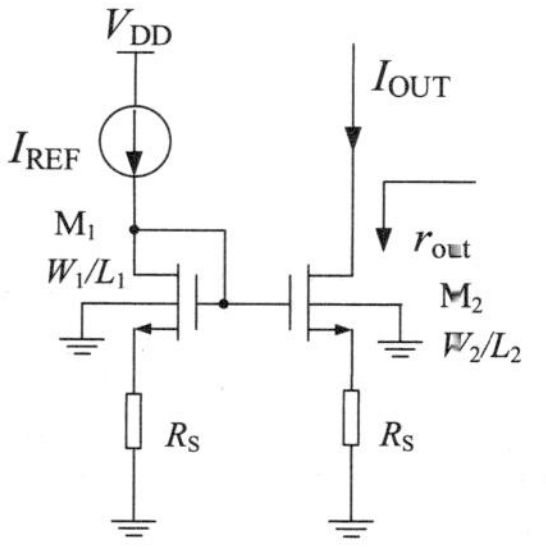

（a）电路原理图

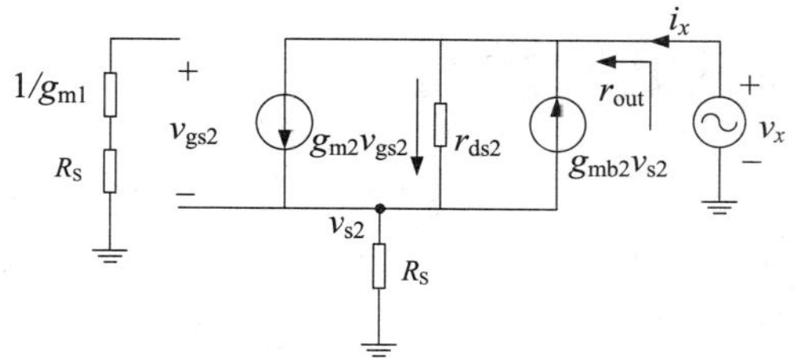

（b）求输出电阻 r_{out} 的小信号等效电路

图 3.36 带源极负反馈电阻的电流镜

由图 3.36（b）可知，由于 $v_{gs2}=-v_{s2}=-i_x R_S$，流过 r_{ds2} 的电流是 $i_x+\left(g_{m2}+g_{mb2}\right)i_x R_S$，将 r_{ds2} 和 R_S 上的电压相加，即可得到

$$r_{ds2}\left[i_x+\left(g_{m2}+g_{mb2}\right)i_x R_S\right]+i_x R_S = v_x \tag{3.68}$$

因此，可求得输出电阻 r_{out} 为

$$r_{out}=\frac{v_x}{i_x}=\left[1+\left(g_{m2}+g_{mb2}\right)r_{ds2}\right]R_S + r_{ds2} \tag{3.69}$$

通常情况下，$\left(g_{m2}+g_{mb2}\right)r_{ds2} \gg 1$，所以上式可简化为

$$r_{out} \approx (g_{m2}+g_{mb2})r_{ds2}R_S + r_{ds2} = [1+(g_{m2}+g_{mb2})R_S]r_{ds2} \tag{3.70}$$

由上式可知，对于带源极负反馈电阻的电流镜，由于负反馈电阻 R_S 的存在，其输出电阻 r_{out} 比原来（当 $R_S = 0$ 时，$r_{out} = r_{ds2}$）增大了 $(g_{m2}+g_{mb2})R_S$ 倍，这个结论在本书的后面会经常用到。这个结论也可以通过观察电路结构预测到，对于如图 3.36（a）所示的电路，由于负反馈电阻 R_S 的作用，输出电压变化量的一部分落在 R_S 上，导致 M_2 的漏极电流变化量减小，因此输出电阻增大。

现在我们考虑如图 3.33（b）所示的共源共栅电流镜的输出电阻。由于 M_2 的等效电阻为 r_{ds2}，它相当于图 3.36 中的源极负反馈电阻 R_S，因此根据式（3.70）的结论，可以求得从负载端（L）看进去的等效输出电阻 r_{out} 为

$$r_{out} \approx [1+(g_{m3}+g_{mb3})r_{ds2}]r_{ds3} \approx (g_{m3}+g_{mb3})r_{ds2}r_{ds3} \tag{3.71}$$

因此，输出电阻 r_{out} 约增大到原来（无 M_2 时的输出电阻为 r_{ds3}）的 $(g_{m3}+g_{mb3})r_{ds2}$ 倍，这对提高放大器的电压增益是非常有益的。对于如图 3.35 所示的宽摆幅共源共栅电流镜，以上结论完全适用，读者可自己分析。

共源共栅电流镜的输出电阻增大，从另一方面反映了输出电流精度的提高。这是因为，采用共源共栅电流镜可以使底部管子 M_2 的 V_{DS2} 免受负载端电压 V_L 变化的影响，使 V_{DS2} 尽可能保持不变（对于同样的输出电压 V_L 的变化，M_2 的 V_{DS2} 的变化减小为原来的 $1/A_{v3}$，A_{v3} 为共栅放大器 M_3 的电压增益），从而有效抑制了沟道长度调制效应的影响，提高了电流源的精度。

共源共栅电流镜的输出电阻高，可提供近似理想的电流源，但其代价是“牺牲”了电压余度。

3.6 共源共栅放大器

由前面的分析可知，增大放大器的输出电阻可以提高电压增益。上一节讨论的共源共栅电流镜就具有很高的输出电阻，借鉴“共源共栅（Cascode）”这一概念，可以形成共源共栅放大器，这种放大器具有很高的电压增益和较好的高频特性（见 3.7 节）。共源共栅放大器虽然含有两个放大管，但习惯上把它划分到单级放大器的范畴。

共源共栅放大器分为套筒式共源共栅放大器（Telescopic Cascode Amplifier）和折叠式共源共栅放大器（Folded Cascode Amplifier）两类，下面分别介绍它们。

3.6.1 套筒式共源共栅放大器

套筒式共源共栅放大器如图 3.37 所示，其中，图 3.37（a）和图 3.37（b）分别为 NMOS 放大管型和 PMOS 放大管型套筒式共源共栅放大器。M_1 构成共源放大器，M_2 构成共栅放大器，M_1 的输出电压就是 M_2 的输入电压，将二者级联就形成了共源共栅放大器。输入电压加在 M_1 的栅极，输出电压从 M_2 的漏极输出，即输入电压经过共源和共栅两级放大器放大后输出。由 M_3 和 M_4 组成的电流镜作为放大器的有源负载，同时给放大管 M_1 和 M_2 提供恒定的直流偏置电流。V_b 是 M_2 的栅极偏置电压。

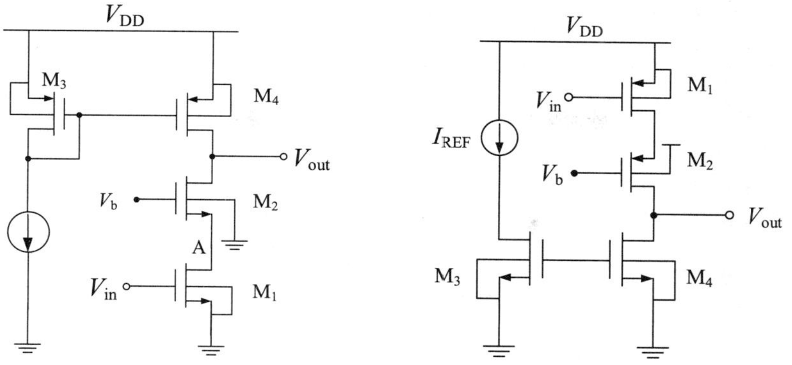

（a）NMOS 放大管型　　（b）PMOS 放大管型

图 3.37　套筒式共源共栅放大器

下面以如图 3.37（a）所示的 NMOS 放大管型为例，分析套筒式共源共栅放大器的工作原理和特性。如图 3.37（b）所示的 PMOS 放大管型与此类似。

首先考虑大信号特性。这里假定已给 M_2 的栅极加了合适的直流偏置电压 V_b，可使 M_2 工作在饱和区。假定当 $V_{in} \leqslant V_{TH1}$ 时，M_1 截止，漏极电流为零，此时，M_2 和 M_4 均工作在深度线性区，$V_{DS4} \approx 0$，$V_{out} \approx V_{DD}$，$V_A \approx V_b - V_{TH2}$（不考虑 M_2 的亚阈值导电。由于 M_2 工作在深度线性区，$I_{D2} = \mu_n C_{ox} \dfrac{W}{L}(V_{GS2} - V_{TH2})V_{DS2} = 0$，$V_A$ 电位不固定，$V_{DS2} \neq 0$，则 $V_{GS2} \approx V_{TH2}$）。当 $V_{in} > V_{TH1}$ 时，漏极电流开始增加，V_{out} 下降，V_A 也下降（由于漏极电流 I_{D2} 增加，M_2 的过驱动电压必定同时增加，而 V_b 不变，因此 V_A 必须下降），直到 $M_1 \sim M_4$ 都进入饱和区为止。随着 V_{in} 进一步增加，V_{out} 和 V_A 继续下降，最后将使 M_2 或 M_1 进入线性区。例如，当 $V_A < V_{in} - V_{TH1}$ 时，M_1 进入线性区；而当 $V_{out} < V_b - V_{TH2}$ 时，M_2 进入线性区。通常情况下，由于 M_2（共栅极）的电压增益远远大于 M_1（共源极）的电压增益，因此，M_2 先于 M_1 进入线性区。图 3.38 所示为套筒式共源共栅放大器的大信号特性，包括输出电压 V_{out} 及 V_A 与输入电压 V_{in} 的关系。

现在我们考虑套筒式共源共栅放大器的输出电压的摆幅。为了使 M_1 和 M_2 均工作在饱和区，应满足 $V_A > V_{in} - V_{TH1}$，$V_{out} > V_b - V_{TH2}$，由于 $V_b = V_A + V_{GS2}$，因此 V_{out} 应满足 $V_{out} > (V_{in} - V_{TH1}) + (V_{GS2} - V_{TH2})$，即输出电压的下限是 M_1 和 M_2 的过驱动电压之和。为了使 M_4 工作在饱和区，应满足 $V_{out} < V_{DD} - |V_{GS4} - V_{TH4}|$，即输出电压的上限是电源电压减去 M_4 的过驱动电压。套筒式共源共栅放大器的输出电压的摆幅如图 3.39 所示。

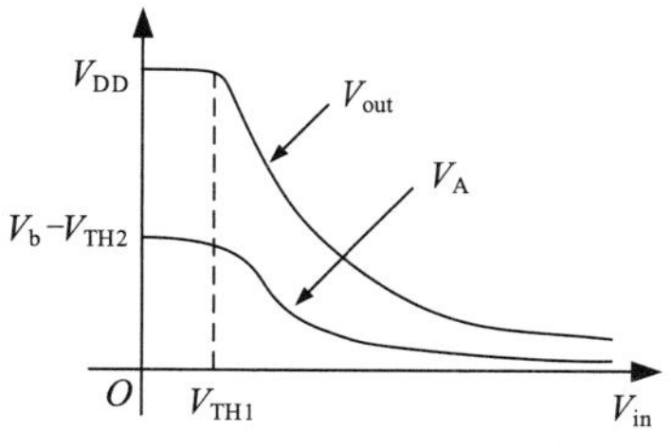

图 3.38　套筒式共源共栅放大器的大信号特性

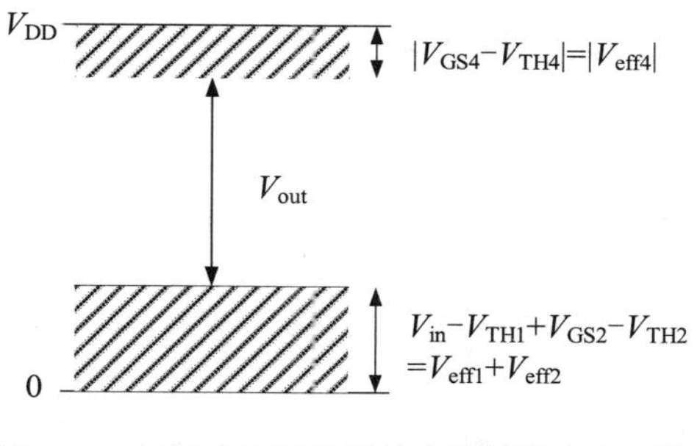

图 3.39　套筒式共源共栅放大器的输出电压的摆幅

如何确定 V_b 的大小呢？为了使 M_1 和 M_2 均工作在饱和区，V_b 应满足：$V_b = V_A + V_{GS2} > V_{in} - V_{TH1} + V_{GS2} = V_{in} - V_{TH1} + V_{TH2} + V_{eff2} \approx V_{in} + V_{eff2}$。

下面我们考察套筒式共源共栅放大器的小信号电压增益。读者可以画出该放大器的小信号等效电路，然后求出放大器的增益。这里我们采用通过输出电阻求电压增益的方法，该方法对管子数较多的复杂放大器更有效。

考虑如图 3.40 所示的套筒式共源共栅放大器的输出电阻，该放大器的输出电阻 r_{out} 就是 r_{out1} 和 r_{out2} 的并联结果。

r_{out1} 是由 M_1 和 M_2 组成的“共源共栅结构”的输出电阻，它与共源共栅电流镜的输出电阻相同，利用式（3.71）可得

$$r_{out1} \approx \left[1 + \left(g_{m2} + g_{mb2}\right) r_{ds1}\right] r_{ds2} \approx \left(g_{m2} + g_{mb2}\right) r_{ds1} r_{ds2} \tag{3.72}$$

r_{out2} 是 M_4 的输出电阻，即 $r_{out2} = r_{ds4}$，因此，套筒式共源共栅放大器的输出电阻 r_{out} 为

$$r_{out} = r_{out1} \| r_{out2} \approx \left[\left(g_{m2} + g_{mb2}\right) r_{ds1} r_{ds2}\right] \| r_{ds4} \tag{3.73}$$

因此，电压增益 A_v 可表示为

$$A_v = -g_{m1} r_{out} \tag{3.74}$$

由上式可以看出，电压增益 A_v 受到 M_4 的输出电阻 r_{ds4} 的限制，它与共源或共栅放大器的电压增益具有同等数量级。为了进一步提高套筒式共源共栅放大器的电压增益，可以采用 PMOS 共源共栅电流镜代替图 3.40 中的有源负载 M_4，如图 3.41 所示。

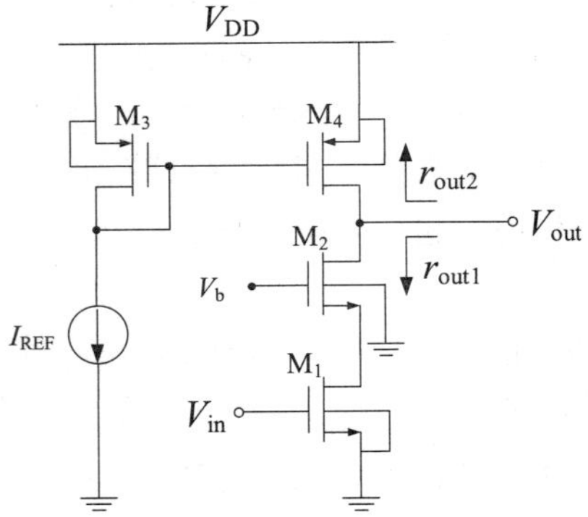

图 3.40 套筒式共源共栅放大器的输出电阻

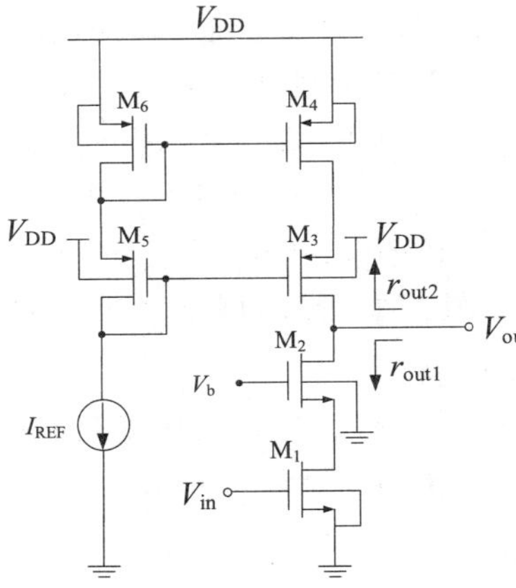

图 3.41 采用共源共栅电流镜负载的套筒式共源共栅放大器

对于如图 3.41 所示的采用共源共栅电流镜负载的套筒式共源共栅放大器，其 r_{out1} 与图 3.40 相同，但 r_{out2} 增大为

$$r_{out2} \approx \left[1 + \left(g_{m3} + g_{mb3}\right) r_{ds4}\right] r_{ds3} \approx \left(g_{m3} + g_{mb3}\right) r_{ds3} r_{ds4} \tag{3.75}$$

因此，电压增益 A_v 为

$$A_v = -g_{m1} r_{out} \approx -g_{m1} \left\{ \left[\left(g_{m2} + g_{mb2}\right) r_{ds1} r_{ds2}\right] \| \left[\left(g_{m3} + g_{mb3}\right) r_{ds3} r_{ds4}\right] \right\} \tag{3.76}$$

如果忽略 M_2 和 M_3 的体效应，上式可进一步简化为

$$A_v \approx -g_{m1} \left[\left(g_{m2} r_{ds1} r_{ds2}\right) \| \left(g_{m3} r_{ds3} r_{ds4}\right) \right] \tag{3.77}$$

设 $g_{m1} = g_{m2} = g_{m3} = g_m$，$r_{ds1} = r_{ds2} = r_{ds3} = r_{ds4} = r_{ds}$，则电压增益 A_v 可近似为

$$A_v \approx -\frac{1}{2}(g_m r_{ds})^2 \tag{3.78}$$

由上式可知，对于如图 3.41 所示的采用共源共栅电流镜负载的套筒式共源共栅放大器，其电压增益相当于两级共源放大器级联产生的电压增益，因此，共源共栅放大器能够提供更高的电压增益。例如，如果 $g_m = 0.5\text{mA/V}$，$r_{ds} = 100\text{k}\Omega$，则电压增益 $A_v = -1250$。

对于如图 3.41 所示的套筒式共源共栅放大器，电压增益的提高是以牺牲输出电压的摆幅为代价的。此时，其输出电压的下限与图 3.39 相同，但输出电压的上限变为 $V_{DD} - |V_{GS3} - V_{TH3}| - |V_{GS4} - V_{TH4}$（由于这里的 M_3 和 M_4 共源共栅电流镜被用作有源负载，只要将其偏置在饱和区即可，不必遵循式（3.65）的最小电压要求，以减小其消耗的电压余度），即降低了一个过驱动电压。因此，输出电压的摆幅是电源电压减去 $M_1 \sim M_4$ 这 4 个管子的过驱动电压之和，即 $V_{DD} - V_{eff1} - V_{eff2} - V_{eff3} - V_{eff4}$。为了增大输出电压的摆幅，必须增大管子的宽长比，以减小它们的过驱动电压。

为了获得更高的输出电阻和电压增益，套筒式共源共栅放大器可以扩展为 3 个或更多个管子的“垂直层叠”结构，但是这样消耗的电压余度也会相应大幅度增加，不适合现代低压 CMOS 工艺。

3.6.2 折叠式共源共栅放大器

如何使共源共栅放大器在保持输出电阻或电压增益近似不变的同时，消耗较小的电压余度？为此，我们下面考察折叠式共源共栅放大器。

折叠式共源共栅放大器如图 3.42 所示，其中，图 3.42（a）所示为 NMOS 输入（共源）、PMOS 输出（共栅），而图 3.42（b）所示为 PMOS 输入（共源）、NMOS 输出（共栅）。I_{bias} 给 M_1 和 M_2 提供直流偏置电流，V_b 是共栅放大管 M_2 的栅极偏置电压，R_D 是负载电阻。I_{bias} 和 R_D 均可用电流镜实现。

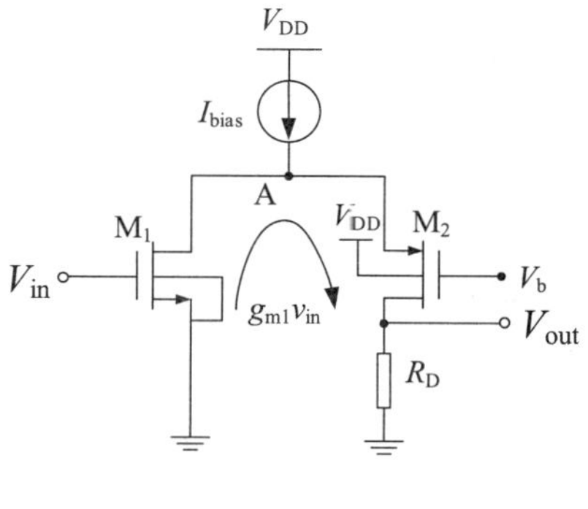

（a）NMOS 输入、PMOS 输出

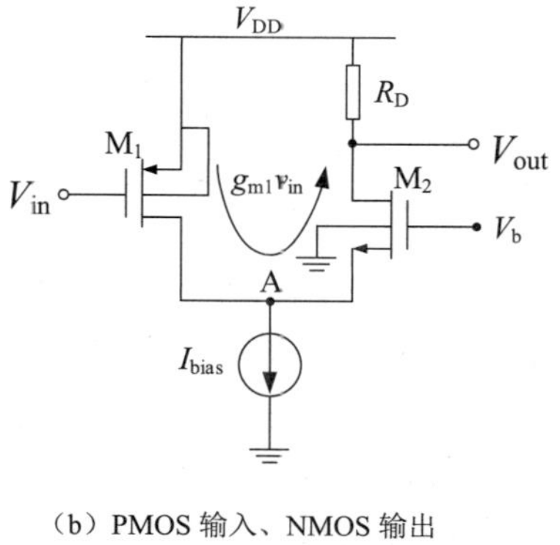

（b）PMOS 输入、NMOS 输出

图 3.42 折叠式共源共栅放大器

对于如图 3.42 所示的折叠式共源共栅放大器，如果 I_{bias} 的小信号等效电阻为无穷大，对于交流小信号的传输路径而言，它与如图 3.37 所示的套筒式共源共栅放大器相同，只是小信号电流 $g_{m1}v_{in}$ 在 A 点进行了“折叠”，然后流入 M_2 的源极，因此称为折叠式共源共栅放大器（Folded-cascode AMP）。但对于图 3.42 中的折叠式结构，由于 M_1 和 M_2 公用偏置电流 I_{bias}（$I_{bias} = I_{D1} + I_{D2}$），为了获得与套筒式结构同等的电路性能（如相同的跨导 g_m），必须增大偏

置电流 I_{bias}。

下面我们以如图 3.42（a）所示的 NMOS 输入、PMOS 输出的折叠式共源共栅放大器为例，分析这种放大器的特性。

首先考虑大信号特性。这里假定已给 M_2 的栅极加了合适的直流偏置电压 V_b，可使 M_2 工作在饱和区。我们考察输入电压 V_{in} 从 0～V_{DD} 增加时的情况。当 $V_{in} < V_{TH1}$ 时，M_1 截止，$I_{D1}=0$，此时，偏置电流 I_{bias} 全部流入 M_2，输出电压 $V_{out}=I_{bias}R_D$。当 $V_{in} \geqslant V_{TH1}$ 时，M_1 导通并工作在饱和区，此时，M_2 的漏极电流 I_{D2} 为（忽略沟道长度调制效应）

$$I_{D2}=I_{bias}-I_{D1}=I_{bias}-\frac{1}{2}\mu_n C_{ox}\frac{W_1}{L_1}(V_{in}-V_{TH1})^2=\frac{1}{2}\mu_p C_{ox}\frac{W_2}{L_2}(|V_{GS2}|-|V_{TH2}|)^2 \quad (3.79)$$

由上式可知，随着 V_{in} 增加，I_{D1} 增大，I_{D2} 减小，V_{out} 相应减小，当 $I_{D1}=I_{bias}$ 时，I_{D2} 减小到 0，V_{out}=0，此时 M_2 工作在深度线性区（随着 I_{D1} 增加，I_{D2} 减小，使得 $|V_{GS2}|$ 减小，由于 V_b 不变，迫使 V_A 下降，最后 $|V_{GS2}|=|V_{TH2}|$）。设此时对应的输入电压为 V_{inh}，则

$$\frac{1}{2}\mu_n C_{ox}\frac{W_1}{L_1}(V_{inh}-V_{TH1})^2=I_{bias} \quad (3.80)$$

因此

$$V_{inh}=\sqrt{\frac{2I_{bias}}{\mu_n C_{ox}(W_1/L_1)}}+V_{TH1} \quad (3.81)$$

如果继续增大 V_{in}，M_1 也进入线性区。折叠式共源共栅放大器的大信号特性如图 3.43 所示。为了使 M_1 和 M_2 都工作在饱和区，通常取 $I_{D1}=I_{D2}=I_{bias}/2$。

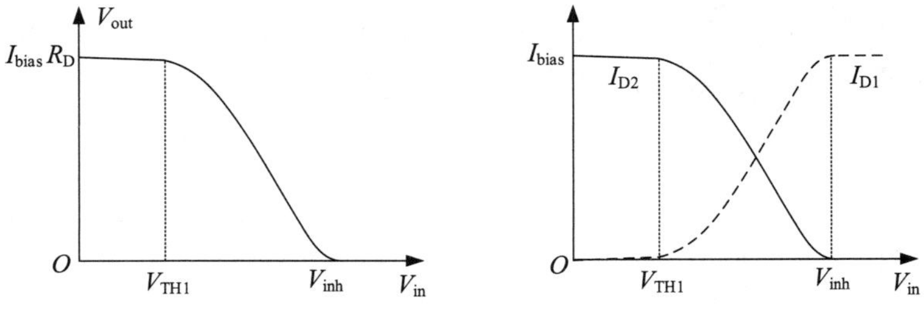

图 3.43 折叠式共源共栅放大器的大信号特性

这里值得指出的是，在折叠式共源共栅放大器中，共源管和共栅管分别采用不同性质的 CMOS 管（如共源管是 NMOS，共栅管是 PMOS）。这样做的好处是，可以使放大器的输入和输出直流电平接近，这对实现放大器的负反馈应用有好处（见第 5 章 5.1 节和 5.2 节）。而对于套筒式共源共栅放大器，由于同类型的共栅管垂直叠加在共源管的上面，因此放大器的输入和输出直流电平相差较大。

若用电流镜实现图 3.42（a）中的 I_{bias} 和 R_D，则可得到如图 3.44 所示的折叠式共源共栅放大器（在图 3.44 中，M_5 和 M_6 为共源共栅电流镜的副边，电流镜的原边未画出）。其中，由 M_3 与 M_4 组成的电流镜提供偏置电流 I_{bias}，由 M_5 与 M_6 组成的共源共栅电流镜作为 M_2 的有源负载。如果所有管子都工作在饱和区，则 $I_{bias}=I_{D1}+I_{D2}$，通常取 $I_{D1}=I_{D2}=I_{bias}/2$。

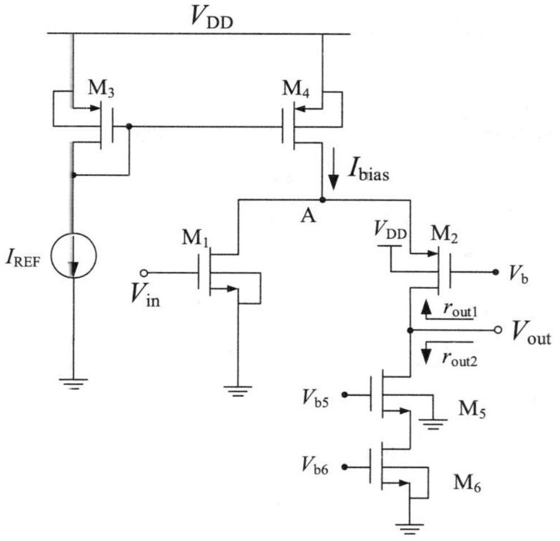

图 3.44 折叠式共源共栅放大器

对于如图 3.44 所示的电路，为了使所有管子都工作在饱和区，输出电压 V_{out} 的下限是 $V_{eff5}+V_{eff6}$，而上限是 $V_{DD}-|V_{eff2}|-|V_{eff4}|$，因此，输出电压的摆幅与如图 3.41 所示的套筒式结构相同，仍然是电源电压减去 4 个管子的过驱动电压之和。但是，在运算放大器中，折叠式比套筒式共源共栅放大器消耗更小的电压余度（见第 5 章 5.2 节）。

下面我们考察如图 3.44 所示的折叠式共源共栅放大器的小信号特性。由图 3.44 可知，由于 M_1 和 M_4 的输出电阻并联，其等效电阻为 $r_{ds1}\|r_{ds4}$，因此 r_{out1} 为

$$r_{out1}\approx\left[1+(g_{m2}+g_{mb2})(r_{ds1}\|r_{ds4})\right]r_{ds2}\approx(g_{m2}+g_{mb2})(r_{ds1}\|r_{ds4})r_{ds2} \tag{3.82}$$

而 r_{out2} 为

$$r_{out2}\approx\left[1+(g_{m5}+g_{mb5})r_{ds6}\right]r_{ds5}\approx(g_{m5}+g_{mb5})\,r_{ds5}r_{ds6} \tag{3.83}$$

因此，折叠式共源共栅放大器的总输出电阻 $r_{out}=r_{out1}\|\,r_{out2}$，利用式（3.82）和式（3.83）可得

$$r_{out}=r_{out1}\|\,r_{out2}\approx\left[(g_{m2}+g_{mb2})(r_{ds1}\|r_{ds4})r_{ds2}\right]\|\left[(g_{m5}+g_{mb5})\,r_{ds5}\,r_{ds6}\right] \tag{3.84}$$

通过比较式（3.72）和式（3.82）可以看出，折叠式共源共栅放大器的输出电阻 r_{out1} 要比套筒式共源共栅放大器小，这是由折叠式结构中的以下两方面原因造成的：①在式（3.82）中，$r_{ds1}\|r_{ds4}<r_{ds1}$，这是由于提供偏置电流 I_{bias} 的电流源 M_4 并非理想电流源，即 M_4 的输出电阻 r_{ds4} 不是无穷大，而是有限值；②由于构成共栅放大器的 M_2 是 PMOS 管，对于相同的器件尺寸和偏置电流，$\mu_p=(1/4\sim1/2)\mu_n$，M_2 的跨导 g_{m2}（$g_{m2}=\sqrt{2\mu_p C_{ox}(W_2/L_2)I_{D2}}$）只有相同 NMOS 管的 $1/2\sim1/\sqrt{2}$。

下面定量分析折叠式共源共栅放大器的输出电阻减小量。为了简单起见，这里忽略体效应，并假定：① $r_{ds1}\sim r_{ds6}=r_{ds}$；② $g_{m2}=(1/2)g_{m5}=(1/2)g_m$。由式（3.84）可得，此时的输出电阻 r_{out} 为

$$r_{out}=\frac{1}{5}g_m r_{ds}{}^2=\frac{2}{5}\left(\frac{1}{2}g_m r_{ds}{}^2\right) \tag{3.85}$$

由上式可知，与套筒式共源共栅放大器的输出电阻 $r_{out}=(1/2)g_m r_{ds}^2$ 相比，折叠式共源共栅放大器的输出电阻约减小了 60%。

折叠式共源共栅放大器的小信号电压增益 A_v 可表示为

$$A_v=-g_{m1}r_{out} \tag{3.86}$$

与套筒式共源共栅放大器相比，由于输出电阻 r_{out} 减小，因此电压增益按同样的比例相应降低（假定 g_{m1} 保持不变）。

在如图 3.44 所示的折叠式结构中，也可以直接从电路结构中观察到由非理想电流源 I_{bias} 导致的电压增益降低，由于 M_1 产生的小信号电流 $g_{m1}v_{in}$ 的一部分流入 M_4 的输出电阻 r_{ds4} 中，导致流入 M_2 的小信号电流减小，因此电压增益下降。为了减小 r_{ds4} 的这种影响，可以利用共源共栅电流镜代替图 3.44 中的 M_4，但会消耗更大的电压余度。

为了保持跨导 g_{m1} 不变，M_1 的漏极电流应与套筒式结构相同。另外，流过 M_2 的漏极电流也应与套筒式结构相同，因此要求偏置电流 I_{bias} 为套筒式结构的 2 倍，从而导致功耗增加。

与图 3.44 相对应，图 3.45 所示为 PMOS 输入（共源）、NMOS 输出（共栅）的折叠式共源共栅放大器。与图 3.44 相比，由于图 3.45 中的输入（共源）管 M_1 是 PMOS，对于相同的器件尺寸和偏置电流，其跨导 g_{m1} 减小，因此电压增益降低。

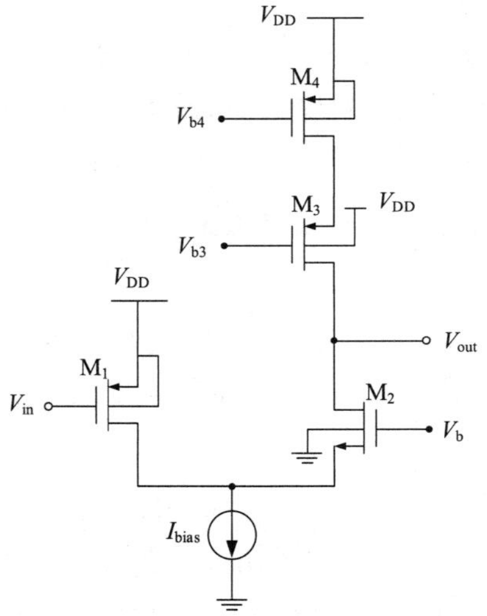

图 3.45　PMOS 输入、NMOS 输出的折叠式共源共栅放大器

与套筒式共源共栅放大器相比，折叠式共源共栅放大器的电压增益有所下降且功耗增加，但我们将会在第 5 章中看到，在运算放大器中，折叠式共源共栅放大器比套筒式共源共栅放大器消耗的电压余度更小，另外，由于折叠式共源共栅放大器的输入和输出直流电平相近，易于实现负反馈，因此其得到了更广泛的应用。

3.7 放大器的频率特性

我们在前面分析单级放大器的特性时，主要考虑它们的直流或低频特性，因此在小信号等效电路中忽略了 CMOS 器件的寄生电容及负载电容的影响。但是随着输入信号频率的增加，这些电容的效应变得越来越明显，它们将影响放大器的电压增益（包括振幅和相位特性）、输入/输出电阻等交流小信号特性及瞬态响应速度等性能。为此，有必要考察这些放大器在高频应用时的性能。

在本节中，我们将分别讨论各种单级放大器的频率特性。考虑到现代模拟 CMOS 集成电路中广泛使用有源负载，我们在本节中只讨论采用有源负载的单级放大器。

3.7.1 共源放大器

我们仅讨论广泛使用的电流镜负载共源放大器，如图 3.46 所示，输入信号源的内阻（或前级放大器的输出电阻）为 R_s，外接负载电容为 C_L（或后级放大器的等效输入电容）。假定所有管子都被偏置在饱和区，考虑 M_1 和 M_2 的寄生电容（包括 C_{GS}、C_{GD} 和 C_{DB}）后，共源放大器的小信号等效电路如图 3.47 所示。

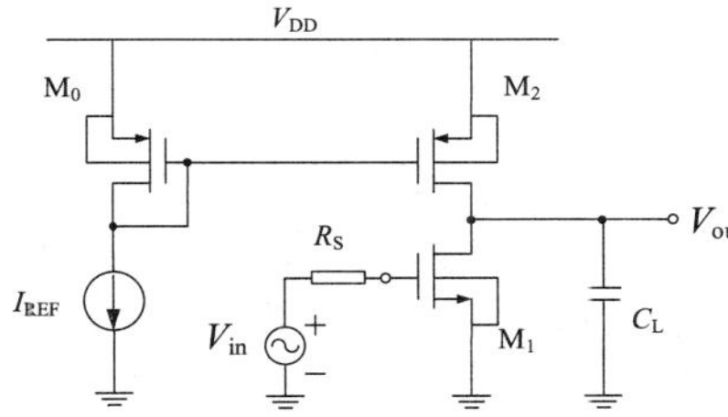

图 3.46 电流镜负载共源放大器

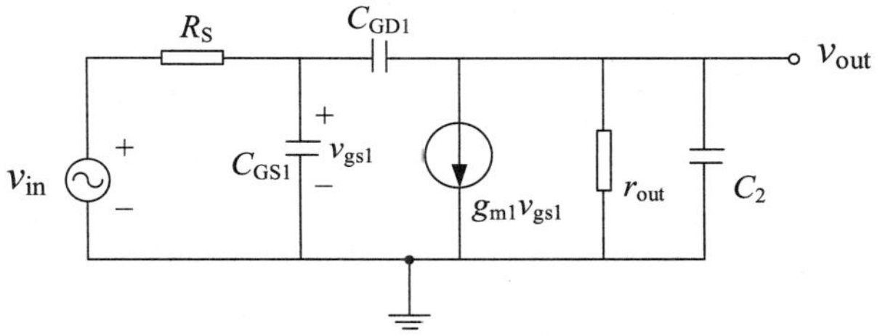

图 3.47 共源放大器的小信号等效电路

在图 3.47 中，$r_{out}=r_{ds1}\| r_{ds2}$，$C_2=C_{DB1}+C_{DB2}+C_L$。由于电路中只有两个独立的电容（$C_{GS1}$、$C_{GD1}$ 和 C_2 构成一个闭环，因此只有两个电容独立），我们可以判断出该电路是二阶电路。

由图 3.47 可求得小信号电压增益的拉普拉斯变换形式 $A_v(s)$（请读者自己推导），其精确表达式为

$$A_v(s)=\frac{V_{out}(s)}{V_{in}(s)}=\frac{-g_{m1}r_{out}\left[1-s\left(C_{GD1}/g_{m1}\right)\right]}{as^2+bs+1} \tag{3.87}$$

式中，分母中的系数 a 和 b 分别为

$$a=R_s r_{out}\left(C_{GD1}C_{GS1}+C_{GS1}C_2+C_{GD1}C_2\right) \tag{3.88}$$

$$b=R_s\left[C_{GS1}+C_{GD1}\left(1+g_{m1}r_{out}\right)\right]+r_{out}\left(C_{GD1}+C_2\right) \tag{3.89}$$

下面我们考察式（3.87）所给出的电压增益的频率特性。①当 s（或 ω）=0 时，$A_v(0)=-g_{m1}r_{out}$，这就是我们前面给出的共源放大器在直流或低频时的电压增益。但随着频率增加，电压增益的幅度逐渐下降，同时相位偏离 180 度；② $A_v(s)$ 中包含两个左半平面的极点和一个右半平面的零点，这些极点和零点在频率轴上的位置分布决定了电压增益的高频特性（如带宽和瞬态响应速度等），下面分别讨论它们。

设两个极点分别是 ω_{p1} 和 ω_{p2}，则式（3.87）中的分母可以写成

$$D(s)=\left(1+\frac{s}{\omega_{p1}}\right)\left(1+\frac{s}{\omega_{p2}}\right)=\frac{s^2}{\omega_{p1}\omega_{p2}}+\left(\frac{1}{\omega_{p1}}+\frac{1}{\omega_{p2}}\right)s+1 \tag{3.90}$$

假设 $\omega_{p1} \ll \omega_{p2}$（通常情况下这个假设成立），即两个极点离得很远，则上式中 s 项的系数可近似为 $1/\omega_{p1}$，令它与式（3.89）中的系数 b 相等，可得第一个极点 ω_{p1}

$$\omega_{p1} = \frac{1}{R_s\left[C_{GS1} + C_{GD1}\left(1 + g_{m1}r_{out}\right)\right] + r_{out}\left(C_{GD1} + C_2\right)} \tag{3.91}$$

由于 s^2 项的系数 $1/\left(\omega_{p1}\omega_{p2}\right) = a$，则第二个极点 ω_{p2} 为

$$\omega_{p2} = \frac{1}{\omega_{p1}}\frac{1}{a} = \frac{1}{\omega_{p1}}\frac{1}{R_s r_{out}\left(C_{GD1}C_{GS1} + C_{GS1}C_2 + C_{GD1}C_2\right)} \tag{3.92}$$

如果 $r_{out} \gg 1$，$R_s \gg 1$，则 ω_{p2} 可近似为

$$\omega_{p2} \approx \frac{g_{m1}C_{GD1}}{C_{GD1}C_{GS1} + C_{GS1}C_2 + C_{GD1}C_2} \tag{3.93}$$

由式（3.87）可知，$A_v(s)$ 还包含一个右半平面的零点，令其为 ω_z，则

$$\omega_z = g_{m1} / C_{GD1} \tag{3.94}$$

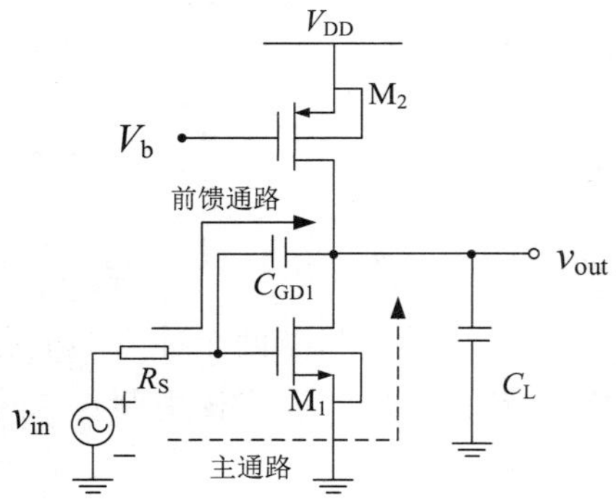

图 3.48　零点的产生原理

显然，零点 ω_z 是由 C_{GD1} 产生的。也可以直观地从图 3.48 中观察到该零点。由于 C_{GD1} 跨接在输入端和输出端之间，它提供了一个信号的前馈通路，可直接传输高频输入信号到输出端。当信号频率等于 ω_z 时，分别由前馈通路和放大管（主通路）的 g_{m1} 产生的两个输出电流分量幅度相等、相位相反，因此相互抵消，使得小信号输出电压 v_{out} 变为零。即当 $\omega = \omega_z$ 时，由于 $v_{out} = 0$，此时两个输出电流分量满足关系：$\omega_z C_{GD1} v_{gs1} = g_{m1} v_{gs1}$，由此可得 $\omega_z = g_{m1} / C_{GD1}$。

将式（3.94）与式（3.93）相比较可知，零点 ω_z 大于第二个极点 ω_{p2}。因此，我们可以大概画出共源放大器的电压增益 $A_v(s)$ 的频率特性，如图 3.49 所示。图 3.49（a）所示为幅频特性，这里采用对数-对数坐标（波特图，Bode Plots），图 3.49（b）所示为相频特性。对于幅频特性，每出现一个极点，幅度下降的斜率以 20dB/dec 的增量增加，而对于零点，由于它出现在分子中，其对幅度的影响刚好与极点相反，即每出现一个零点，幅度上升的斜率以 20dB/dec 的增量增加。对于相频特性，一个左半平面的极点和一个右半平面的零点所产生的最大相移均是−90°。

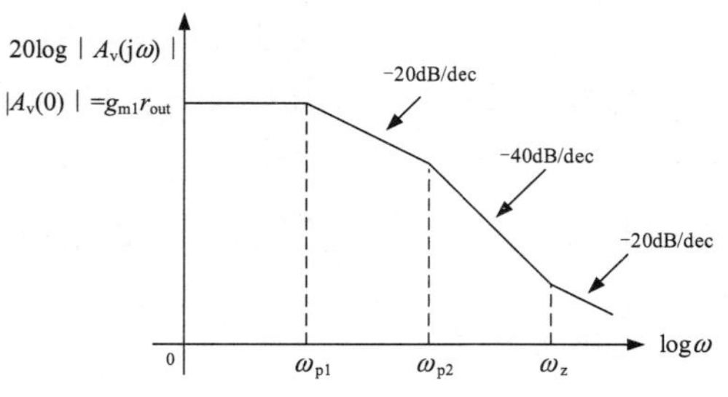

（a）幅频特性

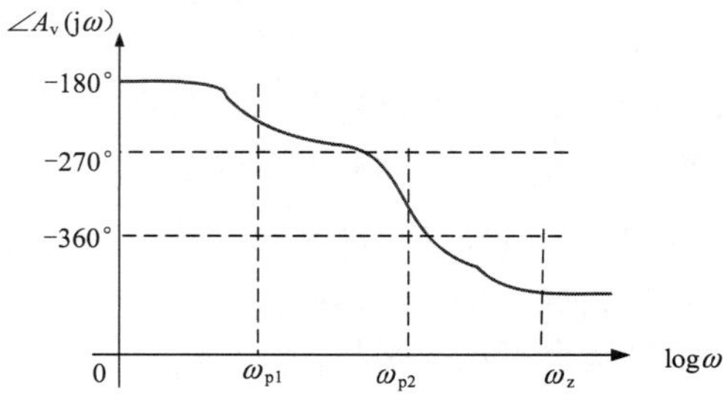

（b）相频特性

图 3.49　共源放大器的电压增益的频率特性

下面我们讨论极点的近似估算法。由于推导电压增益 $A_v(s)$ 的精确表达式过于烦琐，尤其是对于复杂电路，不易于直观地观察到极点。因此，我们讨论根据电路结构粗略估算极点的方法。

考虑如图 3.50 所示的电路。假定放大器的增益为$-A$，输出电阻为 R_2，输入和输出之间跨接有电容 C_{12}。

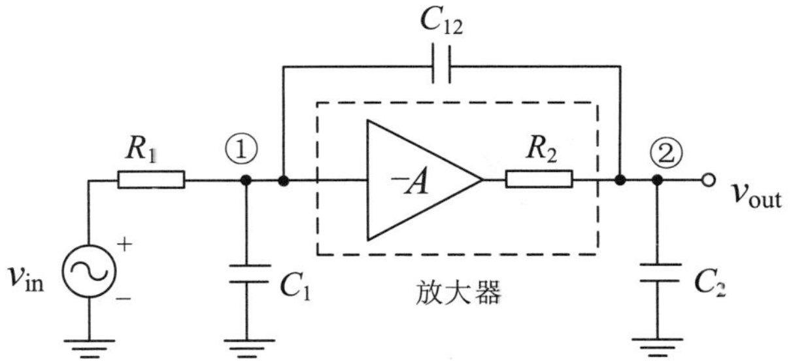

图 3.50　极点的直观估算法

一般来说，电路中的每个独立节点对应电压增益函数中的一个极点，且极点 $\omega_{pi}=1/\tau_i=1/(R_iC_i)$，其中，$R_i$ 和 C_i 分别是该节点与地之间的总电阻和总电容（此时令电路中的所有输入电压和电源均为零，即将有源电路变为无源电路）。对于如图 3.50 所示的电路，它有两个独立节点：①和②，我们分别考虑它们对应的极点。

为了求出节点与地之间的总电容，我们必须首先考虑 C_{12} 对节点①和②的等效电容影响。根据密勒（Miller）定理，C_{12} 对节点①的对地电容贡献是 $(1+A)C_{12}$，而对节点②的对地电容贡献则近似为 C_{12}。按照密勒定理对 C_{12} 进行以上近似处理后，节点①和②之间的耦合电容 C_{12} 消失，连接节点①和②的电容全部变为对地电容。

由图 3.50 可知，当输入电压 $V_{in}=0$ 时，节点①与地之间的总电阻为 R_1，与地之间的总电容为 $C_1+(1+A)C_{12}$。因此，与节点①对应的极点 ω_{p1} 为

$$\omega_{p1}=\frac{1}{\tau_1}=\frac{1}{R_1\left[C_1+(1+A)C_{12}\right]} \tag{3.95}$$

当输入电压 $V_{in}=0$ 时，放大器的输出电压也为零。因此，节点②与地之间的总电阻为 R_2，而总电容为 C_2+C_{12}。因此，与节点②对应的极点 ω_{p2} 为

$$\omega_{p2}=\frac{1}{\tau_2}=\frac{1}{R_2(C_2+C_{12})} \tag{3.96}$$

现在我们根据以上极点近似估算法，估算如图 3.47 所示的共源放大器的极点，并与前面用精确表达式推导得到的结果进行比较。

首先考虑输入端节点。该节点的对地总电阻为 R_s，对地总电容为 $C_{GS1}+C_{GD1}(1+A)=C_{GS1}+C_{GD1}(1+g_{m1}r_{out})$，其中，$C_{GD1}(1+g_{m1}r_{out})$ 为 C_{GD1} 在输入端的密勒等效电容。因此，与该节点对应的极点 ω_{p1} 为

$$\omega_{p1}=\frac{1}{\tau_1}=\frac{1}{R_s\left[C_{GS1}+C_{GD1}(1+g_{m1}r_{out})\right]} \tag{3.97}$$

将上式中的近似估算结果与式（3.91）相比较，可以看出，它们唯一的区别是$r_{\text{out}}\left(C_{\text{GD1}}+C_2\right)$项，而该项与分母中的第一项相比较，通常可以忽略。

对于输出电压节点，该节点的对地总电阻为r_{out}，对地总电容为C_2+C_{GD1}，其中，C_{GD1}为在输出端的密勒等效电容。因此，与该节点对应的极点ω_{p2}为

$$\omega_{\text{p2}}=\frac{1}{\tau_2}=\frac{1}{r_{\text{out}}\left(C_2+C_{\text{GD1}}\right)} \tag{3.98}$$

将上式中的近似估算结果与式（3.93）相比较，似乎结果相差较大，但是如果我们对式（3.92）的精确表达式进一步化简，就可以看出它们的结果很接近。由式（3.92）可得

$$\omega_{\text{p2}}=\frac{1}{\omega_{\text{p1}}}\frac{1}{a}=\frac{R_{\text{s}}\left[C_{\text{GS1}}+C_{\text{GD1}}\left(1+g_{\text{m1}}r_{\text{out}}\right)\right]+r_{\text{out}}\left(C_{\text{GD1}}+C_2\right)}{R_{\text{s}}r_{\text{out}}\left(C_{\text{GD1}}C_{\text{GS1}}+C_{\text{GS1}}C_2+C_{\text{GD1}}C_2\right)} \tag{3.99}$$

如果满足$C_{\text{GS1}}\gg C_{\text{GD1}}\left(1+g_{\text{m1}}r_{\text{out}}\right)+r_{\text{out}}\left(C_{\text{GD1}}+C_2\right)/R_{\text{s}}$，则上式可近似为

$$\omega_{\text{p2}}\approx\frac{R_{\text{s}}C_{\text{GS1}}}{R_{\text{s}}r_{\text{out}}\left(C_{\text{GD1}}C_{\text{GS1}}+C_{\text{GS1}}C_2\right)}=\frac{1}{r_{\text{out}}\left(C_2+C_{\text{GD1}}\right)} \tag{3.100}$$

这个近似结果与式（3.98）的估算结果完全相同。因此，如果与其他寄生电容相比，C_{GS1}足够大（在饱和区确实如此），则第二个极点的上述估算结果是有效的。

由以上分析可知，利用极点近似估算法，可以直观地根据电路结构估算出极点的位置，对分析放大器的频率特性非常有用。但值得指出的是，在上述极点近似估算中，由于将C_{GD1}按照密勒定理分别等效到输入端和输出端（密勒定理只对输入端和输出端等效），因此忽略了零点$\omega_{\text{z}}=g_{\text{m1}}/C_{\text{GD1}}$的存在。

放大器的频率特性中一个非常重要的指标是−3dB 频率，它是当电压增益从直流或低频增益开始下降 3dB 时所对应的频率，用$\omega_{-3\text{dB}}$表示，通常用来衡量放大器的带宽。如果$\omega_{\text{p1}}\ll\omega_{\text{p2}}$，那么在$\omega_{-3\text{dB}}$附近，只有第一个极点$\omega_{\text{p1}}$起主导作用，第二个极点$\omega_{\text{p2}}$及零点$\omega_{\text{z}}$对$\omega_{-3\text{dB}}$的影响均可忽略。为此，有

$$\left|\frac{A_{\text{v}}\left(\text{j}\omega_{-3\text{dB}}\right)}{A_{\text{v}}(0)}\right|=\left|\frac{1}{1+\text{j}\omega_{-3\text{dB}}/\omega_{\text{p1}}}\right|=\frac{1}{\sqrt{2}} \tag{3.101}$$

由上式可求得$\omega_{-3\text{dB}}$为

$$\omega_{-3\text{dB}}=\omega_{\text{p1}}\approx\frac{1}{R_{\text{s}}\left[C_{\text{GS1}}+C_{\text{GD1}}\left(1+g_{\text{m1}}r_{\text{out}}\right)\right]} \tag{3.102}$$

因此，通过估算第一个极点的位置，就可以估算出放大器的带宽。另外，由上式可知，共源放大器的带宽主要受C_{GD1}的密勒效应（Miller Effects）限制，这是因为C_{GD1}被扩大了$\left(1+g_{\text{m1}}r_{\text{out}}\right)$倍。

3.7.2 源极跟随器

在实际电路中，常采用电流源负载的源极跟随器（NMOS 放大管），如图 3.51 所示。如果输入信号源的内阻为R_{s}，外接负载电容为C_{L}，考虑M_1和M_2的寄生电容后，源极跟随器的小信号等效电路如图 3.52 所示。

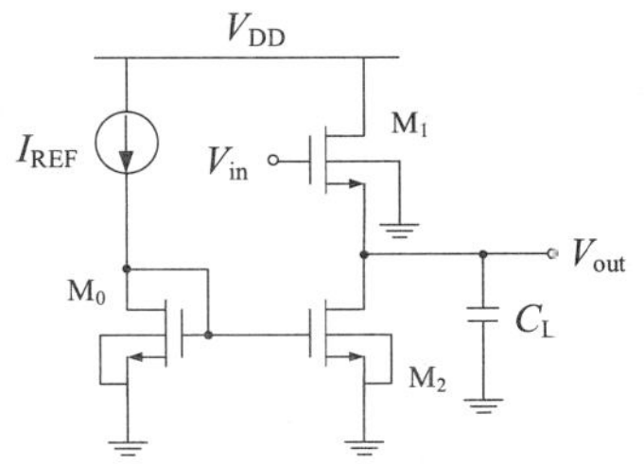

图 3.51 采用电流源负载的源极跟随器

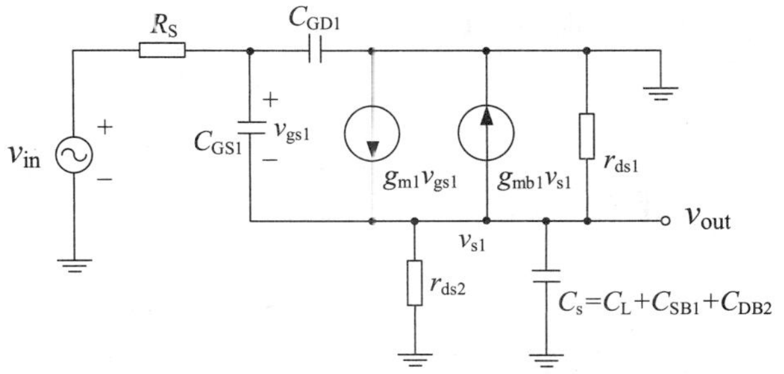

图 3.52 源极跟随器的小信号等效电路

采用与低频分析时相同的简化方法，可以对图 3.52 进一步简化，首先将体效应等效为一个对地电阻，其阻值为 $1/g_{mb1}$，然后将 r_{ds1}、r_{ds2} 和 $1/g_{mb1}$ 合并为一个电阻 $r_s = r_{ds1} \| r_{ds2} \| (1/g_{mb1})$，因此可得到简化电路，如图 3.53 所示。

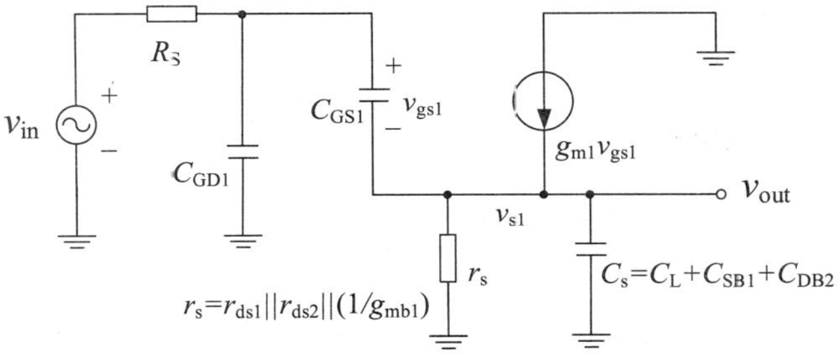

图 3.53 源极跟随器的简化小信号等效电路

由于图 3.53 中只有两个独立的电容（C_{GD1}、C_{GS1} 和 C_s 构成一个闭环），因此，该电路是二阶电路，即只有两个极点。另外，对于源极跟随器，由于 C_{GS1} 两端的电压是跨导 g_{m1} 的输入电压（C_{GS1} 处于主放大器的回路内），因此无法应用前面介绍的极点近似估算法估算极点。

尽管可以利用图 3.53 推导出电压增益的精确表达式，但由于结果过于复杂，不容易观察到影响频率特性的主要因素。因此，为了简化起见，我们忽略体效应和沟道长度调制效应（假定图 3.53 中的 $r_s = \infty$）。此时，可求得电压增益 $A_v(s)$ 为

$$A_v(s) = \frac{1 + (C_{GS1}/g_{m1})s}{as^2 + bs + 1} \tag{3.103}$$

式中，分母中的系数 a 和 b 分别为

$$a = R_s(C_{GS1}C_s + C_{GS1}C_{GD1} + C_{GD1}C_s)/g_{m1} \tag{3.104}$$

$$b = R_sC_{GD1} + (C_s + C_{GS1})/g_{m1} \tag{3.105}$$

由上式可知，$A_v(s)$ 包含两个极点（两个极点可能是实数，也可能是共轭复数）和一个零点。

假定两个极点均为实数极点，并且相距较远，可参照 3.7.1 节中采用的近似方法，令 s 项的系数相等，即 $1/\omega_{p1} = b$。因此第一个极点 ω_{p1} 可近似为

$$\omega_{p1} \approx \frac{1}{b} = \frac{1}{R_sC_{GD1} + (C_s + C_{GS1})/g_{m1}} \tag{3.106}$$

将式（3.97）与式（3.106）相比可知，源极跟随器的第一个极点 ω_{p1} 远远大于共源放大器的第一个极点，因此源极跟随器的带宽较宽。

由于s^2项的系数$1/\left(\omega_{p1}\omega_{p2}\right)=a$，因此第二个极点$\omega_{p2}$为

$$\omega_{p2}=\frac{1}{\omega_{p1}}\frac{1}{a}=\frac{R_s C_{GD1} g_{m1}+\left(C_s+C_{GS1}\right)}{R_s\left(C_{GS1}C_s+C_{GS1}C_{GD1}+C_{GD1}C_s\right)} \tag{3.107}$$

如果$R_s \gg 1$，则上式可近似为

$$\omega_{p2}\approx\frac{g_{m1}C_{GD1}}{C_{GS1}C_s+C_{GD1}\left(C_{GS1}+C_s\right)} \tag{3.108}$$

由上式可知，源极跟随器的第二个极点与共源放大器的第二个极点非常接近。

由式（3.103）可知，零点$\omega_z=-g_{m1}/C_{GS1}$，它位于左半平面（产生超前相移）。显然，零点ω_z远远大于第一个极点和第二个极点。关于零点ω_z，我们可以直观地从图 3.53 中观察到。当频率为ω_z时，$v_{out}=0$，这时流入阻抗$r_s \| C_s$的电流应为零，即$\left(g_{m1}+\omega_z C_{GS1}\right)v_{gs1}=0$，因此，零点$\omega_z=-g_{m1}/C_{GS1}$。

与共源放大器相比，源极跟随器具有优异的高频特性（大带宽），这是因为其寄生电容不受密勒效应的影响。

3.7.3 共源共栅放大器

共源共栅放大器如图 3.54 所示，其中，I_{bias}为有源负载（如共源共栅电流境），C_L为外接负载电容。

考虑M_1和M_2及有源负载I_{bias}的寄生电容后，共源共栅放大器的小信号等效电路如图3.55所示。

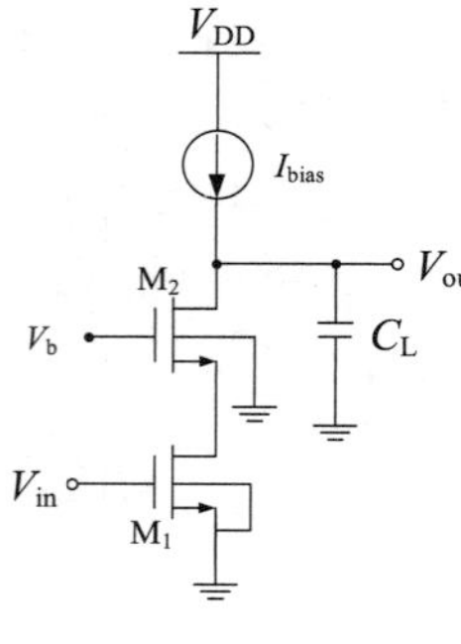

图 3.54　共源共栅放大器

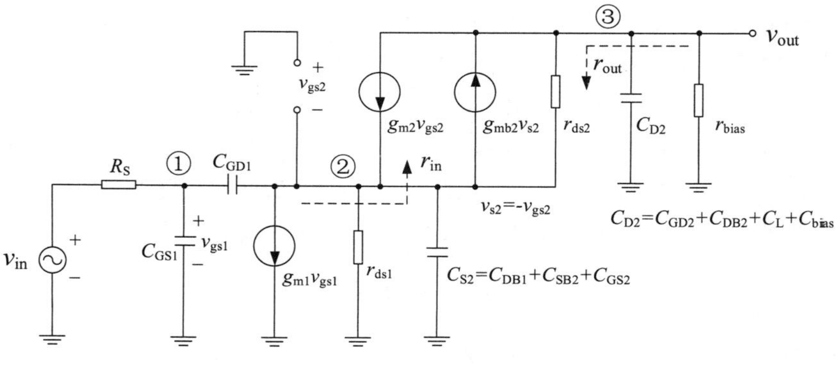

图 3.55　共源共栅放大器的小信号等效电路

由图 3.55 可知，电路中有 3 个独立的节点，我们用极点近似估算法分别估算它们各自对应的极点。

对于节点①，它的对地电容包括C_{GS1}、C_{GD1}的密勒等效电容。为了求出C_{GD1}的密勒等效电容，我们必须知道从节点①到节点②的电压增益（为了简单起见，这里采用低频时的增益）。由于从节点②看进去的共栅放大器的输入电阻r_{in}为（参考 3.4 节中式（3.57）的推导结果）

$$r_{in}=\frac{r_{ds2}+r_{bias}}{1+\left(g_{m2}+g_{mb2}\right)r_{ds2}} \tag{3.109}$$

通常情况下，$r_{ds2}\approx r_{bias}\gg 1$，因此上式可近似为$r_{in}\approx 2/\left(g_{m2}+g_{mb2}\right)$。从节点①到节点②

的电压增益为 $-g_{m1}(r_{in} \| r_{ds1}) \approx -g_{m1}r_{in} \approx -2g_{m1}/(g_{m2}+g_{mb2})$（共栅放大器的输入电阻 r_{in} 远远小于 r_{ds1}）。因此，C_{GD1} 在节点①的密勒等效电容为 $\left[1+2g_{m1}/(g_{m2}+g_{mb2})\right]C_{GD1}$，与节点①所对应的极点 ω_{p1} 为

$$\omega_{p1}=\frac{1}{R_s\left[C_{GS1}+\left(1+\frac{2g_{m1}}{g_{m2}+g_{mb2}}\right)C_{GD1}\right]} \tag{3.110}$$

在上式中，如果 M_1 和 M_2 的尺寸接近，则 $g_{m1} \approx g_{m2}$，并进一步忽略 M_2 的体效应，则从节点①到节点②的电压增益约为-2，因此 C_{GD1} 的密勒等效电容系数约为 3，该值远远小于共源放大器的相应数值，这是由于在共源共栅放大器中，共栅放大器的输入电阻 r_{in} 较小，导致共源放大器的电压增益较小。与共源放大器相比，共源共栅放大器在输入端的密勒电容效应小得多，因此共源共栅放大器具有优异的高频特性。

对于节点②，它的对地电容包括 $C_{S2}=C_{DB1}+C_{SB2}+C_{GS2}$，以及 C_{GD1} 在节点②的密勒等效电容。若从节点①到节点②的电压增益近似为-2，则 C_{GD1} 在节点②的密勒等效电容约为 $(3/2)C_{GD1}$，因此节点②的对地总电容为 $C_{S2}+(3/2)C_{GD1}$。而节点②的对地总电阻为 $r_{in}\|r_{ds1} \approx r_{in} \approx 2/(g_{m2}+g_{mb2})$，因此，与节点②所对应的极点 ω_{p2} 为

$$\omega_{p2}=\frac{g_{m2}+g_{mb2}}{2C_{S2}+3C_{GD1}} \tag{3.111}$$

对于节点③，它的对地总电容为 $C_{D2}=C_{GD2}+C_{DB2}+C_L+C_{bias}$，对地总电阻近似为 $r_{bias}\|r_{out}=r_{bias}\|(g_{m2}+g_{mb2})r_{ds1}r_{ds2}$，如果 I_{bias} 用共源共栅电流源实现，则其等效电阻 r_{bias} 与 $(g_{m2}+g_{mb2})r_{ds1}r_{ds2}$ 接近，此时节点③的对地总电阻可近似为 $(g_{m2}+g_{mb2})r_{ds1}r_{ds2}/2$。因此，与节点③对应的极点 ω_{p3} 为

$$\omega_{p3}=\frac{2}{(g_{m2}+g_{mb2})r_{ds1}r_{ds2}(C_{GD2}+C_{DB2}+C_L+C_{bias})} \tag{3.112}$$

以上 3 个极点的相对位置取决于实际电路的设计参数。通常情况下，3 个极点之间的关系是 $\omega_{p3}<\omega_{p1}<\omega_{p2}$，即输出端的极点 ω_{p3} 离原点最近，它是决定共源共栅放大器-3dB 带宽的主极点。

本章小结

在本章中，我们分别讨论了各种单级放大器的工作原理，包括它们的大信号特性与小信号特性。这些单级放大器可以单独使用，也可以作为运算放大器的单元模块组合使用。由于这些单级放大器在电压增益、输出电压的摆幅、输入/输出电阻、带宽（瞬态响应速度）及信噪比等性能方面各有优缺点，因此需要根据实际应用场合选择合适的放大器类型。另外，放大器的频率特性也是重要的性能指标之一，作为单级放大器使用时，它决定了放大器的带宽（或瞬态响应速度），作为运算放大器的单元模块使用时，它还会影响运算放大器在负反馈状态下的稳定性。各种 CMOS 单级放大器的性能对比如表 3.1 所示。

表 3.1 各种 CMOS 单级放大器的性能对比

性能指标	共源放大器	源极跟随器	共栅放大器	共源共栅放大器
电压增益	高	低（<1）	高	最高
带宽	小	大	中等	中等
输入电阻	大	大	小	大
输出电阻	大	小	大	最大
输出电压的摆幅	大	大	大	小

参考文献

[1] 毕查德·拉扎维. 模拟 CMOS 集成电路设计[M]. 2 版. 陈贵灿，译. 西安：西安交通大学出版社，2018.

[2] Phillip E. Allen. CMOS Analog Circuit Design [M]. Third Edition. New York: Oxford University Press, 2011.

[3] David A. Johns & Ken Martin. Analog Integrated Circuit Design [M]. New York: John Wiley & Sons, Inc., 1997.

[4] P. R. Gray, P. J. Hurst, S. H. Lewis, et al. Meyer. Analysis and Design of Analog Integrated Circuits [M]. Fifth Edition. New York: John Wiley & Sons, Inc., 2009.

[5] Willy M. C. Sansen. Analog Design Essentials [M]. BerLin: Springer, 2006.

习题

3.1 在如图 3.56 所示的镜像电流源电路中，$I_{in}=100\mu A$，假定 NMOS 管 M_1 和 M_2 的特性和尺寸完全对称，$\lambda=0.08V^{-1}$，求镜像电流源的输出电阻 r_{out}，并计算当 M_2 的 V_{DS2} 电压变化 0.5V 时 I_{out} 的变化量。

3.2 在图 3.57 中，如果所有 CMOS 管都工作在饱和区，各管子的宽长比如图 3.57 所示。

（1）试推导 M_4 的漏极电流 I_{out} 的表达式（忽略沟道长度调制效应）；

（2）当 V_{DD} 从 0V 开始逐渐增大时，试画出 I_{out} 随 V_{DD} 变化的草图。

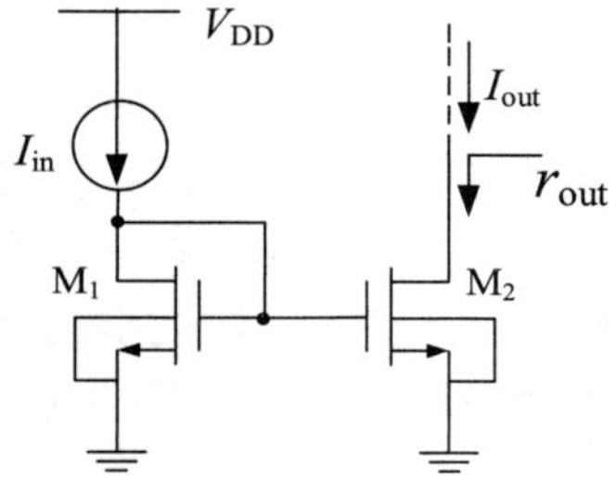

图 3.56

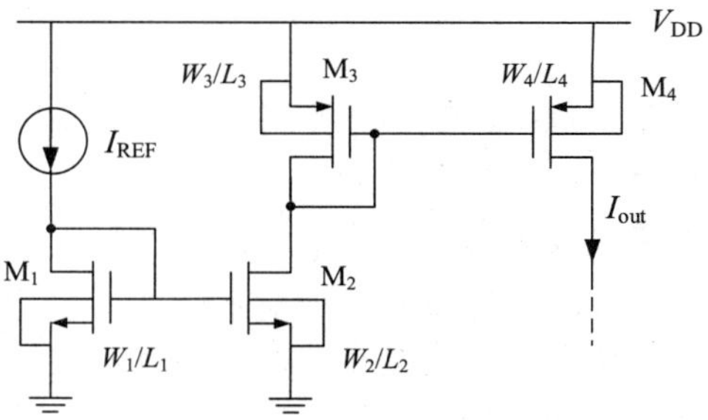

图 3.57

3.3 在图 3.58 中，$I_{in}=100\mu A$，M_1和M_2的特性对称且尺寸相同，$(W/L)_{1,2}=100\mu m/1.6\mu m$，$R_S=5k\Omega$。假设$\mu_n C_{ox}=92\mu A/V^2$，$\lambda=0.08\,V^{-1}$，$\eta=0.2$。求镜像电流源的输出电阻$r_{out}$。

3.4 在图 3.59 中，$\mu_n C_{ox}=92\mu A/V^2$，$(W/L)_{1,2}=30\mu m/1\mu m$，$(W/L)_{3,4}=60\mu m/1\mu m$，$I_{REF}=100\ \mu A$，$V_{TH0}=0.7V$，$\gamma=0.4V^{1/2}$，$2\Phi_F=0.9V$。为了使所有管子都工作在饱和区，试确定$V_X$的值和$V_b$的最小值。

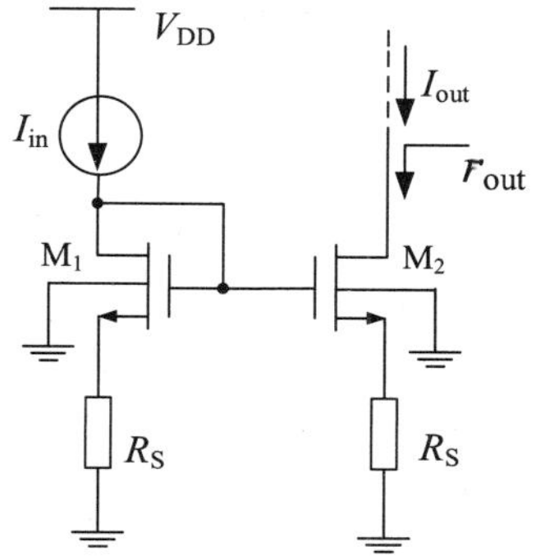

图 3.58

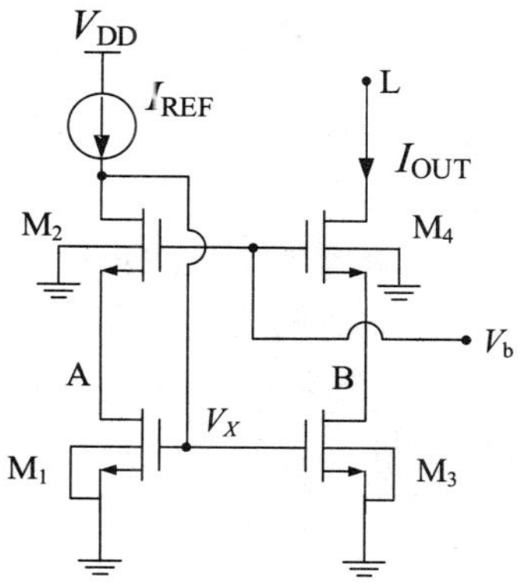

图 3.59

3.5 图 3.60（a）和图 3.60（b）所示的电路为常用的自偏置宽摆幅共源共栅电流镜，假定所有管子的阈值电压相同。为了使所有管子都工作在饱和区，试分析电阻 R 的取值范围。假定两条支路中的电流相等（均为I）。

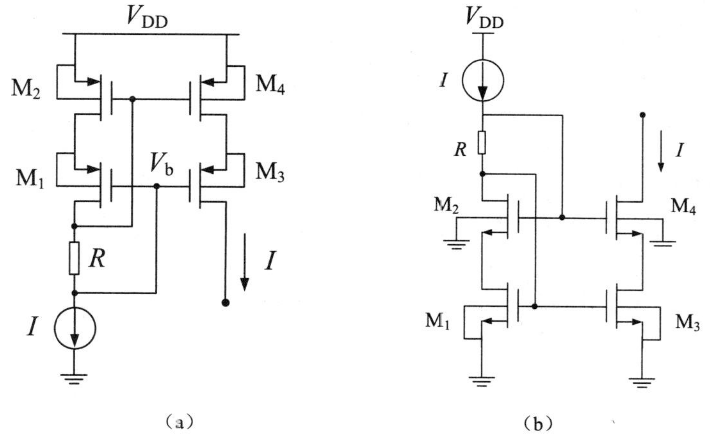

图 3.60

3.6 在图 3.61 中，假定M_2和M_3的特性和尺寸均相同，如果忽略所有管子的沟道长度调制效应，试推导电路的小信号电压增益$A_v=v_{out}/v_{in}$。如果M_2和M_3的特性对称，但尺寸不相同，假定$(W/L)_3/(W/L)_2>1$，此时小信号电压增益有何变化？

3.7 图 3.62 所示为电阻负载的共源放大器，请分析M_1的漏极电流I_D和跨导g_m与输入直流电压V_{in}之间的关系（V_{in}在 0～V_{DD}之间变化），并画出关系曲线的草图。

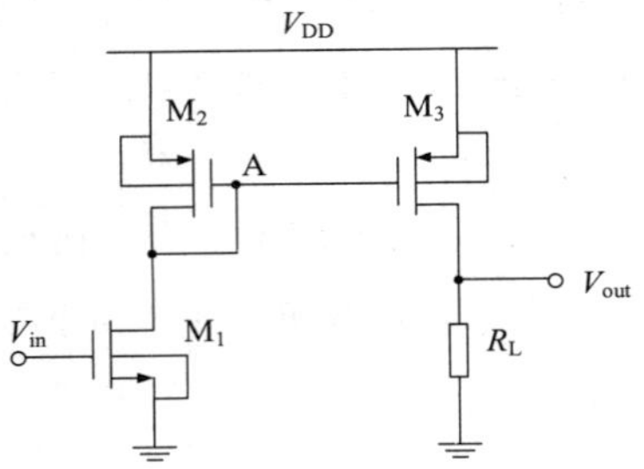

图 3.61

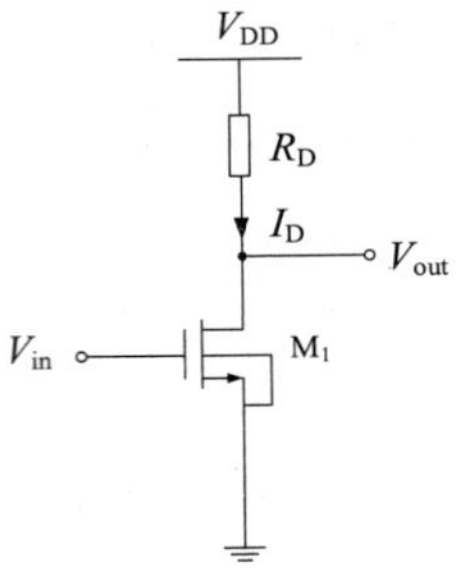

图 3.62

3.8 如图 3.63 所示，M_1 和 M_2 构成二极管负载的共源放大器，假定 M_1 被偏置在饱和区，其漏极电流为 I_1。

（1）如果在 M_2 的两端并联一个理想电流源 $I_S = 0.75I_1$，求此时的小信号电压增益 $A_v = v_{out} / v_{in}$（忽略沟道长度调制效应），并与 $I_S = 0$ 时相比较；

（2）试画出当 I_S 从 0～I_1 变化时，小信号电压增益 A_v 随 I_S 的变化曲线。

3.9 在图 3.64 中，$\mu_n C_{ox} = 100\mu A/V^2$，$(W/L)_{1,2} = 20\mu m / 0.5\mu m$，$(W/L)_0 = 40\mu m / 0.5\mu m$，$I_{REF} = 100\mu A$，$\lambda_n = 0.1 V^{-1}$，$\lambda_p = 0.2 V^{-1}$。计算该电路的小信号电压增益 $A_v = v_{out} / v_{in}$。

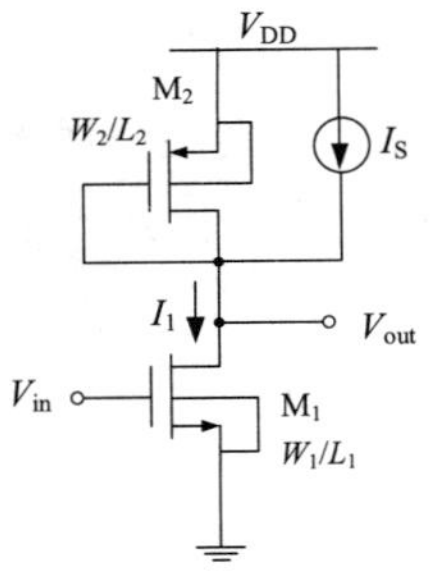

图 3.63

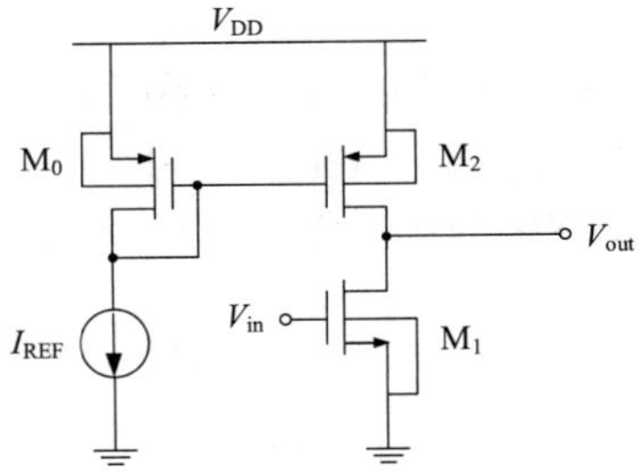

图 3.64

3.10 在图 3.65 所示的源极跟随器中，已知 $W_1 / L_1 = 20\mu m / 0.5\mu m$，$I_1 = 200\mu A$，$\mu_n C_{ox} = 92\mu A/V^2$，$V_{TH0} = 0.6V$，$2\Phi_F = 0.7V$，$\gamma = 0.4V^{1/2}$，忽略沟道长度调制效应。

（1）对于图 3.65（a），计算当 $V_{in} = 1.2V$ 时的 V_{out} 值。

（2）如果图 3.65（a）中的 I_1 用图 3.65（b）中的 M_2 来实现，求出使 M_2 工作在饱和区的最小 W_2 / L_2 值。

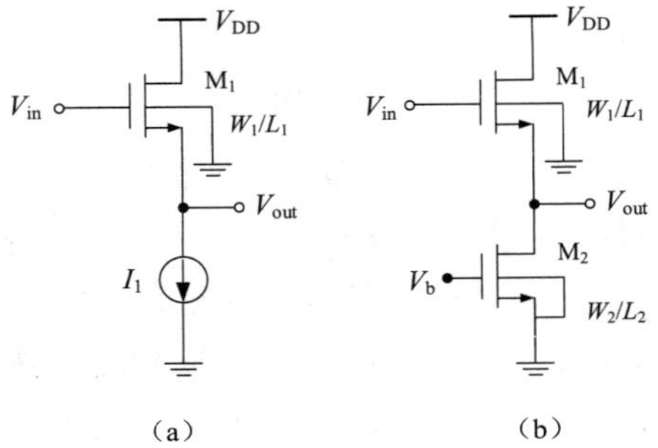

图 3.65

3.11 在图 3.66 中，I_1 和 I_2 均为理想电流源，且假定在所关心的频率范围内，可将电容 C_1 视为交流短路。

（1）计算电路的小信号电压增益 $A_v = v_{out} / v_{in}$。要使 M_1 工作在饱和区，允许输入的最大直流电平是多少？

（2）为了使允许输入的最大直流电平接近 V_{DD}，在如图 3.66（a）所示的电路的基础上增加一个源极跟随器，如图 3.66（b）所示。此时 M_2 和 M_3 的栅-源电压 V_{GS} 应满足什么关系，才能保证 M_1 工作在饱和区？

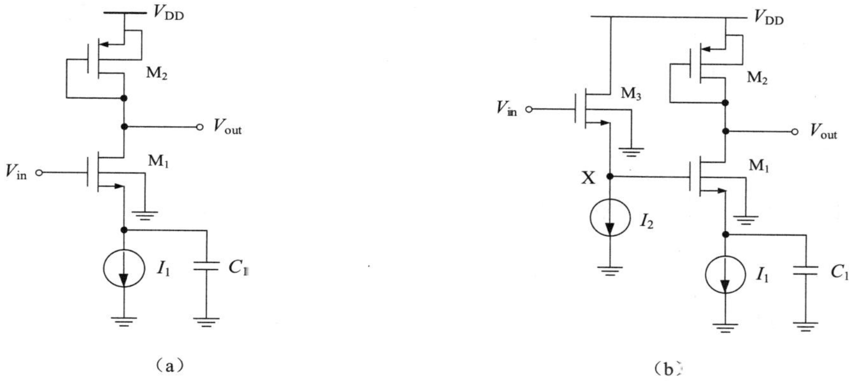

图 3.66

3.12 假设 $\lambda \neq 0$，$\gamma \neq 0$，试推导如图 3.67 所示电路的小信号电压增益 $A_v = v_{out} / v_{in}$。

3.13 在如图 3.68 所示的共栅放大器中，如果输入电流源的等效电阻为 R_{in}，试推导该电路的小信号增益 v_{out} / i_{in} 和输出电阻 r_{out}。

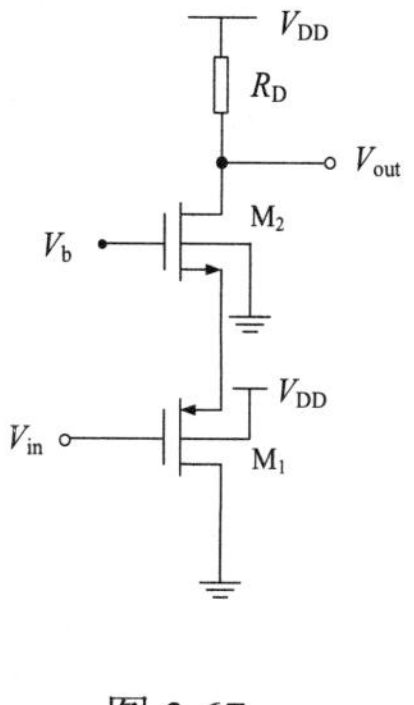

图 3.67

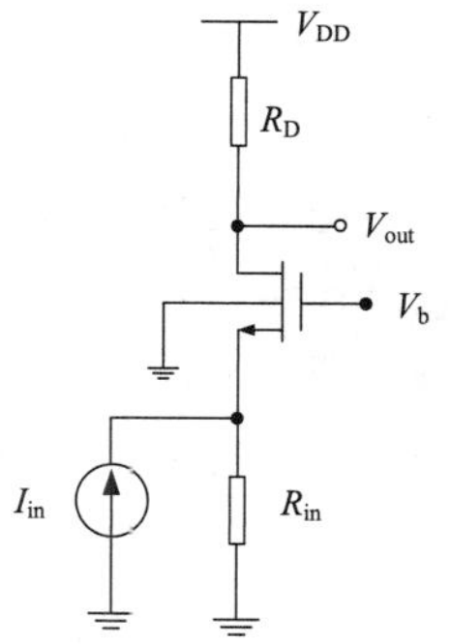

图 3.68

3.14 试推导如图 3.69 所示的 PMOS 源极跟随器的小信号电压增益 $A_v = v_{out} / v_{in}$、输出电阻 r_{out}，以及输入/输出电压范围。

3.15 在图 3.70 中，假定 $\mu_n C_{ox} = 100\mu A/V^2$，$(W/L)_1 = 50\mu m / 0.5\mu m$，$(W/L)_2 = 50\mu m / 2\mu m$，$I_{D1} = I_{D2} = 0.5mA$，$\lambda_n = 0.1V^{-1}$，$\lambda_p = 0.2V^{-1}$。管子都工作在饱和区，计算小信号电压增益 $A_v = v_{out} / v_{in}$。

3.16 对于如图 3.71 所示的共源放大器，假定 $\mu_n C_{ox} = 100\mu A/V^2$，$V_{TH} = 0.7V$，$\lambda_n = 0.1V^{-1}$，$(W/L)_1 = 50\mu m / 0.5\mu m$，$R_D = 2k\Omega$，$V_{DD} = 3V$。

（1）如果 M_1 工作在饱和区，且 $I_D = 1\text{mA}$，求电路的小信号电压增益 $A_v = v_{out}/v_{in}$；

（2）如果 M_1 工作在线性区的边缘，输入电压 V_{cm} 应为多少？并求此时的小信号电压增益。

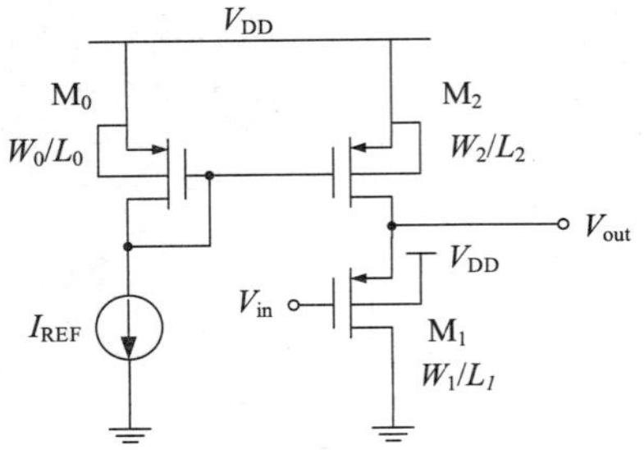

图 3.69

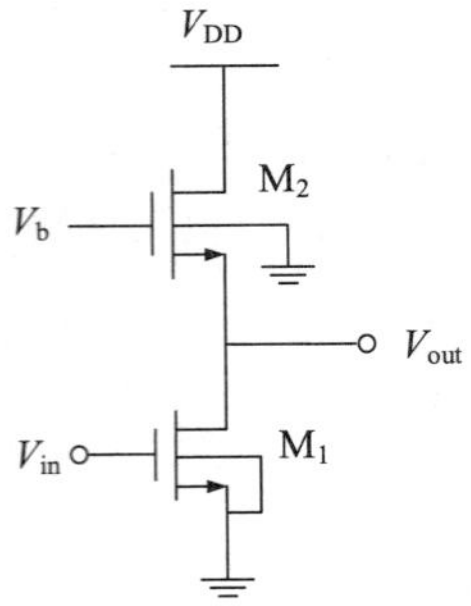

图 3.70

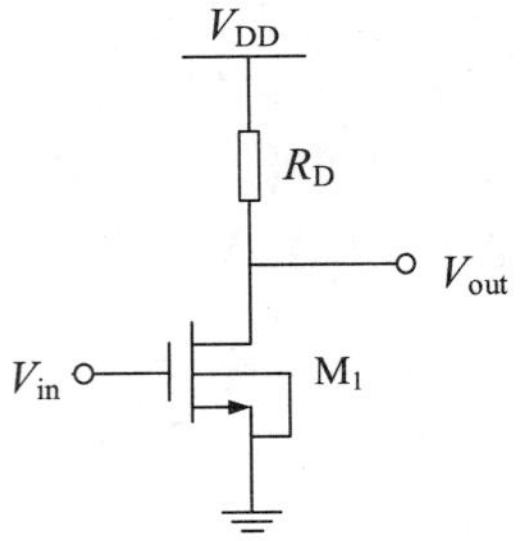

图 3.71

3.17 在图 3.72 中，假定 CMOS 管都工作在饱和区，且 $\lambda \neq 0$，$\gamma = 0$。试画出各电路的低频小信号等效电路，并求它们的小信号电压增益 $A_v = v_{out}/v_{in}$。

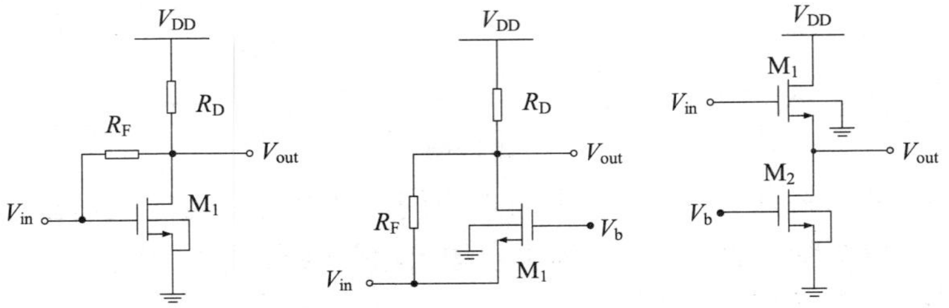

图 3.72

3.18 在如图 3.73 所示的共源共栅放大器中，假定输入直流电压 V_{in} 大于 M_1 的阈值电压 V_{TH1}。试分析当偏置电压 V_b 从 0～V_{DD} 变化时，小信号电压增益 $A_v = v_{out}/v_{in}$ 的变化趋势，并画出草图。假设 $\lambda \neq 0$，$\gamma = 0$。

3.19 对于如图 3.74 所示的 PMOS 放大管型套筒式共源共栅放大器，试分析该放大器的大信号特性、输出电压的摆幅及小信号电压增益。

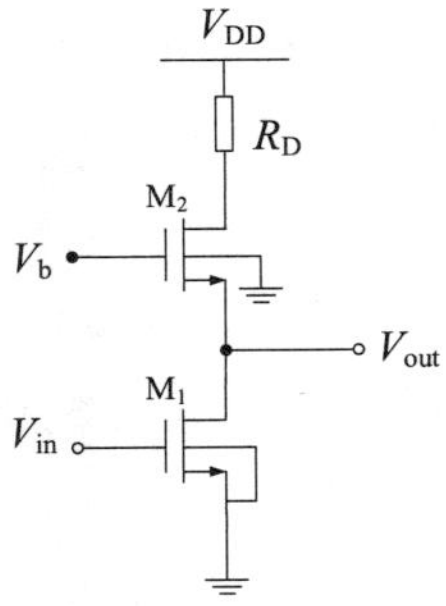

图 3.73

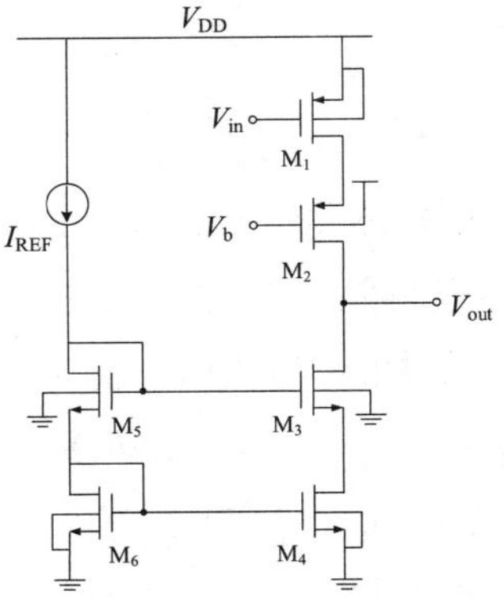

图 3.74

3.20 对于如图 3.75 所示的折叠式共源共栅放大器，假定 CMOS 管均工作在饱和区，试推导该电路的输出电阻 r_{out}，假设 $\lambda \neq 0$，$\gamma \neq 0$。

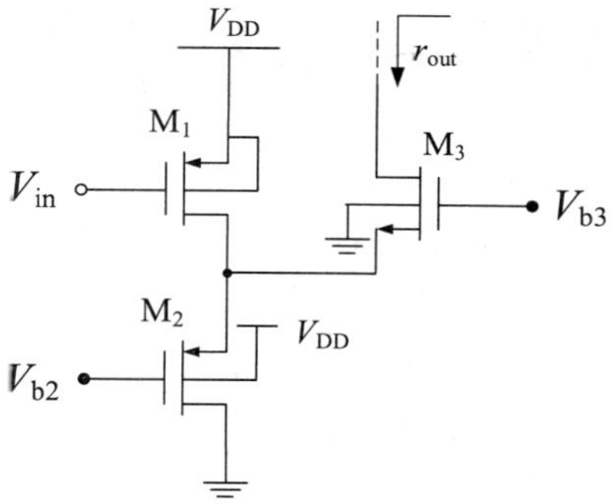

图 3.75

3.21 对于如图 3.45 所示的 PMOS 输入、NMOS 输出的折叠式共源共栅放大器，试分析该放大器的大信号特性、输出电压的摆幅及小信号电压增益。

3.22 试推导如图 3.76 所示的各电路的小信号电压增益 $A_v(s)$，并分别给出低频和高频时 $A_v(s)$ 的近似表达式。假定 $\gamma = 0$。

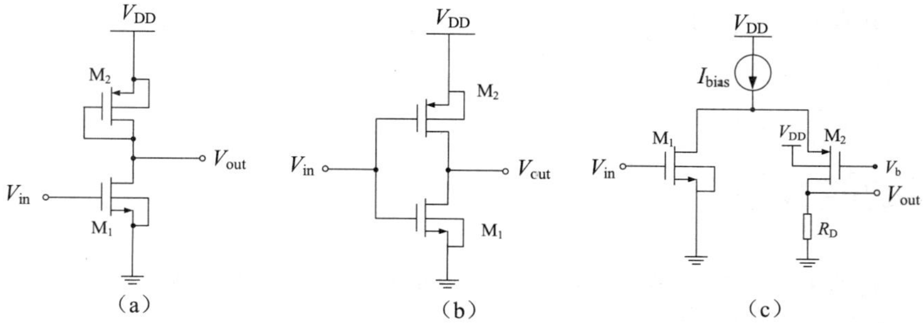

图 3.76

第 4 章　运算放大器

运算放大器是高增益的差动输入放大器，通常工作在闭环（负反馈）状态，它最早被应用于信号处理，如信号的加、减、微分和积分等运算，因此称为运算放大器。运算放大器是模拟集成电路中用途最广、最重要的基本单元电路，被广泛应用于基准电压的产生、负载驱动、有源滤波器、时钟信号产生、数据转换和接口电路等模拟集成电路中。运算放大器设计是模拟集成电路设计领域的核心技术。

与单级放大器相比，运算放大器的开环增益非常高，在闭环工作时，其闭环传递函数几乎与开环增益无关（开环增益越大，闭环传递函数的精度越高）。为了实现高增益，运算放大器通常由两级或多级单级放大器级联构成，此时为了保证电路在负反馈状态下能够稳定工作，需要进行相位补偿。

本章讨论 CMOS 运算放大器的基本原理与设计方法。首先介绍差动放大器，然后介绍运算放大器的基本结构，并引入普通两级运算放大器电路。在此基础上，讨论运算放大器在负反馈状态下的稳定性及相位补偿方法。然后讨论运算放大器的各种性能参数及其仿真方法，最后举例说明两级运算放大器的具体设计方法。

4.1　差动放大器

差动（也称为差分）放大器（Differential Amplifier）是模拟电路中重要的单元电路之一，它具有抑制共模噪声、增大输出电压的摆幅和提高增益线性度等优点，通常用作运算放大器的输入级。

本节讨论差动放大器的基本结构、动作原理及其大信号和小信号特性。为了使读者更容易理解其工作原理，我们从电阻负载差动放大器出发，最后引出更为实用的电流镜负载差动放大器。另外，从输出信号的形式来看，从差动输入-差动输出过渡到差动输入-单端输出结构。

4.1.1　电阻负载差动放大器

图 4.1 所示为电阻负载差动放大器的电路结构图，它由两个完全对称的共源放大器组成。M_1 和 M_2 是共源放大管，它们的源极连接在一起。M_3 是电流镜的一部分（另一半未画出），它给 M_1 和 M_2 提供恒定的偏置电流，称为尾电流源。R_D 是负载电阻，也可以用二极管连接的 CMOS、电流源或电流镜等有源负载实现。为了使左右两边的电路完全对称，放大管 M_1 和 M_2 的特性应尽可能保持一致（包括尺寸相同，并且在版图设计时应考虑两个管子之间的匹配，以保证它们的阈值电压相同）。

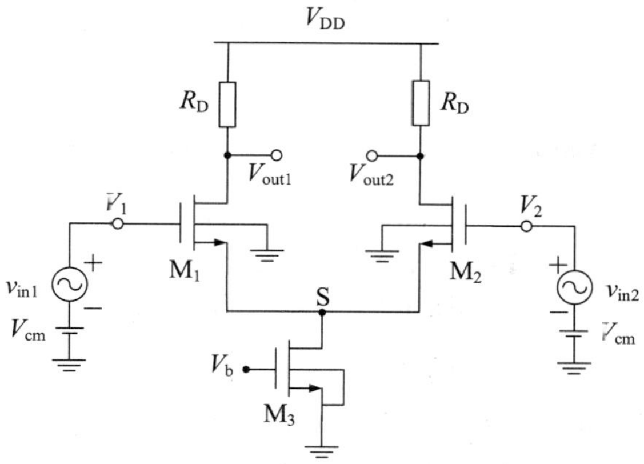

图 4.1 电阻负载差动放大器的电路结构图

V_1 和 V_2 分别为两个差动输入端的输入电压，V_{out1} 和 V_{out2} 分别为两个差动输出端的输出电压。差动输入时，V_1 和 V_2 分别如下

$$V_1 = V_{cm} + v_{in1} \tag{4.1}$$

$$V_2 = V_{cm} + v_{in2} \tag{4.2}$$

式中，V_{cm} 是输入的共模电压（或直流电平），它给放大器提供合适的静态工作点，使 M_1 和 M_2 工作在饱和区。v_{in1} 和 v_{in2} 是输入的差模小信号电压，满足 $v_{in1} = -v_{in2}$（幅度相同、相位相反），它是需要放大的交流小信号输入电压。

现在考虑如何设置合适的共模电压 V_{cm}。当 $V_{cm} < V_{TH1}$（$V_{TH1} = V_{TH2} = V_{TH}$）时，$M_1$ 和 M_2 均截止，$I_{D1} = I_{D2} = 0$，因此 $I_{D3} = 0$，M_3 处于深度线性区，$V_S = 0$，此时，$V_{out1} = V_{out2} = V_{DD}$。

当 $V_{cm} \geqslant V_{TH1}$ 时，M_1 和 M_2 开始逐渐导通并最终进入饱和区。随着 V_{cm} 增加，I_{D1}、I_{D2} 和 I_{D3} 相应增加，V_{out1} 和 V_{out2} 相应减小。当 $V_{cm} \geqslant V_{TH1}$ 时，M_3 刚开始时处于深度线性区，此时 $I_{D3} = \mu_n C_{ox}(W_3 / L_3)(V_b - V_{TH3})V_S$，由于 V_b 固定，I_{D3} 增加时必然会导致 S 点的电压 V_S 上升，直到最后 M_3 也进入饱和区。当所有管子都进入饱和区后，由于 I_{D3} 等于电流镜电流，而 $I_{D1} = I_{D2} = I_{D3} / 2$，因此，$M_1$ 和 M_2 的偏置电流保持恒定，不再随 V_{cm} 变化；另外，由于 $V_{out1} = V_{out2} = V_{DD} - R_D(I_{D3} / 2)$，因此 V_{out1} 和 V_{out2} 也基本维持不变。

在饱和区，V_{out1} 和 V_{out2} 基本不变，随着 V_{cm} 进一步增加，当满足 $V_{out1} < V_{cm} - V_{TH1}$ 时，即 $V_{cm} > V_{out1} + V_{TH1} = V_{DD} - R_D I_{D3} / 2 + V_{TH1}$ 时，M_1 和 M_2 将进入线性区。

综上所述，为了使所有管子都工作在饱和区，输入共模电压 V_{cm} 的允许范围（Input Common Mode Range，ICMR）为

$$V_{GS1} + (V_b - V_{TH3}) < V_{cm} < V_{DD} - R_D I_{D3} / 2 + V_{TH1} \tag{4.3}$$

如果令 $V_{cm1} = V_{GS1} + (V_b - V_{TH3})$，$V_{cm2} = V_{DD} - R_D I_{D3} / 2 + V_{TH1}$，则 $V_{cm1} < V_{cm} < V_{cm2}$，即 V_{cm} 的允许下限和上限分别是 V_{cm1} 和 V_{cm2}。V_{cm1} 等于 M_3 的过驱动电压加上 M_1 的栅-源电压，而 V_{cm2} 主要受负载电阻 R_D 上的直流压降 $R_D I_{D3} / 2$ 的限制。如果为了提高电压增益，增大 R_D 的电阻值，则将使 V_{cm2} 变得非常小（除非增大 V_{DD}），这也是通常不用无源电阻器件作为负载的缘故。

输出电压和电流随输入共模电压 V_{cm} 的变化曲线如图 4.2 所示（这里只画出管子从截止到饱和导通的部分）。

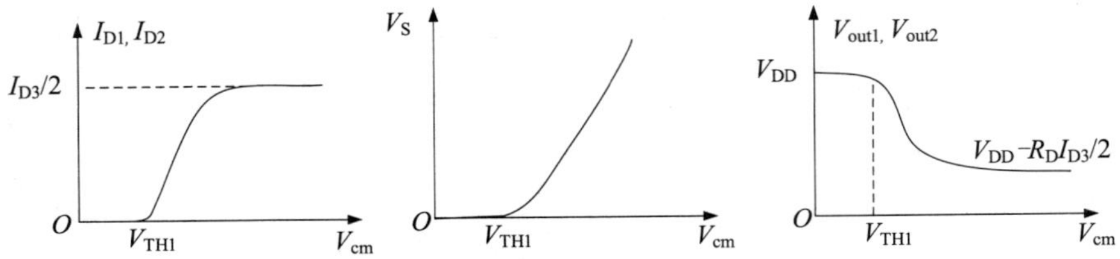

（a）　（b）　（c）

图 4.2　输出电压和电流随输入共模电压 V_{cm} 的变化曲线

图 4.3 所示为电压增益与输入共模电压的关系曲线。当 $V_{cm} \geqslant V_{TH1}$ 时，I_{D1} 和 I_{D2} 逐渐增大，跨导 g_m 及电压增益 $|A_v|$ 也相应增大；当 M_3 进入饱和区（$V_{cm}=V_{cm1}$）后，I_{D1} 和 I_{D2} 基本恒定，g_m 和 $|A_v|$ 也维持不变；当 V_{cm} 增大到使 M_1 和 M_2 进入线性区（$V_{cm}=V_{cm2}$）时，I_{D1} 和 I_{D2} 减小，g_m 及 $|A_v|$ 也相应下降。由此可知，只要满足 $V_{cm1}<V_{cm}<V_{cm2}$，电压增益就保持恒定，与输入共模电压无关。

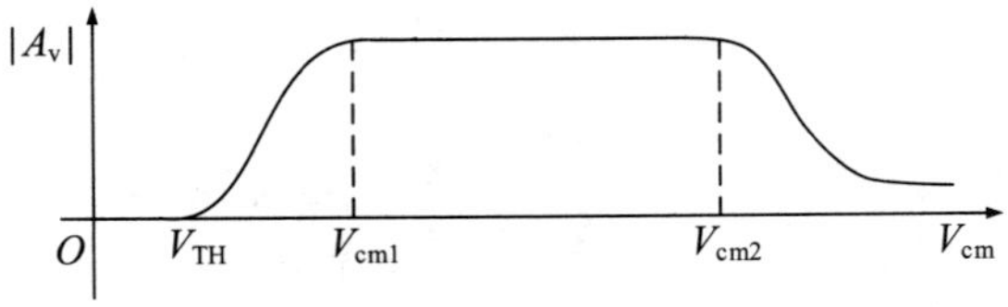

图 4.3　电压增益与输入共模电压的关系曲线

由于输出电压 V_{out1} 和 V_{out2} 的允许最小值为 $V_{cm}-V_{TH}$，因此，在保证所有管子都工作在饱和区的前提下，减小 V_{cm} 可增大输出电压的摆幅，在图 4.3 中，可选择 V_{cm}，使其在 V_{cm1} 的右侧附近。

当所有的管子都偏置在饱和区时，差动输入电压-差动输出电压的波形如图 4.4 所示。注意，为了方便读者观察和理解小信号电压的放大原理，图 4.4 中将小信号电压的幅度进行了夸大处理。实际上，小信号电压的幅度远小于静态工作点电压的幅度。

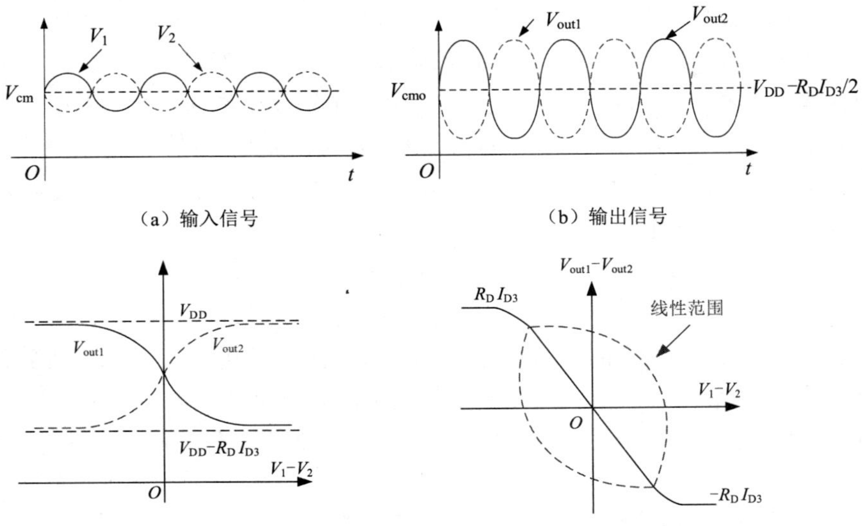

（a）输入信号　（b）输出信号

（c）差动输入-单端输出　（d）差动输入-差动输出

图 4.4　差动输入电压-差动输出电压的波形

图 4.4（c）和图 4.4（d）分别为差动输入-单端输出及差动输入-差动输出时的波形。图 4.4（c）表明，当 $V_1 \ll V_2$ 时，M_2 优先导通（尾电流全部流入 M_2），M_1 截止，反之亦然。由图 4.4（d）可知，当 $V_1 - V_2$ 接近 0 或较小时（小振幅差动信号），小信号差动增益最大，且在线性范围内，这正是差动放大器的工作范围。

现在分析差动放大器工作在饱和区时的小信号特性。如图 4.1 所示的电阻负载差动放大器的小信号等效电路如图 4.5 所示，这里，我们暂时忽略体效应的影响（从后面的分析中可知，体效应不影响差动信号的放大）。假定 M_1 和 M_2 的特性完全相同，即 $g_{m1} = g_{m2} = g_m$，$r_{ds1} = r_{ds2} = r_{ds}$。电流镜 M_3 的等效电阻为 r_{ds3}。

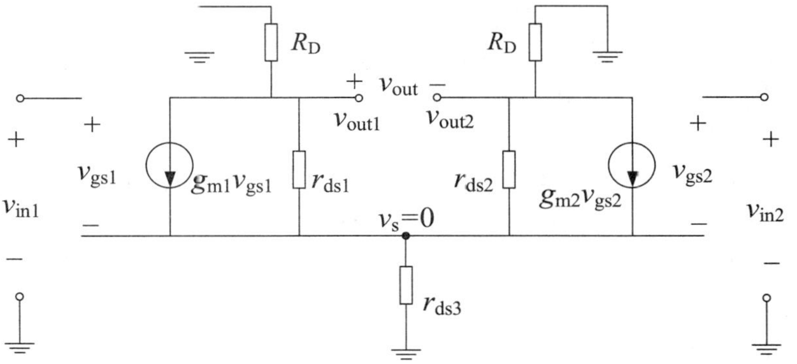

图 4.5 电阻负载差动放大器的小信号等效电路

在图 4.5 中，$v_{in1} = -v_{in2}$，是两个差动输入信号，它们的幅度相等、相位相反。对于交流小信号而言，由于左右两边的电路完全对称，可将电路的相连节点（S）看作"交流接地"，即 $v_s = 0$。这是由于 $v_{in1} = -v_{in2}$，如果两边的电路完全对称，则分别由 v_{in1} 和 v_{in2} 产生的小信号电流在相连节点相互抵消，因此流过 r_{ds3} 的小信号电流为零，$v_s = 0$。此时，就可以把如图 4.5 所示的电路分成左右独立的两部分，即可利用所谓的"半边电路"的概念进行小信号特性分析。

值得指出的是，对于差动小信号，由于 $v_s = 0$，因此 M_1 和 M_2 的体效应不影响差动放大器的小信号特性，这是由于图 4.1 中的源极电压 V_S 保持恒定，不随输入差动小信号变化。

利用以前对共源放大器的相关分析结果可得

$$v_{out1} / v_{in1} = v_{out2} / v_{in2} = -g_m (R_D \parallel r_{ds}) \tag{4.4}$$

由于差动输入电压 $v_{id} = v_{in1} - v_{in2}$，差动输出电压 $v_{out} = v_{out1} - v_{out2}$，则差动输入-差动输出时的小信号差模电压增益 A_{vd} 为

$$A_{vd} = \frac{v_{out}}{v_{id}} = \frac{v_{out1} - v_{out2}}{v_{in1} - v_{in2}} = -g_m (R_D \parallel r_{ds}) \tag{4.5}$$

式中，负号表示 v_{out} 与 v_{id} 的相位相反。由上式可知，当差动输入-差动输出时，差动放大器的电压增益与单级共源放大器的电压增益相同。

当差动输入-单端输出时，由于 $v_{in1} = -v_{in2}$，因此差动放大器的差模电压增益 A_{vd1} 和 A_{vd2} 分别为

$$A_{vd1} = \frac{v_{out1}}{v_{id}} = -\frac{1}{2} g_m (R_D \parallel r_{ds}) \tag{4.6}$$

$$A_{vd2}=\frac{v_{out2}}{v_{id}}=\frac{1}{2}g_m(R_D\parallel r_{ds}) \tag{4.7}$$

可以看到，与差动输入-差动输出时相比，差动输入-单端输出时的差模电压增益减少了一半，这是由于输入的小信号差动电压 v_{id} 被 M_1 和 M_2 各分一半。

由如图 4.5 所示的电阻负载差动放大器的小信号等效电路可以看出，差动输入-差动输出时的输出电阻 $r_{out}=2\left(R_D\parallel r_{ds}\right)$。

下面我们考察差动放大器工作在饱和区时的共模电压响应。来自电源或接地端的噪声或干扰信号，以及温度或电源电压的波动等因素都会产生共模输入电压，因此我们希望差动放大器对共模输入电压的抑制能力越强越好。

假定小信号共模输入电压是 v_{ic}（幅度和相位均相同），则共模输入时两个输入端的电压 V_1 和 V_2 相同，即 $V_1=V_2=V_{cm}+v_{ic}$。我们仍然假定差动放大器的两边电路完全对称，且忽略体效应。

输入共模电压时的差动放大器如图 4.6 所示。由于差动放大器的两边电路和输入电压完全对称，直观上可以判断出 $V_{out1}=V_{out2}$，从而 $V_{out}=V_{out1}-V_{out2}=0$。因此，对于如图 4.6（a）所示的电路，$V_{out1}$ 和 V_{out2} 可以短接，可得到如图 4.6（b）所示的半边等效电路。在图 4.6（b）中，由于 M_1 和 M_2 并联，其等效的宽长比变为单管时的 2 倍，同时由于偏置电流增大为单管时的 2 倍，因此跨导增大为单管时的 2 倍。

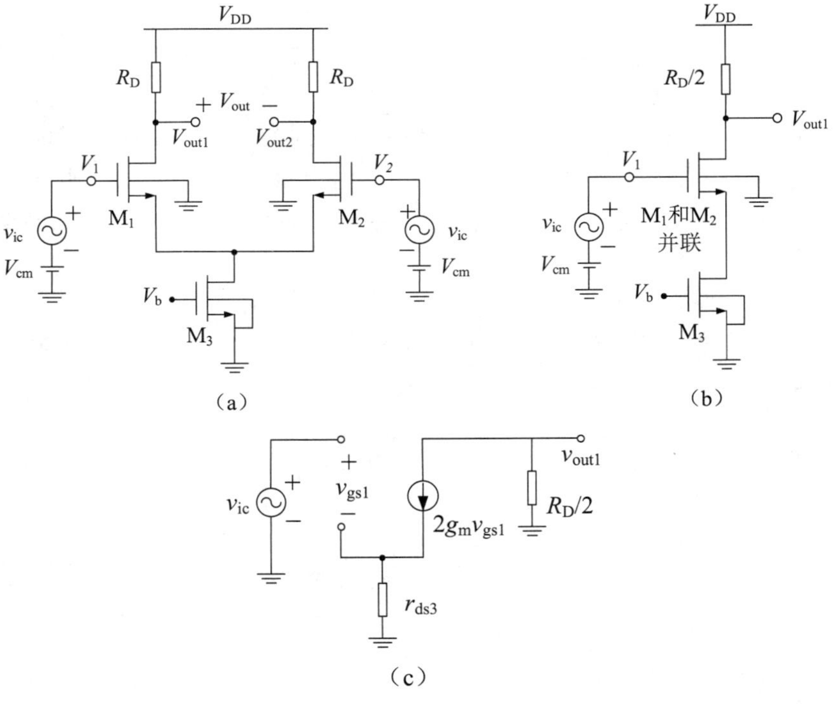

图 4.6　输入共模电压时的差动放大器

图 4.6（c）是图 4.6（b）的小信号等效电路（忽略了 M_1 和 M_2 的沟道长度调制效应），由图 4.6（c）可求得共模输入-单端输出时的小信号共模电压增益 A_{vc} 为（请读者自己推导）

$$A_{vc}=\frac{v_{out1}}{v_{ic}}=\frac{v_{out2}}{v_{ic}}=-\frac{g_m R_D}{1+2g_m r_{ds3}} \tag{4.8}$$

注意，上式中的 g_m 为图 4.6（a）电路中的 M_1 和 M_2 各自的跨导。通常情况下，$2g_m r_{ds3} \gg 1$，因此式（4.8）可近似为

$$A_{vc}\approx -\frac{R_D}{2r_{ds3}} \tag{4.9}$$

由上式可知，共模电压增益的大小取决于尾电流源的输出电阻 r_{ds3}，r_{ds3} 越大，共模电压增益越小。如果尾电流源为理想电流源，即当输出电阻 r_{ds3} 为无穷大时，共模电压增益为零。

对于两边完全对称的理想差动放大器，由于 $V_{out1}=V_{out2}$，即 $V_{out}=V_{out1}-V_{out2}=0$，因此，即使尾电流源的输出电阻为有限值，共模输入-差动输出时的共模电压增益也始终为零。但是，输入共模电压会影响电路的直流偏置工作点，因此可能会影响输出电压的摆幅。

对于实际的差动放大器，其两边电路是不可能完全对称的，而是存在轻微的失配。例如，M_1 和 M_2 的尺寸和阈值电压的失配将会导致跨导 g_m 不相同；另外两边的负载电阻也会产生失配。在这种情况下，即使采取差动输出，共模输入电压也会在输出电压中产生差模分量（这种现象称为共模电压到差模电压的转换），从而导致输出电压出现误差。

例如，对于图 4.6（a）中的电路，如果负载电阻对称，只是 M_1 和 M_2 的跨导相差 Δg_m，那么对于共模输入电压 v_{ic}，相应的差动输出电压为

$$v_{out}=\left(\frac{\Delta g_m}{g_m}\right)\left(\frac{R_D}{2r_{ds3}}\right)v_{ic} \tag{4.10}$$

由此可知，共模输入电压在输出端被转换为差动输出电压，导致输出电压出现误差。该误差与尾电流源的输出电阻 r_{ds3} 成反比。

差动放大器的一个重要性能指标就是共模抑制比（Common Mode Rejected Ratio，CMRR），用来衡量差动放大器抑制输入共模电压的能力，其定义为差模电压增益 A_{vd} 与共模电压增益 A_{vc} 的比值，即

$$\text{CMRR}=\left|\frac{A_{vd}}{A_{vc}}\right| \tag{4.11}$$

理想情况下，$A_{vc}=0$，CMRR 为无穷大。但对于实际的差动放大器，由于两边电路的不对称及尾电流源的输出电阻为有限值，使得 CMRR 减小。

例如，对于差动输入-单端输出的差动放大器，如果两边电路完全对称，并忽略 M_1 和 M_2 的沟道长度调制效应，则由式（4.6）和式（4.8）可得其共模抑制比为

$$\text{CMRR}=\frac{1}{2}+g_m r_{ds3}\approx g_m r_{ds3} \tag{4.12}$$

由上式可知，为了提高 CMRR，需要增大尾电流源的输出电阻 r_{ds3}。例如，如果使用共源共栅电流镜提供尾电流，则 CMRR 可提高 $g_m r_{ds}$ 倍，但付出的代价是减小了输入共模电压范围 ICMR（此时尾电流源需要消耗两个过驱动电压）。

4.1.2 有源负载差动放大器

在前面的分析中，为了方便读者理解，我们采用无源电阻作为负载。但是，正如前面所指出的那样，为了提高电压增益，必须增大 R_D 的阻值，这将使输入共模电压的上限 V_{cm2} 变得

非常小（除非增大 V_{DD} ），因此，通常不用无源电阻负载。

在实际应用中，通常采用二极管连接的 CMOS、电流源或电流镜等有源负载。在如图 4.7（a）所示的差动放大器中，M_3 和 M_4 是二极管连接的 PMOS，它们作为差动放大器的有源负载。

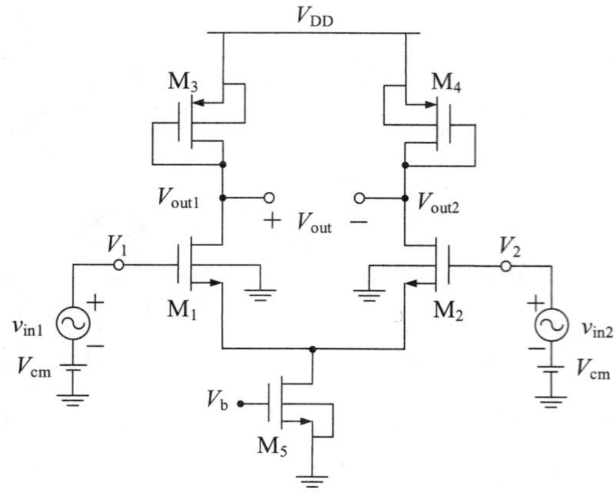

（a）电路结构

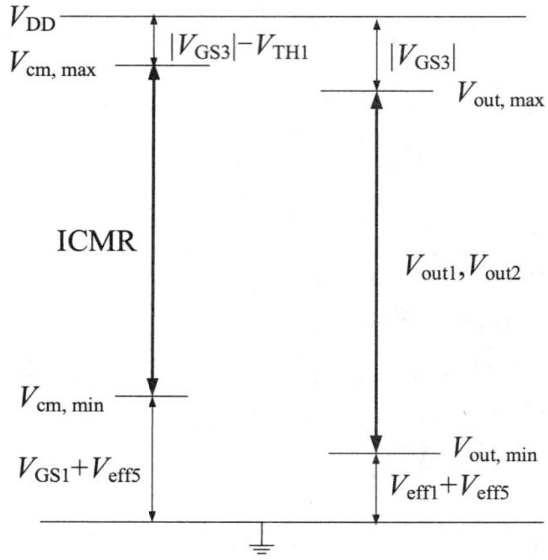

（b）输入共模电压范围及输出电压的摆幅

图 4.7　二极管连接的 PMOS 作为负载的差动放大器

对于图 4.7 中的差动放大器，可以利用“半边电路”的概念，求得其差动输入-差动输出时的小信号电压增益 A_{vd} 。由于二极管连接的 PMOS（ M_3 和 M_4 ）的等效电阻为 $(1/g_{m3,4} \| r_{ds3,4})$ ，因此，小信号电压增益 A_{vd} 为

$$A_{vd} = \frac{v_{out}}{v_{id}} = -g_{m1,2}(1/g_{m3,4} \| r_{ds3,4} \| r_{ds1,2}) \approx -\frac{g_{m1,2}}{g_{m3,4}} = -\sqrt{\frac{\mu_n (W/L)_{1,2}}{\mu_p (W/L)_{3,4}}} \tag{4.13}$$

在第 3 章的 3.2.2 节中，我们已经详细讨论过二极管连接的 CMOS 作为负载时的共源放大器，这里不再赘述，图 4.7（b）中给出了该差动放大器的输入共模电压范围（ICMR）及输出电压的摆幅。

就结论而言，①该类放大器的电压增益 A_{vd} 较低，但电压增益的线性度好，为了提高电压增益，必须减小 M_3 （ M_4 ）的宽长比，但这将导致它们的过驱动电压 $|V_{eff3,4}|$ 增加，从而使输出电压的摆幅减小；②由于该类放大器的电压增益较低，M_1 和 M_2 的 C_{GD} 密勒电容小，输入端极点频率高，另外，由于输出电阻小，输出端极点频率高，因此该放大器的频带较宽，通常用作运算放大器或比较器的输入级，以提高动作速度（输入级的输入信号的幅度较小，需要使用高速放大器将其放大到一定幅度后，再由后级高增益放大器继续放大）。

图 4.8（a）所示为采用电流源负载的差动放大器的电路结构，M_3 和 M_4 为 PMOS 电流源（可用电流镜实现，图中只画出电流镜的一半）。其差动输入-差动输出时的小信号电压增益 A_{vd} 为

$$A_{vd} = \frac{v_{out}}{v_{id}} = -g_{m1,2}(r_{ds3,4} \| r_{ds1,2}) \tag{4.14}$$

与以二极管连接的 CMOS 作为负载的差动放大器相比，它的小信号电压增益高；另外，由于 M_3 和 M_4 不再是二极管连接，输入共模电压范围及输出电压的摆幅均增大，如图 4.8（b）所示，其中，最大输入共模电压可等于甚至超过 V_{DD} ，这是由于 $V_{cm,max} = V_{DD} - (|V_{eff3}| - V_{TH1})$ ，

而通常$|V_{eff3}|-V_{TH1}<0$。

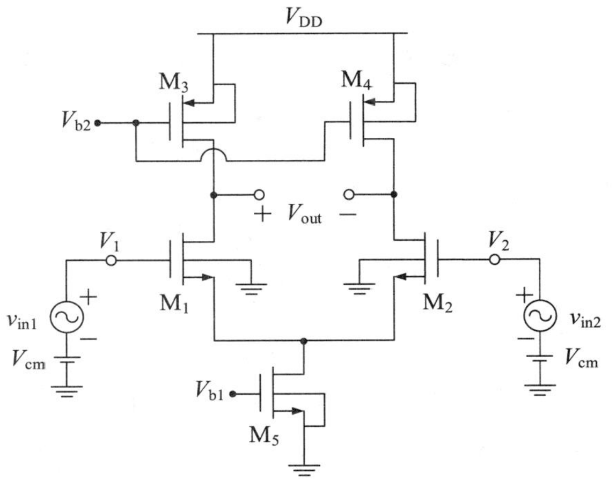

（a）电路结构

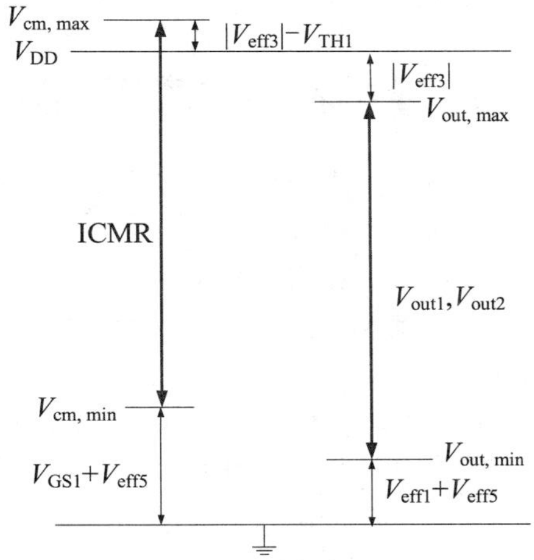

（b）输入共模电压范围及输出电压的摆幅

图 4.8 采用电流源负载的差动放大器

为了进一步提高电压增益，可以利用第 3 章介绍的共源共栅结构。图 4.9 所示为套筒式共源共栅差动放大器，其中，$M_1\sim M_4$ 为共源共栅 NMOS 放大管。$M_5\sim M_8$ 为共源共栅 PMOS 电流源（可用电流镜实现，图中只画出电流镜的一半），用作放大器的有源负载。M_9 提供尾电流。该电路的差动输入-差动输出时的小信号电压增益 A_{vd} 可近似为

$$A_{vd}=\frac{v_{out}}{v_{id}}=-g_{m1,2}[(g_{m3,4}r_{ds3,4}r_{ds1,2})\|(g_{m5,6}r_{ds5,6}r_{ds7,8})] \tag{4.15}$$

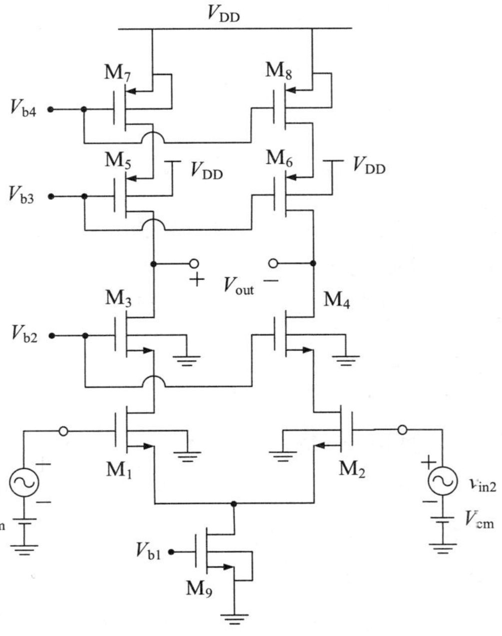

图 4.9 套筒式共源共栅差动放大器

因此，该电路具有很高的电压增益，但付出的代价是“共源共栅”结构消耗了更多的电

压余度，使输入共模电压范围（ICMR）及输出电压的摆幅均减小。另外，由于输出电阻提高，输出端的极点频率降低，放大器的频带变窄。

4.1.3 单端输出差动放大器

在运算放大器中，为了提高共模抑制比，其输入级通常采用差动放大器，而中间级和输出级通常是单端输入-单端输出放大器（为了提高增益和输出电压的摆幅），因此，希望差动放大器能够实现差动输入-单端输出。但是，对于前面讨论的差动放大器，当采取差动输入-单端输出时，由于输入差动信号被平分到两个输入放大管，电压增益减少为差动输出时的一半。

怎样才能提高差动输入-单端输出时的电压增益呢？为此我们考察如图 4.10 所示的电流镜负载差动放大器。该电路与前面讨论的差动放大器的不同之处是，用 M_3 和 M_4 组成的电流镜（注意，不是电流源！）作为有源负载，该有源负载不需要外加偏置电压。该电路可以在不损失差动电压增益的情况下实现差动输入-单端输出，因此在运算放大器中得到广泛应用。在图 4.10 中，M_1 和 M_2 对称，M_3 和 M_4 对称，M_5 提供尾电流。

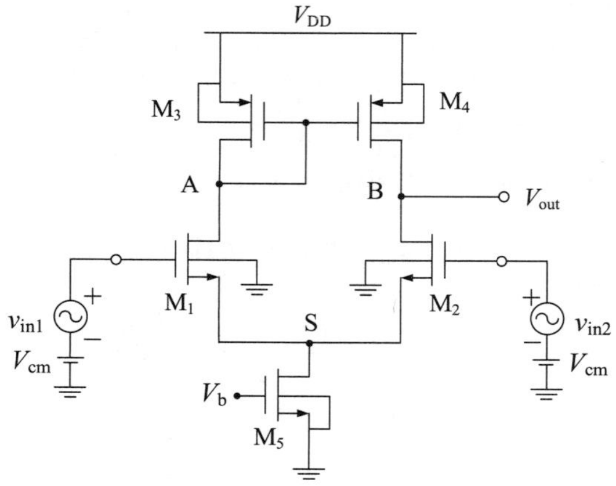

图 4.10　电流镜负载差动放大器

首先考虑输入共模电压 V_{cm} 的设置。为了使所有管子都工作在饱和区，V_{cm} 的最小值 V_{cm1} 为 $V_{cm1}=V_{eff5}+V_{GS1}$，即 M_5 的过驱动电压加上 V_{GS1}。对于 V_{cm} 的最大值 V_{cm2}，由于左右两边的电路连接不对称，因此需要分开考虑。对于左边电路，为了不使 M_1 进入线性区，要求 $V_A>V_{cm}-V_{TH1}$，因此

$$V_{cm2}=V_A+V_{TH1}=V_{DD}-|V_{GS3}|+V_{TH1} \tag{4.16}$$

而对于右边电路，为了不使 M_2 和 M_4 进入线性区，要求 $V_{DD}-|V_{eff4}|>V_{cm}-V_{TH2}$，因此

$$V_{cm2}=V_{DD}-|V_{eff4}|+V_{TH2} \tag{4.17}$$

对比式（4.16）和式（4.17），由于通常 $|V_{GS3}|>|V_{eff4}|$，即左边电路中二极管连接的 M_3 比右边电路中的 M_4 饱和导通时要消耗更大的电压余度，所以按最坏情况考虑，我们选择 V_{cm} 的最大值为 $V_{cm2}=V_{DD}-|V_{GS3}|+V_{TH1}$。因此输入共模电压 V_{cm} 的允许范围是 $V_{eff5}+V_{GS1}<V_{cm}<V_{DD}-|V_{GS3}|+V_{TH1}$。如果直流偏置电流已经确定，则 M_3（M_4）的宽长比 W_3/L_3（与 $|V_{GS3}|$ 相关）决定 V_{cm} 的最大值，M_1（M_2）的宽长比 W_1/L_1（与 V_{GS1} 相关）和 M_5 的宽长比 W_5/L_5（与

V_{eff5} 相关）决定 V_{cm} 的最小值。

而输出电压 V_{out} 的允许范围是 $V_{cm}-V_{TH1}<V_{out}<V_{DD}-|V_{eff4}|$，或者 $V_{eff5}+V_{eff2}<V_{out}<V_{DD}-|V_{eff4}|$，为了增加输出电压的摆幅，应选择较小的 V_{cm}。

由于放大器的两边管子的尺寸和物理参数完全对称，且均工作在饱和区，静态时有：$I_{D1}=I_{D2}=I_{D3}=I_{D4}=I_{D5}/2$，且 $V_{GS3}=V_{DS3}=V_{GS4}$，根据 CMOS 工作在饱和区时的电流-电压关系，有

$$\begin{aligned} I_{D3} &= \frac{1}{2}\mu_p C_{ox}\frac{W_3}{L_3}(V_{GS3}-V_{TH3})^2(1+\lambda V_{DS3}) \\ &= I_{D4} = \frac{1}{2}\mu_p C_{ox}\frac{W_4}{L_4}(V_{GS4}-V_{TH4})^2(1+\lambda V_{DS4}) \end{aligned} \tag{4.18}$$

因此有 $V_{DS3}=V_{DS4}$，即 $V_A=V_B$（直流电平）。

现在考察如图 4.10 所示的电流镜负载差动放大器的小信号电压放大原理。假定电路中的所有管子都工作在饱和区。另外，由于电流源 M_5 提供的尾电流恒定，因此 M_1 与 M_2 中的漏极电流保持不变。

我们知道，当 CMOS 工作在饱和区时，如对于 NMOS，其电压-电流关系为 $I_D=\frac{1}{2}\mu_n C_{ox}\left(\frac{W}{L}\right)(V_{GS}-V_{TH})^2(1+\lambda V_{DS})$，由该式可知，若漏极电流保持恒定，则当栅-源电压 V_{GS} 增加时，由于沟道长度调制效应，漏-源电压 V_{DS} 必定减小，反之亦然。我们在下面的讨论中将应用这一原理，即由于 M_1 ～ M_4 中的漏极电流恒定，因此当小信号电压 v_{gs} 发生变化时，必然会引起 v_{ds} 变化。另外，我们假定电流源 M_5 提供的尾电流恒定（M_5 的等效电阻 r_{ds5} 为无穷大），因此 S 点的电压 V_S 保持不变。

当输入差动小信号电压时，由于 $v_{in1}=-v_{in2}$，下面分别分析电路左右两边的电压变化情况。在以下分析中，分别单独考虑 v_{in1} 增加和 v_{in2} 减小时输出电压的变化情况（当左边电路 v_{in1} 增加时，$v_{in2}=0$，$I_{D2}=I_{D4}$ 且保持不变，反之亦然）：

（1）左边电路 v_{in1} 增加：$v_{in1}\uparrow\rightarrow V_{GS1}\uparrow\rightarrow I_{D1}=I_{D3}\uparrow\rightarrow|V_{GS3}|=|V_{GS4}|\uparrow\rightarrow|V_{DS4}|\downarrow$。

（2）右边电路 v_{in2} 减小：$v_{in2}\downarrow\rightarrow V_{GS2}\downarrow\rightarrow I_{D2}=I_{D4}\downarrow$（$|V_{GS4}|$不变）$\rightarrow|V_{DS4}|\downarrow$。

从输出端来看，v_{in1} 增加和 v_{in2} 减小都使得 $|V_{DS4}|$ 减小，其结果是使输出电压 V_{out} 上升，从而实现了对输入电压信号的放大（输出 V_{out} 与 v_{in1} 同相位，与 v_{in2} 反相位）。按照上述方法，可以分析得出：当 v_{in1} 减小和 v_{in2} 增大时，都使得 $|V_{DS4}|$ 增大，其结果是使输出电压 V_{out} 下降。在以上分析中，未考虑 r_{ds1}、r_{ds3} 和 r_{ds2} 的影响，考虑这些因素（沟道长度调制效应）后，电压放大倍数会有所下降。

在以上分析过程中，我们可以直观地观察到，由于 M_3 与 M_4 电流镜的电压耦合作用，左边电路的输出电压变化量被“折叠”到右边输出端，并与右边电路的输出电压变化量叠加，因此可以提高单端输出时的电压增益。

我们也可以利用“小信号电流”的概念直观地分析上述差动放大器的小信号电压放大原理，如图 4.11 所示。

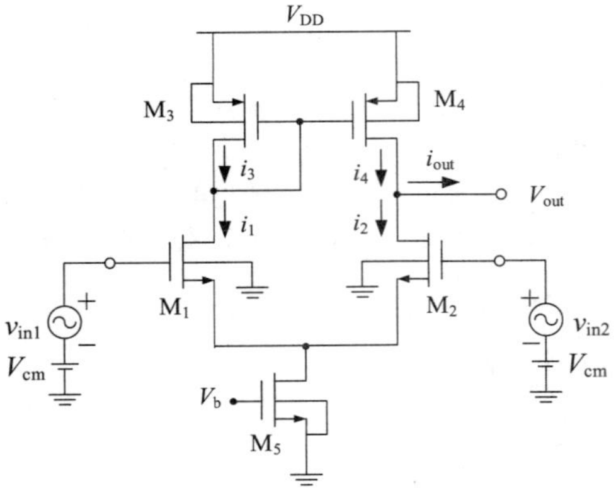

（a）

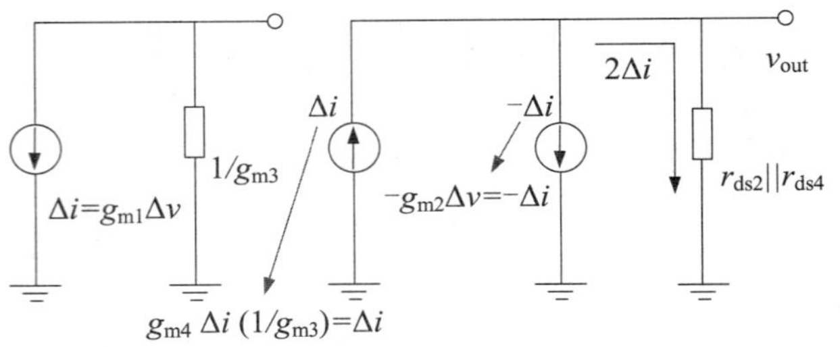

（b）

图 4.11　差动放大器的小信号电流分析

参照图 4.11（a），对于左边的输入小信号电压 v_{in1}，M_1 的小信号电流为 $i_1 = g_{m1}v_{in1}$，如果忽略管子的输出电阻，由于 M_3 与 M_4 电流镜的镜像作用，$i_3 = i_4 = g_{m1}v_{in1}$；而对于右边的输入小信号电压 $v_{in2} = -v_{in1}$，M_2 的小信号电流为 $i_2 = -g_{m2}v_{in1}$。由于 i_2 与 i_4 的方向相反，在输出端，它们叠加起来形成 i_{out}，并共同流入 M_2 与 M_4 的等效电阻 $r_{ds2} \| r_{ds4}$（这里假定不存在外接负载），从而形成输出电压 v_{out}。$i_{out} = i_4 - i_2 = (g_{m1} + g_{m2})v_{in1}$，若 $g_{m1} = g_{m2} = g_m$，则输出电压 $v_{out} = 2g_m\left(r_{ds2} \| r_{ds4}\right)v_{in1}$，由于 $v_{in1} = v_{id}/2$，因此差动输入-单端输出时的差模电压增益 A_{vd} 为

$$A_{vd} = \frac{v_{out}}{v_{id}} = g_m\left(r_{ds2} \| r_{ds4}\right) \tag{4.19}$$

参照如图 4.11（b）所示的小信号等效电路，如果忽略 r_{ds1} 与 r_{ds3}，且令 $g_{m1} = g_{m2} = g_m$，$g_{m3} = g_{m4}$，则输出电压 v_{out} 为 $v_{out} = 2\Delta i\left(r_{ds2} \| r_{ds4}\right) = 2g_m\Delta v\left(r_{ds2} \| r_{ds4}\right)$，由于输入差模电压 $v_{id} = 2\Delta v$，因此可得到与式（4.19）相同的电压增益。

由图 4.11（b）可知，电流镜负载差动放大器的输出电阻近似为 $r_{out} = r_{ds2} \| r_{ds4}$，约等于差动输出时的一半，这是由单端输出导致的。

因此，单端输出时的电压增益与前面讨论的差动输出时的电压增益相同。从以上分析中可以看出，由于电流镜负载的镜像作用，将左边电路的小信号电流耦合到输出端，并与右边电路产生的小信号电流叠加，共同产生输出电压，因此提高了电压增益。

而对于如图 4.8 所示的采用电流源负载的差动放大器，由于两个电流源之间无电压或电流耦合，若采取单端输出，则其中半边电路的输出电压或电流变化量被“浪费”掉了，因此电压增益减小了一半。作为练习，请读者自己分析，对于如图 4.10 所示的电流镜负载差动放大器，如果输出电压从 M_1 的漏极（A 点）取出，则电压增益会有什么变化？

下面我们考虑如图 4.10 所示的电流镜负载差动放大器的共模电压增益。这里假定电路完全对称，并忽略体效应。这时，对于共模输入电压，由于电路对称，图 4.10 中的 $V_A = V_B$，因此可将 A 点与 B 点短接，从而得到等效电路，如图 4.12（a）所示，图中，M_1 与 M_2 并联（跨导加倍），M_3 与 M_4 并联（跨导加倍），其小信号等效电路如图 4.12（b）所示。

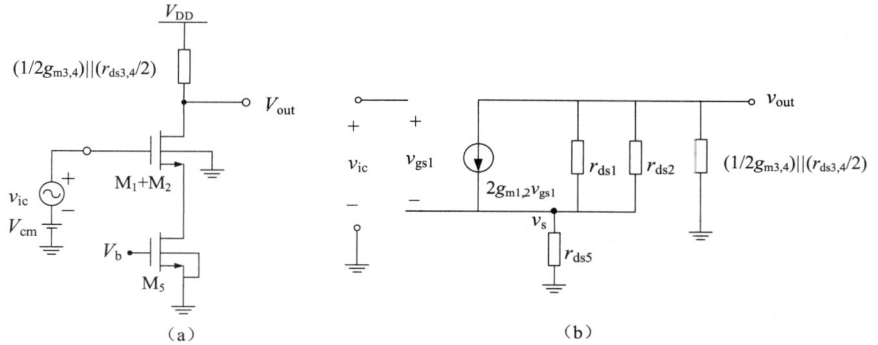

图 4.12　输入共模电压时的等效电路

由图 4.12（b）可求得共模电压增益 A_{vc} 为

$$A_{vc}=\frac{v_{out}}{v_{ic}}\approx-\frac{1}{1+2g_{m1,2}r_{ds5}}\left(\frac{g_{m1,2}}{g_{m3,4}}\right) \tag{4.20}$$

这里，假定 $1/\left(2g_{m3,4}\right)\ll r_{ds3,4}$，并且忽略了 r_{ds1} 与 r_{ds2} 的影响。由上式可知，即使电路完全对称，输入的共模电压信号也会反映在输出端，导致输出电压出现误差，这是由单端输出造成的，而对于前面介绍的差动输入-差动输出电路，当差动输出时，不存在这样的问题。在实际的电路中，还存在由电路不对称导致的输出共模电压信号分量。

根据式（4.19）与式（4.20）可求得电流镜负载差动放大器的共模抑制比 CMRR（电路完全对称）为

$$\text{CMRR}=\left|\frac{A_{vd}}{A_{vc}}\right|=\left(1+2g_{m1,2}r_{ds5}\right)g_{m3,4}\left(r_{ds1,2}\,\|\,r_{ds3,4}\right) \tag{4.21}$$

显然，为了提高 CMRR，需要增大尾电流源的输出电阻 r_{ds5}。设计放大器时，通常首先确定 I_{D5}，为了增大 r_{ds5}，可同时增加 W_5 和 L_5（r_{ds5} 与 L_5 成正比），且保持 W_5/L_5 不变，但寄生电容和电路的面积相应增大。

4.1.4　差动放大器的频率特性

我们考虑如图 4.13 所示的电流镜负载差动放大器，其中，C_L 为外接负载电容。为了简单起见，我们应用极点近似估算法分析电压增益的极点及其高频特性。

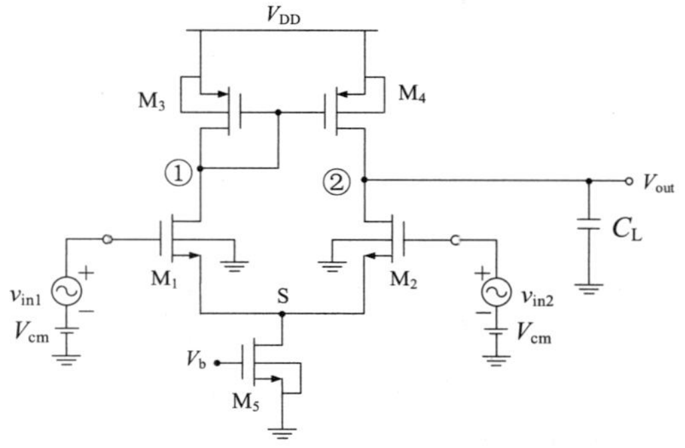

图 4.13　电流镜负载差动放大器

设节点①的对地总电容为C_1，则C_1包括C_{GS3}、C_{GS4}、C_{DB3}、C_{DB1}及C_{GD1}和C_{GD4}在①处的密勒等效电容，但C_{GS3}和C_{GS4}占据主导地位，因此$C_1 \approx C_{GS3} + C_{GS4}$。节点①的对地总电阻近似为$M_3$的等效电阻$1/g_{m3}$，此时，对应于节点①的极点$\omega_{p1}$可近似为

$$\omega_{p1} = \frac{1}{\tau_1} \approx \frac{g_{m3}}{C_1} \approx \frac{g_{m3}}{C_{GS3} + C_{GS4}} \tag{4.22}$$

对于输出节点②，设其对地总电容为C_2，则C_2包括C_L、C_{DB2}、C_{DB4}及C_{GD2}和C_{GD4}在②处的密勒等效电容，但通常C_L占据主导地位，因此$C_2 \approx C_L$。节点②的对地总电阻为$r_{ds2} \| r_{ds4}$，此时，对应于节点②的极点ω_{p2}可近似为

$$\omega_{p2} = \frac{1}{\tau_2} = \frac{1}{(r_{ds2} \| r_{ds4})C_2} \approx \frac{1}{(r_{ds2} \| r_{ds4})C_L} \tag{4.23}$$

通常情况下，$\omega_{p2} < \omega_{p1}$，即输出端的极点$\omega_{p2}$为主极点，由它决定了差动放大器的带宽，尤其是在外接负载电容C_L较大的情况下。

值得指出的是，在如图 4.13 所示的电流镜负载差动放大器的电压增益中，还存在一个零点ω_z，其值为$\omega_z = 2g_{m3}/C_1$，它是ω_{p1}的 2 倍，因此，其对放大器的高频特性的影响可以忽略不计。

下面我们考察如图 4.13 所示的电流镜负载差动放大器的共模响应在高频时的特性。设图 4.13 中提供尾电流的M_5管的等效电阻为r_{ds5}，节点 S 的对地总电容为C_S，则C_S包括C_{GD5}、C_{DB5}、C_{SB1}和C_{SB2}。此时，尾电流源的等效阻抗为$r_{ds5} \| (1/\omega C_S)$。随着频率增加，尾电流源的等效阻抗（$1/\omega C_S$）减小，使得共模电压增益$A_{vc}$增大、共模抑制比下降。为了减小$C_S$，必须减小$M_5$的尺寸，但是又要求$L_5$尽可能大，以增加$r_{ds5}$。因此，只能减小$M_5$的栅宽$M_5$，但在尾电流确定的情况下，$M_5$消耗的过驱动电压必然增加，从而导致输出电压的摆幅减小。因此，在设计差动放大器时，必须考虑尾电流源消耗的电压余度与共模抑制比之间的折中问题。

4.2 运算放大器的基本结构

4.2.1 概述

运算放大器（Operational Amplifier，OPAMP）简称运放，通常是差动输入-单端输出的高增益放大器，其电路符号如图 4.14 所示。图中的符号“+”“−”表示输入-输出电压之间的相位关系（“+”代表同相，“−”代表反相），V_{in+}和V_{in-}分别是同相端和反相端的输入电压，$V_{in+} = V_{cm} + v_{in1}$，$V_{in-} = V_{cm} + v_{in2}$，其中，$V_{cm}$是输入的共模电压（或直流电平），$v_{in1}$和$v_{in2}$是输入的差模小信号电压，满足$v_{in1} = -v_{in2}$，是需要放大的交流小信号输入电压。$V_{out}$是输出电压，$A_{vd}$是开环差模电压增益。$V_{DD}$和$V_{SS}$分别是正电源和负电源（在电路符号图中通常被省略）。

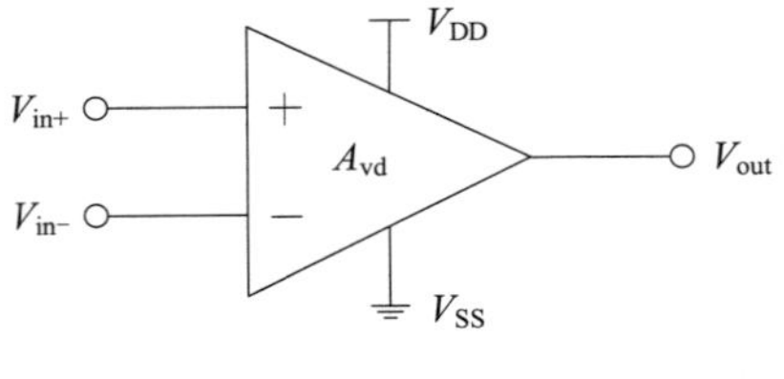

图 4.14　运算放大器的电路符号

运算放大器的输出交流小信号电压v_{out}可表示为

$$v_{out} = A_{vd}(v_{in1} - v_{in2}) \tag{4.24}$$

式中，$(v_{in1} - v_{in2})$为输入差模电压信号。由于开环差模电压增益 A_{vd} 很大，因此当运算放大器工作在开环状态时，对于微小的输入差模电压信号，输出信号就会钳位在 V_{DD} 或 V_{SS} 电平，这可用来检测两个输入信号之间的大小关系（如用作比较器）。高增益又使得运算放大器工作在闭环状态时很容易进入深度负反馈，此时闭环增益仅由反馈系数决定，而与开环增益几乎无关，从而可以提高输出信号的稳定性和线性度。

运算放大器通常由 5 部分组成，图 4.15 所示为运算放大器的典型结构框图。

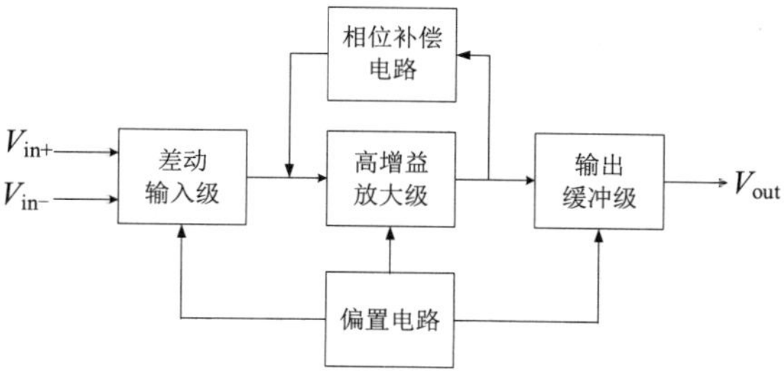

图 4.15 运算放大器的典型结构框图

输入级通常采用差动放大器，以提高运算放大器的共模抑制比，从而提高运算放大器的抗噪声能力。高增益放大级要求提供足够高的电压增益和大的输出电压的摆幅。输出缓冲级用于提高运算放大器的带负载能力（尤其是电阻性负载），因此要求其具有较低的输出电阻和较大的输出电流（包括拉电流和灌电流）。偏置电路给各级放大器提供合适的直流偏置电压或偏置电流，要求这些偏置电压或偏置电流尽可能不随电源电压、工艺参数和温度而变化。为了保证运算放大器在负反馈状态下能够稳定工作，需要加入相位补偿电路（通常加在高增益放大级）。实际运算放大器的结构划分可能并不明确，如有时差动输入级和高增益放大级结合在一起，各级之间并不是相互独立的，它们共同决定着运算放大器的整体性能。

4.2.2 普通两级运算放大器

本节讨论普通两级运算放大器的电路结构。普通两级运算放大器的电路结构简单且实用，其他高性能运算放大器都是在此基础上发展演变而来的，因此它是运算放大器的基础。

运算放大器的电路结构与外接负载的性质有关。对于电容性负载，如果负载电容较小，或者对输出电压的上升/下降速度要求不高（如信号频率较低），那么可以省略图 4.15 中的运算放大器结构中的输出缓冲级，只需要差动输入级和高增益放大级即可。但是对于大电容性负载 C_L，则需要加入输出缓冲级，如图 4.16 所示，图中的电容 C_C 是相位补偿电容，这里省略了偏置电路。

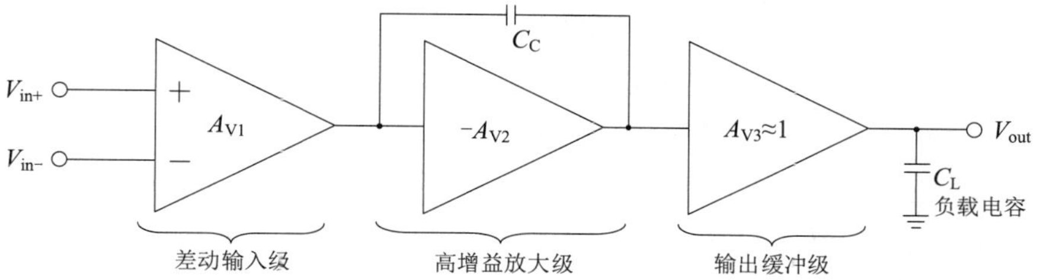

图 4.16 针对大电容性负载的运算放大器结构

在图 4.16 中，如果在高增益放大级的输出端直接接大电容负载 C_L，由于高增益放大级的输出电阻r_{out}较大，输出端将产生 1 个频率非常低的主极点，其极点频率为$\omega_p = 1/(r_{out}C_L)$。如果在高增益放大级与大电容性负载之间插入源极跟随器（输出缓冲级），由于源极跟随器的输出电阻很小，因此输出端的极点频率增大，有利于扩展运算放大器的带宽。

而对于小电阻性负载（大负载电流），由于要求输出端能够提供较大的驱动电流，这时也必须加入输出缓冲级，如图 4.17 所示。这里的输出缓冲级有两个作用：①隔离小电阻负载R_L，以防止由小负载电阻引起的电压放大倍数下降；②给电阻负载提供驱动电流。因此，输出缓冲级应具有输入电阻大、输出电阻小的特点。输出缓冲级通常采用源极跟随器结构，其电压增益近似为 1，且具有输入电阻大、输出电阻小的特点。

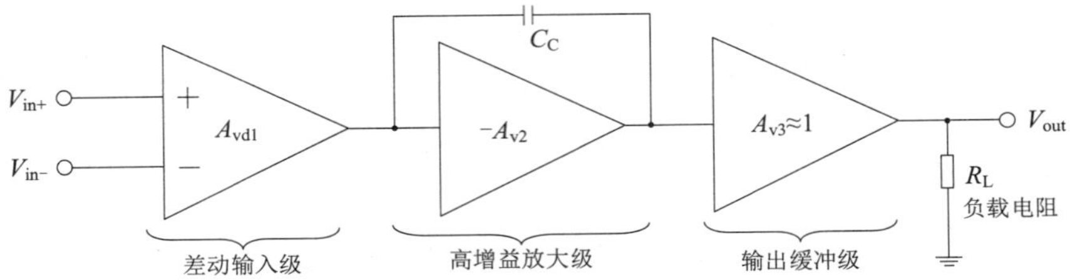

图 4.17 针对小电阻性负载的运算放大器结构

图 4.18 所示为适用于小电容性负载的普通两级运算放大器。它由差动输入级、共源放大器、相位补偿电路（电容C_C）及偏置电路四部分组成。由于驱动小电容负载，不需要输出缓冲级电路。

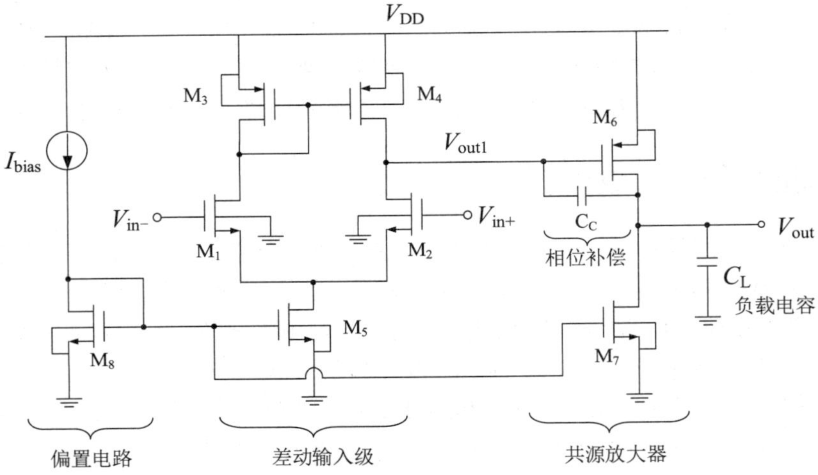

图 4.18 适用于小电容性负载的普通两级运算放大器

在图 4.18 中，$M_1 \sim M_5$构成差动输入-单端输出的 NMOS 差动放大器（M_1、M_2为 NMOS 放大管），它将差动输入转换为单端输出；$M_6 \sim M_7$为 PMOS 共源放大器（M_6为 PMOS 放大管，M_7为有源负载），它可以提供高增益并增大输出信号摆幅；I_{bias}与M_8构成偏置电路，通过电流镜分别给差动放大器和共源放大器提供直流偏置电流。差动放大器的输出电压信号V_{out1}加到共源放大器的输入端，经过共源放大器进一步放大后，在输出端得到输出电压V_{out}。相位补偿电容C_C被加在共源放大器的输入-输出端之间，用于提高负反馈工作时的稳定性，我们将在后面讨论它。

首先考察如图 4.18 所示的电路在直流或低频时的电压增益。由本章 4.1 节的分析可知，对于差动输入级，其小信号差模电压增益 A_{vd1} 为

$$A_{vd1} = \frac{v_{out1}}{v_{in1} - v_{in2}} = -g_{m1}\left(r_{ds2} \| r_{ds4}\right) \tag{4.25}$$

而对于共源放大器，其小信号电压增益 A_{v2} 为

$$A_{v2} = \frac{v_{out}}{v_{out1}} = -g_{m6}\left(r_{ds6} \| r_{ds7}\right) \tag{4.26}$$

因此，运算放大器总的小信号差模电压增益 A_{vd} 为

$$A_{vd} = \frac{v_{out}}{v_{id}} = \frac{v_{out}}{v_{in1} - v_{in2}} = A_{vd1}A_{v2} = g_{m1}g_{m6}\left(r_{ds2} \| r_{ds4}\right)\left(r_{ds6} \| r_{ds7}\right) \tag{4.27}$$

由上式可知，总的电压增益为两级放大器增益的乘积，对于现代 CMOS 工艺，其典型值在 60dB 以上。

另外，对于如图 4.18 所示的运算放大器，其输出电阻 r_{out} 就是共源放大器的输出电阻，即

$$r_{out} = r_{ds6} \| r_{ds7} \tag{4.28}$$

由于输出端没有输出缓冲级，输出电阻较大，因此只能驱动小电容性负载。

图 4.19 所示为适用于电阻性负载的普通两级运算放大器。与如图 4.18 所示的运算放大器的不同点是，在输出端增加了由源极跟随器构成的输出缓冲级。另外，由于差动输入级采用 PMOS 放大管（M_1 与 M_2），为了减小过驱动电压，相应的第二级共源放大器采用 NMOS 放大管（M_7），源极跟随器也采用 NMOS 放大管（M_8）。小信号电压的放大过程为 $v_{id} \to v_{out1} \to v_{out2} \to v_{out}$。

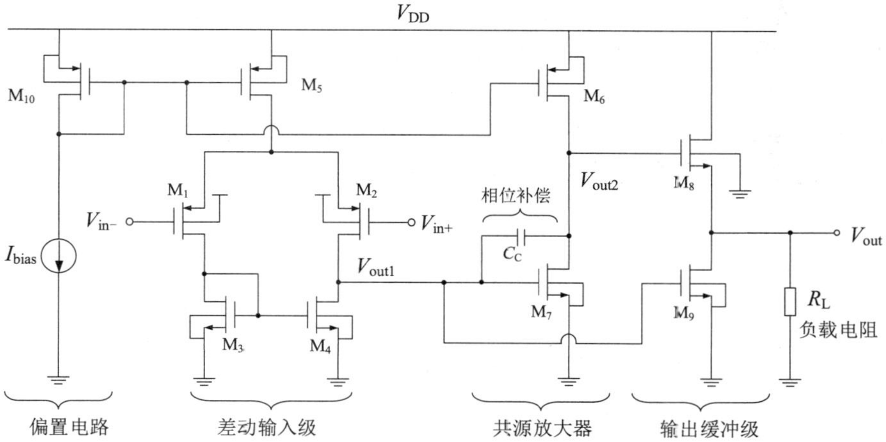

图 4.19　适用于电阻性负载的普通两级运算放大器

对于如图 4.19 所示的运算放大器，其直流或低频电压增益与如图 4.18 所示的电路近似相等，这是由于输出缓冲级的电压增益近似等于 1。但输出电阻显著减小，其值为源极跟随器的输出电阻。为了提高负载驱动能力，应增大 M_8 与 M_9 的宽长比（W/L）。

在如图 4.18 与图 4.19 所示的运算放大器中，差动输入级分别采用了 NMOS 与 PMOS 放大管。我们也可以得到与它们分别互补的运算放大器，即图 4.18 中的差动输入级采用 PMOS 放大管（此时，第二级共源放大器采用 NMOS 放大管），图 4.19 中的差动输入级采用 NMOS

放大管（此时，第二级共源放大器采用 PMOS 放大管）。

差动输入级中采用 NMOS 放大管还是 PMOS 放大管，首先应考虑共模输入电压的大小，以保证放大管具有足够的过驱动电压。若共模输入电压较小，则应采用 PMOS 放大管；若共模输入电压较大，则应采用 NMOS 放大管。例如，对于如图 4.18 所示的运算放大器，共模输入电压的最小值是 $V_{\text{eff5}}+V_{\text{GS1}}$，假定 NMOS 放大管的过驱动电压为 $V_{\text{eff1}}=V_{\text{GS1}}-V_{\text{TH1}}=0.3\text{V}$，则共模输入电压的最小值应为 $V_{\text{eff5}}+V_{\text{TH1}}+0.3\,\text{V}$。考虑阈值电压的工艺偏差，应给放大管的过驱动电压留有适当的设计余量（否则有可能进入亚阈值区）。

在选择差动输入级的放大管类型时，除了考虑共模输入电压的大小，还要进一步考虑运算放大器的瞬态特性（如驱动电容负载时的输出电压的上升/下降速度）及噪声特性等，在这些性能方面，在差动输入级中采用 PMOS 放大管具有较大优势。

4.3　稳定性与相位补偿

由于运算放大器是由两级或多级放大器级联构成的高增益放大器，输入信号与输出信号的相位关系在高频时会发生较大相移，如果在闭环（负反馈）状态下使用，低频时的负反馈在高频时可能变成正反馈，从而导致运算放大器自激振荡。因此，必须考察运算放大器的高频特性，并进行相应的相位补偿，以保证运算放大器在负反馈状态下能够稳定工作。

4.3.1　闭环工作时的稳定性

图 4.20 所示为运算放大器工作在负反馈（或闭环）状态下的原理图。输入电压 $V_{\text{in}}(s)$ 加在运算放大器的同相输入端，另外，通过反馈电路取出输出电压 $V_{\text{out}}(s)$ 的一部分或全部加到运算放大器的反相输入端，形成负反馈。β 是反馈系数，β 通常是与频率无关的常数，且 $\beta \leqslant 1$。$A(s)$ 代表运算放大器在开环状态下的小信号差模电压增益，简称为开环增益，$V_{\text{in}}(s)$ 和 $V_{\text{out}}(s)$ 分别为运算放大器在负反馈（或闭环）状态下的输入电压和输出电压。

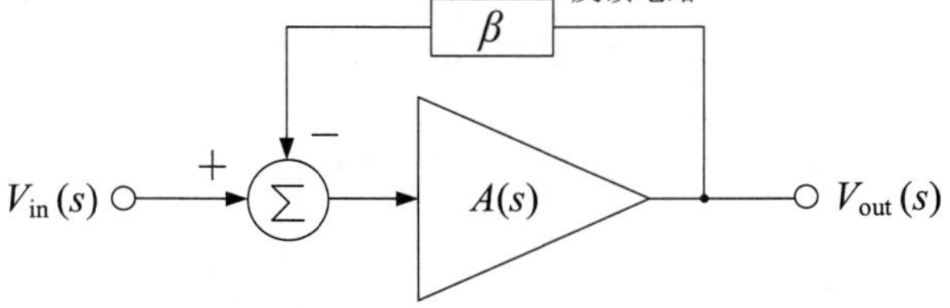

图 4.20　运算放大器工作在负反馈状态下的原理图

由图 4.20 可求得运算放大器工作在负反馈状态时的闭环增益 $A_{\text{F}}(s)$ 为

$$A_{\text{F}}(s)=\frac{V_{\text{out}}(s)}{V_{\text{in}}(s)}=\frac{A(s)}{1+\beta A(s)}=\frac{1}{\dfrac{1}{A(s)}+\beta} \tag{4.29}$$

由上式可知，如果运算放大器的开环增益 $A(s)$ 足够大，则闭环增益 $A_{\text{F}}(s)\approx 1/\beta$。因此，在负反馈状态下，运算放大器的闭环增益仅由反馈系数 β 决定，而与开环增益几乎无关，且开环增益越大，闭环增益的精度越高。

图 4.21 所示为运算放大器工作在闭环状态下的两个电路实例，其中，图 4.21（a）所示为比例放大器，图 4.21（b）所示为电压缓冲器（Buffer）。

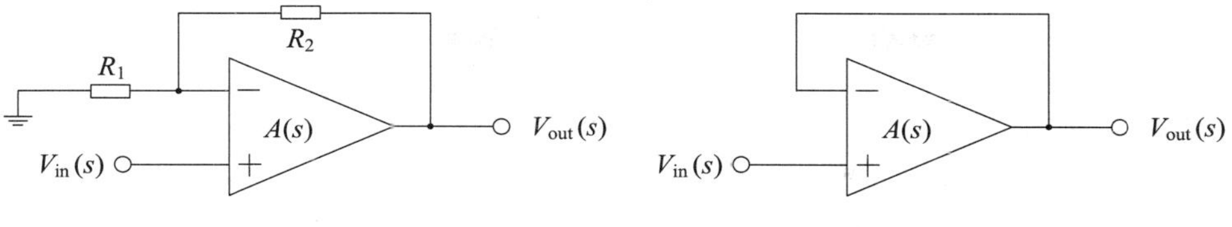

（a）比例放大器　　　　（b）电压缓冲器

图 4.21　运算放大器工作在闭环状态下的两个电路实例

对于如图 4.21（a）所示的比例放大器，由于反馈系数 $\beta = R_1/(R_1+R_2)$，因此闭环增益近似为 $V_{out}(s)/V_{in}(s) \approx 1/\beta = 1+(R_2/R_1)$，即输出电压与输入电压之间成比例，其比例系数由反馈电阻的相对值决定（注意，输出电压大于输入电压，因此又称为同相输入比例放大器）。

而对于如图 4.21（b）所示的电压缓冲器，由于反馈系数 $\beta=1$（此时称为全反馈），闭环增益近似为 $V_{out}(s)/V_{in}(s) \approx 1/\beta = 1$，即输出电压与输入电压相等，因此称为电压缓冲器（或缓冲器）。缓冲器通常用于隔离低阻负载对前级电路的影响，并提供负载驱动能力。

在前面的讨论中，我们已经假定图 4.20 中的反馈是负反馈，即反馈信号与输入信号之间是反相关系（相位相差 180°）。我们在第 3 章讨论单级放大器的频率特性时已经知道，随着频率增高，各种寄生电容的影响变得越来越显著，它不仅会导致放大器的增益下降，也使得输入-输出电压之间的相位关系发生相移（与直流或低频时相比）。由于运算放大器是由两级或多级放大器级联构成的，而单级放大器的最大相移高达 90°，因此在高频时输入-输出电压之间的总相移可能达到或超过 180°，此时图 4.20 中的负反馈将变为正反馈，从而可能导致运算放大器发生自激振荡。而运算放大器的输入信号中可能包含各种高频成分（如快速上升或下降的阶跃信号）及高频噪声，它们是导致运算放大器发生自激振荡的主要激励因素。

考察式（4.29），如果在某一高频频率，输入-输出电压之间的总相移使得 $\beta A(\mathrm{j}\omega) = -1$，则闭环增益 $A_F(\mathrm{j}\omega)$ 趋于无限大，运算放大器将自激振荡。$\beta A(\mathrm{j}\omega)$ 称为运算放大器的环路增益（Loop Gain），在后面的讨论中，我们假定反馈系数 β 为常数，与频率无关。因此，运算放大器产生自激振荡的条件是

$$\begin{cases} |\beta A(\mathrm{j}\omega)| = 1 \\ \angle A(\mathrm{j}\omega) = -180^\circ \end{cases} \tag{4.30}$$

即环路增益为 1（0dB），总相移为 180°。

为了使闭环系统在任何频率下都能够稳定工作，就要使上式在任何频率下都不成立。所以闭环系统稳定工作的条件是当 $|\beta A(\mathrm{j}\omega)| = 1$ 时

$$\angle A(\mathrm{j}\omega) < 180^\circ \tag{4.31}$$

或者当 $\angle A(\mathrm{j}\omega) = 180^\circ$ 时

$$|\beta A(\mathrm{j}\omega)| < 1 \tag{4.32}$$

以上关系可用波特图（Bode Plots）表示，如图 4.22 所示。

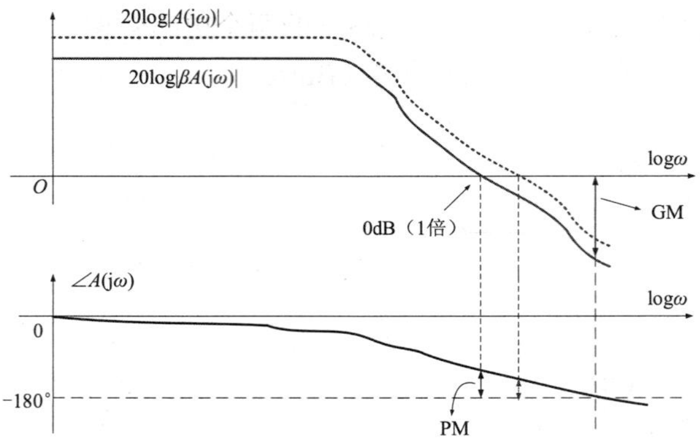

图 4.22　相位裕度和增益裕度的定义

参照图 4.22，我们定义闭环系统的相位裕度（Phase Margin，PM）为 $\mathrm{PM}=180°-\angle A(\mathrm{j}\omega)$（当 $20\log|\beta A(\mathrm{j}\omega)|=0$ 时），即当环路增益降低到 0dB 时，输入–输出电压之间的总相移与 180°的差值。相位裕度越大，表明环路增益的相移越小，反馈系统越稳定。

另外，我们定义闭环系统的增益裕度（Gain Margin，GM）为 $\mathrm{GM}=20\log|\beta A(\mathrm{j}\omega)|$（当 $\angle A(\mathrm{j}\omega)=180°$ 时），即当输入–输出电压之间的总相移达到 180° 时所对应的环路增益。由图 4.22 可知，对于稳定的闭环系统（相位裕度大于零），增益裕度应为负值。增益裕度的绝对值越大，表示环路增益在达到 180° 相移时的增益越小（小于 0dB，无放大功能），负反馈系统越稳定。

由于反馈系数 β 是与频率无关的常数，并且 $\beta\leqslant1$，因此，环路增益 $\beta A(\mathrm{j}\omega)$ 的振幅小于或等于开环增益 $A(\mathrm{j}\omega)$（见图 4.22），而它们的相位特性完全相同。由于 $\beta=1$（全反馈）是闭环系统稳定性最差的情况，通常情况下，我们只要考虑开环增益 $A(\mathrm{j}\omega)$ 的相位裕度即可，只要开环增益的相位裕度满足设计要求，那么在任何负反馈条件下，闭环系统都能够稳定工作。

另外，由于闭环系统的频率特性与负载特性紧密相关，我们在考察闭环系统的相位裕度时必须加入合适的负载模型。

从理论上来讲，只要相位裕度 PM 大于 0，负反馈系统就能够稳定工作，但在实际设计中需要选择合适的相位裕度值，这是因为相位裕度的大小还与运算放大器的其他性能（如瞬态响应）相关。例如，图 4.23 所示为不同相位裕度时闭环系统的时域阶跃响应。可以看到，相位裕度越大，输出信号的波动越小。当 PM=45° 时，阶跃响应中出现小的减幅振荡（称为“振铃”现象），但上升速度较快，当 PM=90° 时，时域阶跃响应上升得非常平缓，但上升和稳定时间增加。为了使闭环系统的时域响应平滑并且稳定时间较短，通常认为 PM=60° 是最合适的选择，如图 4.23（b）所示。

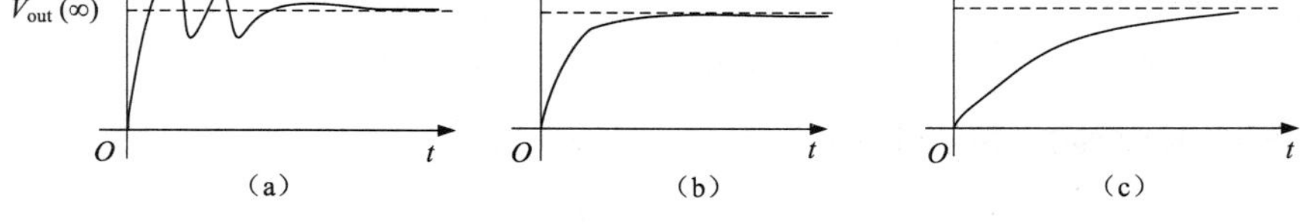

图 4.23　不同相位裕度时闭环系统的时域阶跃响应

4.3.2 相位补偿方法

运算放大器是由两级或多级放大器级联构成的高增益放大器，每级放大器至少包含一个极点，而每个极点产生的最大相移为 90°。因此，环路增益的总相移在高频时可能达到或超过 180°，此时如果环路增益的振幅大于 0dB，则相位裕度变为零，即在低频时的负反馈在高频时变为正反馈，闭环系统不能稳定工作。因此，必须对环路增益加以修正，即进行相位补偿，使环路增益具有足够的相位裕度，以保证闭环系统能够稳定工作。

为了保证闭环系统在任何反馈深度下都能稳定工作，在设计运算放大器时，通常按稳定性最差的情况考虑，即认为反馈系数 $\beta=1$（反馈深度最深）。此时，环路增益就是运算放大器的开环增益 $A(j\omega)$，因此，在后面的讨论中，我们只考虑对开环增益 $A(j\omega)$ 的相位补偿。相位补偿的目的是使开环增益下降到 0dB 时所对应的总相移小于 180°，或者使总相移达到 180° 时所对应的开环增益小于 0dB。下面我们以如图 4.18 所示的适用于小电容性负载的普通两级运算放大器为例，说明运算放大器的两种常用相位补偿方法——极点分离法和零点补偿法。

1）极点分离法

为了方便起见，将如图 4.18 所示的适用于小电容性负载的普通两级运算放大器重画在这里，如图 4.24 所示。

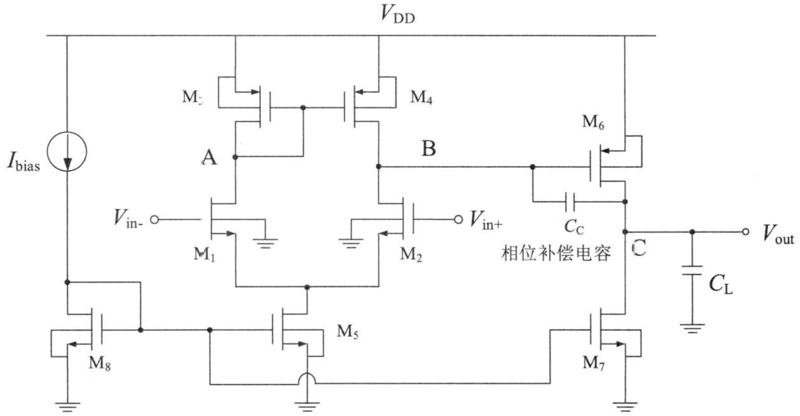

图 4.24 普通两级运算放大器的相位补偿

首先考虑未加相位补偿电容 C_C 时的情况。我们在前面已经分别讨论过差动放大器和共源放大器的频率特性。对于图 4.24 中的差动放大器，有 2 个主极点，分别对应于节点 A 和节点 B。对于图 4.24 中的共源放大器，有一个主极点，对应于节点 C。注意，在节点 B 处，差动放大器的输出极点和共源放大器的输入极点合并为一个极点。在以上 3 个极点中，由于节点 A 所对应的极点频率较高（因为节点 A 处的等效电阻较小，约为 $1/g_{m3}$），因此它是一个非主极点，通常在分析相位补偿时可以忽略。而节点 B 和节点 C 所对应的极点频率较低，并且通常具有相同的数量级，因此图 4.24 中的运算放大器有两个主极点。另外，由于差动放大器和共源放大器的零点频率都非常高，在以下分析中可以忽略。

由第 3 章介绍的极点估算法可知，节点 B 所对应的极点频率 ω_{p1} 为

$$\omega_{p1}=\frac{1}{\tau_1}=\frac{1}{r_1 C_1} \tag{4.33}$$

式中，r_1 是差动放大器的输出电阻，$r_1 = r_{ds2} \| r_{ds4}$，C_1 为节点 B 的对地总电容，其中包括 C_{GS6}、C_{DB2}、C_{DB4}、C_{GD2}、C_{GD4}、$(1+A_2)C_{GD6}$（C_{GD6} 的密勒等效电容），但 C_{GS6} 和 $(1+A_2)C_{GD6}$ 占据主导地位，因此 $C_1 \approx C_{GS6}+(1+A_2)C_{GD6}$，这里，$A_2$ 是共源放大器的电压增益。

类似地，可以得到节点 C 所对应的极点频率 ω_{p2} 为

$$\omega_{p2}=\frac{1}{\tau_2}=\frac{1}{r_2 C_2} \tag{4.34}$$

式中，r_2 是共源放大器的输出电阻，$r_2 = r_{ds6} \| r_{ds7}$，C_2 为节点 C 的对地总电容，其中包括 C_L、C_{DB6}、C_{DB7}、C_{GD7}（密勒等效电容）、C_{GD6}（密勒等效电容），但负载电容 C_L 占据主导地位，因此 $C_2 \approx C_L$。

如果负载电容 C_L 较小，则可认为 C_1 大于 C_2，此时 ω_{p1} 小于 ω_{p2}。图 4.25 所示为普通两级运算放大器在相位补偿前的频率特性。由图 4.25 可知，该放大器的相位裕度为零，在闭环状态下，运算放大器不能够稳定工作。

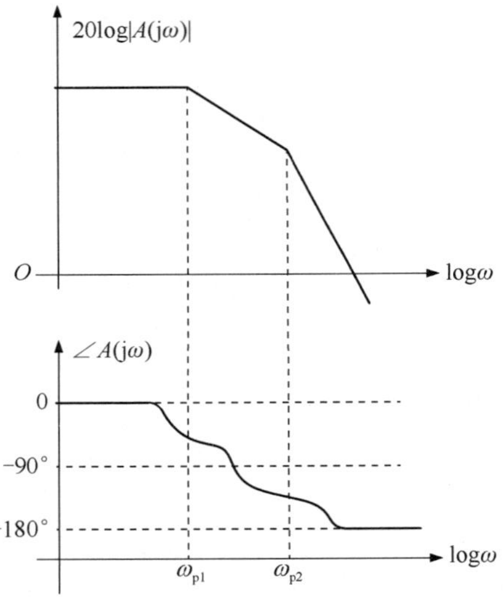

图 4.25　普通两级运算放大器在相位补偿前的频率特性

双主极点运算放大器在闭环状态下一般是不稳定的。我们现在考虑一种极端的情况，假设两个主极点的频率接近或相等。当频率上升到主极点频率附近时，放大器的增益只下降了 6dB，而总相移已经有 90°；当频率上升到主极点频率的 10 倍时，放大器的增益下降了 40dB，而此时的总相移已经达到 180°。一般情况下，运算放大器的直流增益远大于 40dB，因此，相位裕度为零。

由以上分析可知，当运算放大器的两个主极点在频率轴上的位置靠得很近时，很难保证开环增益有足够的相位裕度。若加入相位补偿电路将这两个主极点分离，使一个主极点向低频移动，而另一个主极点向高频移动，则可以增大相位裕度，这就是采用极点分离法（Pole Splitting）实现相位补偿的基本思想。

如图 4.24 所示，在共源放大器的输入端和输出端之间加入相位补偿电容 C_C，即可达到“极

点分离”的目的，从而实现相位补偿。下面我们通过小信号等效电路详细分析这种相位补偿的原理。

图 4.26 所示为如图 4.24 所示的普通两级运算放大器的简化小信号等效电路。这里忽略了节点 A 所对应的高频极点（非主极点）。

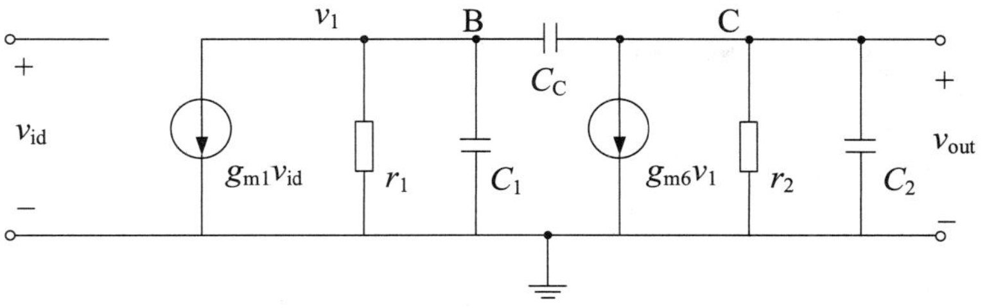

图 4.26　普通两级运算放大器的简化小信号等效电路

在图 4.26 中，r_1 是差动放大器的输出电阻，$r_1 = r_{ds2} \| r_{ds4}$，C_1 是差动放大器输出端的总寄生电容，$C_1 = C_{GS6} + C_{DB2} + C_{DB4} + C_{GD2} + C_{GD4}$，$r_2$ 是共源放大器的输出电阻，$r_2 = r_{ds6} \| r_{ds7}$，C_2 是输出端的总电容，$C_2 = C_L + C_{DB6} + C_{DB7} + C_{GD7}$。值得注意的是，图 4.26 中忽略了与相位补偿电容 C_C 并联的寄生电容 C_{GD6}，这是因为通常情况下 $C_C \gg C_{GD6}$。

由图 4.26 可求得开环差模电压增益 $A(s)$ 为

$$A(s) = \frac{V_{out}(s)}{V_{id}(s)} = \frac{g_{m1}g_{m6}r_1r_2\left(1 - sC_C / g_{m6}\right)}{as^2 + bs + 1} \tag{4.35}$$

式中，系数 $a = r_1r_2\left(C_1C_2 + C_1C_C + C_2C_C\right)$，$b = \left(C_2 + C_C\right)r_2 + \left(C_1 + C_C\right)r_1 + g_{m6}r_1r_2C_C$。

由式（4.35）可知，$A(s)$ 只有两个极点，这是由于在由 C_1、C_C 和 C_2 构成的闭合回路中，只有两个独立电容。我们假定这两个极点均为实数，且相距较远（$\omega_{p1} \ll \omega_{p2}$，这是由极点分离法导致的结果）。此时，可将式（4.35）中 $A(s)$ 的分母表示为

$$as^2 + bs + 1 = \left(1 + \frac{s}{\omega_{p1}}\right)\left(1 + \frac{s}{\omega_{p2}}\right) \approx 1 + \frac{s}{\omega_{p1}} + \frac{s^2}{\omega_{p1}\omega_{p2}} \tag{4.36}$$

由上式可得，第一个极点频率 ω_{p1}（$=1/b$）为

$$\omega_{p1} = \frac{1}{r_1\left[C_1 + C_C\left(1 + g_{m6}r_2\right)\right] + r_2\left(C_2 + C_C\right)} \approx \frac{1}{r_1C_C\left(1 + g_{m6}r_2\right)} \approx \frac{1}{g_{m6}r_1r_2C_C} \tag{4.37}$$

这是因为 r_1 与 r_2 通常具有相当的值，分母中的第 1 项远远大于第 2 项，且 $C_C \gg C_1$。

第二个极点频率 ω_{p2}（$=1/a\,\omega_{p1}$）可近似为

$$\omega_{p2} \approx \frac{g_{m6}C_C}{C_1C_2 + C_C\left(C_1 + C_2\right)} \approx \frac{g_{m6}}{C_1 + C_2} \tag{4.38}$$

另外，由式（4.35）可知，$A(s)$ 还有一个位于右半平面的零点，其零点频率 ω_z 为

$$\omega_z = \frac{g_{m6}}{C_C} \tag{4.39}$$

产生该零点是因为加入 C_C 后形成了从输入到输出的另外一条小信号通路（前馈通路）。参照图 4.26，对于共源放大器，从输入到输出存在两条小信号通路，一条是 $g_{m6}v_1$，另一条是 C_C，而它们在输出端产生的电流信号的极性相反，当频率等于 ω_z 时，这两个电流分量的振

幅相等、相位相反，因此相互完全抵消，使输出电压变为零。关于 ω_z 对相位裕度的影响我们将在后面讨论。

对补偿前后的极点频率进行比较可以看出，加入相位补偿电容 C_C 后，第一个主极点的频率 ω_{p1} 减小，即第一个主极点向低频方向移动，而第二个主极点的频率 ω_{p2} 增大，即第二个主极点向高频方向移动。相位补偿前后主极点的位置变化如图 4.27 所示，加入 C_C 使得相位补偿前比较靠近的两个主极点在相位补偿后发生分离，从而增加了开环增益的相位裕度。

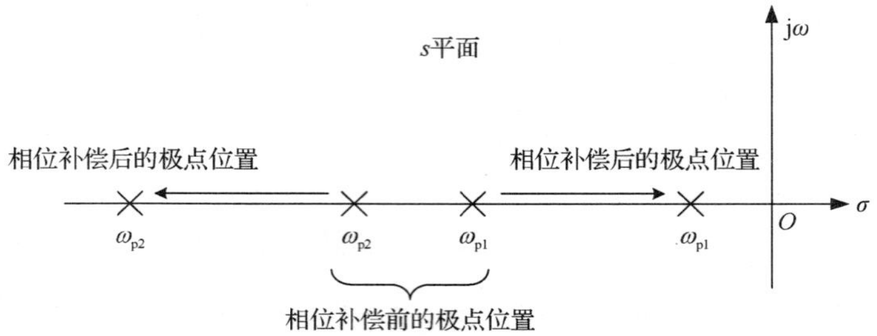

图 4.27　相位补偿前后主极点的位置变化

由式（4.37）和式（4.38）可知，随着 g_{m6} 增加，ω_{p1} 和 ω_{p2} 两个极点的位置离得更远（两个极点的分离程度与 g_{m6} 有关）；另外，如果增大相位补偿电容 C_C，则 ω_{p1} 变得更小，而 ω_{p2} 几乎保持不变。因此，为了得到更大的相位裕度，可以增加 g_{m6} 或 C_C 的值。

在图 4.24 中，相位补偿电容 C_C 加在第二级放大器的输入端和输出端之间，由于密勒效应，C_C 在第一个主极点 ω_{p1} 处产生的等效电容为 $(1+g_{m6}r_2)C_C=(1+A_2)C_C$，这样就可以用一个较小的补偿电容 C_C 实现一个低频极点 ω_{p1}，从而节省了电容所占的面积。因此采用极点分离法的相位补偿也称为“密勒补偿”，相位补偿电容 C_C 称为“密勒补偿电容”。

加入相位补偿电容 C_C 后，可以从如图 4.24 所示的电路图中直观地观察到两个主极点发生分离的原因。对于第一个主极点频率 ω_{p1}（对应节点 B），C_C 的密勒效应使得该节点处的等效电容增大，因此 ω_{p1} 减小。对于第二个主极点频率 ω_{p2}（对应节点 C），高频时 C_C 将放大管 M_6 的栅-漏极之间近似短接（M_6 变为二极管连接），M_6 的等效电阻变为 $1/g_{m6}$，此时节点 C 处的对地总电阻为 $r_2=r_{ds6}\|1/g_{m6}\|r_{ds7}\approx 1/g_{m6}$，与低频时的总电阻（$r_2=r_{ds6}\|r_{ds7}$）相比显著减小，因此 ω_{p2} 增大。显然，这两个主极点分离的程度主要取决于 g_{m6} 的大小，g_{m6} 越大，C_C 的密勒效应越显著[$(1+g_{m6}r_2)C_C$ 更大]，同时 M_6 的等效电阻 $1/g_{m6}$ 变得更小，反之亦然。而相位补偿电容 C_C 的大小只影响密勒等效电容的大小，而与节点 C 处的总电阻大小几乎无关，因此，增大 C_C 将使 ω_{p1} 变得更小，而 ω_{p2} 几乎保持不变。

图 4.28 所示为相位补偿前后开环增益的频率特性比较，由该图可知，相位补偿后，相位裕度明显增加，这是因为只有第一个主极点起主导作用，即使开环增益下降到接近 0dB，总相移也只有 90°，而由第二个主极点导致的相移发生在单位增益（0dB）频率以外，因此对相位裕度的影响较小。但是进行相位补偿后，开环增益在更低的频率就开始下降，使得放大器的-3dB 带宽减小。因此，采用“极点分离法”的相位补偿是以牺牲运算放大器的带宽为代价换取闭环工作的稳定性。

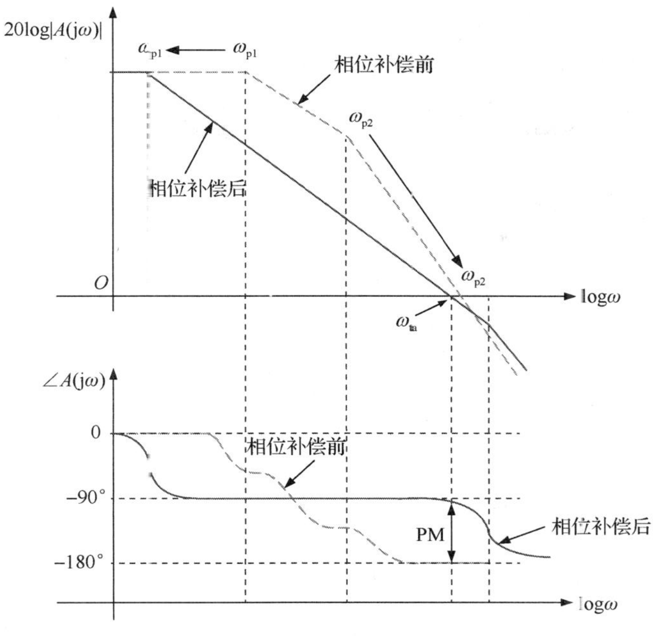

图 4.28 相位补偿前后开环增益的频率特性比较

（1）开环增益的单位增益频率估算。

加入相位补偿电容 C_C 后，C_C 在差动放大器的输出端产生的密勒等效电容为 $(1+A_2)C_C \approx A_2 C_C$，此时差动放大器的输出阻抗（忽略其他寄生电容的影响）可近似表示为 $Z_{out1} = r_{ds2} \| r_{ds4} \| (1/sA_2C_C)$，而在高频时 $Z_{out1} \approx 1/sA_2C_C$。因此，在高频时的开环电压增益 $A(s)$ 可近似表示为 $A(s) = A_1 A_2 = g_m Z_{out1} A_2 \approx (g_{m1}/sA_2C_C) A_2 = g_{m1}/sC_C$。所以，开环电压增益 $A(s)$ 的单位增益频率 ω_{ta} 可近似估算为 $\omega_{ta} = g_{m1}/C_C$。显然，相位补偿电容 C_C 越大，开环电压增益 $A(s)$ 的带宽越窄。

如图 4.28 所示，为了保证有足够的相位裕度，应选择 C_C 的值，使得 ω_{ta} 小于补偿后的 ω_{p2}，这样当开环增益下降到 0dB 时，总相移也只有约 90°。

在前面的分析中，我们假定 $\omega_{p1} \ll \omega_{p2}$，但是当运算放大器的负载电容 C_L 增大时，ω_{p2} 极点将向低频移动，从而使相位裕度减小。

（2）右半平面零点的消除。

在前面的讨论中，忽略了 $A(s)$ 位于右半平面的零点 ω_z 的影响。加入相位补偿电容 C_C 后产生的这个新零点对相位裕度会产生以下两方面的不利影响。首先，由于 ω_z 位于右半平面，它产生的相移为负值：$-\arctan(\omega/\omega_z)$，是滞后相位，与极点产生的相移具有相同的性质，因此会使总相移增加；另一方面，该零点的存在减缓了振幅的下降斜率（由于零点在 $A(s)$ 的分子上，它在频率为 ω_z 处贡献了一个 20dB/dec 的上升分量）。以上两方面影响的综合结果，使得相位裕度明显减小甚至消失。

由于 $\omega_z = g_{m6}/C_C$，$\omega_{p2} \approx g_{m6}/(C_1+C_2)$，而通常情况下，$C_C > C_1 + C_2$，因此可以认为零点频率 ω_z 位于极点频率 ω_{p1} 和 ω_{p2} 之间，即 $\omega_{p1} < \omega_z < \omega_{p2}$。此时，开环增益的频率特性如图 4.29 所示（图 4.29 中还画出了相位补偿前的频率特性）。在这种情况下，由于零点 ω_z 的影

响，开环增益的相位裕度完全消失。

但是，如果右半平面的零点 ω_z 远大于两个极点 ω_{p1} 和 ω_{p2}（例如，对于负载电容 C_L 较大的情况，由于 $C_C < C_1 + C_2$，因此 $\omega_z > \omega_{p2} > \omega_{p1}$），此时零点 ω_z 对相位裕度的影响可以忽略不计。

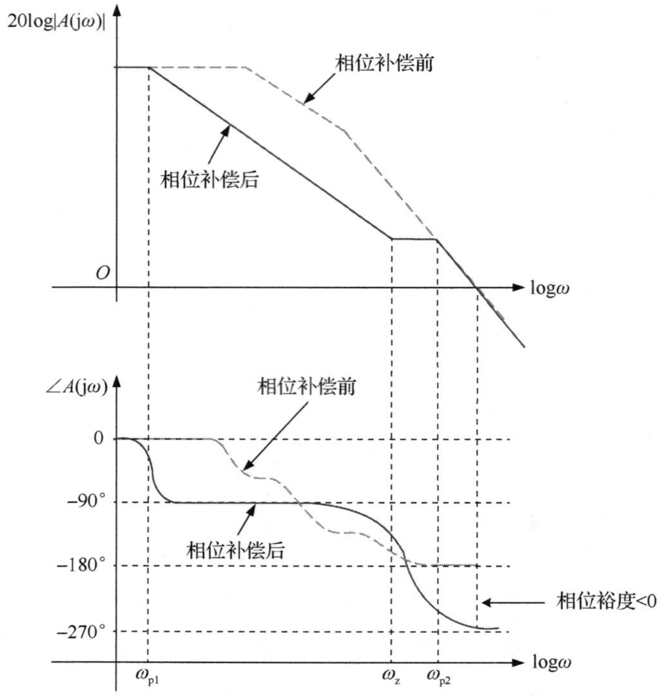

图 4.29　开环增益的频率特性

为了消除右半平面的零点 ω_z 的影响，可以增加一个与相位补偿电容 C_C 串联的电阻 R_C，如图 4.30 所示。

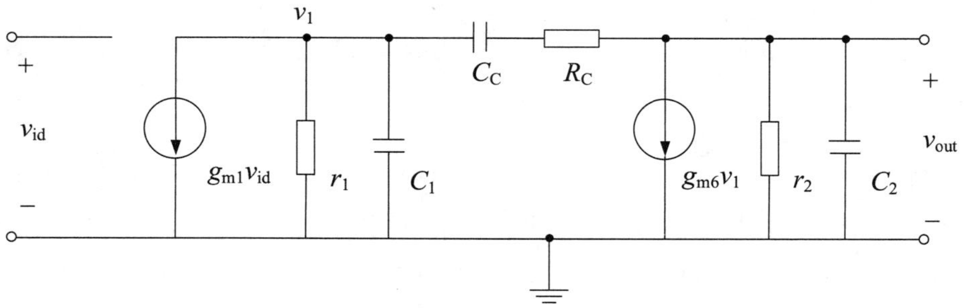

图 4.30　加入串联电阻 R_C 以消除右半平面的零点 ω_z 的影响

由图 4.30 可知，加入 R_C 后，开环增益变为 3 阶系统（由于有 3 个独立电容），因此开环增益 $A(s)$ 具有 3 个极点。但对于 R_C 的适当选值，第一个和第二个极点的频率 ω_{p1} 和 ω_{p2} 与 $R_C=0$ 时近似相等，而第三个极点具有更高的频率，其影响可以忽略不计。此时，零点 ω_z 变为

$$\omega_z \approx \frac{1}{C_C(1/g_{m6} - R_C)} \tag{4.40}$$

因此，如果选择 $R_C = 1/g_{m6}$，则 $\omega_z = \infty$，此时，右半平面的零点被完全消除。式（4.40）可用以下方法推导出，根据图 4.30，由于当 $\omega = \omega_z$ 时，小信号输出电压 $v_{out} = 0$（零点），则有 $v_1/(R_C + 1/\omega_z C_C) = g_{m6} v_1$，由此可得式（4.40）。

另一方面，如果选择 $R_C > 1/g_{m6}$，则零点 ω_z 将出现在左半平面，这时我们可以利用该零点抵消第二个极点 ω_{p2}。为此，令式（4.38）中的 ω_{p2} 等于式（4.40）中的 ω_z，可求得 R_C 为

$$R_C = \frac{1}{g_{m6}}\left(1 + \frac{C_1 + C_2}{C_C}\right) \approx \frac{1}{g_{m6}}\left(1 + \frac{C_L}{C_C}\right) \tag{4.41}$$

式中，假定 $C_1 \ll C_2 \approx C_L$，这是由于寄生电容 C_1 远小于负载电容 C_L。

下面我们讨论电阻 R_C 的实现方法。R_C 可用无源电阻（如多晶硅电阻）实现，也可用工作在线性区的 CMOS 管实现，我们这里只讨论后者。在图 4.31 中，用工作在线性区的 PMOS 管 M_9 实现 R_C，图中只画出运算放大器的输出级（共源放大器）部分，V_b 为 PMOS 管 M_9 的栅极偏置电压。由于 M_9 与电容 C_C 串联，其静态电流 $I_{DS} = 0$，而其 $|V_{GS}| > |V_{TH}|$，因此 M_9 工作在深度线性区。R_C 就是 M_9 工作在深度线性区时的等效电阻，即

$$R_C = \frac{1}{\mu_p C_{ox}(W/L)_9 V_{eff9}} \tag{4.42}$$

式中，V_{eff9} 为 M_9 的过驱动电压。

下面我们讨论图 4.31 中的直流偏置电压 V_b 的产生方法。由式（4.40）和式（4.41）可知，为了使相位补偿的效果不随工艺误差和温度而变化，应保证 $R_C g_{m6}$ 为常数。直流偏置电压 V_b 的实现方法如图 4.32 所示，将两个二极管连接的 PMOS 器件 M_{10} 和 M_{11} 串联起来，其中，流过它们的电流由 M_{12}（电流镜）的尺寸决定。

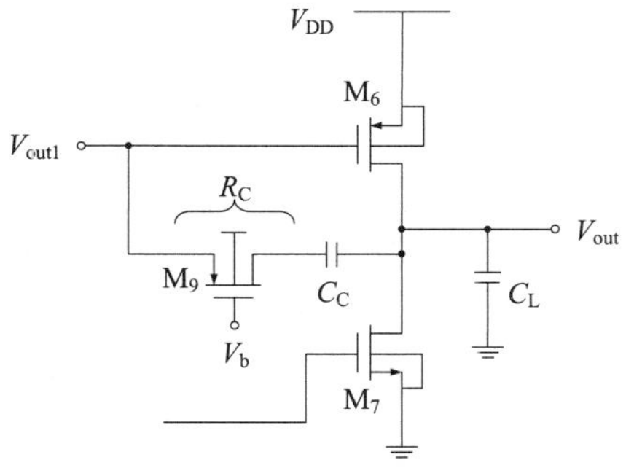

图 4.31　串联电阻 R_C 的实现

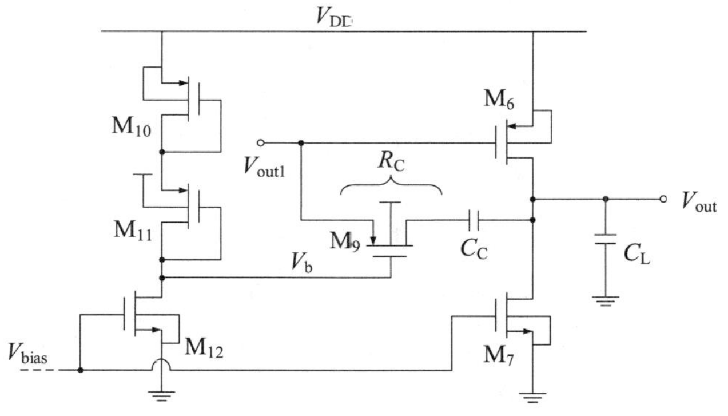

图 4.32　直流偏置电压 V_b 的实现方法

由于 $g_{m6} = \mu_p C_{ox}(W/L)_6 V_{eff6}$，则 R_C 与 g_{m6} 的乘积为

$$R_C g_{m6} = \frac{(W/L)_6 V_{eff6}}{(W/L)_9 V_{eff9}} \tag{4.43}$$

因此，为了使$R_C g_{m6}$为常量，必须使M_6和M_9的过驱动电压的比值V_{eff6}/V_{eff9}不随工艺误差和温度而变化。

在图4.32中，如果令$V_{eff10}=V_{eff6}$，则$V_{GS10}=V_{GS6}$，从而使$V_{GS11}=V_{GS9}$且$V_{eff11}=V_{eff9}$。为了使$V_{eff10}=V_{eff6}$，我们令

$$\sqrt{\frac{2I_{D10}}{\mu_p C_{ox}(W/L)_{10}}}=\sqrt{\frac{2I_{D6}}{\mu_p C_{ox}(W/L)_6}} \tag{4.44}$$

因此，漏极电流I_{D6}与I_{D10}之间应满足下列关系

$$\frac{I_{D6}}{I_{D10}}=\frac{(W/L)_6}{(W/L)_{10}} \tag{4.45}$$

由于I_{D6}与I_{D10}是分别由电流镜管M_7和M_{12}产生的（电流镜的基准电流相同），因此它们之间的关系可表示为

$$\frac{I_{D6}}{I_{D10}}=\frac{(W/L)_7}{(W/L)_{12}} \tag{4.46}$$

由式（4.45）和式（4.46）进一步可得

$$\frac{(W/L)_7}{(W/L)_6}=\frac{(W/L)_{12}}{(W/L)_{10}} \tag{4.47}$$

因此，如果管子的尺寸满足式（4.47），则可保证$V_{eff10}=V_{eff6}$及$V_{eff11}=V_{eff9}$。

在管子尺寸满足式（4.47）的条件下，我们可以推导出比值V_{eff6}/V_{eff9}为

$$\frac{V_{eff6}}{V_{eff9}}=\frac{V_{eff10}}{V_{eff11}}=\frac{\sqrt{\dfrac{2I_{D10}}{\mu_p C_{ox}(W/L)_{10}}}}{\sqrt{\dfrac{2I_{D11}}{\mu_p C_{ox}(W/L)_{11}}}}=\frac{\sqrt{(W/L)_{11}}}{\sqrt{(W/L)_{10}}} \tag{4.48}$$

在上式中，我们利用了$I_{D10}=I_{D11}$这一条件。由上式可知，比值V_{eff6}/V_{eff9}仅由管子的尺寸决定，而与工艺和温度无关。

将式（4.48）代入式（4.43），可得R_C和g_{m6}的乘积为

$$R_C g_{m6}=\frac{(W/L)_6}{(W/L)_9}\sqrt{\frac{(W/L)_{11}}{(W/L)_{10}}} \tag{4.49}$$

因此，R_C和g_{m6}的乘积与工艺和温度无关，而仅由管子的尺寸决定，这样就使得相位补偿的效果不随工艺误差和温度而变化。

类似地，我们可以得到针对NMOS放大管的R_C实现方法，如图4.33所示。其中，管子的尺寸应满足下列条件

$$\frac{(W/L)_6}{(W/L)_7}=\frac{(W/L)_{12}}{(W/L)_{10}} \tag{4.50}$$

此时，R_C与g_{m6}的乘积为

$$R_C g_{m6}=\frac{(W/L)_6}{(W/L)_9}\sqrt{\frac{(W/L)_{11}}{(W/L)_{12}}} \tag{4.51}$$

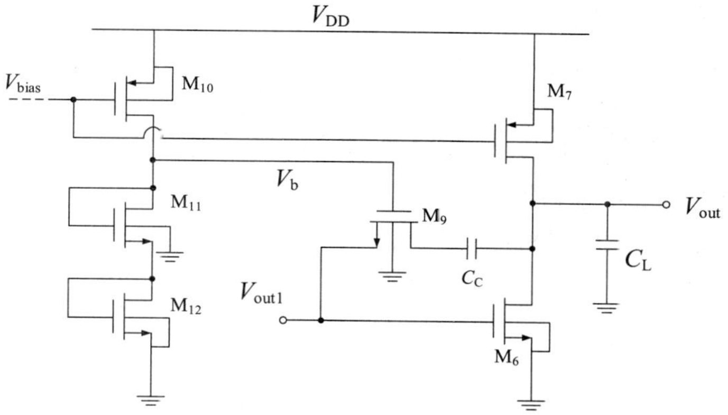

图 4.33 针对 NMOS 放大管的 R_C 实现方法

（3）消除右半平面零点的其他方法。

在前面的讨论中，我们通过增加一个与相位补偿电容 C_C 串联的电阻 R_C，以消除右半平面零点 ω_z 的影响。但是，通常情况下，由于负载电容的变化等原因，很难做到完全消除右半平面零点 ω_z 的影响。

由于右半平面的零点是由前馈通路形成的，如果从 V_{out1} 到 V_{out}（前馈通路）不能传输电流，而只能从 V_{out} 到 V_{out1} 传输电流（负反馈），则可以彻底消除右半平面的零点。

为此，可以插入一个与相位补偿电容 C_C 串联的源极跟随器（单位增益放大器），以彻底阻断由相位补偿电容 C_C 形成的前馈通路，使零点消失，如图 4.34（a）所示。图 4.34（b）所示为具体的电路实例，M_8 与 M_9 构成源极跟随器，对于由 C_C 形成的反馈通路，它是正向的，而对于由 C_C 形成的前馈通路，它是逆向的。此时，由 C_C 形成的反馈通路几乎不受影响（两个主极点的频率 ω_{p1} 和 ω_{p2} 近似不变），但前馈通路中的总电容变为 C_C 与 M_8 的寄生电容 C_{GS8} 串联，由于 $C_{GS8} \ll C_C$，因此，右半平面的零点 ω_z 出现在非常高的频率，可以忽略不计。

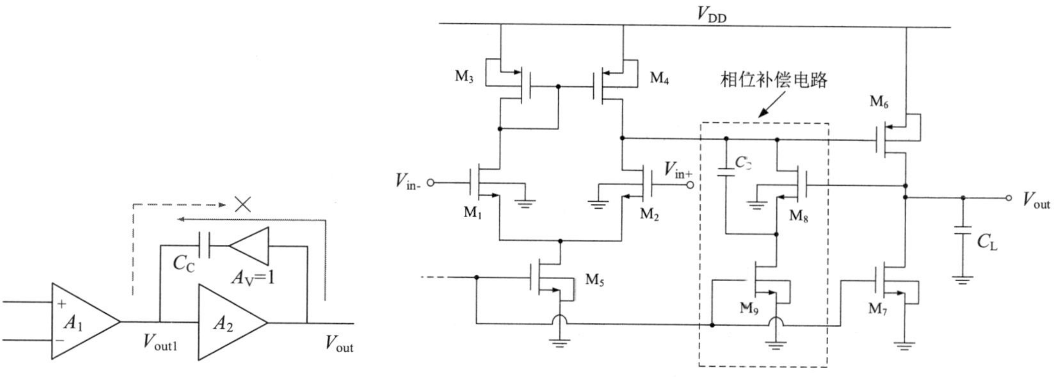

图 4.34 阻断 C_C 形成的前馈通路以消除右半平面的零点

2）输出端零点补偿法

在前面讨论的极点分离法中，虽然采用一个较小的密勒补偿电容 C_C 可以实现一个低频极点 ω_{p1}，但 C_C 通常是 pF 数量级，当芯片中包含大量的 OPAMP 时（如 TFT-LCD driver IC 中通常包含成百上千个 OPAMP），相位补偿电容仍然会占用大量的芯片面积。

对于驱动容性负载的运算放大器，可以在运算放大器的输出端串联一个相位补偿电阻 R_f（通常为数 kΩ），利用该电阻与负载电容 C_L 形成的零点实现相位补偿，从而取消密勒补偿电容，达到节省芯片面积的目的。这种相位补偿的原理是：不是分离两个主极点，而是利用 R_f 与 C_L 串联形成的左半平面的零点 $\omega_z = 1/R_f C_L$ 抵消第 2 个主极点 ω_{p2} 的影响。

图 4.35 所示为加入相位补偿电阻 R_f 后的小信号等效电路，该电路中的元器件参数与图 4.24 完全相同，只是共源放大器的输出电容 C_2 中不包含负载电容 C_L，即 $C_2 = C_{DB6} + C_{DB7}$。

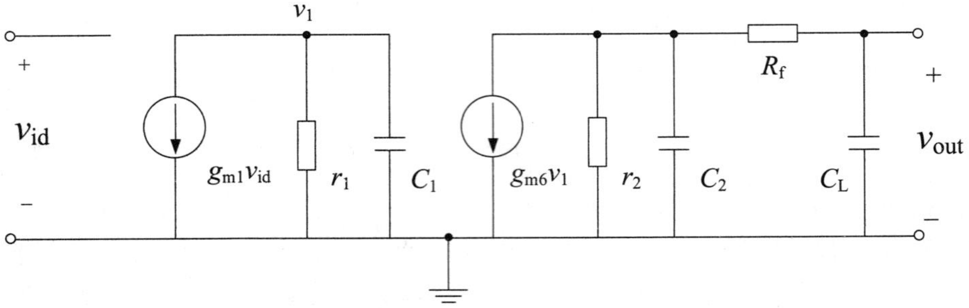

图 4.35　加入相位补偿电阻 R_f 后的小信号等效电路

如果负载电容 C_L 较大（C_L 通常为 pF 数量级，即 $C_L \gg C_2$），且 $r_2 \gg R_f$，则第 1 个主极点的频率可近似为 $\omega_{p1} = 1/r_2 C_L$，而第 2 个主极点的频率可近似为 $\omega_{p2} = 1/r_1 C_1$，由 R_f 与 C_L 串联形成的零点为 $\omega_z = 1/R_f C_L$。这里忽略了其他高阶极点。

如果使零点频率 ω_z 略大于第 2 个主极点频率 ω_{p2}，那么相位补偿前后开环增益的频率特性如图 4.36 所示。

但是，由于负载电容通常是变化的，一般很难做到零点与第 2 个主极点完全抵消。

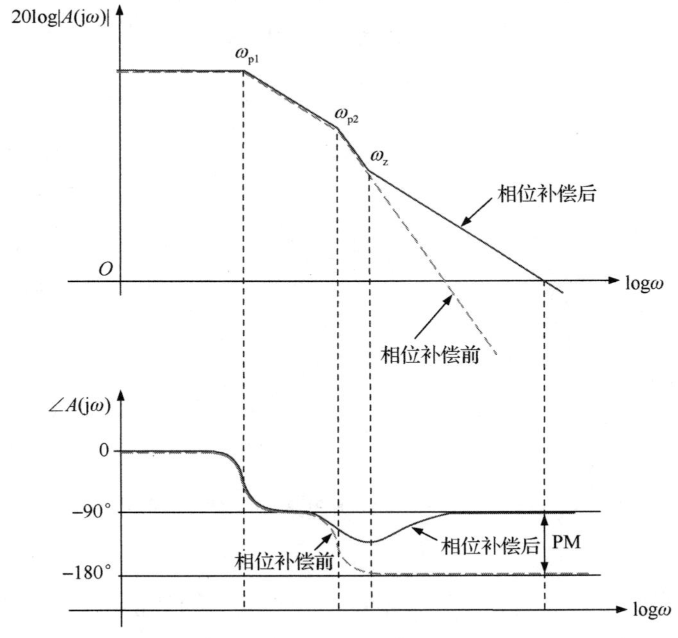

图 4.36　相位补偿前后开环增益的频率特性

4.4 运算放大器的性能分析

运算放大器是模拟集成电路中广泛使用的单元电路。由于运算放大器的各种性能参数之间相互制约，因此针对不同的使用场合，要对运算放大器的结构与性能进行优化，在优先保证某些性能的同时会牺牲其他方面的性能。运算放大器的性能参数反映了运算放大器在直流或低频、高频、瞬态、线性度、噪声及功耗等诸多方面的性能。本节中我们将以前面介绍的普通两级运算放大器为例，分析运算放大器的主要性能参数、形成机理（或影响因素）及制约关系。

4.4.1 直流或低频特性

1）输入共模电压范围（Input Common Mode Range，ICMR）

运算放大器（OPAMP）的输入级通常是差动放大器，为了将差动放大器的所有 CMOS 管均偏置在饱和区，必须在运算放大器的同相和反相输入端加入适当的直流偏置电压，该偏置电压的合理取值范围就是输入共模电压范围。例如，对于 NMOS 差动放大器，若输入共模电压太小，则尾电流源工作在深度线性区，偏置电流不正常，同时，因放大管没有足够的过驱动电压而工作在亚阈值区；相反，当输入共模电压超过一定的限度后，NMOS 放大管进入线性区，这两种情况均会导致 OPAMP 的增益下降。

因此，输入共模电压的最小值主要受 CMOS 管的阈值电压的限制，而最大值受电源电压的限制。

例如，对于图 4.18 中的 NMOS 差动放大器，为了使尾电流源 M_5 和放大管 M_1（M_2）均工作在饱和区，并且具有一定的过驱动电压（$V_{eff}=0.3V$），输入共模电压的最小值 $V_{cm,min}=V_{eff5}+V_{GS1}=V_{eff5}+V_{TH1}+V_{eff1}$；而为了不使 M_1 进入线性区，输入共模电压的最大值 $V_{cm,max}=V_{DD}-\left|V_{GS3}\right|+V_{TH1}=V_{DD}-\left(\left|V_{TH3}\right|+\left|V_{eff3}\right|\right)+V_{TH1}$。假定每个 CMOS 器件的阈值电压为 0.7V，过驱动电压为 0.3V，电源电压 V_{DD} 为 3V，则 $V_{cm,min}=0.3+0.7+0.3=1.3V$，$V_{cm,max}=3-(0.7+0.3)+0.7=2.7V$，因此，输入共模电压的范围为 1.4V（1.3V～2.7V）。

2）输入失调电压（Input Offset Voltage，IOV）

对于理想的差动输入-差动输出运算放大器，当输入差模电压信号为零时，差动输出应为 0；而对于理想的差动输入-单端输出运算放大器，当输入差模电压信号为零时，输出直流电平位于某一确定（设计）的静态工作点。但在实际的运算放大器中，由于制造工艺的随机误差导致 CMOS 元器件的阈值电压和 W/L 尺寸存在失配，使得差动放大器的两边电路并不完全对称，即使输入差模电压信号为零，差动输出也不为 0，或单端输出直流电平会偏离静态工作点。为了使差动输出回到 0 或使输出直流电平回到静态工作点，需要在同相和反相输入端之间加入电压 V_{OS} 进行补偿，这个补偿电压 V_{OS} 就叫作运算放大器的输入失调电压（或 Offset 电压）。由于这种输入失调电压是由制造工艺的随机误差引起的，因此又称为随机失调电压。

失调电压对运算放大器的性能影响表现在以下两方面：①使静态工作点偏离设计值，甚至可能导致管子进入线性区工作；②由于失调电压具有随机性（对于已经制造好的运算放大器，单个产品的失调电压是确定的，但是在一批产品中，它们的失调电压是随机的），限制了运算放大器能够检测的最小电压差，这是因为输入失调电压与输入信号共同影响运算放大器的输出。

现在考虑一种特殊的情况。假设差动放大器的两个放大管 M_1 和 M_2 的阈值电压的失配为 ΔV_{TH}，W/L 的尺寸失配为 $\Delta(W/L)$，则由此引起的随机失调电压 V_{OS} 可表示为

$$V_{OS}=\Delta V_{TH}+\left(\frac{V_{eff}}{2}\right)\left(\frac{\Delta(W/L)}{(W/L)}\right) \tag{4.52}$$

由上式可知，为了减小失调电压，应尽可能减小放大管的过驱动电压 V_{eff} 或增大管子的宽长比 W/L；另外，阈值电压的失配会直接反映到输入失调电压中。

另外，当电路中 CMOS 器件的设计尺寸不恰当时，也会导致输出直流电平偏离静态工作点，甚至被钳位在电源电平。与前面讨论的随机失调电压相对应，我们把这种由 CMOS 器件的设计尺寸不恰当引起的失调电压称为系统失调电压（Systematic Offset Voltage）。系统失调电压是可预见的，可以通过改变设计尺寸消除。

参照如图 4.19 所示的运算放大器，假定差动放大器的两边电路完全对称，此时随机失调电压为零。由于两边电路完全对称，当输入差模电压信号为零时，M_3 与 M_4 的漏极电压相等，即等于 V_{GS4}，由于该电压也是 M_7 的栅极电压 V_{GS7}，因此 $V_{GS7}=V_{GS4}$。显然，M_7 的漏极电流 I_{D7} 与 M_4 的漏极电流 I_{D4} 之间存在以下关系（假定它们均工作在饱和区，且忽略沟道长度调制效应）

$$I_{D7}=\frac{(W/L)_7}{(W/L)_4}I_{D4}=\frac{(W/L)_7}{(W/L)_4}\left(\frac{I_{D5}}{2}\right) \tag{4.53}$$

在上式中，I_{D5} 是差动放大器的尾电流。为了使输出端不产生失调电压，工作在饱和区时 M_7 的漏极电流 I_{D7} 必须精确地等于 M_6 的漏极电流 I_{D6}，而 I_{D6} 与尾电流 I_{D5} 的关系为

$$I_{D6}=\frac{(W/L)_6}{(W/L)_5}I_{D5} \tag{4.54}$$

由式（4.53）和式（4.54）可知，为了使 $I_{D7}=I_{D6}$，并使 CMOS 管子均工作在饱和区，其尺寸应满足以下条件

$$\frac{(W/L)_7}{(W/L)_4}=2\frac{(W/L)_6}{(W/L)_5} \tag{4.55}$$

如果管子的尺寸满足以上条件，就不会产生系统失调电压。因此，在电路设计时必须注意满足以上条件。

如果管子的尺寸不满足式（4.55）中的条件，会发生什么现象呢？为此，我们考察如图 4.37 所示的电路，其中，M_6 为 PMOS，M_7 为 NMOS。

假定 M_6 工作在饱和区时的漏极电流稍大于 M_7 工作在饱和区时的漏极电流，则当两个管子串联时，为了满足 $I_{D6}=I_{D7}$，I_{D6} 必须减小，而 I_{D6} 减小的唯一途径就是迫使 M_6 离开饱和区而进入线性区，这就会导致 M_6 工作在线性区而 M_7 工作在饱和区，反之亦然。图 4.38（a）和图 4.38（b）分别为 $I_{D6}>I_{D7}$ 和 $I_{D6}<I_{D7}$ 时 M_6 与 M_7 的工作区域（注意，这里的电流大小指的是两个管子均工作在饱和区时的情况），其中，Q 为静态工作点。

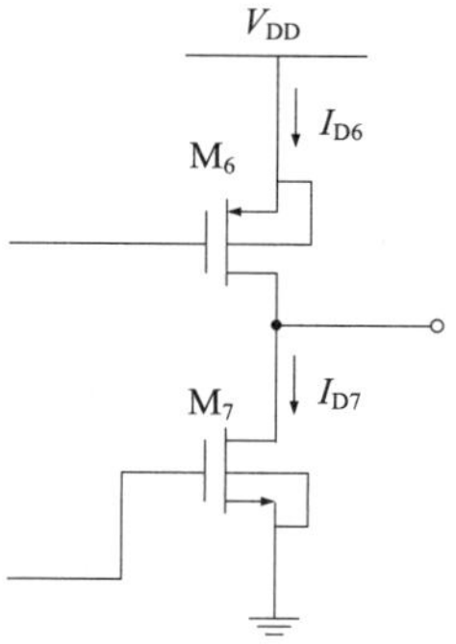

图 4.37 系统失调电压的产生机理

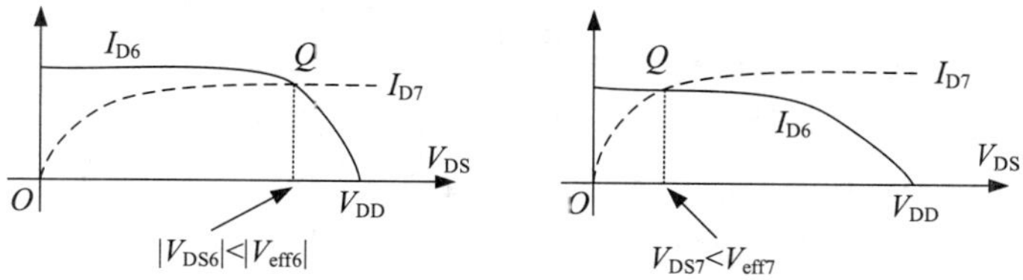

(a) $I_{D6}>I_{D7}$　　(b) $I_{D6}<I_{D7}$

图 4.38 工作在饱和区时的漏极电流不相等的影响

由以上分析可知，如果运算放大器的管子尺寸不满足式（4.55）的条件，将导致图 4.19 中第二级的共源放大器的一个管子工作在线性区，使得输出直流电平偏离静态工作点（偏向于电源 V_{DD} 或 V_{SS} 一侧），产生系统失调电压。

3）输出电压的摆幅（Output Swing）

运算放大器的输出电压的摆幅表示输出端的最大无失真电压变化范围，它通常与输出级的电路结构形式、器件尺寸及偏置电流的大小有关。

例如，对于如图 4.18 所示的适用于小电容性负载的普通两级运算放大器，由于输出级是共源放大器，其输出电压 V_{out} 的允许范围是 $V_{eff7}<V_{out}<V_{DD}-|V_{eff6}|$，因此，输出电压的摆幅为 $V_{DD}-V_{eff7}-|V_{eff6}|$。这里，$V_{eff7}$ 和 $|V_{eff6}|$ 分别为 M_7 和 M_6 的过驱动电压。为了增大输出电压的摆幅，对于给定的偏置电流，可以通过同时增加 M_7 和 M_6 的宽长比（W/L）来减小它们的过驱动电压。但这样会导致寄生电容增大、频率特性变差。另外，在偏置电流保持不变的情况下，增大管子的宽长比（减小过驱动电压）将使跨导增加，同时会引起管子的漏极噪声电流增加（见第 8 章）。

4）直流或低频增益（DC Gain）

直流或低频增益，即直流或低频时的小信号差模电压增益 A_{vd}，是运算放大器开环增益的最大值（高频时 A_{vd} 会下降），它是运算放大器的重要参数之一。由于运算放大器通常工作在闭环状态，其闭环增益的精度和线性度主要取决于开环增益的大小，开环增益越大，闭环增益的精度越高。但提高开环增益往往会牺牲其他方面的性能。例如，采用共源共栅结构可以提高电压增益，但输出电压的摆幅将减小。另外，适当减小偏置电流（尾电流）也可以提高电压增益，但这将降低运算放大器的动态响应速度（摆率 SR 减小，见后面的分析）。

5）共模抑制比（Common Mode Rejected Ratio，CMRR）

共模抑制比可衡量运算放大器抑制输入共模电压（噪声）的能力，其定义为差模电压增益 A_{vd} 与共模电压增益 A_{vc} 的比值，即

$$\mathrm{CMRR}=\left|\frac{A_{vd}}{A_{vc}}\right| \tag{4.56}$$

对于理想的运算放大器，$A_{vc}=0$，CMRR 为无穷大。但对于实际的运算放大器，由于差动放大器两边的电路不对称（由工艺误差引起）、尾电流源的输出电阻为有限值（针对差动输入-单端输出的情况），使得 CMRR 减小。

另一方面，也可以将 CMRR 看作由共模输入电压的单位变化引起的输入失调电压。在高

频时，由于并联在尾电流源两端的寄生电容的阻抗降低，CMRR 显著减小，因此，运算放大器抑制高频共模电压的能力大大降低。

6）电源抑制比（Power Supply Rejected Ratio，PSRR）

我们在前面的分析中一直假定运算放大器的供电电源是恒定的，此时运算放大器的输出仅仅取决于输入的差模及共模电压。但是，在实际电路中，尤其是在数模混合信号电路中，高速动作的数字电路模块会在电源线中产生很大的噪声电压，使得电源电压（包括V_{DD}和V_{SS}）发生波动（产生纹波电压），这种电源电压的波动将反映在运算放大器的输出端，导致输出电压产生误差。

电源抑制比就是用来衡量电源电压的变化对输出电压信号的影响程度的，其定义为差模电压增益与电源纹波电压增益的比值，即

$$\mathrm{PSRR}=\left|\frac{A_{vd}}{A_{dd}}\right| \tag{4.57}$$

式中，A_{vd}是差模电压增益，A_{dd}是当输入差模电压为零时从电源纹波到输出端的电压增益。对于正电源V_{DD}和负电源V_{SS}，分别用PSRR^{+}和PSRR^{-}表示相对于它们的电源抑制比。

电源纹波通过输入级的差动放大器及输出级的共源放大器均可以耦合到输出端，尤其是在高频时，由于寄生电容及相位补偿电容的存在，提供了从电源到输出端的直接小信号传输路径，这种耦合效应更显著，因此，随着频率升高，PSRR 将会显著降低。

图 4.39 中显示了普通两级运算放大器中电源纹波耦合到输出端的传输路径。先考虑低频时的情况。正电源V_{DD}的纹波电压传输路径有两条：①对于输入级的差动放大器，在低频时，由于二极管连接的M_3具有相对电源V_{DD}钳位的功能（由于差动输入级的尾电流不变，I_{D3}和I_{D4}都不变，因此$V_{GS3}=V_{DS3}=V_{GS4}=V_{DS4}$保持不变），因此差动放大器的输出电压$V_{out1}$近似跟随$V_{DD}$的纹波电压变化，并经第二级进一步放大后（或经相位补偿电容C_C）传输到输出端；②对于输出级的共源放大器，由于流过M_6的电流恒定（由M_7的电流源决定），因此M_6的栅-源电压V_{GS6}保持不变。这就迫使M_6的栅极电压随V_{DD}的纹波电压而变化，此变化通过相位补偿电容C_C耦合到输出端。

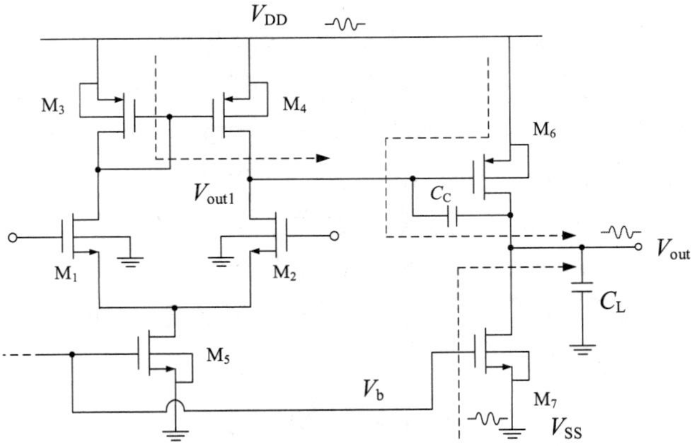

图 4.39　电源纹波耦合到输出端的传输路径

对于负电源V_{SS}的纹波电压传输路径，主要是由于M_7管的栅-源电压V_{GS7}随V_{SS}的纹波电压而变化（偏置电压V_b保持不变），并经M_7管放大后反映在输出端。由于输入级的差动放大器对V_{SS}的纹波电压具有较强的抑制能力（V_{SS}的纹波电压相当于共模输入信号），因此，V_{SS}的

纹波电压通过差动输入级的传输路径可以忽略。

在高频时，电源纹波通过输入级的差动放大器及输出级的共源放大器均可以耦合到输出端，尤其是在高频时，由于寄生电容及相位补偿电容的阻抗减小，提供了从电源到输出端的直接小信号传输路径，这种耦合效应更显著，因此，随着频率升高，PSRR 将会显著降低。

4.4.2 高频特性

由于寄生电容及相位补偿电容的影响，在高频时，运算放大器的开环增益减小。开环增益的减小将带来两方面的问题：①导致高频应用时闭环增益的精度下降；②降低了动作速度（输出电压的建立时间增长）。下面我们讨论衡量运算放大器高频特性的参数。

1）交流小信号带宽

交流小信号带宽的定义为开环差模电压增益 $A(j\omega)$ 的单位增益频率 ω_{ta}。另外一个表征运算放大器高频特性的常用参数是−3dB 频率 ω_{-3dB}，如图 4.40 所示。

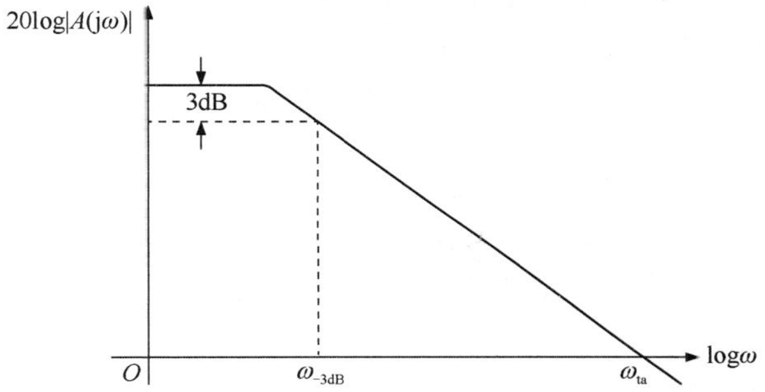

图 4.40 运算放大器的高频特性

我们现在考察如图 4.41（a）所示的单位增益放大器（Buffer），假定运算放大器的开环差模电压增益 $A(j\omega)$ 具有一个极点 ω_{p1}，即 $A(j\omega)=A_0/\left(1+j\omega/\omega_{p1}\right)$。此时，$\omega_{p1}$ 就是运算放大器的−3dB 频率 ω_{-3dB}，即 $\omega_{p1}=\omega_{-3dB}$。而单位增益频率 ω_{ta} 可表示为 $\omega_{ta}=\omega_{p1}\sqrt{A_0^2-1}$，由于通常情况下运算放大器的直流或低频增益 A_0 远远大于 1，因此，$\omega_{ta}\approx A_0\,\omega_{p1}=A_0\,\omega_{-3dB}$。单位增益频率 ω_{ta} 也称为运算放大器的增益带宽积（Gain Bandwidth Product，GBW）。

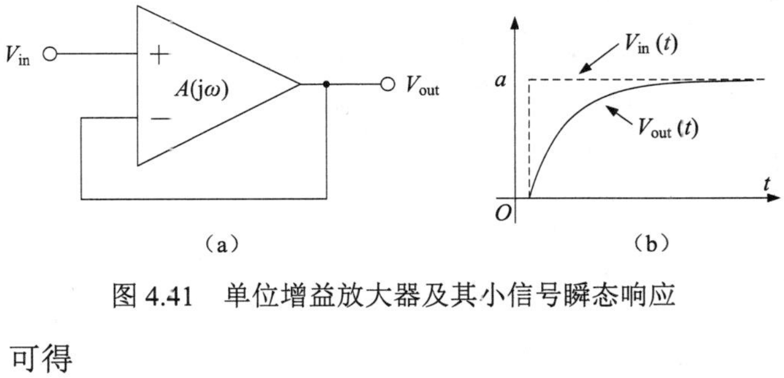

图 4.41 单位增益放大器及其小信号瞬态响应

由图 4.41（a）可得

$$\frac{V_{out}(s)}{V_{in}(s)}=\frac{A(s)}{1+A(s)} \tag{4.58}$$

由于 $A(s)=A_0/\left(1+s/\omega_{p1}\right)$，代入上式可得

$$\frac{V_{\text{out}}(s)}{V_{\text{in}}(s)}=\frac{A_0/(1+A_0)}{1+\dfrac{s}{(1+A_0)\omega_{\text{p1}}}} \tag{4.59}$$

由上式可知，单位增益放大器（闭环系统）也是一个单极点系统，其时间常数τ为

$$\tau=\frac{1}{(1+A_0)\omega_{\text{p1}}}\approx\frac{1}{A_0\omega_{\text{p1}}}\approx\frac{1}{\omega_{\text{ta}}} \tag{4.60}$$

如图 4.41（b）所示，如果在输入端加入阶跃信号$V_{\text{in}}(t)=au(t)$（其中，幅度a比较小，以保证运算放大器具有线性特性），则相应的输出电压可表示为

$$V_{\text{out}}(t)=a\left(1-\mathrm{e}^{-t/\tau}\right)u(t) \tag{4.61}$$

显然，输出电压的上升速度取决于时间常数τ的大小，τ越小，上升速度越快。由式（4.60）可知，为了提高运算放大器的瞬态响应速度，必须增大其单位增益频率ω_{ta}（运算放大器的频带越宽，其瞬态响应速度越快）。

在前面的讨论中，我们假定运算放大器的输入信号幅度较小，即认为其是交流小信号，此时运算放大器表现出线性特性。如果运算放大器的输入信号是大幅度变化的瞬态信号，那么运算放大器的动作速度不仅取决于其高频特性（带宽），还与运算放大器的非线性特性（如摆率 SR）有关，详见后面的分析。

2）相位裕度

运算放大器工作在闭环（负反馈）状态下的稳定性取决于相位裕度的大小。由于反馈系数$\beta=1$（全反馈）是闭环系统稳定性最差的情况，通常情况下，我们只要考虑开环增益$A(\text{j}\omega)$的相位裕度即可。

相位裕度的大小除了影响闭环工作时的稳定性，还与带宽及瞬态响应速度有关。随着相位裕度增加，带宽变窄（相位补偿的结果），瞬态响应中的“振铃”幅度减小，但输出信号的上升或下降速度相应降低。因此，为了使闭环系统的瞬态响应尽可能平滑并且稳定时间较短，通常认为相位裕度$\text{PM}=60^\circ$是最合适的选择。

4.4.3 瞬态特性

运算放大器的瞬态特性（或时域特性）与其频率特性密切相关，它是运算放大器的频域特性在时域的反映。

1）摆率（Slewing Rate，SR）

现在考察如图 4.42（a）所示的单位增益放大器，其中，C_{L}为负载电容。如果在输入端加入阶跃电压信号$V_{\text{in}}(t)=au(t)$，那么输出电压$V_{\text{out}}(t)$会如何变化呢？

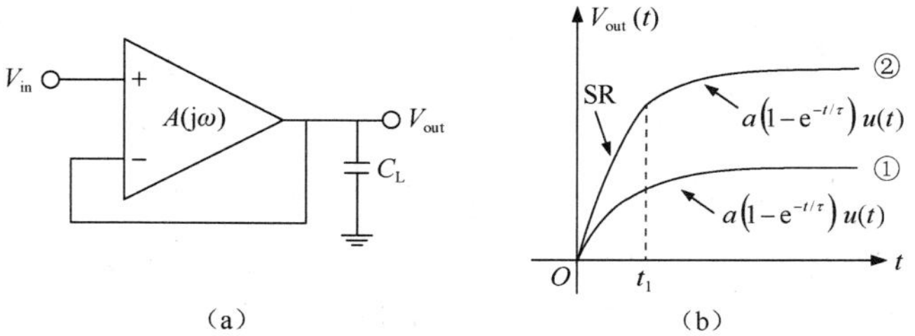

图 4.42　单位增益放大器及其瞬态响应

如图 4.42（b）所示，当输入阶跃电压的幅度a较小（如小于 0.5V）时，由于运算放大器

表现出线性特性，此时输出电压信号 $V_{out}(t)$ 始终遵循指数规律上升，即 $V_{out}(t)=a\left(1-e^{-t/\tau}\right)u(t)$（见图 4.42（b）中的曲线①）。由于指数曲线的变化速率为 $dV_{out}(t)/dt=\left(a/\tau\right)e^{-t/\tau}$，因此输出电压信号的上升速度与输入阶跃电压的幅值 a 成正比（幅值 a 越大，上升速度越快）。

但是，随着输入阶跃电压的幅度 a 增大，输出电压信号的上升过程将偏离指数曲线，如图 4.42（b）中的曲线②所示。在上升的初始阶段（$0<t<t_1$），输出电压随时间线性增加（不是按指数曲线上升），即上升速度为固定值，与输入阶跃电压的幅度大小无关。只有当输出电压上升到一定程度后（$t>t_1$），才遵循指数规律上升，直到最终达到稳定值。

因此，当输入电压大幅度变化时，输出电压在初始阶段以一固定速率上升或下降，我们将该固定速率定义为运算放大器的摆率（Slewing Rate，SR）。由于摆率与输入电压的幅度大小无关，此时运算放大器表现出非线性特性，称为摆率现象（或转换现象）。

下面分别以电流镜负载差动放大器和普通两级运算放大器为例，说明摆率 SR 的形成原因。

工作在闭环（Buffer）状态下的电流镜负载差动放大器如图 4.43 所示，在图 4.43（a）中，C_L 为负载电容。假定放大器处于稳定状态，其输入和输出电压均为 V_{OL}。当输入电压 V_{in} 发生正向大幅度跳变时（从 V_{OL} 跳变到 V_{OH} 的阶跃信号，且 V_{OL} 和 V_{OH} 均在放大器的输入共模电压范围内），由于电容 C_L 两端的电压不能发生跃变，输出电压暂时保持为 V_{OL} 不变。由于此时 M_1 的 V_{GS1} 突然增大，使得 $V_{GS1}\gg V_{GS2}$，导致 I_{D1} 远远大于 I_{D2}（M_1 与 M_2 的电流是竞争关系），尾电流 I_5 几乎全部流过 M_1，并经过 M_3 和 M_4 的镜像作用，使 $I_{D4}(\approx I_5)$ 给 C_L 充电，V_{out} 开始直线上升，上升速率（摆率）为 I_5/C_L。此时由于 M_2 中的电流几乎为零，M_2 处于深度线性区。随着 V_{out} 上升，M_2 的 V_{GS2} 逐渐增大，I_{D2} 相应增加，I_{D1} 相应减小，当 V_{out} 接近 V_{in} 时，$I_{D1}\approx I_{D2}$，差动放大器回到线性工作状态（交流小信号工作状态），此时输出电压按照指数规律上升，最终输出电压达到稳态值（$V_{out}=V_{OH}$）。

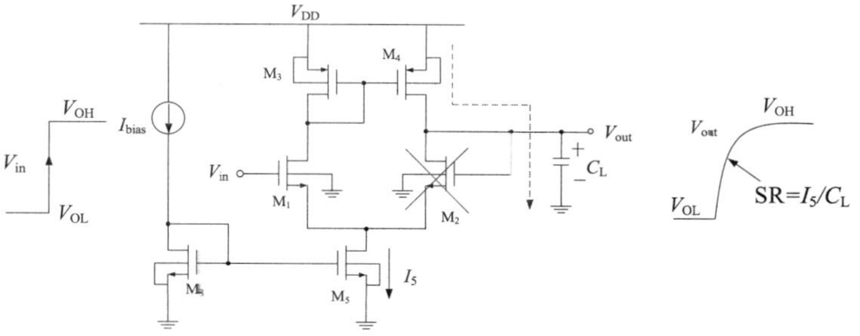

（a）输入电压 V_{in} 发生正向大幅度跳变

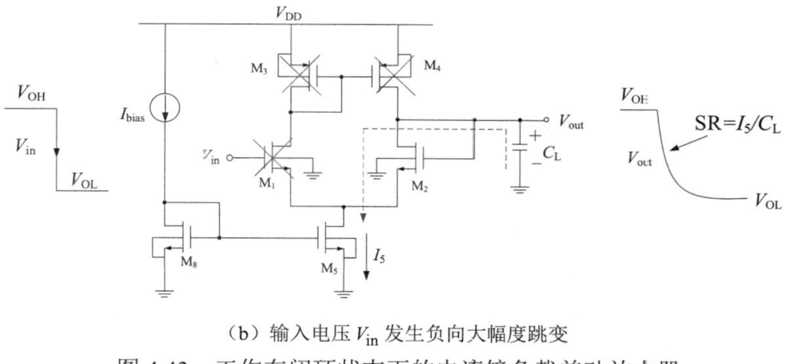

（b）输入电压 V_{in} 发生负向大幅度跳变

图 4.43 工作在闭环状态下的电流镜负载差动放大器

与前面类似，假定放大器处于稳定状态，其输入和输出电压均为V_{OH}，当输入电压V_{in}发生负向大幅度跳变时，如图 4.43（b）所示，由于电容两端的电压不能发生跃变，输出电压暂时保持为V_{OH}不变。由于此时M_1的V_{GS1}突然减小，$V_{GS1} \ll V_{GS2}$，导致I_{D2}远远大于I_{D1}，尾电流I_5几乎全部流过M_2，$I_{D2}(\approx I_5)$使C_L放电，V_{out}开始直线下降，下降速率（摆率）为I_5 / C_L。此时M_1中的电流几乎为零，M_3和M_4的电流也为零。随着V_{out}下降，M_2的V_{GS2}逐渐减小，I_{D2}相应减小，I_{D1}相应增加，当V_{out}接近V_{in}时，$I_{D1} \approx I_{D2}$，差动放大器回到线性工作状态（交流小信号工作状态），此时输出电压按照指数规律下降，最终输出电压达到稳态值（$V_{out} = V_{OL}$）。

工作在闭环（Buffer）状态下的普通两级运算放大器如图 4.44 所示，C_C为相位补偿电容，C_L为负载电容。图 4.44（a）和图 4.44（b）分别为输入电压V_{in}发生正向和负向大幅度跳变时的电路工作状态。

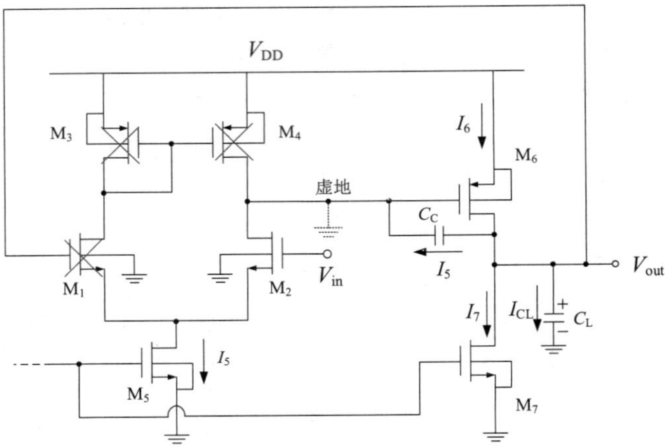

（a）输入电压V_{in}发生正向大幅度跳变

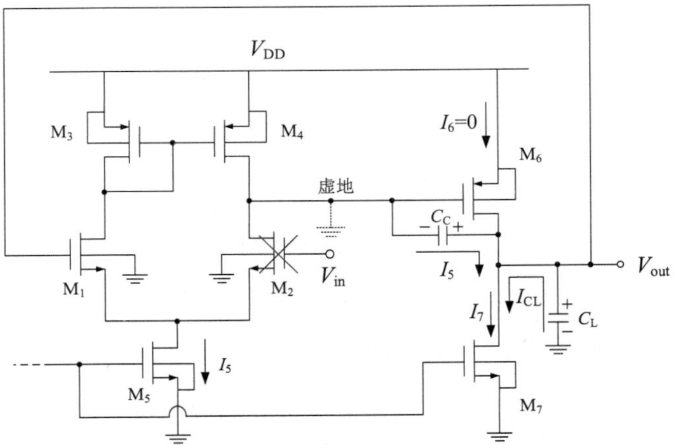

（b）输入电压V_{in}发生负向大幅度跳变

图 4.44　工作在闭环状态下的普通两级运算放大器

假定运算放大器处于稳定状态，其输入和输出电压均为V_{OL}。当输入电压V_{in}发生正向大幅度跃变时（$V_{OL} \rightarrow V_{OH}$），由于电容$C_L$两端电压不能发生跃变，输出电压暂时保持为$V_{OL}$不

变。此时，M_1、M_3 和 M_4 的电流均为 0，尾电流 I_5 全部流过 M_2 管和 C_C。在该时刻，$I_6 = I_5 + I_7 + I_{CL}$，I_5 给电容 C_C 充电（V_{out} 的上升速率为 I_5 / C_C），$I_{CL}(= I_6 - I_5 - I_7)$ 给电容 C_L 充电（V_{out} 的上升速率为 I_{CL} / C_L），输出电压 V_{out} 直线上升，由于通常 $I_6 \gg I_5$（输出级具有较大的负载驱动能力），$I_5 < I_{CL}$，因此 $I_5 / C_C < I_{CL} / C_L$，我们取 I_5 / C_C 作为放大器的上升摆率（取最慢的上升速度）。这里需要说明的是，由于输出级的增益足够高，M_6 的栅极可视为虚地。另外，这里假定 M_6 可以瞬间提供很大的电流 I_6（M_6 的栅极电位降低，$|V_{GS6}|$ 增大，使得 $I_6 \gg I_5$）。随着 V_{out} 上升，M_1 的 V_{GS1} 逐渐增大，I_{D1} 相应增加，当 V_{out} 接近 V_{in} 时，$I_{D1} \approx I_{D2}$，差动放大器回到线性工作状态（交流小信号工作状态），此时输出电压按照指数规律上升，最终输出电压达到稳态值（$V_{out} = V_{OH}$）。

假定运算放大器处于稳定状态，其输入电压和输出电压均为 V_{OH}。当输入电压 V_{in} 发生负向大幅度跳变时（$V_{OH} \to V_{OL}$），如图 4.44（b）所示，M_2 的电流为 0，M_1、M_3 和 M_4 导通，尾电流 I_5 经过 M_1、M_3 和 M_4 使电容 C_C 放电。在该时刻，为了使电流满足关系 $I_7 = I_5 + I_6 + I_{CL}$，由于 I_7 不变（偏置电压 V_{GS7} 不变），迫使 $I_6 = 0$（迫使 M_6 的栅极电位升高，$|V_{GS6}|$ 减小），I_5 使电容 C_C 放电，I_{CL} 使电容 C_L 放电，V_{out} 直线下降。假定 $I_7 \gg I_5$（通常输出级具有较强的负载驱动能力），则 $I_5 < I_{CL}$，我们取 I_5 / C_C 作为放大器的下降摆率。随着 V_{out} 下降，M_1 的 V_{GS1} 逐渐减小，导致 I_{D1} 减小，I_{D2} 相应增加，当 V_{out} 接近 V_{in} 时，$I_{D1} \approx I_{D2}$，差动放大器回到线性工作状态（交流小信号工作状态），此时输出电压按照指数规律下降，最终输出电压达到稳态值（$V_{out} = V_{OL}$）。

由以上分析可知，对于如图 4.43 和图 4.44 所示的运算放大器，其摆率 SR 分别为 I_5 / C_L 和 I_5 / C_C，即摆率的大小由差动放大器的尾电流和负载电容或相位补偿电容决定。虽然增加尾电流可以增大摆率，但相应的功耗也会增加。

当运算放大器处理高速、大摆幅的信号时，能够处理的最大信号频率将受到摆率的限制。例如，如果运算放大器的输入信号是一正弦信号：$V(t) = V_0 \sin \omega_0 t$，由于正弦信号的最大变化速率 $\mathrm{d}V(t) / dt = V_0 \omega_0$，因此要求运算放大器的摆率 SR 必须大于 $V_0 \omega_0$。另外，由于摆率与输入电压的幅度大小无关，此时运算放大器的输入-输出关系表现出非线性，导致输出信号失真。

2）建立时间（Settling Time，ST）

对于如图 4.45（a）所示的单位增益放大器，若在输入端加入正、负阶跃电压信号，则其典型的输出电压波形如图 4.45（b）所示。

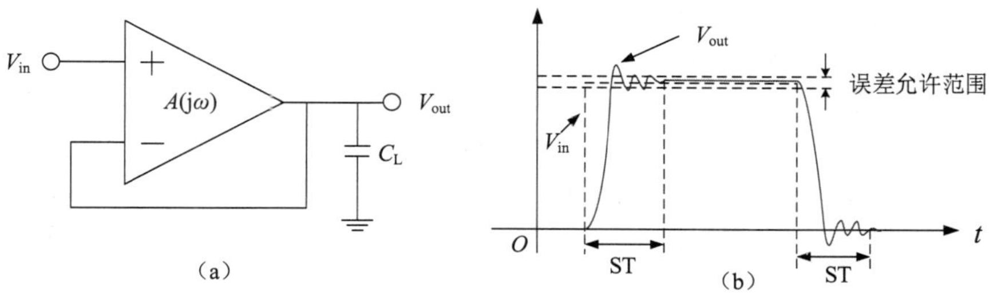

图 4.45 单位增益放大器的建立时间

建立时间 ST 的定义为输出电压达到稳定值（在允许误差范围内）时所需要的时间。建立时间在信号的上升沿和下降沿可能有所不同，需要分别进行考察。

若输入阶跃信号的幅度较小，则输出不会发生“摆率”现象，运算放大器表现出线性特性，此时建立时间为交流小信号稳定时间；若输入阶跃信号的幅度足够大，则建立时间就包括“摆率”时间及小信号稳定时间。“摆率”期间的上升或下降速度由摆率SR决定，而小信号稳定期间的建立时间与相位裕度（带宽）的大小有关。

建立时间决定了运算放大器能够处理的信号最小周期（信号的最大频率）。

4.4.4 增益线性度

增益线性度表示运算放大器的输入-输出电压之间的线性关系。对于适当偏置的运算放大器，若所有 CMOS 器件都工作在饱和区（直流偏置电流恒定），则小信号增益近似为常数，此时输入-输出呈线性关系。但是当输入大幅度变化的信号时，由于此时 CMOS 器件的直流偏置状态被大幅改变，甚至可能使某些 CMOS 管脱离饱和区而进入线性区或截止区（如在发生“摆率”现象期间），此时电压增益随着输入直流电平而发生变化，导致输出电压失真。通过采取差动输出或负反馈等措施，可以改善输入-输出电压之间的线性关系，提高增益线性度。

4.5 运算放大器的性能仿真

在设计 CMOS 运算放大器时，在设计指标和工艺参数确定的前提下，设计者首先从搭建电路拓扑结构开始，然后用手工分析方法或根据以往的设计经验初步决定器件的尺寸参数。然而，为了全面和系统地掌握所设计电路的性能参数，设计者必须借助电路仿真工具（如 HSpice），对电路性能进行验证、微调和优化。EDA 仿真软件具有强大的计算能力，可以代替人脑进行复杂的运算，从而精确模拟电路的各种特性。

本节讨论运算放大器的性能仿真方法，这些特性包括：①直流（DC）特性；②交流（AC）特性；③瞬态特性。运算放大器的性能仿真也是集成电路设计者必须掌握的基本技能。

4.5.1 DC 特性仿真

1）输入共模电压范围

输入共模电压范围的仿真电路如图 4.46（a）所示。将运算放大器接成 Buffer 形式，对输入信号 V_{in} 从 0～V_{DD} 进行 DC 扫描，测试相应的输出电压 V_{out}，同时监测运算放大器的差动对的尾电流 I_{SS}。仿真结果如图 4.46（b）所示，我们通常定义：输出电压能够跟随输入电压变化，同时运算放大器的差动对的尾电流达到稳定值时所对应的输入电压范围就是运算放大器的输入共模电压范围（ICMR）。

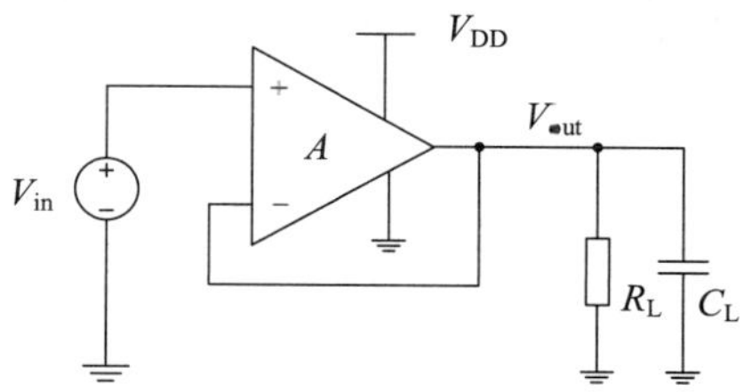

（a）仿真电路

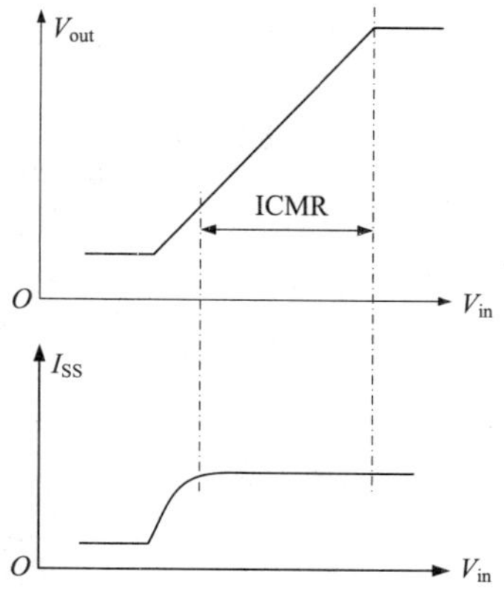

（b）仿真结果

图 4.46　输入共模电压范围的仿真电路与仿真结果

2）输入失调电压

输入失调电压的仿真电路与如图 4.46（a）所示的仿真电路相同。对输入信号 V_{in} 从 $0 \sim V_{DD}$ 进行 DC 扫描，相应的输出电压 V_{out} 与输入电压 V_{in} 之间的差值就是输入失调电压 V_{OS}，即 $V_{OS} = |V_{out} - V_{in}|$。图 4.47 所示为输入失调电压的仿真结果实例。

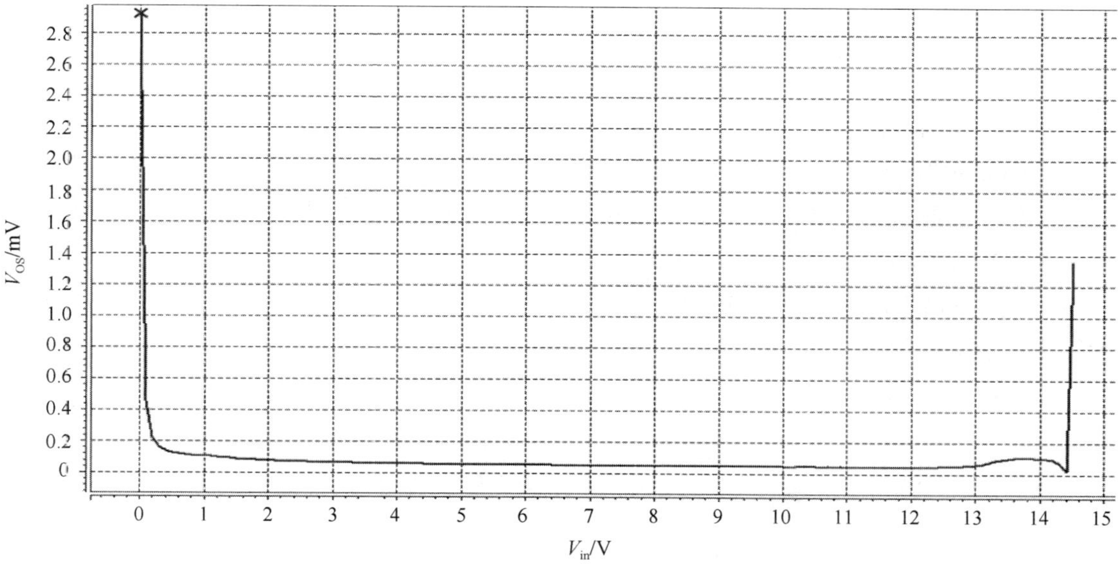

图 4.47　输入失调电压的仿真结果实例

从图 4.47 中可以看出，输入失调电压在电源的两端（0 和 V_{DD} 附近）比较大，而中间比较小。这是由于当输入电压接近电源两端时，已经超出了运算放大器的输入共模电压范围，导致运算放大器的增益下降，因此输入失调电压增大。

需要指出的是，在运算放大器的输入共模电压范围（ICMR）内，输入失调电压主要是由制造工艺的随机误差导致的 CMOS 器件的阈值电压和 W/L 尺寸失配引起的，而上述仿真中使用的 CMOS 器件模型是对称的，因此，以上输入失调电压的仿真结果要比实际电路的测试结果小（以上仿真的输入失调电压其实是由运算放大器的增益不为无穷大导致的）。

采用蒙特卡洛模型（Monte Carlo Model）仿真，可得到接近实际电路的输入失调电压。在蒙特卡洛模型中，加入了由制造工艺的随机误差导致的 CMOS 器件的阈值电压和 W/L 尺寸等参数的随机误差。图 4.48 所示为输入失调电压的蒙特卡洛仿真实例（$V_{OS} < \pm 200\mu V$），其仿真电路与如图 4.46（a）所示的仿真电路相同。

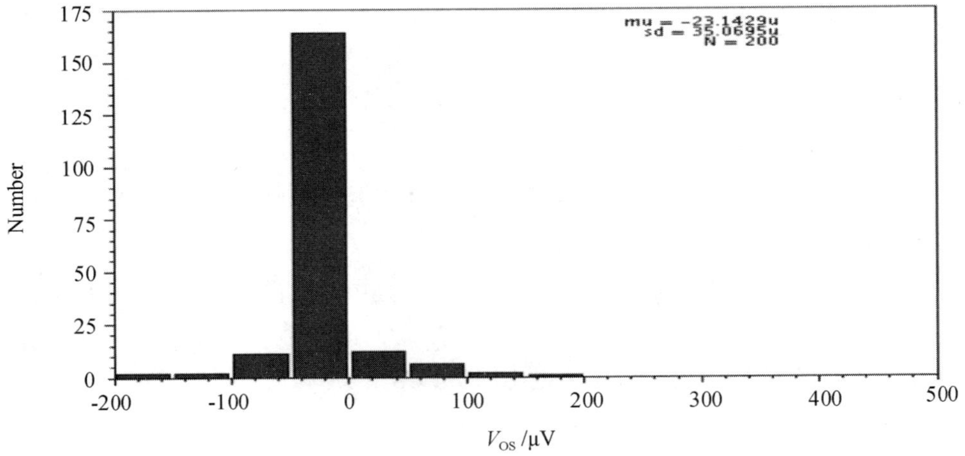

图 4.48　输入失调电压的蒙特卡洛仿真实例

3）带负载能力

如图 4.49 所示，将运算放大器接成 Buffer 形式，在同相输入端加入某一固定电压 V_{in}（V_{in} 应在运算放大器的输入共模电压范围内），在输出端加入负载电流 I_L，并对负载电流 I_L 进行 DC 扫描，此时观察输出电压 V_{out} 的变化。当输出电压 V_{out} 开始明显减小时（如与空载时相比，输出电压下降了 5%）所对应的负载电流值就是运算放大器的带负载能力（最大输出电流）。

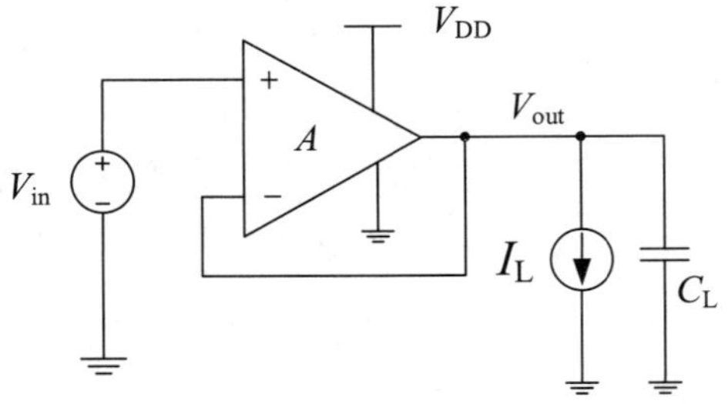

图 4.49　带负载能力的仿真电路

图 4.50 所示为运算放大器的带负载能力的仿真实例。可以看出，当负载电流从 0 开始增加时，在一定的负载电流范围内，输出电压保持和输入电压相等，超过这个负载电流的范围后，输出电压就会迅速降低。从图 4.50 中可以得到，该运算放大器的拉电流负载能力大约是 3.5mA。

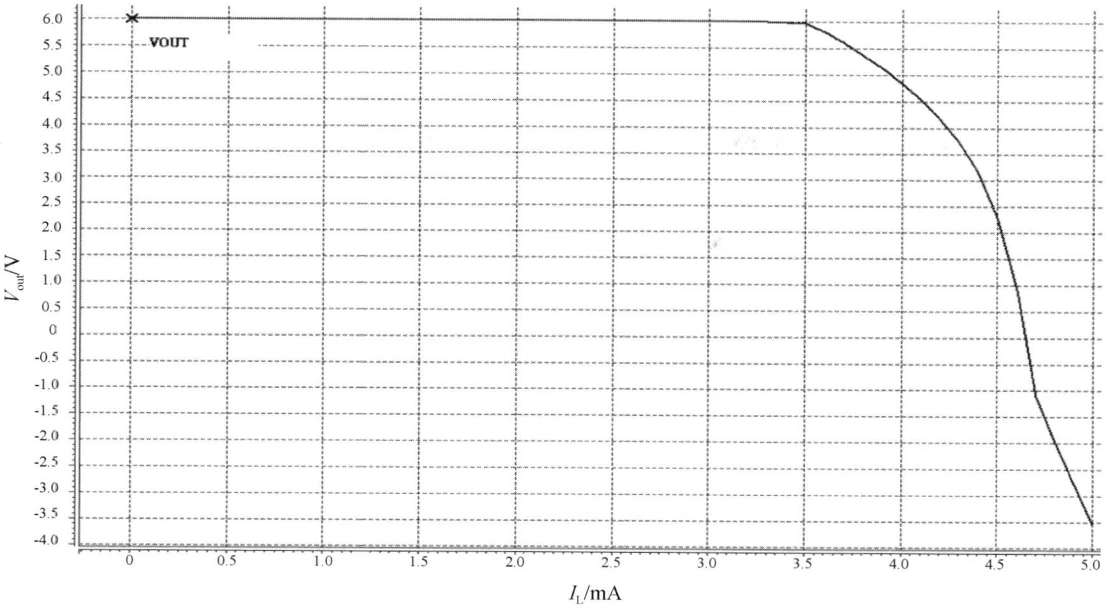

图 4.50 运算放大器的带负载能力的仿真实例

以上是负载电流为拉电流（输入/输出为高电平）的情况，若向输入端加入低电平的输入电压（V_{in} 应在运算放大器的输入共模电压范围内，如轨对轨运算放大器），则可以在输出端加入灌电流负载（负载电流的方向与图 4.49 所示相反），当负载电流超过一定值以后，输出电压开始上升，此时所对应的负载电流值就是运算放大器的灌电流负载能力。

当运算放大器的输出电流超过一定的值后，输出电压突然下降或上升，这是由于此时运算放大器的部分管子进入线性区或截止区，因此输出电压趋近于电源电压 V_{DD} 或 V_{SS}。

4.5.2 AC 特性仿真

1）开环频率特性

运算放大器的开环频率特性仿真电路如图 4.51（a）所示，其中，在输出端与反相输入端之间加入一个大电阻（如 10GΩ），同时在反相输入端与地之间加入一个大电容（如 1F）。这样做的目的是给反相输入端加入与同相输入端相同的共模电压，同时使反相输入端交流接地（此时的交流电压增益为运算放大器的开环差模电压增益）。这是因为，对于直流而言，大电容（1F）相当于开路；而对于交流而言，大电容（1F）相当于短路、大电阻（10GΩ）相当于开路。如图 4.51（a）所示的仿真电路的直流和交流等效电路分别如图 4.51（b）和图 4.51（c）所示。

输入电压 V_{in} 由两部分组成，即直流分量 DC 和交流分量 AC，直流分量应取运算放大器输入共模电压范围内的某一个电压值 V_{cm}，而交流分量则通常取有效值等于 1、初相角等于 0° 的正弦电压信号（此时，输出交流信号电压 V_{out} 的幅值和相位等于运算放大器开环增益的幅值和相位）。另外，在输出端应加入合适的负载模型（R_L、C_L），这是因为负载模型对运算放大器的频率特性具有非常显著的影响。需要指出的是，在图 4.51 中，由于在运算放大器的输入端加入的是理想电压信号，因此运算放大器输入端的零、极点对频率特性的影响被忽略。

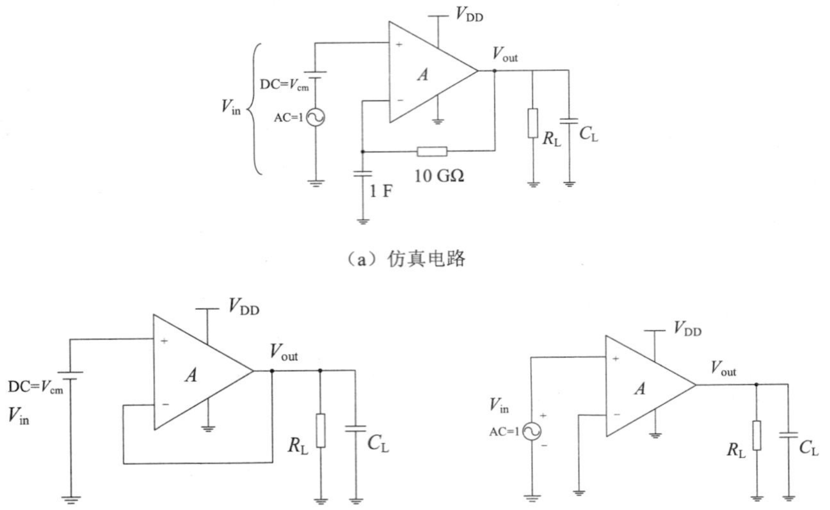

（a）仿真电路

（b）直流等效电路　　（c）交流等效电路

图 4.51　运算放大器的开环频率特性仿真电路

对于如图 4.51 所示的电路，对输入的正弦电压信号进行频率（f）扫描，测试输出电压 V_{out}，即可得到运算放大器的开环增益的频率特性曲线。图 4.52 所示为开环增益的频率特性仿真结果实例，从该图中可以看出，该运算放大器的直流或低频开环电压增益 $|A_{vd}(0)|$=120dB，f_{-3dB}=3Hz，单位增益频率（增益带宽积 GB）f_{ta}=800kHz，相位裕度 PM=50°。

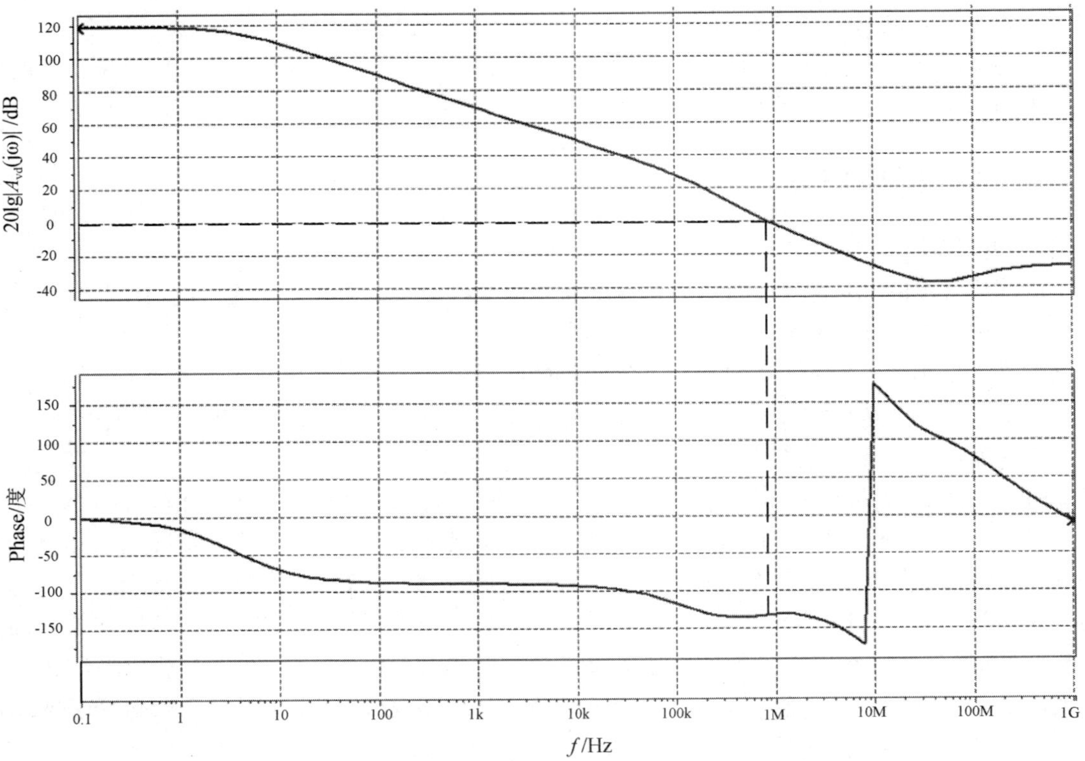

图 4.52　开环增益的频率特性仿真结果实例：幅值（上）和相位（下）

2）电源抑制比

电源抑制比（PSRR）可用来衡量电源电压的变化对输出电压信号的影响程度，其定义为差模电压增益与电源纹波电压增益的比值。为了简单起见，这里只讨论电源纹波电压增益的仿真方法。

电源纹波电压增益的仿真电路如图 4.53 所示，将运算放大器接成 Buffer 形式，在其正相输入端加入运算放大器输入共模电压范围内的某一直流电压 V_{cm}，在运算放大器的正电源 V_{DD} 与 V_{SS}（地）之间加入直流分量 DC 和交流分量 AC，其直流分量等于电源电压 V_{DD}，交流分量为有效值等于 1、初相角等于 0 的正弦电压信号（此时，输出交流信号电压 V_{out} 的幅值和相位就等于电源纹波电压增益的幅值和相位）。

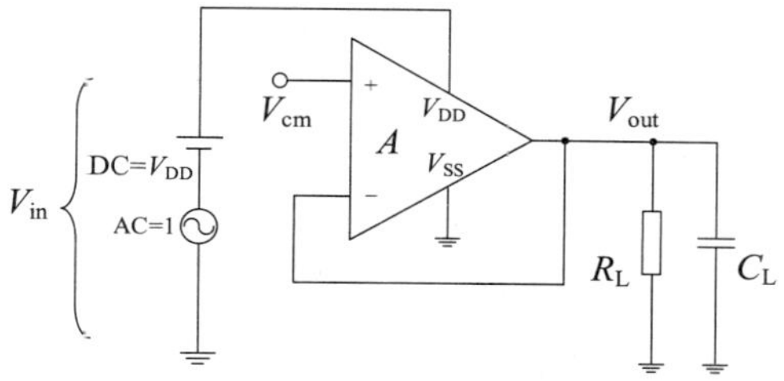

图 4.53　电源纹波电压增益的仿真电路

对输入的正弦电压信号进行频率（f）扫描，测试输出电压 V_{out}，即可得到电源纹波电压增益的频率特性。图 4.54 所示为电源纹波电压增益的仿真结果实例，由该图可以看出，随着频率增加，电源纹波电压增益增大，这是由于各种寄生电容效应变得更加显著，输出端抗电源波动的能力减弱。当频率低于 5kHz 时，电源纹波电压增益小于−79dB（增益为负值，表示无放大功能，且增益的绝对值越大，抑制电源纹波的能力越强）。

也可以针对负电源 V_{SS} 进行类似的电源纹波电压增益仿真。

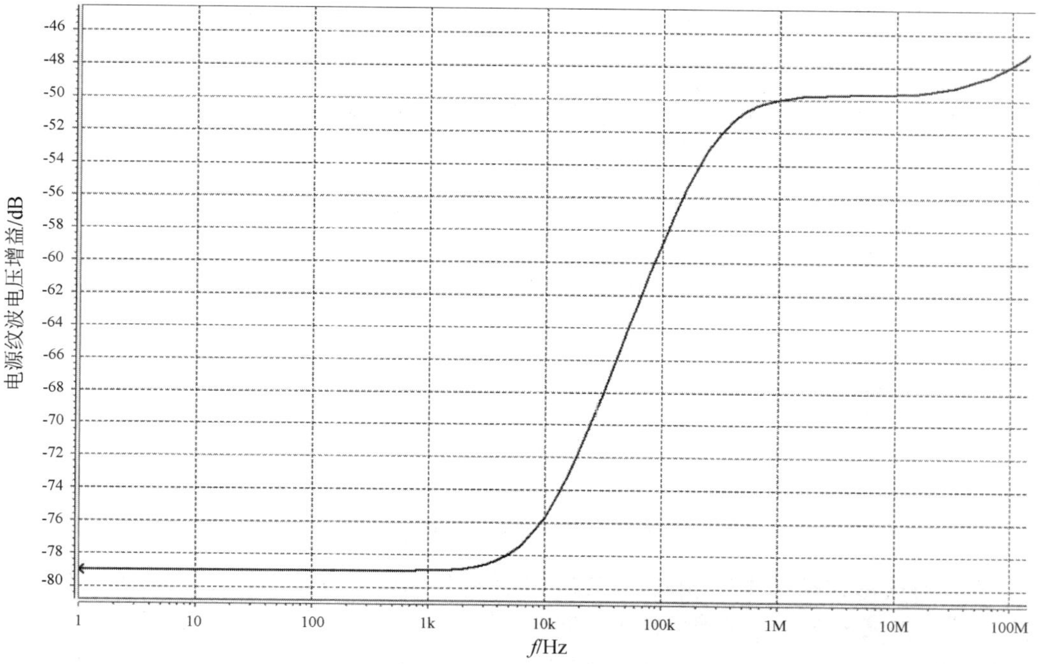

图 4.54　电源纹波电压增益的仿真结果实例

3）共模抑制比

共模抑制比（CMRR）用来衡量运算放大器抑制输入共模电压的能力，其定义为：$\mathrm{CMRR(dB)} = 20\log\left|A_{\mathrm{vd}} / A_{\mathrm{vc}}\right| = A_{\mathrm{vd}}(\mathrm{dB}) - A_{\mathrm{vc}}(\mathrm{dB})$，其中，$A_{\mathrm{vd}}$ 是运算放大器的差模电压增益，A_{vc} 是其共模电压增益。

共模抑制比的仿真电路如图 4.55（a）所示，其交流等效电路如图 4.55（b）所示。其中，V_{out1} 等于差模电压增益 A_{vd} (dB)，V_{out2} 等于共模电压增益 A_{vc} (dB)，因此，CMRR(dB)= V_{out1} (dB)− V_{out2} (dB)= A_{vd} (dB)− A_{vc} (dB)。

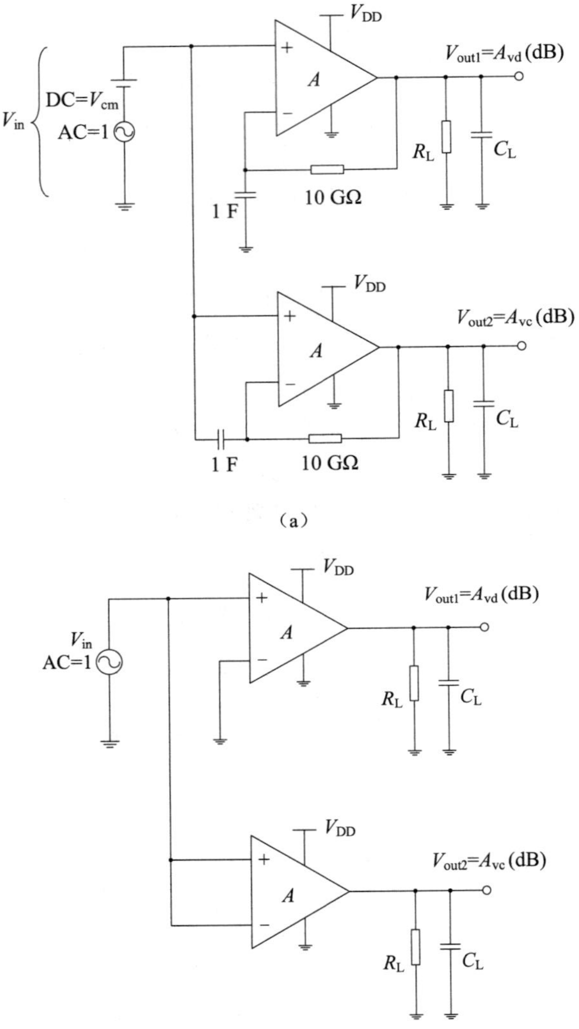

（a）

（b）

图 4.55　共模抑制比的仿真电路

输入信号的形式与图 4.51 相同，对输入的正弦电压信号进行频率（f）扫描，测试输出电压 V_{out}，即可得到共模抑制比的幅频特性曲线。图 4.56 所示为共模抑制比的幅频特性仿真结果实例，由该图可以看出，在仿真频率范围内，共模抑制比约在 72dB 以上。在高频时，共模抑制比减小，这是由于寄生电容的影响变得更加显著的缘故。

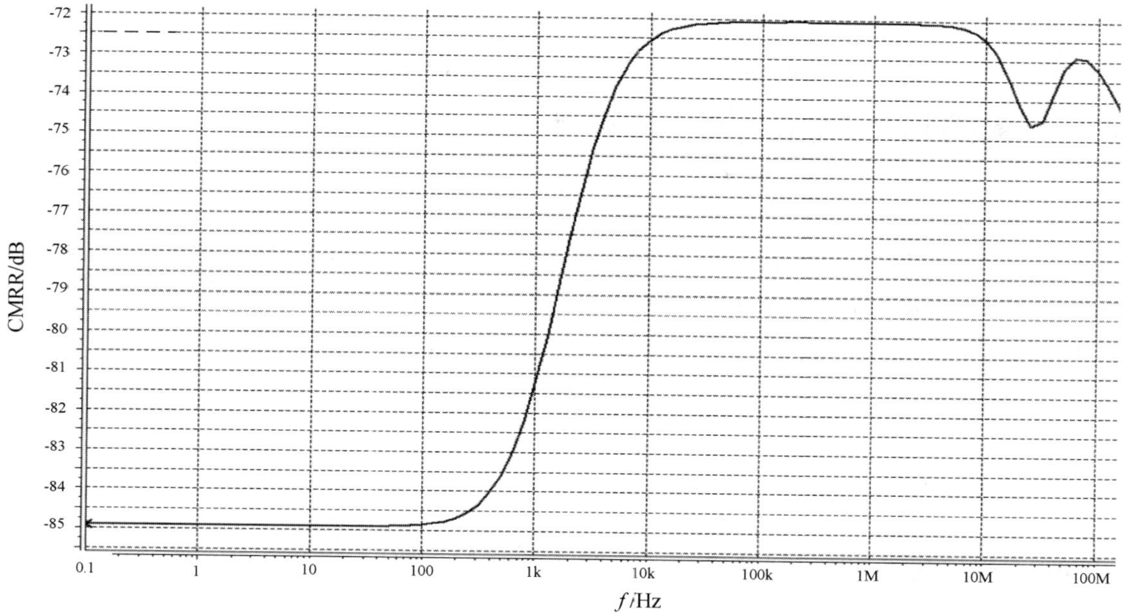

图 4.56　共模抑制比的幅频特性仿真结果实例

4.5.3　瞬态特性仿真

瞬态特性的仿真电路如图 4.57 所示，当加入小幅度阶跃激励信号时（通常要求其变化幅度小于 0.5V），观察输出电压波形（见图 4.58）。输出电压 V_{out} 稳定在稳定值±10mV 以内所需要的时间为运算放大器的建立时间 ST。建立时间在信号的上升沿和下降沿可能有所不同，需要分别进行考察。

当加入大幅度阶跃激励信号时，观察输出电压信号 V_{out} 从 10%变化到 90%时的上升和下降速率（如图 4.58 所示），摆率 SR=ΔV/Δt（V/μs）。

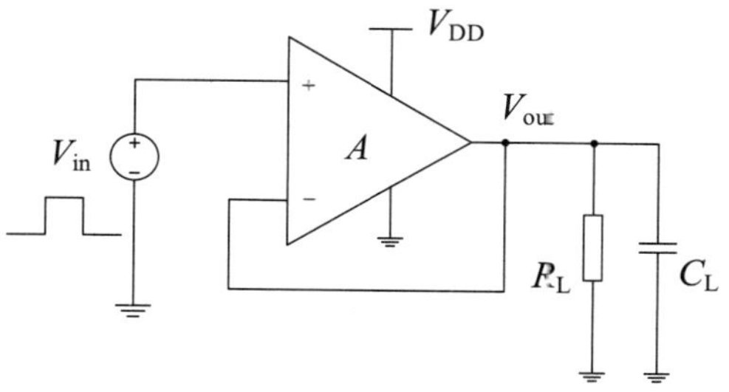

图 4.57　瞬态特性的仿真电路

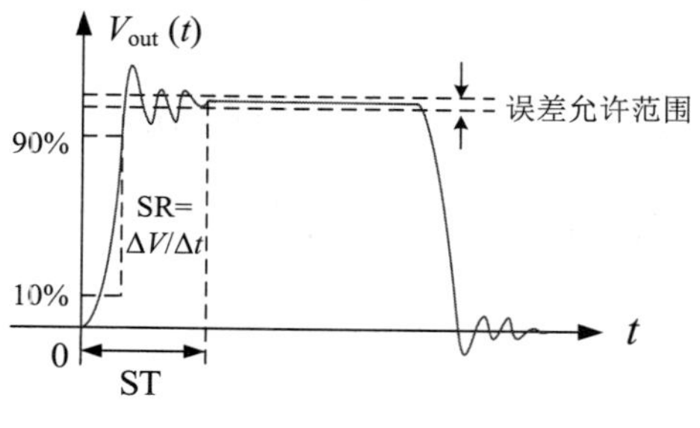

图 4.58　建立时间 ST 和摆率 SR 的定义

值得指出的是，如果输入阶跃信号的幅度足够大，建立时间就包括“摆率”时间及小信号稳定时间。“摆率”期间的上升或下降速率由摆率 SR 决定，而小信号稳定期间的建立时间与相位裕度（带宽）的大小有关。

另外，由于运算放大器的瞬态特性与负载特性密切相关，因此应在输出端加入合适的负载模型。

4.6 两级运算放大器设计实例

前面几节我们讨论了两级运算放大器的结构、稳定性和相位补偿方法，并且介绍了运算放大器的各种性能参数和仿真方法。本节我们将以如图 4.18 所示的适用于小电容性负载的普通两级运算放大器为例，说明在给定设计指标的前提下如何设计两级运算放大器，为了方便起见，把它重画在这里，如图 4.59 所示。

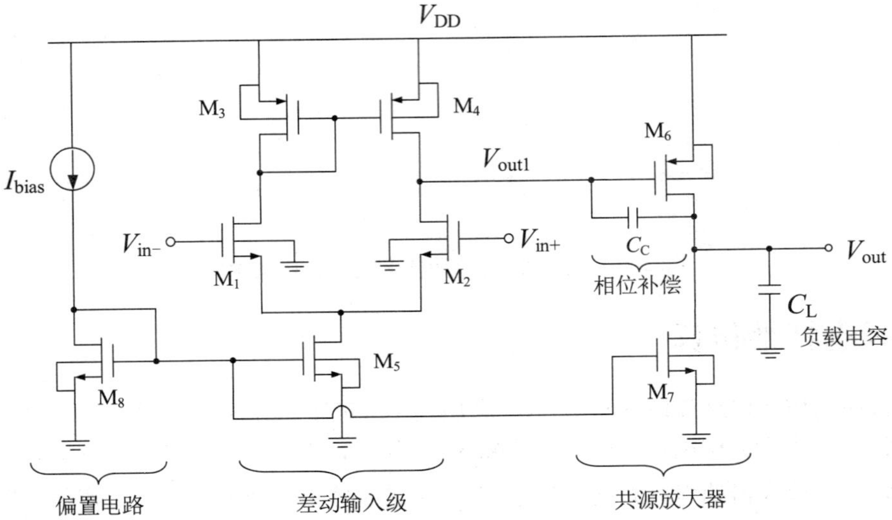

图 4.59　两级运算放大器

根据前面对如图 4.59 所示的两级运算放大器的讨论结果，我们可以将此两级运算放大器工作在饱和区时的一些重要性能参数总结如下。

（1）差动输入级的小信号差模电压增益

$$A_{vd1} = -g_{m1}\left(r_{ds2} \| r_{ds4}\right) = -2g_{m1}\left(\frac{1}{I_{D5}(\lambda_2+\lambda_4)}\right)，\ 其中，\ r_{ds} \approx \frac{1}{\lambda I_D}$$

（2）共源放大器的小信号电压增益

$$A_{v2} = -g_{m6}\left(r_{ds6} \| r_{ds7}\right) = -g_{m6}\left(\frac{1}{I_{D7}(\lambda_6+\lambda_7)}\right)$$

（3）输入共模电压的最小值

$$V_{cm,min} = V_{eff5} + V_{TH1} + V_{eff1} = V_{eff5} + V_{TH1} + \sqrt{\frac{I_{D5}}{\mu_n C_{ox}(W_1/L_1)}}$$

其中，$I_{D1} = \frac{1}{2}\mu_n C_{ox}(W_1/L_1)(V_{eff1})^2$，$I_{D1} = I_{D5}/2$。

（4）输入共模电压的最大值

$$V_{\text{cm,max}} = V_{\text{DD}} - \left(\left|V_{\text{TH3}}\right| + \left|V_{\text{eff3}}\right|\right) + V_{\text{TH1}} = V_{\text{DD}} - \left|V_{\text{TH3}}\right| - \sqrt{\frac{I_{\text{D5}}}{\mu_{\text{p}} C_{\text{ox}} (W_3 / L_3)}} + V_{\text{TH1}}$$

（5）输出电压的摆幅（允许范围）

$$V_{\text{eff7}} < V_{\text{out}} < V_{\text{DD}} - \left|V_{\text{eff6}}\right|$$

（6）摆率

$$\text{SR} = I_{\text{D5}} / C_{\text{C}}$$

（7）开环电压增益的单位增益频率

$$\omega_{\text{ta}} = g_{\text{m1}} / C_{\text{C}}$$

（8）第二个极点频率

$$\omega_{\text{p2}} \approx \frac{g_{\text{m6}} C_{\text{C}}}{C_1 C_2 + C_{\text{C}}\left(C_1 + C_2\right)} \approx \frac{g_{\text{m6}}}{C_1 + C_2} \approx \frac{g_{\text{m6}}}{C_{\text{L}}}$$

（9）右半平面零点频率

$$\omega_{\text{z}} = g_{\text{m6}} / C_{\text{C}}$$

除了以上参数，我们还需要推导相位裕度与零、极点之间的关系。根据式（4.35）～式（4.39），可以得到如图 4.59 所示的两级运算放大器的开环差模电压增益 $A(s)$（这里忽略了其他高阶极点）

$$A(s) = \frac{A_0 (1 - \frac{s}{\omega_{\text{z}}})}{(1 + \frac{s}{\omega_{\text{p1}}})(1 + \frac{s}{\omega_{\text{p2}}})}$$

两个极点 ω_{p1}、ω_{p2} 和一个右半平面零点 ω_{z} 所引起的总相移为

$$-\tan^{-1}(\frac{\omega}{\omega_{\text{p1}}}) - \tan^{-1}(\frac{\omega}{\omega_{\text{p2}}}) - \tan^{-1}(\frac{\omega}{\omega_{\text{z}}})$$

如果将右半平面零点 ω_{z} 外推至 $10\omega_{\text{ta}}$ 以外（$\omega_{\text{z}} \geqslant 10\omega_{\text{ta}}$），并且假定相位裕度 PM=60°，那么当 $\omega = \omega_{\text{ta}}$ 时的总相移为 120°，即

$$120° = \tan^{-1}(\frac{\omega_{\text{ta}}}{\omega_{\text{p1}}}) + \tan^{-1}(\frac{\omega_{\text{ta}}}{\omega_{\text{p2}}}) + \tan^{-1}(\frac{\omega_{\text{ta}}}{10\omega_{\text{ta}}})$$

由于密勒补偿后，$\omega_{\text{ta}} \gg \omega_{\text{p1}}$，$\tan^{-1}(\frac{\omega_{\text{ta}}}{\omega_{\text{p1}}}) \approx 90°$，同时，$\tan^{-1}(\frac{\omega_{\text{ta}}}{10\omega_{\text{ta}}}) \approx 5.7°$，因此，$\tan^{-1}(\frac{\omega_{\text{ta}}}{\omega_{\text{p2}}}) \approx 120° - 90° - 5.7° = 24.3°$，此时要求 $\omega_{\text{p2}} = 2.2\omega_{\text{ta}}$。

通过以上推导可以看出，要使如图 4.59 所示的两级运算放大器的相位裕度达到 60°，一种可行的设计方法是使右半平面零点 $\omega_{\text{z}} \geqslant 10\omega_{\text{ta}}$（此时可以忽略 ω_{z} 的影响），同时使 $\omega_{\text{p2}} \geqslant 2.2\omega_{\text{ta}}$。

下面我们给出一个具体设计实例，说明两级运算放大器的设计过程。

对于如图 4.59 所示的两级运算放大器，假定 $V_{\text{DD}} = 3\text{V}$，$V_{\text{THN}} = \left|V_{\text{THP}}\right| = 0.6\text{V}$，$\mu_{\text{n}} C_{\text{ox}} = 110\mu\text{A/V}^2$，$\mu_{\text{p}} C_{\text{ox}} = 55\mu\text{A/V}^2$，$\lambda_{\text{p}} = 0.05\text{V}^{-1}$，$\lambda_{\text{n}} = 0.04\text{V}^{-1}$。假设管子的栅长 L 均为

1μm[通常选 $L=(4\sim8)L_{\min}$]，且 M_1 与 M_2 对称， M_3 与 M_4 对称。要求运算放大器的性能指标满足下列条件：

（1）直流或低频时的小信号差模电压增益 $A_{vd}=4000$ （72dB）；

（2）输入共模电压范围为 $V_{cm,min}=1V$ ， $V_{cm,max}=2.5V$ ；

（3）输出电压的摆幅为 $0.5V \leqslant V_{out} \leqslant 2.5V$ ；

（4）单位增益频率 $\omega_{ta}=6.28\times10^7 rad/s$ （$f_{ta}=10MHz$）；

（5）相位裕度 $PM=60°$ ；

（6）负载电容 $C_L=15pF$ ；

（7）摆率 SR = 15V/μs；

（8）静态功耗 $P \leqslant 2mW$ 。

以下是运算放大器的详细设计过程。

1）确定 C_C 和 I_{D5}

通过观察上述设计指标要求和性能参数的相关公式，我们可以看出，相位补偿电容 C_C 和偏置电流 I_{D5} 是需要首先确定的两个参数，因为它们几乎与其他的设计参数都有关系。

由于要求相位裕度 PM = 60° ，根据前面的推导结果，必须同时满足 $\omega_z \geqslant 10\omega_{ta}$ 和 $\omega_{p2} \geqslant 2.2\omega_{ta}$ ，即

$$\frac{g_{m6}}{C_C} \geqslant 10\left(\frac{g_{m1}}{C_C}\right) \Rightarrow g_{m6} \geqslant 10g_{m1}$$

$$\frac{g_{m6}}{C_L} \geqslant 2.2\left(\frac{g_{m1}}{C_C}\right)$$

综合以上两式可得： $C_C \geqslant 0.22C_L = 0.22\times15pF = 3.3pF$ ，我们选 $C_C = 3.3pF$ 。

由给定的摆率和前面确定的 C_C，可以确定差动输入级的尾电流 I_{D5}，即

$$SR = \frac{I_{D5}}{C_C} \Rightarrow I_{D5} = SR\times C_C = 15V/\mu s\times3.3pF \approx 50\mu A$$

2）确定 M_3 （M_4）管的尺寸

由输入共模电压的最大值可以确定 M_3 （M_4）管的尺寸，即

$$W_3/L_3 = \frac{I_{D5}}{\mu_p C_{ox}(V_{DD}-V_{cm,max}+V_{TH1}-|V_{TH3}|)^2}$$

$$W_3/L_3 = \frac{50\mu A}{(55\mu A/V^2)(3V-2.5V+0.6V-0.6V)^2} = 3.6 \approx 4$$

此时，M_3 （M_4）管的跨导 g_{m3} （g_{m4}） = $\sqrt{2\mu_p C_{ox}(W_3/L_3)I_{D3}} = 104.9\times10^{-6}S$ 。

3）确定 M_1 （M_2）管的尺寸

由单位增益频率 ω_{ta} 和相位补偿电容 C_C 可以确定跨导 g_{m1}，即

$$g_{m1} = \omega_{ta}C_C = 6.28\times10^7 rad/s\times3.3pF = 207.2\times10^{-6}S$$

由跨导 g_{m1} 可进一步确定 M_1 （M_2）管的尺寸，即

$$W_1/L_1 = \frac{g_{m1}^2}{2\mu_n C_{ox}I_{D1}} = \frac{g_{m1}^2}{\mu_n C_{ox}I_{D5}} = \frac{(207.2\times10^{-6}S)^2}{(110\mu A/V^2)\times50\mu A} = 7.8 \approx 8$$

4）确定 M_5 管的尺寸

由输入共模电压的最小值可以确定 M_5 管的尺寸，即

$$W_5/L_5=\frac{2I_{D5}}{\mu_n C_{ox}\left(V_{cm,min}-V_{TH1}-\sqrt{\dfrac{I_{D5}}{\mu_n C_{ox}(W_1/L_1)}}\right)^2}$$

$$W_5/L_5=\frac{2\times 50\mu A}{110\mu A/V^2\left(1V-0.6V-\sqrt{\dfrac{50\mu A}{110\mu A/V^2\times 8}}\right)^2}=34.7\approx 35$$

至此，我们已完成了差动输入级的设计。

5）确定 M_6 管的尺寸

下面我们设计共源放大级。首先求 M_6 管的跨导 g_{m6}。在前面确定相位补偿电容 C_C 时，要求满足 $g_{m6}\geqslant 10g_{m1}$，这里我们取 $g_{m6}=10g_{m1}=2072\times10^{-6}S$。

由于 M_3 和 M_4 对称且为电流镜连接方式，静态时满足 $I_{D3}=I_{D4}$，且 $V_{DS3}=V_{GS3}=V_{GS4}=V_{DS4}=V_{GS6}$，因此，$(W_4/L_4)/(W_6/L_6)=g_{m4}/g_{m6}$。由此可求得 M_5 管的尺寸，即

$$W_6/L_6=(W_4/L_4)\frac{g_{m6}}{g_{m4}}=4\times\frac{2072\times10^{-6}}{104.9\times10^{-6}}\approx 79$$

此时，M_6 管的直流电流为

$$I_{D6}=\frac{W_6/L_6}{W_4/L_4}\times\frac{I_{D5}}{2}=\frac{79}{4}\times\frac{50\mu A}{2}=493.8\mu A$$

6）确定 M_7 管的尺寸

M_7 管中的电流等于 I_{D6}，且 $V_{GS5}=V_{GS7}$，则有 $(W_7/L_7)/(W_5/L_5)=I_{D6}/I_{D5}$，因此，可求得 M_7 管的尺寸为

$$W_7/L_7=\frac{I_{D6}}{I_{D5}}\times(W_5/L_5)=\frac{493.8\mu A}{50\mu A}\times 35=346$$

7）其他性能指标的验证

至此我们确定了所有管子的尺寸。但在前面的设计过程中，我们未使用输出电压的摆幅、小信号差模电压增益及功耗这三个指标，它们是否满足设计指标要求，需要进行验证。

最大允许输出电压为

$$V_{out,max}=V_{DD}-\sqrt{\frac{2I_{D6}}{\mu_p C_{ox}(W_6/L_6)}}=3V-\sqrt{\frac{2\times 493.8\mu A}{55\mu A/V^2\times 79}}\approx 2.5V$$

最小允许输出电压为

$$V_{out,min}=\sqrt{\frac{2I_{D7}}{\mu_n C_{ox}(W_7/L_7)}}=\sqrt{\frac{2\times 493.8\mu A}{110\mu A/V^2\times 346}}=0.16V$$

因此，输出电压的摆幅满足设计指标要求（$0.5V\leqslant V_{out}\leqslant 2.5V$）。如果输出电压上摆幅不满足设计指标要求，那么在保证电流不变的前提下，可以同时增大 M_3（M_4）和 M_6 的宽

长比，使其过驱动电压减小。如果输出电压下摆幅不满足设计指标要求，那么在保证电流不变的前提下，可以同时增大 M_8、M_5 和 M_7 的宽长比，使其过驱动电压减小。

直流或低频时的小信号差模电压增益 A_{vd} 可以表示为

$$A_{vd} = \frac{2g_{m2}g_{m6}}{I_{D5}(\lambda_2+\lambda_4)I_{D7}(\lambda_6+\lambda_7)}$$

$$A_{vd} = \frac{2\times 207.2\mu S\times 2072\mu S}{50\mu A\times 493.8\mu A\times (0.04V^{-1}+0.05V^{-1})^2} = 4293$$

因此，A_{vd} 满足设计指标要求（$A_{vd}=4000$）。如果 A_{vd} 不满足设计指标要求，那么可以同时增大管子的 W 和 L 尺寸（保证 W/L 不变），这是因为增大 L 可以使 λ 减小（r_{ds} 增大），从而增大 A_{vd}。

静态功耗 $P=3V\times(50\mu A+493.8\mu A)\approx 1.6mW$，因此满足设计要求（$P\leqslant 2mW$）。如果静态功耗不满足设计要求，可以适当减小 I_{D6}（$=I_{D7}$）。值得指出的是，在以上设计中，由于将右半平面的零点移至$10\omega_{ta}$处，第 2 级的电流较大（$g_{m6}>10g_{m1}$），因此静态功耗较大。为了减小静态功耗，可以采取其他消除右半平面零点的方法。另外，由于负载电容较大，补偿电容（$C_C\geqslant 0.22C_L$）和运算放大器的尾电流均较大。

完成了以上设计后，可以通过 Spice 仿真进一步确认运算放大器的性能，同时可以通过微调进一步优化电路性能。正如前面指出的那样，运算放大器的这些性能指标通常是相互制约和矛盾的，需根据实际应用场合对它们进行折中和优化。

为了验证以上设计结果，采用 0.35μm CMOS 工艺（3.3V NMOS/PMOS 管）对运算放大器的特性进行了仿真。图 4.60 所示为 AC 特性仿真结果，其中，直流或低频电压增益=100dB，单位增益频率 $f_{ta}=9.727MHz$，相位裕度 PM=59.4°。图 4.61 所示为瞬态特性仿真结果，对于输入的阶跃信号（1V→3V→1V 跳变，ΔV=±2V），输出电压的转换速率 SR^+(上升)=24V/μs，SR^-(下降)=13V/μs。另外，运算放大器的整体功耗=1.606mW。由此可知，仿真结果与以上设计结果很接近。

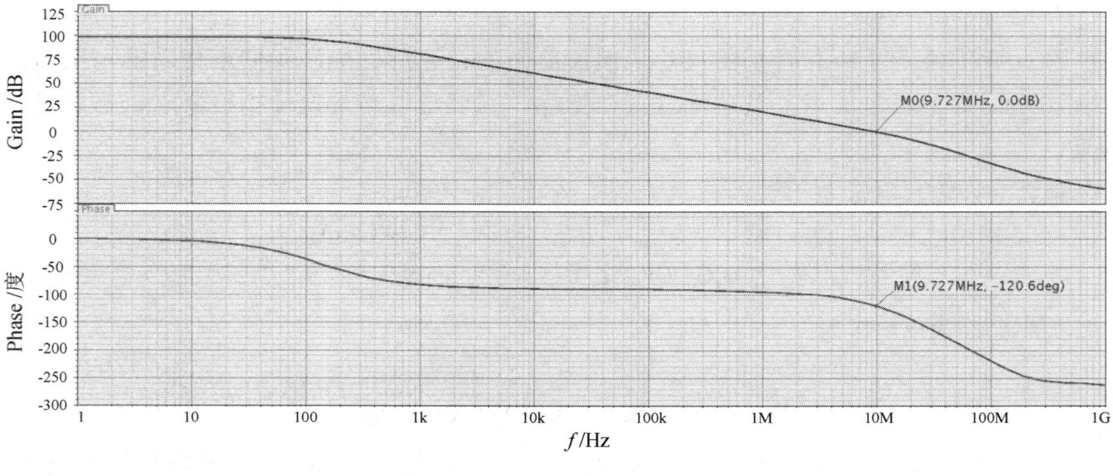

图 4.60　AC 特性仿真结果

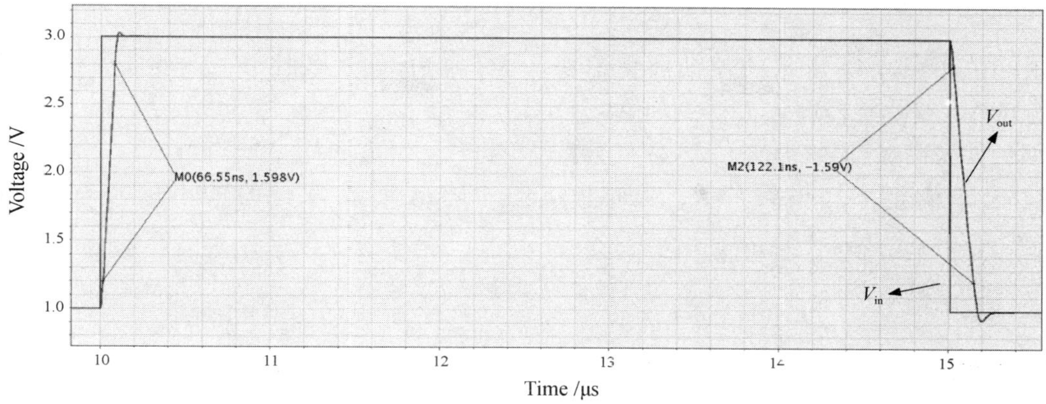

图 4.61 瞬态特性仿真结果

本章小结

本章讨论了差动放大器和普通两级运算放大器的结构与工作原理。运算放大器通常由差动输入级、高增益放大级、输出缓冲级、偏置电路和相位补偿电路等构成。普通两级运算放大器的电路结构简单且实用，其他高性能运算放大器均是在此基础上发展和演变而来的。由于运算放大器的增益很高，且通常在闭环下使用，因此必须进行相位补偿，设计者应能够判断和估算电路中的主极点位置，并设计有效的相位补偿电路。

运算放大器的性能仿真可以帮助设计者完成对电路特性的验证、微调和优化，但电路结构搭建及基本参数估算应由设计者手动完成，需要强调的是，电路仿真工具只能代替设计者完成计算，而不能代替设计者思考。

参考文献

[1] 毕查德·拉扎维. 模拟 CMOS 集成电路设计[M]. 2 版. 陈贵灿，译. 西安：西安交通大学出版社，2018.

[2] Phillip E. Allen. CMOS Analog Circuit Design [M]. Third Edition. New York: Oxford University Press, 2011.

[3] David A. Johns & Ken Martin. Analog Integrated Circuit Design [M]. New York: John Wiley & Sons, Inc., 1997.

[4] P. R. Gray, P. J. Hurst, S. H. Lewis, et al. Meyer. Analysis and Design of Analog Integrated Circuits [M]. Fifth Edition. New York: John Wiley & Sons, Inc., 2009.

[5] Willy M. C. Sansen. Analog Design Essentials [M]. BerLin: Springer, 2006.

习题

4.1 在如图 4.62 所示的差动放大器中，M_1 和 M_2 的宽长比 $W/L = 50\mu m / 0.5\mu m$，$V_{TH0} = 0.6V$，$V_{DD} = 2.0V$，$I_{SS} = 0.5mA$。

（1）如果输入共模电压 $V_{cm} = 1.2V$，求输出电压 $V_{out} = V_{out1} - V_{out2}$ 的摆幅；

（2）求满足上面条件的 R_D，如果 $\mu_n C_{ox} = 50\mu A/V^2$，求此时的小信号电压增益 $A_{vd} = \dfrac{v_{out}}{v_{id}} = \dfrac{v_{out1} - v_{out2}}{v_{in1} - v_{in2}}$。假设 $\lambda = 0$，$\gamma = 0$。

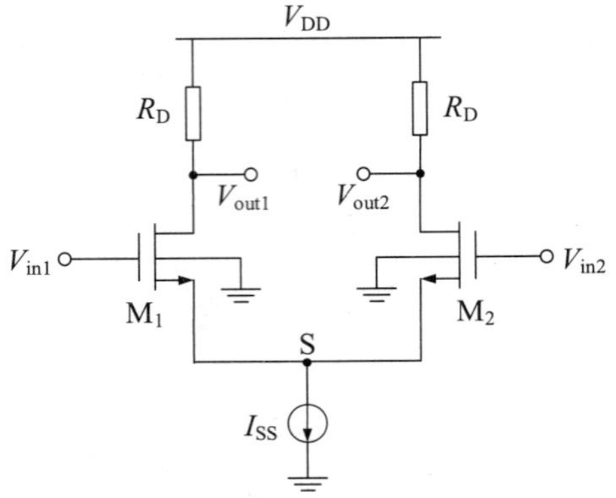

图 4.62

4.2 对于如图 4.63 所示的差动放大器，在下列两种情况下，试推导共模输入-差动输出时的小信号电压增益 $A_{vc} = v_{out} / v_{ic}$。

（1）M_1 和 M_2 的特性完全对称，但两边的负载电阻失配 ΔR_D；

（2）负载电阻对称，但 M_1 和 M_2 的跨导失配 Δg_m。

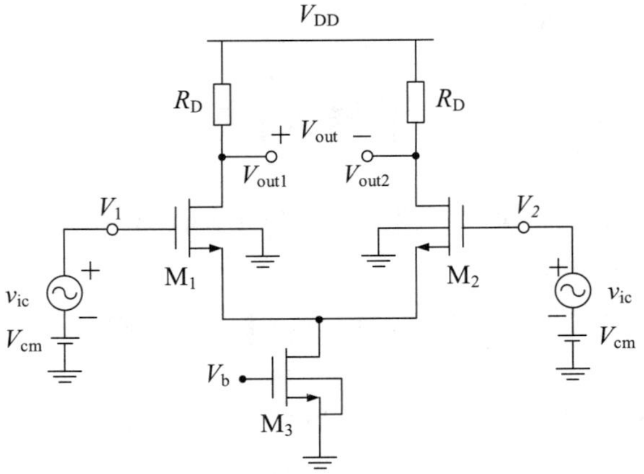

图 4.63

4.3 对于如图 4.64 所示的二极管负载的差动放大器，若尾电流 $I_{SS} = 1mA$，$\mu_n C_{ox} = 140\mu A/V^2$，$\mu_p C_{ox} = 40\mu A/V^2$，$V_{THN} = |V_{THP}| = 0.8V$，$V_{DD} = 3V$，且所有 CMOS 管的宽长比相同，$W/L = 50\mu m / 0.5\mu m$。

（1）求小信号电压增益 A_{vd}；

（2）为了使 $I_{\mathrm{D5}} = I_{\mathrm{D6}} = 0.4I_{\mathrm{SS}}$，求偏置电压 V_{b} 的值；

（3）如果尾电流 I_{SS} 上的压降至少为 0.3V，求差动输出电压的摆幅。

4.4 对于如图 4.65 所示的电流镜负载差动放大器，假设两边电路完全对称，输入共模电压 $V_{\mathrm{cm}} = 1.5\mathrm{V}$。当 V_{DD} 从 3V 变化到 0V 时，请大略画出输出电压 V_{out} 的变化曲线。假设当 $V_{\mathrm{DD}} = 3\mathrm{V}$ 时，所有的器件都工作在饱和区。

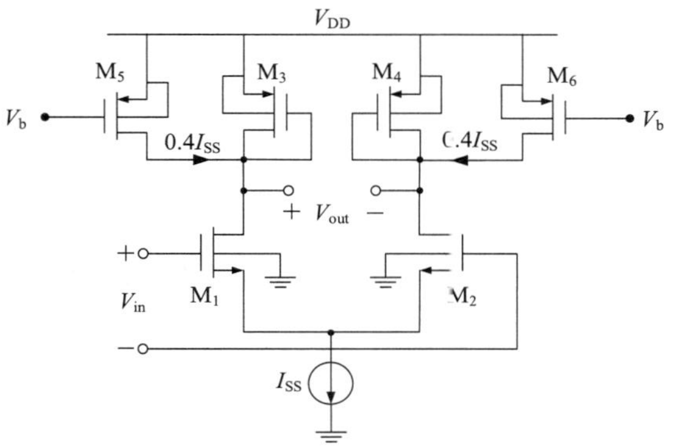

图 4.64

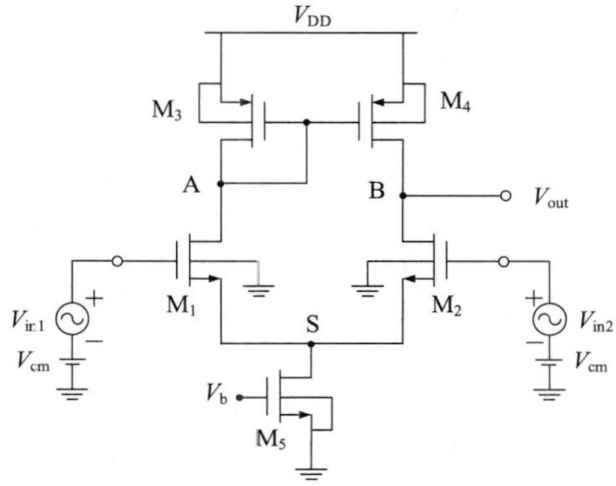

图 4.65

4.5 对于如图 4.66 所示的普通两级运算放大器，设电源电压 $V_{\mathrm{DD}} = 5\mathrm{V}$，所有 CMOS 管的过驱动电压 $|V_{\mathrm{eff}}| = 0.3\mathrm{V}$，阈值电压 $|V_{\mathrm{TH}}| = 0.7\mathrm{V}$，试计算输入共模电压范围和输出电压的摆幅。

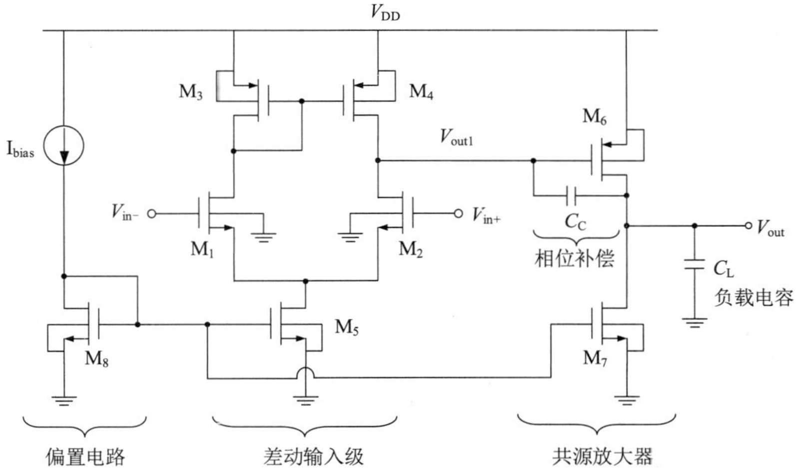

图 4.66

4.6 对于如图 4.66 所示的普通两级运算放大器，试计算低频时的小信号电压增益。假定两级放大器的偏置电流均为 0.1mA，其他参数为 $\mu_{\mathrm{n}}C_{\mathrm{ox}} = 134\mu\mathrm{A/V}^2$，$\mu_{\mathrm{p}}C_{\mathrm{ox}} = 38\mu\mathrm{A/V}^2$，$\lambda_{\mathrm{n}} = 0.1\mathrm{V}^{-1}$，$\lambda_{\mathrm{p}} = 0.2\mathrm{V}^{-1}$，$(W/L)_{1,2} = 100$，$(W/L)_6 = 200$。

4.7 对于如图 4.66 所示的普通两级运算放大器，假定单位增益频率 $f_{\mathrm{ta}} = 60\mathrm{MHz}$，且位于主极点频率之后、其他零极点频率之前。如果要求摆率 SR = 120V/μs，那么输入级的过驱动电压应是多少？若输入级的偏置电流 $I_{\mathrm{SS}} = 100\,\mu\mathrm{A}$，则 C_{C} 是多少？

4.8 考察如图 4.24 及图 4.26（交流小信号模型）所示的两级运算放大器。假设 $g_{m1,2}=0.3\,\text{mA/V}$，$g_{m6}=0.6\,\text{mA/V}$，$r_{ds1,2}=r_{ds3,4}=200\,\text{k}\Omega$，$r_{ds6}=r_{ds7}=100\,\text{k}\Omega$，$C_1=0$，$C_2=1\,\text{pF}$。

（1）求相位补偿（加入 C_C）后的第一个非主极点的频率 ω_{p2}。

（2）为了消除由补偿电容 C_C 形成的右半平面的零点，串联一个补偿电阻 R_C（如图 4.17 所示），使该零点移至无穷大处，计算 R_C 的值。

（3）利用（2）中右半平面零点的消除结果，若要求相位裕度为 60°，单位增益频率 ω_{ta} 尽量大，则 C_C 和主极点频率 ω_{p1} 是多少？

4.9 对于如图 4.34 所示的电路，若 $C_C=5\text{pF}$，$C_{GS8}=50\text{fF}$，$g_{m6}=0.6\,\text{mA/V}$，试估算加入源极跟随器前后右半平面零点的变化情况。

4.10 考虑如图 4.67 所示的放大器，其中，$(W/L)_{1\sim4}=50\mu\text{m}/0.5\mu\text{m}$，$I_{SS}=I_1=0.5\,\text{mA}$，$\mu_n C_{ox}=134\mu\text{A/V}^2$，$\lambda_n=0.1\text{V}^{-1}$，$\lambda_p=0.2\text{V}^{-1}$。

（1）假设 $C_X=C_Y=0.5\text{pF}$，估算节点 X、Y 处的极点频率，并通过估算的极点写出电压传输函数 $A(s)=V_{out}(s)/V_{in}(s)$。

（2）计算放大器的相位裕度。

（3）如果 $C_X=0.5\text{pF}$，若要求相位裕度至少为 60°，则 C_Y 的最大允许值为多少？

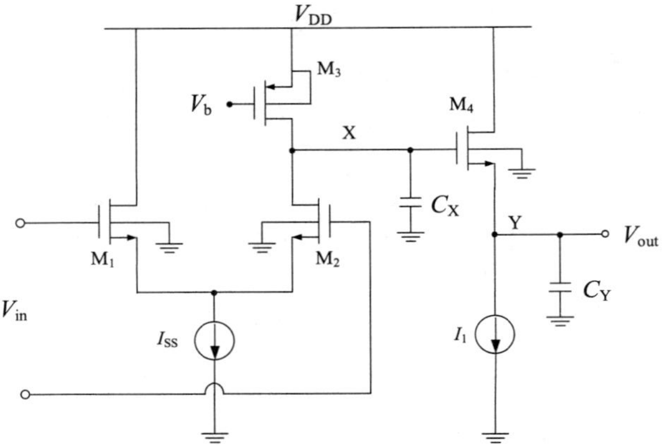

图 4.67

4.11 假定一个两级运算放大器的开环电压增益（传输函数）为

$$H(s)=\frac{A_0\left(1+\dfrac{s}{\omega_Z}\right)}{\left(1+\dfrac{s}{\omega_{P1}}\right)\left(1+\dfrac{s}{\omega_{P2}}\right)}$$

（1）若该两级运算放大器构成一个单位负反馈闭环系统，则求该闭环系统的电压传输函数 $A_F(s)=V_{out}(s)/V_{in}(s)$。

（2）求该闭环系统的两个主极点 ω_{PA}、ω_{PB}。假定这两个极点相距较远，即 $\omega_{PA}\gg\omega_{PB}$。

4.12 设计如图 4.66 所示的普通两级运算放大器。已知参数为 $\mu_n C_{ox}=100\mu\text{A/V}^2$，$\mu_p C_{ox}=50\mu\text{A/V}^2$，$(W/L)_8=5\mu\text{m}/1\mu\text{m}$，$V_{eff3,4}=0.2\text{V}$，$\lambda_n=\lambda_p=0.1\text{V}^{-1}$，$V_{DD}=5\text{V}$，$I_{bias}=I_{D5}=50\mu\text{A}$，$I_{D7}=100\mu\text{A}$，选择所有 CMOS 器件的 L 尺寸为 $1\mu\text{m}$。

（1）确定每个 CMOS 管的宽长比，使低频电压增益达到 700V/V；

（2）设计适当的密勒补偿电容 C_C，使增益带宽乘积达到 1MHz；

（3）设计 R_C 以消除由补偿电容 C_C 引入的右半平面零点；

（4）此运算放大器的摆率为多少？

4.13 设计如图 4.66 所示的普通两级运算放大器。假定 $V_{DD}=3.3V$，$V_{THN}=|V_{THP}|=0.72V$，$\mu_n C_{ox}=151\mu A/V^2$，$\mu_p C_{ox}=54\mu A/V^2$，$\lambda_p=0.05V^{-1}$，$\lambda_n=0.04V^{-1}$。假设管子的栅长均为 1μm，且 M_1 与 M_2 对称，M_3 与 M_4 对称。要求运算放大器的性能指标满足下列条件：

- 直流或低频时的小信号差模电压增益 $A_{vd}>4000$ V/V （72dB）；
- 输入共模电压范围为 $V_{cm,\min}=1V$，$V_{cm,\max}=2.5V$；
- 输出电压的摆幅 $0.5V \leqslant V_{out} \leqslant 2.5V$；
- 单位增益频率 $\omega_{ta}=6.28\times10^7$ rad/s（$f_{ta}=10MHz$）；
- 相位裕度 PM = 60°；
- 摆率 SR = 15V/μs；
- 静态功耗 P ≤ 2mW。

（1）假设负载电容 $C_L=10pF$，且将右半平面的零点 ω_Z 外推至 $5\omega_{ta}$，试完成以上电路设计和仿真。

（2）假设负载电容 $C_L=1pF$，且将右半平面的零点 ω_Z 外推至 $5\omega_{ta}$，试完成以上电路设计和仿真。

（3）假设负载电容 $C_L=1pF$，且采取（C_C+R_C）的方法消除右半平面的零点，重新完成以上电路设计和仿真。

（4）假设负载电容 $C_L=50pF$，采用输出端串联电阻的零点补偿法（$R_f=3k\Omega$），重新完成以上电路设计和仿真。

第 5 章 高性能运算放大器

在上一章中，我们讨论了普通两级运算放大器的结构和特性，这些电路结构简单实用，而且是高性能运算放大器的基础。但是，随着微电子技术和集成电路的发展，对运算放大器的性能提出了更高的要求，为此人们研究和开发了各种高性能运算放大器，它们各有所长，可以满足不同应用场合的特殊需求。随着 CMOS 工艺的微细化和复杂混合信号 SoC 的发展，各种低电压、低功耗运算放大器不断涌现。在本章中，我们将介绍各种提升运算放大器性能的方法，包括提高增益、扩展输入共模电压范围、增大输出电压的摆幅、提高共模抑制比和信噪比、降低功耗、提高负载驱动能力等。

提高增益的高性能运算放大器包括套筒式共源共栅运算放大器（Telescopic Cascode OPAMP）、折叠式共源共栅运算放大器（Folded Cascode OPAMP）和高增益（Gain-boosting OPAMP）运算放大器。另外，轨对轨运算放大器（Rail to Rail OPAMP）可以扩展输入共模电压的范围，全差动运算放大器可增大输出电压的摆幅并提高共模抑制比和信噪比，工作在亚阈值区的微功耗运算放大器可以降低功耗，附加输出级电路可以提高负载驱动能力。

5.1 套筒式共源共栅运算放大器

普通两级运算放大器通常采用共源放大器的结构，它虽然具有很大的输出电压的摆幅，但电压增益相对较小，且需要进行相位补偿。为了进一步提高运算放大器的电压增益，可以利用第 3 章中介绍的“共源共栅”结构，以提高输出电阻，进而提高电压增益。图 5.1（a）所示为套筒式共源共栅运算放大器（Telescopic Cascode OPAMP）的电路结构，其中，$M_1 \sim M_4$ 为 NMOS 共源共栅放大管；$M_5 \sim M_8$ 为 PMOS 共源共栅电流镜，用作差动放大器的有源负载，将差动电流转换为单端输出电压；M_9 通过电流镜为差动放大器提供尾电流 I_{SS}；V_b 为共栅放大管 M_3 与 M_4 的直流偏置电压。另外，电路左右两边的 CMOS 管的尺寸和特性完全对称。

在以下分析中，为了方便起见，假定所有管子的阈值电压相等，用 V_{TH} 表示，所有管子的过驱动电压相等，用 V_{eff} 表示，对于 PMOS 管取其绝对值。

在如图 5.1（a）所示的电路中，为了使所有管子均工作在饱和区，最小输入共模电平为 $V_{cm,min} = V_{GS1} + V_{eff9} = V_{TH1} + V_{eff1} + V_{eff9} = V_{TH} + 2V_{eff}$，而最大输入共模电平为 $V_{cm,max} = V_b - V_{GS3} + V_{TH1} = V_b - (V_{TH3} + V_{eff3}) + V_{TH1} = V_b - V_{eff}$。直流偏置电压 V_b 的最小值为 $V_{GS3} + V_{eff1} + V_{eff9} = V_{TH3} + V_{eff3} + V_{eff1} + V_{eff9} = V_{TH} + 3V_{eff}$，$V_b$ 的最大值为 $V_{DD} - |V_{GS7}| - |V_{GS5}| + V_{TH3} = V_{DD} - (V_{TH7} + V_{eff7}) - (V_{TH5} + V_{eff5}) + V_{TH3} = V_{DD} - (V_{TH} + 2V_{eff})$。图 5.1（b）中给出了输入共模电压范围（ICMR）以及直流偏置电压 V_b 的取值范围，为了提高 ICMR，V_b 需要取较大的值。

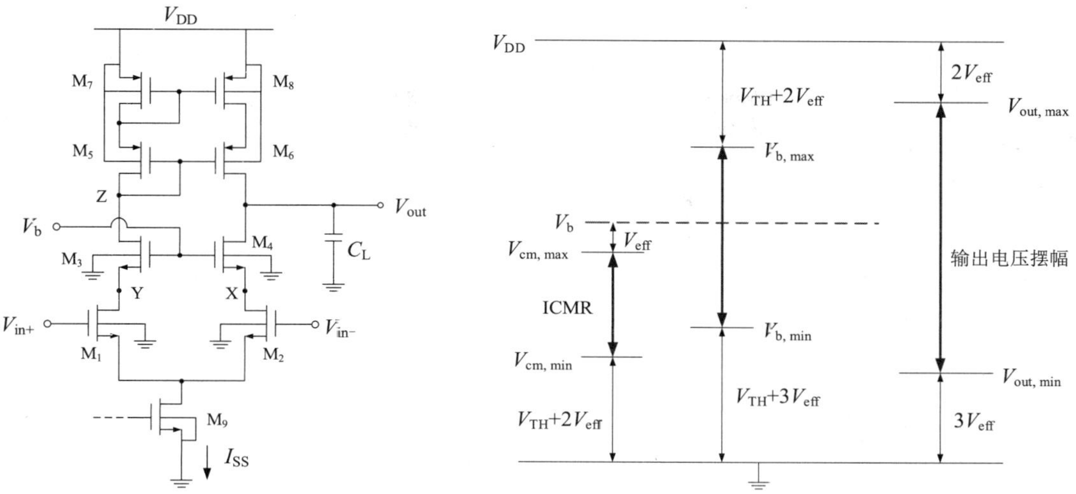

（a）电路结构　　　　（b）直流偏置电压与输出电压的摆幅

图 5.1　套筒式共源共栅运算放大器

根据第 3 章中对“共源共栅”结构的分析结果，我们可以求出图 5.1（a）中电路的差动输入–单端输出时的小信号电压增益 A_{vd} 为（这里忽略了体效应）

$$A_{vd}=\frac{v_{out}}{v_{id}}=\frac{v_{out}}{v_{in+}-v_{in-}}=g_{m1,2}\left[(g_{m4}r_{ds4}r_{ds2})\parallel(g_{m6}r_{ds5}r_{ds8})\right] \tag{5.1}$$

式中，$g_{m4}r_{ds4}r_{ds2}$ 和 $g_{m6}r_{ds6}r_{ds8}$ 为分别从输出端的两条支路看进去的“共源共栅”结构（包括共源共栅放大器及共源共栅电流镜）的对地等效电阻。如果令所有 CMOS 管子的跨导和输出电阻均相等，设其分别为 g_m 和 r_{ds}，则小信号电压增益 A_{vd} 可近似估算为 $A_{vd}=(1/2)(g_m r_{ds})^2$。为了与普通两级运算放大器的电压增益相比较，我们采用与前面同样的假设，此时普通两级运算放大器的小信号电压增益为 $A_{vd}=(1/4)(g_m r_{ds})^2$，因此，尽管套筒式共源共栅运算放大器是单级放大器，但其电压增益与普通两级运算放大器相当。

但是，采用“共源共栅”结构，会使更多的管子在电源和地之间“垂直层叠”起来（因此又称为“套筒式”），从而消耗更多的电压余度，使输出电压的摆幅减小。因此，电压增益的提高是以牺牲输出电压的摆幅为代价的。我们现在考察如图 5.1（a）所示的电路的输出电压的摆幅。输出电压允许的最小值为 $V_{out,min}=V_{eff9}+V_{eff2}+V_{eff4}=3V_{eff}$。而输出电压允许的最大值为 $V_{out,max}=V_{DD}-|V_{GS7}|-|V_{GS5}|+|V_{TH6}|=V_{DD}-V_{eff7}-V_{eff5}-|V_{TH6}|=V_{DD}-2V_{eff}-V_{TH}$，因此，输出电压的摆幅为

$$V_{out,max}-V_{out,min}=V_{DD}-V_{eff7}-V_{eff5}-V_{eff9}-V_{eff2}-V_{eff4}-|V_{TH6}|=V_{DD}-5V_{eff}-V_{TH} \tag{5.2}$$

由上式可知，输出电压的摆幅等于电源电压减去 5 个过驱动电压和 1 个阈值电压，这是由于在如图 5.1（a）所示的电路中，有 5 个管子在电源和地之间“垂直层叠”，而且由 M_5 ～ M_8 构成的共源共栅电流镜多消耗了 1 个 PMOS 管的阈值电压。例如，假定电源电压等于 3V，每个管子的过驱动电压为 0.3V、阈值电压为 0.7V，此时输出电压的摆幅只有 0.8V。

在图 5.1（a）中，由于 M_5 ～ M_8 构成的共源共栅电流镜被用作放大器的有源负载，为了提高输出电压的摆幅，只要将 M_6 和 M_8 偏置在饱和区即可，因此，输出电压的最大值可设为 $V_{out,max}=V_{DD}-V_{eff6}-V_{eff8}=V_{DD}-2V_{eff}$，此时，输出电压的摆幅就等于电源电压减去 5 个过驱

动电压。图 5.1（b）中给出了输出电压的摆幅。

为了增大输出电压的摆幅，也可以采用第 3 章介绍的宽摆幅共源共栅电流镜作为差动放大器的有源负载，如图 5.2（a）所示。在图 5.2 中，由 $M_5 \sim M_8$ 构成的 PMOS 宽摆幅共源共栅电流镜可以减小消耗的电压余度，使输出电压的上限提高一个 PMOS 的阈值电压，此时的输出电压的摆幅为电源电压减去 5 个过驱动电压。图 5.2（a）所示的放大器的电压增益与图 5.1 完全相同。

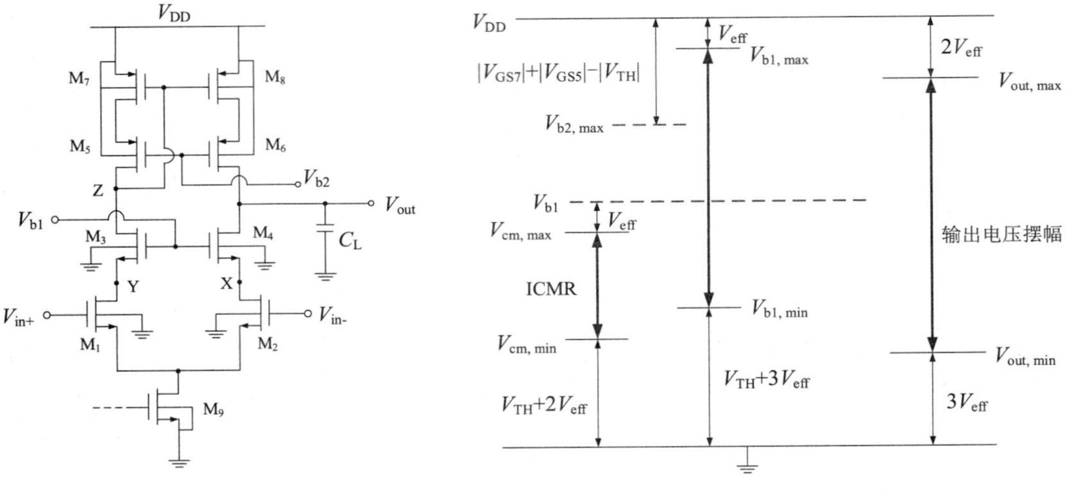

（a）电路结构　　　　（b）直流偏置电压与输出电压的摆幅

图 5.2　套筒式共源共栅运算放大器（采用宽摆幅共源共栅电流镜）

与前面的分析方法类似，可以分别求出如图 5.2（a）所示的套筒式共源共栅运算放大器的输入共模电压范围、输出电压的摆幅及直流偏置电压 V_{b1} 和 V_{b2} 的取值范围。

1）输入共模电压范围

$$V_{cm,\min} = V_{GS1} + V_{eff9} = V_{TH1} + V_{eff1} + V_{eff9} = V_{TH} + 2V_{eff}$$

$$V_{cm,\max} = V_{b1} - V_{GS3} + V_{TH1} = V_{b1} - \left(V_{TH3} + V_{eff3}\right) + V_{TH1} = V_{b1} - V_{eff}$$

2）输出电压 V_{out} 的摆幅

$$V_{out,\min} = V_{eff9} + V_{eff2} + V_{eff4} = 3V_{eff}$$

$$V_{out,\max} = V_{DD} - V_{eff8} - V_{eff6} = V_{DD} - 2V_{eff}$$

3）直流偏置电压 V_{b1} 的取值范围

$$V_{b1,\min} = V_{GS3} + V_{eff1} + V_{eff9} = V_{TH3} + V_{eff3} + V_{eff1} + V_{eff9} = V_{TH} + 3V_{eff}$$

$$V_{b1,\max} = V_{DD} - V_{GS7} + V_{TH3} = V_{DD} - \left(V_{TH7} + V_{eff7}\right) + V_{TH3} = V_{DD} - V_{eff}$$

4）直流偏置电压 V_{b2} 的取值范围

$$V_{b2,\max} = V_{DD} - \left(|V_{GS7}| + |V_{GS5}| - |V_{TH}|\right)$$

此时 M_6 和 M_8 消耗的电压余度最小。

图 5.2（b）中给出了以上分析结果。与图 5.1 中的电路相比，由于 V_{b1} 的最大值提高，输入共模电压的最大值可相应提高，因此，该电路具有较大的输入共模电压范围。

当将套筒式共源共栅运算放大器用作单位增益缓冲器（Buffer）时，其输出电压的摆幅将进一步减小。为此，我们考察如图 5.3 所示的电路，在图 5.3 中，反相输入端与输出端短接，即形成 Buffer 电路。为了使 M_2 和 M_4 均工作在饱和区，应满足的条件是 $V_X \geqslant V_{out} - V_{TH2}$ 及 $V_{out} \geqslant V_b - V_{TH4}$。由于 $V_X = V_b - V_{GS4}$，因此 $V_b - V_{TH4} \leqslant V_{out} \leqslant V_b - V_{GS4} + V_{TH2}$。此时输出电压的摆幅是 $V_{TH2} - (V_{GS4} - V_{TH4}) = V_{TH2} - V_{eff4}$，即 1 个阈值电压减去 1 个过驱动电压。因此，套筒式共源共栅运算放大器被用作单位增益缓冲器时，其输出电压的摆幅总是小于 1 个阈值电压。造成这种现象的原因是，正如第 3 章所指出的那样，套筒式共源共栅放大器的输出（共栅）管 M_4 垂直叠加在输入（共源）管 M_2 的上面，而且 M_2 和 M_4 均为 NMOS 管，因此放大器在开环时的输入和输出直流电平相差较大。

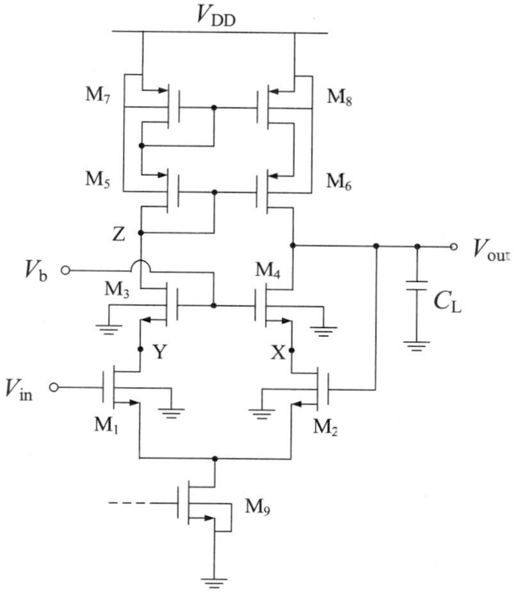

图 5.3 用作单位增益缓冲器的套筒式共源共栅运算放大器

套筒式共源共栅运算放大器是单级运算放大器，它只有一个位于输出端的主极点，该极点是由输出电阻 r_{out} 与负载电容 C_L 形成的。套筒式共源共栅运算放大器的输出电阻非常高，在输出端接上负载电容后，可形成一个频率极低的主极点。对于其他内部节点（如图 5.1 和图 5.2 中的节点 X、Y 和 Z，这些节点也称为“折叠点”），它们的对地电阻都较低，这是由于共栅极（M_3 与 M_4）的输入电阻近似为 $2/(g_{m3,4} + g_{mb3,4})$，二极管连接的电流镜原边（M_5 与 M_7）的等效电阻近似为 $1/g_{m5} + 1/g_{m7}$。另外，这些内部节点的对地等效电容仅为 CMOS 管的寄生电容，与 C_L 相比也很小。与这些内部节点对应的非主极点均在高频领域，可以忽略不计。因此，C_L 越大，主极点频率越低，主极点与非主极点分离得越远，相位裕度相应增加，从而可实现相位自补偿。因此，套筒式共源共栅运算放大器不需要进行相位补偿。

为了增加输出电压的摆幅，可以在共源共栅放大器的后面级联一级共源放大器（此时总的电压增益也相应提高，远大于普通两级运算放大器的电压增益），如图 5.4 所示。在图 5.4 中，M_{12} 和 M_{13} 构成 PMOS 共源放大器，而 M_{10} 和 M_{11} 为源极跟随器。在共源共栅放大器和共源放大器之间插入源极跟随器的目的是实现直流电平的位移，即将 M_{12} 的栅极电位抬高（$|V_{GS11}|$），这是因为共源共栅放大器的输出直流电平 V_{out1} 较低，如果用 V_{out1} 直接驱动 PMOS 共源放大管 M_{12}，将使 M_{12} 的过驱动电压较大（由于 $|V_{GS12}|$ 过大），从而导致输出电压的允许上

限降低，减小输出电压的摆幅。

对于如图 5.4 所示的电路，假设共源放大器的电压增益为 10，输出电压的摆幅为 2V，那么共源共栅放大器的输出电压的摆幅只要 0.2V 就够了，这样就解决了输出电压的摆幅小的问题。但是，由于变成两级运算放大器，此时必须考虑相位补偿问题（在 V_{out1} 和 V_{out} 处分别有两个主极点，图 5.4 中的电容 C_C 是相位补偿电容）。

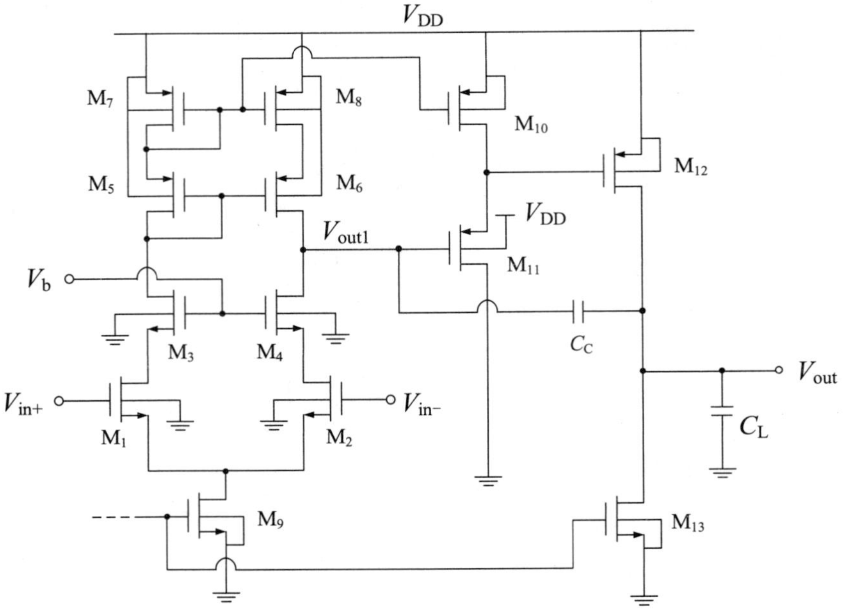

图 5.4　采用共源共栅输入级的两级运算放大器

5.2　折叠式共源共栅运算放大器

前面已经指出，套筒式共源共栅运算放大器虽然具有很高的电压增益，但是其采用的是“垂直层叠”的套筒式共源共栅结构，输出电压的摆幅较小，另外开环时的输入和输出直流电平相差较大，在闭环状态下应用时很难实现单位增益缓冲器。为了克服套筒式结构的这些缺点，正如第 3 章中所介绍的“折叠式共源共栅放大器”一样，我们可以采用“共源管与共栅管横向并联”的折叠式结构，从而构成折叠式共源共栅运算放大器（Folded Cascode OPAMP）。

图 5.5(a)所示为差动输入-单端输出折叠式共源共栅运算放大器。其中，M_1 和 M_2 为 NMOS 共源放大管；M_5 和 M_6 为 PMOS 共栅放大管；$M_7 \sim M_{10}$ 为 NMOS 宽摆幅共源共栅电流镜（用作差动放大器的有源负载，将差动电流转换为单端输出电压）；M_3 和 M_4 为电路整体提供恒定的偏置电流；M_{11} 为差动放大器提供尾电流；V_{b1} 为共栅放大管 M_5 与 M_6 的直流偏置电压；V_{b2} 为宽摆幅共源共栅电流镜中 M_7 与 M_8 的直流偏置电压。另外，电路左右两边的 CMOS 管的尺寸和特性完全对称。

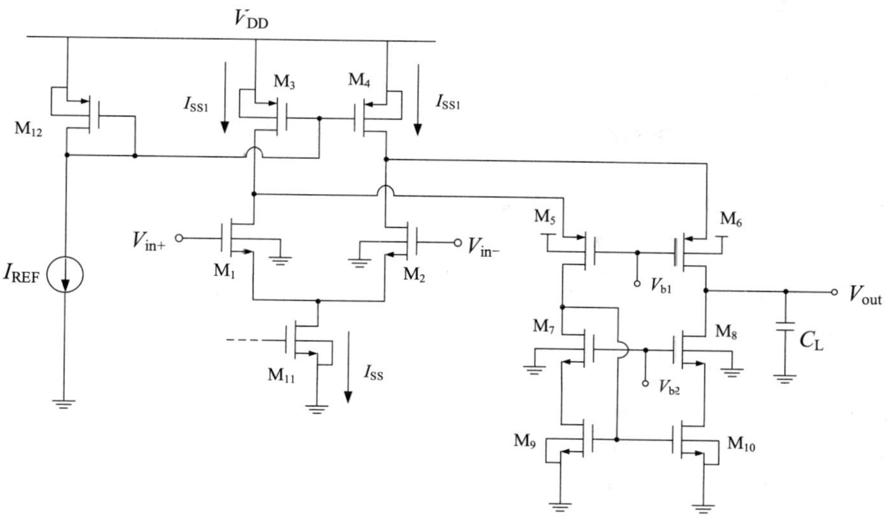

（a）差动输入-单端输出折叠式共源共栅运算放大器

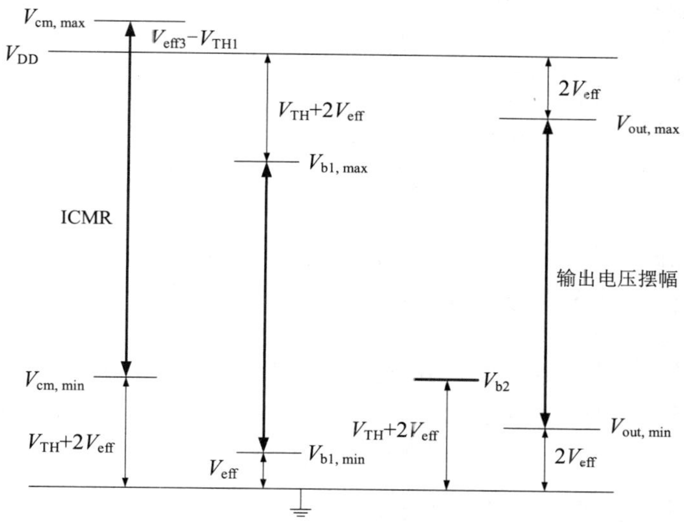

（b）直流偏置电压与输出电压的摆幅

图 5.5　折叠式共源共栅运算放大器

对于如图 5.5（a）所示的电路，为了使 M_1 和 M_2 管工作在饱和区，最小输入共模电平为 $V_{cm,min}=V_{GS1}+V_{eff11}=V_{TH1}+V_{eff1}+V_{eff11}$，而最大输入共模电平为 $V_{cm,max}=V_{DD}-V_{eff3}+V_{TH1}$。如果施加适当的直流偏置电压 V_{b1} 和 V_{b2}，使得 $M_5\sim M_{10}$ 管均工作在饱和区，则输出电压允许的最小值为 $V_{out,min}=V_{eff8}+V_{eff10}$，而输出电压允许的最大值为 $V_{out,max}=V_{DD}-V_{eff4}-V_{eff6}$，因此，输出电压的摆幅为 $V_{DD}-V_{eff4}-V_{eff6}-V_{eff8}-V_{eff10}$。由此可知，图 5.5（a）中的差动输入-单端输出折叠式共源共栅运算放大器的输出电压的摆幅等于电源电压减去 4 个过驱动电压，与如图 5.2（a）所示的套筒式共源共栅运算放大器相比，其输出电压的摆幅增加了 1 个尾电流源的过驱动电压，这是折叠式结构的优点之一。例如，假定电源电压 V_{DD} 等于 3V，每个管子的过驱动电压为 0.3V，阈值电压为 0.7V，则输出电压的允许范围是 $0.6V\leqslant V_{out}\leqslant 2.4V$（摆幅为 1.8V），而输入共模电平的允许范围是 $1.3V\leqslant V_{cm}\leqslant 3.4V$，最大输入共模电平可以超过电源电压$V_{DD}$（在$V_{eff3} < V_{TH1}$的情况下）。

直流偏置电压的取值范围分析如下（这里假定所有管子的阈值电压相等，用V_{TH}表示，所有管子的过驱动电压相等，用V_{eff}表示，对于 PMOS 管取其绝对值）

$$V_{b1,\max} = V_{DD} - |V_{GS5}| - |V_{eff3}| = V_{DD} - |V_{TH5}| - |V_{eff5}| - |V_{eff3}| = V_{DD} - (V_{TH} + 2V_{eff})$$

$$V_{b1,\min} = V_{GS9} - |V_{THP5}| = V_{TH9} + V_{eff9} - |V_{THP5}| = V_{eff}$$

$$V_{b2} = V_{GS7} + V_{eff9} = V_{TH} + 2V_{eff}$$（此时，电流镜消耗的电压余度最小）

图 5.5（b）中给出了输入共模电压范围（ICMR）、输出电压的摆幅及直流偏置电压V_{b1}和V_{b2}的取值范围。

在图 5.5（a）中，由于输入（共源）管M_1、M_2和输出（共栅）管M_5、M_6分别采用 NMOS 管和 PMOS 管（不同性质的 CMOS 管），因此放大器的输入和输出直流电平接近，从而可以将输入端和输出端短接，以实现具有足够输出电压的摆幅的单位增益缓冲器。另外，由于输入共模电平的允许范围增大，更容易选取和设定输入共模电平值。

下面我们考察小信号电压增益。对于如图 5.5（a）所示的电路，其输出电阻等于共源共栅放大器的输出电阻与共源共栅电流镜输出电阻的并联值。根据第 3 章中对折叠式共源共栅放大器的分析结果（参考 3.6.2 节），我们可以求出输出电阻为

$$r_{out} \approx \left[(g_{m6} + g_{mb6})(r_{ds2} \| r_{ds4}) r_{ds6}\right] \| \left[(g_{m8} + g_{mb8}) r_{ds8} r_{ds10}\right] \tag{5.3}$$

如果忽略体效应，那么差动输入-单端输出时的小信号电压增益A_{vd}为

$$A_{vd} = \frac{v_{out}}{v_{id}} = g_{m1,2} r_{out} \approx g_{m1,2}\left\{\left[g_{m6} r_{ds6}(r_{ds2} \| r_{ds4})\right] \| (g_{m8} r_{ds8} r_{ds10})\right\} \tag{5.4}$$

将上式与式（5.1）进行比较可以看出，由于r_{ds2}与r_{ds4}是并联关系，因此折叠式共源共栅运算放大器的电压增益小于套筒式共源共栅运算放大器（这里假定所有跨导在这两种结构下近似相等）。

为了保证所有跨导在折叠式和套筒式两种结构下近似相等，对于相同的器件尺寸，必须保证偏置电流不变。对于图 5.5（a）中的偏置电流，假设流过M_{11}管的尾电流与套筒式时相同，即仍然是I_{SS}，流过M_3或M_4的电流为I_{SS1}，则M_1和M_2中的偏置电流均为$I_{SS}/2$，而流过M_5或M_6的电流为$I_{SS1} - I_{SS}/2$。为了保证所有跨导在两种结构下近似不变，可选取流过M_5或M_6的电流也等于$I_{SS}/2$。此时，$I_{SS1} = I_{SS}$，因此，图 5.5（a）中总的偏置电流为$2I_{SS}$，比套筒式结构时的偏置电流增大 1 倍（在实际电路中会更大，原因见后面的说明）。因此，与套筒式共源共栅运算放大器相比，折叠式共源共栅运算放大器消耗的功率增大。

下面我们考察频率特性。与套筒式共源共栅运算放大器类似，折叠式共源共栅运算放大器也是单级运算放大器。由于输出电阻r_{out}非常高，因此这类运算放大器主要用于驱动电容性负载，负载电容C_L通常比较大。折叠式共源共栅运算放大器的主极点也位于输出端，该极点是由输出电阻r_{out}与负载电容C_L形成的，因此主极点频率$\omega_{p1} = 1/(r_{out}C_L)$较低，且随着负载电容$C_L$增大，$\omega_{p1}$减小，与其他非主极点之间的距离增大，相位裕度相应增加，因此负载电容具有相位补偿功能。如果实际的负载电容较小，导致负载电容产生的主极点与其他非主极点不能分开得足够远，那么相位裕度有可能不满足要求，此时可以人为地增加C_L的值，使其成为主极点。值得指出的是，由于开环电压增益的单位增益频率为$\omega_{ta} = g_{m1,2}/C_L$，因此较大的负载电容虽然增加了系统的稳定性，但降低了运算放大器的带宽和动作速度。

对于电路内部“折叠点”所对应的非主极点，我们可以比较套筒式与折叠式两种结构下的极点频率大小。为此，可以画出两种结构下“折叠点”周围的简化电路，如图 5.6 所示，M_1

为共源放大管，M_3 为共栅放大管。对于如图 5.6（a）所示的套筒式结构，“折叠点”A 处的总寄生电容为 $C_{AT}=C_{GS3}+C_{SB3}+C_{DB1}+C_{GD1}$，而对于如图 5.6（b）所示的折叠式结构，“折叠点”A 处的总寄生电容为 $C_{AF}=C_{AT}+C_{DB5}+C_{GD5}$。因此由于 M_5 的存在，折叠式结构中的寄生电容增大，而且由于 M_5 中流过较大的电流，为了实现较小的过驱动电压，M_5 的宽长比（W/L）必须足够大，这将导致 M_5 的寄生电容增大。另一方面，从“折叠点”处的对地等效电阻来看，对于图 5.6（a）和图 5.6（b），A 处的对地等效电阻均可近似为共栅极（M_3）的输入电阻 $2/(g_{m3}+g_{mb3})$，但由于折叠式结构中的 M_3 为 PMOS，在相同器件尺寸和偏置电流的情况下，其跨导小于 NMOS 管，因此折叠式结构在“折叠点”处的对地等效电阻更大。综合以上分析结果，可以得出一个结论：与套筒式结构相比，由于折叠式结构在“折叠点”处的对地等效电阻和等效电容均有所增大，导致折叠式结构的非主极点频率略有降低。

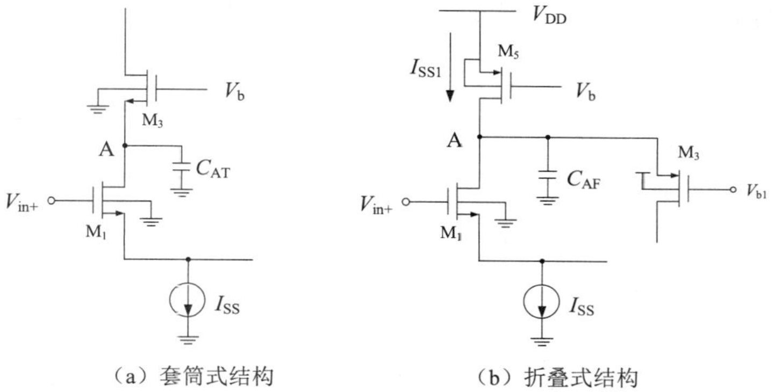

图 5.6　套筒式与折叠式运算放大器的非主极点频率比较

下面我们考察输入大振幅差模电压信号时的摆率。对于如图 5.5（a）所示的电路，假定流过 M_3 或 M_4 的电流为 I_{SS1}，流过 M_{11} 的尾电流是 I_{SS}。如果输入差模电压信号发生正跳变（$V_{in+}\gg V_{in-}$），那么此时 M_2 的电流近似为 0（M_2 工作在深度线性区），M_1 导通并流过全部尾电流 I_{SS}。此时流过 M_5 的电流是 $I_{SS1}-I_{SS}$，而流过 M_6 的电流是 I_{SS1}。由于电流镜的耦合，流过 M_8 的电流是 $I_{SS1}-I_{SS}$，这样便可得到流进负载电容 C_L 的电流是 $I_{D6}-I_{D8}=I_{SS1}-(I_{SS1}-I_{SS})=I_{SS}$，因此，输出电压 $v_{out}=(I_{SS}/C_L)t$，摆率 $SR=I_{SS}/C_L$。由以上分析可知，如果选择 $I_{SS1}=I_{SS}$，那么流过 M_5 的电流变为零，这将使得 $M_7\sim M_{10}$ 的电流镜在“摆率”期间完全截止（工作在深度线性区），而重新导通时将产生时延（由于给寄生电容充电需要时间），从而增加输出电压的失真。为此，通常选择 I_{SS1} 略大于 I_{SS}（通常选取 $I_{SS1}=(1.2\sim1.5)I_{SS}$）。

如果输入差模电压信号发生负跳变（$V_{in+}\ll V_{in-}$），则此时 M_1 中的电流近似为 0（工作在深度线性区），M_2 导通并流过全部尾电流 I_{SS}，流过 M_6 的电流是 $I_{D6}=I_{SS1}-I_{SS}$，流过 M_5 和 M_8 的电流是 $I_{D5}=I_{D8}=I_{SS1}$，因此，C_L 的放电电流为 $I_{CL}=I_{D8}-I_{D6}=I_{SS1}-(I_{SS1}-I_{SS})=I_{SS}$，摆率仍为 $SR=I_{SS}/C_L$。

与套筒式结构相比，折叠式共源共栅运算放大器的优点是输入共模电平的允许范围及输出电压的摆幅均较大，而且可以实现具有足够输出电压的摆幅的单位增益缓冲器。其缺点是电压增益略低、功耗较大。因此，折叠式共源共栅运算放大器更适用于现代低压 CMOS 工艺（供电电压 V_{DD} 较小）。

5.3 高增益运算放大器

在前面介绍的套筒式和折叠式共源共栅运算放大器中，通过利用“共源共栅”结构，提高了输出电阻，进而达到了提高电压增益的目的。为了进一步提高电压增益，理论上可以“层叠”更多的“共源共栅”器件，但“共源共栅”结构会消耗较大的电压余度（每个“共源共栅”器件至少消耗两个过驱动电压），这将导致输出电压的摆幅严重减小，不适用于现代低压CMOS 工艺。因此，为了进一步提高电压增益，我们需要考虑其他增大输出电阻的方法，而不是增加更多的“共源共栅”器件。本节介绍高增益运算放大器（Gain Boosting OPAMP）。

我们首先考虑如图 5.7 所示的电路。图 5.7（a）是前面介绍的典型“共源共栅”结构，其输出电阻近似为 $r_{out}=g_{m2}r_{ds2}r_{ds1}$。为了进一步增大输出电阻 r_{out}，我们可以利用负反馈技术，设法使 M_1 和 M_2 的电流保持恒定，而不随负载端电压发生变化。

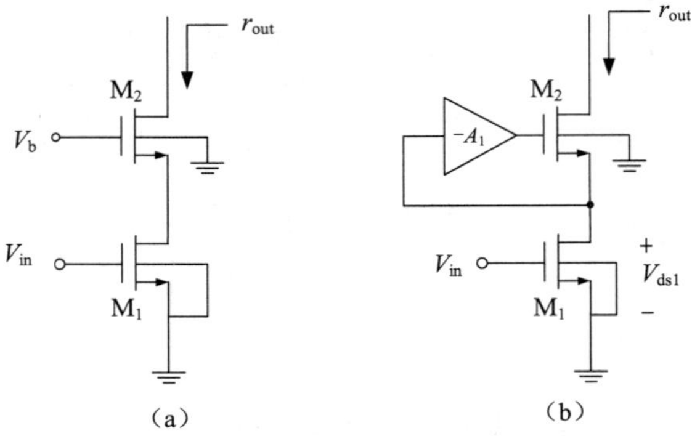

图 5.7 通过负反馈增大“共源共栅”结构的输出电阻

如图 5.7（b）所示，将 M_1 的 V_{ds1} 经辅助放大器放大 $-A_1$ 倍后加到 M_2 的栅极，这样就形成了负反馈环路，从而抑制 M_1 的 V_{ds1} 及漏极电流的变化，使 M_1 的输出电阻增大。例如，当负载端电压增加时，M_1 的 V_{ds1} 也增加，由于该电压增量被放大 $-A_1$ 倍后加到 M_2 的栅极，因此 M_2 的栅极电位降低、漏极电位抬高，从而使 M_1 的 V_{ds1} 相应降低，以维持 M_1 的 V_{ds1} 及漏极电流恒定。因此，加入负反馈辅助放大器后，进一步屏蔽了负载端的电压变化对 M_1 输出电流的影响。

为了求出如图 5.7（b）所示的电路的输出电阻 r_{out}，我们可以画出它的小信号等效电路（忽略体效应），如图 5.8 所示。

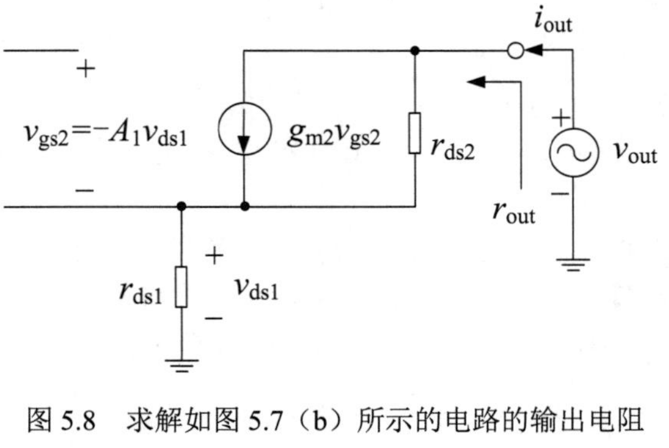

图 5.8 求解如图 5.7（b）所示的电路的输出电阻

由图 5.8 可得

$$i_{out} = -A_1 v_{ds1} g_{m2} + \left(v_{out} - v_{ds1}\right) / r_{ds2} \tag{5.5}$$

由于 $v_{ds1} = i_{out} r_{ds1}$，代入上式整理后可得

$$r_{out} = v_{out} / i_{out} = r_{ds2}\left[1 + \left(r_{ds1} / r_{ds2}\right) + A_1 r_{ds1} g_{m2}\right] \approx A_1 g_{m2} r_{ds2} r_{ds1} \tag{5.6}$$

这里假定 $r_{ds1} \approx r_{ds2}$，且 $A_1 r_{ds1} g_{m2} \gg 1$。由上式可知，如图 5.7（b）所示电路的输出电阻 r_{out} 约等于如图 5.7（a）所示电路的 A_1 倍。因此，通过负反馈显著提高了“共源共栅”结构的输出电阻，这一结果对“共源共栅”电流源也完全适用，这种通过增加负反馈辅助放大器提高“共源共栅”结构的输出电阻的方法称为“有源-共源共栅”技术（Active-Cascode Technology）。

图 5.9 所示为负反馈辅助放大器的具体实例，图中，M_3 和电流源负载 I_1 构成共源放大器，作为负反馈辅助放大器。图 5.9（a）和图 5.9（b）用于套筒式共源共栅结构，图 5.9（c）和图 5.9（d）用于折叠式共源共栅结构。

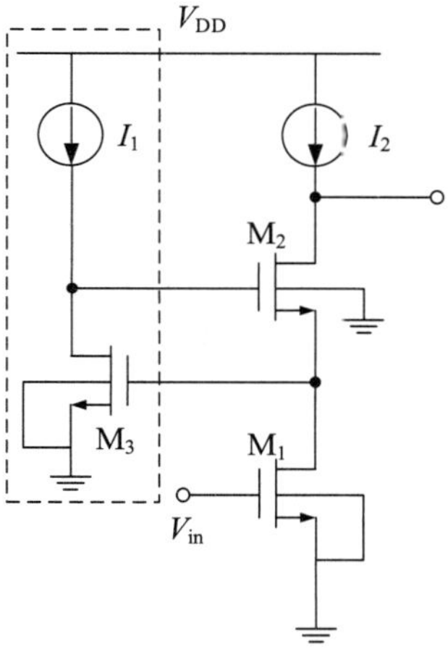

（a）套筒式共源共栅（NMOS）

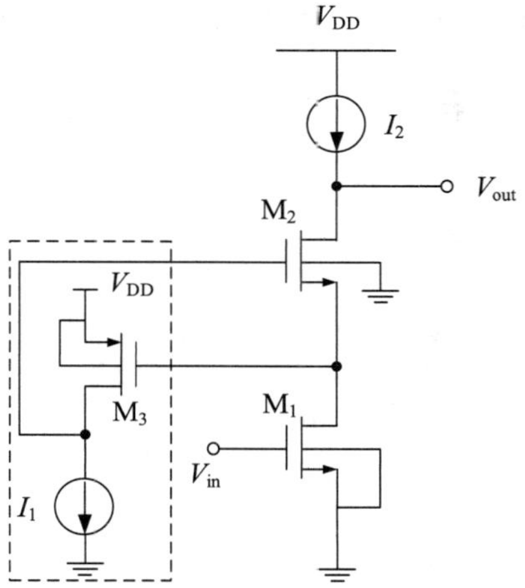

（b）套筒式共源共栅（PMOS）

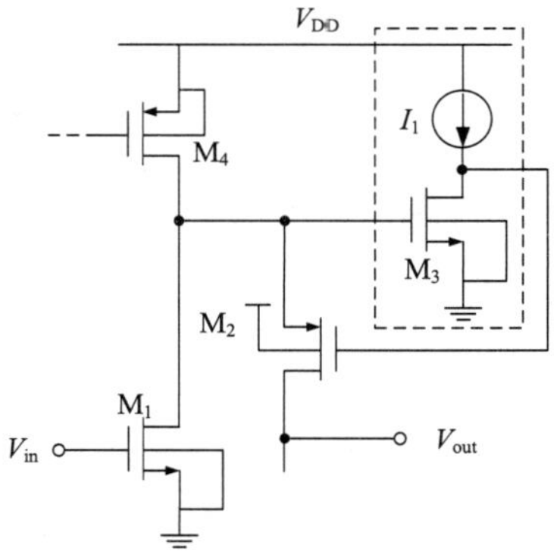

（c）折叠式共源共栅（NMOS）

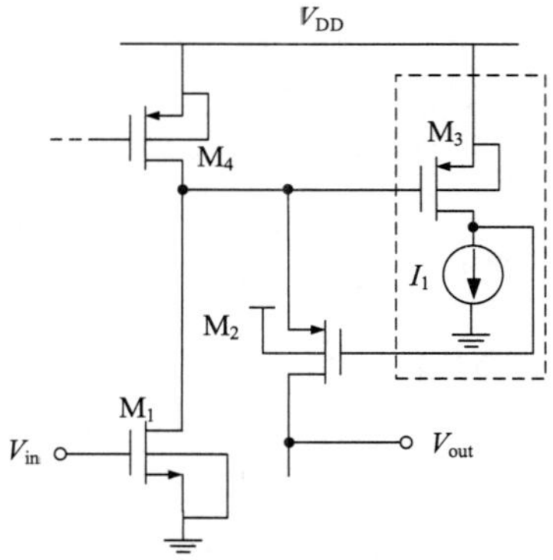

（d）折叠式共源共栅（PMOS）

图 5.9　负反馈辅助放大器的具体实例

在图 5.9（a）中，输出电压 V_{out} 的最小值等于 $V_{eff2} + V_{GS3} = V_{eff2} + V_{TH3} + V_{eff3}$，而对于普通“共源共栅”结构，输出电压的最小值等于 $V_{eff2} + V_{eff1}$，因此，由于加入负反馈辅助放大器，输出电压的摆幅减小了一个阈值电压。这里输出电压的摆幅的减小是由于图 5.9（a）中采用

了 NMOS 辅助放大器，若采用图 5.9（b）中的 PMOS 辅助放大器，则可以克服这个问题。对于如图 5.9（b）所示的电路，输出电压V_{out}的最小值是由“共源共栅”器件（M_1和M_2）决定的，而不是由 PMOS 辅助放大器确定的，这是因为 PMOS 辅助放大器的最小输入共模电平可以等于零。因此，若采用如图 5.9（b）所示的 PMOS 辅助放大器，则输出电压的摆幅不受影响，与普通“共源共栅”结构相同，此时，输出电压V_{out}的最小值等于$V_{eff2}+V_{eff1}$。

同理，对于如图 5.9（c）和图 5.9（d）所示的用于折叠式共源共栅的负反馈辅助放大器，图 5.9（c）电路的输出电压最大值$V_{out}(\max)=V_{DD}-(|V_{eff4}|+|V_{eff2}|)$，而图 5.9（d）电路的输出电压最大值$V_{out}(\max)=V_{DD}-(|V_{GS3}|+|V_{eff2}|)$。显然，与图 5.9（d）相比，图 5.9（c）电路具有较大的输出电压上限值（与普通“共源共栅”结构相同）。

现在考虑将上述“有源-共源共栅”结构应用到运算放大器中，以提高运算放大器的增益。图 5.10 所示为采用“有源-共源共栅”结构的折叠式共源共栅运算放大器。在图 5.10 中，$M_{1,2}$和$M_{5,6}$构成“有源-共源共栅”结构的折叠式共源共栅运算放大器，$M_7\sim M_{10}$构成“有源-共源共栅”结构的宽摆幅共源共栅电流镜。$-A_1$和$-A_2$为负反馈辅助放大器的放大倍数，为了使输出电压的摆幅不受影响（与普通“共源共栅”结构相同），放大倍数为$-A_1$的负反馈辅助放大器采用如图 5.9（c）所示的电路，而放大倍数为$-A_2$的负反馈辅助放大器采用如图 5.9（b）所示的电路。

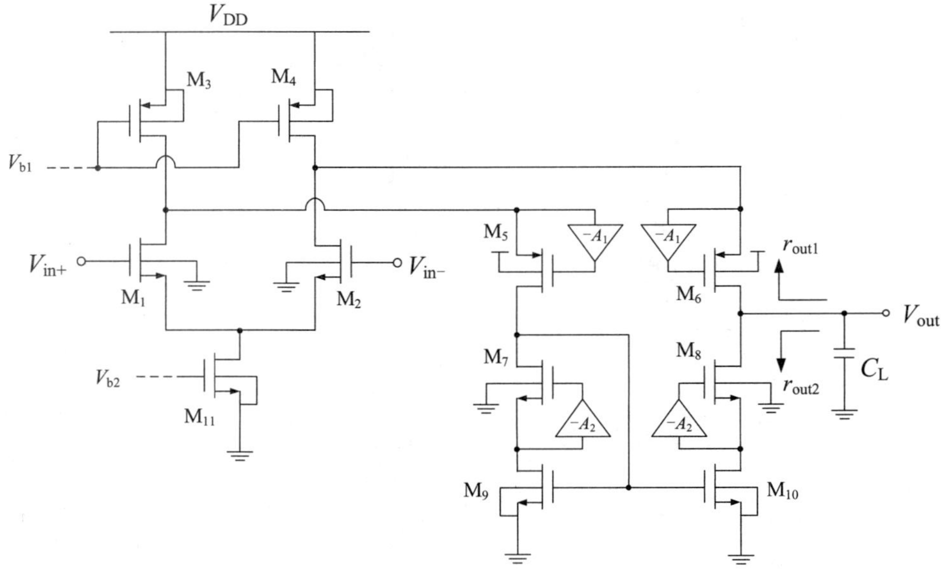

图 5.10　采用“有源-共源共栅”结构的折叠式共源共栅运算放大器

下面考虑输出电阻和电压增益。根据前面的分析结果（忽略体效应），从M_6的漏极看进去的等效电阻为$r_{out1}\approx A_1 g_{m6} r_{ds6}(r_{ds4}\|r_{ds2})$，从$M_8$的漏极看进去的等效电阻为$r_{out2}\approx A_2 g_{m8} r_{ds8} r_{ds10}$。此时，差动输入-单端输出时的小信号电压增益$A_{vd}$为

$$A_{vd}=\frac{v_{out}}{v_{id}}=g_{m1,2}\,r_{out}\approx g_{m1,2}\left\{\left[A_1 g_{m6} r_{ds6}(r_{ds2}\|r_{ds4})\right]\|(A_2 g_{m8} r_{ds8} r_{ds10})\right\} \tag{5.7}$$

由上式可知，如果设辅助放大器的电压增益$A_1=A_2=A$，那么如图 5.10 所示电路的电压

增益是普通“共源共栅”结构的 A 倍。

因此，采用“有源-共源共栅”结构，可以在不减小输出电压的摆幅的前提下，显著提高运算放大器的电压增益，这种技术称为 Gain Boosting。其缺点是，由于辅助放大器会消耗额外的偏置电流，因此功耗增大。

图 5.10 中的运算放大器的主极点仍然在输出端，因为输出端具有最大的输出电阻 r_{out} 和负载电容 C_L，而其余内部节点的等效电阻和寄生电容都较小，属于非主极点（高频极点）。

5.4　轨对轨运算放大器

在前面讨论的运算放大器中，由于差动输入级是单个 NMOS 差动对或单个 PMOS 差动对，它们的输入共模电压范围均受到限制。如图 5.11 所示，对于 NMOS 差动对，输入共模电压的最小值为 $V_{cm,min}=V_{GS1}+V_{eff3}$，而对于 PMOS 差动对，输入共模电压的最大值为 $V_{cm,max}=V_{DD}-|V_{GS1}|-|V_{eff3}|$。如果输入共模电压超出以上范围，则提供尾电流 I_{SS} 的管子 M_3 将进入线性区，导致差动对的偏置电流和跨导减小，从而使得电压增益降低。

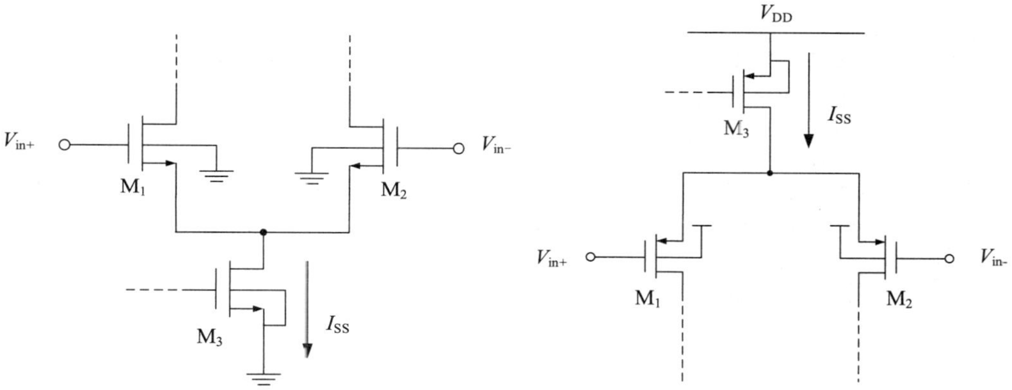

（a）　NMOS差动输入级　　　　（b）　PMOS差动输入级

图 5.11　运算放大器的单对差动输入级

而在实际应用中，如将运算放大器作为单位增益缓冲器（Buffer）使用时，由于输入电压等于输出电压，此时输入共模电压的范围应与输出电压的摆幅相同。例如，在液晶显示驱动电路（TFT-LCD Driver IC）中，输出驱动 Buffer 的输入电压范围几乎为0～V_{DD}，此时输入级无论是采用 NMOS 还是 PMOS 差动对，均不能满足输入共模电压范围的要求。

由于 NMOS 和 PMOS 差动对的输入共模电压范围具有互补的性质，我们可以在运算放大器的输入级同时（并联）使用如图 5.11 所示的 NMOS 和 PMOS 差动对，以达到扩展输入共模电压范围的目的，如图 5.12 所示。此时，对于任何输入共模电压，NMOS 和 PMOS 差动对中至少有一对是处于饱和工作状态的，因此运算放大器的输入共模电压范围可扩展到 V_{SS}～V_{DD}。由于允许的输入共模电压范围可以达到两个电源端（电源轨）V_{SS} 和 V_{DD}，我们将这种运算放大器称为轨对轨运算放大器（Rail to Rail OPAMP）或互补式差动运算放大器。

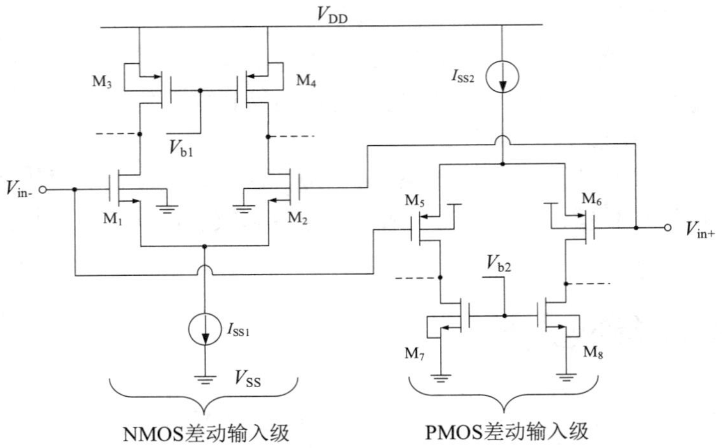

图 5.12　NMOS 和 PMOS 差动输入对的并联

轨对轨运算放大器的输入共模电压范围如图 5.13 所示。在图 5.13 中，V_{effP} 和 V_{effN} 分别表示 PMOS 差动对和 NMOS 差动对的尾电流源两端的过驱动电压，V_{GSP} 和 V_{GSN} 分别表示 PMOS 和 NMOS 差动输入管的 V_{GS} 电压，V_{cmP} 和 V_{cmN} 分别表示 PMOS 和 NMOS 差动输入对的允许输入共模电压范围。

我们定义，NMOS 差动对的开启（导通）电压为 $V_{onN}=V_{GSN}+V_{effN}$，PMOS 差动对的开启电压为 $V_{onP}=V_{DD}-|V_{GSP}|-|V_{effP}|$。当 $0<V_{cm}<V_{onN}$ 时，PMOS 差动对导通，NMOS 差动对截止；当 $V_{onN}\leqslant V_{cm}\leqslant V_{onP}$ 时，PMOS 和 NMOS 差动对同时导通；当 $V_{onP}<V_{cm}<V_{DD}$ 时，NMOS 差动对导通，PMOS 差动对截止。因此，在 V_{cmP} 和 V_{cmN} 的重叠部分，PMOS 差动对和 NMOS 差动对均工作在饱和区，而在它们的非重叠部分，只有其中的一对差动对工作在饱和区，而另一对工作在线性区或截止区。

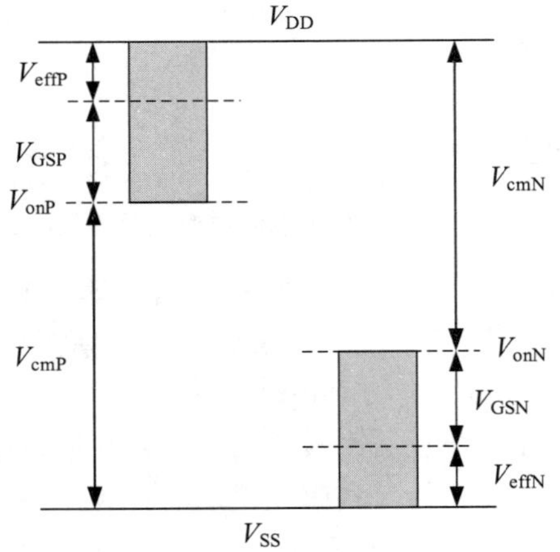

图 5.13　轨对轨运算放大器的输入共模电压范围

图 5.14 所示为差动输入–单端输出轨对轨折叠式共源共栅运算放大器，它由分别具有 NMOS（M_1 和 M_2）和 PMOS（M_3 和 M_4）差动输入对的两个折叠式共源共栅运算放大器组合而成。M_9～M_{12} 构成的共源共栅电流镜作为 NMOS 折叠式共源共栅运算放大器的有源负

载，而 $M_5 \sim M_8$ 构成的共源共栅电流镜作为 PMOS 折叠式共源共栅运算放大器的有源负载。注意，电路左右两边的 CMOS 管的尺寸和特性完全对称。

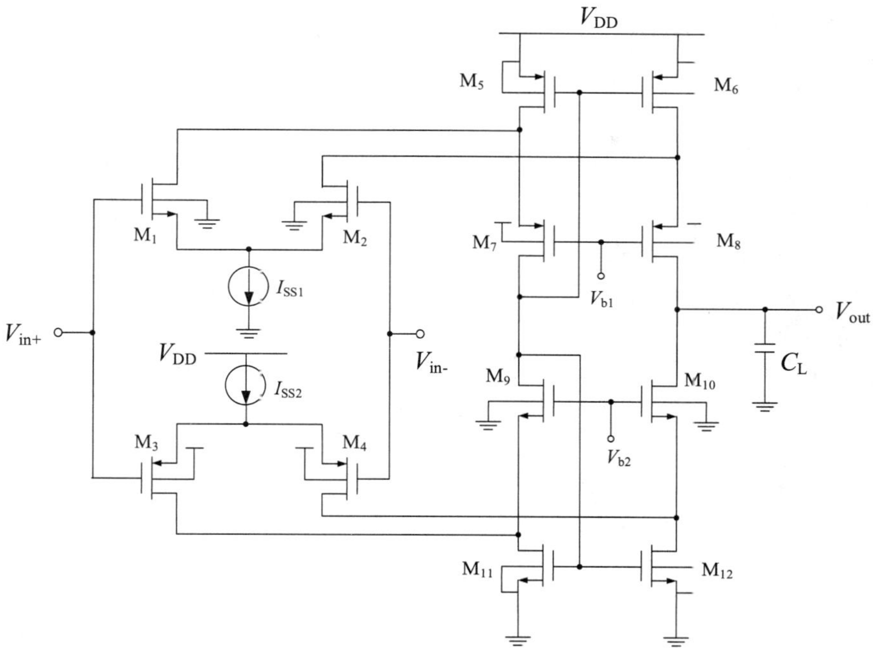

图 5.14　差动输入-单端输出轨对轨折叠式共源共栅运算放大器

对于如图 5.14 所示的运算放大器，如果所有管子都工作在饱和区（输入共模电压在 V_{cmP} 和 V_{cmN} 的重叠部分），那么 NMOS 和 PMOS 折叠式共源共栅运算放大器共同作用，同时对输入信号进行放大，此时的小信号差模电压增益为

$$A_{vd} = \frac{v_{out}}{v_{id}} = (g_{m2} + g_{m4})\left\{ \left[g_{m8}\, r_{ds8} \left(r_{ds6} \| r_{ds2} \right) \right] \| \left[g_{m10}\, r_{ds10} \left(r_{ds12} \| r_{ds4} \right) \right] \right\}$$

该运算放大器的主极点仍然在输出端，因为输出端具有最大的输出电阻 r_{out} 和负载电容 C_L，而其余内部节点的等效电阻和寄生电容都较小，属于非主极点（高频极点）。

如果将如图 5.14 所示的运算放大器接成 Buffer 形式，在输入电压 V_{in} 发生正向大幅度跳变的瞬间，M_1 和 M_4 导通，M_2 和 M_3 的电流趋向 0（处于深度线性区）。假定 $I_{SS1} = I_{SS2} = I_{SS}$。此时，电流之间有以下关系：$I_7 = I_5 - I_{SS}$，$I_{10} = I_{12} - I_{SS}$，由于电流镜的作用，$I_7 = I_9 = I_{11} = I_{12}$，$I_5 = I_6 = I_8$，给负载电容 C_L 的充电电流 $I_{CL} = I_8 - I_{10} = I_7 + I_{SS} - (I_{12} - I_{SS}) = 2I_{SS}$，因此，摆率 $SR = 2I_{ss} / C_L$。与此相反，在输入电压 V_{in} 发生负向大幅度跳变的瞬间，M_2 和 M_3 导通，M_1 和 M_4 的电流趋向 0，此时电容放电，其摆率与前面相同。

以上所述的轨对轨运算放大器的缺点是输入级的总跨导不是恒定值，而是随输入共模电压发生变化，如图 5.15 所示。当 $0 < V_{cm} < V_{onN}$ 时，只有 PMOS 差动对导通，输入级的总跨导等于 g_{mP}；当 $V_{onN} \leqslant V_{cm} \leqslant V_{onP}$ 时，PMOS 和 NMOS 差动对同时导通，总跨导等于 $g_{mP} + g_{mN}$；当 $V_{onP} < V_{cm} < V_{DD}$ 时，只有 NMOS 差动对导通，总跨导等于 g_{mN}。这将使运算放大器的许多特性（如电压增益、速度和噪声等）都随输入共模电压的大小而发生变化，因此会给运算放大器引入非线性特性。

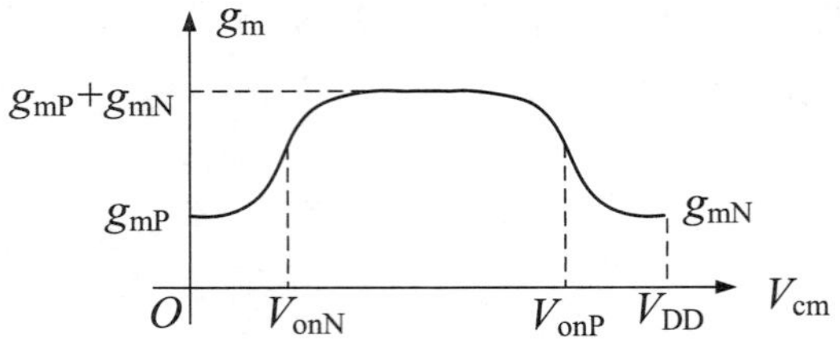

图 5.15 轨对轨运算放大器的输入级总跨导随输入共模电压的变化

可以对上述轨对轨运算放大器进行适当修改，从而获得输入级总跨导基本恒定的轨对轨运算放大器。保持总跨导恒定的基本思想是：当只有单对差动输入管导通时，增加其偏置电流，使其跨导与两对差动输入管同时导通时的总跨导相同，而当两对差动输入管同时导通时，偏置电流保持不变。

对于工作在饱和区的差动输入对，由于其放大管的跨导正比于尾电流 I_{SS} 的平方根，因此当其中的一对差动管截止时，可将另一对差动管的尾电流增加到原来的 4 倍。若 $g_{mP}=g_{mN}$，则总跨导保持不变。

对于如图 5.14 所示的电路，差动放大管的跨导 g_{mN} 和 g_{mP} 可分别表示为

$$g_{mN}=\sqrt{2(W/L)_n\mu_n C_{ox} I_{SS1}/2}=\sqrt{(W/L)_n\mu_n C_{ox} I_{SS1}} \tag{5.8}$$

$$g_{mP}=\sqrt{2(W/L)_p\mu_p C_{ox} I_{SS2}/2}=\sqrt{(W/L)_p\mu_p C_{ox} I_{SS2}} \tag{5.9}$$

若令 $(W/L)_n\mu_n C_{ox}=(W/L)_p\mu_p C_{ox}$，且 $I_{SS1}=I_{SS2}=I_{SS}$，则 $g_{mP}=g_{mN}$，它们的和为

$$g_{mP}+g_{mN}=\sqrt{(W/L)_n\mu_n C_{ox}}\left(\sqrt{I_{SS}}+\sqrt{I_{SS}}\right)=\sqrt{(W/L)_n\mu_n C_{ox}}\left(2\sqrt{I_{SS}}\right) \tag{5.10}$$

因此，当单对输入差动管导通时，如果将其尾电流增加到原来的 4 倍（变为 $4I_{SS}$），则输入级的总跨导可保持不变。

现在考察如图 5.16 所示的尾电流补偿电路。该电路通过补偿单对差动管导通时的尾电流，可以使输入级的总跨导保持近似恒定。

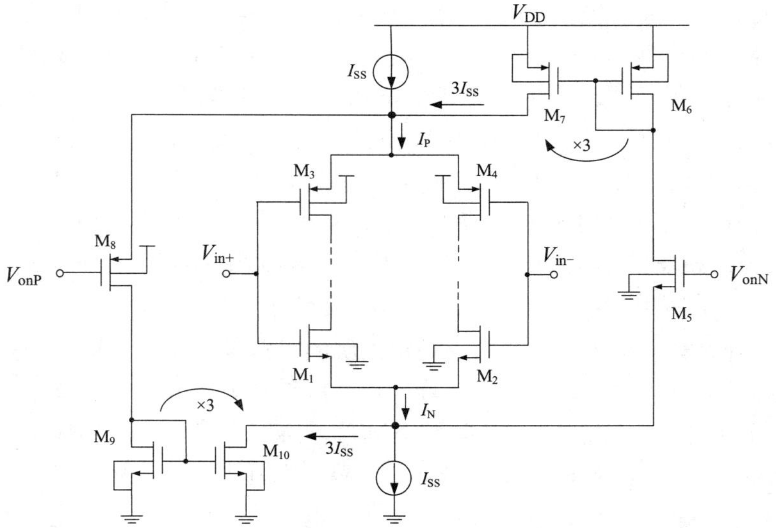

图 5.16 尾电流补偿电路

在图 5.16 中，M_5 和 M_8 用作开关管，其外加的栅极电压分别等于 V_{onN} 和 V_{onP}。M_6 和 M_7 及 M_9 和 M_{10} 均为 3∶1 的电流镜（电流镜的输出电流是输入电流的 3 倍）。下面我们分析该电路实现尾电流补偿的工作原理。

当 $0<V_{cm}<V_{onN}$ 时，PMOS 差动对导通，NMOS 差动对截止，同时 M_5 导通、M_8 截止（由于 $V_{cm}<V_{onP}$，PMOS 差动对优先于 M_8 导通，它们是竞争关系）。此时 $I_N=0$，NMOS 差动对的尾电流 I_{SS} 全部流过 M_5，并通过 M_6 和 M_7 电流镜耦合后流入 I_P，使 $I_P=I_{SS}+3I_{SS}=4I_{SS}$。

相反，当 $V_{onP}<V_{cm}<V_{DD}$ 时，NMOS 差动对导通，PMOS 差动对截止，同时，M_8 导通、M_5 截止（由于 $V_{cm}>V_{onN}$，NMOS 差动对优先于 M_5 导通）。此时 $I_P=0$，PMOS 差动对的尾电流 I_{SS} 全部流过 M_8，并通过 M_9 和 M_{10} 电流镜耦合后流入 I_N，使 $I_N=I_{SS}+3I_{SS}=4I_{SS}$。

当 $V_{onN}\leqslant V_{cm}\leqslant V_{onP}$ 时，PMOS 和 NMOS 差动对同时导通。此时 M_5 和 M_8 均截止，尾电流补偿电路不起作用，因此 PMOS 和 NMOS 差动对的尾电流均为 I_{SS}。

综上所述，当单对差动输入管导通时，由于其尾电流增加到原来的 4 倍（$4I_{SS}$），因此输入级的总跨导保持不变。但由于 CMOS 管的导通和截止是逐渐变化的过程，因此其输入级的总跨导在 V_{onN} 和 V_{onP} 附近会出现一些小的波动，如图 5.17 所示。

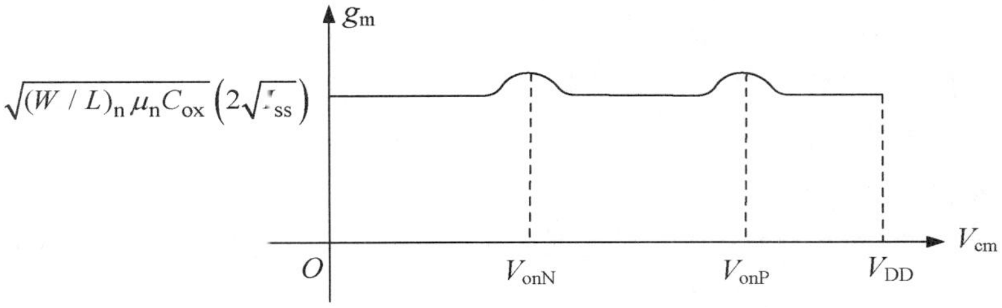

图 5.17　尾电流补偿后的输入级的总跨导与输入共模电压的关系

5.5　差动输入–差动输出运算放大器

到目前为止，我们讨论的运算放大器均为差动输入–单端输出形式。但是，与单端输出相比，差动输出具有更好的抑制共模信号和噪声的能力。我们在 4.1 节讨论差动放大器时已经指出，对于差动输入–单端输出放大器，即使两边电路完全对称，其共模抑制比也是有限值；而对于理想的差动输入–差动输出放大器，其共模抑制比为无穷大。另外，差动输出时的输出电压信号幅度比单端输出时增大一倍，这对低电源电压供电的现代 CMOS 电路尤为重要，因为这样可以扩大输出信号的动态范围。为此，本节讨论差动输入–差动输出（全差动）运算放大器。

差动输入–差动输出运算放大器的电路符号如图 5.18 所示，其中，V_{in+} 和 V_{in-} 是两个差动输入电压，V_{out1} 和 V_{out2} 是两个差动输出电压。图中的符号"+""–"表示输入–输出电压之间的相位关系，其定义为：V_{in+} 与 V_{out1} 是反相关系，V_{in+} 与 V_{out2} 是同相关系；V_{in-} 与 V_{out2} 是反相关系，V_{in-} 与 V_{out1} 是同相关系。A_{vd} 是小信号开环差模电压增益。这里省略了正电源 V_{DD} 和负电源 V_{SS}。

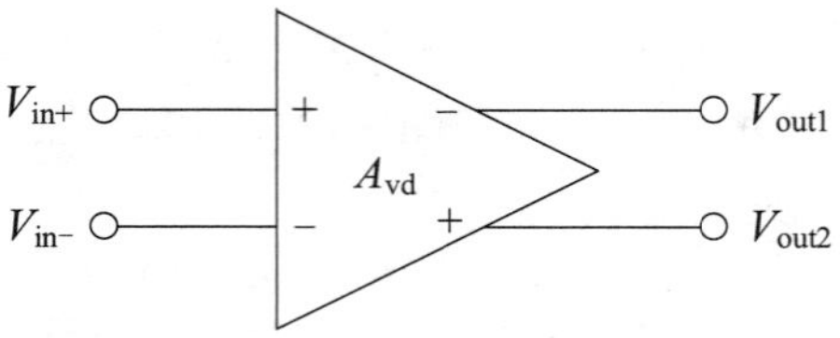

图 5.18　差动输入-差动输出运算放大器的电路符号

在前面讨论的差动输入-单端输出运算放大器中，我们在差动输入级采用电流镜负载将差动信号转换为单端输出信号，如图 5.19（a）所示。但对于差动输入-差动输出运算放大器，由于不需要将差动信号转换为单端输出信号，因此可以用电流源负载代替电流镜负载，如图 5.19（b）所示。读者可以自己证明，如果差动电路的两端完全对称，那么如图 5.19（b）所示的差动输入-差动输出运算放大器的小信号差模电压增益 A_{vd}（幅值）与如图 5.19（a）所示的差动输入-单端输出运算放大器完全相同，即

$$A_{vd} = \left|\frac{v_{out1} - v_{out2}}{v_{in+} - v_{in-}}\right| = g_{m1,2}(r_{ds1,2} \| r_{ds3,4}) \tag{5.11}$$

另外需要指出的是，对于采用电流镜负载的电路[见图 5.19（a）]，由于在 A 点产生了一个“镜像极点”（低频极点），其极点频率约为 g_{m3}/C_A，其中，C_A 为 A 点的对地总电容，包括 C_{GS3} 和 C_{GS4} 等寄生电容。但对于采用电流源负载的电路[见图 5.19（b）]，由于 M_3 管不是二极管连接，不会产生“镜像极点”。因此，与电流镜负载放大器相比，电流源负载放大器具有较好的高频特性和动作速度。

另外，对于如图 5.19（b）所示的电路，由于采用电流源负载，其最大输入共模电平为 $V_{cm,max} = V_{DD} - |V_{eff3}| + V_{TH1}$，因此，最大输入共模电平可以超过电源电压 V_{DD}（在 $|V_{eff3}| < V_{TH1}$ 的情况下）。而图 5.19（a）所示电路的最大输入共模电平为多少？请读者自己考虑（或参考 4.1 节）。

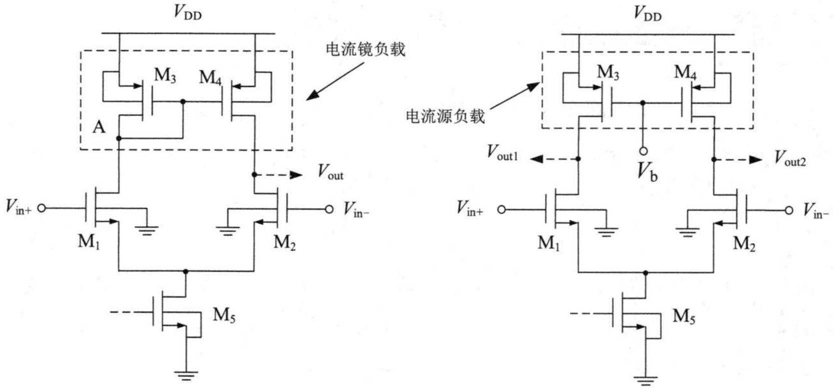

（a）差动输入-单端输出　　　（b）差动输入-差动输出

图 5.19　差动输入级的有源负载形式

基于以上设计思想，我们可以很容易地根据前面介绍的各种差动输入-单端输出运算放大器得到它们对应的差动输入-差动输出运算放大器，只需要将差动输入级中的电流镜负载改为电流源负载即可。

图 5.20 所示为普通两级运算放大器的差动输出形式，其中，第一级为差动输入级，第二

级为共源放大器。如果电路左右两边完全对称，则第一级和第二级的电压增益分别为 $g_{m1,2}\left(r_{ds1,2}\|r_{ds3,4}\right)$ 和 $g_{m5,6}\left(r_{ds5,6}\|r_{ds7,8}\right)$，总电压增益与前面讨论的差动输入-单端输出时完全相同。但由于 V_{out1} 和 V_{out2} 的摆幅为 $V_{DD}-\left|V_{eff5,6}\right|-V_{eff7,8}$，因此，差动输出电压 $V_{out1}-V_{out2}$ 的摆幅可以扩展到 $0\sim V_{DD}$。

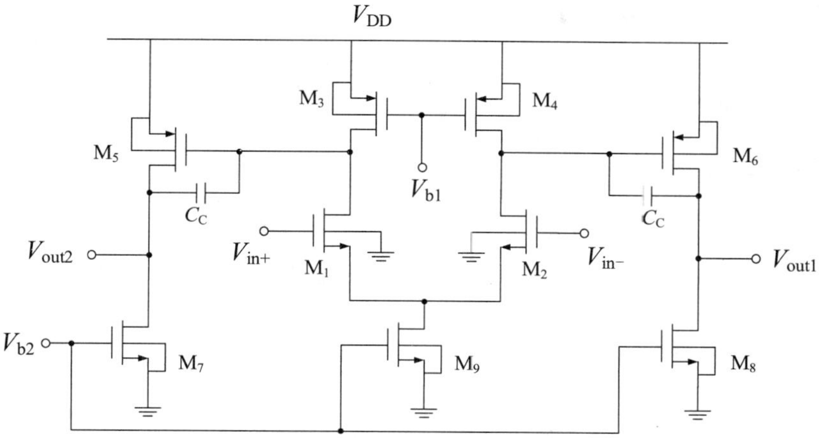

图 5.20　普通两级运算放大器的差动输出形式

类似地，我们也可以得到其他类型的运算放大器的差动输出形式。图 5.21 所示为套筒式共源共栅差动输入-差动输出运算放大器；图 5.22 所示为折叠式共源共栅差动输入-差动输出运算放大器，其中，图 5.22（a）和图 5.22（b）分别为 NMOS 差动对输入和 PMOS 差动对输入。同样，其差模电压增益也与前面讨论的单端输出时相同。为了提高输出电压的摆幅，可以像如图 5.20 所示的普通两级运算放大器一样，在它们的输出端加入共源放大器。

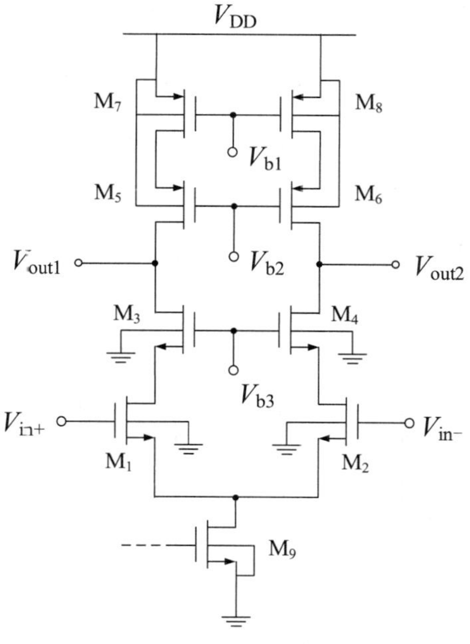

图 5.21　套筒式共源共栅差动输入-差动输出运算放大器

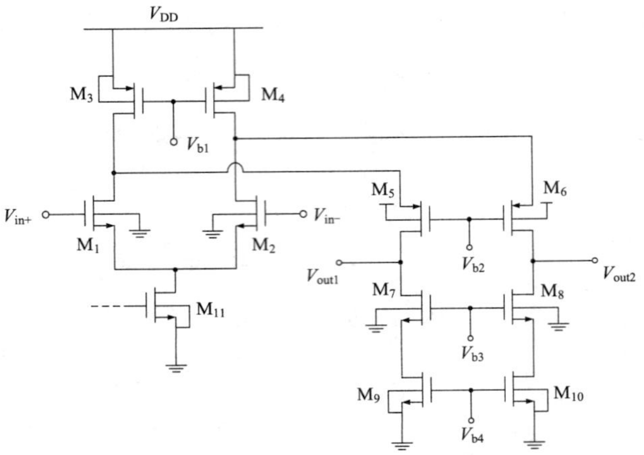

（a）NMOS 差动对输入

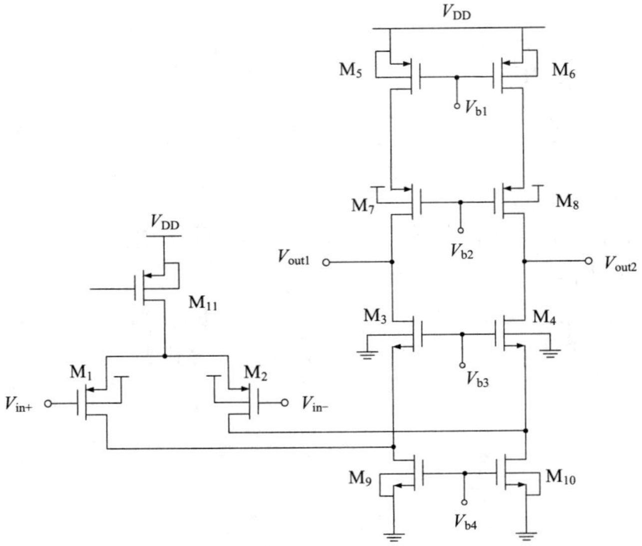

（b）PMOS 差动对输入

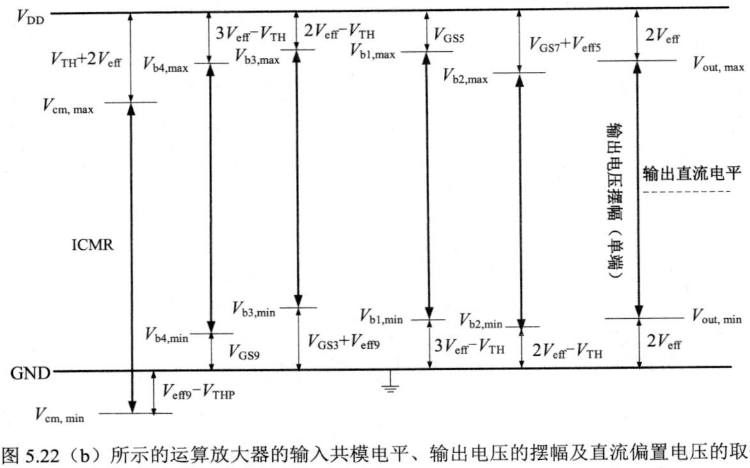

（c）图 5.22（b）所示的运算放大器的输入共模电平、输出电压的摆幅及直流偏置电压的取值范围

图 5.22　折叠式共源共栅差动输入-差动输出运算放大器

下面主要分析如图 5.22（b）所示的运算放大器的特性，其余放大器的特性分析请读者作为练习自己完成。

图 5.22（c）所示为图 5.22（b）所示的运算放大器的输入共模电平、输出电压范围及直流偏置电压的取值范围。这里假定所有管子的阈值电压相等，用 V_{TH} 表示，所有管子的过驱动电压相等，用 V_{eff} 表示，对于 PMOS 管取其绝对值。由图 5.22（c）可知，由于采用 PMOS 差动对输入，输入共模电压的最小值可以小于或等于 V_{SS} 电平。

共模反馈

对于差动输入-差动输出运算放大器，理想情况下，V_{out1} 和 V_{out2} 的输出直流电平完全相同，且维持在电源电压的中间值，即 $(V_{DD}+V_{SS})/2$，此时共模输出电压等于 0，输出信号的摆幅可以达到最大。但是在实际电路中，由于受到管子的失配或负载等的影响，V_{out1} 和 V_{out2} 的输出直流电平发生漂移，甚至可能严重偏离上述电源电压的中间值。例如，我们在 4.4.1 节中讨论运算放大器的系统失调电压时已经指出，如果管子的尺寸失配，将导致其中某些管子进入线性区，输出直流电平将被钳位在 V_{DD} 或 V_{SS} 附近。此时，差模输出信号的摆幅将受到限制，导致输出波形畸变。图 5.23（a）、图 5.23（b）、图 5.23（c）分别给出了输出直流电平在 $(V_{DD}+V_{SS})/2$、$0.5V_{DD}$、$0.5V_{SS}$ 三种情况下对应的差模输出信号波形（这里假定 $V_{DD}=-V_{SS}$，且差模输出信号的峰-峰值为 V_{SS}～V_{DD}）。显然，对于如图 5.23（b）和图 5.23（c）所示的情况，由于输出直流电平偏离电源电压的中间值，导致差模输出信号的摆幅显著减小。

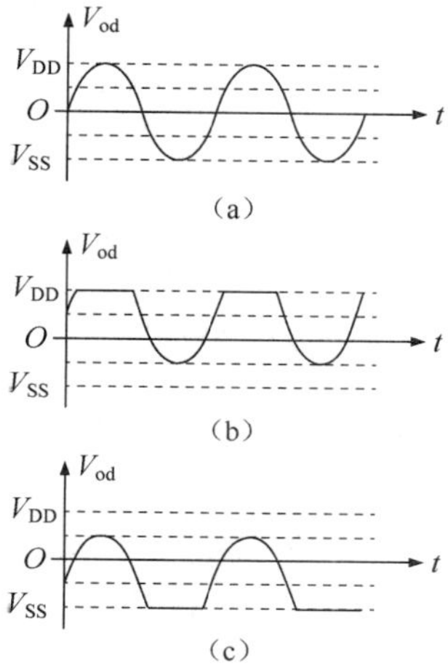

图 5.23　共模输出电压对差模输出信号的影响

尽管运算放大器通常在负反馈（闭环）状态下使用，但由于在差动输入-差动输出电路中，共模信号的增益 A_{vc} 相对较小（与差模电压增益相比），即使采用负反馈，由于反馈强度（βA_{vc}）较弱，也不能有效地抑制输出直流电平的漂移，因此，在差动输入-差动输出运算放大器中，必须加入共模反馈电路（Common-Mode Feedback，CMFB），以稳定输出直流电平。

常用的共模反馈电路分为连续时间共模反馈电路和开关电容共模反馈电路。这里主要介绍连续时间共模反馈电路。

对于连续时间共模反馈电路，通过共模反馈电路稳定输出直流电平的基本思想是，首先检测输出共模电平的大小，并与某个基准电压进行比较，然后利用比较的结果（误差）去调节偏置电流的大小，使输出直流电平保持稳定。

图 5.24 所示为加入共模反馈电路的折叠式共源共栅运算放大器。其中，共模电平检测电路用以检测 V_{out1} 和 V_{out2} 的输出直流电平，并与基准电压 V_{REF}（V_{REF} 是 V_{out1} 和 V_{out2} 的输出直流电平的期望值）进行比较，其误差经放大后以负反馈方式加到 M_9 和 M_{10} 的栅极（同时兼作偏置电压 V_{b4}），以调节共栅支路中的偏置电流。

首先考虑无共模反馈电路的情况。假设由于管子的尺寸失配，使得 M_3（M_4）工作在饱和区时的漏极电流 $I_{D3,4}$ 略大于共栅支路（M_5～M_{10}）和共源支路（M_1～M_2）工作在饱和区时的漏极电流之和（$I_{D5,6}+I_{D1,2}$），由于电路的拓扑结构要求 $I_{D3,4}=I_{D5,6}+I_{D1,2}$，此时迫使 M_3 和 M_4 离开饱和区而进入线性区，使得 V_{D1} 和 V_{D2} 上升到接近 V_{DD}，从而导致 V_{out1} 和

V_{out2}的输出直流电平上升。

现在考虑有共模反馈电路的情况。如果由于上述原因，V_{out1}和V_{out2}的输出直流电平上升，那么共模电平检测电路的输出电压上升，经误差放大器放大后，V_{b4}也上升，这将迫使流过M_9和M_{10}的电流$I_{D5,6}$增加，使管子均工作在饱和区时的电流关系满足$I_{D3,4}=I_{D5,6}+I_{D1,2}$，这将使$M_3$和$M_4$脱离线性区而进入饱和区，从而降低$V_{out1}$和$V_{out2}$的输出直流电平，使其趋向期望值$V_{REF}$，反之亦然。

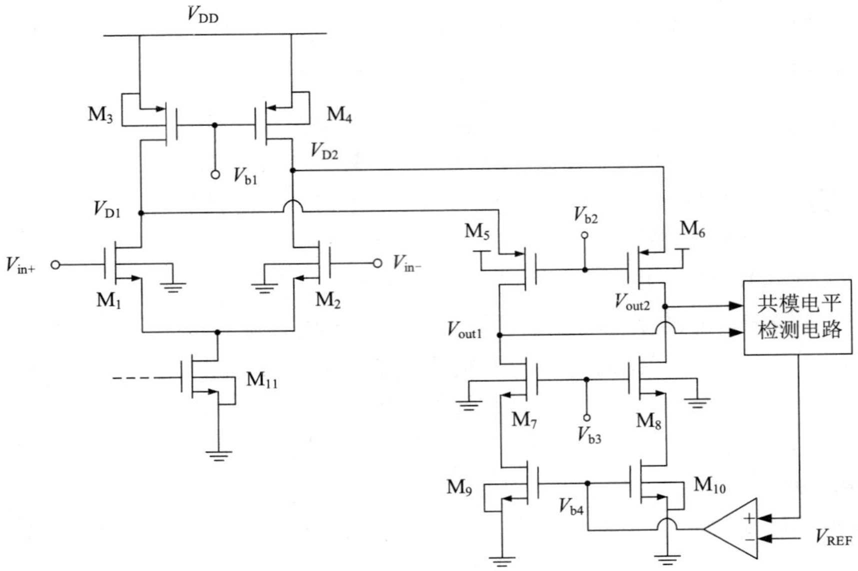

图 5.24　加入共模反馈电路的折叠式共源共栅运算放大器

在图 5.24 中，共模反馈电路的控制信号加在共栅支路（$M_5 \sim M_{10}$）上，也可以将共模反馈电路的控制信号加在 PMOS 电流源（$M_3 \sim M_4$）或输入差动对的尾电流源（M_{11}）上。这是由于，这三条支路中的饱和区电流只要满足$I_{D3,4}=I_{D5,6}+I_{D1,2}$的关系，所有管子均将工作在饱和区，此时$V_{out1}$和$V_{out2}$的输出直流电平就不会发生严重漂移。因此，可以通过共模反馈电路调节三条支路中的任何一条支路的电流，只要使它们工作在饱和区时的电流关系满足$I_{D3,4}=I_{D5,6}+I_{D1,2}$即可，如图 5.25 所示。

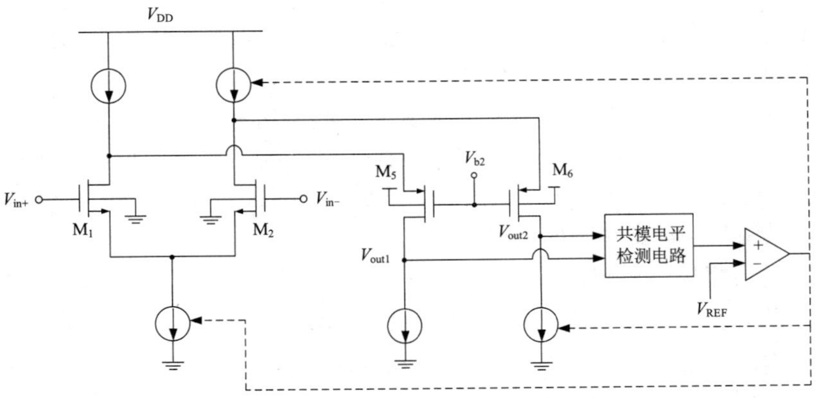

图 5.25　通过共模反馈电路调节偏置电流的方法

在连续时间共模反馈电路中，由于需要加入共模电平检测电路，这可能会影响运算放大器的输出摆幅。而开关电容共模反馈电路是由 CMOS 开关和电容等无源器件实现的，对运算放大器的输出摆幅没有影响，且具有电路实现容易和低功耗的优势，但是需要时钟控制信号，因此只适用于开关电容电路。

5.6　微功耗运算放大器

微功耗运算放大器在便携式消费类电子产品中得到越来越广泛的应用。例如，本书的编著者曾经研发的锂离子电池充放电保护 IC，要求在静态时的总消耗电流在 3μA 以内。微功耗运算放大器不仅消耗较小的电源电流（通常为 nA 级），且要求电源电压较低，宜采用现代低压、低功耗 CMOS 工艺实现。这种运算放大器中的 CMOS 管基本上均工作在弱反型区（或亚阈值区）。本节将讨论工作在弱反型区的 CMOS 的小信号特性及微功耗运算放大器的基本性能。

1）工作在弱反型区的 CMOS 的特性

我们在第 2 章的 2.3.6 节中讨论过 CMOS 的亚阈值导电性。对于 NMOS 管，当管子的 $V_{GS}<V_{TH}$ 时，在 p 型衬底的表面仍然存在一个弱反型层，此时如果 V_{DS} 不为 0，则漏-源极之间会存在一个小的电流，这一效应称为亚阈值导电性，此时我们称器件工作在弱反型区（或亚阈值区）。当 V_{DS} 约大于 200mV 时，其漏极电流 I_D 与 V_{GS} 之间呈指数关系（暂时忽略沟道长度调制效应），可近似表示为

$$I_D \approx \frac{W}{L} I_{D0} \exp\left(\frac{V_{GS}}{nV_T}\right) \tag{5.12}$$

式中，n 是亚阈值斜率因子（$1<n<3$）；$V_T = KT/q$，是热电压。由式（5.12）可求得 CMOS 工作在弱反型区时的跨导 g_m 为

$$g_m = \frac{I_D}{nV_T} \tag{5.13}$$

由式（5.13）可知，此时的跨导 g_m 与漏极电流 I_D 成正比，且与器件的尺寸无关。

在弱反型区，同样存在沟道长度调制效应，因此，式（5.12）可修正为

$$I_D = \frac{W}{L} I_{D0} \exp\left(\frac{V_{GS}}{nV_T}\right)(1+\lambda V_{DS}) \tag{5.14}$$

式中，λ 是沟道长度调制系数，与强反型区的值不一定相同。与沟道长度调制效应相应的小信号输出电阻 r_{ds} 可表示为

$$r_{ds} \approx \frac{1}{\lambda I_D} \tag{5.15}$$

2）微功耗两级运算放大器

对于如图 5.26 所示的工作在弱反型区的普通两级运算放大器，如果将所有管子都偏置在弱反型区，则其低频小信号差模电压增益 A_{vd} 为

$$A_{vd} = \frac{v_{out}}{v_{id}} = g_{m1,2}\, g_{m6}\left(r_{ds2} \| r_{ds4}\right)\left(r_{ds6} \| r_{ds7}\right) \tag{5.16}$$

如果用器件参数表示 A_{vd}，则可将式（5.16）改写为

$$A_{vd} = \frac{1}{n_2 n_6 (V_T)^2 (\lambda_2 + \lambda_4)(\lambda_6 + \lambda_7)} \tag{5.17}$$

值得指出的是，运算放大器的低频小信号电压增益与漏极电流 I_D 无关。

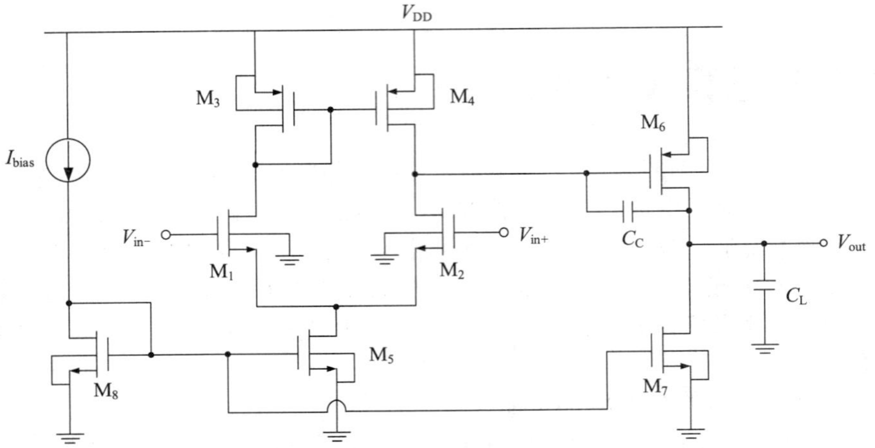

图 5.26　工作在弱反型区的普通两级运算放大器

由于微功耗运算放大器的动态性能（如摆率、增益带宽积等）与静态偏置电流 I_D 成正比，较小的偏置电流将导致运算放大器的动态性能劣化，同时不能提供较大的输出电流，因此，需要根据不同应用场合的不同要求，对这些特性进行改进和优化。

5.7　输出级电路

对于本章前面介绍的各种运算放大器，为了实现较高的电压增益，其输出电阻都非常大，这种运算放大器只能驱动小电容负载。我们在第 4 章的 4.2 节讨论运算放大器的基本结构时已经指出，对于低电阻性负载（大负载电流）或大电容负载，由于要求输出端能够提供足够的驱动电流，因此必须加入输出级电路。输出级电路的主要作用有：①隔离低电阻负载 R_L，以防止由小负载电阻的加入导致电压增益下降；②给电阻（或电容）负载提供足够的驱动电流；③对于大电容负载，加入输出级缓冲电路后，可以避免在输出端形成的低频极点（由大的输出电阻和大电容负载形成），以改善放大器的频率特性。实际的输出负载模型通常由电阻、电容或两者的串/并联电路组成，输出级电路应给这些负载提供无失真的电压、电流或功率信号。

对于低电阻性负载，要求输出级电路的输出电阻小于或等于负载电阻，而对于大电容负载，要求输出级电路能够同时提供足够的拉电流（Source Current）或灌电流（Sink Current）。

因此，对输出级电路的要求是：①以电流或电压的形式提供足够的输出功率；②避免输出信号失真；③静态功耗小；④对放大器的频率特性的影响较小。

本节中我们将讨论一些典型的输出级电路，包括源极跟随器和共源极输出级电路。

5.7.1　输出级电路的类型

根据静态偏置电流大小的不同，输出级电路通常可分为三类，即甲类（A 类）、乙类（B

类）及甲乙类（AB 类）输出级电路，如图 5.27 所示。

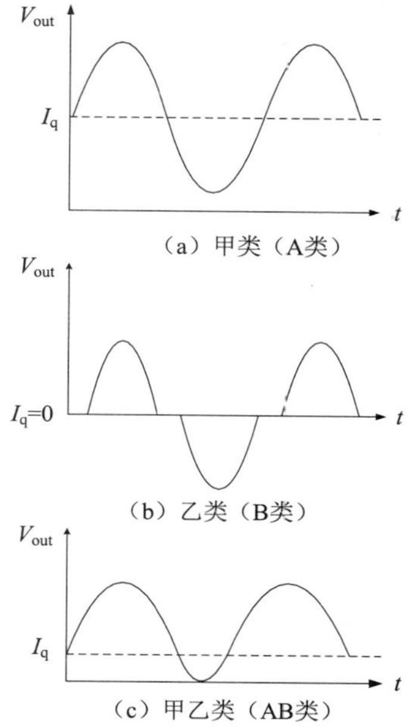

图 5.27　输出级电路的类型

甲类输出级电路通常只有单个驱动管，其静态偏置电流较大，在输入电压信号的全摆幅范围内，输出级电路的驱动管始终处于导通状态（工作在饱和区），因此可以给负载提供较大的输出电流，且无信号失真现象。但即使没有交流信号输入，其静态功耗也相当大，从而导致功率损失增加。这种功率损失不仅加大了电源（如电池供电）的负担，还会引起输出级电路发热，从而影响整个芯片的工作可靠性和使用寿命。

与甲类输出级电路相反，乙类输出级电路通常由两个互补的驱动管组成，其静态偏置电流为 0，因此无静态功耗损失。但是，由于驱动管存在阈值电压（或开启电压），当输入电压的幅值（绝对值）小于阈值电压时，驱动管截止，使输出电压等于 0，这种失真称为交越失真。

甲乙类输出级电路结合了甲类和乙类输出级电路的优点，它也是由两个互补的驱动管组成的，但具有较小的静态偏置电流。当输入电压的幅值小于阈值电压时，驱动管仍然保持导通状态，随着输入电压进一步增加，其中的一个驱动管进一步导通，而另一个驱动管趋向截止。因此，甲乙类输出级电路的静态功耗比甲类输出级电路小，又可以消除交越失真现象，是目前普遍采用的输出级电路形式。

5.7.2　源极跟随器输出级

由于源极跟随器的输入电阻大、输出电阻小、电压增益近似等于 1，因此常常被用作输出级电路。我们在 3.3 节讨论源极跟随器时已经指出，源极跟随器的输出电阻近似等于$1/g_m$（g_m是放大管的跨导）。

1）甲类源极跟随器输出级

甲类源极跟随器输出级电路可以采用源极跟随器实现，如图 5.28 所示。为了实现输出跟随输入的特性，M_1和M_2均应被偏置在饱和区，M_2通过电流镜耦合给放大管M_1提供恒定的静态偏置电流，在输入端V_{in}加入合适的静态偏置电压。当输入交流信号为0（处于平衡状态）时，$I_{D1}=I_{D2}$。

如图 5.29（a）所示，当V_{in}在静态工作点的基础上增加ΔV_{in}时，由于M_1管的V_{GS1}增加，相应的电流I_{D1}也会增加ΔI_{D1}，而I_{D2}保持不变（电流镜耦合作用）。此时$I_{D1}=I_{D2}+\Delta I_{D1}$，增加的$\Delta I_{D1}$电流就会对负载电容$C_L$进行充电，使得输出电压$V_{out}$相应增加。

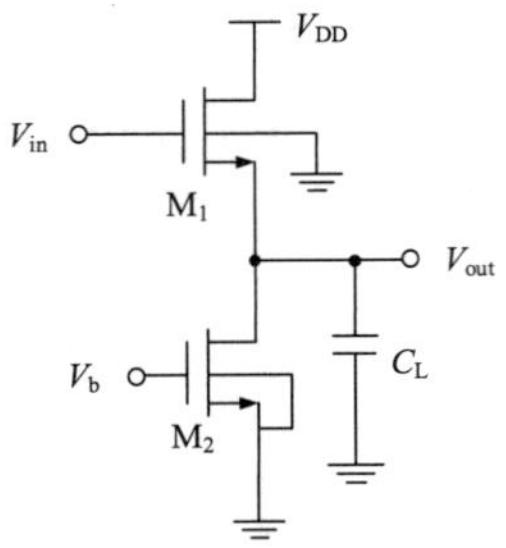

图 5.28 甲类源极跟随器

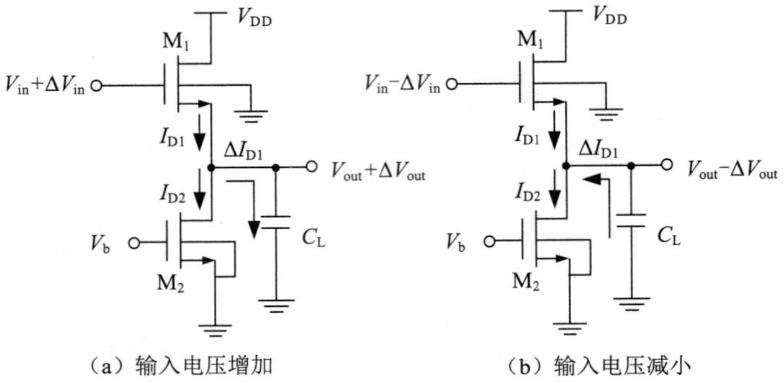

图 5.29 甲类源极跟随器的工作原理

与上述相反，如图 5.29（b）所示，当V_{in}在静态工作点的基础上减小ΔV_{in}时，由于M_1管的V_{GS1}减小，相应的电流I_{D1}也会减小ΔI_{D1}，而I_{D2}保持不变。此时$I_{D2}=I_{D1}+\Delta I_{D1}$，即$M_1$管减小的$\Delta I_{D1}$由负载电容$C_L$放电进行补充，使得输出电压$V_{out}$相应减小。

由以上分析可知，无论输入交流电压是增加还是减小，M_1和M_2始终工作在饱和区，因此属于甲类源极跟随器输出级电路。该电路具有信号失真小的特点，但静态功耗较大。另外，为了给负载提供较大的拉电流和灌电流，M_1和M_2的尺寸应选择大一些。

2）甲乙类源极跟随器输出级

图 5.30 所示为甲乙类源极跟随器输出级电路（电容负载）。运算放大器（增益为A）代表运算放大器的增益级，M_1～M_6构成运算放大器的输出级电路。

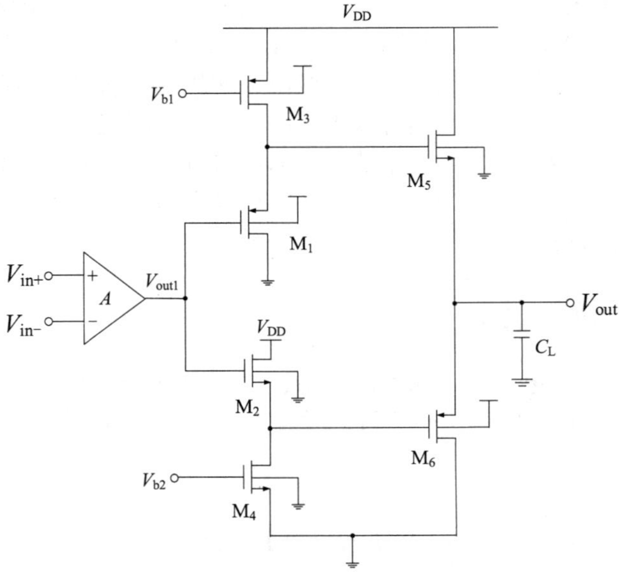

图 5.30 甲乙类源极跟随器输出级电路

在图 5.30 中，M_1 和 M_2 分别构成源极跟随器，M_3 和 M_4 分别为 M_1 和 M_2 的有源负载。M_5（NMOS）和 M_6（PMOS）构成甲乙类源极跟随器输出级电路，其中，M_5 和 M_6 分别为电容负载提供拉电流和灌电流。M_1 和 M_2 构成的源极跟随器的作用是实现直流电平位移，由于 M_1 的作用，M_5 的栅极电位在 V_{out1} 的基础上被抬高了 $|V_{GS1}|$，同理，由于 M_2 的作用，M_6 的栅极电位被降低了 V_{GS2}，这样就可以为 M_5 和 M_6 提供合适的静态偏置电压，使其工作在甲乙类状态。由于 $|V_{GS1}|+V_{GS2}=V_{GS5}+|V_{GS6}|$，$M_5$ 和 M_6 的静态电流大小取决于 V_{GS1} 和 V_{GS2} 的大小，通过设置合适的 V_{GS1} 和 V_{GS2} 电压（调节 M_1 和 M_2 的宽长比），可使输出驱动管 M_5 和 M_6 工作在甲乙类状态。

当输入电压增加时，V_{out1} 增加，M_5 和 M_6 的栅极电位均相应升高（源极跟随器的作用），这将使得 M_5 的电流增大（V_{GS5} 增大），M_6 的电流减小（$|V_{GS6}|$ 减小），M_5 和 M_6 的电流差值给负载电容 C_L 充电，使输出电压 V_{out} 上升。相反，当输入电压减小时，M_6 的电流增大，M_5 的电流减小，M_5 和 M_6 的电流差值（灌电流）使负载电容放电，使输出电压 V_{out} 下降。

甲乙类源极跟随器输出级电路能提供很大的输出电流，并且具有静态功耗小、信号失真小的优点。

甲乙类源极跟随器输出级电路的输出电阻为

$$r_{out} \approx \frac{1}{g_{m5}+g_{m6}} \tag{5.18}$$

与如图 5.28 所示的甲类源极跟随器相比，甲乙类源极跟随器的输出电阻更小。因此，如图 5.30 所示的电路可用作低输出电阻运算放大器的输出级电路。

由图 5.30 可知，输出电压的摆幅为 $V_{eff4}+|V_{GS6}|<V_{out}<V_{DD}-(|V_{eff3}|+V_{GS5})$，显然，由于源极跟随器存在直流电平（$|V_{GS6}|$ 和 V_{GS5}）损失，输出电压 V_{out} 的动态范围不能达到 $V_{SS} \sim V_{DD}$，再加上 M_5 和 M_6 的体效应影响，使得输出电压 V_{out} 的动态范围变得更小。

5.7.3 甲乙类共源输出级

尽管源极跟随器输出级电路具有输出电阻小的优点，但由于其存在直流电平损失，使得输出电压的动态范围受到限制，不能很好地实现电源轨对轨的全摆幅输出。我们知道，共源放大器具有较大的输出动态范围，下面讨论甲乙类共源输出级电路。

对甲乙类共源输出级电路的要求是：①能够实现近似全摆幅（$V_{SS} \sim V_{DD}$）输出；②输出级静态电流小，且不受电源电压变化的影响；③能够提供足够的驱动电流。

1）甲乙类共源输出级

甲乙类共源输出级电路如图 5.31（a）所示。其中，M_1 和 M_2 为共源放大器，V_{out1} 为运算放大器增益级的输出电压。V_{b1} 和 V_{b2} 为 M_1 和 M_2 提供静态偏置电压，由图 5.31（a）可知，由于 $|V_{GS1}|+V_{GS2}=V_{DD}-V_{b1}-V_{b2}$，显然，$M_1$ 和 M_2 的静态电流大小取决于 V_{b1} 和 V_{b2} 的大小，通过设置合理的 V_{b1} 和 V_{b2} 电压，可使它们均工作在甲乙类状态。

电流变化情况如图 5.31（b）所示，其中，I_Q 是静态电流，I_{D1} 和 I_{D2} 分别是 M_1 和 M_2 的漏极电流，I_{out} 是负载电流。当电路处于平衡状态时，$I_{D1}=I_{D2}=I_Q$，$I_{out}=0$。随着输入电压 V_{out1} 的变化，M_1 和 M_2 的 V_{GS} 相应发生变化，使得其中一个驱动管进一步导通，而另一个

驱动管趋向于截止。例如，当V_{out1}减小时，$|V_{GS1}|$增加，I_{D1}增大，同时V_{GS2}减小，I_{D2}减小，I_{D1}与I_{D2}的差值部分等于I_{out}，给负载电容C_L充电，使得输出电压V_{out}上升，反之亦然。因此，M_1给负载提供拉电流，而M_2给负载提供灌电流。

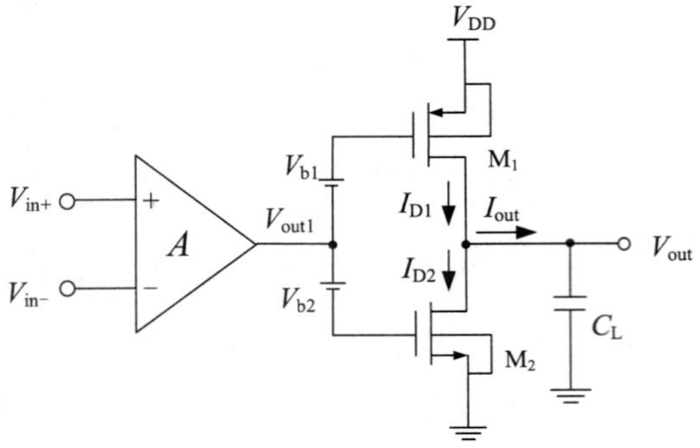

（a）甲乙类共源输出级电路

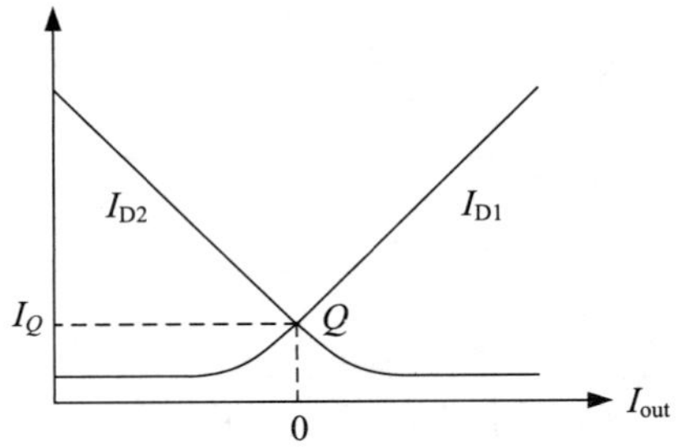

（b）电流变化情况

图 5.31　甲乙类共源输出级电路及其电流变化情况

2）浮动甲乙类共源输出级

浮动甲乙类共源输出级电路如图 5.32 所示，它包含两个共源极输出驱动管M_5和M_6，运算放大器增益级的两个同相输出电压V_{in}直接驱动M_5和M_6。浮动甲乙类偏置电路由M_7和M_8构成，两组二极管连接的管子M_3和M_4及M_1和M_2分别给M_7及M_8提供恒定的栅极偏置电压。I_{b12}为M_1和M_2提供偏置电流，I_{b34}为M_3和M_4提供偏置电流，I_{b1}为M_7和M_8提供偏置电流。

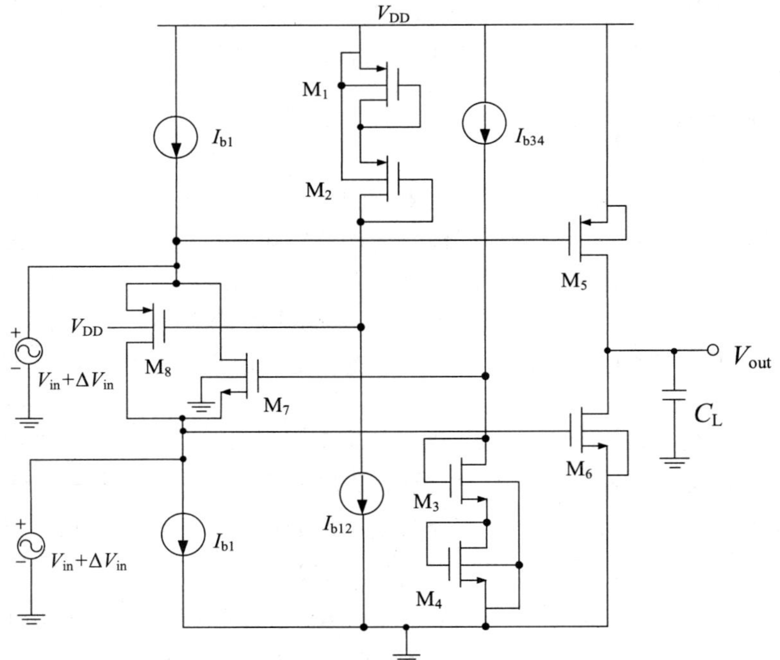

图 5.32　浮动甲乙类共源输出级电路

在图 5.32 中，浮动甲乙类偏置管 M_7 和 M_8 、二极管连接的偏置管 M_1 和 M_2 及 M_3 和 M_4 、输出驱动管 M_5 和 M_6 组成了两个跨导线性环（Translinear Loops）：① M_1 、 M_2 、 M_8 和 M_5 ；② M_3 、 M_4 、 M_7 和 M_6 ，它们决定了输出驱动管的静态电流大小。

下面讨论跨导线性环的工作原理。对于由 M_1 、 M_2 、 M_8 和 M_5 组成的跨导线性环，4 个管子的 V_{GS} 电压满足以下关系

$$|V_{GS1}|+|V_{GS2}|=|V_{GS8}|+|V_{GS5}| \tag{5.19}$$

对于工作在饱和区的 PMOS 管

$$|V_{GS}|-|V_{THP}|=\sqrt{\frac{2I_D}{\mu_p C_{ox}(W/L)}} \tag{5.20}$$

由于 4 个 PMOS 管的工艺参数对称（ $\mu_p C_{ox}$ 及 $|V_{THP}|$ 均相同），因此有

$$\sqrt{\frac{I_{D1}}{(W/L)_1}}+\sqrt{\frac{I_{D2}}{(W/L)_2}}=\sqrt{\frac{I_{D8}}{(W/L)_8}}+\sqrt{\frac{I_{D5}}{(W/L)_5}} \tag{5.21}$$

由于 $I_{D1}=I_{D2}=I_{b12}$ ，是恒定量，因此，通过调节 I_{D8} 或 $(W/L)_8$ 的大小，即可设定输出驱动管 M_5 的静态电流 I_{D5} 。

同理，对于由 M_3 、 M_4 、 M_7 和 M_6 组成的跨导线性环，也可以推导出与式（5.21）类似的结果，即

$$\sqrt{\frac{I_{D3}}{(W/L)_3}}+\sqrt{\frac{I_{D4}}{(W/L)_4}}=\sqrt{\frac{I_{D7}}{(W/L)_7}}+\sqrt{\frac{I_{D6}}{(W/L)_6}} \tag{5.22}$$

由于 $I_{D3}=I_{D4}=I_{b34}$ ，是恒定量，因此，通过调节 I_{D7} 或 $(W/L)_7$ 的大小，即可设定输出驱动管 M_6 的静态电流 I_{D6} 。由图 5.32 可知， $I_{D7}+I_{D8}=I_{b1}$ 。

现在我们考虑加入交流信号时的工作原理。如图 5.32 所示，当运算放大器增益级的两个同相输出电压 V_{in} 同时增加 ΔV_{in} 时，驱动管 M_5 和 M_6 的栅极电位同时升高，这将导致 NMOS 驱动管 M_6 进一步导通，而 PMOS 驱动管 M_5 趋向截止，因此，驱动管 M_6 从负载吸取电流（灌电流）。由于浮动甲乙类偏置管 M_7 和 M_8 的栅极电压固定，此时， M_8 的 $|V_{GS8}|$ 电压增加，而 M_7 的 V_{GS7} 电压减小，因此 M_8 的电流增加而 M_7 的电流减小，并且增加的量和减小的量相等（由于 $I_{D7}+I_{D8}=I_{b1}$ ，保持不变），这个动作一直持续到 M_8 的电流 $I_{D8}=I_{b1}$ 为止。此时驱动管 M_5 的电流保持为最小值（注意 M_5 并非截止）。当运算放大器增益级的两个同相输出电压 V_{in} 同时减小 ΔV_{in} 时，动作过程与上面的分析类似，此时， M_5 进一步导通，而 M_6 趋向截止，输出级电路给负载提供拉电流。

由以上分析可知，无论运算放大器增益级的两个同相输出电压 V_{in} 是同时增加还是同时减小，输出驱动管 M_5 和 M_6 的栅极电压之差（浮动甲乙类偏置管 M_7 和 M_8 的漏-源电压）均保持恒定，因此，将这种偏置称为浮动甲乙类控制。

浮动甲乙类控制在轨对轨运算放大器中的具体应用如图 5.33 所示。

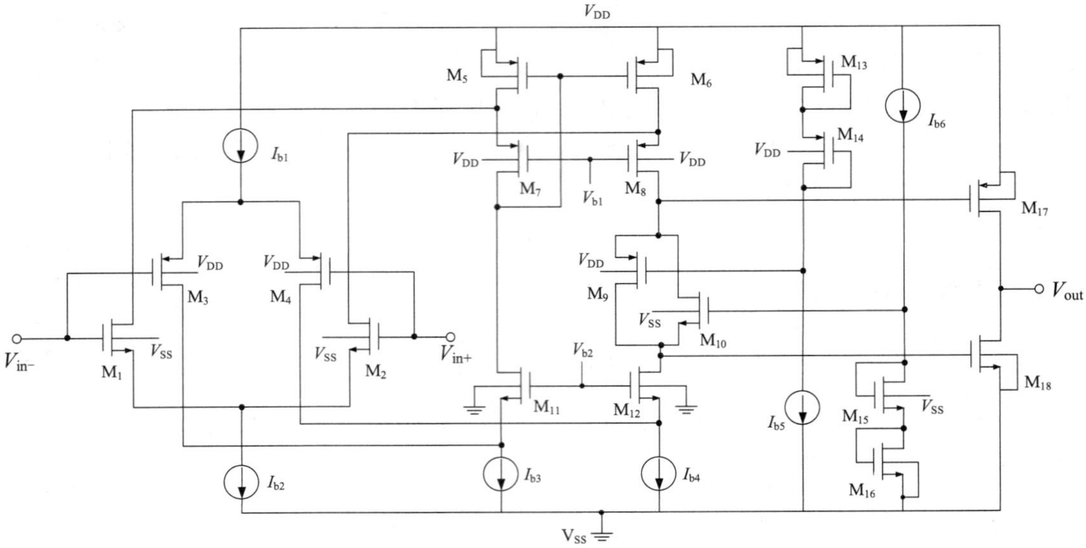

图 5.33 浮动甲乙类控制在轨对轨运算放大器中的具体应用

在如图 5.32 所示的电路中，仅由 M_7 和 M_8 构成的浮动甲乙类控制电路的缺点是输出驱动管 M_5 和 M_6 的静态电流与电源电压有关。这是由于当电源电压 V_{DD} 变化时，跨导线性环中管子的 V_{GS} 电压发生变化，使得输出驱动管 M_5 和 M_6 的静态电流随电源电压漂移。为了使输出驱动管的静态电流对电源电压的变化不敏感，可以在浮动甲乙类控制电路的基础上加入浮动电流源，共同控制输出驱动管的静态电流。浮动电流源与浮动甲乙类控制电路具有相同的结构和工作原理，因此两者对电源的依赖程度相同。

图 5.34 所示为加入浮动电流源的浮动甲乙类控制输出级电路，运算放大器的增益级为折叠式共源共栅差动放大电路。在图 5.34 中，M_9 和 M_{10} 组成浮动电流源，M_{11} 和 M_{12} 为如图 5.32 所示的浮动甲乙类控制电路。可以看出，M_9 和 M_{10} 与 M_{11} 和 M_{12} 具有相同的结构，只是它们各自的跨导线性环的组成不同。对于由 M_9 和 M_{10} 组成的浮动电流源，它的两个跨导线性环分别由 M_9、M_5（M_6）、M_{17}、M_{18} 和 M_{10}、M_{15}（M_{16}）、M_{19}、M_{20} 组成。而对于由 M_{11} 和 M_{12} 组成的浮动甲乙类控制电路，它的两个跨导线性环分别由 M_{11}、M_{21}、M_{17}、M_{18} 和 M_{12}、M_{22}、M_{19}、M_{20} 组成。由于电流镜的耦合作用，当电源电压变化时，浮动电流源与浮动甲乙类控制电路对输出驱动管的栅极电压作用相反，起到互相补偿的作用，从而使得输出驱动管的静态电流受电源电压的影响较小。

下面以驱动管 M_{22} 为例，说明浮动电流源与浮动甲乙类控制电路的相互补偿作用。例如，当电源电压升高时，对于由 M_{12}、M_{22}、M_{19}、M_{20} 组成的跨导线性环，M_{22} 的 V_{GS} 电压相应增加；而对于由 M_{10}、M_{15}(M_{16})、M_{19}、M_{20} 组成的跨导线性环，由于 M_{15}(M_{16}) 的 V_{GS} 电压相应增加，通过电流镜的耦合，导致 M_{14} 的漏极电压（M_{22} 的 V_{GS} 电压）下降。这是由于 V_{GS}（M_{16}）↑→ V_{DS}（M_{16}）↓（M_{16} 为共源极）→ V_{DS}（M_{14}）↓（M_{14} 为共栅极），因此，浮动电流源与浮动甲乙类控制电路对驱动管 M_{22} 的 V_{GS} 电压作用相反，起到相互补偿的作用。

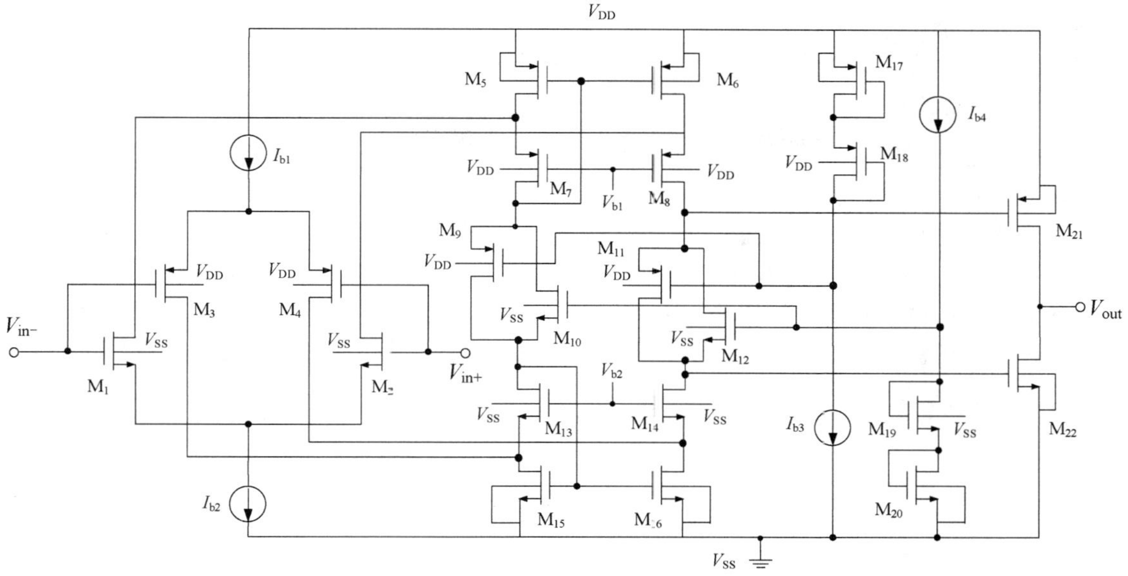

图 5.34　加入浮动电流源的浮动甲乙类控制输出级电路

5.7.4　低功耗输出级

低功耗是模拟集成电路的永恒追求目标，对于输出级电路，在满足驱动能力的前提下，应尽可能减少自身的功耗（芯片的主要功耗来自输出级）。因此，要求输出级电路能够提供足够的动态驱动电流，但同时静态电流要小。

我们以如图 5.35 所示的低功耗输出级电路为例，说明低功耗输出级电路的设计思想。在图 5.35 中，A 是运算放大器增益级的电压增益，M_1 是输出驱动管（PMOS），形成共源极驱动电路，M_2 为 M_1 提供静态偏置电流。

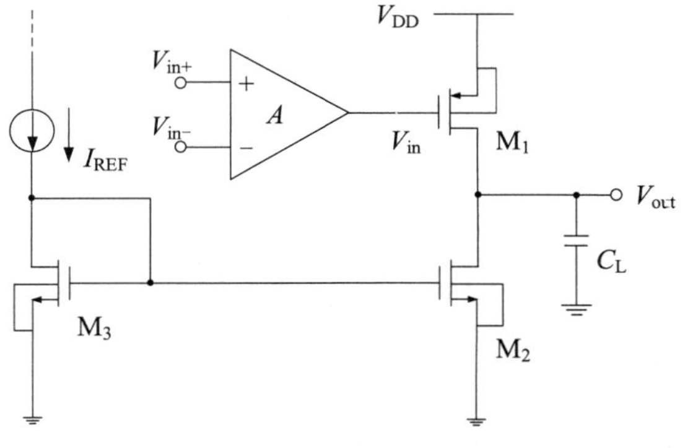

图 5.35　低功耗输出级电路

在图 5.35 中，M_1 是驱动管，为了给负载提供足够大的驱动电流，M_1 的尺寸远远大于 M_2 的尺寸，即 $(W/L)_1 \gg (W/L)_2$，因此，当 M_1 和 M_2 均工作在饱和区时，$I_{D1} \gg I_{D2}$，其差值部分流向负载。

当输出端的负载电流 $I_{out}=0$ 时，$I_{D1}=I_{D2}$，由于工作在饱和区时的 I_{D2} 相对于 I_{D1} 非常小，为了维持 M_1 和 M_2 中的电流相等，此时 M_2 工作在饱和区，而 M_1 必须工作在亚阈值区，因此静态功耗非常小。

当运算放大器的增益级输出电压 V_{in} 减小 ΔV_{in} 时，M_1 开始脱离亚阈值区（$|V_{GS1}|$ 开始增加），并且，随着 V_{in} 减小，M_1 逐渐进入饱和区，此时 M_1 同时给负载和 M_2 提供电流，由于 $I_{out}=I_{D1}-I_{D2}$，因此随着 I_{D1} 增加，I_{out} 增加，输出电压 V_{out} 上升。

由此可见，当电路处于平衡状态时，驱动管工作在亚阈值区，静态功耗损失小，而当输入交流电压变化时，驱动管可以给负载提供瞬态大电流，以满足输出级的驱动能力要求。

图 5.35 所示的低功耗输出级电路只能给负载提供拉电流，图 5.36 所示为能够同时提供拉电流和灌电流的低功耗输出级电路。A 是运算放大器增益级的电压增益，M_1 和 M_2 是输出驱动管，形成共源极驱动电路，分别给负载提供拉电流和灌电流。V_b 是 M_1 和 M_3 的浮动偏置电压，可用 CMOS 管实现。

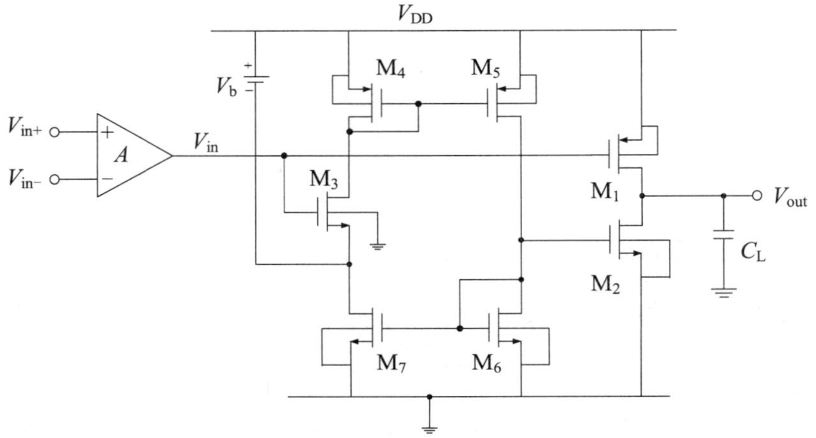

图 5.36　能够同时提供拉电流和灌电流的低功耗输出级电路

在图 5.36 中，浮动偏置电压 V_b 是电路设计的关键参数，由于 $V_b=|V_{GS1}|+V_{GS3}$，V_b 的大小直接决定了 M_1 和 M_3 的 V_{GS} 电压。如果我们要求 M_1 和 M_3 的 V_{GS} 电压大于其各自的阈值电压 0.1V，即

$$|V_{GS1}|=|V_{THP}|+0.1\,\text{V} \tag{5.23}$$

$$V_{GS3}=V_{THN}+0.1\,\text{V} \tag{5.24}$$

那么，V_b 的值应为

$$V_b=|V_{THP}|+0.1\,\text{V}+V_{THN}+0.1\,\text{V}=|V_{THP}|+V_{THN}+0.2\,\text{V} \tag{5.25}$$

注意，M_3 的栅-源电压 V_{GS3} 的变化通过 M_4—M_5—M_6 的路径转移到 M_2 的栅-源极之间，其变化的转移过程是：$V_{GS3}\rightarrow V_{GS4}=V_{GS5}\rightarrow V_{GS6}=V_{GS2}$。

假设增益级的输出电压 V_{in} 增加 ΔV_{in}，此时，M_2 的栅-源电压为 $V_{GS2}=V_{THN}+0.1\,\text{V}+\Delta V_{in}$，$M_1$ 的栅-源电压为 $|V_{GS1}|=|V_{THP}|+0.1\,\text{V}-\Delta V_{in}$。因此，$M_2$ 进一步导通，M_1 趋向截止，此时输出级电路给负载提供灌电流。相反，如果增益级的输出电压 V_{in} 减小 ΔV_{in}，那么电路动作过程与以上相反，此时输出级电路给负载提供拉电流。

此低功耗输出级电路的静态电流小，并且能够给负载同时提供较大的拉电流和灌电流。

5.7.5 运算放大器的输出电阻分析和仿真

运算放大器的输出级通常为共源放大器，输出电压 V_{out} 在高电平时给负载提供拉电流（Source Current），输出电压 V_{out} 在低电平时给负载提供灌电流（Sink Current）。但是，由于运算放大器输出级的等效电阻不为 0，其输出电压会随负载电流发生变化，因此我们可用一个理想电压源和一个内阻串联表示运算放大器的输出电压，该内阻就是运算放大器的输出电阻。

我们可以利用如图 5.37（a）所示的仿真电路仿真运算放大器的输出电阻。将运算放大器接成 Buffer 的形式，当输入电压 V_{in} 为高电平时（输出电压 V_{out} 也为高电平），随着输出电流 I_{out}（拉电流）增加，输出电压按照一定的斜率下降，如图 5.37（b）所示。与此相反，当输入电压 V_{in} 为低电平时（输出电压 V_{out} 也为低电平），随着输出电流 I_{out} 沿负方向（灌电流）增加，输出电压按照一定的斜率上升，如图 5.37（c）所示。

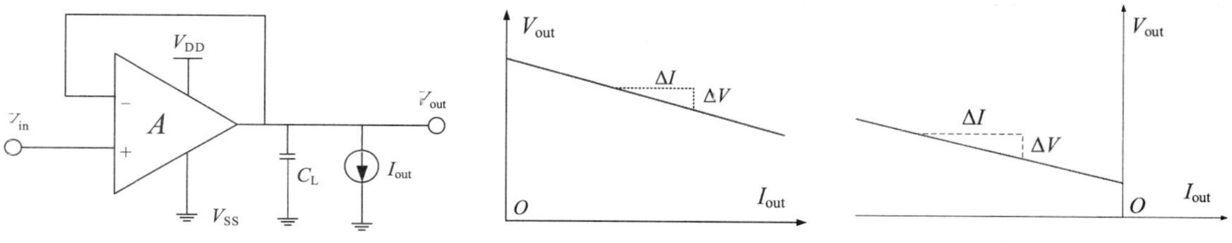

（a）仿真电路　　（b）输出电压为高电平　　（c）输出电压为低电平

图 5.37 运算放大器的输出电阻

图 5.38 所示为浮动甲乙类共源输出级电路，我们首先考虑运算放大器输出为低电平时的情况。当输出为低电平时，NMOS 管导通（提供灌电流），PMOS 管趋向截止。如图 5.39 所示，由于 NMOS 管工作在饱和区，随着 I_{out} 增加（$I_{out1} \rightarrow I_{out2}$），由于负反馈的作用导致 $V_2 = V_{GSN}$ 增加（$V_{GS1} \rightarrow V_{GS2}$），以提供足够的灌电流。与此同时，$V_{DSN}$ 相应增加（$V_{DS1} \rightarrow V_{DS2}$），从而导致输出电压略有上升。

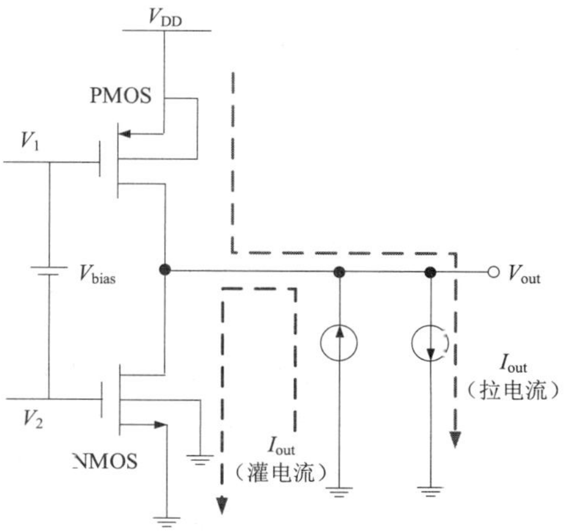

图 5.38 浮动甲乙类共源输出级电路

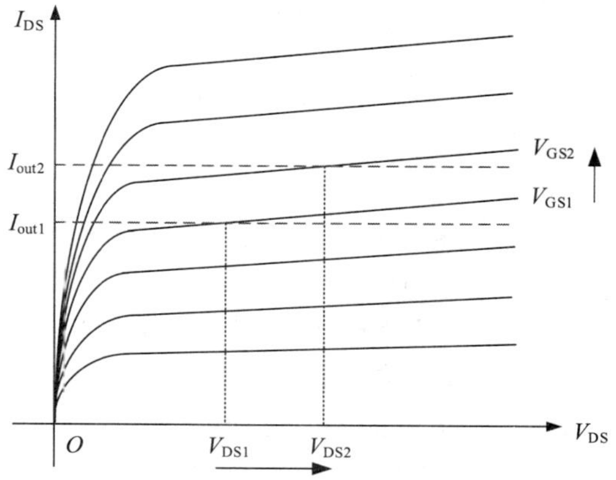

图 5.39 NMOS 提供灌电流时的情况

当运算放大器输出为高电平时，PMOS 管导通（提供拉电流），NMOS 管趋向截止。由于 PMOS 管工作在饱和区，随着 I_{cut} 增加，V_1 减小（$|V_{GSP}|$ 增加），$|V_{DSP}|$ 也相应增加，输出电压略有下降。

运算放大器的输出电压随负载电流发生变化，这是因为NMOS和PMOS管不是理想电流源，而是具有输出电阻 r_{ds}。

本章小结

本章讨论了各种高性能运算放大器，其目的是进一步提升运算放大器的某些性能，具体包括：①提高电压增益，如套筒式共源共栅运算放大器、折叠式共源共栅运算放大器及高增益（Gain Boosting）运算放大器；②扩展输入共模电压的范围，如轨对轨运算放大器；③提高共模抑制比和抗干扰能力，如全差动运算放大器；④降低功耗，如微功耗运算放大器。这些高性能运算放大器都是针对提高某些方面的特殊性能而设计的，但以牺牲其他方面的性能为代价，因此应根据实际应用场合对各性能进行优化和折中。为了驱动大的阻性或容性负载，运算放大器增益级的后面必须加入输出缓冲级，以给负载提供无失真的电压、电流或功率信号。

参考文献

[1] 毕查德 • 拉扎维. 模拟 CMOS 集成电路设计[M]. 2 版. 陈贵灿，译. 西安：西安交通大学出版社，2018.

[2] Phillip E. Allen. CMOS Analog Circuit Design [M]. Third Edition. New York: Oxford University Press, 2011.

[3] David A. Johns & Ken Martin. Analog Integrated Circuit Design [M]. New York: John Wiley & Sons, Inc., 1997.

[4] P. R. Gray, P. J. Hurst, S. H. Lewis, et al. Meyer. Analysis and Design of Analog Integrated Circuits [M]. Fifth Edition. New York: John Wiley & Sons, Inc., 2009.

[5] Willy M. C. Sansen. Analog Design Essentials [M]. BerLin: Springer, 2006.

习题

5.1 考察如图 5.4 所示的运算放大器，试推导该放大器的低频小信号电压增益。各管子的参数可用 g_{mi} 和 r_{dsi} 表示（i=1～13）。

5.2 在如图 5.40 所示的差动输入-单端输出放大器中，采用自偏置共源共栅电流镜（M_3～M_6 和 R）作为放大器的有源负载。假定左右两边的 CMOS 管的特性和尺寸完全对称，试分析该运算放大器的小信号电压增益（A_{vd}）及输入共模电压（V_{cm}）的范围。

5.3 在如图 5.4 所示的两级运算放大器中主要包含哪些极点？请粗略估计这些极点的位置关系，并画出极点位置的草图。假定所有 CMOS 器件被设计成具有相同的过驱动电压，源极跟随器的偏置电流与差动对的偏置电流相同。

5.4 图 5.41 所示为一种基于共源共栅结构的改进型电路（增益增强型电路），这种结构在 M_2 的栅-源极之间加入了负反馈运算放大器，以提高输出电阻 r_{out}。假定 M_1 的参数为 $g_{m1}=100\mu A/V$，

$r_{ds1}=40\text{k}\Omega$，M_2 的参数为 $g_{m2}=80\mu\text{A/V}$，$r_{ds2}=60\text{k}\Omega$，负反馈运算放大器的增益为 $A=-80$。试计算输出电阻 r_{out}，r_{out} 比普通的共源共栅结构提高了多少？计算时可忽略体效应。

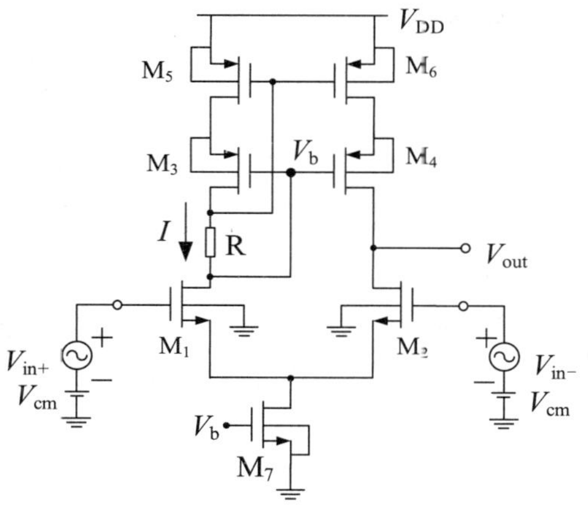

图 5.40

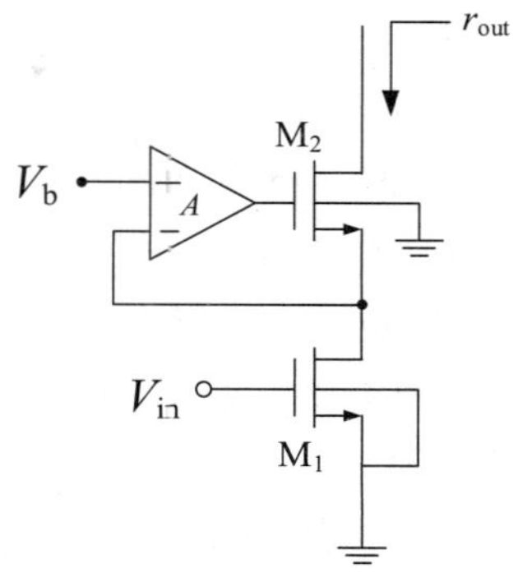

图 5.41

5.5 考察如图 5.14 所示的轨对轨运算放大器，若 PMOS 输入级和 NMOS 输入级具有相同的偏置尾电流，即 $I_{SS1}=I_{SS2}=I$，负载电容 $C_L=10\text{pF}$，$\lambda_n=0.1\text{V}^{-1}$，$\lambda_p=0.2\text{V}^{-1}$，$\mu_n C_{ox}=200\mu\text{A/V}^2, \mu_p C_{ox}=100\mu\text{A/V}^2$。

（1）要获得 20V/μs 的摆率，偏置电流 I 应为多少？

（2）要使 PMOS 输入级与 NMOS 输入级具有相同的跨导，两个输入级的管子的宽长比应满足什么关系？

（3）如果 $M_1 \sim M_4$ 的过驱动电压为 0.1V，其他管子的过驱动电压为 0.4V，M_5 和 M_6 的偏置电流为 I，计算放大器的低频电压增益。假定 PMOS 和 NMOS 输入级都工作在饱和区。

5.6 在如图 5.42 所示的差动输入–差动输出折叠式共源共栅放大器中，加入了 CMFB 电路来控制输出共模电平的变化。

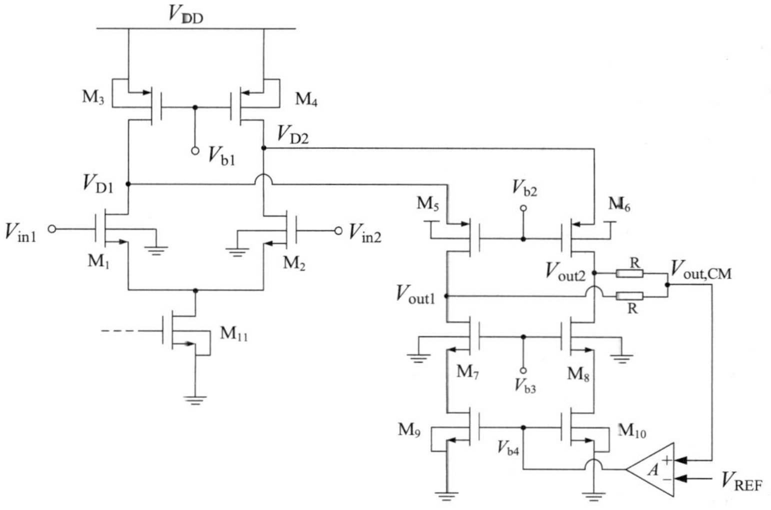

图 5.42

（1）求$V_{out,CM}$的值（用V_{out1}和V_{out2}表示）。

（2）若共模反馈放大器是采用电流镜负载的差动放大器，那么输入级应该采用 PMOS 差动对还是 NMOS 差动对，其原因是什么？

（3）计算 CMFB 电路的环路增益。假定共模反馈放大器的增益为A，各管子的跨导和输出电阻可分别用g_{mi}和r_{dsi}表示（$i=1\sim10$）。

5.7 图 5.43 所示为运算放大器的输出级电路，为了给负载提供足够的驱动电流，输出驱动管M_1通常具有较大的宽长比。假定$V_{DD}=3V$，$(W/L)_1=300\mu m/1\mu m$，$\mu_n C_{ox}=200\mu A/V^2$，$\mu_p C_{ox}=100\mu A/V^2$。

（1）当负载电流I_{out}为零（静态）时，若使输出驱动管M_1工作在饱和区，求M_2的宽长比$(W/L)_2$，此时输出级的静态功耗为多少？假定M_1的过驱动电压为 1V，其他器件的过驱动电压为 0.2V。

（2）为了降低静态功耗，可以使输出驱动管M_1在静态时工作在临界亚阈值区（当漏极电流密度$I_{DS}/W=1\mu A/\mu m$时，认为器件工作在临界亚阈值区，此时$V_{GS}=V_{TH}$），试确定此时M_2的宽长比$(W/L)_2$，并重新计算输出级的静态功耗。

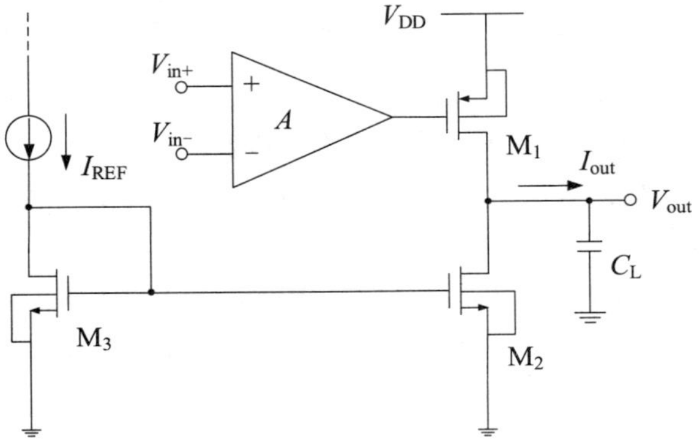

图 5.43

5.8 设计如图 5.1 所示的套筒式共源共栅运算放大器。假定$V_{DD}=3.3V$，$C_L=5pF$，$V_{THN}=|V_{THP}|=0.7V$，$\mu_n C_{ox}=150\mu A/V^2$，$\mu_p C_{ox}=55\mu A/V^2$，$\lambda_p=0.05V^{-1}$，$\lambda_n=0.04V^{-1}$。要求运算放大器的性能指标满足下列条件（放大器的其他指标请读者自定）：

（1）直流或低频时的小信号差模电压增益$A_{vd}>80dB$；

（2）输入共模电压范围为$1.0V\leqslant V_{cm}\leqslant 2.5V$；

（3）输出电压的摆幅为$0.7V\leqslant V_{out}\leqslant 2.6V$；

（4）摆率 SR = 10V/μs。

5.9 设计如图 5.5 所示的折叠式共源共栅运算放大器（NMOS 输入），设计条件与设计指标和题 5.8 相同。

5.10 设计如图 5.44 所示的折叠式共源共栅运算放大器（PMOS 输入），设计条件与设计指标和题 5.8 相同。

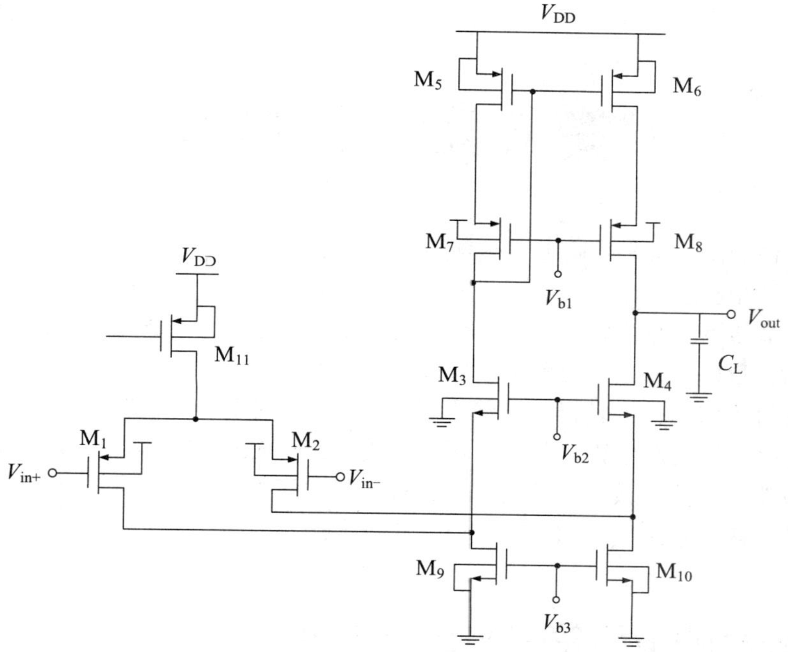

图 5.44

5.11 设计如图 5.14 所示的差动输入-单端输出轨对轨折叠式共源共栅运算放大器。其中，$I_{SS1} = I_{SS2}$，输入共模电压范围为 $0 \sim V_{DD}$，输出电压的摆幅为 $0.6\text{V} \leqslant V_{out} \leqslant 2.6\text{V}$，其余设计条件与设计指标和题 5.8 相同。

第6章　比较器

比较器（Comparator）实质上是高增益的开环运算放大器，用于比较和判别两个输入信号的大小，产生相应的固定输出电平（高电平或低电平）。比较器的输出只有两种状态，与输入电压之间并非线性关系，因此比较器是非线性器件。比较器广泛应用在ADC/DAC、RC振荡电路、波形整形电路及小振幅差动信号接收器等电路中。

本章主要讨论常用的比较器电路结构和工作原理，首先介绍比较器的性能参数。接着介绍几种典型的比较器电路结构，包括开环运算放大器构成的比较器、预放大器+锁存器结构、反相器型比较器及迟滞比较器。然后介绍比较器的失调电压校正技术，包括输入失调存储技术、输出失调存储技术和改进的输出失调存储技术。

6.1　比较器的电路符号与理想特性

比较器的电路符号如图6.1（a）所示，两个输入端分别为V_{in+}和V_{in-}，输出端为V_{out}。比较器的理想输入-输出特性如图6.1(b)所示，当$V_{in+} > V_{in-}$时，$V_{out} = V_{OH}$，当$V_{in+} < V_{in-}$时，$V_{out} = V_{OL}$，其中，V_{OH}和V_{OL}分别为比较器输出的高电平（V_{DD}）和低电平（V_{SS}）。

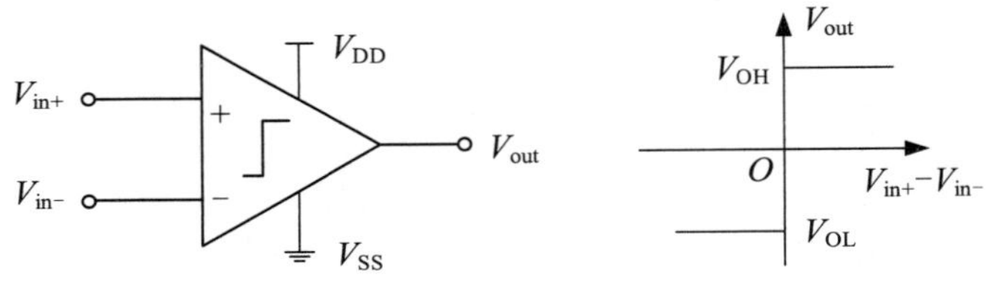

（a）比较器的电路符号　　（b）比较器的理想输入-输出特性

图6.1　比较器的电路符号与理想输入-输出特性

图6.2所示为理想比较器的输入-输出信号实例，其中，V_{in-}端接直流基准电压V_{REF}，V_{in+}端接脉冲电压信号。显然，对于理想比较器，使输出电压V_{out}翻转的输入电压差$V_{in+} - V_{in-} = 0$，而且输入信号与输出信号变化之间的时延也为零。

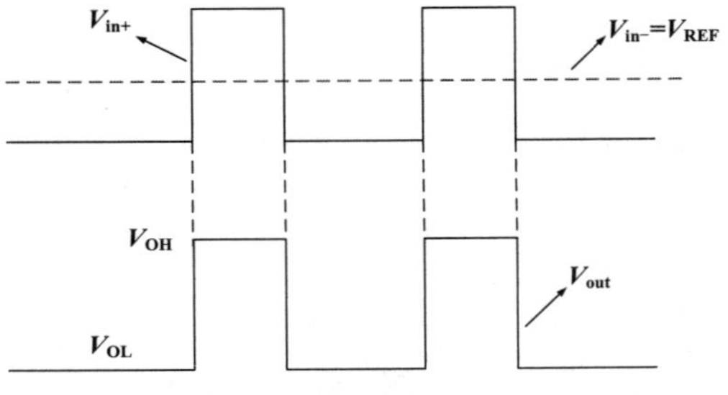

图6.2　理想比较器的输入-输出信号实例

6.2　比较器的性能参数

对于实际比较器，由于电路性能的限制及制造工艺的误差，其输入-输出特性偏离如图 6.1（b）所示的理想特性。

6.2.1　精度

比较器的精度（分辨率）如图 6.3 所示。在图 6.3 中，V_{IH} 和 V_{IL} 分别为输出翻转到高电平和低电平时所需的最小输入电压差，它们反映了比较器的精度（电压分辨率），与比较器的电压增益有关。电压增益越大，最小输入电压差越小，比较器的精度（或分辨率）越高。另外，比较器的失调电压（Offset）和噪声（Noise）也会影响比较器的精度。

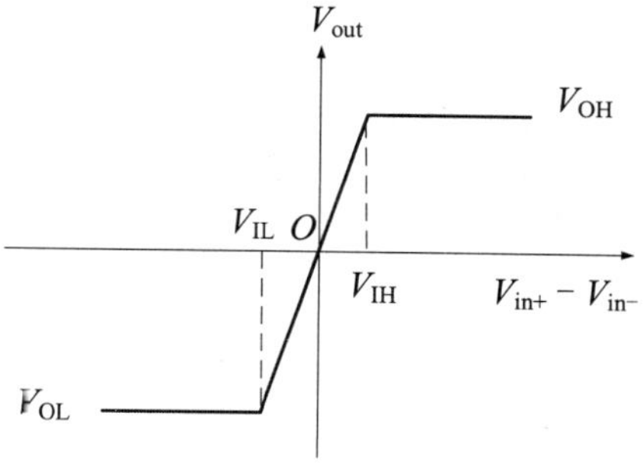

图 6.3　比较器的精度（分辨率）

6.2.2　输入失调电压

如果比较器不存在输入失调电压，则如图 6.3 所示，其输入-输出特性曲线是以 $V_{in+}-V_{in-}=0$ 为中心左右对称的。但是，当比较器存在输入失调电压 V_{OS} 时，比较器的输入失调电压如图 6.4 所示，与图 6.3（输入失调电压为 0）相比，比较器的输入-输出特性曲线向右（$V_{OS}>0$）或向左（$V_{OS}<0$）平移。

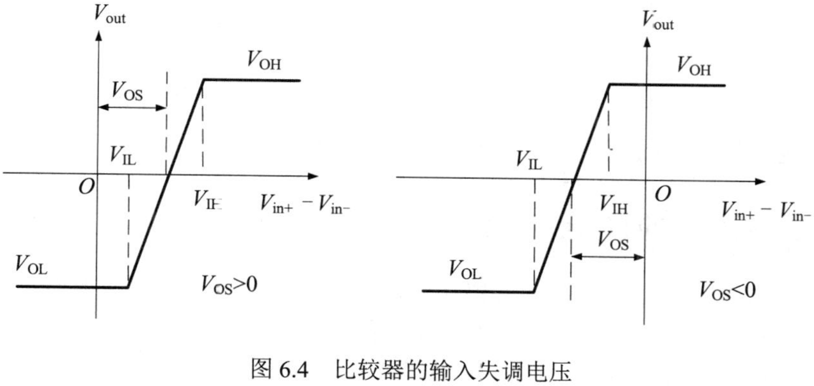

图 6.4　比较器的输入失调电压

输入失调电压是由集成电路加工工艺的随机误差引起的，因此 V_{OS} 的正负极性和大小具有随机性。在设计比较器时，可用蒙特卡罗（Monte Carlo）法仿真 V_{OS} 的大小（需要厂家提供器件的 Monte Carlo Model)。但对于已经完成加工流片的比较器电路，由于该电路的加工工艺误差已经确定，其失调电压的大小和极性也就确定了，可用失调电压校正法消除其影响（详见本章的 6.4 节）。

6.2.3 传输时延

如图 6.5 所示，对于实际比较器，输出响应滞后输入激励一段时间 t_p，t_p 称为比较器的传输时延。t_p 通常用输入电压中间值和输出电压中间值所对应的时间差来表示。传输时延是由电路中的寄生电容等引起的，传输时延限制了比较器的最大工作速度。

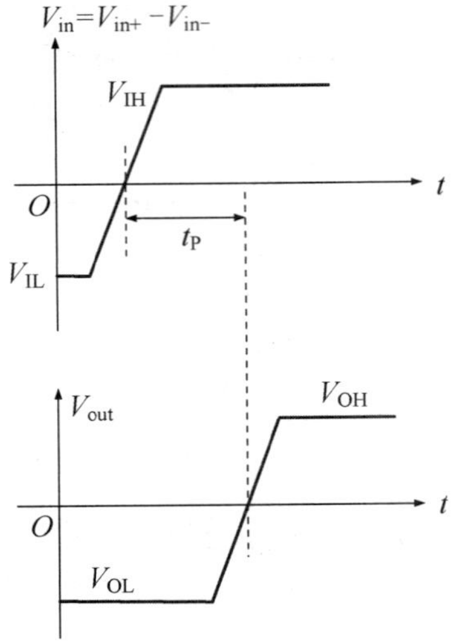

图 6.5 比较器的传输时延

传输时延随输入信号幅度而变化。如果比较器工作在小信号线性状态（非“转换”状态），那么输入幅度越大，时延越短。但当输入信号幅度足够大，导致比较器出现“转换”现象时，时延不再随输入信号的幅度而变化，而是由比较器的摆率 SR 决定，此时时延 t_p 可由式（6.1）计算得到

$$t_p = \frac{V_{OH} - V_{OL}}{2 \times SR} \tag{6.1}$$

当传输时延由比较器的摆率决定时，减小时延的重要手段是增加比较器输出端的驱动能力，即给负载提供足够大的拉电流或灌电流（增大 SR）。

6.2.4 比较器的其他性能参数

比较器的其他性能参数与运算放大器相同，包括：①输入共模电压范围，需使比较器的 CMOS 管均工作在饱和区；②小信号差模电压增益（开环），决定了比较器的精度（电压分辨率）；③单位增益带宽，决定了比较器的动作速度；④摆率 SR，当输入信号的幅度较大时，对电容的充放电速度限制了输出电压的变化速度，从而影响比较器的时延和动作速度；⑤迟滞电压范围，是迟滞比较器的重要参数之一；⑥功耗，是静态功耗与动态功耗之和。

6.3　比较器的结构与电路实例

根据电路结构的不同，比较器大致可以分为以下四类：①开环运算放大器构成的比较器；②预放大器+锁存器结构；③反相器型比较器；④迟滞比较器。

6.3.1　开环运算放大器构成的比较器

开环运算放大器构成的比较器的电路结构如图 6.6 所示，它是由开环运算放大器（OPAMP）与反相器（INV）级联构成的。开环运算放大器提供足够大的小信号差模电压增益，以提高比较器的精度。反相器用于信号波形整形（包括提供负载驱动能力），使输出电压迅速翻转，从而在输出端得到脉冲方波电压信号。这种比较器的电路结构简单、易于实现，但是其动作速度相对较慢（与本章后面介绍的附加锁存器的比较器相比较）。

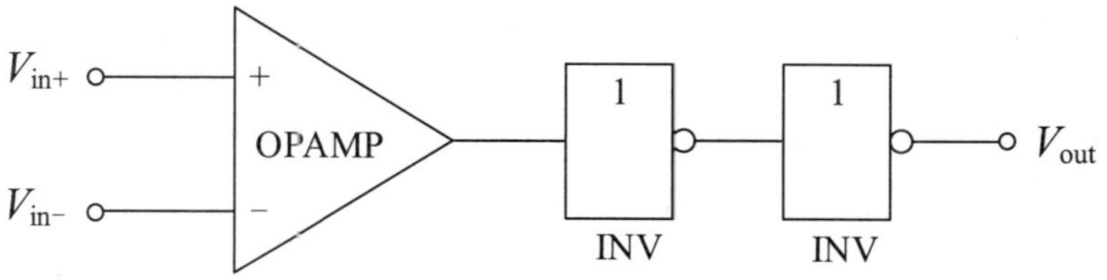

图 6.6　开环运算放大器构成的比较器的电路结构

图 6.7 所示为开环运算放大器构成的比较器电路实例。在第一级的差动放大器中，采用由二极管连接的 PMOS 管（M_3 和 M_4）作为有源负载，使得 A 点和 B 点的等效阻抗小，相应的极点频率高，差动放大器的带宽大，因此小信号动作速度快（按照指数规律上升或下降）。

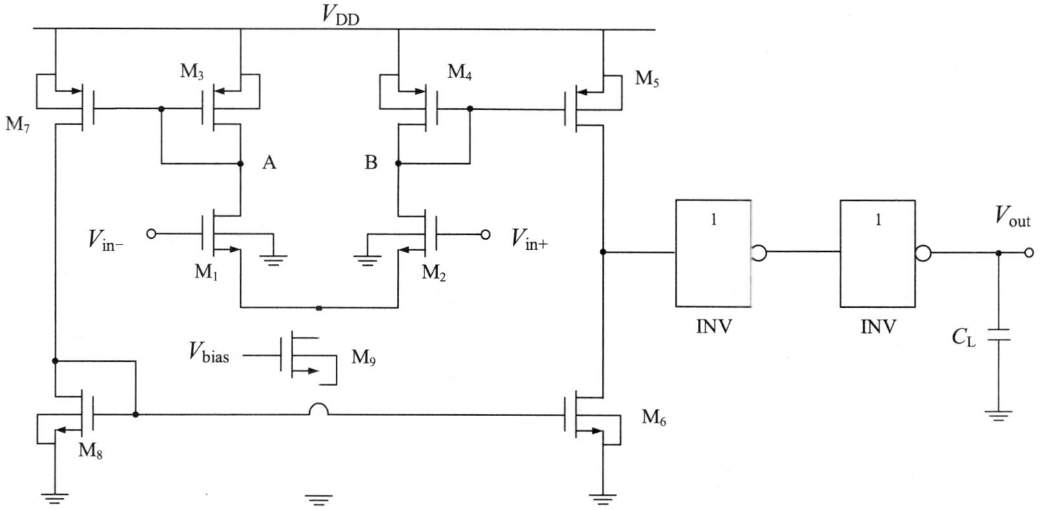

图 6.7　开环运算放大器构成的比较器电路实例

在图 6.7 中，M_5 和 M_6 形成推挽式共源放大器，运算放大器的总的小信号差模电压增益 A_{vd} 可近似为（M_7 和 M_8 的增益近似等于 1）

$$A_{vd}=A_{vd1}A_{vd2}=\frac{g_{m1,2}}{g_{m3,4}}(g_{m5}+g_{m6})(r_{ds5}\parallel r_{ds6}) \tag{6.2}$$

由于运算放大器在开环状态下使用，不需要加入相位补偿电容，因此开环运算放大器具有较大的带宽和较快的响应速度。在输出端加入反相器的目的是波形整形和增加驱动大容性负载 C_L 的能力，从而提高动作速度（摆率），减小传输时延。

图 6.8 所示为由三级开环运算放大器构成的比较器电路实例，开环运算放大器由预放大级、中间级和输出级构成。由 M_1 和 M_2 放大管构成预放大级，采用二极管连接的 PMOS 管（M_3 和 M_4）作为有源负载，使得预放大级具有带宽大、小信号动作速度快的特点。同时，为了避免中间级的迟滞效果（是由 M_7 和 M_8 引入的正反馈导致的），预放大级需将输入信号放大到大于中间级的迟滞电压。在由 M_5 和 M_6 放大管构成的中间级中，加入了由 M_7 和 M_8 组成的正反馈有源负载，以提高中间级的翻转速度和电压增益。由 M_{11} 和 M_{12} 放大管构成的差动输出级实现差动输入到单端输出的转换。需要说明的是，在图 6.8 中，每一级的差动放大管及有源负载管均两两对称（例如，在第一级中，M_1 和 M_2 对称，M_3 和 M_4 对称）。

下面求各级放大器的电压增益。为了求出中间级的电压增益，首先需要求出由 M_7 和 M_8 组成的正反馈有源负载的等效电阻。利用如图 6.9 所示的电路，可以求出其等效电阻 r_o。

在图 6.9 中，如果忽略 M_7 和 M_8 的沟道长度调制效应（忽略 M_7 和 M_8 的 r_{ds}），并且假定 M_7 和 M_8 对称，则有 $-i_x=g_{m8}v_1$，$i_x=g_{m7}v_2$，$g_{m7}=g_{m8}=g_{m7,8}$，$v_x=v_1-v_2$，因此，等效电阻 r_o 可表示为

$$r_o=\frac{v_x}{i_x}=-\frac{2}{g_{m7,8}} \tag{6.3}$$

注意，式（6.3）中的等效电阻 r_o 为负值，这是由于 M_7 和 M_8 构成的是正反馈有源负载。

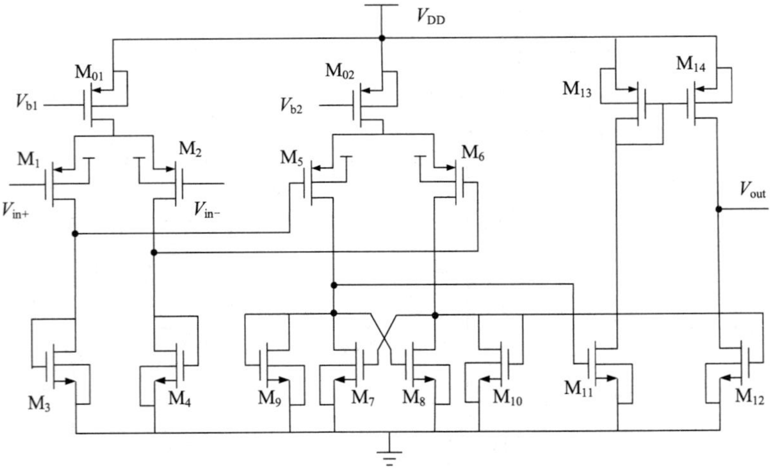

图 6.8 由三级开环运算放大器构成的比较器电路实例

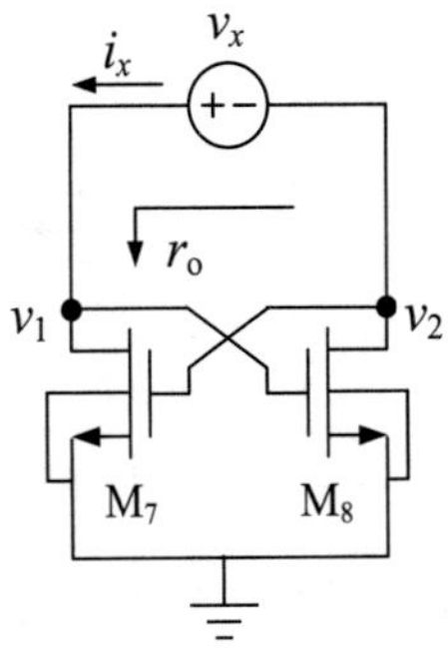

图 6.9 正反馈有源负载的等效电阻

在图 6.8 中，中间级 M_5 放大管的等效有源负载（半边等效负载）为 M_9 的等效电阻和 $r_o/2$（r_o 为 M_7 和 M_8 的串联等效电阻）的并联值，即 M_5 的等效负载电阻 r_{o2} 为（忽略 M_9 和 M_{10} 的 r_{ds}）

$$r_{o2}\approx\left(\frac{1}{g_{m9,10}}\right)\parallel\left(-\frac{1}{g_{m7,8}}\right)=\frac{1}{g_{m9,10}-g_{m7,8}} \tag{6.4}$$

进一步可求得中间级放大器的小信号电压增益 A_2 为（忽略 M_5 和 M_6 的 r_{ds}）

$$A_2 \approx -g_{m5,6}r_{o2} \approx -\frac{g_{m5,6}}{g_{m9,10}-g_{m7,8}} = -\frac{g_{m5,6}}{g_{m9,10}(1-\alpha)} \tag{6.5}$$

式中，

$$\alpha = \frac{g_{m7,8}}{g_{m9,10}} = \frac{(W/L)_{7,8}}{(W/L)_{9,10}} \tag{6.6}$$

由式（6.5）可知，若 $\alpha < 1$，则有源负载整体仍为负反馈（无迟滞电压），若 $1 < \alpha < 2$，则有源负载整体变成正反馈（有迟滞电压）。以上两种情况都可以提高中间级的电压增益，但后者的翻转速度更快。而当 $\alpha > 2$ 时，增益降低。因此，为了既提高电压增益又加快翻转速度，通常选 $1 < \alpha < 2$（此时，预放大级的输出电压应大于中间级的迟滞电压，以消除迟滞效应）。

根据以上分析，可以得到预放大级、中间级和输出级的小信号电压增益 A_1、A_2 和 A_3 分别为

$$A_1 = -g_{m1,2}r_{o1} \approx -\frac{g_{m1,2}}{g_{m3,4}} = -\sqrt{\frac{k_p(W/L)_{1,2}}{k_n(W/L)_{3,4}}} \tag{6.7}$$

$$A_2 \approx -g_{m5,6}r_{o2} \approx -\frac{g_{m5,6}}{g_{m9,10}-g_{m7,8}} = -\frac{g_{m5,6}}{g_{m9,10}(1-\alpha)} \tag{6.8}$$

$$A_3 = -g_{m11,12}r_{o3} = -g_{m11,12}\left(r_{ds12} \parallel r_{ds14}\right) \tag{6.9}$$

因此，图 6.9 中的比较器的总电压增益 A_{vd} 如式（6.10）所示

$$A_{vd} = A_1 \cdot A_2 \cdot A_3 \tag{6.10}$$

6.3.2 预放大器+锁存器结构

“预放大器+锁存器”比较器的电路结构如图 6.10 所示，其中，开环运算放大器 A_1、A_2 和 A_3 构成预放大器，在其后面加上锁存器（Latch）以提高比较器的翻转速度。由于正反馈锁存器具有迟滞电压，因此必须用预放大器将输入信号放大，使锁存器的输入信号大于其迟滞电压，以便锁存器能够快速翻转，从而避免迟滞现象发生。

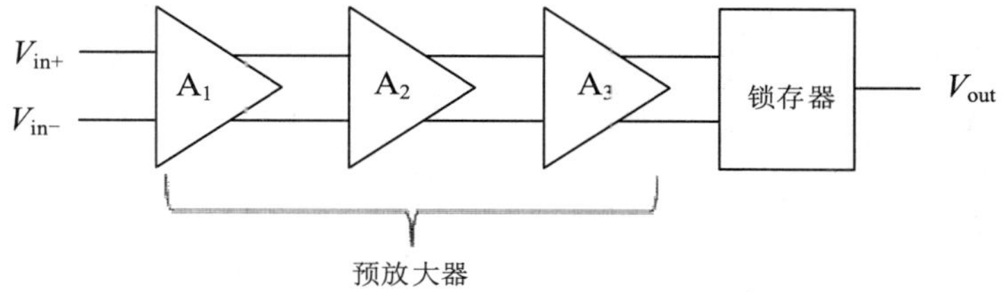

图 6.10 “预放大器+锁存器”比较器的电路结构

预放大器中的 A_1 通常为大带宽、低增益、小信号动作速度快（运算放大器中通常采用二极管连接的 MOS 管作为有源负载）的运算放大器。A_2 和 A_3 通常为高增益、中等带宽（运算放大器中通常采用电流源负载）的运算放大器，经 A_1 放大后的信号幅度较大，A_2 和 A_3 的动作速度也较快。由于经预放大器放大后的输入信号幅度较大，因此锁存器的动作速度也非常

快（锁存器本身具有正反馈功能）。

图 6.11 所示为比较器的预放大器和锁存器的阶跃响应示意图。在 t_1 阶段，预放大器（具有大带宽）处于阶跃响应的快速反应阶段，在 t_2 阶段，锁存器（具有正反馈）处于阶跃响应的快速反应阶段（V_x 为锁存器所需的最小翻转电压）。采用预放大器+正反馈锁存器级联的形式，使整个比较器始终处于“快速反应阶段”。由于预放大器的输出电压大于正反馈锁存器的迟滞电压，因此不会发生迟滞现象。

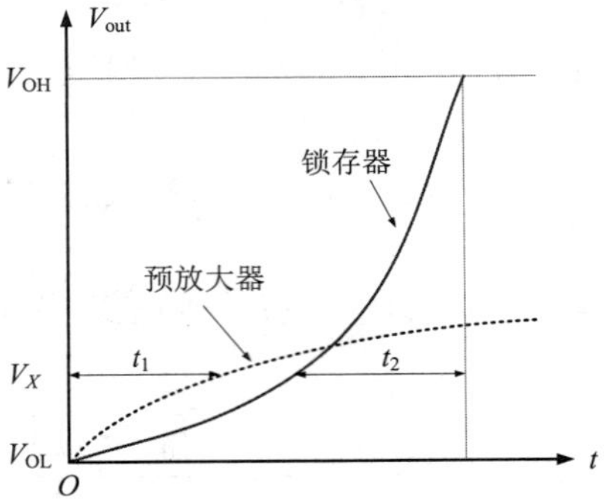

图 6.11　比较器的预放大器和锁存器的阶跃响应示意图

图 6.12 所示为“预放大器+锁存器”比较器的电路实例。M_1 ～ M_4 构成预放大器，M_5 和 M_6 为共源放大器，其输入-输出极性相反，形成正反馈锁存器。另外，M_7 为控制开关管，形成动态锁存器。采用动态锁存器可降低功耗，当比较器正常工作时，M_7 导通；当比较器不工作时，M_7 断开，锁存器中没有静态电流。

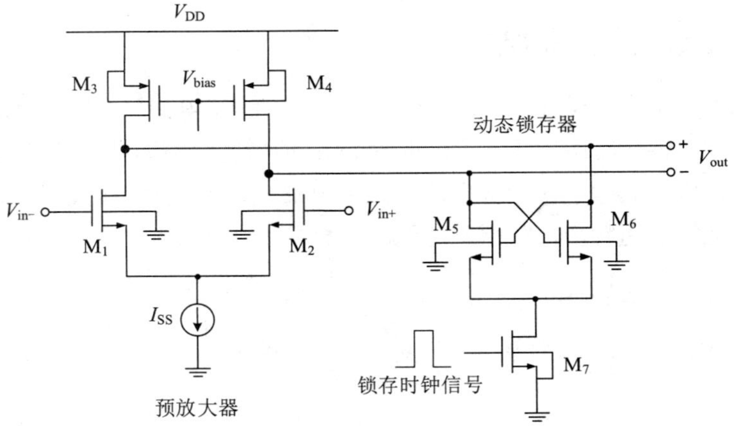

图 6.12　“预放大器+锁存器”比较器的电路实例

6.3.3　反相器型比较器

反相器型比较器具有结构简单的优点，通常用于 ADC 电路中。图 6.13 所示为由单级反相器构成的比较器，其中，Φ 与 $\overline{\Phi}$ 为两相不交叠时钟信号，C 为储存电容。

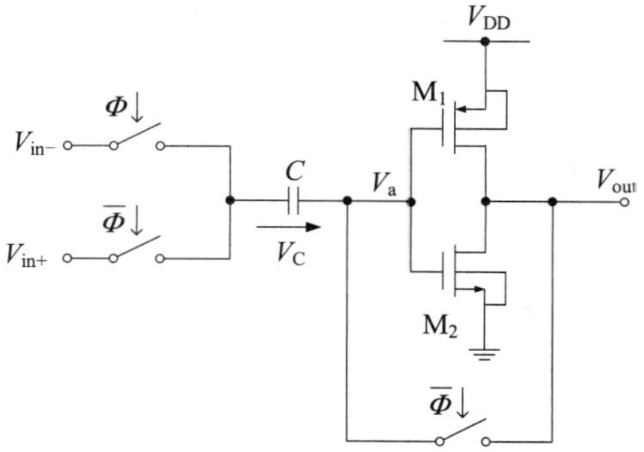

图 6.13 由单级反相器构成的比较器

反相器型比较器的工作分为 2 个周期，即复位周期和电压比较周期。在复位期间，开关$\overline{\Phi}$闭合，Φ打开，如图 6.14（a）所示。此时，由于反相器的输入和输出端短接，其输入和输出电压相等，反相器工作在图 6.15（反相器的输入-输出特性）中的 Q 点，因此$V_a = V_{out} = V_{DD}/2$。此时，电容两端的电压$V_C = V_{in-} - V_a = V_{in+} - V_{DD}/2$。

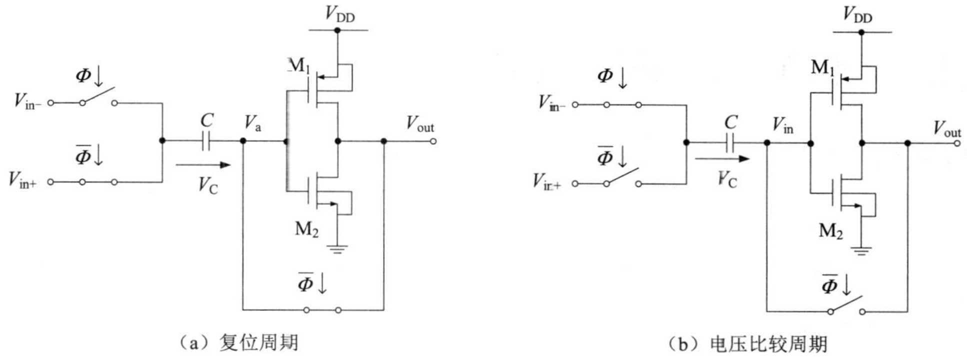

图 6.14 反相器型比较器的工作原理

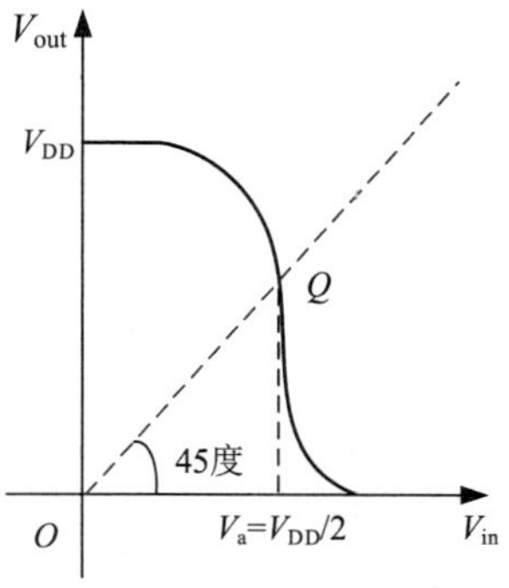

图 6.15 反相器的输入-输出特性

在电压比较期间，开关Φ闭合，$\overline{\Phi}$打开，如图 6.14（b）所示。此时，反相器工作于小信号线性放大状态，形成反相器型放大器，其直流偏置电压为$V_a = V_{DD}/2$（静态工作点为图 6.15 中的 Q 点），在该处反相器有最大的小信号电压增益（Q 点处的斜率最大）。由于储存电容 C 无电荷泄放通路，因此在电压比较期间，电容 C 两端的电压V_C保持不变（与复位期间的电压相同），即 $V_C = V_{in+} - V_{DD}/2$。我们现在可以求出反相器型放大器的输入电压 V_{in} 及 V_{in} 与 $V_{DD}/2$ 的差

$$V_{in} = V_{in-} - V_C = V_{in-} - (V_{in+} - \frac{V_{DD}}{2}) \tag{6.11}$$

$$V_{in} - \frac{V_{DD}}{2} = V_{in-} - V_{in+} \tag{6.12}$$

对于反相器型放大器（见图 6.15），当 $V_{in} > V_{DD}/2$ 时，输出 V_{out} 为低电平，而当 $V_{in} < V_{DD}/2$ 时，输出 V_{out} 为高电平。因此，由式(6.12)可知，当 $V_{in+} < V_{in-}$ 时，输出 V_{out} 为低电平，而当 $V_{in+} > V_{in-}$ 时，输出 V_{out} 为高电平。这样就实现了对两个输入电压大小的比较。

反相器型比较器的优点是电路结构简单、易于实现。但是，单级反相器的电压增益有限，导致比较器的精度较小，可以通过增加反相器的级数（保持为奇数）提高比较器的精度和翻转速度。另外，复位期间有贯通电流流过反相器，导致动态功耗较大。此外，与差动输入放大器相比较，反相器型放大器对来自电源、地及基板的干扰信号的抵抗能力弱。因此，反相器型比较器通常用于对精度要求不高的场合。

6.4 比较器的失调电压校正技术

由于集成电路制造工艺存在随机误差，使得差动放大器的器件尺寸（W 和 L）失配且阈值电压（V_{TH}）不对称，即使差动放大器的两端输入信号完全相同，其差动输出电压也不为零，从而导致比较器产生失调电压。将该差动输出电压除以放大器的增益后，就是折算到输入端的等效输入失调电压。如图 6.16 所示，V_{OS} 为放大器的等效输入失调电压，A_0 为失调电压为 0 的理想放大器。

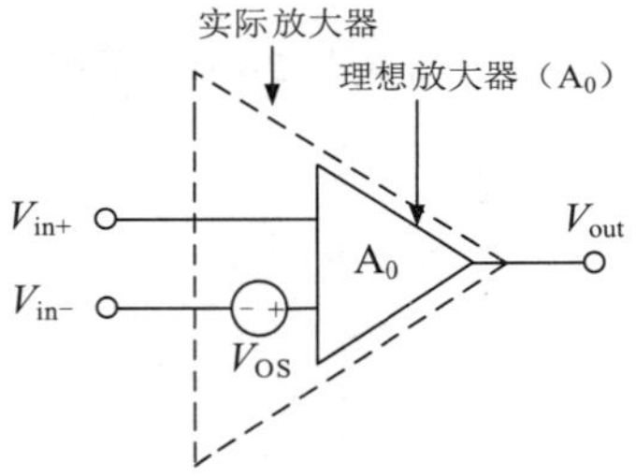

图 6.16 放大器的失调电压模型

为了提高比较器的精度，需要在比较器比较输入信号之前校正（消除）失调电压。本节以常用的“预放大器+锁存器”比较器为例，说明比较器的失调电压校正技术。

对于如图 6.17 所示的“预放大器+锁存器”比较器，其锁存器的输入端失调电压的总累积量可表示为

$$V_{OS} = A_1A_2A_3V_{OS1} + A_2A_3V_{OS2} + A_3V_{OS3} \tag{6.13}$$

式中，V_{OS1}、V_{OS2} 和 V_{OS3} 分别为第一级、第二级和第三级放大器的等效输入失调电压。由此可知，第一级放大器的失调电压经过各级放大后，在总失调电压中占据了非常大的比重，因此消除第一级放大器的失调电压是消除比较器失调电压的关键。

比较器的失调电压校正技术包括输入失调存储技术（Input Offset Storage，IOS）、输出失

调存储技术（Output Offset Storage，OOS）和改进的输出失调存储技术（Modified OOS），下面分别介绍它们的工作原理和实现方法。

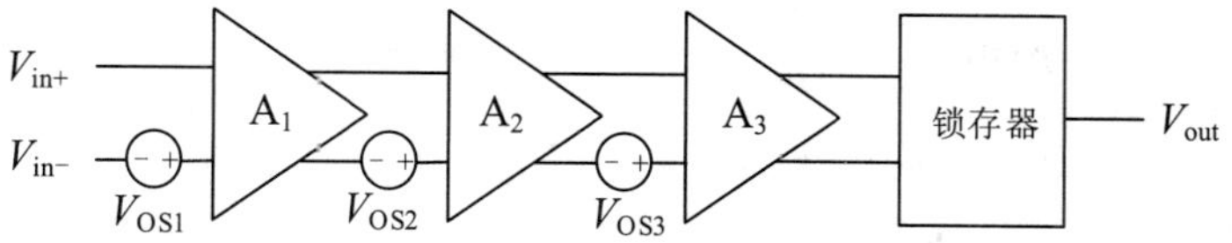

图 6.17 “预放大器+锁存器”比较器的失调电压

6.4.1 输入失调存储技术

图 6.18 所示为输入失调存储技术的电路原理图，其中，A 为预放大器的开环增益（存在失调电压 V_{OS}），C_1 和 C_2 为失调电压存储电容，S_1～S_6 为 CMOS 开关。输入失调存储电路的工作分为失调电压存储周期和比较周期两个阶段。在失调电压存储周期，利用单位增益负反馈环路测量预放大器的输入失调电压，并将该输入失调电压存储在与输入电压串联的电容（C_1 和 C_2）上。在比较周期阶段，电容上存储的失调电压与预放大器的失调电压相互抵消，使得输入锁存器的失调电压变为 0，从而达到校正失调电压的目的。下面具体分析其工作原理。

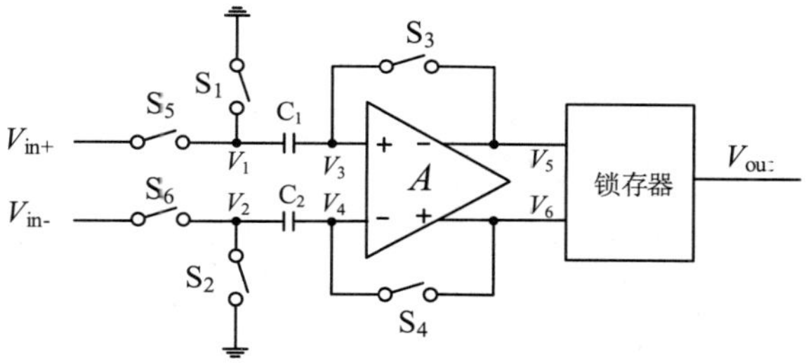

图 6.18 输入失调存储技术的电路原理图

（1）失调电压存储周期：此时 S_1～S_4 闭合，S_5 和 S_6 断开，$V_1 = V_2 = 0$。同时，预放大器形成单位增益负反馈环路，其电压大小和极性如图 6.19（a）所示。由图 6.19（a）可得如下关系

$$(V_{3,4} - V_{OS})(-A) = V_{5,6} = V_{3,4} \tag{6.14}$$

因此

$$V_{3,4} = \frac{A}{1+A}V_{OS} \tag{6.15}$$

假定预放大器的开环增益 A 很大，则 $V_{3,4} \approx V_{OS}$，因此，输入失调电压 V_{OS} 被等分存储在电容 C_1 和 C_2 上，其电压大小和极性如图 6.19（a）所示。

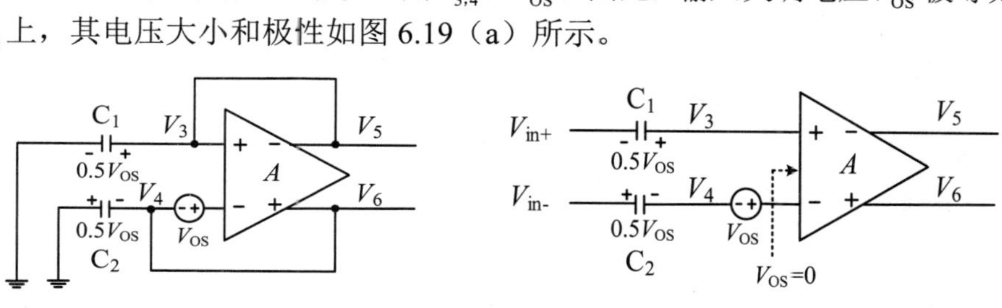

（a）失调电压存储周期　　（b）电压比较周期

图 6.19 输入失调存储电路的工作原理

（2）电压比较周期：此时 $S_1 \sim S_4$ 断开，S_5 和 S_6 闭合，接入输入电压，预放大器处于正常工作状态，如图 6.19（b）所示。由于电容电荷无泄放通路，存储电容 C_1 和 C_2 上的电压保持不变。由图 6.19（b）可知，输入理想预放大器的总失调电压为 $0.5V_{OS} + 0.5V_{OS} - V_{OS} = 0$，因此预放大器的失调电压被消除。

输入失调存储技术的缺点是：为了满足 $V_{3,4} \approx V_{OS}$，要求预放大器的开环增益 A 较大，其结果就是带宽变窄，速度降低。而且，为了减小 CMOS 开关的 KT/C 噪声，要求储存电容 C_1 和 C_2 的电容较大，这无疑将进一步降低比较器的动作速度（C_1 和 C_2 是阻抗器件，具有信号衰减和延时的负面影响）。

6.4.2　输出失调存储技术

图 6.20 所示为输出失调存储技术的电路原理图，通过将预放大器的输入端接地，测量预放大器的输出失调电压，并将结果存储在与预放大器输出端串联的电容（C_1 和 C_2）上。

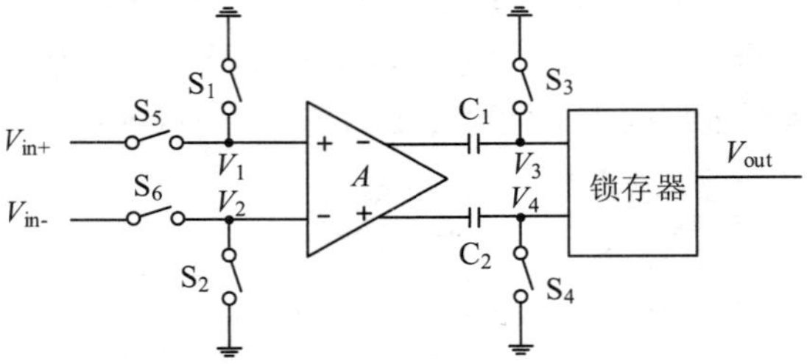

图 6.20　输出失调存储技术的电路原理图

（1）失调电压存储周期：$S_1 \sim S_4$ 闭合，S_5 和 S_6 断开，如图 6.21（a）所示。由于 $V_{outA} = (-A)(-V_{OS}) = AV_{OS}$，预放大器的输出失调电压被等分存储在电容 C_1 和 C_2 上，如图 6.21（a）所示。

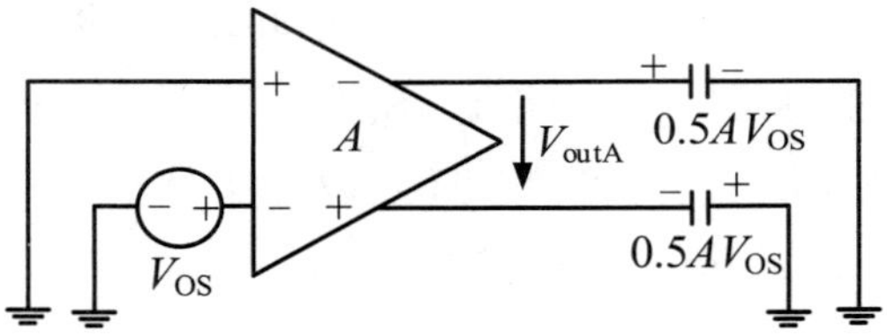

（a）

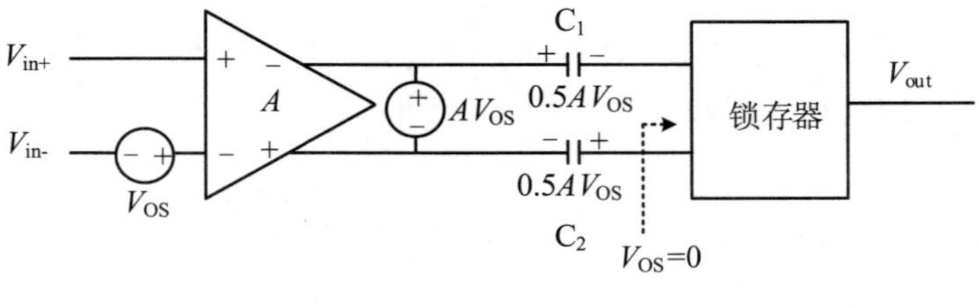

（b）

图 6.21　输出失调存储电路的工作原理

（2）电压比较周期：此时 $S_1 \sim S_4$ 断开，S_5 和 S_6 闭合，接入输入电压，预放大器处于正常工作状态，如图 6.21（b）所示。此时输入锁存器的总失调电压为 $-0.5AV_{OS} + AV_{OS} - 0.5AV_{OS} = 0$，即由预放大器、$C_1$ 和 C_2 构成的电路输出零失调电压，因此预放大器的失调电压被消除。

输出失调存储技术的缺点是：如果预放大器的开环增益 A 很大，那么 AV_{OS} 可能会使预放大器的输出“饱和”。由于此原因，通常 A 的值小于 10。对于高精度比较器，需要多级级联消除技术，如图 6.22 所示，但由于该技术在信号通路中引入了更多的电容，因此会降低比较器的动作速度。

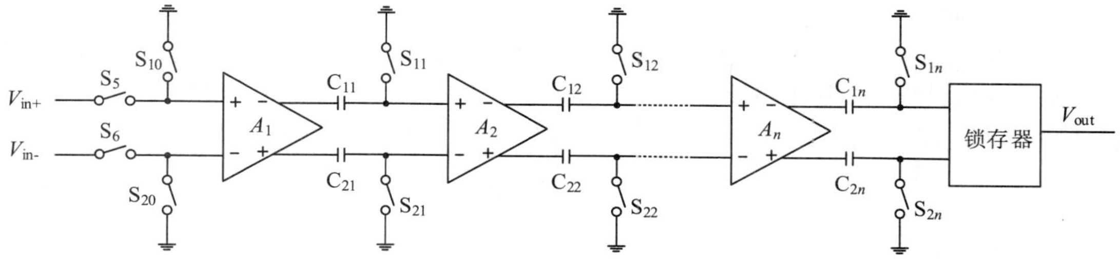

图 6.22　多级级联输出失调存储技术

6.4.3　改进的输出失调存储技术

对于前面介绍的输入失调存储技术和输出失调存储技术，由于都需要在信号通路上串入失调电压存储电容，因此会产生信号衰减和延时，导致比较器的动作速度降低。为了克服这一问题，提出了改进的输出失调存储技术[1]。

图 6.23 所示为采用改进的输出失调存储技术的预放大器，其中，V_{cm} 为输入共模电压，C_1 和 C_2 为失调电压存储电容。

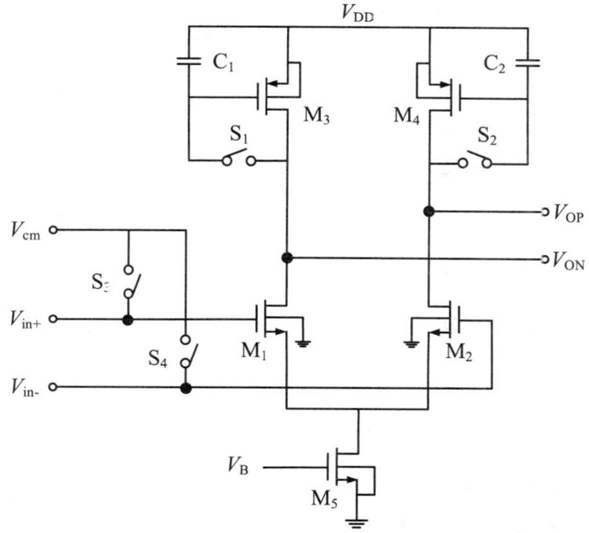

图 6.23　采用改进的输出失调存储技术的预放大器

预放大器的工作分为两个周期：失调电压存储周期和信号放大周期。

（1）失调电压存储周期，开关 S_3 和 S_4 闭合，正、负输入端均接共模电压 V_{cm}，使得差模输入电压为零。同时，开关 S_1 和 S_2 闭合，储存电容的一端与输出端相连，从而快速存储输出端的失调电压。

（2）信号放大周期，开关 S_1 和 S_2 打开，存储电容上的电压（$|V_{GS3,4}|$，包括输出失调电压）

直接给放大器的负载管（M_3和M_4）提供直流偏置电压。同时，开关S_3和S_4打开，将输入电压接入放大器。由于在失调存储周期电容C_1和C_2将失调电压存储起来，在信号放大周期，输入级引入的失调电压就会与存储周期存储的失调电压相互抵消，从而达到消除失调电压的目的。下面具体分析其工作原理。

图 6.24 所示为失调电压的交流小信号等效模型（半边电路），其中，图 6.24（a）所示为失调电压存储周期，图 6.24（b）所示为信号放大周期。由于图 6.23 所示的放大器的左右两边对称，这里只分析半边电路即可。在失调电压存储周期，对于由M_1和M_3形成的共源放大器（M_1为放大管，M_3为二极管连接的有源负载，V_{OS}为输入电压），其输出电压为

$$V_{outS} = -\frac{g_{m1}}{g_{m3}} V_{OS} \tag{6.16}$$

该输出失调电压被存储在电容C_1两端。

在信号放大周期，如图6.24（b）所示，输出端的总失调电压V_{out}是由V_{outS}和V_{OS}共同作用产生的，可以利用叠加原理求出输出端的总失调电压。V_{OS}单独作用时产生的输出失调电压为

$$V_{out1} = -V_{OS} \times g_{m1} \times (r_{ds1} \parallel r_{ds3}) \tag{6.17}$$

V_{outS}单独作用时产生的输出失调电压为

$$V_{out2} = -V_{outS} \times g_{m3} \times (r_{ds1} \parallel r_{ds3}) = V_{OS} \times g_{m1} \times (r_{ds1} \parallel r_{ds3}) \tag{6.18}$$

按照叠加原理，输出端的总失调电压V_{out}为

$$V_{out} = V_{out1} + V_{out2} = -V_{OS} \times g_{m1} \times (r_{ds1} \parallel r_{ds3}) + V_{OS} \times g_{m1} \times (r_{ds1} \parallel r_{ds3}) = 0 \tag{6.19}$$

因此，预放大器的失调电压被消除。

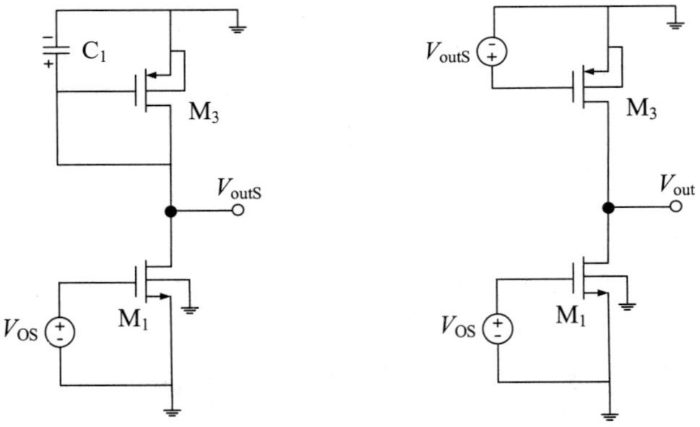

（a）失调电压存储周期　　（b）信号放大周期

图 6.24　失调电压的交流小信号等效模型（半边电路）

在该结构中，由于预放大器的输入和输出通路中没有串联存储电容，信号通路中没有引入任何电容负载，不影响前置放大器的极点和带宽，不产生额外的信号衰减和延时，因此，与前面介绍的输入失调和输出失调存储技术相比，这种比较器具有高速、高精度的特点。

图 6.25 所示为采用改进的输出失调存储技术的比较器电路实例，由两级预放大器与锁存器构成。图 6.26 所示为第一级预放大器的电压增益和瞬态响应特性的仿真结果，为了进行比较，图 6.26 中同时给出了采用传统的输出失调存储技术（OOS）的放大器的特性，显然，采用改进的输出失调存储技术后，预放大器的带宽增大、动作速度提高。

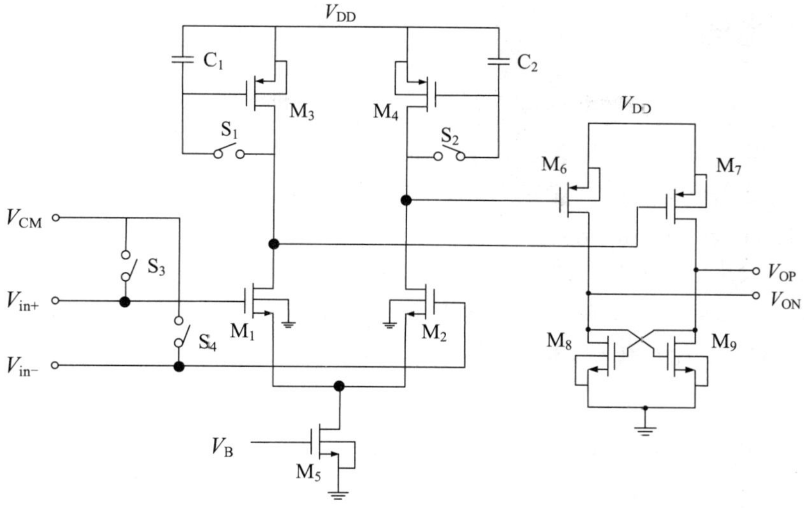

图 6.25 采用改进的输出失调存储技术的比较器电路实例

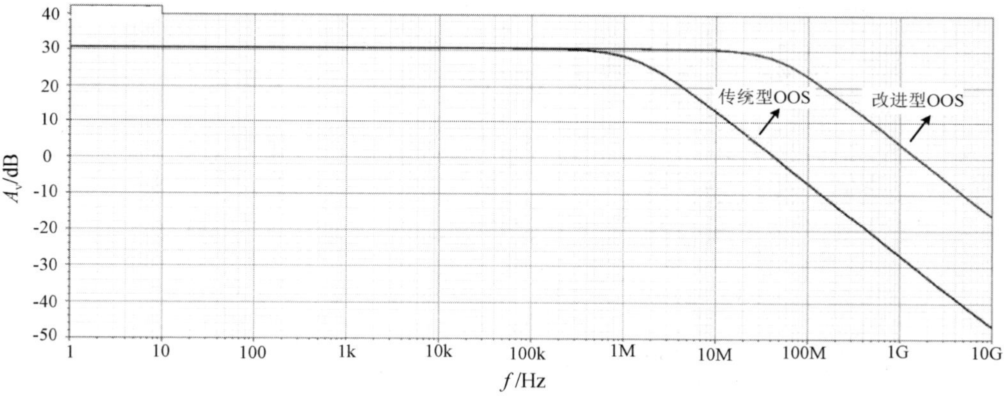

（a）电压增益

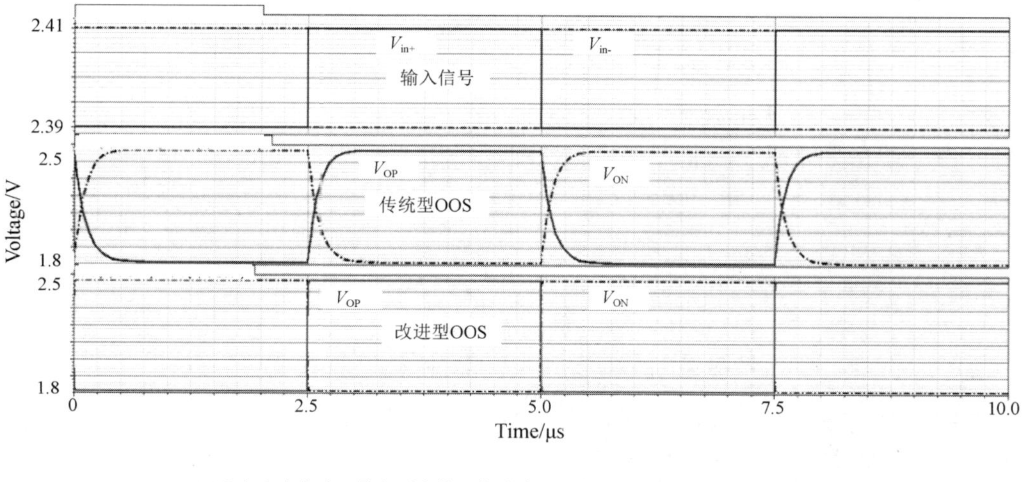

（b）瞬态响应特性（最上面为输入信号波形，中间和最下面为输出信号波形）

图 6.26 第一级预放大器的电压增益和瞬态响应特性的仿真结果

6.5 迟滞比较器

比较器的功能通常是使比较器的输出仅反映输入信号的低频成分变化，而对高频成分不敏感。但是，如果输入信号中包含噪声（毛刺），对于前面介绍的比较器，阈值点附近的噪声将导致比较器的输出信号中也充满噪声，如图 6.27（a）所示。为了消除这种现象，本节介绍迟滞比较器（Hysteresis Comparator）。

对于迟滞比较器，如果其迟滞电压（V_{TRP+} 和 V_{TRP-}）大于或等于输入信号中的最大噪声幅度，那么迟滞比较器的输出端就不会出现噪声，如图 6.27（b）所示。但是，迟滞比较器不用于 ADC，因为 ADC 中的比较器需要分辨最小（1 LSB）的电压变化。

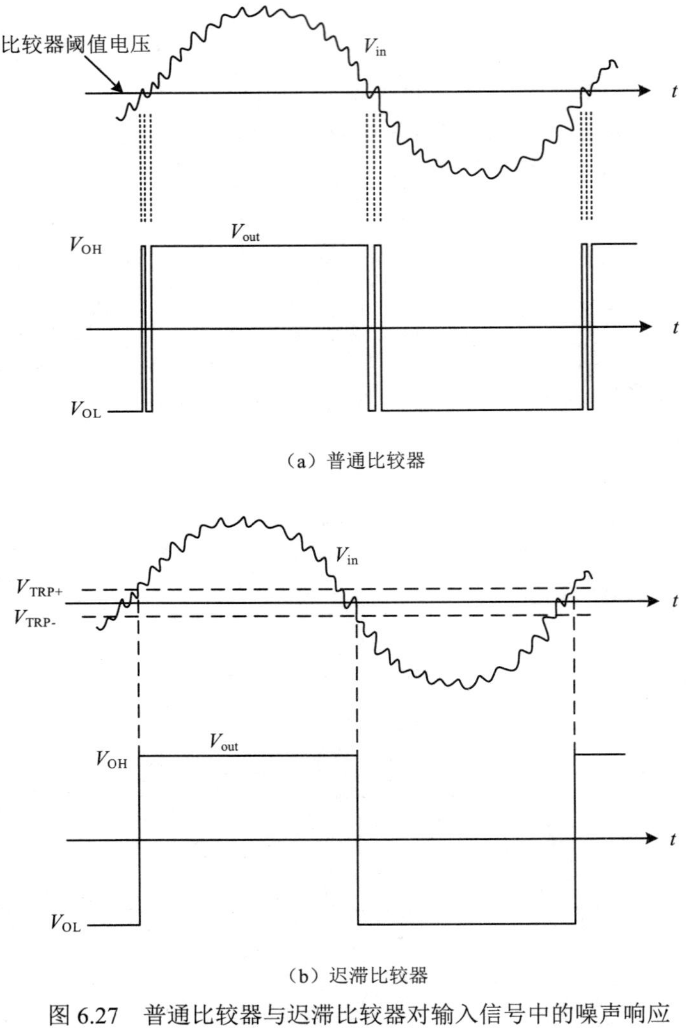

图 6.27 普通比较器与迟滞比较器对输入信号中的噪声响应

迟滞比较器的理想输入-输出特性如图 6.28 所示，其中，图 6.28（a）所示为逆时针（同向输入）迟滞比较器，图 6.28（b）所示为顺时针（反向输入）迟滞比较器。V_{TRP+} 和 V_{TRP-} 分别为正迟滞（正门限）电压和负迟滞（负门限）电压。

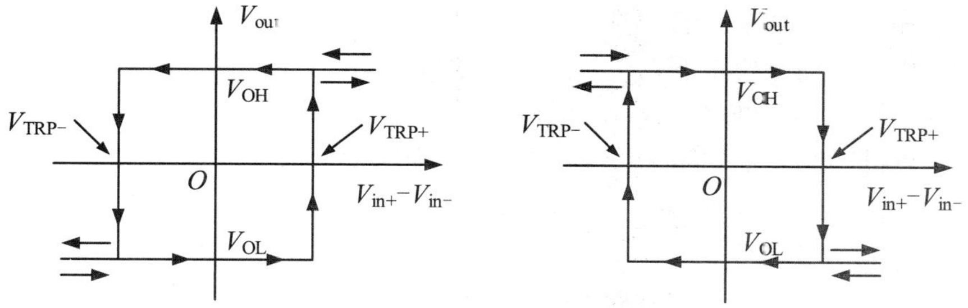

（a）逆时针（同向输入）迟滞比较器　　（b）顺时针（反向输入）迟滞比较器

图 6.28　迟滞比较器的理想输入–输出特性

迟滞比较器是含有正反馈电路的电压放大器，迟滞电压是通过正反馈电路实现的，输入端无预放大器。根据正反馈电路是在放大器的外部还是内部，可将迟滞比较器分为外部正反馈迟滞比较器和内部正反馈迟滞比较器[2]。

6.5.1　外部正反馈迟滞比较器

图 6.29（a）为由运算放大器和正反馈电阻（R_1 和 R_2）构成的外部正反馈迟滞比较器，由于输入电压 V_{in} 接到运算放大器的正向输入端，因此形成逆时针（同向输入）迟滞比较器，而比较器的另一端接地。V_{DD} 和 V_{SS} 分别为正、负电源电压。

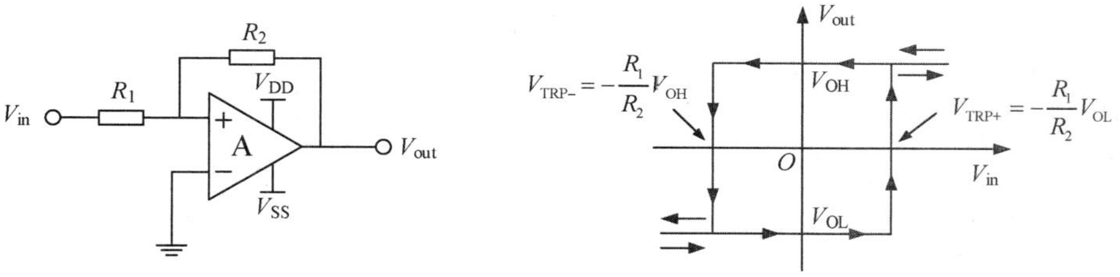

（a）电路结构　　（b）迟滞特性

图 6.29　外部正反馈迟滞比较器（同向输入）的电路结构及其迟滞特性

如图 6.29（b）所示，若输入电压 V_{in} 远远小于 0（负电压），则输出也为低电平，且维持不变，即 $V_{out}=V_{OL}$（负值），V_{OL} 在运算放大器的正向输入端产生负电压分量。随着 V_{in} 向正的方向增加，当 $V_{in}>0$ 时，V_{in} 在运算放大器的正向输入端产生正电压分量。根据叠加原理，当二者产生的电压相等时，正向输入端的电压等于零（与负向输入端的电压相等），此时处于比较器的翻转临界点（$V_{in}=V_{TRP+}$），当 V_{in} 继续向正的方向增加时，$V_{+}>0$，比较器的输出变为高电平 V_{OH} 且维持不变。

下面求正迟滞电压 V_{TRP+}。根据叠加原理，正向输入端的电压是由 V_{OL} 和 V_{in} 共同作用的结果，所以，若满足以下条件，则比较器将发生向上翻转（此时 $V_{+}=V_{-}=0$，处于翻转的临界点）

$$0=\frac{R_1}{R_1+R_2}V_{OL}+\frac{R_2}{R_1+R_2}V_{TRP+} \tag{6.20}$$

由式（6.20）可求得正迟滞电压为

$$V_{TRP+}=-\frac{R_1}{R_2}V_{OL} \tag{6.21}$$

下面分析输入电压减小时的情况。随着 V_{in} 由正向负逐渐减小，当 $V_{in}<0$ 时，V_{in} 在正向输入端产生负电压，而输出电压 $V_{out}=V_{OH}$ 在正向输入端产生正电压，当二者产生的电压相等时，正向输入端的电压等于零（与负向输入端的电压相等），此时处于比较器的翻转临界点（$V_{in}=V_{TRP-}$），当 V_{in} 继续向负向增加时，$V_+<0$，输出变为低电平 V_{OL} 且维持不变。

根据以上分析，若满足以下条件，则比较器发生向下翻转

$$0=\frac{R_1}{R_1+R_2}V_{OH}+\frac{R_2}{R_1+R_2}V_{TRP-} \tag{6.22}$$

由式（6.22）可求得负迟滞电压为

$$V_{TRP-}=-\frac{R_1}{R_2}V_{OH} \tag{6.23}$$

由式（6.21）和式（6.23）可求得比较器的迟滞电压差为

$$\Delta V_{in}=V_{TRP+}-V_{TRP-}=\frac{R_1}{R_2}(V_{OH}-V_{OL}) \tag{6.24}$$

显然，通过调整 R_1 与 R_2 的比值 R_1/R_2，即可得到所需的迟滞电压。

图 6.30 所示为外部正反馈迟滞比较器（反向输入）的电路结构及其迟滞特性，利用与前面相同的分析过程，可以得到该比较器的正、负迟滞电压分别为

$$V_{TRP+}=\frac{R_1}{R_1+R_2}V_{OH} \tag{6.25}$$

$$V_{TRP-}=\frac{R_1}{R_1+R_2}V_{OL} \tag{6.26}$$

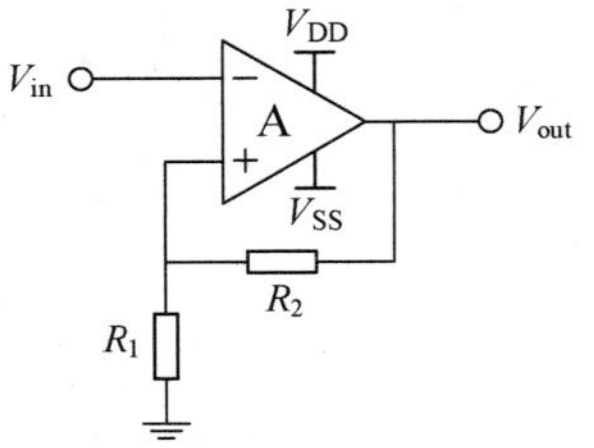

（a）电路结构

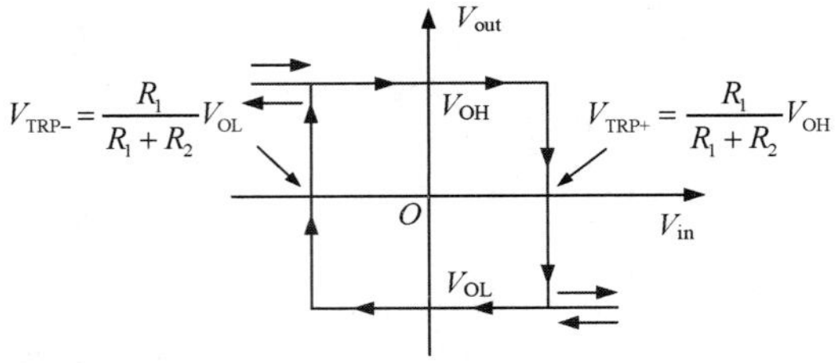

（b）迟滞特性

图 6.30　外部正反馈迟滞比较器（反向输入）的电路结构及其迟滞特性

对于如图 6.29 和图 6.30 所示的外部正反馈迟滞比较器，其迟滞特性曲线都是以 $V_{in}=0$ 为中心左右对称的。若要实现非对称的迟滞特性曲线，则可用如图 6.31 所示的外部正反馈迟滞比较器（同向输入）。在图 6.31 中，V_{REF} 为外加的基准电压，比较器的翻转电压为 V_{REF}。利用与前面相同的分析过程，可以得到该比较器的正、负迟滞电压分别为

$$V_{TRP+}=\frac{R_1+R_2}{R_2}V_{REF}-\frac{R_1}{R_2}V_{OL} \tag{6.27}$$

$$V_{TRP-}=\frac{R_1+R_2}{R_2}V_{REF}-\frac{R_1}{R_2}V_{OH} \tag{6.28}$$

与式（6.21）和式（6.23）相比，式（6.27）和式（6.28）中的正、负迟滞电压均向右平移了一个电压分量 $\Delta V=\frac{R_1+R_2}{R_2}V_{REF}$，$\Delta V$ 称为位移电压因子。

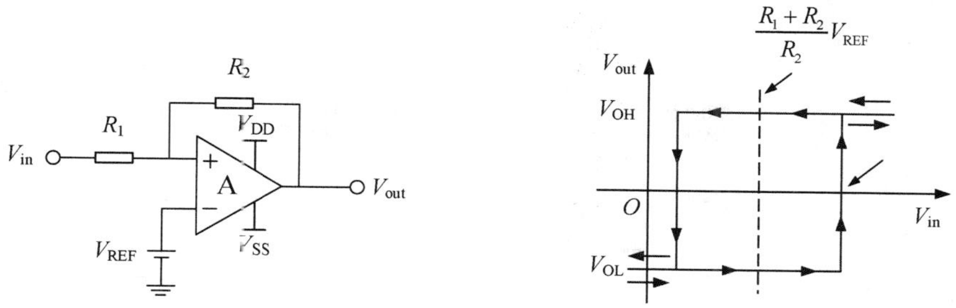

（a）电路结构　　　　（b）迟滞特性

图 6.31　外部正反馈迟滞比较器（同向输入）的电路结构及其迟滞特性

6.5.2　内部正反馈迟滞比较器

为了实现全集成的迟滞比较器，可采用内部正反馈迟滞比较器。图 6.32 所示为内部正反馈迟滞比较器的输入级电路，是采用 NMOS 放大管的差动输入-差动输出放大器，其中，M_6 和 M_7 形成正反馈。V_{DD} 和 V_{SS} 分别为正、负电源电压。由 6.3 节的分析可知，为了形成正反馈，M_6 和 M_7 的宽长比应大于 M_3 和 M_4 的宽长比（正反馈大于负反馈），即 $\alpha=(W/L)_{6,7}/(W/L)_{3,4}>1$。

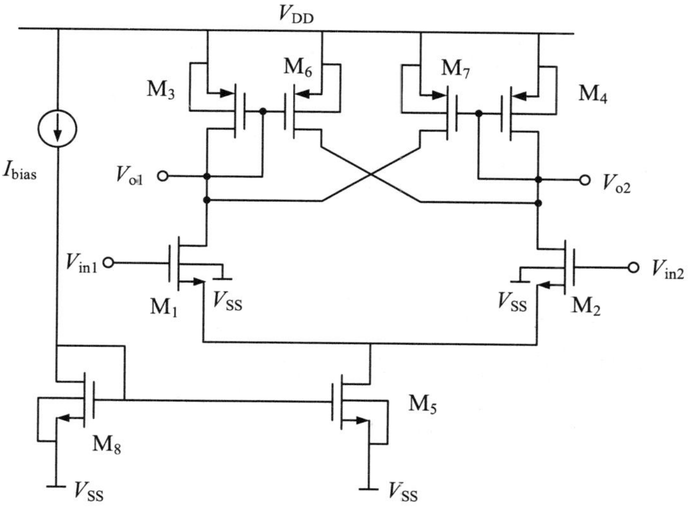

图 6.32　内部正反馈迟滞比较器的输入级电路（NMOS 放大管）

下面分析如图 6.32 所示的电路的输出翻转原理及迟滞电压。参照图 6.33，假定 M_1 的栅极接地（$V_{in1}=0$），M_2 的栅极电位 V_{in2} 远远小于 0（负电位），则 M_1、M_3 导通，M_2、M_4、M_7 均截止，M_6 工作在深度线性区（$|V_{ds6}|\approx 0$），M_2、M_4、M_7 和 M_6 的电流均为 0，此时输出 V_{o2} 是高电平（$V_{o2}\approx V_{DD}$），V_{o1} 是低电平（$V_{o1}=V_{OL}=V_{ds1}+V_{ds5}+V_{SS}$），且处于稳定状态。

随着 V_{in2} 增加，M_2 逐渐导通，M_2 的电流 I_{d2} 逐渐增大，M_6 的电流 I_{d6} 也相应增大（M_6 先于 M_4 和 M_7 导通），M_6 逐渐脱离线性区进入饱和区。最后 M_2 完全导通，当 $I_{d2}=I_{d6}$ 时，M_6 进入饱和区，M_6 的 $|V_{ds6}|$ 增加，V_{o2} 降低，此时正迟滞（翻转）点发生。

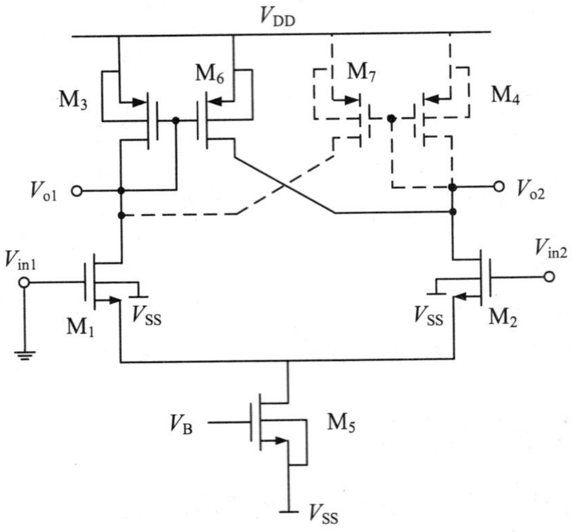

图 6.33 比较器在正迟滞点发生翻转

下面求解输出发生翻转时的正迟滞电压。由于此时 M_6 工作在饱和区，其电流 I_{d6} 为

$$I_{d6} = \frac{(W/L)_6}{(W/L)_3} I_{d3} \tag{6.29}$$

M_5 的电流 I_{d5} 可表示为

$$I_{d5} = I_{d1} + I_{d2} = I_{d3} + I_{d6} = I_{d3} + \alpha I_{d3} = (1+\alpha) I_{d3} \tag{6.30}$$

因此

$$I_{d1} = I_{d3} = \frac{I_{d5}}{1+\alpha} \tag{6.31}$$

由于 $I_{d2} = I_{d5} - I_{d1} = I_{d5} - I_{d3}$，因此

$$I_{d2} = I_{d5} - I_{d3} = I_{d5} - \frac{I_{d5}}{1+\alpha} = \frac{\alpha}{1+\alpha} I_{d5} \tag{6.32}$$

由于此时 M_1 和 M_2 均工作在饱和区，I_{d1} 和 I_{d2} 可分别表示为

$$I_{d1} = \frac{1}{2} \mu_n C_{ox} (\frac{W}{L})_1 (V_{GS1} - V_{TH1})^2 \tag{6.33}$$

$$I_{d2} = \frac{1}{2} \mu_n C_{ox} (\frac{W}{L})_2 (V_{GS2} - V_{TH2})^2 \tag{6.34}$$

假定 M_1 和 M_2 的尺寸和特性对称，即 $(W/L)_1 = (W/L)_2 = (W/L)_{1,2}$，$V_{TH1} = V_{TH2}$，则正迟滞电压 V_{TRP+} 可表示为

$$V_{TRP+} = V_{in2} = V_{GS2} - V_{GS1} = \sqrt{\frac{2I_{d2}}{\mu_n C_{ox} (W/L)_{1,2}}} - \sqrt{\frac{2I_{d1}}{\mu_n C_{ox} (W/L)_{1,2}}} \tag{6.35}$$

将式（6.31）和式（6.32）代入式（6.35），可得

$$V_{TRP+} = \sqrt{\frac{2I_{d5}}{\mu_n C_{ox} (W/L)_{1,2}}} \times \frac{\sqrt{\alpha} - 1}{\sqrt{1+\alpha}} \tag{6.36}$$

为了实现正反馈，上式中的 $\alpha = (W/L)_6 / (W/L)_3 > 1$，因此，$V_{TRP+}$ 大于 0。

在正迟滞点发生翻转后，如果 V_{in2} 继续增加，则 M_4 和 M_7 也逐渐导通，M_1 逐渐趋向截止。

参照图 6.34，当 V_{in2} 远远大于 0 时，M_1、M_3 和 M_6 均截止，M_7 工作在深度线性区（$|V_{ds7}| \approx 0$），此时输出 V_{o1} 变为高电平（$V_{o1} \approx V_{DD}$），V_{o2} 是低电平（$V_{o2} = V_{OL} = V_{ds2} + V_{ds5} + V_{SS}$），且维持不变。

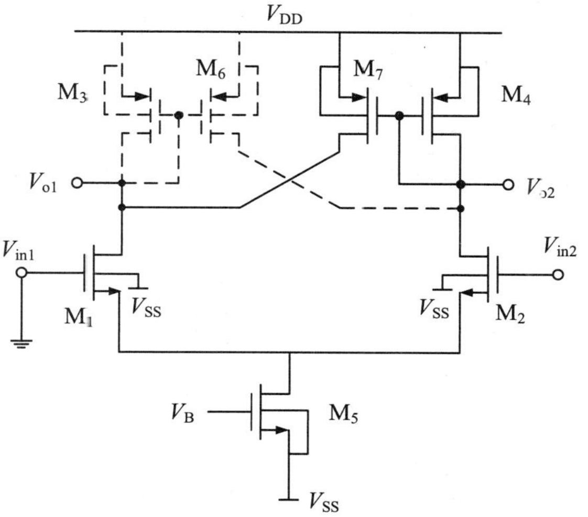

图 6.34 比较器在负迟滞点发生翻转

现在我们把 V_{in2} 减小，看比较器的输出会如何变化。随着 V_{in2} 减小，M_1 逐渐导通，I_{d1} 也逐渐增大，M_7 的电流 I_{d7} 也相应增大（M_7 先于 M_3 和 M_6 导通），M_7 逐渐脱离线性区进入饱和区。最后 M_1 完全导通，当 $I_{d1} = I_{d7}$ 时，M_7 进入饱和区，M_7 的 $|V_{ds7}|$ 增加，V_{o1} 降低，此时负迟滞（翻转）点发生。

随着 V_{in2} 继续减小，I_{d1} 继续增大，M_3 和 M_6 也开始导通。如果 V_{in2} 远小于 0（负电位），则 M_1、M_3 导通，M_2、M_4、M_7 均截止，M_6 工作在深度线性区（$|V_{ds6}| \approx 0$），此时输出 V_{o2} 是高电平（$V_{o2} \approx V_{DD}$），V_{o1} 是低电平（$V_{o1} = V_{OL} = V_{ds1} + V_{ds5} + V_{SS}$），且处于稳定状态。

下面求解输出发生翻转时的负迟滞电压。由于此时 M_7 工作在饱和区，其电流 I_{d7} 为

$$I_{d7} = \frac{(W/L)_7}{(W/L)_4} I_{d4} = \alpha I_{d4} = \alpha I_{d2} \tag{6.37}$$

M_5 的电流 I_{d5} 可表示为

$$I_{d5} = I_{d1} + I_{d2} = I_{d7} + I_{d4} = (1+\alpha) I_{d4} \tag{6.38}$$

因此，有以下关系

$$I_{d2} = I_{d4} = \frac{I_{d5}}{1+\alpha} \tag{6.39}$$

由于 $I_{d1} = I_{d5} - I_{d2} = I_{d5} - I_{d4}$，因此

$$I_{d1} = I_{d5} - I_{d2} = I_{d5} - \frac{I_{d5}}{1+\alpha} = \frac{\alpha}{1+\alpha} I_{d5} \tag{6.40}$$

则负迟滞电压 V_{TRP-} 可表示为

$$V_{TRP-} = V_{GS2} - V_{GS1} = \sqrt{\frac{2I_{d2}}{\mu_n C_{ox} (W/L)_{1,2}}} - \sqrt{\frac{2I_{d1}}{\mu_n C_{ox} (W/L)_{1,2}}} \tag{6.41}$$

将式（6.39）和式（6.40）代入式（6.41），可得

$$V_{\mathrm{TRP-}}=-\sqrt{\frac{2I_{\mathrm{d5}}}{\mu_{\mathrm{n}}C_{\mathrm{ox}}(W/L)_{1,2}}}\times\frac{\sqrt{\alpha}-1}{\sqrt{1+\alpha}} \tag{6.42}$$

由于$\alpha=(W/L)_7/(W/L)_4>1$，因此，$V_{\mathrm{TRP-}}$小于0。比较式（6.36）和式（6.42）可知，$V_{\mathrm{TRP+}}=-V_{\mathrm{TRP-}}$，即正、负迟滞电压之间存在对称关系，这是由于上述迟滞比较器的输入级电路完全对称。

图6.35所示为输出电压与输入电压之间的关系。V_{o1}和V_{o2}的高电平是V_{DD}，低电平是V_{OL}（大于V_{SS}），经过后面的放大器和反相器（波形整形）后，比较器的输出信号将变为规则的方波信号（高电平是V_{DD}、低电平是V_{SS}）。

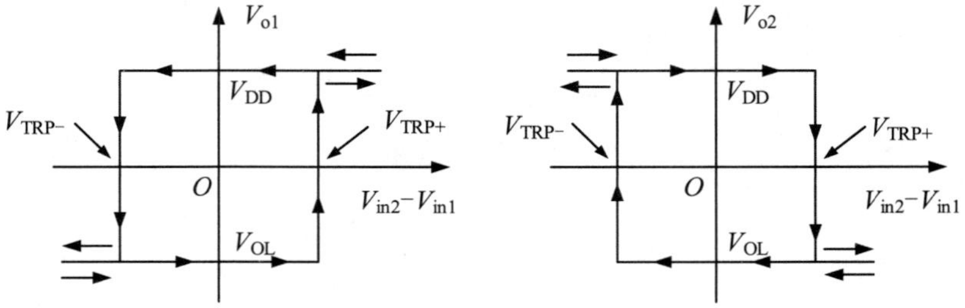

图6.35　输出电压与输入电压之间的关系

图6.36所示为采用PMOS放大管的内部正反馈迟滞比较器的输入级电路，采用与前面相同的分析方法，可以推导出如图6.36所示的电路的正、负翻转电压分别为

$$V_{\mathrm{TRP+}}=\sqrt{\frac{2I_{\mathrm{d7}}}{\mu_{\mathrm{p}}C_{\mathrm{ox}}(W/L)_{1,2}}}\times\frac{1-\sqrt{\beta}}{\sqrt{1+\beta}} \tag{6.43}$$

$$V_{\mathrm{TRP-}}=-\sqrt{\frac{2I_{\mathrm{d7}}}{\mu_{\mathrm{p}}C_{\mathrm{ox}}(W/L)_{1,2}}}\times\frac{1-\sqrt{\beta}}{\sqrt{1+\beta}} \tag{6.44}$$

式中，$\beta=(W/L)_{5,6}/(W/L)_{3,4}$，在正反馈条件下，$\mathrm{M}_{3,4}$的宽长比大于$\mathrm{M}_{5,6}$的宽长比，因此$\beta<1$，该电路存在正、负电压翻转点，具有迟滞效果。上述迟滞电压的推导过程可参照前面采用NMOS放大管时的情形，请读者作为练习自行推导。

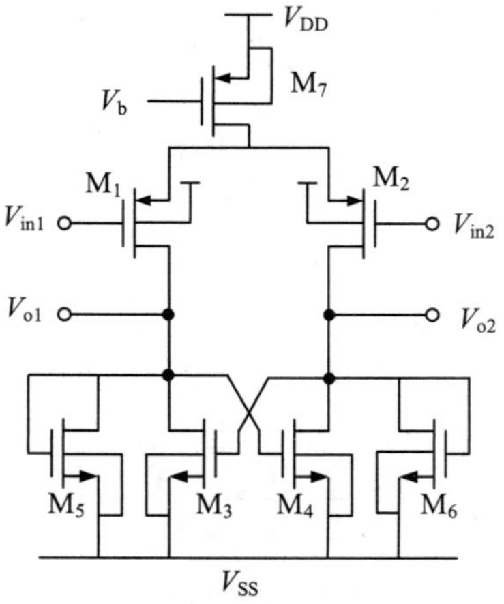

图6.36　采用PMOS放大管的内部正反馈迟滞比较器的输入级电路

下面给出一个迟滞比较器的设计实例。图 6.37 所示为内部正反馈迟滞比较器的电路实例（NMOS 输入放大管），其中，第一级（输入级）为含有正反馈的差动输入-差动输出放大器，第二级为推挽式共源放大器（由 M_{11} 和 M_{12} 构成），后面加入两级反相器实现波形整形。正、负电源电压分别为 V_{DD} 和 0。

从输入电压 $V_{in}=V_{in2}-V_{in1}$ 到第二级放大器的输出电压 V_{out1} 的小信号电压增益近似为

$$A_{vd}=\frac{V_{out1}}{V_{in}}=\frac{g_{m1,2}}{g_{m3,4}(\alpha-1)}(g_{m11}+g_{m12})(r_{ds11}\parallel r_{ds12}) \tag{6.45}$$

式中，$\alpha=(W/L)_{6,7}/(W/L)_{3,4}$，为了形成正反馈，要求 $\alpha>1$。

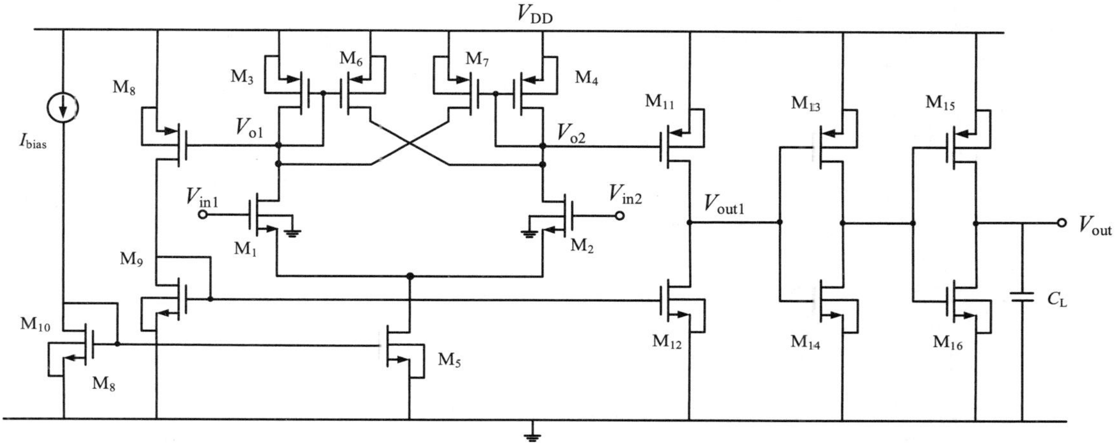

图 6.37　内部正反馈迟滞比较器的电路实例（NMOS 输入放大管）

采用 0.35μm CMOS 工艺（NMOS 和 PMOS 的工作电压为 3.3V），$V_{DD}=3.3V$，$\mu_n C_{ox}=151\times10^{-6}A/V^2$，$\mu_p C_{ox}=54\times10^{-6}A/V^2$。要求迟滞电压= ±0.1V。

具体设计过程如下。取 $I_{d5}=10\mu A$，$I_{d1}=I_{d2}=5\mu A$，$I_{d8}=I_{d9}=I_{d11}=I_{d12}=10\mu A$，所有管子的过驱动电压 $V_{eff}=0.2V$，栅长 L=1μm。根据管子工作在饱和区时的电流表达式，即式（6.33）和式（6.34），可以求得各管子的尺寸为 $(W/L)_5=3$，$(W/L)_{1,2}=1$，$(W/L)_{3+7}=(W/L)_{4+6}=6$，$(W/L)_{8,11}=10$，$(W/L)_{9,12}=4$。最后，由式（6.36）可求得 α=2。由于 $\alpha=(W/L)_{6,7}/(W/L)_{3,4}=2$，且 $(W/L)_{3+7}=(W/L)_{4+6}=6$，因此 $(W/L)_{3,4}=2$，$(W/L)_{6,7}=4$。

图 6.38 所示为上述内部正反馈迟滞比较器的迟滞特性仿真结果，仿真时，V_{in1} 端接固定的基准电压 $V_{REF}=V_{DD}/2=1.65V$，V_{in2} 端电压从 0～V_{DD} 进行 DC 扫描（DC 仿真时选择“Hysteresis Sweep”）。图 6.38（a）、图 6.38（b）、图 6.38（c）分别为第一级的输出电压 V_{o1} 和 V_{o2} 及比较器的最终输出电压 V_{out} 随 V_{in2} 电压的变化曲线，由图 6.38 可知，该比较器的迟滞电压为 $V_{TRP+}-V_{TRP-}=0.198V$，满足设计要求。另外，从 $V_{in}=V_{in2}-V_{in1}$ 到 V_{out1} 的小信号电压增益 A_{vd} 为 56dB，单位增益带宽为 230MHz。

如果改变 V_{in1} 输入端的基准电压 V_{REF} 值（在输入共模电压范围内），可以得到相同的迟滞电压仿真结果（迟滞曲线的中间电压值等于基准电压）。

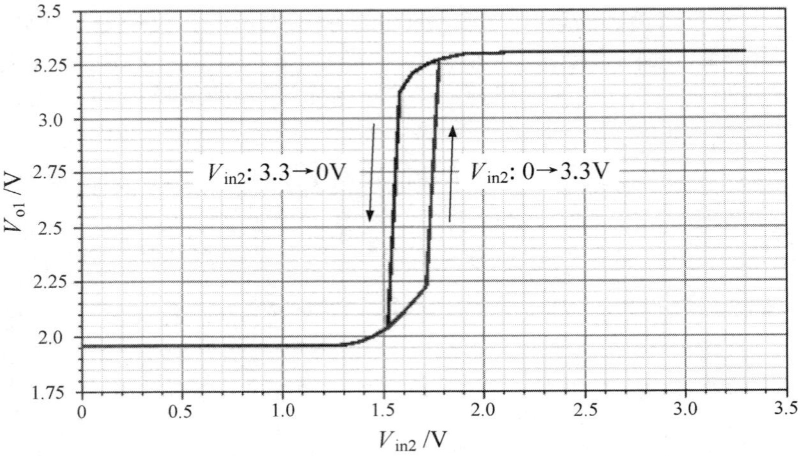

（a）第一级输出电压 V_{o1}

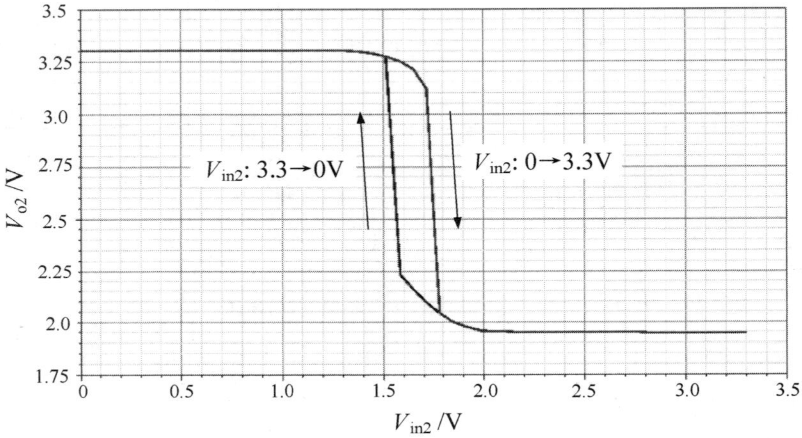

（b）第一级输出电压 V_{o2}

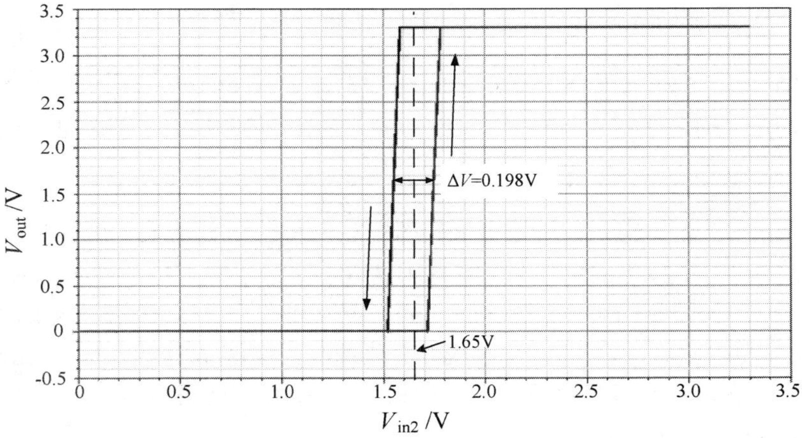

（c）最终输出电压 V_{out}

图 6.38 内部正反馈迟滞比较器的迟滞特性仿真结果

本章小结

本章主要介绍了四种典型的比较器的电路结构，包括开环运算放大器构成的比较器、预放大器+锁存器结构、反相器型比较器及迟滞比较器。对于开环运算放大器构成的比较器，电路结构简单、易于实现，但与附加锁存器的比较器相比，其动作速度相对较慢。对于预放大器+锁存器结构，由于存在正反馈电路，因此具有电压增益高、翻转速度快的特点。反相器型比较器的电路结构简单，通常用于 ADC/DAC 电路中。迟滞比较器用于消除输入信号中的毛刺或噪声影响。

另外，本章还介绍了比较器的失调电压校正技术，包括输入失调存储技术、输出失调存储技术和改进的输出失调存储技术。对于传统的输入失调存储技术和输出失调存储技术，由于都需要在信号通路上串入失调电压存储电容，因此会产生信号衰减和延时，导致比较器的动作速度降低，而在改进的输出失调存储技术中，由于将失调电压存储电容转移到负载端，信号通路中没有引入任何电容负载，因此这种比较器具有高速、高精度的特点。

参考文献

[1] Wei Liu, Tingcun Wei, Bo Li, et al. Design of a 12-bit 1MS/s SAR-ADC for front-end readout of 32-Channel CZT detector imaging system [J]. Nuclear Instruments and Methods in Physics Research A, Vol. 786, pp.155-163, June 2015.

[2] Phillip E. Allen. CMOS Analog Circuit Design [M]. Third Edition. Chap08: Comparators. Oxford University Press, 2011.

习题

6.1 图 6.39（a）、图 6.39（b）、图 6.39（c）、图 6.39（d）为比较器的输入-输出关系曲线，如果将比较器的输入-输出关系取反，试画出此时的比较器的输入-输出关系曲线。

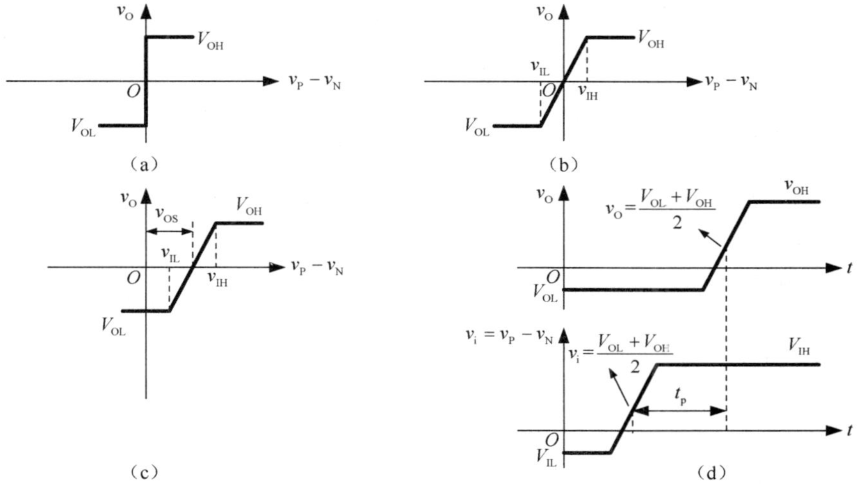

图 6.39

6.2 对于如图 6.40 所示的比较器，假定 M_5 的直流电流为 100μA，$W_6/L_6 = 5(W_4/L_4)$，$W_8/L_8 = 5(W_3/L_3)$，且 $C_L = 10\text{pF}$，$V_{DD} = 4\text{V}$，求比较器的传输时延。这里假设比较器的输入信号幅度足够大，导致比较器出现“转换”现象，即时延由摆率 SR 决定。

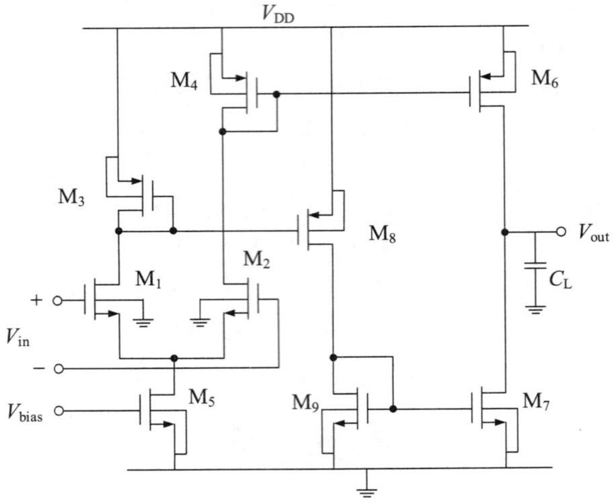

图 6.40

6.3 对于如图 6.30 所示的外部正反馈迟滞比较器（反向输入），试推导该比较器的正、负迟滞电压。

6.4 对于如图 6.31 所示的外部正反馈迟滞比较器（同向输入，且迟滞曲线发生位移），试推导该比较器的正、负迟滞电压及电压位移量。

6.5 对于如图 6.41 所示的外部正反馈迟滞比较器，假定 $V_{OH} = 2\text{V}$，$V_{OL} = -2\text{V}$，上翻转点为 1V，下翻转点为 0V。求电阻 R_1 和 R_2 之间的关系及参考电压 V_{REF}。

6.6 设计如图 6.8 所示的由三级开环运算放大器构成的比较器。要求小信号差模电压增益 $A_{vd} > 80\text{dB}$，其他参数自定。CMOS 管的参数为 $\mu_n C_{ox} = 151\mu\text{A/V}^2$，$\mu_p C_{ox} = 54\mu\text{A/V}^2$，$V_{THN,P} = \pm 0.70\text{V}$。

6.7 设计如图 6.42 所示的输入级为 NMOS 放大管的内部正反馈迟滞比较器。假定电流 $I_5 = 5\mu\text{A}$，要求 $V_{TRP+} > 0.1\text{V}$，$V_{TRP-} < -0.1\text{V}$，小信号差模电压增益 $A_{vd} > 60\text{dB}$，其他参数自定。CMOS 放大管的参数与题 6.6 相同。

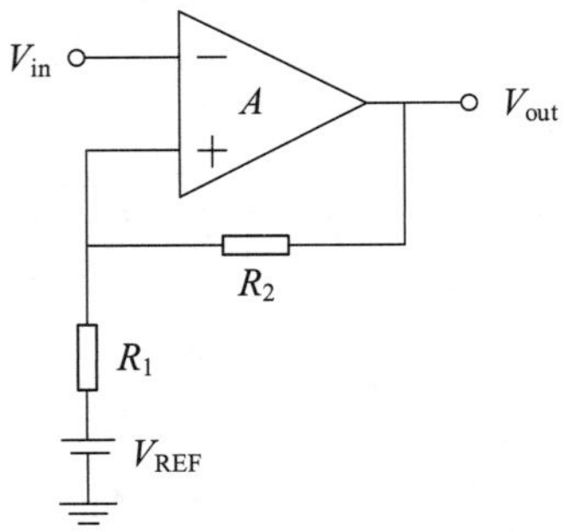

图 6.41

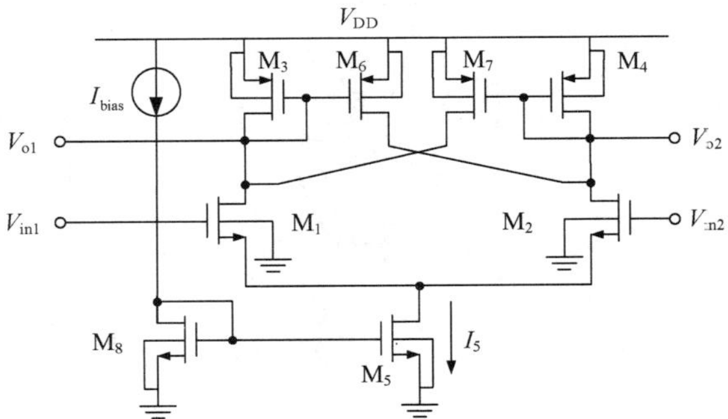

图 6.42

6.8 设计如图 6.43 所示的输入级为 PMOS 放大管的内部正反馈迟滞比较器。假定电流 $I_{17} = 5\mu A$，其余设计条件和参数与题 6.7 相同。

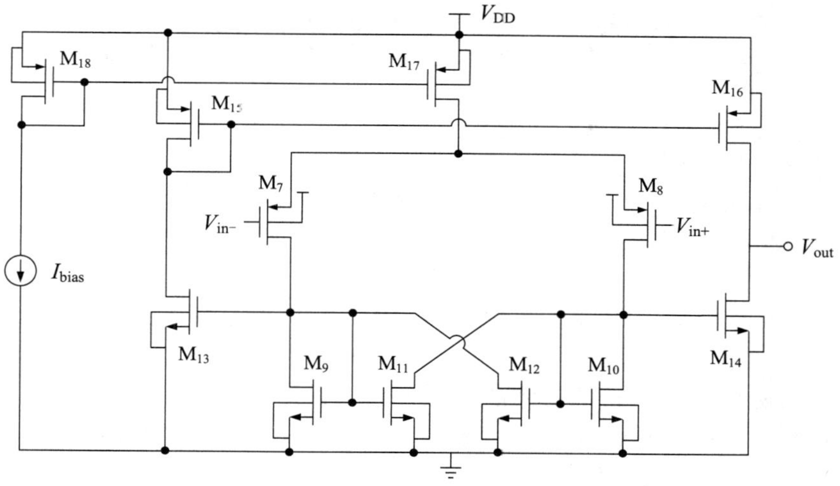

图 6.43

第 7 章　基准电压与电流

在模拟集成电路中，我们希望得到不随电源电压、工作温度及工艺误差变化的基准电压源和电流源，它们给放大器和比较器电路提供合适的稳定的静态偏置，使电路能够稳定地工作在期望状态。在前面的章节中，我们用理想电压源或电流源符号替代了基准电压或基准电流产生电路，本章中将详细介绍这些基准电压源和电流源的具体实现方法及其工作原理。

基准电压源或电流源不仅为放大器和比较器电路提供静态偏置，它们还被用以实现一些特殊的模拟电路功能。例如，在 ADC 与 DAC 电路中，需要将精确的基准电压与输入电压进行比较，从而完成模拟电压与数字编码之间的转换；在各种稳压电路中，需要将精确的基准电压与输出端的反馈电压进行比较，根据比较结果（误差电压）调节输出电压，从而抑制输出电压的波动。另外，在电容充放电型振荡电路中，需要精确的电流源对电容进行恒流源充放电；在电流单元方式的 DAC 电路中，需要各种精确的二进制加权电流源。

本章介绍的基准电压源和电流源产生电路都可以用普通的 CMOS 工艺实现。根据它们所采用的器件种类的不同，我们将其分为两类：即 MOS 管型基准源和二极管型基准源。MOS 管型基准源是仅用 CMOS 器件和无源电阻实现的基准源（包括基准电压源和电流源），它适用于对精度要求不高、成本较低的电路。二极管型基准源中采用了与普通 CMOS 工艺兼容的双极型晶体管，它能够产生更加精确的基准电压和电流。

7.1　MOS 管型基准源

7.1.1　MOS 管型分压电路

简单的基准电压源可以通过在电源和地之间的分压实现，图 7.1 所示为简单的 MOS 管型分压器。

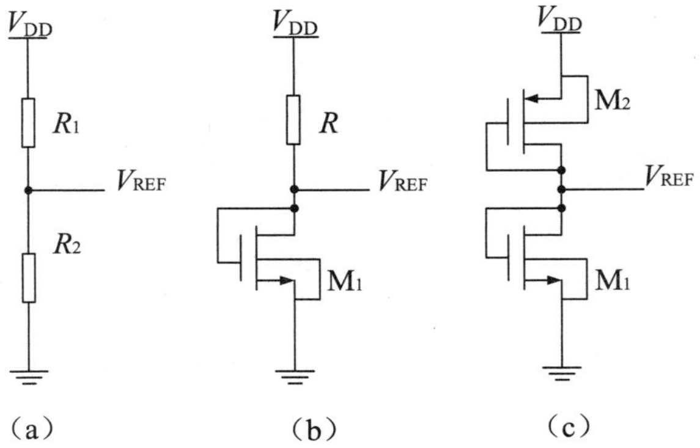

图 7.1　简单的 MOS 管型分压器

图 7.1（a）所示为利用两个无源电阻构成的分压器，其主要优点是结构简单，输出基准电压 $V_{\rm REF}$ 与温度和工艺几乎无关（电阻的相对值精度比较高）。该电路的主要缺点是输出基准电压 $V_{\rm REF}$ 与电源电压 $V_{\rm DD}$ 成正比，同时，为了降低功耗，电阻值必须非常大，由于用一般 CMOS 工艺实现的无源电阻的方块阻值较小，采用大阻值电阻会占用较大的芯片面积。

图 7.1（b）所示为由电阻和二极管连接的 MOS 管构成的分压器，其输出基准电压 $V_{\rm REF}$ 为 MOS 管的 $V_{\rm GS}$，由该电路可以得出

$$I_{\rm D}=\frac{V_{\rm DD}-V_{\rm REF}}{R}=\frac{1}{2}\mu_{\rm n}C_{\rm ox}\frac{W_1}{L_1}(V_{\rm REF}-V_{\rm THN})^2 \tag{7.1}$$

或者

$$V_{\rm REF}=V_{\rm THN}+\sqrt{\frac{2I_{\rm D}}{\mu_{\rm n}C_{\rm ox}(W_1/L_1)}}=V_{\rm THN}+\sqrt{\frac{2(V_{\rm DD}-V_{\rm REF})}{R\cdot\mu_{\rm n}C_{\rm ox}(W_1/L_1)}} \tag{7.2}$$

基准电压 $V_{\rm REF}$ 的温度系数 $\mathrm{TC}_{V_{\rm REF}}$ 为

$$\mathrm{TC}_{V_{\rm REF}}=\frac{1}{V_{\rm REF}}\cdot\frac{\partial V_{\rm REF}}{\partial T} \tag{7.3}$$

结合式（7.2），并假设 $V_{\rm DD}\gg V_{\rm REF}$，可求得温度系数如下

$$\mathrm{TC}_{V_{\rm REF}}=\frac{1}{V_{\rm REF}}\left[V_{\rm THN}\cdot\mathrm{TC}_{V_{\rm THN}}-\frac{1}{2}\sqrt{\frac{2L_1}{W_1}\cdot\frac{V_{\rm DD}}{R\cdot\mu_{\rm n}C_{\rm ox}}}\left(\frac{1}{R}\frac{\partial R}{\partial T}-\frac{1.5}{T}\right)\right] \tag{7.4}$$

对于式（7.4）的推导，需要进行如下解释，在 CMOS 工艺中，电子的迁移率 $\mu_{\rm n}$ 随温度 T 的变化关系如下

$$\mu_{\rm n}(T)=\mu_{\rm n}(T_0)\cdot\left(\frac{T_0}{T}\right)^{1.5} \tag{7.5}$$

将式（7.5）对温度 T 求导可得

$$\frac{\partial\mu_{\rm n}(T)}{\partial T}=\mu_{\rm n}(T_0)\cdot(-1.5)\left(\frac{T_0}{T}\right)^{2.5}\cdot\frac{1}{T_0} \tag{7.6}$$

因此，电子迁移率 $\mu_{\rm n}$ 的温度系数为

$$\mathrm{TC}_{\mu_{\rm n}(T)}=\frac{1}{\mu_{\rm n}(T)}\cdot\frac{\partial\mu_{\rm n}(T)}{\partial T}=-\frac{1.5}{T} \tag{7.7}$$

由式（7.2）和式（7.4）可知，对于由电阻和 MOS 管构成的分压器，其输出电压 $V_{\rm REF}$ 及其温度系数 $\mathrm{TC}_{V_{\rm REF}}$ 均与电源电压 $V_{\rm DD}$、温度及工艺参数有关。但是，如果在设计时让 $V_{\rm REF}$ 与 $V_{\rm THN}$ 接近，则可以使基准电压 $V_{\rm REF}$ 对电源电压 $V_{\rm DD}$ 不敏感，同时，$V_{\rm REF}$ 的温度特性与 MOS 管的阈值电压的温度特性近似。

图 7.1（c）所示为由两个 MOS 管串联实现的分压器。由于 $\rm M_1$ 和 $\rm M_2$ 均为二极管连接方式，这两个 MOS 管均工作在饱和区，并满足 $I_{\rm D1}=I_{\rm D2}$，因此有

$$\frac{1}{2}\mu_{\rm n}C_{\rm ox}\frac{W_1}{L_1}(V_{\rm REF}-V_{\rm THN})^2=\frac{1}{2}\mu_{\rm p}C_{\rm ox}\frac{W_2}{L_2}(V_{\rm DD}-V_{\rm REF}-|V_{\rm THP}|)^2 \tag{7.8}$$

由上式可得，输出基准电压 $V_{\rm REF}$ 为

$$V_{\text{REF}}=\frac{V_{\text{DD}}-\left|V_{\text{THP}}\right|+\sqrt{\dfrac{\mu_{\text{n}}C_{\text{ox}}\left(W_1/L_1\right)}{\mu_{\text{P}}C_{\text{ox}}\left(W_2/L_2\right)}}V_{\text{THN}}}{1+\sqrt{\dfrac{\mu_{\text{n}}C_{\text{ox}}\left(W_1/L_1\right)}{\mu_{\text{P}}C_{\text{ox}}\left(W_2/L_2\right)}}} \tag{7.9}$$

若假设$\sqrt{\dfrac{\mu_{\text{n}}C_{\text{ox}}\left(W_1/L_1\right)}{\mu_{\text{P}}C_{\text{ox}}\left(W_2/L_2\right)}}$的比值随温度的变化可以忽略不计，则基准电压$V_{\text{REF}}$的温度系数可以表示为

$$\begin{aligned}\text{TC}_{V_{\text{REF}}}&=\frac{1}{V_{\text{REF}}}\cdot\frac{\partial V_{\text{REF}}}{\partial T}=\frac{1}{V_{\text{REF}}}\cdot\frac{1}{1+\sqrt{\dfrac{\mu_{\text{n}}C_{\text{ox}}\left(W_1/L_1\right)}{\mu_{\text{P}}C_{\text{ox}}\left(W_2/L_2\right)}}}\cdot\\&\left[\frac{\partial\left(-\left|V_{\text{THP}}\right|\right)}{\partial T}+\sqrt{\frac{\mu_{\text{n}}C_{\text{ox}}\left(W_1/L_1\right)}{\mu_{\text{P}}C_{\text{ox}}\left(W_2/L_2\right)}}\frac{\partial V_{\text{THN}}}{\partial T}\right]\end{aligned} \tag{7.10}$$

在一般的 CMOS 工艺中，由于阈值电压的温度系数均为负值，因此$\dfrac{\partial\left(-\left|V_{\text{THP}}\right|\right)}{\partial T}$是一个具有正温度系数的量，而$\dfrac{\partial V_{\text{THN}}}{\partial T}$是一个具有负温度系数的量，为了使$\text{TC}_{V_{\text{REF}}}=0$，由式（7.10）可知，只需要满足以下关系即可

$$\frac{\partial\left|V_{\text{THP}}\right|}{\partial T}=\sqrt{\frac{\mu_{\text{n}}C_{\text{ox}}\left(W_1/L_1\right)}{\mu_{\text{P}}C_{\text{ox}}\left(W_2/L_2\right)}}\cdot\frac{\partial V_{\text{THN}}}{\partial T} \tag{7.11}$$

因此，在工艺参数确定的情况下，可以通过调整M_1管和M_2管的宽长比来实现一个具有零温度系数的基准电压。虽然该 MOS 管型分压器可以获得近似零温度系数的基准电压，但由式（7.9）可以看出，V_{REF}仍然受电源电压V_{DD}的影响。

7.1.2 自偏置 MOS 管型基准源

图 7.1 所示的三种 MOS 管型分压器虽然具有电路结构简单的优点，但均无法获得与电源电压无关的基准电压，因此不能满足大部分模拟电路的性能要求。下面我们将介绍具有自偏置结构的 MOS 管型基准源，它们可以产生与电源电压近似无关的基准电压和电流。另外，如果参数选择合适，还可以实现零温度系数的基准电压。

图 7.2 所示为具有自偏置结构的 MOS 管型基准源电路，可以产生基准电压和基准电流。所谓“自偏置”，是指M_1和M_2及M_3和M_4分别组成两对电流镜，并相互提供偏置电流，通过这两对电流镜的相互耦合（正反馈），最终形成稳定的基准电流，此时所有的管子都工作在饱和区。

假设M_3和M_4具有相同的宽长比，并且忽略沟道长度调制效应，则有$I_{\text{D3}}=I_{\text{D4}}$，同时有$I_{\text{D1}}=I_{\text{D2}}$，因此，两条支路中的电流相等，设为$I_{\text{REF}}$。由于电阻 R 连接在$M_2$的源端，因此有

$$V_{\text{GS1}}=V_{\text{GS2}}+I_{\text{REF}}R \tag{7.12}$$

该等式只有在$V_{GS1} > V_{GS2}$时才成立。由于 NMOS 管工作在饱和区时满足以下关系（忽略沟道长度调制效应）

$$V_{GS} = \sqrt{\frac{2I_D}{\mu_n C_{ox}(W/L)}} + V_{THN} \tag{7.13}$$

因此，若要式（7.12）成立，就必须满足$\mu_n C_{ox}(W_2/L_2) = K \cdot \mu_n C_{ox}(W_1/L_1)$，这里$K > 1$，即在工艺参数相同的情况下，需要满足$W_2/L_2 = K \cdot (W_1/L_1)$，即$M_2$管的宽长比应是$M_1$管的$K$倍。这是由于加入电阻 R 后减小了$M_2$的$V_{GS}$电压，为了使两条支路的电流相等，必须将$M_2$的宽长比增大$K$倍。

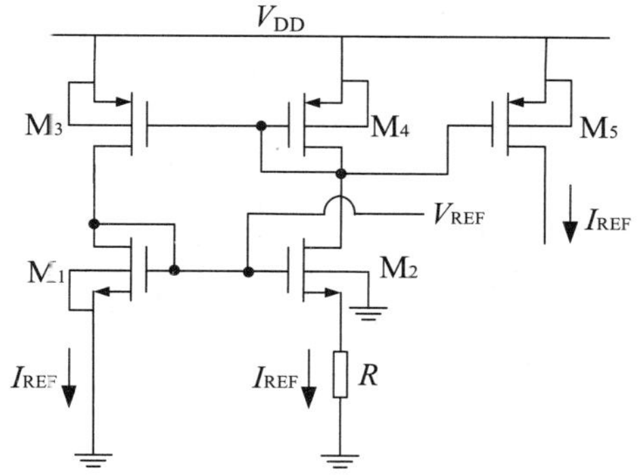

图 7.2 具有自偏置结构的 MOS 管型基准源电路

根据式（7.12）和式（7.13）可以得到两条支路中的电流I_{REF}为

$$I_{REF} = \frac{2}{R^2 \mu_n C_{ox}(W_1/L_1)}\left(1 - \frac{1}{\sqrt{K}}\right)^2 \tag{7.14}$$

从式（7.14）中可以看出，基准电流I_{REF}是一个与电源电压V_{DD}无关的量（但与工艺和温度有关，这是由于R和μ_n随工艺和温度变化），若I_{REF}已知（为了减小功耗，通常设定$I_{REF} = 2$～3μA），则可以通过式（7.14）求得电阻R。在图 7.2 中，加入电阻 R 的目的是为了能够产生确定的基准电流I_{REF}（若R=0，则电流值不确定）

由式（7.12）和式（7.13）也可以得到M_1管的过驱动电压V_{eff1}为

$$V_{eff1} = V_{GS1} - V_{THN} = \frac{2}{R \cdot \mu_n C_{ox}(W_1/L_1)}\left(1 - \frac{1}{\sqrt{K}}\right) \tag{7.15}$$

由上式也可以看出，由于M_1管的过驱动电压V_{eff1}与电源电压无关，因此基准电流I_{REF}是一个与电源电压无关的量。

为了确定基准电流I_{REF}的温度特性，将式（7.14）对温度T求导可得

$$\frac{\partial I_{REF}}{\partial T} = \frac{-4}{R^3 \mu_n C_{ox}(W_1/L_1)}\left(1 - \frac{1}{\sqrt{K}}\right)^2 \cdot \frac{\partial R}{\partial T} - \frac{2}{R^2 \mu_n^2 C_{ox}(W_1/L_1)}\left(1 - \frac{1}{\sqrt{K}}\right)^2 \frac{\partial \mu_n}{\partial T} \tag{7.16}$$

因此，基准电流I_{REF}的温度系数$TC_{I_{REF}}$为

$$TC_{I_{REF}} = \frac{1}{I_{REF}} \cdot \frac{\partial I_{REF}}{\partial T} = -\left(\frac{2}{R}\right)\frac{\partial R}{\partial T} - \left(\frac{1}{\mu_n}\right)\frac{\partial \mu_n}{\partial T} \tag{7.17}$$

由式（7.17）可以看出，基准电流I_{REF}的温度系数由电阻的温度系数和电子迁移率的温度系数共同决定。式（7.7）给出了电子迁移率的温度系数表达式，即$\left(\frac{1}{\mu_n}\right)\frac{\partial \mu_n}{\partial T}=-\frac{1.5}{T}$，在室温下，其值为负值，而电阻的温度系数在室温下通常为正值，它们起到相互抵消的作用。如果令$TC_{I_{REF}}=0$，则由式（7.17）可得

$$\left(\frac{1}{R}\right)\frac{\partial R}{\partial T}=\frac{1}{2}\left(\frac{1.5}{T}\right) \tag{7.18}$$

由上式可知，如果电子迁移率的温度系数等于电阻的温度系数的两倍，那么基准电流I_{REF}在室温下的温度系数为 0。因此，在实际电路设计中，需要对电阻的类型进行选择，使所用电阻的温度系数尽可能满足式（7.18），从而减小基准电流的温度系数。

由式（7.15）可得基准电压V_{REF}为

$$V_{REF}=V_{GS1}=\frac{2}{R\cdot\mu_n C_{ox}(W_1/L_1)}\left(1-\frac{1}{\sqrt{K}}\right)+V_{THN} \tag{7.19}$$

将上式对温度T求导，可得基准电压V_{REF}的温度特性为

$$\frac{\partial V_{REF}}{\partial T}=\frac{\partial V_{THN}}{\partial T}-\frac{2}{R\cdot\mu_n C_{ox}(W_1/L_1)}\left(1-\frac{1}{\sqrt{K}}\right)\cdot\left(\frac{1}{R}\frac{\partial R}{\partial T}+\frac{1}{\mu_n}\frac{\partial \mu_n}{\partial T}\right) \tag{7.20}$$

为了获得零温度系数，可令$\frac{\partial V_{REF}}{\partial T}=0$，则可以由式（7.20）求得电阻$R$为

$$R=\frac{2}{\frac{\partial V_{THN}}{\partial T}\cdot\mu_n C_{ox}(W_1/L_1)}\left(1-\frac{1}{\sqrt{K}}\right)\cdot\left(\frac{1}{R}\frac{\partial R}{\partial T}+\frac{1}{\mu_n}\frac{\partial \mu_n}{\partial T}\right) \tag{7.21}$$

由式（7.19）可知，图 7.2 中的电路产生的基准电压V_{REF}不受电源电压V_{DD}的影响，同时，若按照式（7.21）的推导结果设计电阻R的值，就可以使V_{REF}满足零温度系数的要求。

1）启动电路

图 7.2 中使用了由M_1和M_2及M_3和M_4分别组成的两对电流镜，它们相互提供偏置电流，这种结构的电路称为自举偏置或自偏置电路。其中，M_3和M_4是理想电流镜，M_1和M_2是其中一端源极带有负反馈电阻 R 的电流镜。我们将电路左边支路和右边支路的电流分别命名为I_{IN}和I_{OUT}，对于由M_3和M_4组成的电流镜，$I_{IN}=I_{OUT}$。而对于由M_1和M_2组成的电流镜耦合结构，如果管子均工作在饱和区，根据式（7.12）可以得到I_{IN}和I_{OUT}之间的关系为

$$\sqrt{\frac{2I_{IN}}{\mu_n C_{ox}(W_1/L_1)}}=\sqrt{\frac{2I_{OUT}}{\mu_n C_{ox}K(W_1/L_1)}}+I_{OUT}R \tag{7.22}$$

由上式可知，由于负反馈电阻 R 的存在，即使在饱和区，M_1和M_2之间的电流关系也严重偏离线性关系（偏离电流镜的比例关系），图 7.3 分别给出了M_1和M_2（实线）及M_3和M_4（虚线）之间的电流关系，由于电路的工作点必须同时满足这两个电流关系，因此电流的平衡点必须位于如图 7.3 所示的两条曲线的交点处（A点）。

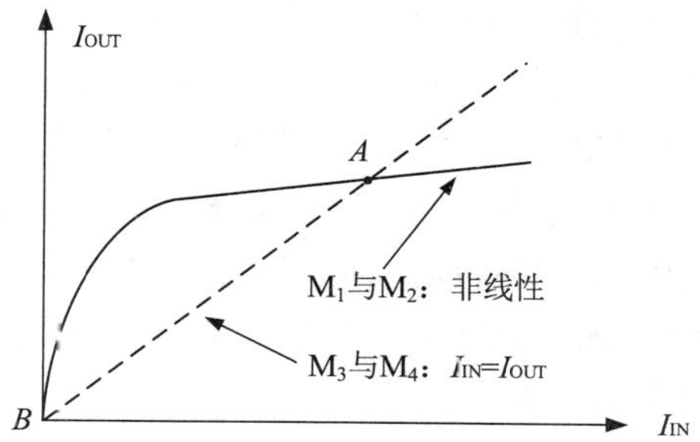

图 7.3　自偏置电路的工作点

从图 7.3 中可以看出，电路实际上存在两个稳定的工作点，即 A 点和 B 点，其中，A 点是我们所期望的工作点，而在 B 点，$I_{IN}=I_{IOUT}=0$，这是必须避免的。所以，在实际应用时，必须给自偏置电路提供启动电路，以避免电路稳定在 $I_{IN}=I_{IOUT}=0$ 的工作点。

为了使上述自偏置电路正常工作，需要附加一个启动电路使电路离开 $I_{IN}=I_{IOUT}=0$ 的工作点。启动电路只有在基准源电路加电的瞬间起作用，而当基准源电路达到稳定工作点时，启动电路应不影响电路正常工作。下面，我们以如图 7.2 所示的电路为例，介绍一种典型的启动电路。

图 7.4 所示为带有启动电路的自偏置基准源，其中，启动电路由 M_{S1}、M_{S2} 和 M_{S3} 组成。启动电路的工作原理如下：电路刚加电时，电路中的偏置电流为 0，由于 PMOS 管 M_{S1} 以二极管方式连接，此时，$I_D(M_{s1})=0$，$|V_{GSP}(M_{s1})|=|V_{THP}(M_{s1})|$，使 NMOS 管 M_{S3} 的栅极电压升高至 $V_{DD}-|V_{THP}(M_{s1})|$，因此 M_{S3} 管工作在深度线性区（$V_{DS}(M_{s3})=0$），即 M_3 的栅-漏极短接，使得 M_3 和 M_1 构成 MOS 分压器，因此提供了从 V_{DD} 经过 M_3 和 M_1 到地的电流通路，使电路中的电流开始逐渐增加（自偏置电路的正反馈作用）。随着电流增加，M_{S2} 中也有电流产生，如果 M_{S2} 的宽长比较 M_{S1} 大得多(两个管子都工作在饱和区时 M_{S2} 的电流远远大于 M_{S1} 的电流)，导致 M_{S2} 进入线性区，即 $V_{DS}(M_{s2})<V_{eff}(M_{s2})$，那么 M_{S3} 的栅极电压将会降得足够低，最终使 M_{S3} 截止，启动过程结束，基准源电路进入正常工作状态。基准源电路的启动过程结束后，由于 M_{S2} 工作在线性区，M_{S1} 和 M_{S2} 中的电流较小（接近于 0），因此由启动电路造成的额外功耗可以忽略不计。

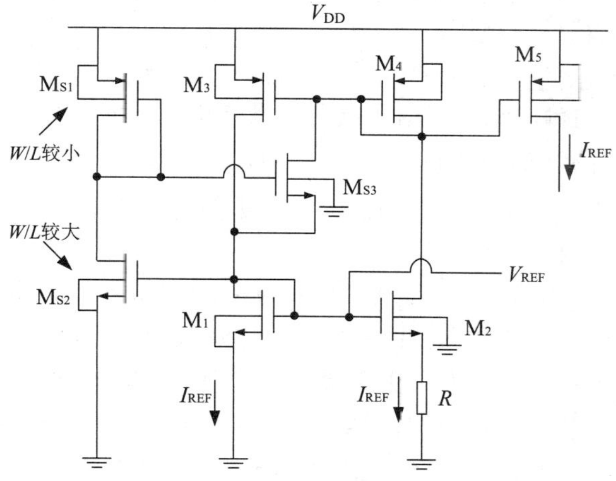

图 7.4　带有启动电路的自偏置基准源

2）消除沟道长度调制效应的影响

对于图 7.2 所示的基准源电路，我们在前面推导其电压和电流关系式时，忽略了沟道长度调制效应的影响。而在实际电路中，由于 M_3 和 M_4 的漏-源电压不对称，考虑沟道长度调制效应后，基准电压 V_{REF} 和基准电流 I_{REF} 将产生误差，并且会受到电源电压 V_{DD} 的影响。为了消除沟道长度调制效应的影响，设计时，所有管子的尺寸 L 应尽可能选大一些（通常要求 L >1μm）。另外，也可以对如图 7.2 所示的电路结构进行少许改进，图 7.5 所示为消除沟道长度调制效应影响的基准电压和电流源。

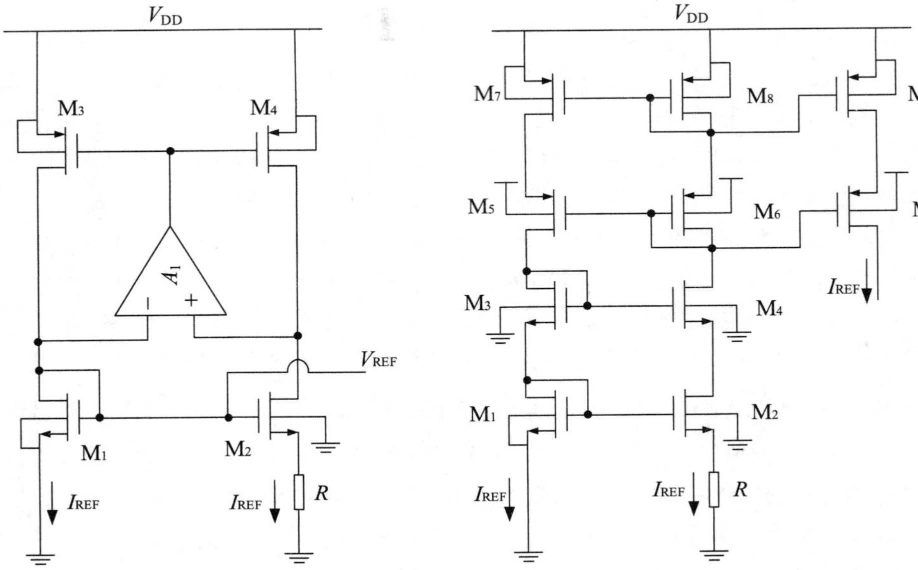

（a）MOS 型高精度电压源　　（b）MOS 型高精度电流源

图 7.5　消除沟道长度调制效应影响的基准电压和电流源

如图 7.5（a）所示的电路是在如图 7.2 所示的电路的基础上增加了一个运算放大器而得到的，通过该运算放大器强制 M_3 和 M_4 的漏-源电压相等（如果运算放大器的增益 A_1 足够大，那么其输入电压近似为 0），从而大大削弱了沟道长度调制效应的影响。同时该运算放大器的输出给 M_3 和 M_4 提供栅极偏置电压。

在如图 7.5（b）所示的电路中，通过采用共源共栅结构，显著减小了沟道长度调制效应的影响，基准电流 I_{REF} 的输出端也使用了共源共栅结构，以增大基准电流源的输出电阻。该电路稳定工作的条件是 $(W/L)_2 = K(W/L)_1$，K>1。

如图 7.5 所示的电路同样需要启动电路来帮助电路脱离零电流工作点。

3）消除体效应的影响

在图 7.2 中，由于 M_2 存在体效应，使得 M_1 与 M_2 的 V_{TH} 不同，将导致基准电压和基准电流产生误差。为了消除 MOS 管的体效应对基准电压和基准电流精度的影响，图 7.6 中给出了两种典型的电路实例，其中，图 7.6（a）中将电阻 R 加到 PMOS 管 M_4 的源极，M_4 的源极和衬底相连（$V_{SB}=0$），而图 7.6（b）中将电阻 R 加到 NMOS 管 M_1 的漏极。按照与前面类似的分析方法（请读者自己练习推导），可以求出图 7.6（a）和图 7.6（b）中的基准电流分别如式（7.23）和式（7.24）所示。其中，K、K_1 和 K_2 均大于 1。注意，对于如图 7.6（b）所示的电路，

$I_{OUT} = I_{REF} / K_2$，另外，为了保证 M_1 工作在饱和区，要求 $I_{REF} R < V_{THN}$。

$$I_{REF} = \frac{2}{\mu_p C_{ox}(W/L)_P} \cdot \frac{1}{R^2}\left(1 - \frac{1}{\sqrt{K}}\right)^2 \tag{7.23}$$

$$I_{REF} = \frac{2}{\mu_n C_{ox}(W/L)_N} \cdot \frac{1}{R^2}\left(1 - \frac{1}{\sqrt{K_1 K_2}}\right)^2 \tag{7.24}$$

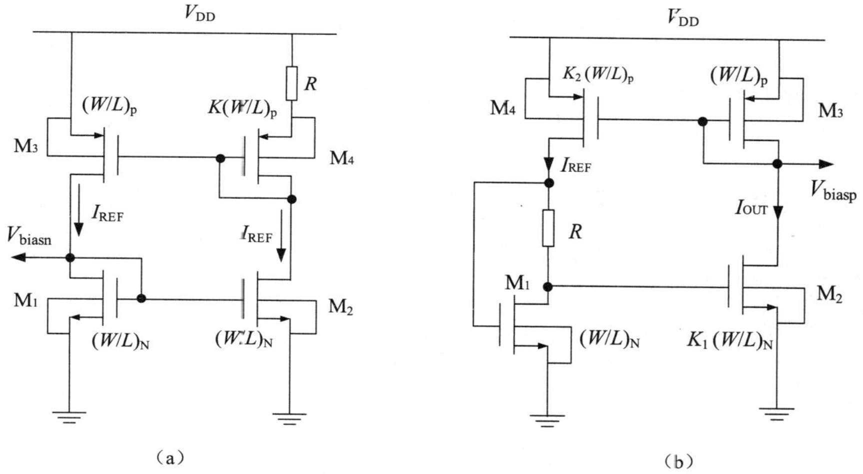

图 7.6 消除体效应影响的基准源

7.2 二极管型基准源

二极管型基准源是以正向偏置的二极管为关键器件而形成的基准电压和电流源，它利用与 CMOS 工艺兼容的双极型晶体管（或等效二极管）来实现，可以产生几乎不依赖于温度和电源电压的基准电压。

带隙基准电压产生电路是目前使用最广泛的二极管型基准电压源，它利用两个具有互补温度特性的电压分量来生成一个具有零温度系数的基准电压，同时，它使用了自偏置结构，使得输出基准电压不依赖于电源电压。

7.2.1 与 CMOS 工艺兼容的双极型晶体管和等效二极管

我们在第 2 章中讨论二极管器件时已经指出，采用 CMOS 工艺实现的普通二极管（参照图 2.7）无法在正向偏置下使用。因此，为了使用正向偏置的二极管，我们必须利用与 CMOS 工艺兼容的双极型晶体管。

图 7.7（a）所示为采用 n 阱 CMOS 工艺实现的 pnp 晶体管，它是将 n 阱中的 p^+区、n 阱及 p 型衬底分别作为 pnp 晶体管的发射极 E、基极 B 及集电极 C 而形成的双极型晶体管（也称为垂直型晶体管，Vertical Bipolar）。由于 p 型衬底必须接到电路中的最低电位（通常为地），该 pnp 晶体管的集电极 C 必须接地。若我们进一步将该 pnp 晶体管的集电极 C 和基极 B 短接，则可形成负端接地的等效二极管（pn 结），从而可以实现正向偏置的二极管，如

图 7.7（b）所示。在本章的后续部分，为了分析方便起见，我们将用 D 表示 pnp 晶体管，但它的器件结构实质上是垂直型晶体管。

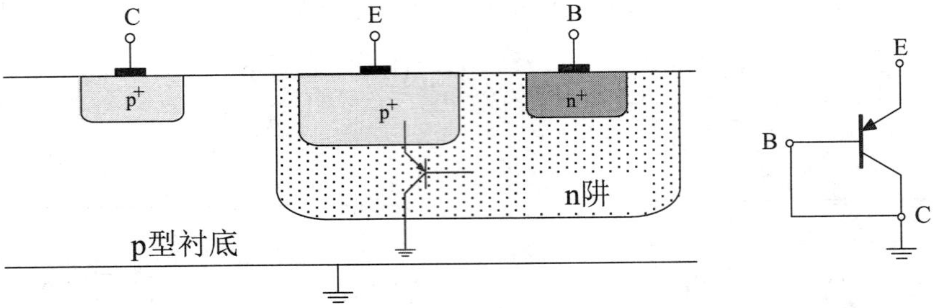

（a）　　　　（b）

图 7.7　采用标准 CMOS 工艺实现的双极型晶体管和等效二极管

下面讨论正向偏置二极管的温度特性。我们在第 2 章中已经指出，二极管正向导通时的电流 I_D 与电压 V_D 之间的关系可近似表示为

$$I_D = I_S \exp\left(\frac{V_D}{V_T}\right) \tag{7.25}$$

或

$$V_D = V_T \ln\left(\frac{I_D}{I_S}\right) \tag{7.26}$$

式中，$V_T = kT/q$ 为热电压，I_S 为反向饱和电流，$I_S \propto \mu kTn_i^2$，其中，μ 为少数载流子的迁移率，k 为玻尔兹曼常数（1.38×10^{-23}J/K），T 为热力学温度，n_i 为硅的本征载流子浓度。这些参数与温度的关系可表示为 $\mu \propto \mu_0 T^m$，其中，$m \approx -3/2$（少数载流子迁移率的温度指数），$n_i^2 \propto T^3 \exp\left[-E_g/(kT)\right]$，其中 $E_g \approx 1.1\text{eV}$，为硅的带隙能量。考虑以上参数的温度特性后，I_S 的温度特性可表示为

$$I_S = \alpha T^{4+m} \exp\left(-\frac{E_g}{kT}\right) \tag{7.27}$$

式中，α 为比例系数。

为了求得二极管正向导通电压 V_D 的温度特性，我们可以将式（7.26）对温度 T 求导，并且假定电流 I_D 近似不变，因此有

$$\frac{\partial V_D}{\partial T} = \frac{\partial V_T}{\partial T}\ln\left(\frac{I_D}{I_S}\right) - \frac{V_T}{I_S}\frac{\partial I_S}{\partial T} \tag{7.28}$$

由式（7.27）可得

$$\frac{\partial I_S}{\partial T} = \alpha(4+m)T^{3+m}\exp\left(-\frac{E_g}{kT}\right) + \alpha T^{4+m}\exp\left(-\frac{E_g}{kT}\right)\frac{E_g}{kT^2} \tag{7.29}$$

从而有

$$\frac{V_T}{I_S}\frac{\partial I_S}{\partial T} = (4+m)\frac{V_T}{T} + \frac{E_g}{kT^2}V_T \tag{7.30}$$

由式（7.28）与（7.30）进一步可得

$$\frac{\partial V_D}{\partial T} = \frac{V_T}{T}\ln\left(\frac{I_D}{I_S}\right) - (4+m)\frac{V_T}{T} - \frac{E_g}{kT^2}V_T$$
$$= \frac{V_D - (4+m)V_T - E_g/q}{T} \tag{7.31}$$

式（7.31）就是二极管正向导通电压 V_D 的温度系数，由上式可知，V_D 的温度系数大小和 V_D 本身相关，当 $V_D = 750\text{mV}$，T=300K（室温）时，$\partial V_D / \partial T$ 的值约为 -1.5mV/K。

7.2.2　具有负温度系数的基准源

图 7.8 所示为使用正向偏置的二极管形成的自偏置电路，其中，M_1 和 M_2 及 M_3 和 M_4 的尺寸完全对称，即 $W_1/L_1 = W_2/L_2$，$W_3/L_3 = W_4/L_4$。若忽略沟道长度调制效应，则由 M_3 和 M_4 构成的电流镜使得流过两条支路的电流相等，即 $I_{D3} = I_{D4}$。由于 M_1 和 M_2 及 M_3 和 M_4 的尺寸完全对称，且工艺参数相同，如果管子均工作在饱和区，那么在电流相等的情况下，其过驱动电压也相同，即 $|V_{eff3}| = |V_{eff4}|$，$V_{eff1} = V_{eff2}$，因此，二极管 D 的正向偏置电压 V_D 与电阻 R 上的压降相等，这里设为 V_{REF}，如图 7.8（a）所示。

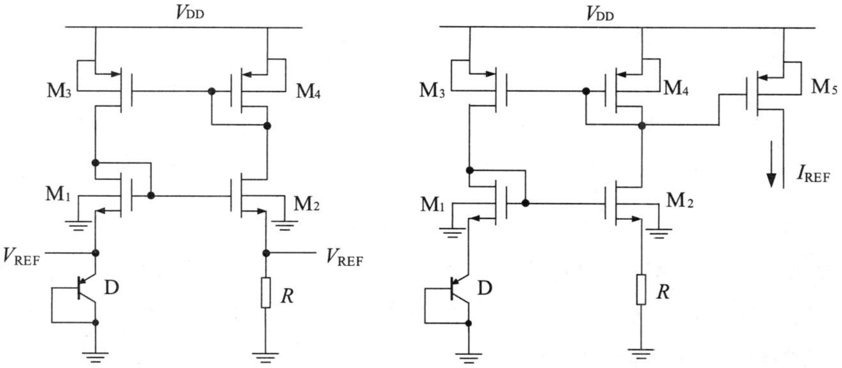

（a）CTAT电压源　　（b）CTAT电流源

图 7.8　具有负温度系数的基准源

对于图 7.8（a），由于二极管 D 的正向偏置电压 V_D 等于电阻 R 上的压降，即 $V_D = V_{REF}$，因此电路中的基准电流 I_{REF} 为

$$I_{REF} = I_{D3} = I_{D4} = \frac{V_D}{R} = I_S \exp\left(\frac{V_D}{V_T}\right) \tag{7.32}$$

由上式可以求出电阻 R 的值为

$$R = \frac{V_T}{I_{REF}}\ln\left(\frac{I_{REF}}{I_S}\right) \tag{7.33}$$

将式（7.32）对温度求导，可以得到基准电流 I_{REF} 的温度特性为

$$\frac{\partial I_{REF}}{\partial T} = \frac{\partial}{\partial T}\left(\frac{V_D}{R}\right) = \frac{1}{R}\cdot\frac{\partial V_D}{\partial T} - \frac{V_D}{R^2}\frac{\partial R}{\partial T} \tag{7.34}$$

由式（7.31）的结论可知，在室温附近，$\partial V_D / \partial T$ 的值约为 -1.5mV/K，而 $\partial R / \partial T$ 是正值，因此，$\partial I_{REF} / \partial T < 0$。

由以上分析可知，如图 7.8（a）所示的电路产生的基准电压 V_{REF}（$=V_{\mathrm{D}}$）具有负温度系数，如图 7.8（b）所示的电路产生的基准电流 I_{REF} 也具有负温度系数。由于如图 7.8 所示的电路所产生的基准电压和基准电流的温度系数均为负值，因此称为负温度系数基准源或 CTAT（Complementary To Absolute Temperature）基准源。

7.2.3　具有正温度系数的基准源

在如图 7.8 所示的电路的基础上，在自偏置回路中串入正向偏置的二极管 D_2，如图 7.9 所示，该电路可以产生具有正温度系数的基准源。

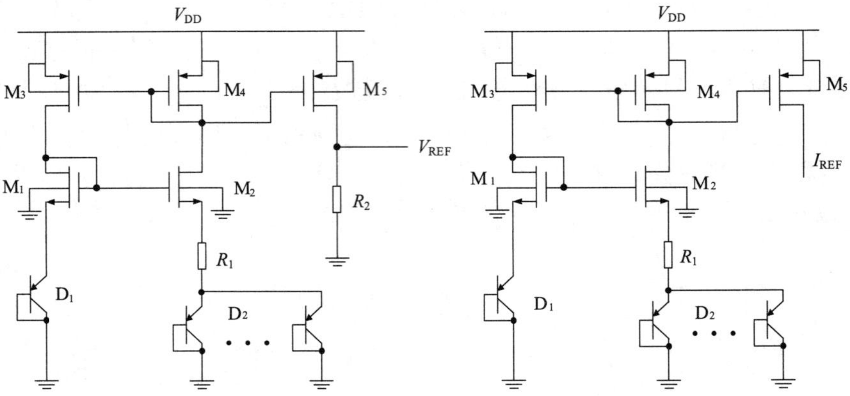

（a）PTAT 电压源　　　　（b）PTAT 电流源

图 7.9　具有正温度系数的基准源

在图 7.9 中，由于 M_1 和 M_2 及 M_3 和 M_4 的尺寸完全对称，即 $W_1/L_1=W_2/L_2$，$W_3/L_3=W_4/L_4$，如果不考虑沟道长度调制效应的影响，那么 M_1 和 M_2 源端的电位应相等（其理由与 7.2.2 节中给出的相同），因此有

$$V_{\mathrm{D1}}=V_{\mathrm{D2}}+I_{\mathrm{D2}}R_1 \tag{7.35}$$

当 I_{D2} 不为 0 时，式（7.35）成立的条件是 $V_{\mathrm{D1}}>V_{\mathrm{D2}}$。在两条支路电流相等的条件下，如果增大三极管 D_2 的发射区面积，会使得 D_2 上的压降比 D_1 小，从而使 $V_{\mathrm{D1}}>V_{\mathrm{D2}}$ 的条件得以满足。由于 D_1 和 D_2 上的压降不同，该电压差将会落在电阻 R_1 上。

假定三极管 D_2 的发射区面积是 D_1 的 N 倍，则由正向偏置二极管的特性可得

$$V_{\mathrm{D1}}=V_T\ln\left(\frac{I_{\mathrm{D1}}}{I_{\mathrm{S}}}\right) \tag{7.36}$$

及

$$V_{\mathrm{D2}}=V_T\ln\left(\frac{I_{\mathrm{D2}}}{NI_{\mathrm{S}}}\right) \tag{7.37}$$

由于 $I_{\mathrm{D1}}=I_{\mathrm{D2}}$，所以，电阻 R_1 两端的压降为 $\Delta V_{\mathrm{D}}=V_{\mathrm{D1}}-V_{\mathrm{D2}}=V_T\ln N$，由于热电压 $V_T=kT/q$，因此，$\Delta V_{\mathrm{D}}=(k/q)\ln N\cdot T$，即流过相同电流的两个正向导通二极管的电压差与绝对温度 T 成正比。

由于两条支路的电流相等，即 $I_{\mathrm{D1}}=I_{\mathrm{D2}}=I_{\mathrm{REF}}$，因此有

$$R_1 = \frac{\Delta V_D}{I_{REF}} = \frac{V_T \cdot \ln N}{I_{REF}} \tag{7.38}$$

或

$$I_{REF} = \frac{k \cdot \ln N}{q R_1} \cdot T \tag{7.39}$$

由上式可以看出，自偏置电路产生的基准电流 I_{REF} 与绝对温度 T 成正比。如图 7.9（b）所示，该基准电流可通过 M_5 对外输出。

为了获得具有正温度系数的基准电压 V_{REF}，在图 7.9（a）中，由 M_4 和 M_5 构成的电流镜产生的电流 $I_{D5} = I_{REF}$（M_4 和 M_5 的尺寸相同），并通过电阻 R_2 产生基准电压 V_{REF}，即

$$V_{REF} = I_{REF} R_2 = \left(\frac{R_2}{R_1}\right)\left(\frac{k \cdot \ln N}{q}\right) \cdot T \tag{7.40}$$

因此，基准电压 V_{REF} 也是一个与绝对温度成正比的量。

由于如图 7.9 所示的电路所产生的基准电压和基准电流均与绝对温度 T 成比例（温度系数均为正值），因此称其为与绝对温度成比例的基准源或 PTAT（Proportional To Absolute Temperature）基准源。

7.2.4　带隙基准电压

我们在前面分别讨论了 CTAT 和 PTAT 基准源，其温度系数分别为负和正，如果将它们组合起来，即可实现零温度系数。带隙基准电压源电路可以产生与电源电压和温度近似无关的基准电压。

如图 7.10 所示，如果将 CTAT 和 PTAT 基准源分别产生的电压分量相加，即利用 CTAT 和 PTAT 基准源的温度互补特性可实现具有零温度系数的基准电压。同时，可利用自偏置电路或运算放大器电路减小或消除电源电压对基准电压的影响。

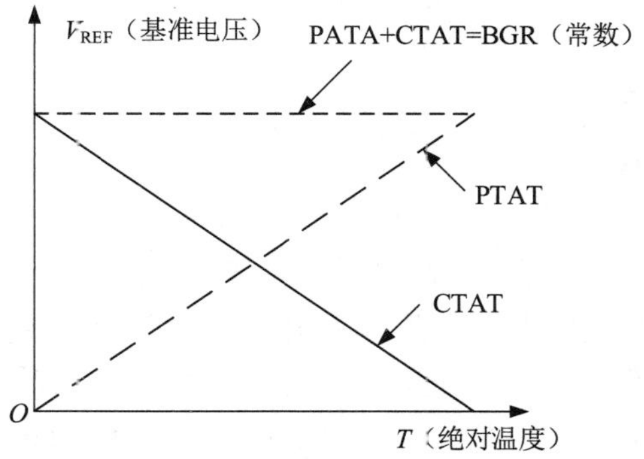

图 7.10　带隙基准电压的产生原理

由图 7.10 可以看出，带隙基准电路实现零温度系数的关键，就是将我们前面介绍的分别具有正温度系数和负温度系数的电压分量进行叠加。图 7.11 所示为一种典型的带隙基准电压产生电路。从图 7.11 中可以看出，虚线左边的电路是 PTAT 自偏置电流产生电路，与图 7.9 中的自偏置电路完全相同，它可以产生与绝对温度成正比的基准电流 I_{REF}，其电流值如式（7.39）所示。该电流流过电阻 R_2 产生与绝对温度成正比的电压 $I_{REF}R_2$，同时，该电流会

在正向偏置的二极管 D_3 上产生压降 V_{D3}，且 V_{D3} 是一个具有负温度系数的量。考虑式（7.39），基准电压 V_{REF} 可表示为

$$V_{REF} = V_{D3} + I_{REF} R_2 = V_{D3} + \frac{R_2}{R_1} \ln N \cdot V_T \tag{7.41}$$

将上式对温度求导可得

$$\frac{\partial V_{REF}}{\partial T} = \frac{\partial V_{D3}}{\partial T} + \frac{R_2}{R_1} \ln N \cdot \frac{\partial V_T}{\partial T} \tag{7.42}$$

由于热电压 V_T 的温度系数为

$$\frac{\partial V_T}{\partial T} = \frac{\partial}{\partial T}\left(\frac{kT}{q}\right) = \frac{k}{q} \approx 0.085\text{mV}/K \tag{7.43}$$

在室温附近，$\partial V_D / \partial T$ 的值约为 $-1.5\,\text{mV}/\text{K}$，为了使 V_{REF} 的温度系数为零，可令 $\partial V_{REF} / \partial T = 0$，由式（7.42）可得

$$\frac{R_2}{R_1} \ln N = 17.65 \tag{7.44}$$

在室温附近，具有零温度系数的基准电压 V_{REF} 为

$$V_{REF} = V_{D3} + 17.65 V_T \approx 0.75 + 17.65 \times 0.026 = 1.21\ \text{V} \tag{7.45}$$

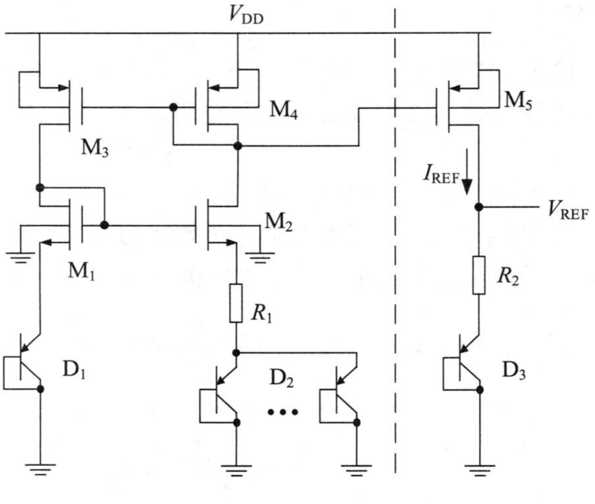

图 7.11　带隙基准电压产生电路

由以上分析可知，在室温附近，带隙基准电路可以产生零温度系数的基准电压，其值大约为 1.21V。同时还要强调，图 7.11 中的虚线左边部分的 PTAT 基准电流源采用的是自偏置技术，为了保证电路正常工作，需要给自偏置电路加入启动电路，以使电路脱离零电流工作状态。

除了如图 7.11 所示的带隙基准电压产生电路，图 7.12 所示为另一种经典的带隙基准电压产生电路，其工作原理与如图 7.11 所示的带隙基准电压产生电路基本相同，都是将 PTAT 和 CTAT 基准源相结合来产生具有零温度系数的基准电压。在如图 7.12 所示的电路中，利用运算放大器电路来消除或减小电源电压对基准电压的影响。

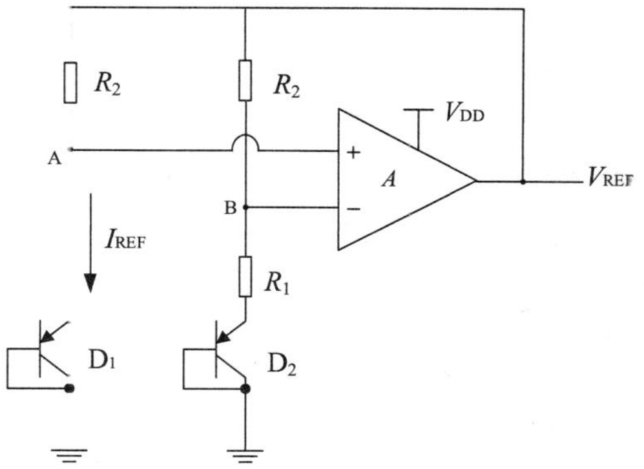

图 7.12 利用运算放大器的带隙基准电压产生电路

在图 7.12 中，三极管 D_2 的发射区面积是 D_1 的 N 倍，由于运算放大器强制使 A 点和 B 点的电压近似相等（当运算放大器的增益 A 足够大时，$V_{AB}=0$），所以流过两个对称电阻 R_2 的电流也相等，即 $I_{D1}=I_{D2}=I_{REF}$（为了减小功耗，通常设定 I_{REF}=2～3μA）。参照式（7.35）～式（7.39）的分析过程，可以得出电流 I_{REF}（PTAT 电流）为

$$I_{REF}=\frac{V_{D1}-V_{D2}}{R_1}=\frac{k\cdot\ln N}{qR_1}\cdot T \tag{7.46}$$

因此有

$$V_{REF}=V_{D1}+I_{REF}R_2=V_{D2}+I_{REF}\left(R_1+R_2\right) \tag{7.47}$$

式中，V_{D1} 和 V_{D2} 是 CTAT 电压，$I_{REF}R_2$ 和 $I_{REF}\left(R_1+R_2\right)$ 是 PTAT 电压。式（7.47）可进一步改写为

$$V_{REF}=V_{D2}+\left(\frac{R_1+R_2}{R_1}\right)\left(\frac{k\ln N}{q}\right)\cdot T=V_{D2}+\left(1+\frac{R_2}{R_1}\right)\ln N\cdot V_T \tag{7.48}$$

将上式对温度求导，可得

$$\frac{\partial V_{REF}}{\partial T}=\frac{\partial V_{D2}}{\partial T}+\left(1+\frac{R_2}{R_1}\right)\ln N\cdot\frac{\partial V_T}{\partial T} \tag{7.49}$$

令 $\partial V_{REF}/\partial T=0$，在室温附近，$\partial V_D/\partial T$ 的值约为 $-1.5\text{mV}/\text{K}$；$\partial V_T/\partial T\approx 0.085\text{mV}/\text{K}$ [参照式（7.43）]，有

$$\left(1+\frac{R_2}{R_1}\right)\ln N\approx\frac{1.5}{0.085}=17.65 \tag{7.50}$$

由式（7.48）可得，在室温附近，具有零温度系数的带隙基准电压 V_{REF} 为

$$V_{REF}\approx V_{D2}+17.65V_T\approx 1.21\ \text{V} \tag{7.51}$$

图 7.13 所示为另一种经典的带隙基准电压产生电路，它也是利用运算放大器来消除或减小电源电压对基准电压的影响的。在图 7.13 中，M_1 和 M_2 完全对称，M_3 的宽长比是 M_1（M_2）的 m 倍，即 $W_3/L_3=m\left(W_1/L_1\right)$，三极管 D_1 的发射区面积是 D_2 的 N 倍。当运算放大器的增益 A 足够大时，A 点和 B 点的电压近似相等（$V_{AB}=0$）。采用与前面相同的分析方法，可以求得电流 I_1、I_2 和 V_{REF} 分别为

$$I_1=I_2=\frac{V_{D2}-V_{D1}}{R_1}=\frac{V_T\times\ln N}{R_1}=\left(\frac{k\times\ln N}{R_1\times q}\right)\times T \tag{7.52}$$

$$V_{REF} = m \times (\frac{R_2}{R_1}) \times V_T \times \ln N + V_{EB3} \tag{7.53}$$

若 $m \times \left(\frac{R_2}{R_1}\right) \times \ln N = 17.65$，则在室温附近，基准电压 V_{REF} 的温度系数为 0，此时 $V_{REF} \approx 1.21V$。另外，为了减小功耗，通常设定 $I_1 = I_2 = 2\sim3\mu A$， $I_3 = mI_1$，是 PTAT 电流。

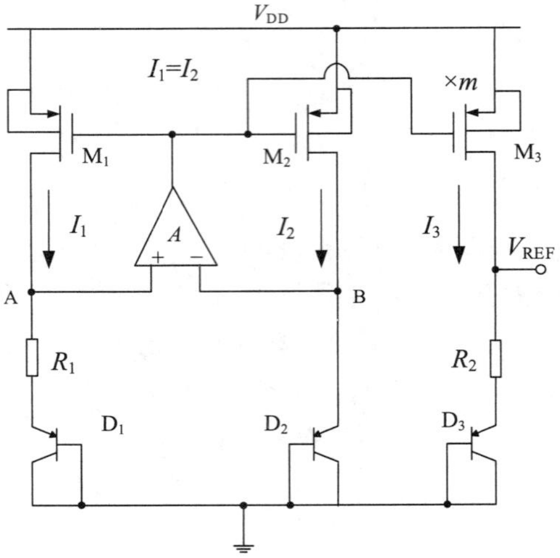

图 7.13　经典的带隙基准电压产生电路

图 7.11～图 7.13 都是典型的带隙基准电压产生电路，它们实际上是利用相同的原理实现具有零温度系数的带隙基准电压的。即在室温附近，两个正向导通二极管的电压差 ΔV_D 与绝对温度 T 成正比，而单个二极管的正向导通电压 V_D 与绝对温度 T 成反比，将它们乘以适当的系数叠加后即可得到具有零温度系数的带隙基准电压。

根据式（7.45）和式（7.51）产生的零温度系数电压均称为带隙基准电压。我们下面考察"带隙基准（Bandgap Reference）"术语的由来。由式（7.41）和式（7.48）可知，带隙基准电压 V_{REF} 可表示为

$$V_{REF} = V_D + \alpha \cdot V_T \tag{7.54}$$

式中，α 为一常量（与温度无关）。V_{REF} 的温度系数为

$$\frac{\partial V_{REF}}{\partial T} = \frac{\partial V_D}{\partial T} + \alpha \cdot \frac{\partial V_T}{\partial T} = \frac{\partial V_D}{\partial T} + \alpha \cdot \frac{V_T}{T} \tag{7.55}$$

由式（7.31）可知

$$\frac{\partial V_D}{\partial T} = \frac{V_D - (4+m)V_T - E_g / q}{T} \tag{7.56}$$

如果令式（7.55）等于 0，则可得到：

$$\frac{V_D - (4+m)V_T - E_g/q}{T} = -\frac{\alpha V_T}{T} \tag{7.57}$$

因此，由上式可求得 $\alpha V_T = -V_D + (4+m)V_T + E_g/q$，将 αV_T 代入式（7.54），可以得到

$$V_{REF} = V_D + \alpha \cdot V_T = E_g/q + (4+m)V_T \tag{7.58}$$

由上式可知，具有零温度系数的带隙基准电压 V_{REF} 实际上是由以下参数决定的，即硅的

带隙电压 E_g/q、少数载流子迁移率的温度指数 m 和热电压 V_T。因为当温度 $T \to 0$ 时，$V_T \to 0$，$V_{REF} \to E_g/q$，此时基准电压近似等于硅的带隙电压，这就是“带隙基准电压”的由来。

在某些电路设计中，我们可能需要具有特定温度系数（不一定为 0）的基准电压。对于如图 7.12 所示的带隙基准电压产生电路，由式（7.48）和式（7.49）可知，通过调节电阻 R_1 的大小，可以得到各种具有不同电压幅度和温度系数（正、负、零）的基准电压 V_{REF}。如图 7.14 所示，当调节 R_1 时，图 7.12 所示的带隙基准电压产生电路的输出电压 V_{REF} 具有不同的电压幅度和温度系数。

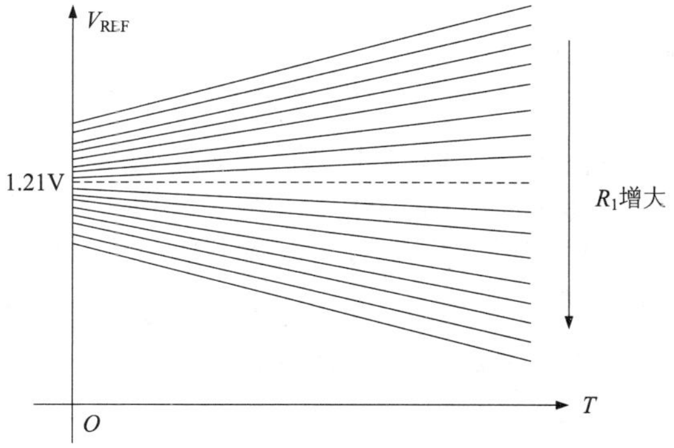

图 7.14　调节 R_1 实现不同电压幅度和温度系数的基准电压

类似地，对于如图 7.13 所示的电路，调节 M_3 管的宽长比（调节 m 的大小）或调节电阻的比值（R_2/R_1），可以得到各种具有不同电压幅度和温度系数（正、负、零）的基准电压 V_{REF}。

但是，对于实际的带隙基准电压产生电路，其温度特性将偏离图 7.10 中给出的理想曲线，这是因为电路中的许多二级效应在前面的讨论中被忽略。在实际的带隙基准电压产生电路中，为了使其输出基准电压更接近理想特性，主要需要考虑以下二级效应：①运算放大器的失调电压 V_{OS}。在如图 7.12 和图 7.13 所示的带隙基准电压产生电路中，运算放大器的失调电压 V_{OS} 将导致基准电压产生误差，同时由于 V_{OS} 本身也是温度的相关函数，会进一步影响基准电压的温度特性；②双极型晶体管的基极-发射极电压及集电极电流随温度变化。从式（7.31）中可以看出，二极管电压 V_D 的温度系数和 V_D 本身的大小有关，同时我们在推导式（7.31）时假定集电极电流近似不变，这些因素都将导致基准电压的温度特性偏离理想曲线。

为此，对于用双极型晶体管（等效二极管）实现的带隙基准电压产生电路，人们研究和开发了许多高阶曲率的温度补偿技术，以改善基准电压的温度特性，使其在尽可能宽的温度范围内保持零温度系数。但是，对于用 CMOS 工艺实现的带隙基准电压产生电路，由于 CMOS 工艺中存在较大的失调电压和工艺偏差，基准电压的幅度和温度特性比较分散，因此很难实现高精度的高阶曲率校正。为此，在实际电路设计中，通常采用 Trimming（微调）技术（如调节电阻的大小），对已经加工流片的芯片进行修正，使其输出电压满足设计要求。

7.2.5　高精度基准电流源

图 7.15 是模拟 CMOS 集成电路中常用的一种高精度基准电流源，它通过运算放大器和电阻将基准电压 V_{REF} 转换为高精度的输出电流 I_{REF}。与前面介绍的基准电流源相比，高精度基准电流源具有更好的绝对精度和更小的温度系数，并且可以通过改变电阻 R 的值（该电阻通

常为芯片的外接电阻）灵活地调节输出基准电流的大小。

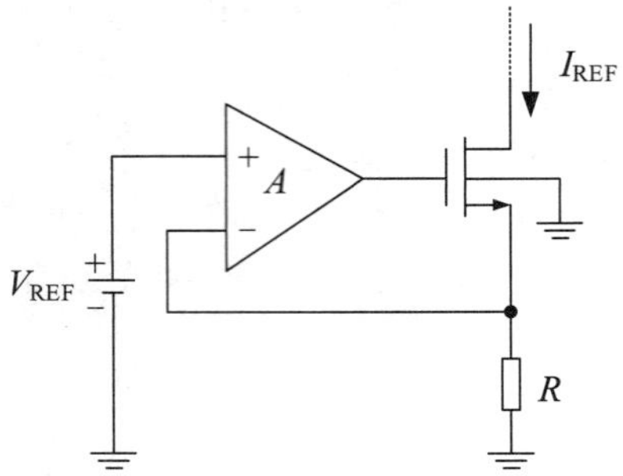

图 7.15　高精度基准电流源

该电路通过将基准电压 V_{REF} 加在电阻 R 上（假定运算放大器的增益 A 足够大，其输入电压近似为 0），使输出电流 I_{REF} 和电阻上流过的电流精确地保持一致，其值为 $I_{REF} = V_{REF} / R$ 。如果基准电压 V_{REF} 是由带隙基准电压产生电路产生的，那么输出电流受温度的影响非常小。

在如图 7.15 所示的电路中，输出电流的误差主要是由运算放大器的失调电压、电阻的绝对值误差和温度系数引起的。电阻的温度系数取决于器件的掺杂类型和浓度，一般在 CMOS 工艺中，低掺杂的电阻受温度的影响较大，而高掺杂的电阻受温度的影响相对较小，为了减小温度变化对输出电流的影响，应尽量使用高掺杂类型的电阻。电阻的绝对阻值变化主要是由工艺误差引起的，为了使输出电流更接近设计值，一种有效的办法是使用 Trimming（修调）的方法对电阻的绝对阻值进行修正，或者将电阻外接以实现对输出电流的调节。

7.3　基准电压调节电路

由于带隙基准电压的典型值为 1.21V（在室温附近具有零温度系数），且带负载能力非常弱，而实际电路中需要的基准电压或供电电压千差万别，而且需要一定的带负载能力。为此，我们需要在带隙基准电压的基础上，设计基准电压调节电路或稳压电路，以产生电路或系统所需要的各种供电电压，并提供足够的负载电流。如图 7.16 所示，首先利用带隙基准电压产生电路产生具有零温度系数的基准电压 V_{REF} （其典型值为 1.21V， $V_{REF} < V_{DD1}$ ），然后利用基准电压调节电路或稳压电路产生电路和系统所需的各种供电电压 $V_{out1}, V_{out2}, \cdots, V_{outn}$ 。

常用的基准电压调节电路或稳压电路包括：同相输入比例放大器、电荷泵电路、线性稳压电源和开关稳压电源，下面分别简要介绍它们的结构和工作原理。关于它们的详细分析，读者可以参考相关领域的书籍和资料。

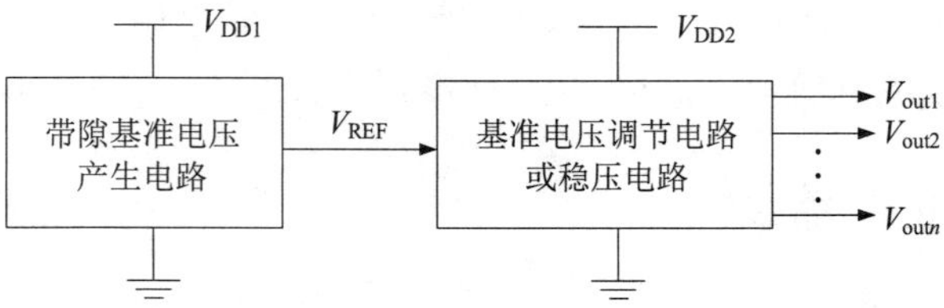

图 7.16　基准电压调节电路或稳压电路的结构

7.3.1　同相输入比例放大器

如果电路或系统所需的基准电压大于带隙基准电压（1.21V），但小于电源电压 V_{DD}，则可用如图 7.17 所示的同相输入比例放大器产生。在图 7.17 中，V_{REF} 为由带隙基准电路产生的基准电压，R_1 和 R_2 为负反馈分压电阻。假定运算放大器的增益 A 足够大，则其输入-输出电压之间的关系为

$$V_{out} = (1+\frac{R_1}{R_2})V_{REF} \tag{7.59}$$

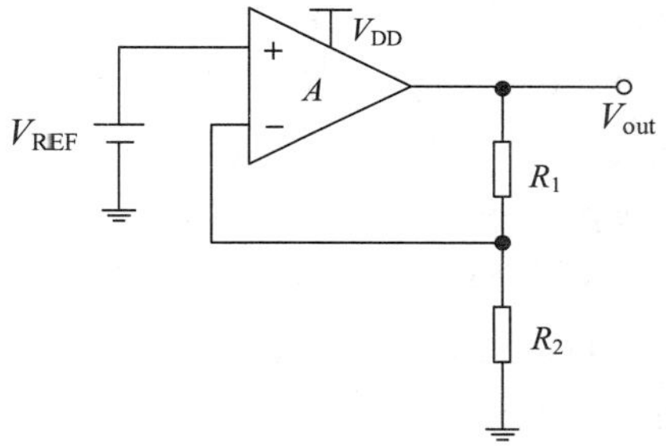

图 7.17　同相输入比例放大器

显然，通过改变电阻 R_1 和 R_2 的比值大小，即可调节输出电压的大小。因此，由运算放大器实现的同相输入比例放大器可以调节（放大）输入电压，但 $V_{REF} < V_{out} < V_{DD}$。

另外，一般运算放大器的驱动能力比较弱，该电路只具有电压调节功能，不能驱动大负载。

7.3.2　电荷泵电路

电荷泵（Charge Pump）电路是仅由电容和开关构成的电压调节电路，可以实现对输入电压的升压、降压、反向（形成负电压）。它利用开关的周期性切换将输入端的电荷通过转移电容逐渐转移到输出端，从而达到升/降压和能量输送的目的，因此称为电荷泵电路。

图 7.18 所示为可实现 4 倍升压的电荷泵电路，C_1、C_2 和 C_3 为电荷转移电容，C_L 为输出电容（含负载电容）。S_1 和 S_{1B}、S_2 和 S_{2B}、S_3 和 S_{3B} 均为同时开启或关闭的开关对，S_4～S_7 也是同时开启或关闭的开关组，它们受两相不交叠时钟信号控制，通常用 CMOS 开关实现。V_{in} 为输入电压（如前面介绍的基准电压 V_{REF}），V_{out} 为输出电压。

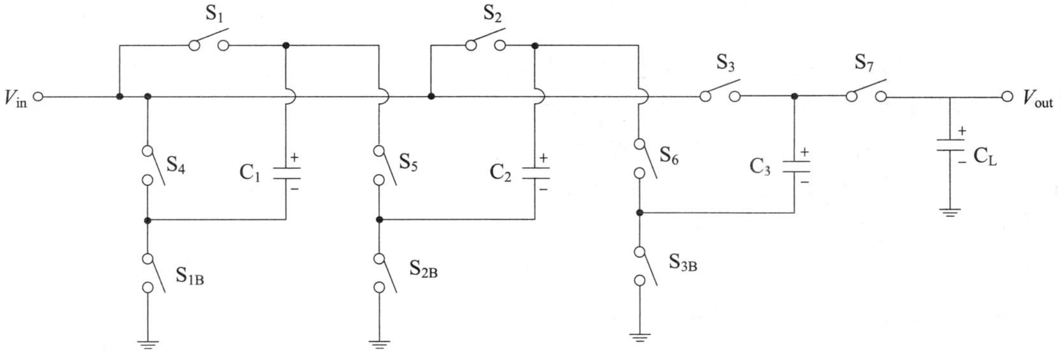

图 7.18　可实现 4 倍升压的电荷泵电路

如图 7.18 所示的可实现 4 倍升压的电荷泵电路的每个工作周期分为两个阶段，即电容充电阶段和电压叠加阶段。①电容充电阶段，开关 S_1 和 S_{1B}、S_2 和 S_{2B}、S_3 和 S_{3B} 均闭合，而 S_4～S_7 均打开，此时输入电压 V_{in} 同时给电容 C_1、C_2 和 C_3 充电，假定在充电阶段结束时，C_1、C_2 和 C_3 均被充满电，即 $V_{C1}=V_{C2}=V_{C3}=V_{in}$。②电压叠加阶段，开关的动作与电容充电阶段相反，即 S_1 和 S_{1B}、S_2 和 S_{2B}、S_3 和 S_{3B} 均打开，而 S_4～S_7 均闭合，此时 3 个电荷转移电容上的电压和输入电压叠加，使得输出电容 C_L 上的电压 $V_{out}=V_{C1}+V_{C2}+V_{C3}+V_{in}=4V_{in}$，从而实现了 4 倍升压。因此，如此周而复始地循环上述“电容充电→电压叠加”的过程，即可为负载提供基本稳定的输出电压。

但是，对于实际的电荷泵电路，由于 CMOS 开关存在导通电阻 R_{on}，电容的充电时间常数 $\tau=R_{on}\times C\neq0$，在电容充电阶段，电荷转移电容上的电压不能被完全充电到输入电压 V_{in}，使得电路启动时需要一定的启动（建立）时间。另外，当电路正常工作时，由于输出端通常接有电流负载，持续消耗能量，因此输出电压下降。

电荷泵电路的带负载能力与开关频率和电荷转移电容的大小有关。开关频率增大，单位时间内输送到输出端的能量增加，因此带负载能力加强，同时，输出电压中的纹波将减小。电荷转移电容增大，使得电容中的储能（与电容成正比）增加，因此，带负载能力提高，而且输出电压中的纹波减小。但是，工作频率增大，CMOS 开关的寄生电容的充放电平均电流增加，导致消耗电流增加，升压效率降低。另外，增大电荷转移电容将导致电路启动时输出电压的建立时间变长。

基于如图 7.18 所示的可实现 4 倍升压的电荷泵电路的工作原理，我们可以实现其他任意升压倍数的电荷泵电路（可增加或减少电荷转移电容的数目）。

图 7.19 所示为可实现反向（形成负电压）的电荷泵电路，其中，C_1 为电荷转移电容，C_L 为输出电容，S_1 和 S_{1B} 及 S_2 和 S_{2B} 均为同时开启或关闭的开关对，它们受两相不交叠时钟信号控制。

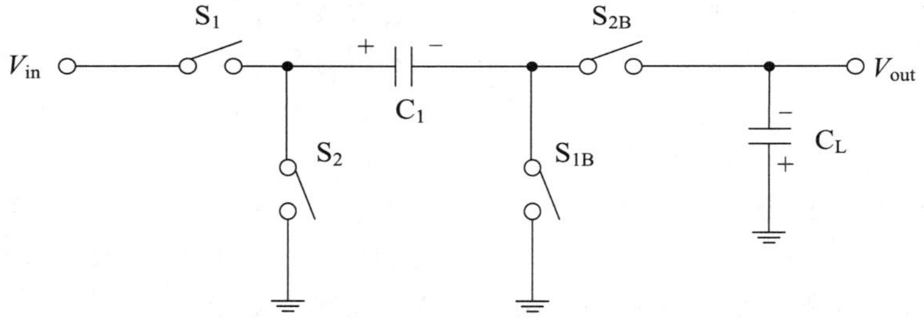

图 7.19　可实现反向（形成负电压）的电荷泵电路

该电荷泵电路的每个工作周期也分为两个阶段，即电容充电阶段和电压反向阶段。①在电容充电阶段，开关 S_1 和 S_{1B} 闭合，S_2 和 S_{2B} 打开，此时输入电压 V_{in} 给电容 C_1 充电，假定在充电阶段结束时 C_1 被充满电，即 $V_{C1}=V_{in}$。②在电压反向阶段，开关的动作与上面相反，即 S_1 和 S_{1B} 打开，S_2 和 S_{2B} 闭合，此时电荷转移电容上的电压加到输出电容 C_L 上，使得输出电压 $V_{out}=-V_{in}$，从而实现了反向。

电荷泵电路中的开关用模拟电子开关（CMOS 传输门电路）实现，置于芯片内部，而转移电容由于具有较大的值（数 μF），通常置于芯片外部。

电荷泵电路具有电路结构简单、面积和功耗小、易于集成、外围元件少等优点，适用于负载电流较小、片上集成的应用场合。但是，由于如图 7.18 和图 7.19 所示的电荷泵电路中无负反馈控制机制，输出电压的精度较差（尤其是当负载电流较大的时候），不能实现稳压。另外，电荷泵电路的带负载能力相对较弱，只能提供数十 mA 级的输出电流。

7.3.3　线性稳压电源

线性稳压电源，也称为低压差稳压电源（Low Dropout Regulator，LDO），如图 7.20 所示，它由基准电压源、误差电压放大器、输出驱动管 M_p（C_C 为相位补偿电容）、负反馈电阻 R_1 和 R_2 构成。I_{out} 为负载电流，C_{out} 为输出电容。对于如图 7.20 所示的线性稳压电源，理想情况下，输出电压 V_{out} 如式（7.60）所示，与式（7.59）相同，但 $V_{out}<V_{DD}$。

$$V_{out}=(1+\frac{R_1}{R_2})V_{REF} \tag{7.60}$$

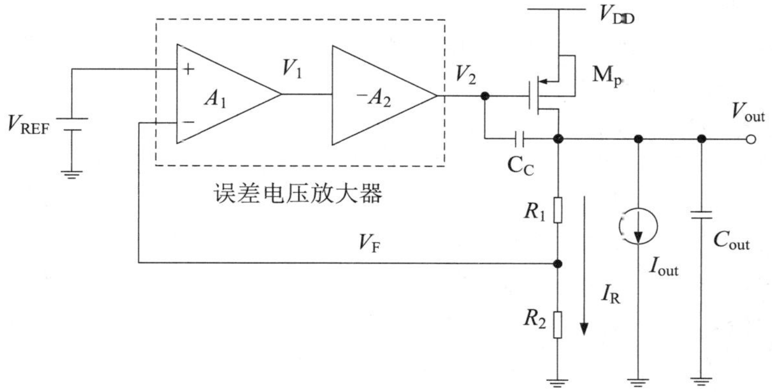

图 7.20　线性稳压电源的结构

实际上，LDO 的结构和工作原理与如图 7.17 所示的同相输入比例放大器相同，只是为了提高 LDO 的带负载能力，在其输出端加入了大尺寸的输出驱动管 M_p（可以将 M_p 看作误差放大器的共源输出级）。输出驱动管的 W 尺寸较大，正常负载时 M_p 工作在饱和区，而空载时将其偏置在亚阈值区，以减小静态功耗。即在空载时，负载电流 I_{out}=0，$I_D(M_p)=I_R$，由于 I_R 很小，M_p 的宽长比（W/L）很大，因此$|V_{GS}(M_p)|<|V_{TH}(M_p)|$，迫使 M_p 工作在亚阈值区。

当电源电压 V_{DD} 或负载电流 I_{out} 发生变化时，输出电压 V_{out} 会发生波动。下面我们讨论 LDO 是如何稳定输出电压的。假定 M_p 工作在饱和区，当 V_{out} 升高时，将发生以下的负反馈控制过程：$V_{out}\uparrow\rightarrow V_F\uparrow\rightarrow V_1\downarrow\rightarrow V_2\uparrow\rightarrow V_{out}\downarrow$，反之亦然，从而将 V_{out} 稳定在理想值。由于 LDO 是闭环负反馈控制系统，在设计 LDO 时需要仔细分析 LDO 的相位裕度，需确保在各种条件下系统都是稳定的。

LDO 消耗的功率主要是由输出驱动管 M_p 引起的，其功耗 P 可近似表示为

$$P=V_{DS}I_{DS}\approx V_{DS}I_{out} \tag{7.61}$$

显然，为了减小 LDO 的功耗，需要减小输出驱动管 M_p 的 V_{DS} 电压（I_{out} 由负载电流决定），V_{DS} 电压越小，LDO 的功耗越小，其转换效率越高。M_p 的 V_{DS} 电压最小值约为 0.2V（如果 V_{DS} 电压太小，那么 M_p 不能工作在饱和区，LDO 将失去稳压能力）。因此，LDO 被称为低压差稳压电源。

LDO 的优点是：电路结构简单，静态电流小，输出电压精度高（纹波小），瞬态响应速

度快，可实现片上集成。其缺点是：转换效率较低（尤其是当输入-输出电压相差较大时），且只能实现降压（$V_{out}<V_{DD}$），不能实现升压。LDO 可用作芯片内置电源或片外电源，通常用于给高精度或低噪声模拟电路和射频电路供电（对电源精度要求高的场合）。

7.3.4 开关稳压电源

开关稳压电源（Switching Regulator，SWR），也称为 DC-DC 开关变换器（DC-DC Switching Converter），是由周期性动作的开关、电感、电容等无源滤波器件构成的，可以实现升压（Boost）、降压（Buck）和降压-升压（Buck-Boost）等功能。

下面我们以如图 7.21 所示的降压型 DC-DC 开关变换器为例，说明其结构和工作原理。在图 7.21 中，S_p 和 S_n 为功率开关管，电感 L 和电容 C 为无源滤波器件，R_L 代表负载电阻，R_1 和 R_2 为输出电压的分压电阻，它们构成 DC-DC 开关变换器的功率级电路。图 7.21 中的下面部分是控制器，根据输出电压与基准电压之间的差值，产生控制功率开关管的脉冲宽度调制（Pulse Width Modulation，PWM）信号，然后通过驱动电路控制功率开关管的导通或关闭，从而达到稳定输出电压的目的。

控制器的具体工作原理如下。将反馈电压 V_{fb} 送入误差放大器（EA）的负向输入端，而将利用带隙基准电路产生的基准电压 V_{REF} 送入 EA 的同向输入端。EA 将两信号的误差放大得到输出电压 V_{err}。将 V_{err} 送入比较器的正向输入端，而将通过振荡器产生的具有固定频率（$1/T_s$）的锯齿波信号 V_{ramp} 送入比较器的负向输入端。如图 7.22 所示，比较器对两信号进行比较，输出一组矩形方波信号（PWM 信号），该方波信号的占空比由 V_{err} 的大小决定，再将该方波信号通过一组驱动电路驱动功率开关管的通断，从而调节输出电压，使其稳定在设计值。假定误差放大器（EA）的增益足够大，电路在稳态时，由于 $V_{fb}=V_{REF}$，而 $V_{out}=(1+R_1/R_2)\ V_{fb}$，因此，输出电压 $V_{out}=(1+R_1/R_2)\ V_{REF}$。显然，通过改变 R_1 和 R_2 的比值，即可调节输出电压的大小（对于降压型 DC-DC 开关变换器，$V_{out}<V_{in}$）。

在图 7.21 中，假定 PWM 信号的周期为 T_s、占空比为 $D=T_{on}/T_s$，则在 T_{on} 期间，功率开关管 S_p 导通、S_n 截止，此时输入电压通过电感向负载充电；而在 T_{off} 期间，S_n 导通、S_p 截止，此时电感通过 S_n 向负载放电，S_n 也称为续流管。降压型 DC-DC 开关变换器的信号波形如图 7.22 所示。

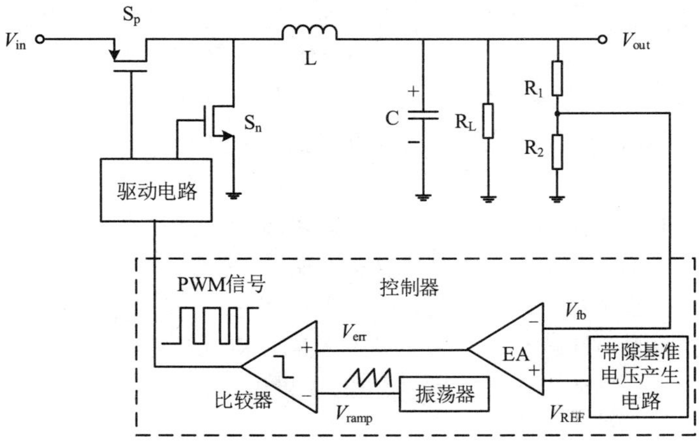

图 7.21 降压型 DC-DC 开关变换器

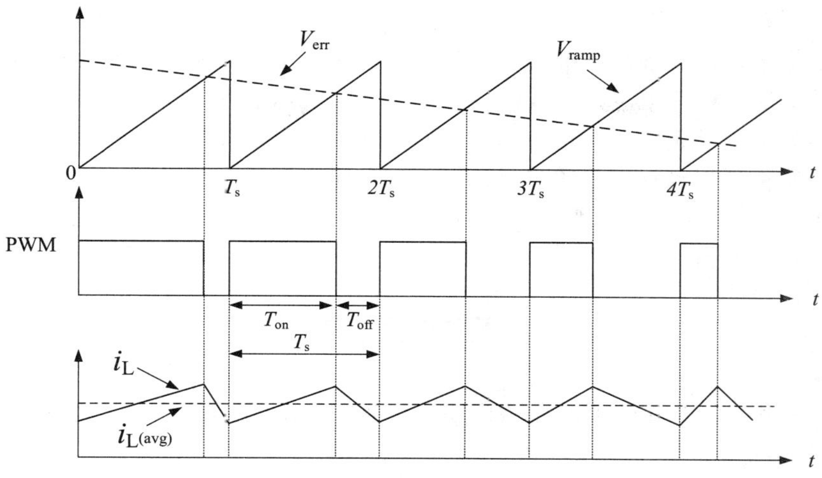

图 7.22　降压型 DC-DC 开关变换器的信号波形

DC-DC 开关变换器的优点是：①转换效率高，由于开关管工作于饱和导通与截止两种状态下，因此开关管本身的损耗小并且与输入电压的大小无关；②带负载能力强，这是由于功率级电路（外置）通常与控制器分离，可以根据负载需求设计不同的功率级电路，以满足各种负载功率的需求；③可实现升压、降压和降压−升压，以满足不同供电电压的需求。DC-DC 开关变换器的缺点是：输出电压的纹波较大、EMI 噪声较大（原因在于开关切换）。DC-DC 开关变换器主要用于给消耗电流较大的芯片或系统提供供电电源。

实际上，DC-DC 开关变换器的功率级电路有各种拓扑结构，除了上述降压型 DC-DC 开关变换器，还有升压、降压-升压型（包括反向与非反向型）DC-DC 开关变换器；控制方式除了上述 PWM，还有脉冲频率调制（Pulse Frequency Modulation，PFM）等；另外，调制方式除了上述后缘调制，还有前缘调制、三角调制等。

在图 7.21 中，如果将控制器部分用数字电路实现，则可形成数字控制的 DC-DC 开关变换器（简称为数字电源）。数字电源可执行各种复杂而先进的控制算法，并具有可编程、可重构等优点，是开关稳压电源的必然发展趋势，目前已在许多领域获得广泛应用。

本章小结

在本章中，我们介绍了用普通 CMOS 工艺实现的基准电压和电流源的电路结构及其工作原理。根据所使用的核心器件的不同，将基准源分为两类：即 MOS 管型基准源和二极管型基准源。MOS 管型基准源主要包括 MOS 管型分压电路和自偏置 MOS 型基准源，如果参数设计合理，具有自偏置结构的 MOS 管型基准源在理论上可以实现零温度系数。二极管型基准源主要包括 PTAT 和 CTAT 基准源电路，以及通过 PTAT 和 CTAT 的互补温度特性实现的带隙基准电路。为了使输出基准电压不受电源电压的影响，本章主要介绍了两种实现技术：即自偏置结构和加入运算放大器的结构，具有这两种结构的电路都可以实现与电源电压近似无关的特性，但它们都具有零电流工作点，因此需要加入启动电路，以使基准源电路进入正常工作状态。

具有零温度系数（室温下）的带隙基准电压通常为固定值（如 1.21V），为了满足电路的各种供电电压需求，需要采用基准电压调节电路实现任意输出值。基准电压调节电路包括同相输入比例放大器、电荷泵电路、线性稳压电源（LDO）和开关稳压电源等，但前两种基准电压调节电路只适用于负载电流较小的场合，通常内置于芯片内部，而后两种稳压电源由于具有负反馈控制机制，具有很强的带负载能力，且输出电压的精度高，通常作为独立模块给芯片或系统供电。

参考文献

[1] 毕查德·拉扎维. 模拟 CMOS 集成电路设计[M]. 2 版. 陈贵灿，译. 西安：西安交通大学出版社，2018.

[2] Phillip E. Allen. CMOS Analog Circuit Design [M]. Third Edition. New York: Oxford University Press, 2011.

[3] David A. Johns & Ken Martin. Analog Integrated Circuit Design [M]. New York: John Wiley & Sons, Inc., 1997.

[4] P. R. Gray, P. J. Hurst, S. H. Lewis, et al. Meyer. Analysis and Design of Analog Integrated Circuits [M]. Fifth Edition. New York: John Wiley & Sons, Inc., 2009.

[5] Willy M. C. Sansen. Analog Design Essentials [M]. BerLin: Springer, 2006.

习题

7.1 设计一个如图 7.23 所示的电阻分压电路，$V_{DD}=5V$，要求基准电压 V_{REF1} 为 1V，V_{REF2} 为 3V，流过电阻的电流为 2μA。若 R_3 的方块电阻值工艺偏差为 10%，求此时各个基准电压的实际值，并考察电阻值偏差对基准电压精度的影响。

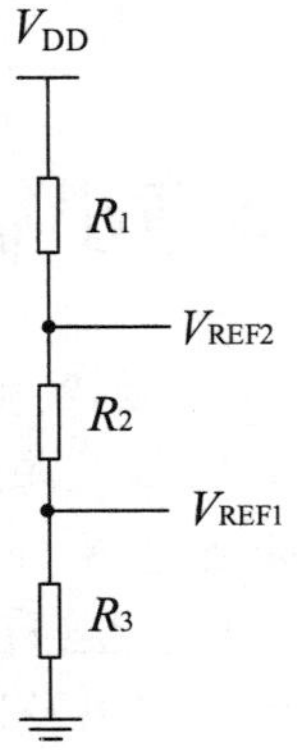

图 7.23

7.2 试设计如图 7.1（b）所示的简单的 MOS 管型分压器。假定 $V_{DD}=5V$，要求基准电压 V_{REF} 为 1V，流过电阻的电流为 2μA，$V_{THN}=0.7V$，$\mu_n C_{ox}=100\mu A/V^2$。求电阻 R 和 MOS 管的宽长比 $(W/L)_1$ 的值（忽略沟道长度调制效应，$\lambda=0$）。

7.3 试设计如图 7.1（c）所示的简单的 MOS 管型分压器。$|V_{THP}| = 0.7V$，$\mu_p C_{ox} = 40\mu A/V^2$，其余参数与习题 7.2 相同。求 $(W/L)_1$ 和 $(W/L)_2$ 的值（$\lambda = 0$）。

7.4 如图 7.24 所示的电路为改进型 MOS 管型分压器。$V_{DD} = 5V$，若要求基准电压 $V_{REF1} = 1V$，$V_{REF2} = 3V$，流过电流为 2μA，试求 M_1、M_2 和 M_3 的宽长比。假定 $\mu_n C_{ox} = 110\mu A/V^2$，$\mu_p C_{ox} = 50\mu A/V^2$，阈值电压均为 0.7V，$\lambda = 0$。

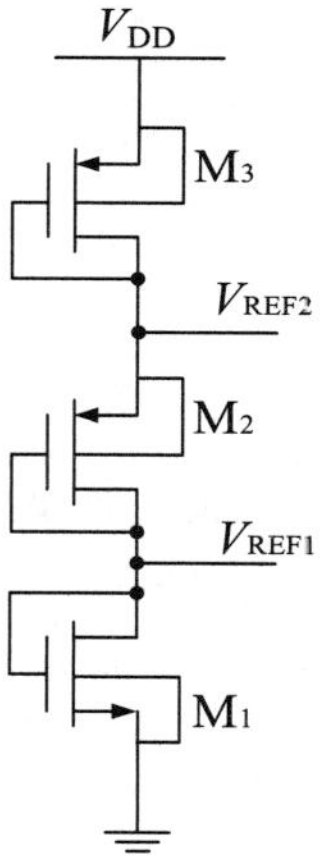

图 7.24

7.5 图 7.25 所示为一种以阈值电压为基准的自偏置电流源，试推导输出电流 I_{out} 的表达式，并估算 I_{out} 的值。忽略 CMOS 的二级效应，取 $\mu_n C_{ox}$ 和 $\mu_p C_{ox}$ 分别为 $110\mu A/V^2$ 和 $50\mu A/V^2$，阈值电压均为 0.7V。

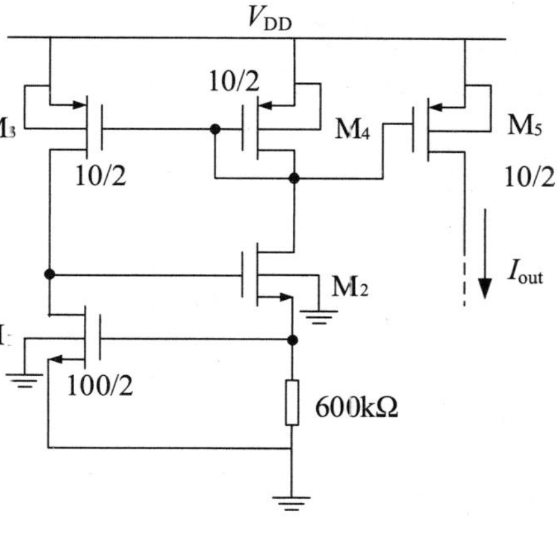

图 7.25

7.6 图 7.26 是在图 7.25 的基础上附加了启动电路 $M_6 \sim M_9$，试分析该启动电路的工作原理。若要求电流源正常工作时启动电路的最大消耗电流为 1μA，试求 $M_6 \sim M_8$ 的宽长比。计算时可忽略 CMOS 的二级效应，并取 $\mu_n C_{ox}$ 和 $\mu_p C_{ox}$ 分别为 $110\mu A/V^2$ 和 $50\mu A/V^2$，阈值电压均为 0.7V。

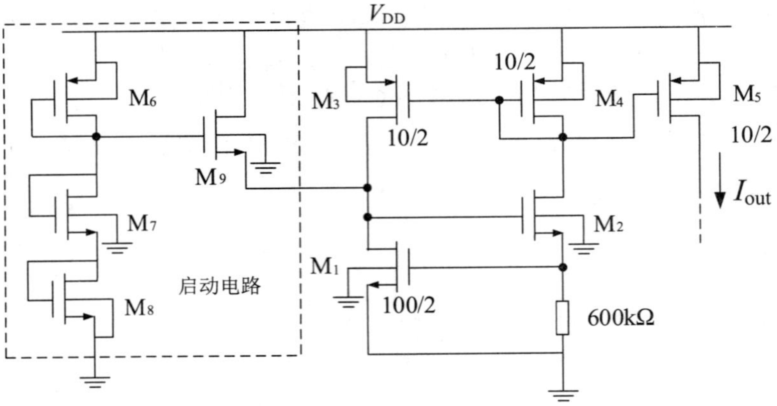

图 7.26

7.7 对于如图 7.2 所示的具有自偏置结构的 MOS 管型基准源电路，若电阻 R 的值出现工艺偏差，试分析其对基准电流的影响。另外，分析 CMOS 管的二级效应对基准电流的影响。

7.8 图 7.27 是在图 7.5（b）的基础上附加了启动电路 M_{11}～M_{15}，试分析该启动电路的工作原理。

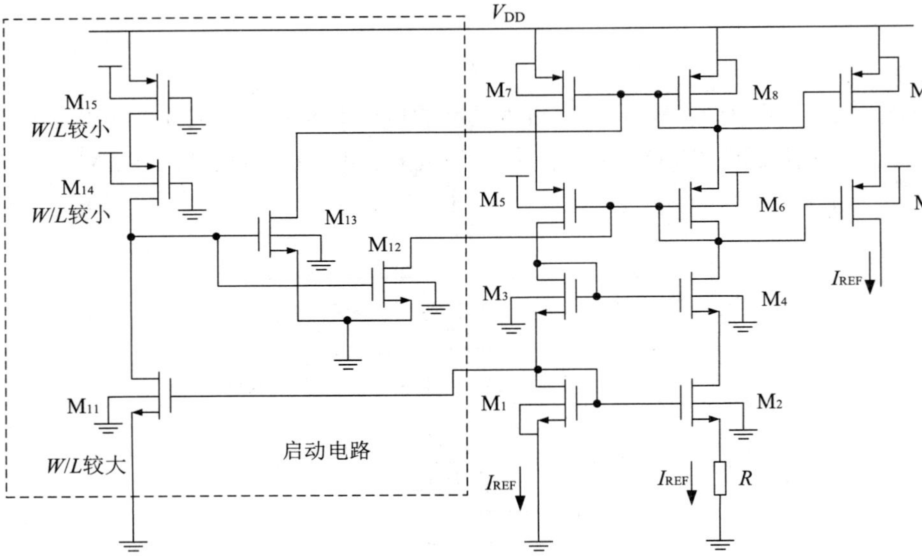

图 7.27

7.9 对于如图 7.28 所示的基准电流源，设 M_3 和 M_4 的尺寸相同，M_1 和 M_2 的 W/L 之比为 K∶1。（1）试推导输出电流 I_{out} 的表达式。（2）为了保证 M_2 工作在饱和区，电阻 R 的取值是多少？（3）与如图 7.2 所示的电路相比较，该电路的优点是什么？

7.10 推导如图 7.6（a）和图 7.6（b）所示的电路的基准电流 I_{REF}。

7.11 参照图 7.8（b）和图 7.9（b），分别设计一个 CTAT 和 PTAT 基准电流源电路，要求基准电流 $I_{REF} = 10\mu A$。假设 $I_S = 5\times10^{-15}A$，$V_T = 26mV$，在 PTAT 基准电流源电路中，$N = 8$。

7.12 求如图 7.29 所示的电路中的 ΔV_{BE} 值及其温度系数。

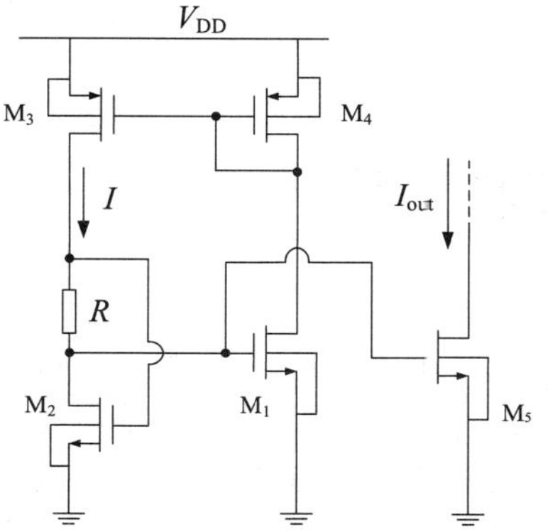

图 7.28

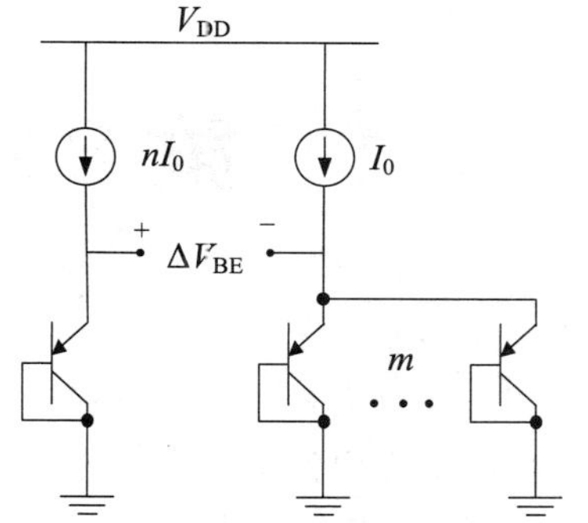

图 7.29

7.13 若考虑图 7.30 中的运算放大器的失调电压 V_{OS}，试分析其对基准电压 V_{REF} 的影响。

7.14 试推导如图 7.31 所示的电路的输出电压 V_{REF}，调节 m 时，输出电压 V_{REF} 的幅值与温度系数如何变化？图中，M_1 和 M_2 对称，M_3 的宽长比是 M_1 的 m 倍。Q_2 和 Q_3 对称，Q_1 的发射区面积是 Q_2 的 n 倍。假设运算放大器的增益 A 是无穷大。

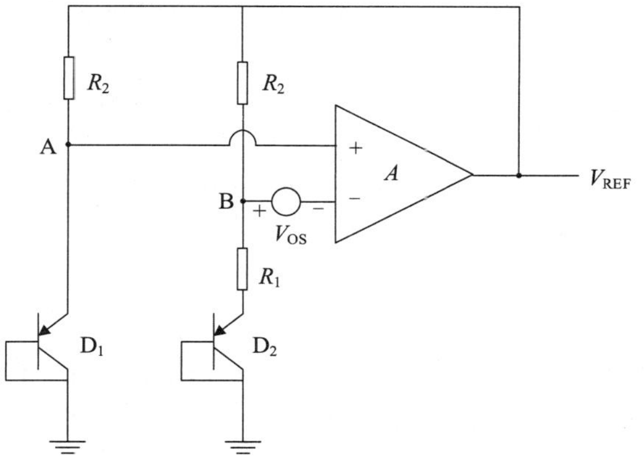

图 7.30

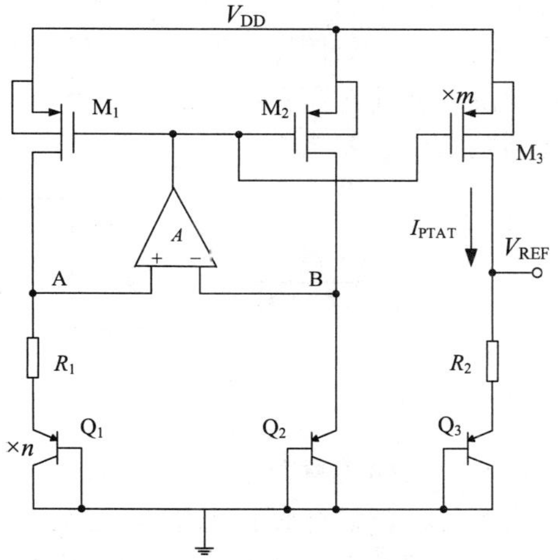

图 7.31

7.15 试推导如图 7.32 所示的电路的偏置电流 I_{out}。

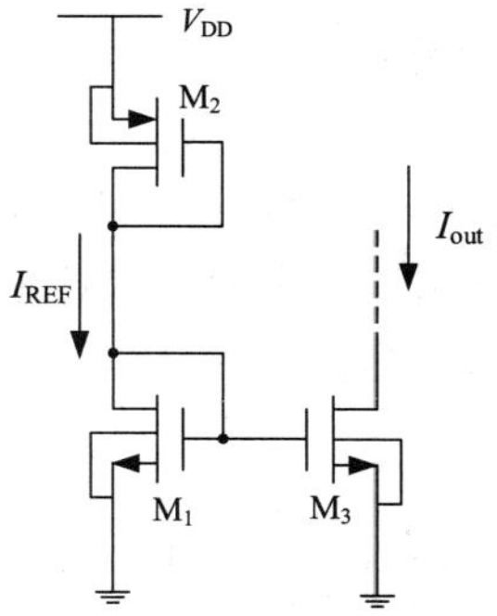

图 7.32

第 8 章　电路噪声

集成电路科学与工程，实质上是研究如何调控电子运动的一门学科。在半导体材料和器件层面，我们通过向本征半导体中掺杂杂质及改变器件的结构，可以改变器件导电区域中的自由电子浓度及导电性能；在集成电路设计层面，我们通过给 CMOS 等器件施加不同的静态或动态激励电压，可以改变器件及电路中的电流大小（或定向移动电子的多少），从而实现信号放大等功能。但是，在集成电路中，除了上述人为调控的受控电子，还存在各种不受控制的随机运动的电子，这些电子的随机运动就形成了电路中的噪声（Noise）。噪声不携带任何有用信息，而且无处不在，是叠加在信号中的一种随机干扰。

例如，如图 8.1 所示，对于实际的放大器（存在噪声），即使输入信号为 0，其输出也不为 0，此时放大器的输出就是由电路噪声产生的，当将真正的输入信号加到放大器后，放大器的输出就是由信号（Signal）和噪声（Noise）共同产生的。噪声的存在会导致放大器的输出信号的精度（或信噪比）降低，当信号幅度较小时，甚至无法分辨信号和噪声，即信号被噪声淹没。因此，需要尽可能减少电路中的噪声，低噪声放大器设计是模拟集成电路的重要研究领域之一。

图 8.1　放大器中的噪声

在本书前面的章节中，均未考虑噪声的存在和影响。本章中，我们首先介绍电路噪声的性质与表征，然后介绍模拟集成电路器件中的噪声及其电学模型。接着分析各种单级放大器及运算放大器的噪声性能（对噪声的抑制能力）。最后，以低噪声折叠式共源共栅放大器为例，介绍低噪声放大器的设计方法。

8.1　电路噪声的性质与表征

噪声是电路中存在的随机干扰，噪声出现的时间及幅度都是随机变化的，无法用确定的时域数学函数表示它们。因此，通常用数学中的“统计模型”分析和表征噪声的性质。

噪声虽然在时间和幅度上都是随机的，但其平均功率具有确定性。如图 8.2 所示，噪声电压 $v_n(t)$的平均功率 $\overline{V_n^2}$ 为

$$\overline{V_n^2} = \lim_{T\to\infty}\frac{1}{T}\int_{-T/2}^{+T/2} v_n^2(t)\mathrm{d}t \qquad (\mathrm{V}^2) \tag{8.1}$$

平均功率 $\overline{V_n^2}$ 的单位为 V^2，可以将其理解为噪声电压 $v_n(t)$加在 1Ω 电阻上时产生的功率。

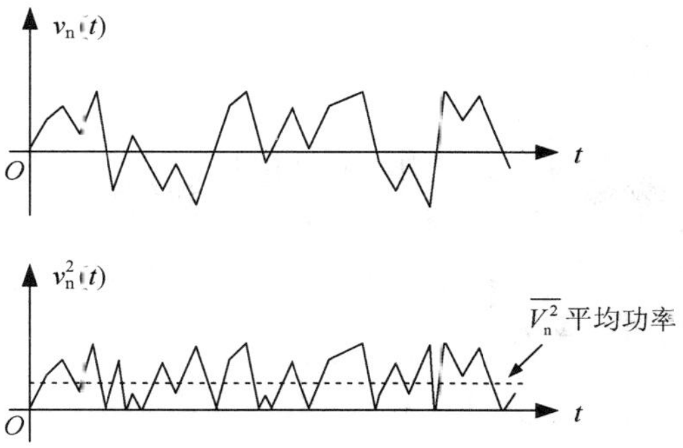

图 8.2　噪声及其平均功率

表征噪声特征的参数之一为噪声的功率谱密度（Power Spectral Density，PSD）。噪声电压 $v_n(t)$的 PSD 被定义为：频率 f 附近、1Hz 带宽内 $v_n(t)$所具有的平均功率，用 $S_X(f)$ 表示，如图 8.3 所示。PSD 表示在每个频率点上噪声所具有的平均功率大小。$S_X(f)$ 的单位为 V^2/Hz，通常对 $S_X(f)$ 取其平方根，其单位为 $\mathrm{V}/\sqrt{\mathrm{Hz}}$ 。

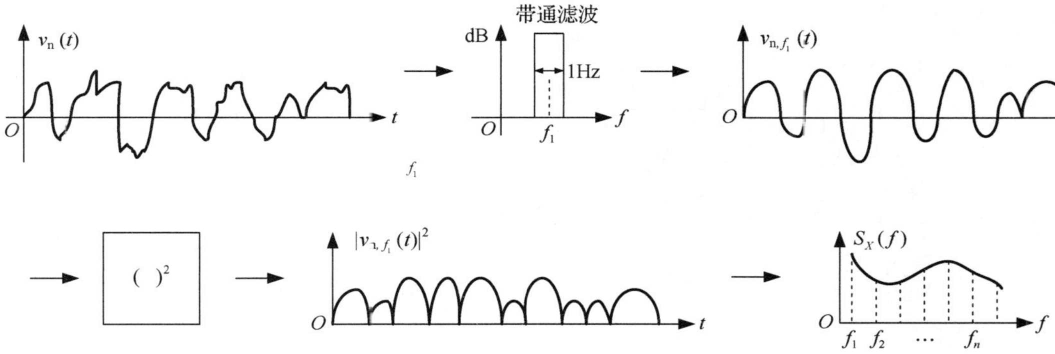

图 8.3　噪声的功率谱密度

大多数噪声源具有确定的功率谱密度。例如，白噪声（White Noise）的 PSD 在整个频率范围内具有恒定的值。

表征噪声特征的另一参数为噪声的概率密度函数（Probability Density Function，PDF）。虽然噪声的瞬时幅值是随机的，但其噪声幅值的概率分布是可观测的。噪声 $x(t)$的概率密度函数 $P_V(x)$的定义为：$P_V(x)\,dx = x < X < x+dx$ 的概率，式中，X 是在一些时间点上测量出的 $x(t)$的幅值，如图 8.4 所示。例如，白噪声的 PDF 服从高斯（或正态）分布。

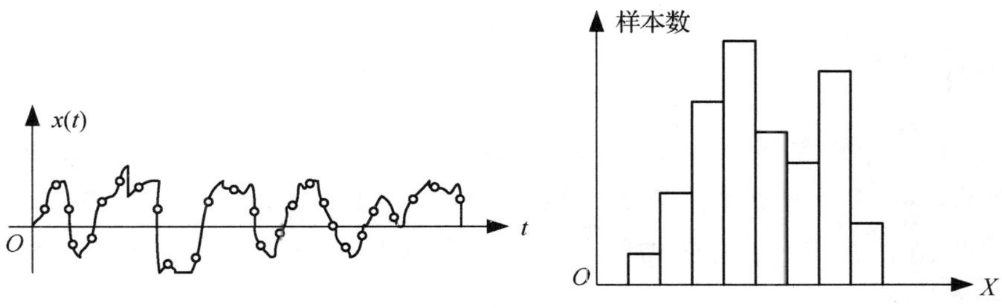

图 8.4　噪声的概率密度函数

8.2 电路的信噪比

在电路中，信号是人为调控的电子运动，而噪声是不受控制的电子随机运动。例如，电压放大器的输出端既包含被放大的信号，又含有电路产生的噪声。放大器的信噪比（Signal-to-Noise Ratio，SNR）的定义为：SNR=P_{Sig}/P_{Noise}，式中，P_{Sig} 为信号功率，P_{Noise} 为噪声功率。对于振幅为 A 的正弦电压信号，信号功率 $P_{Sig}=A^2/2$。噪声的总平均功率 P_{Noise} 可表示为

$$P_{Noise}=\int_{-\infty}^{+\infty} S_X(f)\mathrm{d}f \qquad (\mathrm{V}^2) \tag{8.2}$$

为了评价放大器的噪声性能，通常将放大器的输出噪声折算（等效）到输入端，与输入信号的大小进行比较。如图 8.5(a)所示，放大器的信噪比 SNR 也可表示为 SNR= $P_{Sig\text{-}in}/P_{Noise\text{-}in}$，式中，$P_{Sig\text{-}in}$ 为输入信号的功率，$P_{Noise\text{-}in}$ 为等效到输入端的噪声功率，即 $P_{Noise\text{-}in}=P_{Noise\text{-}out}/(A_v)^2$，这里，$A_v$ 是放大器的电压增益。

如图 8.5（b）所示，如果输入信号的范围为 $V_{Sig\text{-}in}$ (min) ～ $V_{Sig\text{-}in}$ (max)，则该放大器的最小信噪比为 SNR(min)= $V_{Sig\text{-}in}$ (min)/$V_{Noise\text{-}in}$。显然，为了提高电路或系统的信噪比，必须减小电路中的噪声。

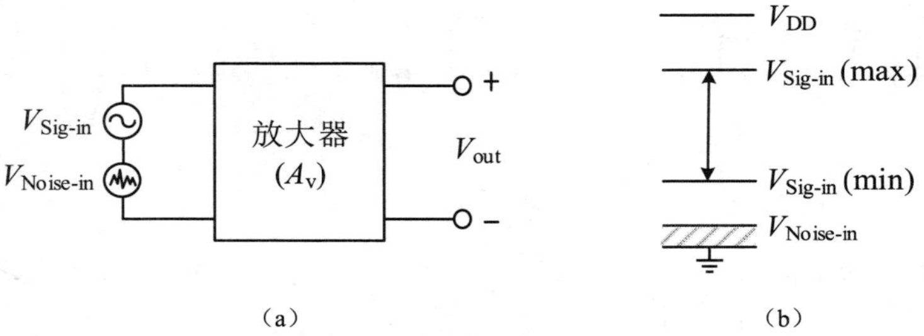

图 8.5　放大器的信噪比

8.3 电路元器件的噪声及其电学模型

集成电路中的噪声来源有两种：①电路元器件（电阻、CMOS 管及 CMOS 开关等）自身产生的噪声；②“环境”噪声，即来自电源、地线或衬底的随机干扰。在一个电路中，非相关噪声源产生的噪声功率是可以叠加的（叠加原理）。这里主要讨论电路元器件的噪声及其电学模型。

8.3.1 电阻

电阻中的噪声主要是热噪声（Thermal Noise），它是由导体中电子的随机热运动引起的。电阻 R 的热噪声电压功率谱密度（PSD）为 $S_V(f)=4kTR$ (V^2/Hz)，式中，k 是玻尔兹曼常数（1.38×10^{-23} J/K），T 是热力学温度。由于电阻的 PSD 与频率无关，因此电阻的热噪声是白噪声。

电阻 R 的热噪声等效电路模型如图 8.6 所示，其中，R 是理想电阻（无噪声），$\overline{V_n^2}$ 和 $\overline{I_n^2}$ 分别为电阻 R 的热噪声电压和热噪声电流功率谱密度，可分别表示为

$$\overline{V_n^2} = 4kTR \qquad (V^2/Hz) \tag{8.3}$$

$$\overline{I_n^2} = \overline{V_n^2} / R^2 = 4kT / R \qquad (A^2/Hz) \tag{8.4}$$

图 8.6（a）和图 8.6（b）所示的电路是相互等效的，在实际电路分析时可任选其中一种。

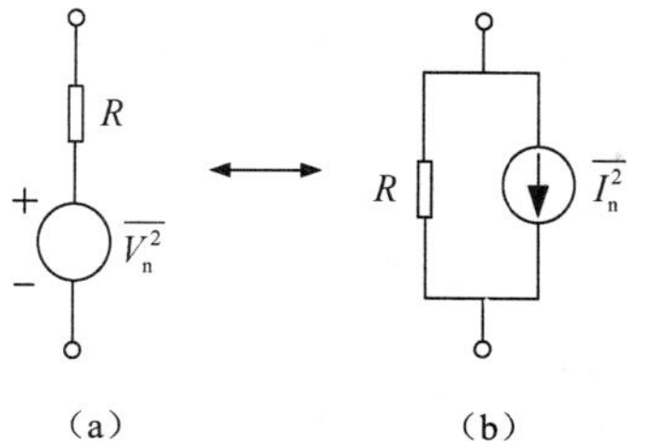

图 8.6　电阻 R 的热噪声等效电路模型

8.3.2　CMOS 管

CMOS 管自身的噪声主要包括热噪声、闪烁噪声和散粒噪声，下面分别讨论它们的性质及其电路模型。

1）热噪声

CMOS 管中的热噪声是由导电沟道中多子的不规则热运动引起的。对于工作在饱和区的 CMOS 管，其漏极电流的热噪声功率谱密度 $\overline{I_{dT}^2}$ 为

$$\overline{I_{dT}^2} = 4kT\gamma g_m \qquad (A^2/Hz) \tag{8.5}$$

式中，k 为玻尔兹曼常数，T 为热力学温度，g_m 为 CMOS 管的跨导。关于热噪声系数 γ 的值（本书中 CMOS 管的热噪声系数和体效应系数均用 γ 表示，注意不要混淆），对于长沟道 CMOS 管，γ= 2/3，对于深亚微米或纳米 CMOS 管，由于出现了“载流子速度饱和”现象，因此 γ 会变大，如对于 0.18μm 的 CMOS 管，γ 增大 50%，对于 0.13μm 的 CMOS 管，γ 增大 1 倍。

NMOS 管的热噪声等效电路模型如图 8.7 所示，其中，图 8.7（a）和图 8.7（b）分别为漏极电流和栅-源电压的热噪声等效电路，二者是等效的。将图 8.7（a）中的漏极电流的热噪声功率谱密度 $\overline{I_{dT}^2}$ 等效到栅-源输入端，即可得到如图 8.7（b）所示的等效电路，其中，栅-源电压的热噪声功率谱密度 $\overline{V_{gT}^2}$ 如式（8.6）所示

$$\overline{V_{gT}^2} = \overline{I_{dT}^2} / g_m^2 = \frac{4kT\gamma}{g_m} \qquad (V^2/Hz) \tag{8.6}$$

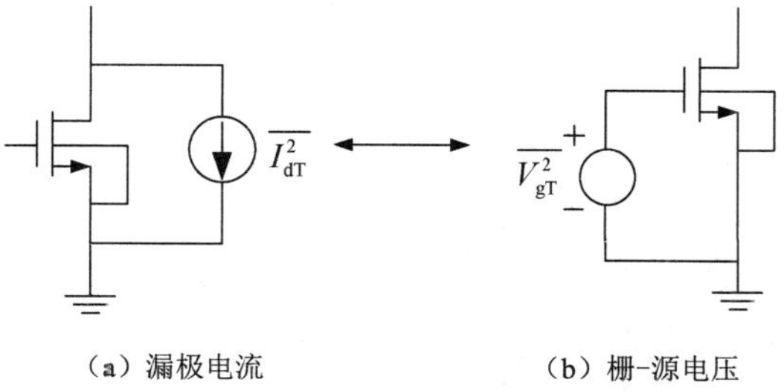

图 8.7　NMOS 管的热噪声等效电路模型

2）闪烁噪声

CMOS 管中的闪烁噪声（Flicker Noise）是由载流子（电子或空穴）在单晶硅衬底表面被“悬挂键（Dangling Bonds）”随机复合和释放引起的，当这种载流子的随机复合和释放现象发生时，CMOS 管的漏极电流发生随机波动，从而产生了 CMOS 管的闪烁噪声。

如图 8.8 所示，在单晶硅 Si 内部，相邻原子是靠电子共有的共价键结合起来的，它们是稳定的共价键。但是在 Si 与 SiO_2 的交界处，由于表面加工导致完整的单晶硅晶体表面被截断，因此存在没有形成共价键的悬挂键。这些悬挂键俘获电子或释放电子的过程是随机反复进行的，从而使漏极电流产生随机波动。在 NMOS 管中，在 Si/SiO_2 界面附近的 Si 表面上形成导电沟道（称为表面沟道），而在 PMOS 管中，在离开 Si/SiO_2 界面附近的 Si 内部形成导电沟道（称为埋入沟道）。在具有表面沟道的 NMOS 管中，载流子比较容易被 Si/SiO_2 界面的界面能级俘获，而在具有埋入沟道的 PMOS 管中，由于沟道离 Si/SiO_2 界面较远，因而俘获载流子比较困难。因此，PMOS 管的闪烁噪声比 NMOS 管小。

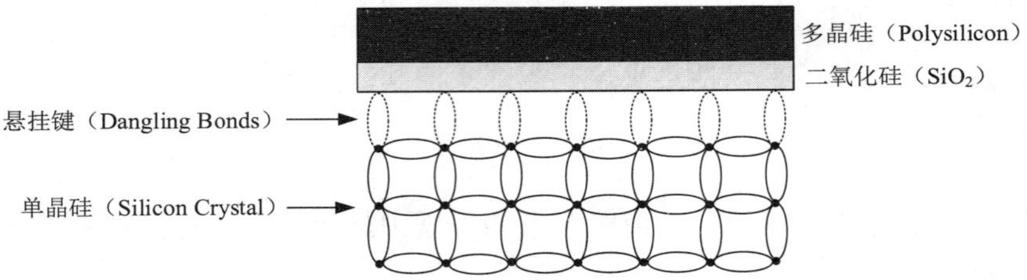

图 8.8 单晶硅衬底表面的“悬挂键”示意图

CMOS 管中的闪烁噪声可用一个加在栅-源极间的电压源来等效，其栅-源噪声电压的功率谱密度可近似为

$$\overline{V_{gF}^2} = \frac{K_f}{C_{ox}WLf} \quad (V^2/Hz) \tag{8.7}$$

式中，C_{ox} 是 CMOS 管的单位面积栅氧化层电容，W 和 L 分别为 CMOS 管的栅宽和栅长（WL 是栅极的面积），f 是频率。K_f 是一个与制造工艺及 CMOS 管子类型有关的常量，数量级为 10^{-25} V^2F，它反应单晶硅衬底表面的悬挂键随机复合和释放载流子的能力，前面已经分析过，PMOS 管的闪烁噪声比 NMOS 管小，因此 PMOS 管的 K_f 比 NMOS 管小。闪烁噪声的功率谱密度与频率 f 成反比，因此也称为 $1/f$ 噪声或低频噪声，闪烁噪声主要存在于低频领域，在高频时可以忽略。另外，闪烁噪声与静态偏置电流和工作温度近似无关。

对于闪烁噪声，我们也可以求出等效的漏极噪声电流，只要将栅-源噪声电压（功率谱密度）乘以 CMOS 管的跨导（g_m）的平方，即可得到漏极噪声电流 $\overline{I_{dF}^2}$（功率谱密度），如式（8.8）所示

$$\overline{I_{dF}^2} = \overline{V_{gF}^2}\, g_m^2 = \frac{K_f}{C_{ox}WLf} g_m^2 \quad (A^2/Hz) \tag{8.8}$$

CMOS 中同时存在热噪声和闪烁噪声，图 8.9 所示为热噪声和闪烁噪声的漏极电流的功率谱密度曲线。在频率 $f=f_C$ 处，热噪声和闪烁噪声的漏极电流相等，f_C 称为闪烁噪声的“转角频率”（Flicker Noise Corner Frequency），由式（8.5）和式（8.8）可得

$$4kT\gamma g_m = \frac{K_f}{C_{ox}WL}\frac{1}{f_C} g_m^2 \tag{8.9}$$

由上式可求得转角频率 f_C 为

$$f_C = \frac{K_f}{C_{ox}WL}\frac{1}{4kT\gamma}g_m \quad (Hz) \tag{8.10}$$

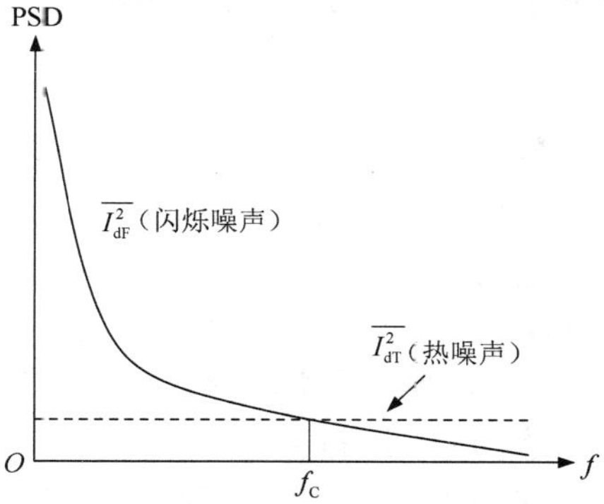

图 8.9　热噪声和闪烁噪声的漏极电流的功率谱密度曲线

显然，在小于转角频率 f_C 的频带范围，闪烁噪声是 CMOS 管的主要噪声，而在大于 f_C 的频带范围，热噪声是主要噪声。

散粒噪声（Shot Noise）是由栅极漏电流的载流子数目随机波动引起的，而 CMOS 管的栅极漏电流很小，因此 CMOS 管的散粒噪声可以忽略不计（散粒噪声主要存在于双极型晶体管中）。

3）总噪声

由于热噪声和闪烁噪声不相关，工作在饱和区的 CMOS 管的总漏极噪声电流可以由它们相加而得，即

$$\overline{I_d^2} = \overline{I_{dT}^2} + \overline{I_{dF}^2} = 4kT\gamma g_m + \frac{K_f}{C_{ox}WLf}g_m^2 \quad (A^2/Hz) \tag{8.11}$$

式中，$\overline{I_{dT}^2}$ 和 $\overline{I_{dF}^2}$ 分别为热噪声和闪烁噪声的漏极噪声电流（功率谱密度）。

图 8.10 所示为含有噪声的 CMOS 管的小信号等效电路，图 8.10（a）中的漏极噪声电流 $\overline{I_d^2}$ 由式（8.11）给出。将漏极噪声电流 $\overline{I_d^2}$ 等效（折算）到栅极输入端，即可得到如图 8.10（b）所示的等效电路，其中，栅-源噪声电压 $\overline{V_g^2}$ 可由式（8.12）计算得到

$$\overline{V_g^2} \approx \overline{I_d^2}/g_m^2 = \frac{4kT\gamma}{g_m} + \frac{K_f}{C_{ox}WLf} \quad (V^2/Hz) \tag{8.12}$$

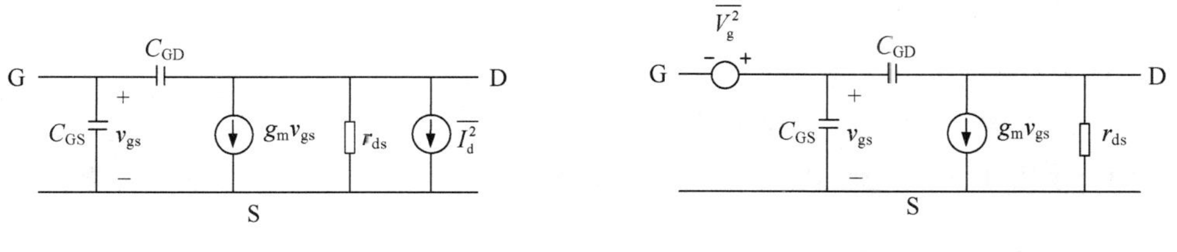

（a）漏极噪声电流　　（b）栅-源噪声电压

图 8.10　含有噪声的 CMOS 管的小信号等效电路

由式（8.12）可知，当 CMOS 制造工艺确定后，为了减小栅极热噪声电压，设计电路时

需要增大 CMOS 管的跨导 g_m，这可通过增加 CMOS 管的偏置电流 I_D 或增加管子的宽长比 W/L 实现，但将相应地导致功耗增大或管子的寄生电容增加。为了减小栅极闪烁噪声电压，应尽可能使用 PMOS 管，因为 PMOS 管的 K_f 比 NMOS 管小，另外，也可以增加栅极面积 WL（在低噪声放大器中，经常会用到大面积 CMOS 器件），但将导致寄生电容增加、电路动作速度下降。

8.3.3 CMOS 开关

在模拟集成电路中，CMOS 管经常被用作模拟电子开关，称为 CMOS 开关，它们在开关电容电路、各种电压放大器、ADC、DAC 等电路中得到广泛应用。图 8.11 所示为由 CMOS 开关实现的采样保持电路，其中，M_1 管为 CMOS 开关（可由 NMOS、PMOS 或将 NMOS 和 PMOS 并联实现），C_H 为采样保持电容，控制电压 CK 加在 CMOS 的栅极，控制 CMOS 开关的导通与关断。CMOS 管作为电子开关使用时，导通时工作在线性区，关断时工作在截止区。

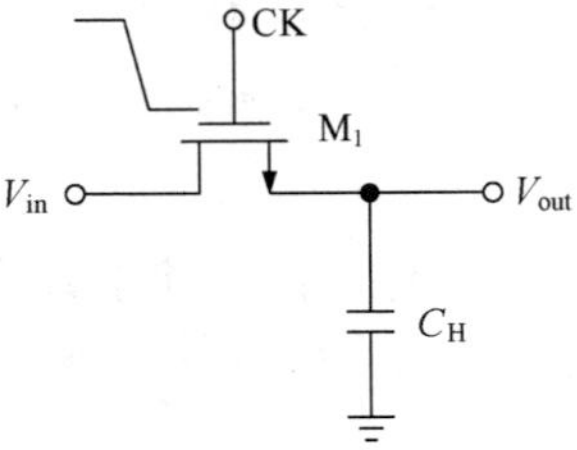

图 8.11　由 CMOS 开关实现的采样保持电路

我们以如图 8.11 所示的采样保持电路为例，说明 CMOS 开关在输出端引入的噪声或随机干扰。影响采样保持电路精度（保存在电容 C_H 上的电压精度）的因素包括：①CMOS 开关的导通电阻 R_{on} 产生的热噪声（KT/C 噪声）；②沟道电荷注入效应；③时钟馈通效应。

1）KT/C 噪声

如图 8.12 所示，当 CMOS 开关导通时（采样阶段），其导通电阻 R_{on} 产生的热噪声被传递到输出端，当开关断开时（保持阶段），该热噪声将与输入信号 V_{in} 一起，被保存到电容 C_H 上，使得输出电压中混入噪声，此时的输出电压为 $V_{out}=V_{in}+\overline{V_n^2}$，其中，$\overline{V_n^2}$ 为电阻 R_{on} 在输出端产生的热噪声电压。

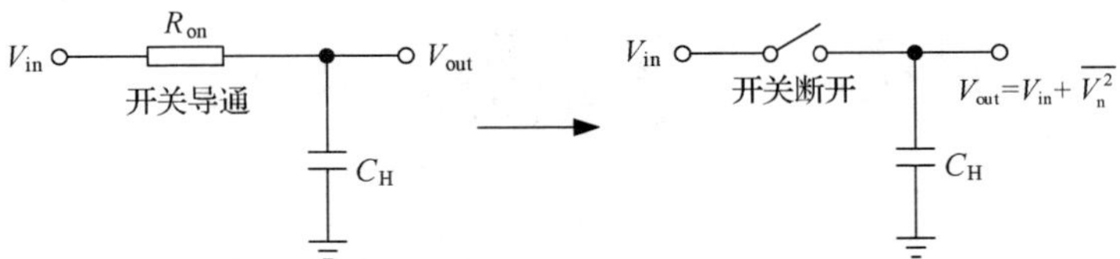

图 8.12　KT/C 噪声的产生机理

下面我们求输出端的热噪声电压。如图 8.13 所示，由于电阻 R_{on} 的热噪声电压（功率谱密度）为

$$\overline{V_{n,in}^2}=4kTR_{on}\qquad (V^2/Hz) \tag{8.13}$$

而 V_{in} 到 V_{out} 的电压传输函数为

$$H(\mathrm{j}\omega)=\frac{V_{\mathrm{out}}}{V_{\mathrm{in}}}=\frac{1}{1+\mathrm{j}\omega R_{\mathrm{on}}C_{\mathrm{H}}} \tag{8.14}$$

因此，输出端的热噪声电压为

$$\overline{V_{\mathrm{n,out}}^{2}}=|H(\mathrm{j}\omega)|^{2}\times\overline{V_{\mathrm{n,in}}^{2}}=\frac{4KTR_{\mathrm{on}}}{1+(\omega R_{\mathrm{on}}C_{\mathrm{H}})^{2}} \quad (\mathrm{V^{2}/Hz}) \tag{8.15}$$

而输出端的热噪声功率为$\overline{V_{\mathrm{n,out}}^{2}}$在全频带范围内的积分，即

$$P_{\mathrm{av}}=\int_{0}^{\infty}\overline{V_{\mathrm{n,out}}^{2}}\,\mathrm{d}f=\int_{0}^{\infty}\frac{4KTR_{\mathrm{on}}}{1+(2\pi fR_{\mathrm{on}}C_{\mathrm{H}})^{2}}\mathrm{d}f=\frac{KT}{C_{\mathrm{H}}} \quad (\mathrm{V^{2}}) \tag{8.16}$$

因此，由 CMOS 管的导通电阻 R_{on} 在输出端产生的热噪声功率为 KT/C_{H}，这种噪声称为 KT/C 噪声。由式（8.16）可知，输出端的热噪声功率与电阻 R_{on} 的大小无关，只与电容 C_{H} 的大小有关，这是由于电阻 R_{on} 的变化会引起电压传输函数的变化。

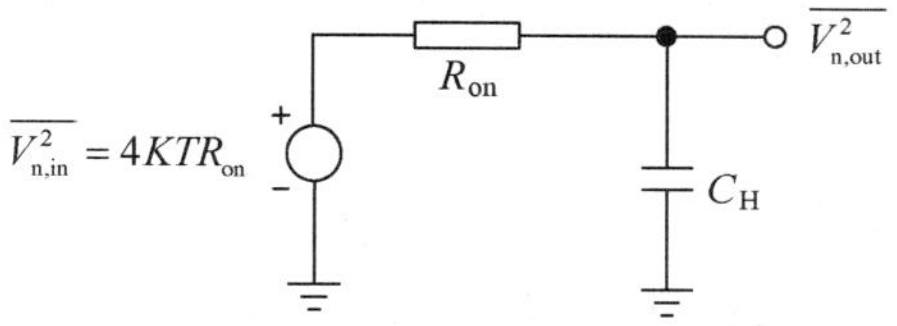

图 8.13 电阻 $\mathrm{R_{on}}$ 的热噪声等效电路

在许多高精度的应用中，KT/C 噪声问题限制了开关电容电路的性能。为实现低噪声，C_{H} 必须足够大，但这会增加电路负载，降低动作速度，也会增加电容的充放电功耗。

2）沟道电荷注入

CMOS 开关由导通向关断过渡时会产生“沟道电荷注入”现象。如图 8.14 所示，当一个 NMOS 管处于导通状态（工作在线性区）时，栅氧化层与硅衬底的界面处形成反型层（由自由电子构成），即形成导电沟道。假设 NMOS 管导通时 $V_{\mathrm{in}}\approx V_{\mathrm{out}}$，则反型层中的总电荷可以表示为

$$Q_{\mathrm{ch}}=WLC_{\mathrm{ox}}(V_{\mathrm{DD}}-V_{\mathrm{in}}-V_{\mathrm{TH}}) \tag{8.17}$$

这里，V_{DD} 是时钟信号 CK 的高电平。而在开关断开瞬间，Q_{ch} 会通过源极和漏极流出，这种现象称为“沟道电荷注入”。注入左边的电荷被输入信号源吸收，不会产生误差，但是注入右边的电荷会沉积在电容 C_{H} 上，给存储在电容上的采样电压值带来误差。

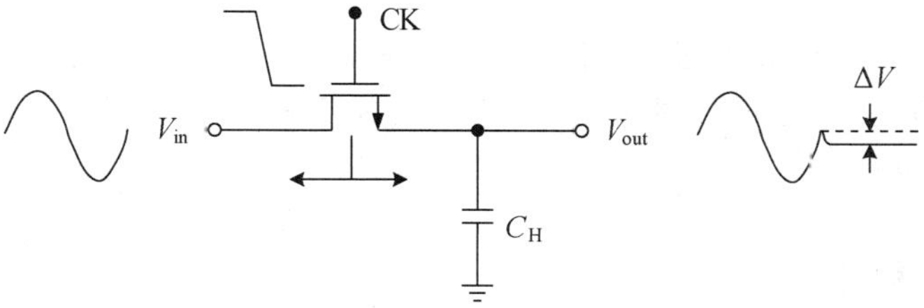

图 8.14 沟道电荷注入的形成机理

例如，假设 Q_{ch} 的一半电荷注入 C_{H} 上，则在输出端产生的误差电压为

$$\Delta V=\frac{WLC_{\mathrm{ox}}(V_{\mathrm{DD}}-V_{\mathrm{in}}-V_{\mathrm{TH}})}{2C_{\mathrm{H}}} \tag{8.18}$$

为了减小“沟道电荷注入”引入的误差，可以将 NMOS 和 PMOS 并联起来使用，即形成互补 CMOS 开关。如图 8.15 所示，当开关断开时，两个导电沟道产生的性质相反的电荷（电子和空穴）同时注入到 C_H 上，起到相互抵消的作用。为了使 NMOS 产生的负电荷 Δq_1 正好抵消 PMOS 产生的正电荷 Δq_2，必须保证满足以下关系

$$W_1L_1C_{ox}(V_{DD}-V_{in}-V_{THN})=W_2L_2C_{ox}(V_{in}-|V_{THP}|) \tag{8.19}$$

这里假定 $V_{CK}=V_{DD}$，$\overline{V_{CK}}=0$。

3）时钟馈通效应

如图 8.16 所示，当时钟信号从高电平 V_{DD} 跳变至低电平 0 时，CMOS 开关还会通过其栅-漏或栅-源交叠电容将时钟信号跳变耦合到采样电容上，导致采样电压产生误差，这就是时钟馈通效应。根据电荷守恒原理有

$$(V_{out}-V_{DD})C_{GS}+V_{out}C_H=V_{out}^{'}C_{GS}+V_{out}^{'}C_H \tag{8.20}$$

式中，V_{out} 和 $V_{out}^{'}$ 分别为时钟信号跳变前、后的输出电压，由式（8.20）可求得时钟信号跳变前后输出电压的变化量为

$$\Delta V=V_{out}-V_{out}^{'}=V_{DD}\frac{C_{GS}}{C_{GS}+C_H} \tag{8.21}$$

显然，增大 C_H 可减小由时钟馈通效应引起的电压误差，但会相应降低电路的采样速度。

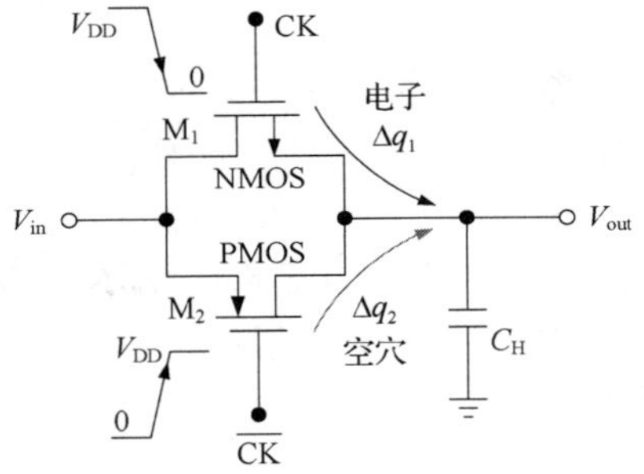

图 8.15 减小“沟道电荷注入”的方法

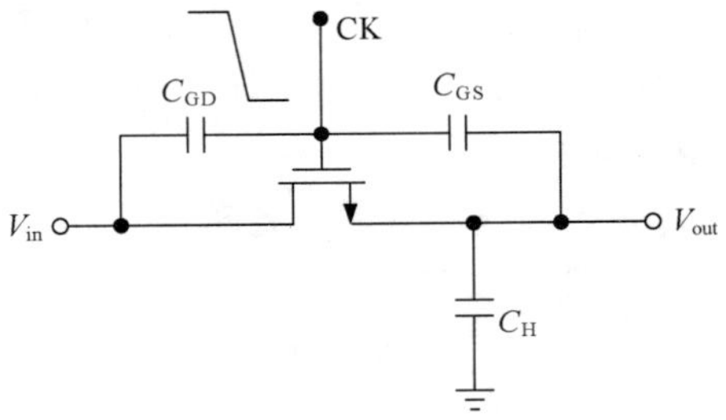

图 8.16 时钟馈通效应的形成机理

8.4 电路噪声性能分析

我们在第 3～5 章分析放大器的性能时，并未考虑它们的噪声性能，即假定这些放大器中不存在噪声。本节中，基于前面讨论的电路器件的噪声模型，我们将分析各种单级放大器及运算放大器的噪声性能。

8.4.1 共源放大器

共源放大器及其噪声等效电路（小信号等效电路）如图 8.17 所示，图中，M_1 为放大管（NMOS），M_2 为电流源负载（PMOS），假定它们都工作在饱和区。M_1 和 M_2 的漏极噪声电流分别用 $\overline{I_{d1}^2}$ 和 $\overline{I_{d2}^2}$ 表示，包括热噪声和闪烁噪声电流，输出噪声电压用 $\overline{V_{n,out}^2}$ 表示。为了单独分析噪声的影响，在图 8.17（b）中，我们需要把输入端接地，即令输入电压信号为 0。

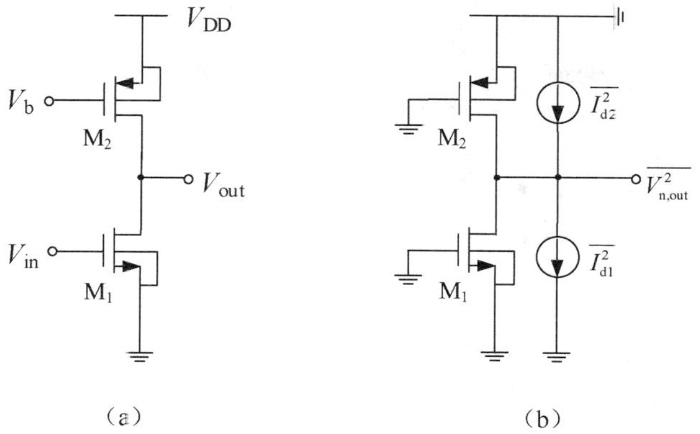

图 8.17 共源放大器及其噪声等效电路

工作在饱和区时，M_1 和 M_2 的漏极噪声电流 $\overline{I_{d1}^2}$ 和 $\overline{I_{d2}^2}$ 分别为

$$\overline{I_{d1}^2} = 4kT\gamma g_{m1} + \frac{K_{f1}}{C_{ox}W_1L_1 f}g_{m1}^2 \qquad (A^2/Hz) \tag{8.22}$$

$$\overline{I_{d2}^2} = 4kT\gamma g_{m2} + \frac{K_{f2}}{C_{ox}W_2L_2 f}g_{m2}^2 \qquad (A^2/Hz) \tag{8.23}$$

根据如图 8.17（b）所示的共源放大器的噪声等效电路，输出噪声电压 $\overline{V_{n,out}^2}$ 可由输出端的总噪声电流乘以输出电阻 r_{out} 求得，即

$$\overline{V_{n,out}^2} = (\overline{I_{d1}^2} + \overline{I_{d2}^2})\, r_{out}^2 = (\overline{I_{d1}^2} + \overline{I_{d2}^2})\, (r_{ds1} \| r_{ds2})^2 \qquad (V^2/Hz) \tag{8.24}$$

而共源放大器的低频小信号电压增益为

$$A_v = g_{m1}(r_{ds1} \| r_{ds2}) \tag{8.25}$$

则折算到输入端的等效输入噪声电压为

$$\overline{V_{n,in}^2} = \overline{V_{n,out}^2} / A_v^2 = \frac{\overline{I_{d1}^2} + \overline{I_{d2}^2}}{g_{m1}^2} = 4kT\gamma\left(\frac{1}{g_{m1}} + \frac{g_{m2}}{g_{m1}^2}\right) + \frac{1}{C_{ox}f}\left(\frac{K_{f1}}{W_1L_1} + \frac{K_{f2}}{W_2L_2} \times \frac{g_{m2}^2}{g_{m1}^2}\right) \qquad (V^2/Hz) \tag{8.26}$$

式中，第 1 项为热噪声电压，第 2 项为闪烁噪声电压。由该式可以看出，在工艺确定的前提下，为了减小等效输入噪声电压，可以增大 M_1 的跨导 g_{m1} 而减小 M_2 的跨导 g_{m2}，或者增大 M_1 和 M_2 的栅极面积（W_1L_1 和 W_2L_2）。

值得指出的是，对于 CMOS 管中的噪声，其物理本质是漏极噪声电流，而非栅-源噪声电压。对于图 8.17 中的共源放大器，由于 M_1 被用于放大其栅-源电压信号，为了减小输入端的等效噪声电压，应增大其跨导 g_{m1}。而 M_2 被用作电流源（有源负载），则应减小其跨导 g_{m2}，以减小 M_2 的漏极噪声电流。

8.4.2 共栅放大器

共栅放大器及其噪声等效电路如图 8.18 所示，图中，M_1 为共栅放大管（NMOS），M_2 为电流源负载（PMOS）。M_1 和 M_2 的漏极噪声电流分别用 $\overline{I_{d1}^2}$ 和 $\overline{I_{d2}^2}$ 表示，包括热噪声和闪烁噪声电流，输出噪声电压用 $\overline{V_{n,out}^2}$ 表示。

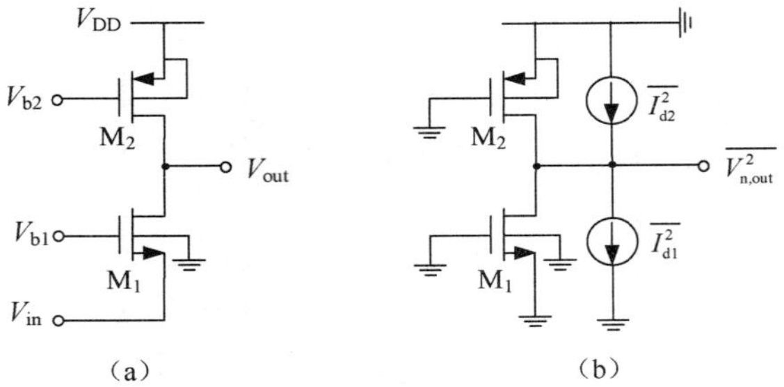

图 8.18　共栅放大器及其噪声等效电路

比较图 8.18（b）和图 8.17（b）可以发现，共栅放大器的噪声等效电路与共源放大器完全相同（输出电阻也相同），因此，共栅放大器的输出噪声电压可用式（8.24）表示。

共栅放大器的低频小信号电压增益为

$$A_v \approx (g_{m1} + g_{mb1})(r_{ds1} \| r_{ds2}) \tag{8.27}$$

如果忽略 M_1 管的体效应（令 $g_{mb1} = 0$），则共栅放大器的电压增益 A_v 与共源放大器相同。因此，共栅放大器的等效输入噪声电压 $\overline{V_{n,in}^2}$ 与式（8.26）相同，即共栅放大器的等效输入噪声电压与共源放大器相同。

8.4.3　源极跟随器

源极跟随器及其噪声等效电路如图 8.19 所示，图中，M_1 为放大管（NMOS），M_2 为电流源负载（NMOS）。M_1 和 M_2 的漏极噪声电流分别用 $\overline{I_{d1}^2}$ 和 $\overline{I_{d2}^2}$ 表示，包括热噪声和闪烁噪声电流，输出噪声电压用 $\overline{V_{n,out}^2}$ 表示。

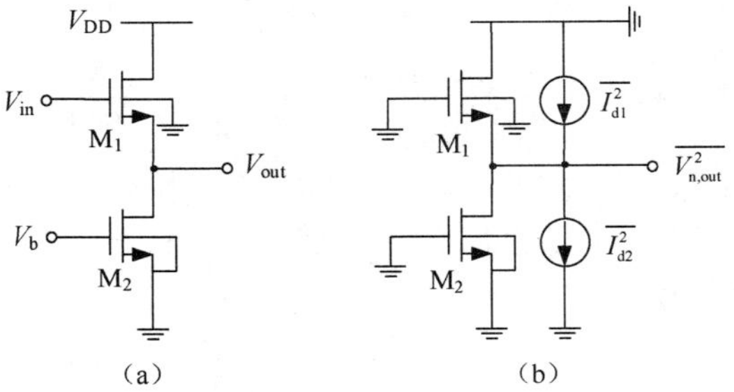

图 8.19　源极跟随器及其噪声等效电路

根据如图 8.19（b）所示的噪声等效电路，输出噪声电压 $\overline{V_{n,out}^2}$ 可由输出端的总噪声电流乘以输出电阻 r_{out} 求得，即

$$\overline{V_{n,out}^2} = (\overline{I_{d1}^2} + \overline{I_{d2}^2})\, r_{out}^2 \qquad (V^2/Hz) \tag{8.28}$$

由于源极跟随器的输出电阻和小信号电压增益分别为（见第 3 章 3.3 节）

$$r_{out} = \frac{1}{g_{m1} + g_{mb1} + g_{ds1} + g_{ds2}} \tag{8.29}$$

$$A_v = \frac{g_{m1}}{g_{m1} + g_{mb1} + g_{ds1} + g_{ds2}} \tag{8.30}$$

因此，源极跟随器的等效输入噪声电压 $\overline{V_{\mathrm{n,in}}^2}$ 为

$$\overline{V_{\mathrm{n,in}}^2}=\frac{\overline{V_{\mathrm{n,out}}^2}}{A_{\mathrm{v}}^2}=\frac{(\overline{I_{\mathrm{d1}}^2}+\overline{I_{\mathrm{d2}}^2})r_{\mathrm{out}}^2}{A_{\mathrm{v}}^2}=\frac{(\overline{I_{\mathrm{d1}}^2}+\overline{I_{\mathrm{d2}}^2})}{g_{\mathrm{m1}}^2}\quad (\mathrm{V^2/Hz}) \tag{8.31}$$

由上式可知，源极跟随器的等效输入噪声电压与式（8.26）相同，即源极跟随器的等效输入噪声电压与共源放大器相同。

8.4.4　共源共栅放大器

套筒式共源共栅放大器及其噪声等效电路如图 8.20 所示，图中，$\mathrm{M_1}$ 为共源放大管（NMOS），$\mathrm{M_2}$ 为共栅放大管（NMOS），$\mathrm{M_3}$ 为电流源负载（PMOS）。$\mathrm{M_1}$、$\mathrm{M_2}$ 和 $\mathrm{M_3}$ 的漏极噪声电流分别用 $\overline{I_{\mathrm{d1}}^2}$、$\overline{I_{\mathrm{d2}}^2}$ 和 $\overline{I_{\mathrm{d3}}^2}$ 表示，包括热噪声和闪烁噪声电流，输出噪声电压用 $\overline{V_{\mathrm{n,out}}^2}$ 表示。

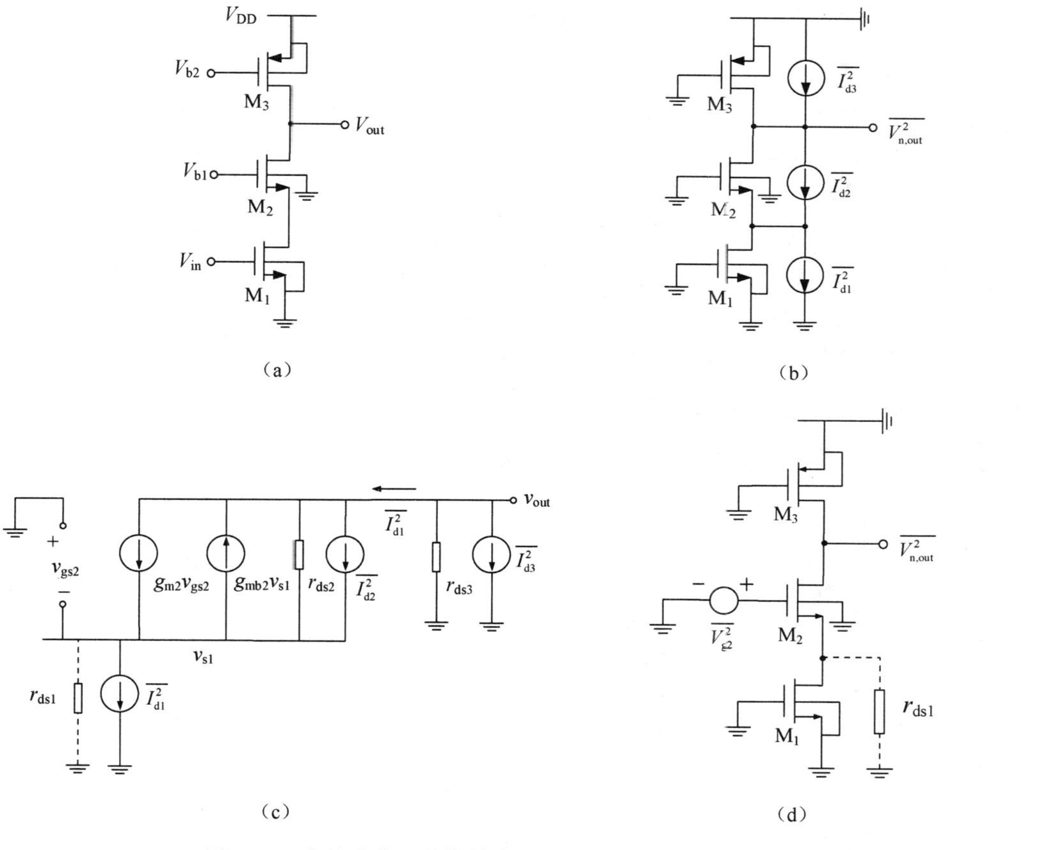

图 8.20　套筒式共源共栅放大器及其噪声等效电路

图 8.20（c）所示为套筒式共源共栅放大器的噪声等效电路，如果忽略 $\mathrm{M_1}$ 的沟道长度调制效应（假定 $r_{\mathrm{ds1}}=\infty$），则输出端的总噪声电流为 $\overline{I_{\mathrm{d1}}^2}+\overline{I_{\mathrm{d3}}^2}$，而输出端的噪声电压 $\overline{V_{\mathrm{n,out}}^2}$ 可由输出端的总噪声电流乘以输出电阻 r_{out} 求得，即

$$\overline{V_{\mathrm{n,out}}^2}=(\overline{I_{\mathrm{d1}}^2}+\overline{I_{\mathrm{d3}}^2})\,r_{\mathrm{out}}^2\quad (\mathrm{V^2/Hz}) \tag{8.32}$$

由于套筒式共源共栅放大器的小信号电压增益 $A_{\mathrm{v}}=g_{\mathrm{m1}}r_{\mathrm{out}}$，因此其等效输入噪声电压 $\overline{V_{\mathrm{n,in}}^2}$ 为

$$\overline{V_{\rm n,in}^2}=\frac{\overline{V_{\rm n,out}^2}}{A_{\rm v}^2}=\frac{(\overline{I_{\rm d1}^2}+\overline{I_{\rm d3}^2})r_{\rm out}^2}{A_{\rm v}^2}=\frac{\overline{I_{\rm d1}^2}+\overline{I_{\rm d3}^2}}{g_{\rm m1}^2}\quad ({\rm V^2/Hz}) \tag{8.33}$$

即

$$\overline{V_{\rm n,in}^2}=4kT\gamma(\frac{1}{g_{\rm m1}}+\frac{g_{\rm m3}}{g_{\rm m1}^2})+\frac{1}{C_{\rm ox}f}(\frac{K_{\rm f1}}{W_1L_1}+\frac{K_{\rm f3}}{W_3L_3}\times\frac{g_{\rm m3}^2}{g_{\rm m1}^2})\quad ({\rm V^2/Hz}) \tag{8.34}$$

式（8.34）与式（8.26）相同，即套筒式共源共栅放大器的等效输入噪声电压与共源放大器相同。因此，与共源放大器相比，尽管共源共栅放大器的增益得到显著提高（由于增加了共栅放大管），但其噪声水平仍然保持不变，这也是共源共栅放大器的一个显著优点。

由式（8.32）可知，套筒式共源共栅放大器的输出噪声电压仅与 $\rm M_1$ 和 $\rm M_3$ 的噪声电流有关，而与共栅放大管 $\rm M_2$ 的噪声电流无关。也可以从图 8.20（d）中得出这一结论，在该图中，我们仅考虑 $\rm M_2$ 对输出噪声电压的贡献，为了方便起见，这里用 $\rm M_2$ 的栅极等效噪声电压 $\overline{V_{\rm g2}^2}$ 表示其噪声。可以将该电路看作以 $\rm M_2$ 为放大管、带源极负反馈电阻（$r_{\rm ds1}$）的共源放大器，若 $r_{\rm ds1}$ 很大，则电压增益（$\overline{V_{\rm n,out}^2}/\overline{V_{\rm g2}^2}$）很小，因此 $\rm M_2$ 对输出噪声的贡献很小，若 $r_{\rm ds1}=\infty$，则 $\rm M_2$ 对输出噪声的贡献为零。因此，在共源共栅结构中，由共栅器件产生的噪声可以忽略，这个结论也适用于共源共栅电流镜。

前面分析套筒式共源共栅放大器的噪声特性时，忽略了 $\rm M_1$ 的沟道长度调制效应（假定 $r_{\rm ds1}=\infty$），这种近似处理在低频时是有效的，但在高频时，由于 CMOS 管的寄生电容的影响，$\rm M_1$ 的漏极对地阻抗变小，不仅使 $\rm M_2$ 的噪声贡献增加，共源共栅放大器的电压增益也相应降低，从而导致等效输入噪声电压增大。

折叠式共源共栅放大器及其噪声等效电路如图 8.21 所示，其中，$\rm M_3$ 提供 $\rm M_1$ 和 $\rm M_2$ 的直流偏置电流，恒流源 $I_{\rm b}$ 是 $\rm M_2$ 的有源负载，$\overline{V_{\rm g1}^2}$、$\overline{V_{\rm g2}^2}$ 和 $\overline{V_{\rm g3}^2}$ 分别是 $\rm M_1$、$\rm M_2$ 和 $\rm M_3$ 的栅-源等效噪声电压。下面分别求它们对等效输入噪声电压的贡献。

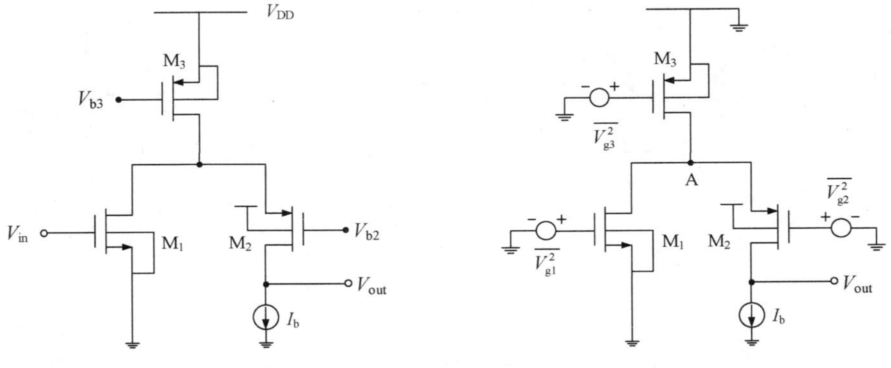

图 8.21　折叠式共源共栅放大器及其噪声等效电路

参照图 8.21（b），对于 $\rm M_2$ 的噪声电压 $\overline{V_{\rm g2}^2}$，由于 $\rm M_2$ 此时构成源极跟随器，其电压增益近似等于 1，因此，$\overline{V_{\rm g2}^2}$ 传输到 A 点时其大小近似不变。将 A 点的电压除以共源放大器（$\rm M_1$ 是放大管）的电压增益 $g_{\rm m1}(r_{\rm ds1}\parallel r_{\rm ds3})$，即可得到 $\overline{V_{\rm g2}^2}$ 对等效输入噪声电压的贡献，即

$$\overline{V_{\text{g2,in}}^2}=\frac{\overline{V_{\text{g2}}^2}}{[g_{\text{m1}}(r_{\text{ds1}}\parallel r_{\text{ds3}})]^2}\quad (\text{V}^2/\text{Hz}) \tag{8.35}$$

对于 M_3 的噪声电压 $\overline{V_{g3}^2}$ ，由于 M_3 此时构成共源放大器，$\overline{V_{g3}^2}$ 到 A 点的电压增益为 $g_{m3}(r_{ds1}\parallel r_{ds3})$，A 点的电压除以共源放大器（$M_1$ 是放大管）的电压增益，即可得到 $\overline{V_{g3}^2}$ 对等效输入噪声电压的贡献，即

$$\overline{V_{\text{g3,in}}^2}=\frac{[g_{\text{m3}}(r_{\text{ds1}}\parallel r_{\text{ds3}})]^2}{[g_{\text{m1}}(r_{\text{ds1}}\parallel r_{\text{ds3}})]^2}\times\overline{V_{\text{g3}}^2}=(\frac{g_{\text{m3}}}{g_{\text{m1}}})^2\times\overline{V_{\text{g3}}^2}\quad (\text{V}^2/\text{Hz}) \tag{8.36}$$

因此，总的等效输入噪声电压可由 $\overline{V_{g1}^2}$ 、$\overline{V_{g2}^2}$ 和 $\overline{V_{g3}^2}$ 各自的贡献量相加而得，如式（8.37）所示

$$\overline{V_{\text{tot,in}}^2}=\overline{V_{\text{g1}}^2}+\frac{\overline{V_{\text{g2}}^2}}{[g_{\text{m1}}(r_{\text{ds1}}\parallel r_{\text{ds3}})]^2}+(\frac{g_{\text{m3}}}{g_{\text{m1}}})^2\times\overline{V_{\text{g3}}^2}\quad (\text{V}^2/\text{Hz}) \tag{8.37}$$

由上式可知，折叠式共源共栅放大器的等效输入噪声电压主要由 $\overline{V_{g1}^2}$ 和 $\overline{V_{g3}^2}$ 贡献，而 $\overline{V_{g2}^2}$ 的贡献很小，这是由于 M_2 的噪声 $\overline{V_{g2}^2}$ 除以 M_1 的电压增益后显著降低。为了减小 $\overline{V_{g3}^2}$ 导致的等效输入噪声电压，需要尽可能减小 g_{m3} 。在电流 I_{D3} 确定的前提下，可减小 M_3 的宽长比（W_3/L_3），同时增大其过驱动电压（$V_{GS3}-V_{TH3}$），以减小 g_{m3} 。

我们在前面分析共源放大器的噪声时指出，对于用作有源负载的 CMOS 管，为了减小其噪声影响，需要尽可能减小其跨导 g_m ，以减小其漏极噪声电流。在如图 8.21 所示的折叠式共源共栅放大器中，由于 M_3 被用作电流源（提供直流偏置电流），为了减小其噪声影响，也需要减小其跨导 g_{m3} （实质上是减小其漏极噪声电流）。

8.4.5 差动放大器

图 8.22 所示为差动放大器及其噪声等效电路。在图 8.22（a）中，I_{SS} 为恒流源尾电流（交流小信号开路），V_b 为直流偏置电压，M_1 和 M_2 对称，M_3 和 M_4 对称，V_1 和 V_2 为差动输入（$V_{in}=V_1-V_2$），V_{out} 为差动输出（$V_{out}=V_A-V_B$）。图 8.22（b）所示为其噪声等效电路，为了分析方便起见，这里 M_1 和 M_2 的噪声用其栅-源等效噪声电压表示，而 M_3 和 M_4 的噪声用其漏极噪声电流表示。

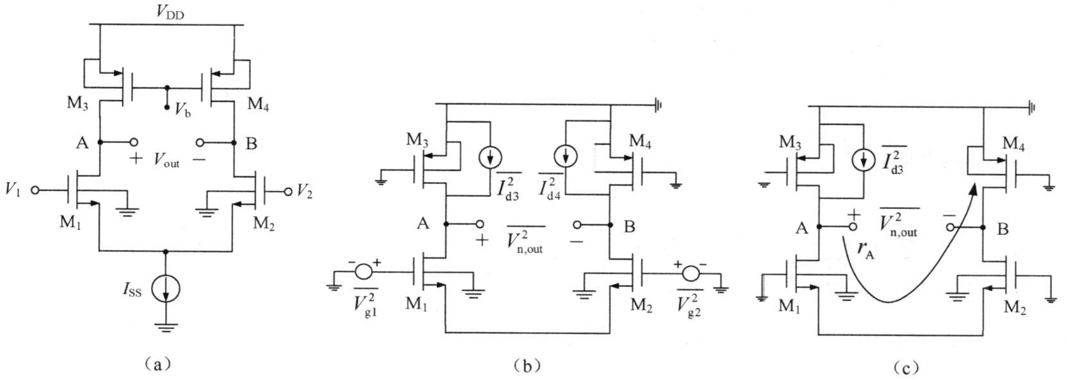

图 8.22 差动放大器及其噪声等效电路

由于 M_1 和 M_2 的噪声电压就在放大器的输入端，所以我们只需要将 M_3 和 M_4 产生的噪声折算到输入端，并将它们相加，即可得到差动放大器的等效输入噪声电压。

图 8.22（c）所示为单独求解 M_3 的噪声的等效电路图（其余管子的噪声为 0）。由于从 A 点到地的等效电阻 $r_A = 2r_{ds1} + r_{ds4}$（读者可自行推导），而 M_3 的漏极噪声电流 $\overline{I_{d3}^2}$ 流过 r_A 和 r_{ds3} 的并联电阻，则流过 r_A 的电流为

$$\overline{I_{d3A}^2} = (\frac{r_{ds3}}{r_A + r_{ds3}})^2 \times \overline{I_{d3}^2} = (\frac{r_{ds3}}{2r_{ds1} + 2r_{ds3}})^2 \times \overline{I_{d3}^2} \tag{8.38}$$

因此，差动输出噪声电压 $\overline{V_{n,out}^2}$ 为

$$\overline{V_{n,out}^2} = V_A^2 - V_B^2 = \overline{I_{d3A}^2} \times (2r_{ds1})^2 = (r_{ds1} \| r_{ds3})^2 \times \overline{I_{d3}^2} \tag{8.39}$$

由于 $\overline{I_{d3}^2} = g_{m3}^2 \overline{V_{g3}^2}$，可得

$$\overline{V_{n,out}^2} = g_{m3}^2 (r_{ds1} \| r_{ds3})^2 \overline{V_{g3}^2} \tag{8.40}$$

由式（8.39）可知，M_3 产生的差动输出噪声电压等于其漏极噪声电流乘以 r_{ds1} 和 r_{ds3} 的并联电阻值。由于差动放大器的两边完全对称，这个结论对 M_4 也同样适用。因此，M_3 和 M_4 产生的总的差动输出噪声电压为

$$\overline{V_{n,out}^2}\Big|_{M_3,M_4} = g_{m3}^2 (r_{ds1} \| r_{ds3})^2 \overline{V_{g3}^2} + g_{m4}^2 (r_{ds2} \| r_{ds4})^2 \overline{V_{g4}^2} = 2g_{m3}^2 (r_{ds1} \| r_{ds3})^2 \overline{V_{g3}^2} \tag{8.41}$$

现在把 M_3 和 M_4 产生的总的差动输出噪声电压折算到输入端，即将式（8.41）除以差动放大器的增益 $g_{m1}^2 (r_{ds1} \| r_{ds3})^2$，并加入 M_1 和 M_2 的等效输入噪声电压 $\overline{V_{g1}^2}$ 和 $\overline{V_{g2}^2}$（$\overline{V_{g1}^2} = \overline{V_{g2}^2}$），即可得到差动放大器的等效输入噪声电压

$$\overline{V_{n,in}^2} = 2\overline{V_{g1}^2} + 2(\frac{g_{m3}}{g_{m1}})^2 \times \overline{V_{g3}^2} \quad (V^2/Hz) \tag{8.42}$$

进一步将 $\overline{V_{g1}^2}$ 和 $\overline{V_{g3}^2}$ 的表达式代入上式，可得

$$\overline{V_{n,in}^2} = 8KT\gamma(\frac{1}{g_{m1}} + \frac{g_{m3}}{g_{m1}^2}) + \frac{2K_{f1}}{C_{ox}W_1L_1f} + \frac{2K_{f3}}{C_{ox}W_3L_3f}\frac{g_{m3}^2}{g_{m1}^2} \quad (V^2/Hz) \tag{8.43}$$

由式（8.43）可知，在工艺确定的前提下，为了减小差动放大器的等效输入噪声电压，需要减小 M_3 / M_4（用作有源负载）的跨导 g_{m3} / g_{m4}，或者增大 M_1 / M_2（用作放大管）的跨导 g_{m1} / g_{m2}，或者增大 M_1 ～ M_4 的栅极面积。

8.4.6　运算放大器

我们分析如图 8.23 所示的两级全差动运算放大器的噪声特性，假定该电路的左右两边完全对称，其中，$V_{in}=V_{in1}-V_{in2}$，$V_{out}=V_{out1}-V_{out2}$。分别求出第一级和第二级产生的等效输入噪声电压，然后将它们相加，即可得到总的等效输入噪声电压。

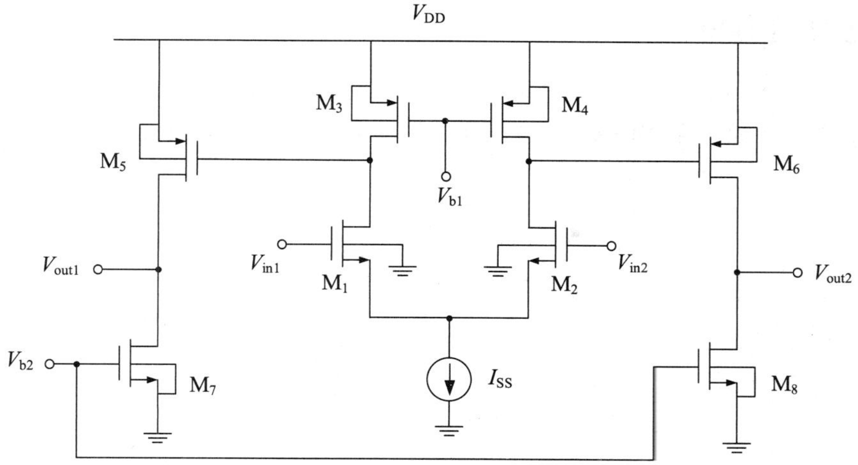

图 8.23　两级全差动运算放大器

在上一小节中，我们已经求出了第一级放大器（$M_1 \sim M_4$）的等效输入噪声电压，即

$$\left.\overline{V_{n,in}^2}\right|_{M_1 \sim M_4} = 8KT\gamma\left(\frac{1}{g_{m1}} + \frac{g_{m3}}{g_{m1}^2}\right) + \frac{2K_{f1}}{C_{ox}W_1L_1f} + \frac{2K_{f3}}{C_{ox}W_3L_3f}\frac{g_{m3}^2}{g_{m1}^2} \quad (V^2/Hz) \tag{8.44}$$

由于第二级放大器是共源放大器，我们在 8.4.1 小节中已经分析过它的噪声特性。例如，对于由 M_5 和 M_7 构成的共源放大器，在输出端 V_{out1} 的噪声电压 $\overline{V_{n,out1}^2}$ 为

$$\overline{V_{n,out1}^2} = (\overline{I_{d5}^2} + \overline{I_{d7}^2})\, r_{out}^2 = (\overline{I_{d5}^2} + \overline{I_{d7}^2})\, (r_{ds5} \parallel r_{ds7})^2 \quad (V^2/Hz) \tag{8.45}$$

将 $\overline{V_{n,out1}^2}$ 除以运算放大器的总增益，即可得到 M_5 和 M_7 产生的等效输入噪声电压，即

$$\left.\overline{V_{n,in}^2}\right|_{M_5,M_7} = \frac{\overline{V_{n,out1}^2}}{A_v^2} = \frac{(\overline{I_{d5}^2} + \overline{I_{d7}^2})\, (r_{ds5} \parallel r_{ds7})^2}{A_v^2} \quad (V^2/Hz) \tag{8.46}$$

由于运算放大器的总增益为

$$A_v = g_{m1}(r_{ds1} \parallel r_{ds3}) \times g_{m5}(r_{ds5} \parallel r_{ds7}) \tag{8.47}$$

因此，由 M_5 和 M_7 产生的等效输入噪声电压为

$$\begin{aligned}\left.\overline{V_{n,in}^2}\right|_{M_5,M_7} &= \frac{4KT\gamma}{(r_{ds1} \parallel r_{ds3})^2}\left(\frac{1}{g_{m1}^2 g_{m5}} + \frac{g_{m7}}{g_{m1}^2 g_{m5}^2}\right) \\ &+ \frac{1}{C_{ox}f(r_{ds1} \parallel r_{ds3})^2}\left(\frac{K_{f5}}{W_5L_5g_{m1}^2} + \frac{K_{f7}g_{m7}^2}{W_7L_7g_{m1}^2g_{m5}^2}\right) \quad (V^2/Hz)\end{aligned} \tag{8.48}$$

由于运算放大器的左右两边完全对称，由 M_6 和 M_8 产生的等效输入噪声电压与式（8.48）完全相同，因此，运算放大器的总等效输入噪声电压为

$$\overline{V_{n,in}^2} = \left.\overline{V_{n,in}^2}\right|_{M_1 \sim M_4} + 2 \times \left.\overline{V_{n,in}^2}\right|_{M_5,M_7} \quad (V^2/Hz) \tag{8.49}$$

由式(8.44)和式(8.48)可知，为了减小运算放大器的等效输入噪声电压，需要减小 M_3 / M_4 和 M_7 / M_8（均用作放大器的有源负载）的跨导，或者增大 M_1 / M_2 和 M_5 / M_6（均用作放大管）的跨导，或者增大所有管子的栅极面积。

8.4.7 电流镜电路

图 8.24 所示为电流镜及其噪声等效电路，这里假定电流镜的电流比例系数为 1∶*N*。在图 8.24（b）中，我们考虑了输入电流的噪声 $\overline{I_{n,in}^2}$ 及管子 M_1 和 M_2 的噪声。

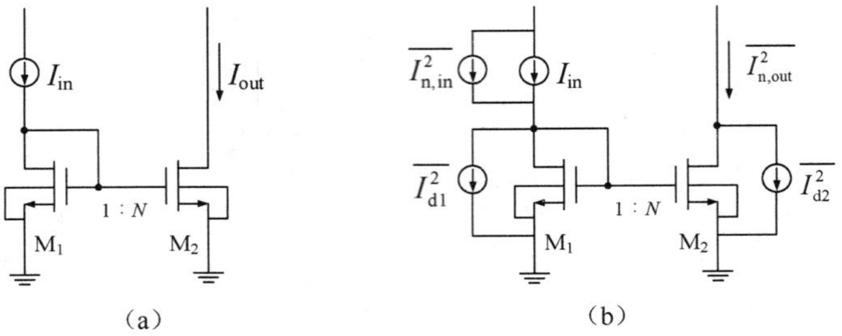

图 8.24 电流镜及其噪声等效电路

由图 8.24（b）可求得输出端的总噪声电流为

$$\begin{aligned}\overline{I_{n,out}^2} &= \overline{I_{d2}^2} + N^2(\overline{I_{n,in}^2} + \overline{I_{d1}^2}) \\ &= 4kT\gamma g_{m2} + \frac{K_{f2}}{C_{ox}(WL)_2 f} g_{m2}^2 + N^2(\overline{I_{n,in}^2} + 4kT\gamma g_{m1} + \frac{K_{f1}}{C_{ox}(WL)_1 f} g_{m1}^2)\end{aligned} \tag{8.50}$$

由式（8.50）可知，为了减小输出端的总噪声电流，需要尽可能减小 M_1 和 M_2 的跨导。因此，在电流镜的电流确定的前提下，可以减小管子的宽长比（*W*/*L*）而增加其过驱动电压（$V_{GS}-V_{TH}$），从而减小跨导。

8.5 低噪声折叠式共源共栅放大器的设计实例

由于折叠式共源共栅放大器具有增益高、带宽大、噪声小的特点，本节中，我们以如图 8.25 所示的折叠式共源共栅放大器（PMOS 输入）为例，说明低噪声放大器的优化设计方法[3, 4]。该放大器是基于 0.35 μm CMOS 工艺设计的。

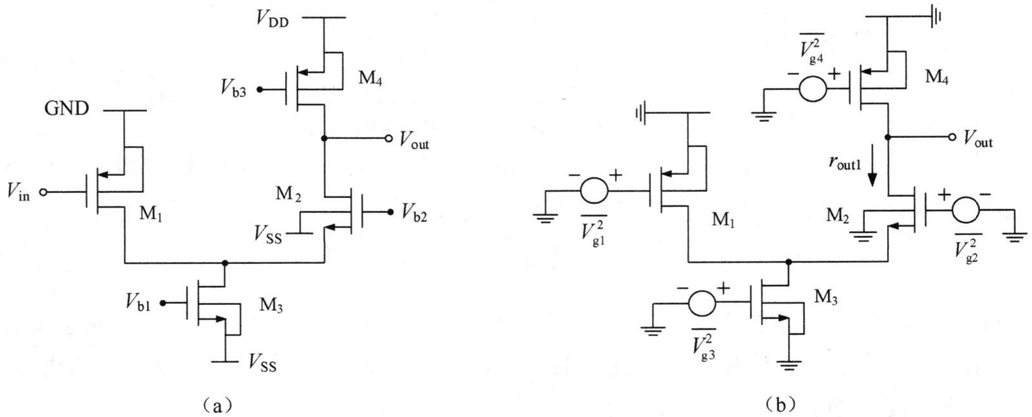

图 8.25 折叠式共源共栅放大器（PMOS 输入）及其噪声等效电路

我们在 8.4.4 节中已经得出结论：折叠式共源共栅放大器的等效输入噪声电压主要由 M_1 和 M_3 产生，输入管 M_1 的噪声贡献最大，为此，必须尽可能减小 M_1 产生的噪声。在图 8.25（a）中，我们将输入管 M_1 设计为大尺寸（大电流）的 PMOS 管（W_1/L_1=200μm/1μm），并将其源极接到地电位（GND=0）。这样做的理由是：①选择大尺寸（大电流）的 PMOS 管，不仅可以增大输入管 M_1 的跨导，还可以减小其闪烁噪声（由于 $\overline{V_{gF}^2} = K_f/(C_{ox}WLf)$，PMOS 的 K_f 系数小，且 $\overline{V_{gF}^2}$ 与 WL 成反比）；②在版图设计时，由于 PMOS 管可以被制作在独立的 n 阱中，与被制作在 p 型衬底上的 NMOS 管相比，它的衬底噪声小；③将其源极（包括衬底）接到地电位（GND），可以减小电源噪声的影响，这是因为，与 V_{DD} 和 V_{SS} 相比，GND 具有更强的驱动能力和更小的噪声，即 GND 更“干净”，因此，GND 对 PMOS 输入管的噪声影响最小。另外，整体电路采用 V_{DD}（+1.5 V）与 V_{SS}（−1.5 V）正负电源供电，以使其他管子能够正常工作。

图 8.25（b）所示为折叠式共源共栅放大器的噪声等效电路，$\overline{V_{g1}^2}$、$\overline{V_{g2}^2}$、$\overline{V_{g3}^2}$ 和 $\overline{V_{g4}^2}$ 分别是 M_1、M_2、M_3 和 M_4 的栅-源等效噪声电压。我们在 8.4.4 节中已经分析过折叠式共源共栅放大器（NMOS 输入）的等效输入噪声电压，如式（8.37）所示。但是，在 8.4.4 节中，我们未考虑 M_4 的噪声影响（那里我们用理想电流源替代了 M_4），因此只要将 M_4 产生的等效输入噪声电压加入式（8.37）中，即可得到如图 8.25 所示的电路的等效输入噪声电压。

在图 8.25（b）中，对于 M_4 的噪声电压 $\overline{V_{g4}^2}$，由于 M_4 此时构成共源放大器，$\overline{V_{g4}^2}$ 到 V_{out} 的电压增益为 $g_{m4}(r_{ds4} \| r_{out1})$，将 V_{out} 端的电压除以折叠式共源共栅放大器的总电压增益 $A_v = g_{m1}r_{out} = g_{m1}(r_{ds4} \| r_{out1})$，即可得到 $\overline{V_{g4}^2}$ 对等效输入噪声电压的贡献，即

$$\overline{V_{g4,in}^2} = \frac{[g_{m4}(r_{ds4} \| r_{out1})]^2}{[g_{m1}(r_{ds4} \| r_{out1})]^2} \times \overline{V_{g4}^2} = (\frac{g_{m4}}{g_{m1}})^2 \times \overline{V_{g4}^2} \quad (V^2/Hz) \tag{8.51}$$

因此，总的等效输入噪声电压为

$$\overline{V_{tot,in}^2} = \overline{V_{g1}^2} + \frac{1}{[g_{m1}(r_{ds1} \| r_{ds3})]^2} \times \overline{V_{g2}^2} + (\frac{g_{m3}}{g_{m1}})^2 \times \overline{V_{g3}^2} + (\frac{g_{m4}}{g_{m1}})^2 \times \overline{V_{g4}^2} \quad (V^2/Hz) \tag{8.52}$$

这里

$$\overline{V_g^2} = \frac{4kT\gamma}{g_m} + \frac{K_f}{C_{ox}WLf} \quad (V^2/Hz) \tag{8.53}$$

由式（8.52）可以看出，为了减小折叠式共源共栅放大器的等效输入噪声电压，应使输入管 M_1 的跨导 g_{m1} 尽可能大，当 $g_{m1} \gg (g_{ds1} + g_{ds3})$、$g_{m3}$、$g_{m4}$ 时，放大器的噪声由其输入管 M_1 决定。当然，增大输入管 M_1 的栅极面积（$W_1 \times L_1$），也可以减小等效输入噪声电压。

由于 $g_{m1} = \sqrt{2\mu_p C_{ox} \frac{W_1}{L_1} I_{ds1}}$，在 W_1/L_1 尺寸固定的前提下，可通过增大 M_1 的漏极电流 I_{ds1} 来增大输入管的跨导。放大器的等效输入噪声电压与放大管 M_1 的直流偏置电流之间的关系（仿真结果）如图 8.26 所示，显然，随着 I_{ds1} 增加，放大器的等效输入噪声电压减小。

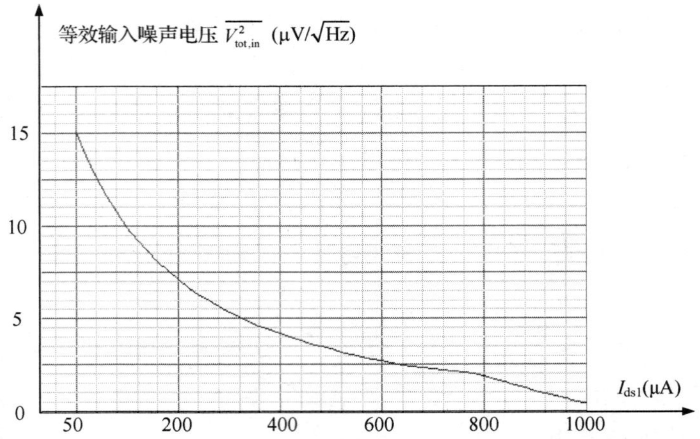

图 8.26 放大器的等效输入噪声电压与放大管 M_1 的直流偏置电流之间的关系

增大 I_{ds1} 可以降低噪声，但同时会使系统功耗增加。为了尽可能降低电路功耗，应尽量减少折叠式共源共栅放大器的另一支路电流。通过给 M_2、M_3 和 M_4 设置合适的直流偏置电压，可以调节折叠式共源共栅放大器两条支路中的电流大小。例如，在本设计中，两条支路的电流比被设置为 24∶1，尾电流（M_3 中的电流）为 500 μA。

增大放大管 M_1 的跨导 g_{m1} 将导致功耗增加（由于偏置电流 I_{ds1} 增加），增加管子的栅极面积将使寄生电容增加，从而导致电路动作速度降低。因此，在低噪声放大器的设计中，需要在噪声性能、功耗、面积、动作速度等之间进行折中和优化。

本章小结

在本章中，首先介绍了电路噪声的性质与表征，然后介绍了电路的信噪比、电路元器件的噪声及其电学模型。接着分析了各种单级放大器及运算放大器的噪声性能。最后，以低噪声折叠式共源共栅放大器为例，介绍了低噪声放大器的设计方法。

电阻中的噪声主要是热噪声，其功率谱密度与频率无关（白噪声）。CMOS 管的噪声主要包括热噪声和闪烁噪声（$1/f$ 噪声），它们可用漏极噪声电流或栅-源噪声电压表示。CMOS 开关的噪声包括 KT/C 噪声、沟道电荷注入及时钟馈通效应。

对于单级放大器及运算放大器，为了减小等效输入噪声电压，可以增大放大管（尤其是输入管）的跨导而减小电流源负载管的跨导，或者增大它们的栅极面积（在低噪声放大器中，经常会用到大面积 CMOS 器件）。而在共源共栅结构（放大器或电流镜）中，由共栅器件产生的噪声可以忽略。

增大放大管的跨导 g_m 虽然可以减小放大器的等效输入噪声电压，但将导致功耗增加（由于偏置电流 I_{ds} 增加）。增加管子的栅极面积可以减小闪烁噪声，但将使寄生电容增加，从而导致电路的动作速度下降。因此，在低噪声放大器的设计中，需要在噪声性能、功耗、面积、动作速度等之间进行折中和优化。

参考文献

[1] 毕查德·拉扎维. 模拟 CMOS 集成电路设计 [M]. 2 版. 陈贵灿，等译. 西安：西安交通大学出版社，2018.

[2] Willy M. C. Sansen. Analog Design Essentials [M]. Springer, 2006.

[3] Willy M. C. Sansen, et al. Limits of low noise performance of detector readout front ends in CMOS technology [J]. IEEE Transactions on Circuits and Systems, 1990, 37(11): 1375-1382.

[4] B. Gan, T. Wei, et al. Design of a Multi-Channel Low-Noise Readout ASIC for CdZnTe-Based X-ray and γ-ray Spectrum Analyzer [J]. IEEE Transactions on Nuclear Science, 2015, 62(5): 1995-2002.

习题

8.1 求如图 8.27 所示的电路的等效输入噪声电压。可忽略 CMOS 的二级效应（假定 $\lambda=\gamma=0$）。

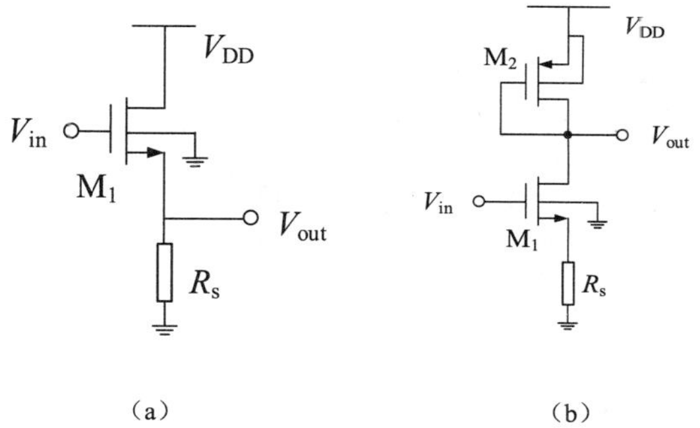

图 8.27

8.2 假定 $\lambda=\gamma=0$，分别求如图 8.28（a）和图 8.28（b）所示的电路的等效输入噪声电压，对于图 8.28（a），假设 $g_{m3,4}=0.5g_{m5,6}$。

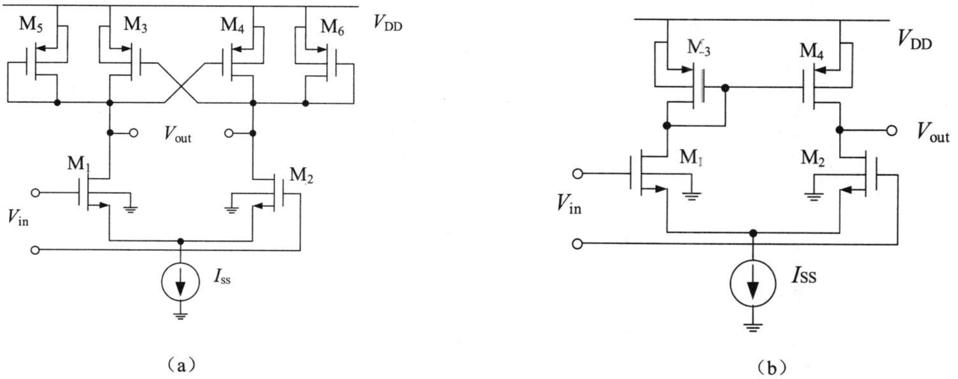

图 8.28

8.3 假定$\lambda = \gamma = 0$，求图 8.29 中的套筒式共源共栅运算放大器的等效输入噪声电压。

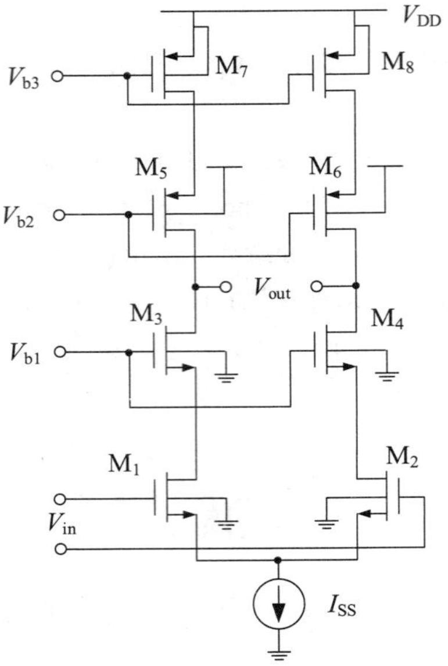

图 8.29

8.4 图 8.30 所示为两级差动运算放大器。假设所有管子均工作在饱和区，而且$(W/L)_{1,2} = 50\mu m/0.6\mu m$，$(W/L)_{3,4} = 10\mu m/0.6\mu m$，$(W/L)_{5,6} = 20\mu m/0.6\mu m$，$(W/L)_{7,8} = 56\mu m/0.6\mu m$。如果工作温度为 30℃，$\mu_n C_{ox} = 151\ \mu A/V^2$，$\mu_p C_{ox} = 54\ \mu A/V^2$，玻尔兹曼常数$k$=$1.38\times10^{-23}$ J/K，热噪声系数$\gamma = 2/3$，试计算该放大器的等效输入热噪声电压。

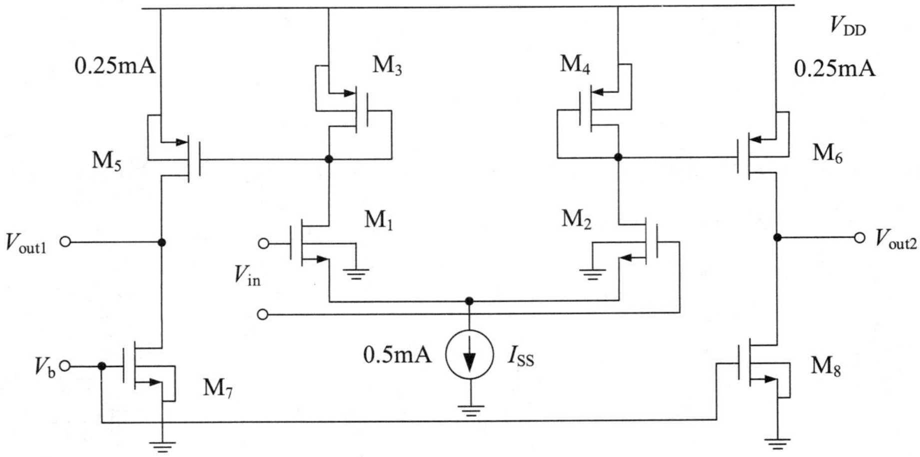

图 8.30

8.5 对于如图 8.31 所示的电路，计算频带(f_L, f_H)内的总输出热噪声和 $1/f$ 噪声。假定$\lambda \neq 0$，忽略 MOS 管的寄生电容。

8.6 在如图 8.32 所示的共源放大器中，假定$(W/L)_1 = 50\mu m/0.5\mu m$，$I_{D1} = I_{D2} = 0.1mA$，$\mu_n C_{ox}$=$151\mu A/V^2$，热噪声系数$\gamma = 2/3$。如果 M_2 对等效输入热噪声电压（不是电压的平方）

的贡献是 M_1 的 1/5，则放大器的最大输出电压的摆幅是多少？

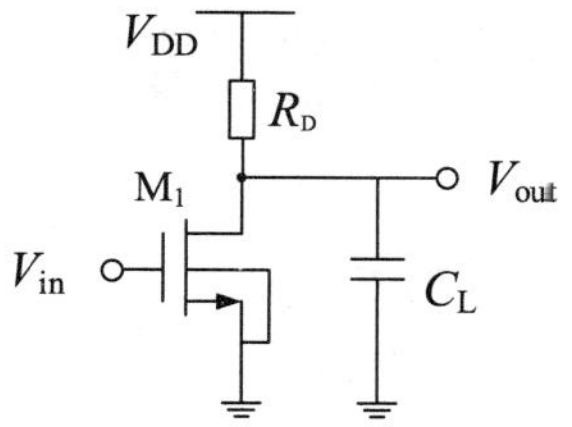

图 8.31

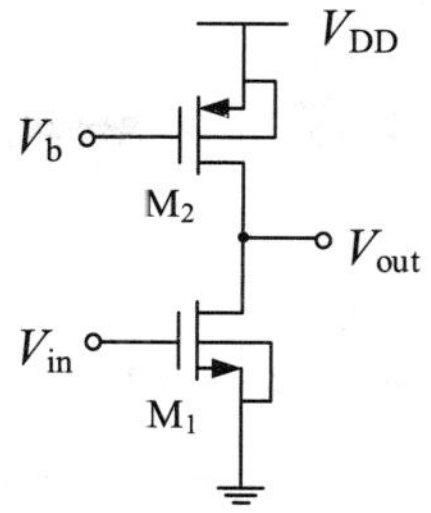

图 8.32

8.7 对于如图 8.33 所示的共源放大器，假定忽略沟道长度调制效应。

（1）计算等效输入热噪声电压；

（2）对于给定的偏置电流和输出电压的摆幅，为了使等效输入热噪声电压最小，R 的值应为多少？

8.8 对于如图 8.34 所示的共栅放大器，不考虑 M_0 产生的噪声（噪声被 C_0 短路到地），为了使等效输入热噪声电压为 $9\times10^{-19}\ V^2/Hz$，试确定管子 M_1 的宽长比（W_1/L_1）及 V_b 和 R_D 的值。这里假定：V_{DD}=3V，温度 T=30℃，热噪声系数 γ=2/3，M_1 和 M_2 的宽长比相同，玻尔兹曼常数 $k=1.38\times10^{-23}$ J/K，$V_{GS1}=1.26\ V$，$\mu_n C_{ox}=54\ \mu A/V^2$，$I_{D1}=I_{D2}=1\ mA$。

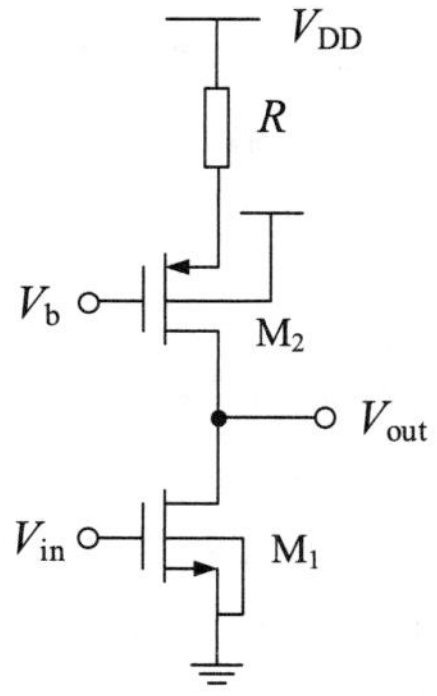

图 8.33

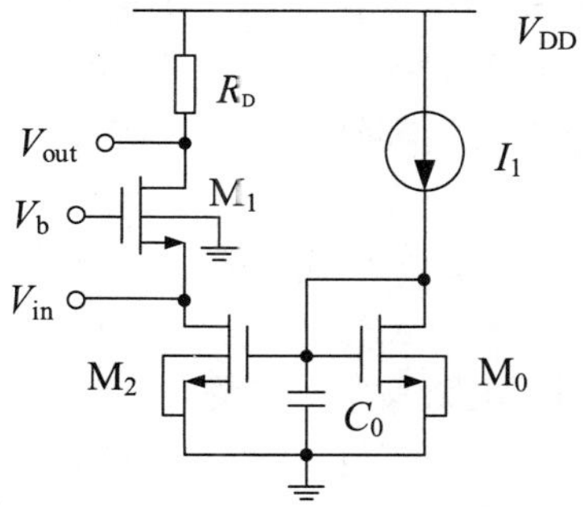

图 8.34

第 9 章　时钟信号产生电路

时钟信号是数字、模拟及混合信号集成电路工作时不可或缺的系统工作信号。例如，在 CPU、GPU、MCU、DSP、FPGA 和存储器等高速数字电路中，需要频率高达数 GHz 的方波时钟信号，以实现系统的同步工作。在 DC-DC 开关变换器、电荷泵电路、ADC/DAC、LCD 驱动电路及开关电容电路等模拟或数模混合信号集成电路中，需要频率为数百 kHz～数十 MHz 的方波时钟信号，用作单个电路模块或芯片的本地工作时钟信号，通常用于控制电路中的开关管动作或产生工作时序信号。此外，在 RF 电路中，需要频率高达数 GHz 的正弦载波信号，用作混频器的本地振荡信号。根据应用场合的不同，对时钟信号的波形和频率等特性的要求完全不同，其电路结构和工作原理也相差甚远。

时钟信号是由振荡器产生的。振荡器通常可以分为两类：①多谐振荡器（Multivibration Oscillator）或张弛振荡器（Relaxation Oscillator），这种振荡器的输出电平在两种稳态之间周期性转换，产生方波或锯齿波等信号；②谐波振荡器（Harmonic Oscillator），这种振荡器的输出为正弦信号。最常用的时钟信号产生电路有电容充放电振荡器、锁相环（Phase Lock Loop，PLL）和延迟锁相环（Delay-Locked Loop，DLL）等。

电容充放电振荡器属于多谐振荡器或张弛振荡器，通过对电容进行周期性的充电和放电，使电路在两种稳态（如高电平和低电平）之间周期性转换，从而产生周而复始的方波信号。电容充放电振荡器通常可产生频率为数百 kHz～数十 MHz 的方波时钟信号，主要用作本地工作时钟信号。

LC 振荡器属于谐波振荡器，利用 LC 选频网络，可产生频率为数百 MHz 的正弦波信号，主要用于射频（RF）电路，其电感通常是由片内集成的平面螺旋电感实现的。

锁相环电路具有倍频的功能，可产生数 GHz 频率的时钟信号。延迟锁相环电路可产生具有相同频率、不同相位（等时延间隔）的多相时钟信号，主要用于 TDC 及信号高速采样电路中。

本章中重点讨论适用于片上集成的时钟信号产生电路，主要包括电容充放电振荡器及锁相环和延迟锁相环电路。

9.1　电容充放电振荡器

电容充放电振荡器通常可产生频率为数百 kHz 到数十 MHz 的方波时钟信号，主要用作本地工作时钟信号。常见的电容充放电振荡器有反相器环形振荡器（Ring Oscillator）、RC 振荡器（RC Oscillator）及窗口比较式振荡器（Window Comparator Oscillator）等。

9.1.1　反相器环形振荡器

如图 9.1（a）所示，由于反相器的输入-输出相位差均为 180 度，当偶数个反相器串联形成环路时，反相器的输出 X 和 Y 都处于某个稳定状态（高电平或低电平）。但是，如图 9.1（b）

所示，当奇数个反相器串联形成环路时，各个反相器的输出 X、Y 和 Z 处于振荡状态，它们在高电平和低电平之间进行周期性转换，从而形成方波信号，这就是反相器环形振荡器的基本原理。

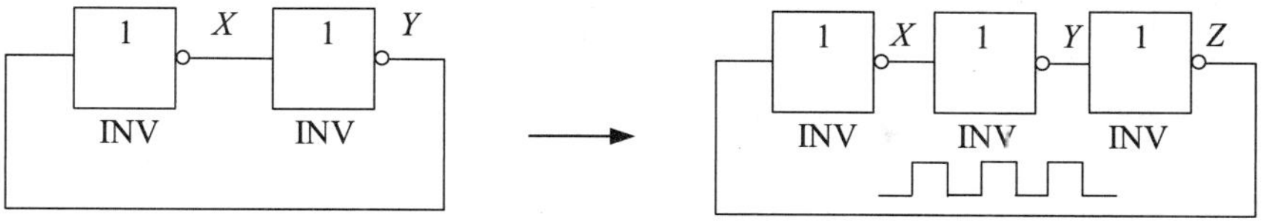

（a）稳定状态（偶数个反相器串联）　　（b）振荡状态（奇数个反相器串联）

图 9.1　反相器环形振荡器的结构

图 9.2 所示为 CMOS 反相器的电路原理图和等效电路。其中，R_p 和 R_n 分别表示 PMOS 和 NMOS 管的导通电阻，C_L 为后级反相器的等效输入电容（寄生电容）。当输入信号从高电平变为低电平时，PMOS 管导通，V_{DD} 通过 R_p 给 C_L 充电，最终输出变为高电平（C_L 充满电时，PMOS 管工作在深度线性区，其$|V_{DS}|=0$）；反之，当输入信号从低电平变为高电平时，NMOS 管导通，此时 C_L 通过 R_n 放电，最终输出变为低电平（当 C_L 放完电时，NMOS 管工作在深度线性区，其 $V_{DS}=0$）。

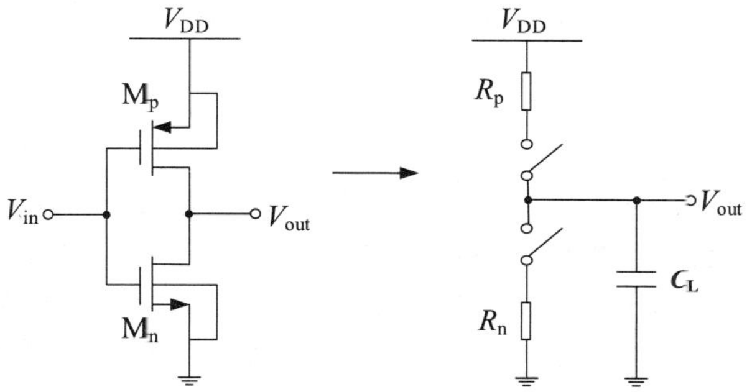

图 9.2　CMOS 反相器的电路原理图和等效电路

由于 CMOS 管的导通电阻 R_p 和 R_n 及寄生电容 C_L 的存在，电容的充放电时间不为 0，反相器的输入和输出电压之间存在时延。假定电容的充、放电时间常数相等，则单级反相器的时延可设为 T_d，如图 9.3 所示。

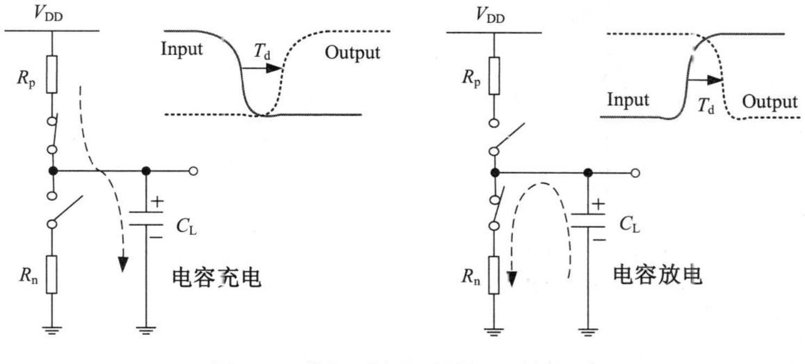

图 9.3　单级反相器的输入-输出时延

对于如图 9.1（b）所示的由 3 级反相器构成的环形振荡器，若每一级反相器的时延均为 T_d，则各级反相器的输出电压波形如图 9.4 所示。该环形振荡器的振荡周期为 $6T_d$，振荡频率为 $1/6T_d$。如果在 Z 端加入输出驱动 Buffer，对 V_Z 进行整形，则可得到占空比为 50%的方波信号。

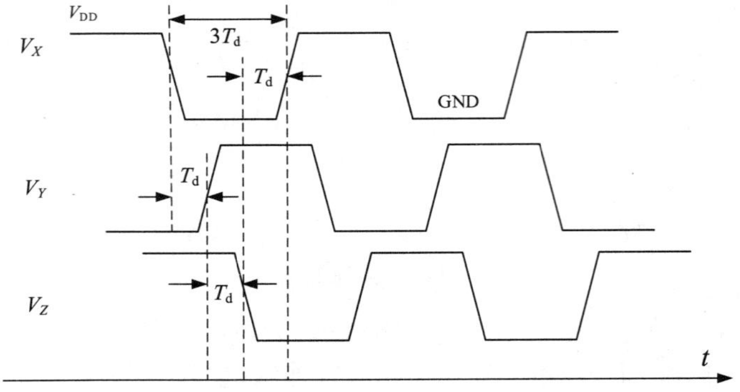

图 9.4　由 3 级反相器构成的环形振荡器的输出电压波形

需要指出的是，由于反相器环形振荡器的振荡频率是由各个反相器的累积时延决定的，振荡频率很容易受 PVT（Process，Voltage，Temperature）变化的影响而发生波动，因此这种振荡器难以实现精确的振荡频率和占空比。另外，电路加工完成后，无法从外部调节振荡频率。为了实现对振荡频率的灵活调节，下面引入 RC 振荡器。

9.1.2　RC 振荡器

RC 振荡器的结构和工作原理与反相器环形振荡器类似，也是由奇数个反相器串联形成环路。不同的是，RC 振荡器中引入了电容和电阻（非寄生），此时振荡频率不再仅仅由反相器的时延决定，而是可通过调节电容或电阻的大小灵活调节振荡器的振荡频率。

图 9.5 所示为由 5 个反相器串联形成的 RC 振荡器，电容 C 一般为芯片内置电容，要求具有高精度，通常用 MIM 电容或 CMOS 电容实现，通常为数 pF 级。电阻 R 一般为芯片外接电阻，通过改变 R 的值，可以灵活调节或校准振荡器的振荡频率。OSCE 为振荡器的使能信号，当 OSCE=0 时，输出 OSCOUT=0，电路处于锁定状态（休眠状态），电路不振荡，以减小功耗；当 OSCE=1 时，振荡器处于正常工作状态。反相器 INV5 用作输出驱动 Buffer，以实现对输出波形的整形，并隔离负载的影响。

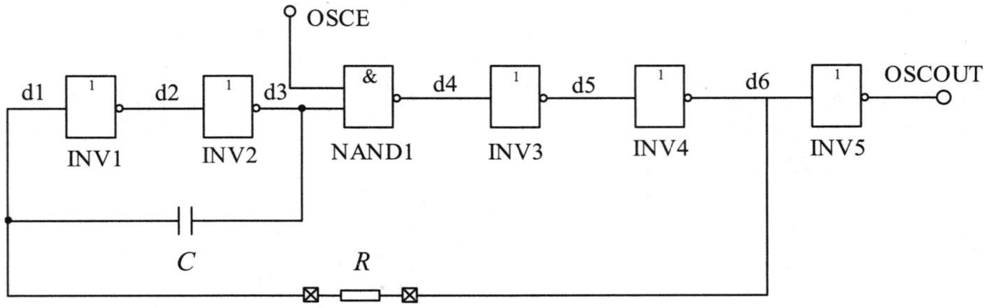

图 9.5　由 5 个反相器串联形成的 RC 振荡器

图 9.6 所示为上述 RC 振荡器的电容充放电回路，值得注意的是，只有反相器 INV2 和 INV4

参与电容的充放电。随着电容充放电进行，d1 点的电位发生变化，导致反相器 INV1 翻转，从而使后续的所有反相器及输出信号发生翻转，这样即可在输出端（OSCOUT）产生周期性的方波信号。该振荡器的振荡频率 $f_{osc} \propto 1/RC$，即主要由 R 和 C 的值决定，这是由于 CMOS 管的导通电阻和寄生电容的值相对较小，其影响可以忽略不计。图 9.7 所示为 RC 振荡器的仿真结果（V_{DD}=1.8V，R=5kΩ，C=10pF，f_{osc} 约为 9MHz）。

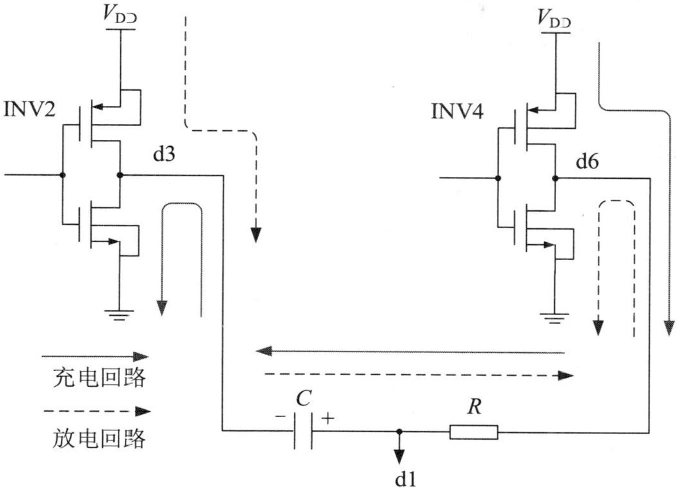

图 9.6　RC 振荡器的电容充放电回路

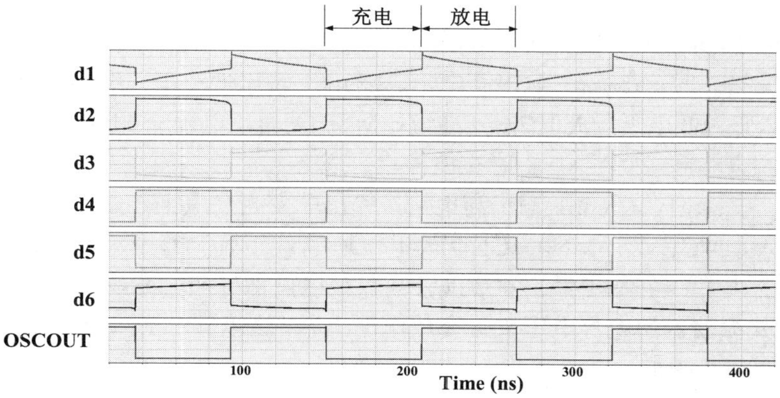

图 9.7　RC 振荡器的仿真结果

对于 RC 振荡器，电容的充放电电流很容易受 PVT（Process，Voltage，Temperature）变化的影响，很难确保电容的充放电电流恒定和对称，从而导致振荡器的振荡频率和占空比出现偏差。为了提高振荡频率的精度，可以对外接电阻 R 进行微调（Trimming），以实现所期望的振荡频率。另外，由于振荡频率 $f_{osc} \propto 1/RC$，为了提高 f_{osc}，必须减小内部电容 C 或外接电阻 R，但如果电容 C 太小，寄生电容的影响将变得非常显著，f_{osc} 的精度降低，C 的取值通常为数 pF。如果 R 太小，那么消耗的电流会增加。因此，通常 RC 振荡器可实现的最高频率被限制在数百 kHz 以内。

此外，在电路仿真时，需要考虑外接电阻 R 的 PAD 寄生电容的影响，由于 PAD 寄生电容较大（可达 pF 级），可能会导致振荡频率偏离设计值。

9.1.3 窗口比较式振荡器

窗口比较式振荡器的电路结构如图 9.8 所示。V_{INH} 和 V_{INL} 为两个固定的直流电平（$V_{INH}>V_{INL}$），分别是窗口比较式振荡器的上限和下限电压。电容 C_0 为充放电电容，I_1 和 I_2 分别是电容 C_0 的充电和放电恒流源。Comp1 和 Comp2 为两个比较器，分别比较电容电压 V_C 与 V_{INH} 及 V_{INL} 的大小，从而产生控制信号（输出信号）OSCOUT，该信号控制 MP0 或 MN0 管子导通，实现对电容 C_0 的充电或放电。

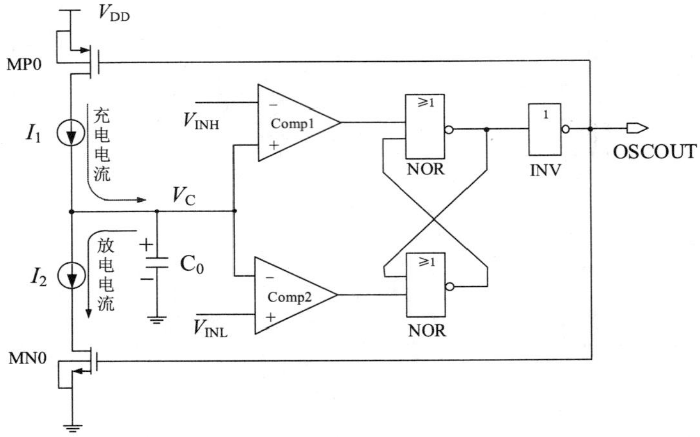

图 9.8　窗口比较式振荡器的电路结构

窗口比较式振荡器的工作原理如下：

（1）当 $V_C<V_{INL}$ 时，Comp2 输出高电平，Comp1 输出低电平，经触发器和反相器后，输出端 OSCOUT 变为低电平，此时 MP0 导通，MN0 关断，电源经 MP0→I_1→C_0→GND 给 C_0 充电，V_C 直线上升，直到 $V_C>V_{INH}$ 时充电停止。

（2）当 $V_C>V_{INH}$ 时，Comp1 输出高电平，输出端变为高电平，此时 MP0 截止，MN0 导通，则电容 C_0 通过 C_0→I_2→MN0→GND 放电，V_C 直线下降，直至 $V_C<V_{INL}$ 时放电停止。

（3）然后，开始下一个周期的充放电，从而形成周期性的振荡输出。

窗口比较式振荡器的电容电压 V_C、充放电电流 i_C（这里假定 $I_1=I_2$）及输出信号 OSCOUT 的信号波形如图 9.9 所示。

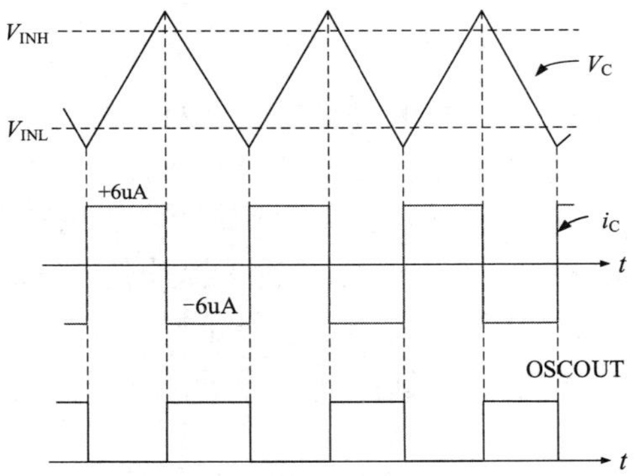

图 9.9　窗口比较式振荡器的信号波形

如果假定比较器的失调电压为 0，增益为无穷大，则窗口比较式振荡器的振荡频率 f_{osc} 为

$$f_{osc} \propto \frac{I}{C_0 \times \Delta V} \tag{9.1}$$

式中，I 是充放电电流，C_0 是电容，$\Delta V = V_{INH} - V_{INL}$。另外，如果充放电电流 I_1 和 I_2 完全对称，则振荡器的占空比为 50%。可通过调节电容 C_0（通常采用 CMOS 电容或 MIM 电容）的大小或调节充放电电流的大小，调节振荡频率。窗口比较式振荡器的振荡频率可达到数十 MHz。

但是，对于实际的振荡器电路，振荡频率 f_{osc} 的精度主要受比较器的精度（增益大小和失调电压）的影响。此外，实际的充放电电流受 PVT 的影响会发生变化，难以实现恒流源充放电，也会导致振荡频率和占空比的误差。为了提高振荡频率和占空比的精度，可采用共源共栅（Cascode）电流镜实现充放电电流源。

图 9.10 所示为窗口比较式振荡器中产生电容充放电电流的电路实例。基准电压 V_{REF} 经过电阻分压后，产生所需的两个上下限电压 V_{INH} 和 V_{INL}。V_{INL} 经运算放大器 A 后，在电阻 R 中产生近似恒定的电流 $I_{ref}=V_{INL}/R$，该电流源经电流镜 MP1→MP3 及 MP1→MP2→MN2→MN3 镜像后，得到电容 C_0 的充电和放电电流。ME1～ME3 为受使能（Enable）信号控制的 CMOS 管，电路正常工作时它们处于闭合的状态（如图 9.10 所示的状态），当电路不工作时，它们处于截止状态，此时充放电电流变为 0，以减小电路功耗。ME1～ME3 还具有保持电流镜的原、副边电路对称的作用。

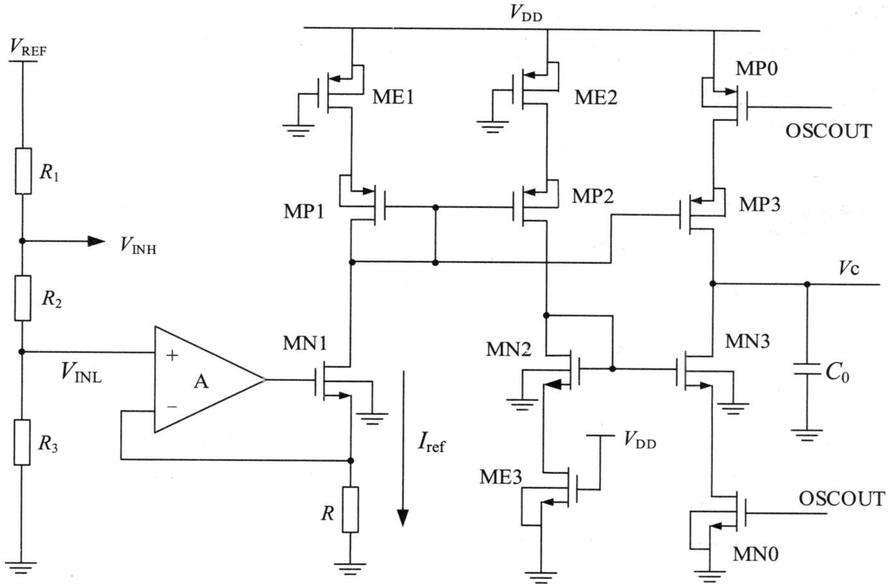

9.10　窗口比较式振荡器中产生电容充放电电流的电路实例

前面介绍的电容充放电振荡器具有电路结构简单、功耗小、易于实现片上集成的特点。但是，由于电路中未引入负反馈机制，导致振荡器的振荡频率的精度较差，不能满足高精度振荡频率的应用需求。

9.2 锁相环

锁相环（Phase Locked Loop，PLL）利用负反馈机制，使输出信号的相位与基准信号的相位对齐，从而产生频率恒定的高精度振荡信号，给芯片或系统提供稳定的工作时钟信号。PLL中的基准信号通常由石英晶体振荡器产生，其输出信号是方波或正弦波，且振荡频率的精度高、稳定性好。锁相环的输出信号频率可以高于基准信号的频率，针对不同应用场合，锁相环可以产生频率为数百 MHz 到数 GHz 的振荡信号。另外，根据实现电路的不同，锁相环可分为模拟锁相环（Analog PLL）、数字锁相环（Digital PLL）和混合锁相环（Hybrid PLL）。本书主要介绍模拟锁相环。

9.2.1 锁相环的基本结构和工作原理

图 9.11 所示为模拟锁相环的基本电路结构，主要由鉴相器（Phase Detector，PD）或鉴频鉴相器（Phase/Frequency Detector，PFD）、电荷泵（Charge Pump，CP）、低通滤波器（Low Pass Filter，LPF）、压控振荡器（Voltage Controlled Oscillator，VCO）和分频器（Divider）等模块组成。当锁相环的反馈信号与基准信号之间存在相位差时，鉴相器（PD）或鉴频鉴相器（PFD）将产生相应的脉冲信号：Up 或 Down 信号，其脉冲宽度与相位差成比例。该脉冲信号控制电荷泵对电容的充放电时间，使得电荷泵的输出电压 V_{CP} 的平均值与相位差成比例，最后通过低通滤波器得到一个与相位差成比例的直流电压 V_C。V_C 控制压控振荡器的输出信号的频率，压控振荡器的输出信号经过 $1/N$ 分频后得到反馈信号。通过上述反馈调节过程，最终当反馈信号与基准信号的相位对齐（相位差=0）时，锁相环处于锁定状态，此时输出信号的频率 f_o 与基准信号的频率 f_r 之间存在如下关系

$$f_o = N \times f_r \tag{9.2}$$

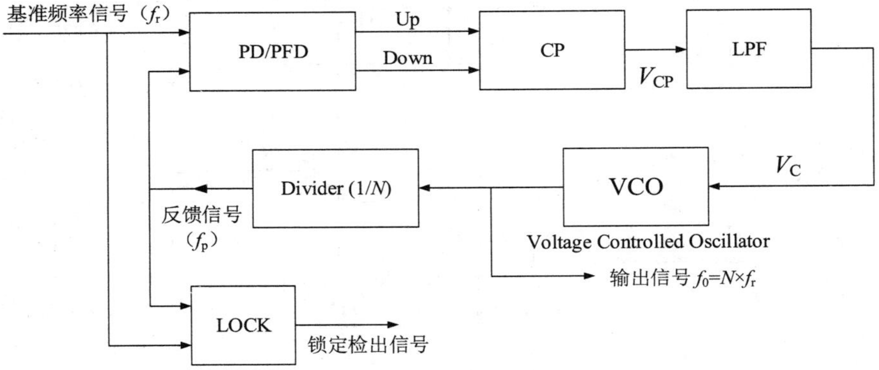

图 9.11　模拟锁相环的基本电路结构

此外，图 9.11 中的锁定检出模块（LOCK）用于判断锁相环是否工作在锁定状态，以实时监测锁相环电路的工作情况，确保提供给系统稳定的工作时钟信号。

在锁相环中，输出信号的频率稳定性主要由鉴相器、电荷泵、低通滤波器和压控振荡器的性能决定，为此，下面重点介绍这些模块的典型结构和工作原理。

1）鉴相器和鉴频鉴相器

图 9.12 所示为鉴相器的电路符号和输入-输出信号波形，这旦假定基准信号（f_r）与反馈信号（f_p）同频率。如图 9.12（b）所示，当 f_p 的相位滞后 f_r 时，鉴相器输出 Up 脉冲信号，而当 f_p 的相位超前 f_r 时，鉴相器输出 Down 脉冲信号，且 Up 和 Down 信号的脉冲宽度与相位差成比例。因此，利用鉴相器可将基准信号与反馈信号之间的相位差转换为脉冲信号的脉冲宽度，且该脉冲信号的脉冲宽度与相位差成比例，同时可鉴别相位是超前还是滞后。

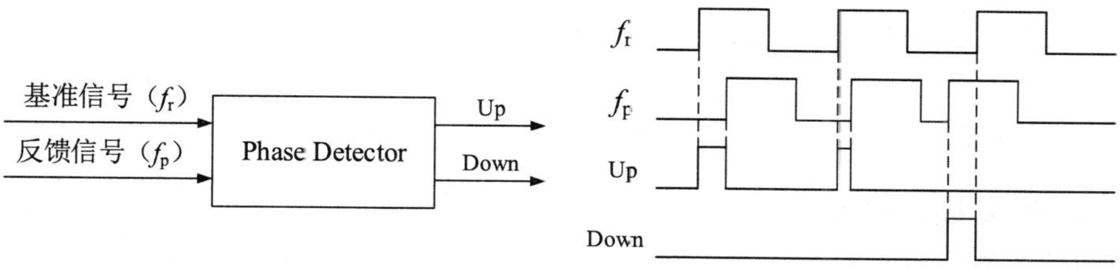

（a）电路符号　　　　（b）输入-输出信号波形

图 9.12　鉴相器的电路符号和输入-输出信号波形

为了提高对相位差的检测精度，目前普遍使用鉴频鉴相器（Phase/Frequency Detector，PFD）。鉴频鉴相器的输出脉冲信号不仅与输入信号的相位差有关，还与输入信号的频率差有关，因此能够同时检测两个输入信号的频率差和相位差。

图 9.13 所示为鉴频鉴相器的典型电路结构和输入-输出信号波形，它由两个 D 触发器和一个与非门组成，D 触发器的 D 端接逻辑高电平（“1”）。图 9.13（b）所示为基准信号（f_r）的相位超前反馈信号（f_p），且二者的频率相同时的情形。假定输出端 Up 和 Down 信号的初始状态都为 0，当基准信号（f_r）的上升沿到达时，Up 信号变为高电平，当反馈信号（f_p）的上升沿也到达时，Down 信号也变为高电平，此时与非门将产生复位信号（低电平），使得两个 D 触发器均复位，因此 Up 和 Down 信号均变为低电平。Down 信号的脉冲宽度 T_d 是由与非门的传输时延和 D 触发器的复位时间决定的。由图 9.13（b）可知，Up 和 Down 信号的脉冲宽度之差反应的是两个输入信号之间的相位差。

图 9.13（c）所示为基准信号（f_r）的相位超前反馈信号（f_p），但二者的频率不相同（f_r>f_p）时的情形。显然，Up 和 Down 信号的脉冲宽度之差不仅与两个输入信号之间的相位差有关，还与它们的频率差成比例。因此，利用鉴频鉴相器可以同时检测两个输入信号的频率差和相位差。

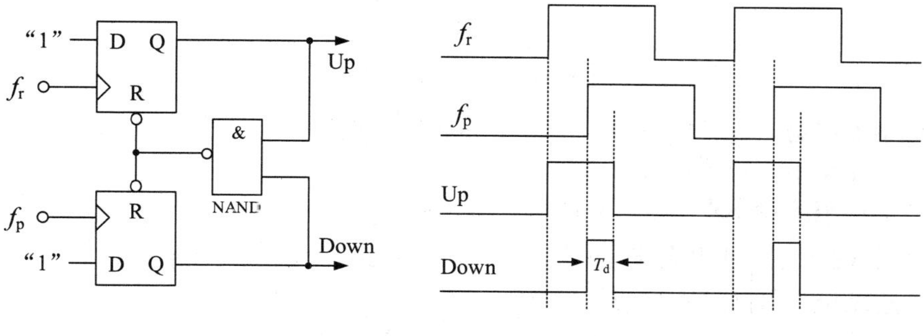

（a）典型电路结构　　　　（b）输入-输出信号波形（f_r=f_p）

图 9.13　鉴频鉴相器的典型电路结构和输入-输出信号波形

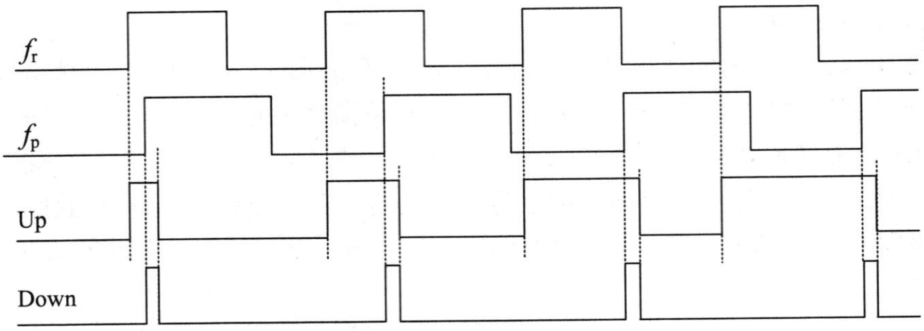

（c）输入–输出信号波形（$f_r > f_p$）

图 9.13　鉴频鉴相器的典型电路结构和输入–输出信号波形（续）

2）电荷泵+低通滤波器

电荷泵的作用是将鉴相器（或鉴频鉴相器）的输出脉冲信号（Up 和 Down）转换为相应的电压信号 V_{CP}。在后续电路中，通过低通滤波器将 V_{CP} 转换成直流电压 V_C，控制压控振荡器的振荡频率，最终输出的直流电压 V_C 的大小与 Up 或 Down 信号的脉冲宽度（或基准信号与反馈信号的相位差）成比例。

电荷泵的电路结构如图 9.14 所示，当 Up 信号控制开关 S_1 闭合（S_2 打开）时，恒流源 I_1 给电容 C 充电，输出电压 V_{CP} 增加；当 Down 信号控制开关 S_2 闭合（S_1 打开）时，恒流源 I_2 使电容 C 放电，输出电压 V_{CP} 减小。显然，输出电压 V_{CP} 的变化量 $\Delta V = (I_C / C)\Delta T$，$I_C$ 为充电或放电电流，ΔT 为充电或放电时间，ΔT 由 Up 和 Down 信号的脉冲宽度决定。因此，电荷泵的输出电压 V_{CP} 的变化量与 Up 和 Down 信号的脉冲宽度成比例。

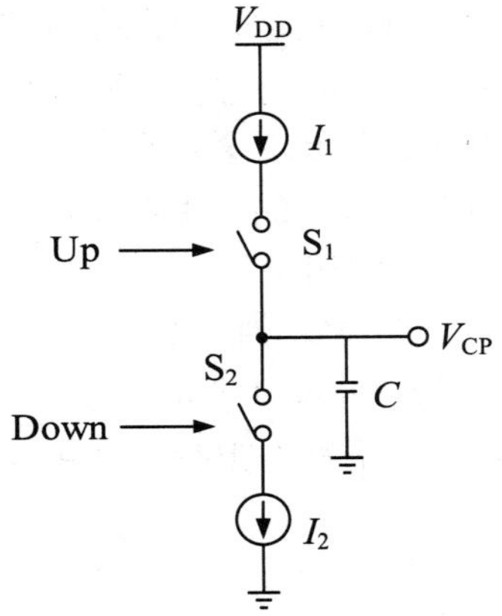

图 9.14　电荷泵的电路结构

对于鉴频鉴相器，由于输出信号 Up 和 Down 存在同时为高电平的情况，这将导致开关 S_1 和 S_2 同时闭合，但如果满足 $I_1 = I_2$，那么此时输出电压保持不变。

为了将电荷泵的输出电压 V_{CP} 转换为平稳的直流电压信号 V_C，需要在电荷泵的输出端连接低通滤波器（LPF），以滤除掉鉴相器输出信号中的高频成分，只保留低频成分。同时，低通滤波器还起相位补偿（产生零点）的作用，使锁相环能够稳定工作。图 9.15 所示为锁相环中常用的低通滤波器电路，包括一阶、二阶和三阶无源 RC 滤波器。

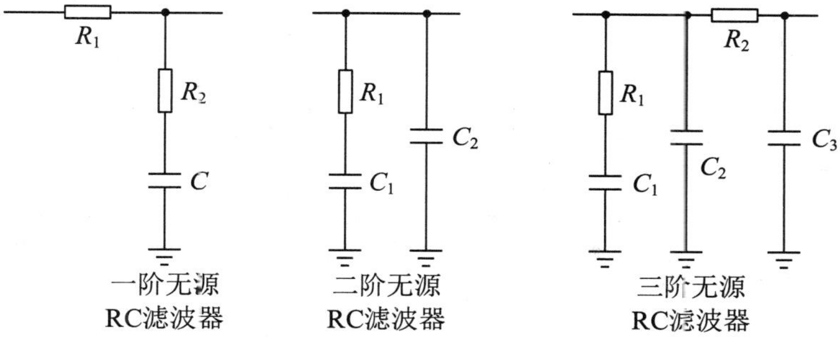

图 9.15 锁相环中常用的低通滤波器电路

图 9.16 所示为电荷泵+低通滤波器的电路实例。基准电流 I_{ref} 通过电流镜镜像后，形成充电电流 I_1 和放电电流 I_2，鉴相器的输出信号 Up 和 Down 分别控制两个 MOS 管开关的打开和闭合，从而形成电容的充电回路和放电回路。为了提高充放电电流的精度，可以将图 9.16 中的普通电流镜替换为共源共栅电流镜，但是这可能会影响输出电压 V_C 的摆幅，进而减小压控振荡器的振荡频率范围及 PLL 的锁定范围，因此，在实际的电路设计中需要进行折中考虑。

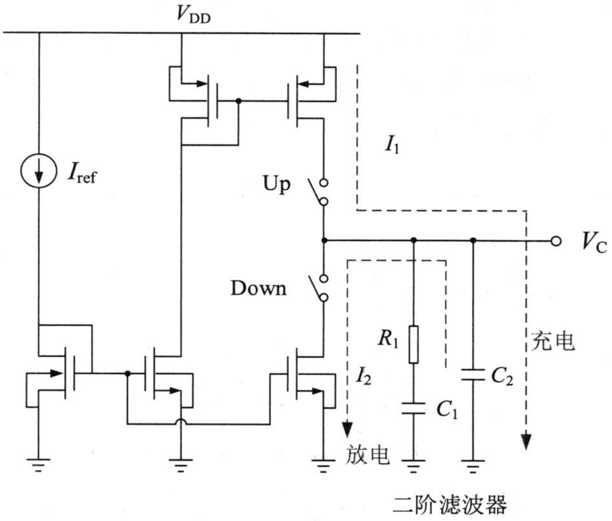

图 9.16 电荷泵+低通滤波器的电路实例

3）压控振荡器

压控振荡器的电路符号及输入-输出特性如图 9.17 所示，压控振荡器的输入信号是“电荷泵+低通滤波器”的输出直流电压 V_C，输出信号为频率可调的振荡信号，压控振荡器可实现直流电压→振荡频率的转换。在理想情况下，压控振荡器的振荡频率 $\omega_{VCO}(t)$ 和控制电压 $V_C(t)$（V_C 随时间变化）之间的关系是线性的，如图 9.17（b）所示，$\omega_{VCO}(t)$ 可表示为

$$\omega_{VCO}(t) = \omega_0 + K_{VCO} \times V_C(t) \tag{9.3}$$

式中，K_{VCO} 为压控振荡器的增益，其单位为 rad/(s·V)，ω_0 为 $V_C(t) = 0$ 时压控振荡器的振荡频率。

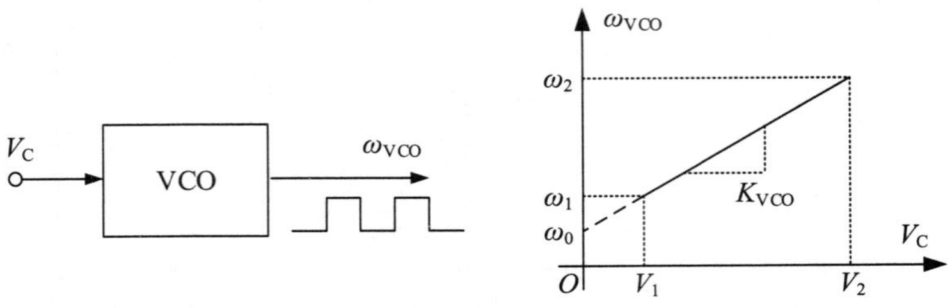

（a）电路符号　　（b）输入-输出特性

图 9.17　压控振荡器的电路符号及输入-输出特性

片内集成的压控振荡器主要有两种结构形式：环形压控振荡器和 LC 压控振荡器。环形压控振荡器的电路结构简单，易于设计和实现，且具有振荡频率的调节范围宽、电路面积小和功耗小的特点，在锁相环电路中得到广泛应用。LC 压控振荡器用于产生正弦波振荡信号，通常用在 RF 电路中。

图 9.18 所示为环形压控振荡器的电路实例，它是由 5 个（奇数个）电流饥饿型（Current Starved）延迟单元构成的反相器型环形振荡器，其中，C_1～C_5 为反相器的寄生电容。控制电压 V_C 调节振荡频率 ω_{VCO} 的过程如下：V_C 增加→电流镜的电流 I_{ref} 增加→反相器的寄生电容的充放电电流增加→整个延迟链的传输时延 T 减小→振荡频率 ω_{VCO} 增加，反之亦然。因此，通过改变输入电压 V_C，可调节振荡器的振荡频率。为了得到占空比为 50%的振荡信号，要求寄生电容的充电电流和放电电流相等。

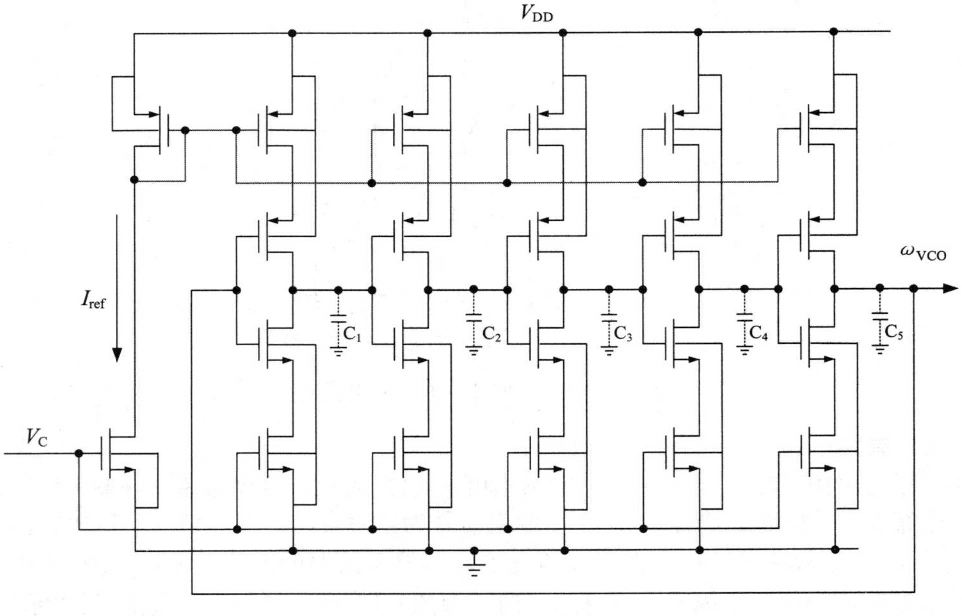

图 9.18　环形压控振荡器的电路实例

9.2.2　锁相环的小信号电路模型

与运算放大器相似，锁相环也是一个负反馈系统。运算放大器的输入输出信号都是电压信号，而锁相环的输入输出信号是相位信号或频率信号。锁相环以输入信号的频率为基准，产生一个频率确定的输出信号，当负反馈为单位负反馈时，输出信号的频率就等于输入信号的频率。由于是负反馈系统，我们需要考察锁相环的频域特性和稳定性。

虽然锁相环的瞬态响应是非线性的，但我们仍然可以用小信号线性模型分析它的频域特性和稳定性。图 9.19 所示为锁相环的小信号电路模型（s 域），每个模块均用其近似的小信号线性模型表示。

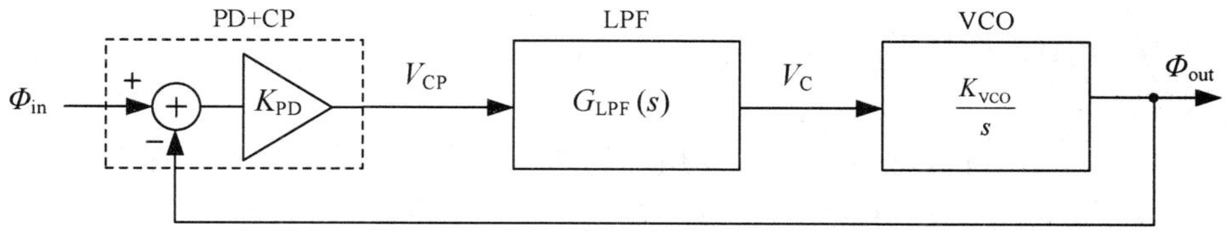

图 9.19 锁相环的小信号电路模型

由于“鉴相器（PD）+电荷泵（CP）”的作用是将两个输入信号的相位差转换为相应的电压信号 V_{CP}，图 9.19 中将这两个模块的小信号模型合并在一起，即由一个减法器和一个比例放大器（增益为 K_{PD}）组成，其中，K_{PD} 为电荷泵的输出电压平均值 $\overline{V_{CP}}$ 与两个输入信号的相位差 $\Delta\Phi$ 之比，如图 9.20 所示，即

$$K_{PD} = \overline{V_{CP}} / \Delta\Phi \tag{9.4}$$

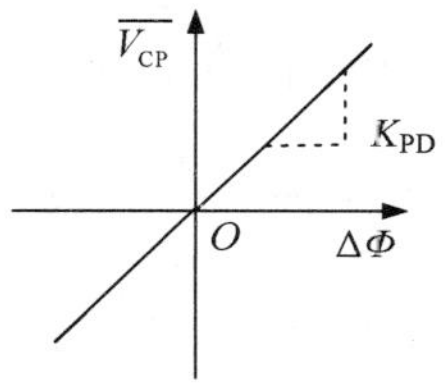

图 9.20 电荷泵的输出电压平均值与两个输入信号的相位差之间的关系

对于低通滤波器，如果采用一阶低通滤波器，则其传递函数如式（9.5）所示，其中，ω_{LPF} 是低通滤波器的截止频率

$$G_{LPF}(s) = \frac{1}{1+\dfrac{s}{\omega_{LPF}}} \tag{9.5}$$

对于压控振荡器，由于在鉴相器中比较的是两个信号的相位信息，因此需要求出压控振荡器（VCO）的输出信号的相位。由于相位是角频率的积分，利用式（9.3），VCO 输出信号的相位 $\Phi_{out}(t)$ 可表示为

$$\Phi_{out}(t) = \int_0^t \omega_{VCO}(t)\,dt = \int_0^t \omega_0\,dt + \int_0^t K_{VCO} \times V_C(t)\,dt = \omega_0 t + K_{VCO}\int_0^t V_C(t)\,dt \tag{9.6}$$

取式（9.6）中相位的增量，即受 $V_C(t)$ 控制的部分，则相位增量 $\Delta\Phi_{out}(t)$ 为

$$\Delta\Phi_{out}(t) = K_{VCO}\int_0^t V_C(t)\,dt \tag{9.7}$$

因此，VCO 输出信号的相位在频域的表达式为

$$\Phi_{\text{out}}(s)=\frac{K_{\text{VCO}}}{s}V_{\text{C}}(s) \tag{9.8}$$

根据式（9.4）、式（9.5）和式（9.8），可求得如图 9.19 所示的小信号电路模型的开环传递函数（或环路增益）$H_{\text{o}}(s)$为

$$H_{\text{o}}(s)=\frac{\Phi_{\text{out}}(s)}{\Phi_{\text{in}}(s)}=\frac{K_{\text{PD}}}{1+\dfrac{s}{\omega_{\text{LPF}}}}\times\frac{K_{\text{VCO}}}{s} \tag{9.9}$$

显然，$H_{\text{o}}(s)$有两个极点，即 $s=-\omega_{\text{LPF}}$ 和 $s=0$，分别是由 LPF 和 VCO 产生的，该锁相环是二阶系统。

由式（9.9），我们可以得到如图 9.19 所示的小信号电路模型的闭环传递函数 $H(s)$为

$$H(s)=\frac{\Phi_{\text{out}}(s)}{\Phi_{\text{in}}(s)}=\frac{H_{\text{o}}(s)}{1+H_{\text{o}}(s)}=\frac{K_{\text{PD}}K_{\text{VCO}}}{\dfrac{s^2}{\omega_{\text{LPF}}}+s+K_{\text{PD}}K_{\text{VCO}}} \tag{9.10}$$

将式（9.10）的分母表示为控制理论中常用的形式，即 $s^2+2\zeta\omega_{\text{n}}s+\omega_{\text{n}}^2$，$\zeta$ 和 ω_{n} 分别代表系统的阻尼因子和固有频率，式（9.10）可改写为

$$H(s)=\frac{\omega_{\text{n}}^2}{s^2+2\zeta\omega_{\text{n}}s+\omega_{\text{n}}^2} \tag{9.11}$$

式中，

$$\omega_{\text{n}}=\sqrt{\omega_{\text{LPF}}\cdot K_{\text{PD}}\cdot K_{\text{VCO}}} \tag{9.12}$$

$$\zeta=\frac{1}{2}\sqrt{\frac{\omega_{\text{LPF}}}{K_{\text{PD}}\cdot K_{\text{VCO}}}} \tag{9.13}$$

根据阻尼因子 ζ 的大小不同，该锁相环的阶跃响应可分为过阻尼、临界阻尼或欠阻尼三种情况，其中，临界阻尼 $\zeta=\sqrt{2}/2$。为了避免输出端出现“振铃”现象，一般情况下，取 $\zeta=\sqrt{2}/2$～1，使系统的阶跃响应为过阻尼。

为了进一步研究锁相环的稳定性，我们画出如式（9.9）所示的开环传递函数的幅频特性和相频特性，如图 9.21 所示。开环传递函数在 $\omega=0$ 处是无穷大（极点），当 $\omega<\omega_{\text{LPF}}$ 时，幅度以−20 dB/dec 的速度下降，当 $\omega>\omega_{\text{LPF}}$ 后，下降速度变为−40 dB/dec。相位从−90° 开始下降，直到−180° 为止。单位增益带宽 ω_{u} 可以通过使开环增益等于 1 得出，即

$$\frac{K_{\text{PD}}^2K_{\text{VCO}}^2}{\left(1+\dfrac{\omega_{\text{u}}^2}{\omega_{\text{LPF}}^2}\right)\omega_{\text{u}}^2}=1 \tag{9.14}$$

进而得出

$$\frac{\omega_{\text{u}}}{\omega_{\text{LPF}}}=\sqrt{\frac{K_{\text{PD}}^2K_{\text{VCO}}^2}{\omega_{\text{u}}^2}-1} \tag{9.15}$$

因此，可以得出锁相环系统在 ω_{u} 处的相位大小为

$$\angle H(\text{j}\omega_{\text{u}})=-90^\circ-\tan^{-1}\frac{\omega_{\text{u}}}{\omega_{\text{LPF}}}=-90^\circ-\tan^{-1}\sqrt{\frac{K_{\text{PD}}^2K_{\text{VCO}}^2}{\omega_{\text{u}}^2}-1} \tag{9.16}$$

如图 9.21 所示，如果增大 $K_{\text{PD}}K_{\text{VCO}}$，那么锁相环系统的幅频曲线向上平移，单位增益带宽增加。但是，由于系统的极点未发生变化，相频曲线不变，因此导致系统的相位裕度

减小、稳定性变差。这一特性与负反馈放大器类似，且与阻尼因子 ζ 的调节趋势相同（增大 $K_{PD}K_{VCO}\rightarrow\zeta$ 减小）。另一方面，当低通滤波器的截止频率 ω_{LPF} 减小时，单位增益带宽 ω_u 也随之减小，但由于 ω_u 相对 ω_{LPF} 变化慢，因此在式（9.16）中，$\tan^{-1}$ 项变大，最终使相位裕度减小。因此，为了保持锁相环系统的稳定，需要选择合适的 $K_{PD}K_{VCO}$ 和 ω_{LPF} 值。

另外，为了使锁相环系统同时具有较小的静态相位误差和较快的瞬态响应速度，需要选择合适的 $K_{PD}K_{VCO}$ 和 ω_{LPF} 值。

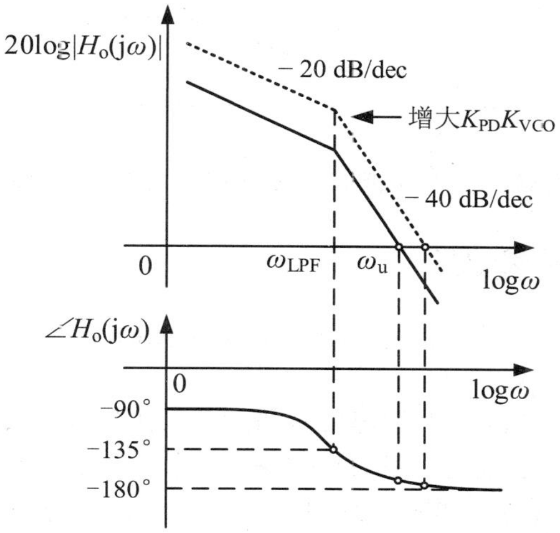

图 9.21　锁相环的开环幅频特性和相频特性

9.2.3　锁相环的跟踪与捕获

当锁相环处于锁定状态时，输入与输出信号的频率与相位一致。但是，当锁相环系统在某一瞬间出现扰动时，系统需要一定的时间来对输入时钟信号进行捕获，最终实现对输入信号的频率和相位跟踪。

为了研究锁相环的动态特性，我们以如图 9.19 所示的锁相环的小信号电路模型为例。在锁定状态下，当输入信号的频率发生 $\Delta\omega$ 的变化时 PLL 的瞬态响应波形如图 9.22 所示。当输入信号的频率在 t_0 时刻由 ω_0 跳变为 $\omega_0+\Delta\omega$ 时，由于 LPF 对控制电压 V_C 有很强的稳定作用，V_C 不会立刻发生跳变，此时 VCO 的输出信号的频率仍然为 ω_0。这就导致输入信号与输出信号之间出现相位差，且在 VCO 输出信号不变的情况下，相位差逐渐增大。然而，相位差增大会使 PD 输出脉冲信号的宽度增加，进而增大电压 V_C 及 VCO 输出信号的频率 ω_{out}，直到 VCO 输出信号的频率 ω_{out} 等于 $\omega_0+\Delta\omega$ 为止，这样 PLL 就再次回到了锁定状态。

实际 PLL 的锁定过程可能并不像图 9.22 所示的那样平滑，特别是在欠阻尼状态下，V_C 可能会出现“振铃”现象，PLL 的瞬态响应与开环传递函数的极点、零点和相位裕度等参数有关。在 9.2.2 节中，我们对 PLL 的闭环特性进行了分析，通过合理设置 PLL 各模块的参数，可以得到一个快速（瞬态响应速度快）、稳定（有足够的相位裕度）和高精确（静态相位误差小）的 PLL。

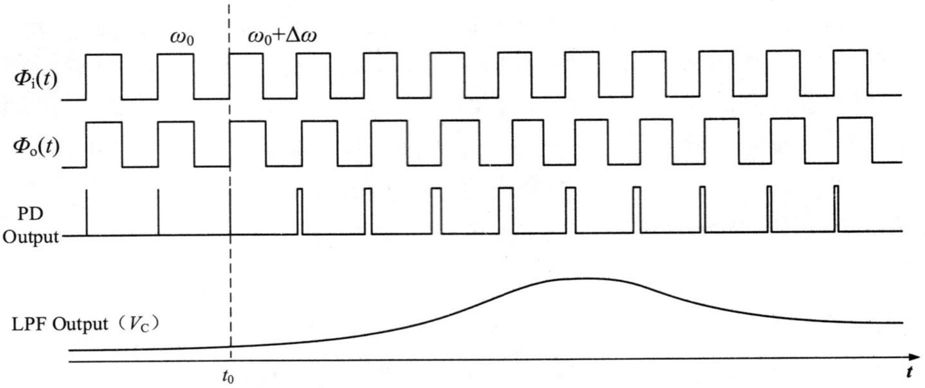

图 9.22　当输入信号的频率发生 $\Delta\omega$ 的变化时 PLL 的瞬态响应波形

9.2.4　锁相环的性能参数

衡量锁相环性能优劣的参数包括相位噪声（Phase Noise）、时间抖动（Jitter）和锁定时间（Lock Time）等。

对于理想的（无噪声）PLL，其输出信号的频谱只在载波（Carrier）频率 f_0 处存在一条谱线。而对于实际的 PLL，由于存在各种电路噪声，其输出信号的频谱在载波频率 f_0 的两边还有“边带（Sideband）”成分，如图 9.23 所示。我们用 $L(f)$ 表示相位噪声的单边功率谱密度，其定义是：在偏离载波频率 Δf 处的 1Hz 带宽内的能量与载波频率 f_0 处的能量的比值，单位为 dBc/Hz，如图 9.23 所示。

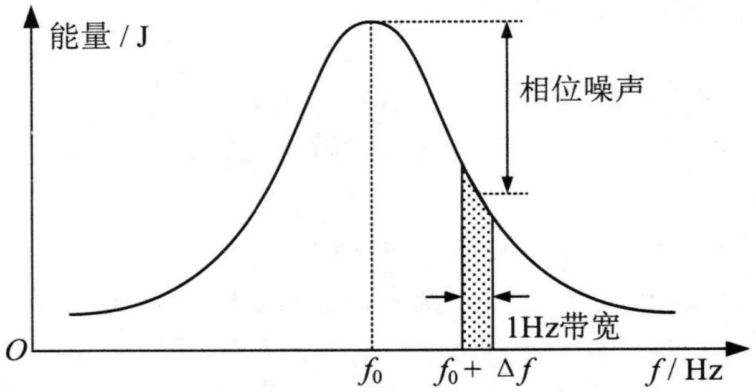

图 9.23　锁相环输出信号的能量谱及相位噪声的定义

PLL 的输出信号频谱越窄（或相位噪声的功率谱越窄），其对无线通信系统的影响越小。这是由于 PLL 输出信号频谱中的“边带”成分会对其他信号的频谱产生影响，如可能会导致频谱重叠。

为了方便对 PLL 的整体噪声性能进行直观评价，我们可以将频域内的相位噪声转换为时域内的时间抖动（Jitter），以便进行定量评价。相位噪声和时间抖动是对同一物理现象的两种不同量化评价方式。时间抖动的均方根值（RMS Jitter）与相位噪声 $L(f)$ 之间的转换关系如下

$$\text{RMS Jitter} = \frac{1}{2\pi f_0}\sqrt{2\int_{f_1}^{f_2} 10^{\frac{L(f)}{10}}\,\mathrm{d}f} \tag{9.17}$$

式中，f_1 和 f_2 为相位噪声 $L(f)$ 存在（或所关心）的频率范围。在数据传输和采集系统中，

PLL 输出时钟信号的时间抖动有可能会导致产生错误的采样数据，从而降低数据传输和采集系统的精度。

锁相环的锁定时间指的是，从输入信号的频率发生跳变开始，PLL 的输出信号稳定到相应频率所需要的时间（或相位误差减小到允许范围内所需要的时间）。锁定时间越短，PLL 的频率合成能力越强，这在现代多制式移动通信中非常重要。因为在多制式通信系统中，要求 PLL 的输出信号在给定的时间内频繁地在多个频率点之间跳变。另外，频率跳变的步长取决于 PLL 的最大频率跳变能力，锁定时间越短，跳变能力越强。

PLL 的锁定时间可以用 $2\pi/\omega_n$ 来估算，即锁相环的锁定时间反比于其固有频率。由式（9.12）可以看出，增大压控振荡器的增益或增大 LPF 的带宽都能提高固有频率 ω_n，从而减小锁定时间。

9.2.5　锁相环的应用

锁相环可以产生频率恒定的振荡信号，且振荡频率可调节，因此在很多领域都有着广泛的应用。下面列举锁相环的几个典型应用领域。

1）高速数字电路的工作时钟信号

传统芯片的工作时钟信号大多采用石英晶体振荡器产生，其输出频率一般为数 kHz 到数十 MHz。而对于 CPU、GPU、MCU、DSP 和 FPGA 等高速数字电路，其工作频率已达到数 GHz，因此需要高速、高精度的工作时钟信号。利用锁相环的倍频特性，可以产生频率高于基准信号的振荡信号，可为高速数字电路提供稳定的工作时钟信号。

2）RF 电路中的载波信号

在无线通信系统中，需要混频器（Mixer），以实现对信号的调制与解调。图 9.24 所示为无线接收电路及其时钟信号产生电路，其中，由 PLL 构成的频率合成器（Frequency Synthesizer）可产生频率为数 GHz 的正弦载波信号（本地振荡信号，简称本振信号），然后通过混频器实现对输入信号的下变频和对输出信号的上变频。

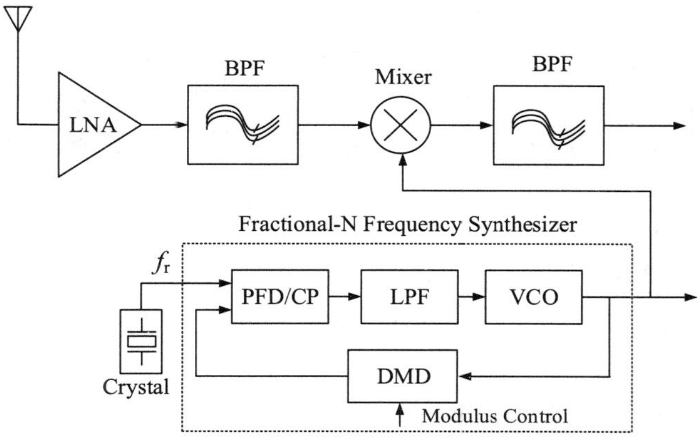

图 9.24　无线接收电路及其时钟信号产生电路

我们前面讨论的 PLL，其输出信号的频率是输入基准信号频率的整数倍（图 9.11 中分频器的分频系数 N 是整数）。但是，在现代无线通信系统中，所需的本振信号的频率一般不是基准信号频率的整数倍，而是含有小数的任意倍数，而且需要随时改变本振信号的频率（如为了对应不同的通信制式）。在图 9.24 中，双模分频器（Dual-Modules Divider，DMD）用于产生时钟频率的非整数部分，以实现分数分频器。此时，PLL 的输出信号频率 f_o 与基准信号频率 f_r 之间的关系为

$$f_o = f_r \times (N + k / M) \tag{9.18}$$

式中，k 和 M 都是整数，M 表示分数分频器能提供的分频数量，k 是 0 到 M 之间的任意数。非整数值 $N+k/M$ 通常写作 $N.F$，这里的圆点代表小数点，N 和 F 分别代表该数字的整数和小数部分。

3）在串行数据通信中恢复时钟信号

在现代数据通信系统中（如光纤通信），广泛采用单线单向的串行数据传输模式，以达到节省资源和保证数据稳定传输的目的。在这种串行数据传输系统中，由于只传输数据（单线），因此需要在接收端利用 PLL 恢复时钟信号，如图 9.25 所示。

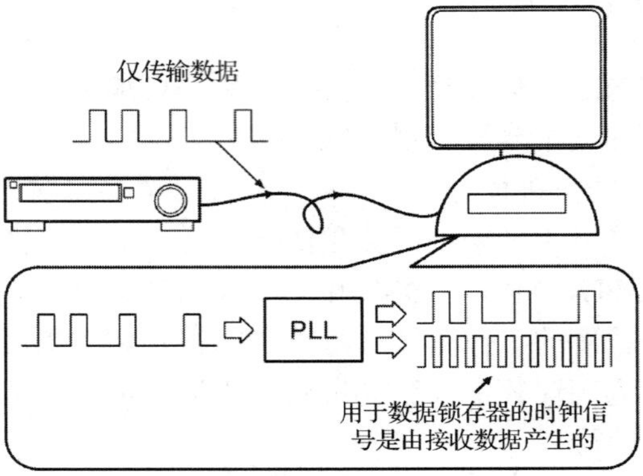

图 9.25　利用 PLL 在接收端恢复时钟信号

4）消除数字电路中的时钟偏斜

由前面的分析可知，PLL 对输入的基准时钟信号有很好的跟踪作用，因此可以用 PLL 产生两个没有时钟偏斜（Clock Skew）的时钟信号。在超大规模集成电路设计中，为了提高时钟信号的驱动能力，一般需在时钟节点添加缓冲器（Buffer），如图 9.26（a）所示。但是，加入缓冲器会使该节点前后的时钟信号出现一定的相位差，从而影响整体电路的工作时序。为此，通过增加 PLL 可使输入-输出时钟信号的相位对齐，从而消除数字电路中的时钟偏斜，如图 9.26（b）所示。

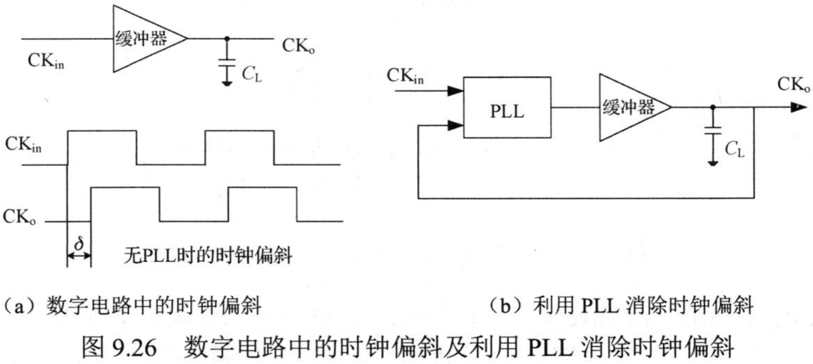

（a）数字电路中的时钟偏斜　　（b）利用 PLL 消除时钟偏斜

图 9.26　数字电路中的时钟偏斜及利用 PLL 消除时钟偏斜

9.3 延迟锁相环

延迟锁相环（Delay-Locked Loop，DLL），通常用于将输入基准时钟信号的一个周期进行 n 等分，从而产生 n 个彼此等时延的方波信号。DLL 的结构和工作原理与锁相环（PLL）非常相似，所不同的是，DLL 的输出信号与输入信号的频率相同，即 DLL 不产生新的频率信号，因此其内部不含压控振荡器，取而代之的是压控延迟线（Voltage-Controlled Delay Line，VCDL），它可以产生等间隔时延的信号。

DLL 在多相时钟信号产生及消除时钟偏斜方面具有独特优势，被广泛应用在数据串-并转换、采样信号产生电路、TDC 电路等领域。根据实现电路的结构不同，可将 DLL 分为模拟延迟锁相环（Analog DLL）和数字延迟锁相环（Digital DLL）。

9.3.1 模拟延迟锁相环

图 9.27 所示为模拟延迟锁相环的结构框图，模拟延迟锁相环由鉴相器（PD）或鉴频鉴相器（PFD）、电荷泵（CP）+低通滤波器（LPF）及压控延迟线（VCDL）构成。压控延迟线的最后一个时钟信号 CK_n 反馈到输入端，与输入的基准信号 CK_{in} 进行比较，如果二者之间存在相位差，那么 PD 或 PFD 将产生相应的控制信号（Up 或 Down），经过 CP+LPF 后，得到直流控制电压 V_C（V_C 的大小与二者的相位差成比例），然后 V_C 调节 VCDL 的总延迟时间，最终当 DLL 处于锁定状态时，VCDL 的总延迟就等于输入信号的一个周期。假定 VCDL 中共有 n 个完全相同的延迟单元，每个延迟单元的延迟时间均为 Δt，则当 DLL 处于锁定状态时，$T_{in} = n \times \Delta t$，其中，$T_{in}$ 为输入基准信号的周期。图 9.28 所示为延迟锁相环处于锁定状态时的输出时钟信号（n=4）。

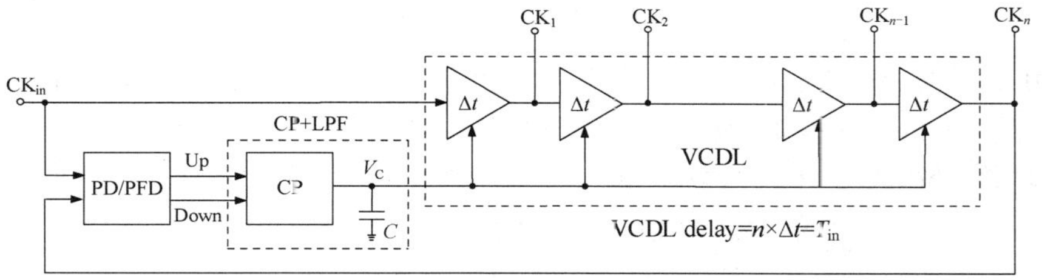

图 9.27　模拟延迟锁相环的结构框图

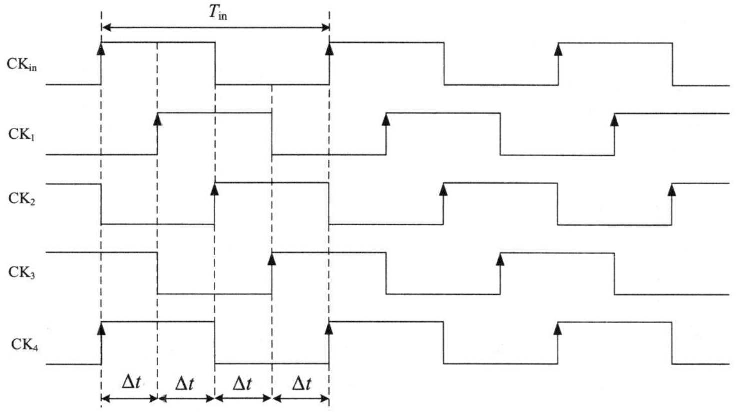

图 9.28　延迟锁相环处于锁定状态时的输出时钟信号（n=4）

在图 9.27 中，鉴相器（PD）或鉴频鉴相器（PFD）及电荷泵（CP）+低通滤波器（LPF）模块的结构和工作原理，与如图 9.11 所示的锁相环（PLL）电路中的完全相同，这里不再赘述。这里主要介绍压控延迟线（VCDL）模块。

图 9.29 所示为 VCDL 中的一个延迟单元的电路实例。该延迟单元由 4 级反相器组成，中间的两级反相器为电流饥饿型延迟单元，输入端和输出端的反相器用于波形整形。V_C 为 CP+LPF 模块的输出直流电压，当 V_C 发生变化时，由于电流镜的耦合作用，M_1、M_2、M_3、M_4 中的电流也发生变化，从而调节电流饥饿型延迟单元的延迟时间。为了得到占空比为 50% 的方波信号，要求电流饥饿型延迟单元的充电和放电电流对称。

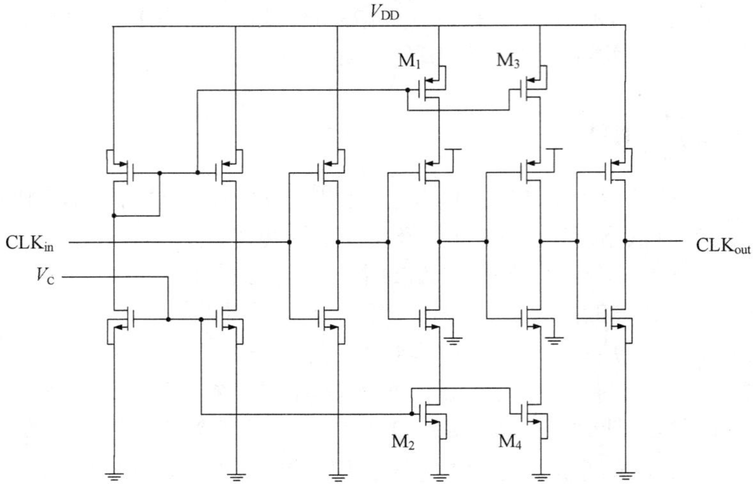

图 9.29　延迟单元的电路实例

图 9.30 所示为延迟单元的控制电压 V_C 和延迟时间 Δt 之间的关系（仿真结果），可以看出，当控制电压从 0～1.8V 变化时，相应的延迟时间 Δt 的变化范围是 220～670ps，为了获得最大的电压调节增益 $\Delta t/\Delta V_C$，需要将延迟单元的工作区域设置在中间的线性段。

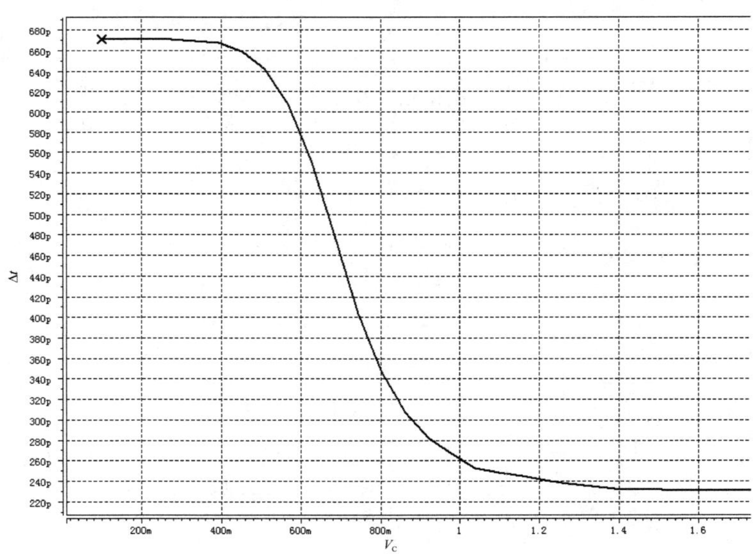

图 9.30　延迟单元的控制电压 V_C 和延迟时间 Δt 之间的关系

模拟延迟锁相环的电路结构简单、容易实现，且具有较好的时钟抖动特性。但是，模拟延迟锁相环存在以下缺点：①锁定时间较长，且容易发生失锁的情况；②需要对电容进行充放电，电路的功耗和面积较大；③电路特性容易受到 PVT 参数变化的影响。

9.3.2 数字延迟锁相环

随着 CMOS 工艺进入深亚微米及纳米制程，信号频率高达数 GHz，延迟锁相环逐步采用数字电路实现。数字延迟锁相环或全数字延迟锁相环（All Digital DLL，ADDLL）是全部由数字电路实现的，可以克服上述模拟延迟锁相环的缺点。ADDLL 的锁定速度快，无失锁现象。另外，由于不需要对电容进行充放电，因此 ADDLL 电路的功耗和面积小。但 ADDLL 的时钟抖动（Jitter）特性比模拟 DLL 差。

图 9.31 所示为全数字延迟锁相环的电路结构框图，主要由鉴相器（PD）、控制器（Controller）及数控延迟线（Digitally Controlled Delay Line，DCDL）组成。根据控制器的控制方法不同，ADDLL 可以分为四种类型[3,4]：基于逐次逼近（Successive-Approximation Register，SAR）控制的 DLL、基于计数器控制的 DLL、基于 TDC 控制的 DLL 及基于寄存器控制的 DLL。这里主要讨论基于逐次逼近控制的 DLL。

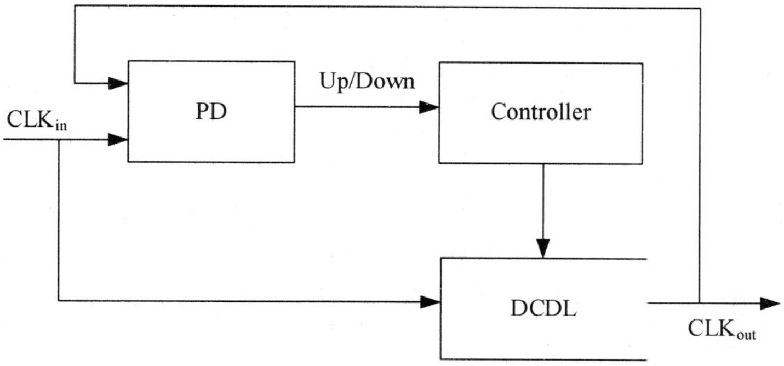

图 9.31 全数字延迟锁相环的电路结构框图

ADDLL 的工作原理是，若输入时钟 CLK_{in} 与反馈时钟 CLK_{out} 之间存在相位差，则鉴相器产生相应的 Up 或 Down 信号，控制器根据鉴相器的输出信号调节数控延迟线中的延时单元数量，从而调节数控延迟线的总延时，直到输入时钟与反馈时钟的相位差足够小（鉴相器无法区别）时，电路进入锁定状态。

图 9.32 所示为采用逐次逼近控制的 DLL 电路实例，该 DLL 电路总体上可分为两部分：粗延迟部分（Coarse Delay Unit，CDU）和细延迟部分（Fine Delay Unit，FDU），这两部分分别组成两个控制环路。粗延迟部分由 D 触发器（D Flip-Flop，DFF）、时钟分频器（Frequency Dividers）、逐次逼近寄存器（SAR）和粗延迟线（Coarse Delay Line，CDL）组成，采用逐次逼近的控制方法。细延迟部分主要由鉴相器（Phase Detector，PD）、计数器（Counter）和细延迟线（Fine Delay Line，FDL）组成，采用计数器的控制方法。在该结构中，采用 9-bit 数字控制信号，其中高 5-bit（C_4～C_0）用于 SAR 寄存器控制，以调节粗延迟线 CDL 的延时，低 4-bit（F_3～F_0）用于计数器的控制，以调节细延迟线 FDL 的延时，从而实现对整个延迟线的延时调节。

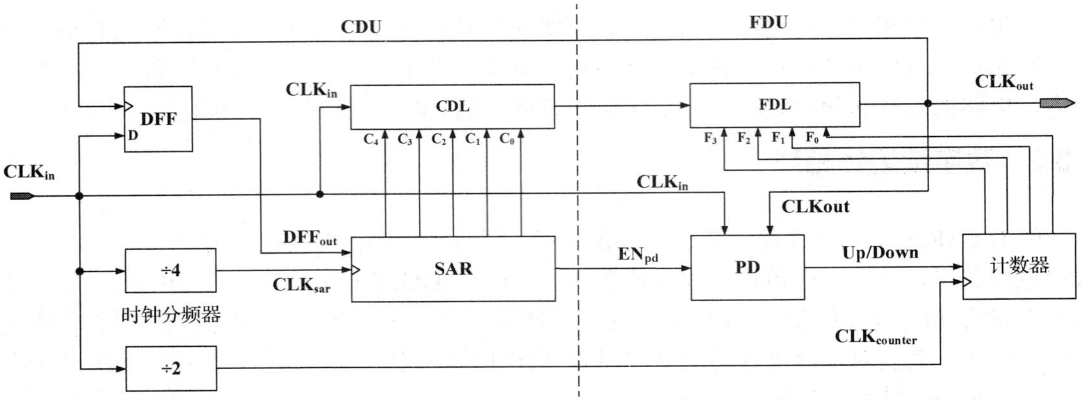

图 9.32　采用逐次逼近控制的 DLL 电路实例

在图 9.32 中，为了提高 DLL 的输出时钟精度（减小稳态相位误差），采用粗延时调节和细延时调节相结合的方式，即利用 FDL 对输入–输出相位差进行微调，在保证调节精度的前提下，可以显著减小电路规模（面积和功耗）。

DLL 在工作过程中，CDU 部分率先开始工作，D 触发器检测输入–输出时钟信号的相位差，根据 D 触发器的输出信号 DFF_{out} 的电平高低，按照逐次逼近算法，依次确定 SAR 寄存器的 5-bit 数据，调节接入 CDL 的延时单元数量，从而调节 CDL 的总延时。当控制 SAR 寄存器的 5-bit 数据全部确定后，SAR 寄存器向 FDU 的鉴相器发送一个使能信号（EN_{pd}），启动细延迟部分开始工作。此时，由于上述 CDU 部分的调节，输入–输出时钟信号的相位差逐渐变小。在细延迟部分，由于鉴相器比 D 触发器具有更高的相位分辨精度，根据输入–输出时钟的相位差，鉴相器产生相应的 Up 或 Down 信号，对计数器进行控制，进而确定其输出的 4-bit FDL 控制位。当全部 9-bit 控制位确定后，DLL 进入锁定状态。

图 9.33 所示为粗延迟线的电路结构，其中，C_4～C_0 是 CDL 的 5-bit 数字控制位，控制 CDL 的总延时。输入时钟信号 CLK_{in} 经 CDL 延时后，最后得到输出时钟信号 CLK_{out}。

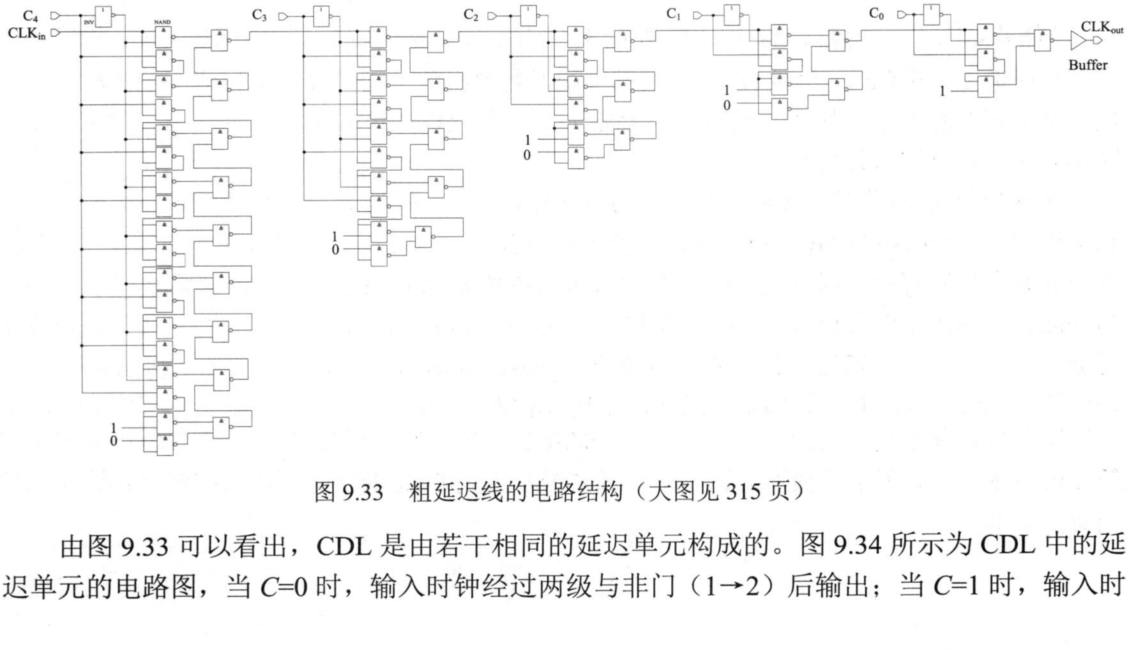

图 9.33　粗延迟线的电路结构（大图见 315 页）

由图 9.33 可以看出，CDL 是由若干相同的延迟单元构成的。图 9.34 所示为 CDL 中的延迟单元的电路图，当 C=0 时，输入时钟经过两级与非门（1→2）后输出；当 C=1 时，输入时钟经过四级与非门（3→4→5→2）后输出。

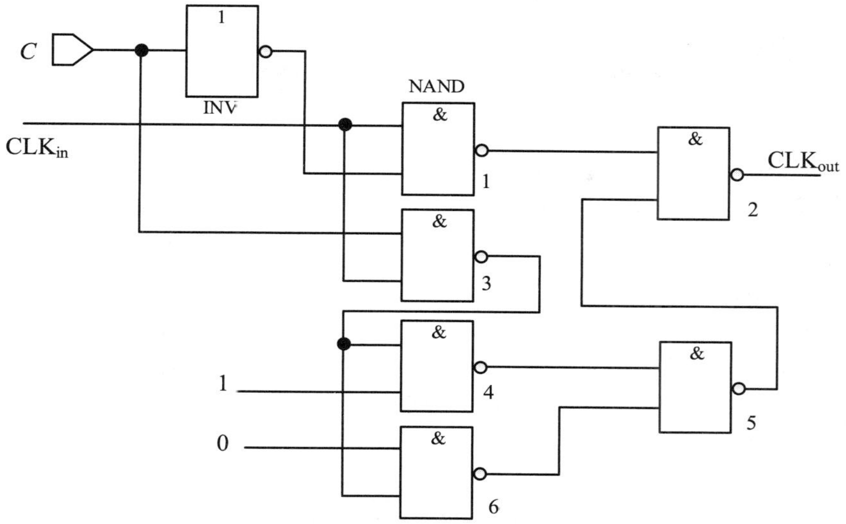

图 9.34　CDL 中的延迟单元的电路图

图 9.35 所示为粗延迟线的总延时与数字控制位 C_4～C_0（图中用十进制表示）之间的关系（Spice 仿真结果，输入时钟信号的频率为 50MHz，采用 0.18μm CMOS 工艺），最小延时与最大延时分别为 5.15ns 和 24.26ns，总延时与数字控制位之间具有良好的线性度。

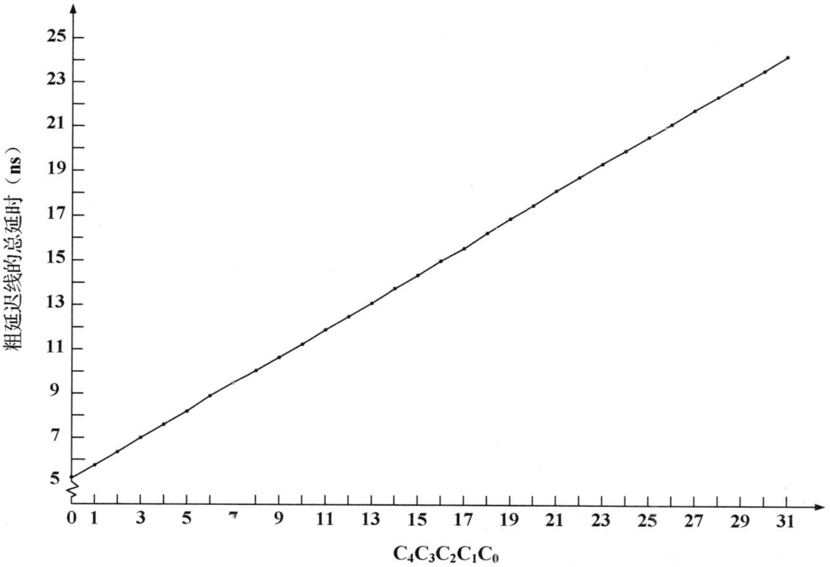

图 9.35　粗延迟线的总延时与数字控制位 C_4～C_0 之间的关系

图 9.36 所示为粗延迟线的逐次逼近控制流程图，为了便于读者理解，这里以 3-bit（C_2～C_0）控制位为例，说明逐次逼近控制的工作原理。

CDU 的控制过程是，从最高位 C_2 开始，按照逐次逼近算法，依次决定 C_2、C_1 和 C_0。开始时，首先设定 $C_2=1$、其余位为 0（$C_1=C_0=0$），然后判断 CLK$_{in}$ 与 CLK$_{out}$ 之间的相位关系（图 9.32 中 D 触发器的输出信号 DFF$_{out}$ 的电平高低），如果 CLK$_{out}$ 滞后 CLK$_{in}$，说明 CDL 的延时太大，此时应使 $C_2=0$，以减小延时；相反，如果 CLK_{out} 超前 CLK_{in}，说明 CDL 的延时太小，此时应保持 $C_2=1$，以增大延时。按照相同的方法，可以依次决定 C_1 和 C_0 的值。图 9.37 所示为采用 5-bit 逐次逼近控制时，DLL 锁定过程中数字控制位 C_4～C_0 的变化过程实例。

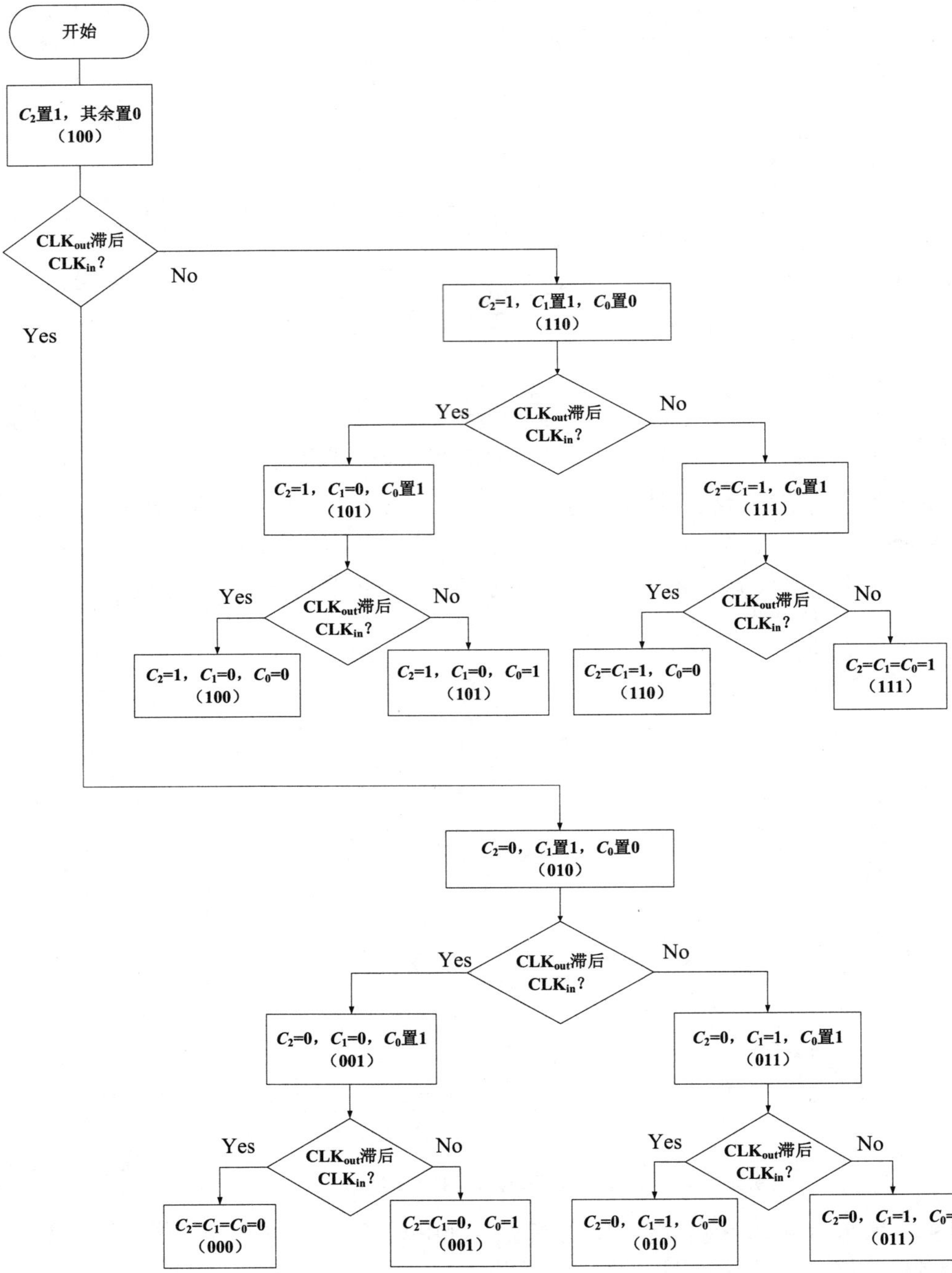

图 9.36　粗延迟线的逐次逼近控制流程图

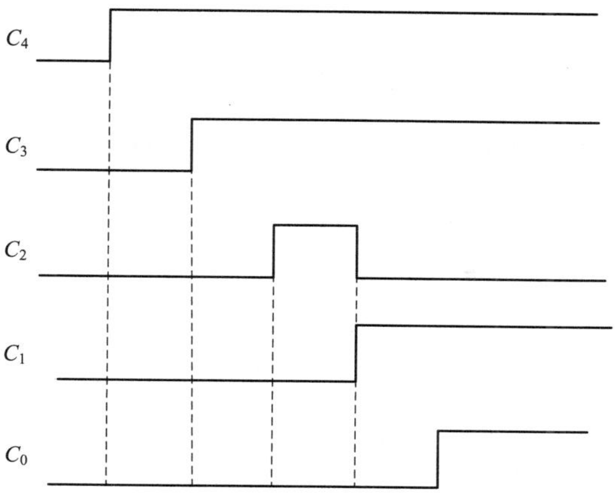

9.37　DLL 锁定过程中数字控制位 C_4～C_0 的变化过程实例

图 9.38 所示为细延迟线的电路结构，采用电流饥饿型延迟单元，其中，4-bit 控制位（F_3～F_0）用于调节电流饥饿型延迟单元的充放电电流，从而调节 FDL 的总延时。输出端的反相器用于波形整形。

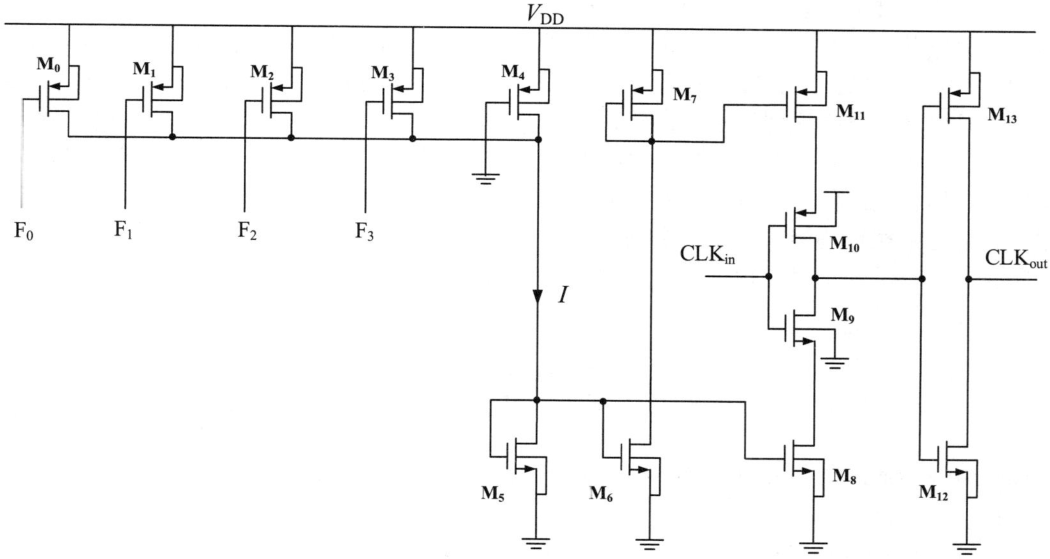

图 9.38　细延迟线的电路结构

图 9.39 所示为 DLL 锁定过程中 4-bit 计数器控制位的变化实例。使能信号 EN_{pd} 解除后（从 0 变为 1），根据鉴相器的输出信号（Up 或 Down）的值，计数器开始计数。值得指出的是，在图 9.38 中，当 $F_3F_2F_1F_0$=0000 时，M_0～M_3 均导通，此时，细延迟线的充放电电流 I 最大，而当 $F_3F_2F_1F_0$=1111 时，I 最小。在该例中，由于 CLK_{out} 超前 CLK_{in}（Down 信号为高电平），因此将计数器的初始值设为 $F_3F_2F_1F_0$=0000，然后计数器从最低位 F_0 开始，依次向上计数（$F_0 \to F_1 \to F_2 \to F_3$），使得细延迟线的充放电电流 I 逐渐减小，其延迟时间相应增加，直到 CLK_{out} 与 CLK_{in} 相位重合，此时 4-bit 控制位（F_4～F_0）稳定在“1101”，细延迟部分完成锁定，并且整个数字延迟锁相环进入锁定状态。

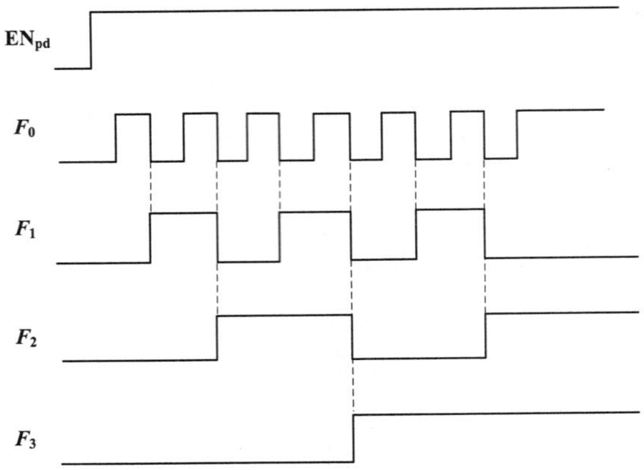

图 9.39　DLL 锁定过程中 4-bit 计数器控制位的变化实例

本章小结

本章介绍了几类典型的时钟信号产生电路，包括电容充放电振荡器、锁相环和延迟锁相环。电容充放电振荡器具有电路结构简单、功耗低、面积小、易于片内集成的特点，但是只能产生数百 kHz 到数十 MHz 频率的方波信号，且电路特性容易受到 PVT 的影响。锁相环引入了负反馈机制，可以产生频率近似恒定的方波或正弦波信号，具有振荡频率精度高及可实现倍频的特点，可以产生频率为数百 MHz 到数 GHz 的振荡信号。延迟锁相环可以产生彼此等延时的多相方波信号，但其输出信号和输入信号的频率相同。随着 CMOS 工艺进入深亚微米或纳米制程，锁相环和延迟锁相环逐步采用数字电路实现，与模拟实现方式相比，数字实现方式具有电路的功耗低、面积小、锁定时间短、对 PVT 参数变化不敏感等优点，是未来的发展趋势。

参考文献

[1] Behzad Razavi. Design of CMOS phase-locked loops [M]. Cambridge: Cambridge University Press, 2020.

[2] Dean Banerjee. PLL Performance, Simulation and Design [M]. 4th Edition. 2006.

[3] Erkan Bayram, etc. 1.5-3.3GHz, 0.0077mm^2, 7mW All-Digital Delay-Locked Loop with Dead-Zone Free Phase Detector in 0.13μm CMOS [J]. IEEE Transactions on Circuits and Systems-I: Regular papers. Vol. 65, No. 1, pp. 39-50, Jan. 2018.

[4] Dongjun Park and Jongsun Kim. A 7-GHz Fast-Lock 2-Step TDC-based All-Digital DLL for Post-DDR4 SDRAMs [C]. 2018 IEEE International Symposium on Circuits and Systems.

习题

9.1 图 9.40 所示为由 4 级放大器构成的环形振荡器，假定每级的增益均相同，且可表示为 $A(s)=-A_0/(1+s/\omega_0)$。为了使电路发生振荡，每级放大器所需的最小电压增益 A_0 是多少？

每级放大器的信号相移是多少？

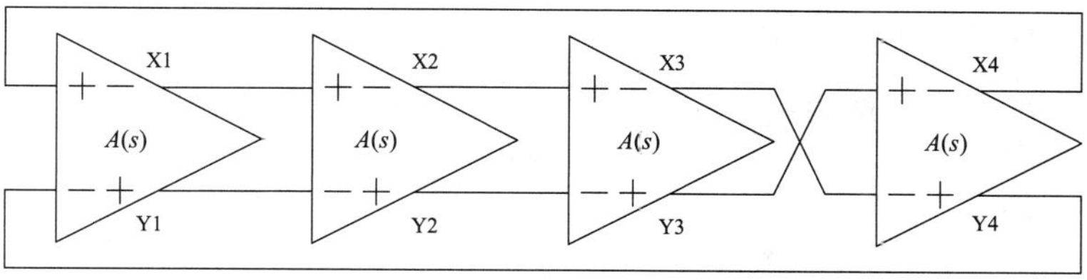

图 9.40

9.2 分析如图 9.41 所示的锁相环，有一个外部电压 V_{ex} 加在低通滤波器（LPF）的输出端。

（1）如果环路锁定，且 $V_{ex}=V_1$，求此时的相位误差和 V_{LPF}。

（2）假设 V_{ex} 在 $t=t_1$ 时刻从 V_1 阶跃跳变到 V_2，此时环路如何响应？

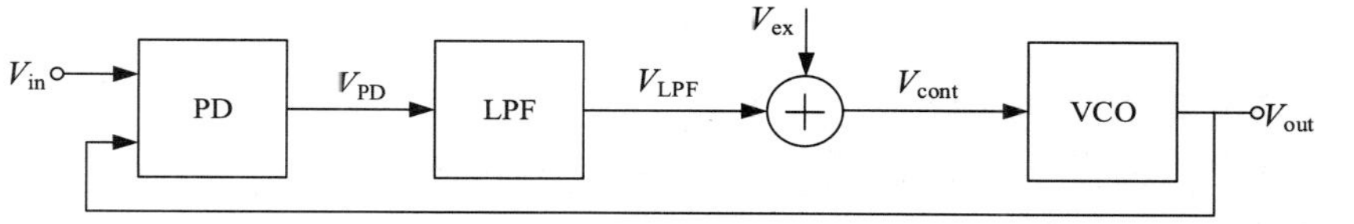

图 9.41

9.3 对于如图 9.42 所示的鉴频鉴相器电路，试确定 Q_B 窄复位信号的脉冲宽度。忽略扇入扇出影响，假定与非门、或非门和反相器的延时分别为 t_{nand}、t_{nor} 和 t_{inv}。

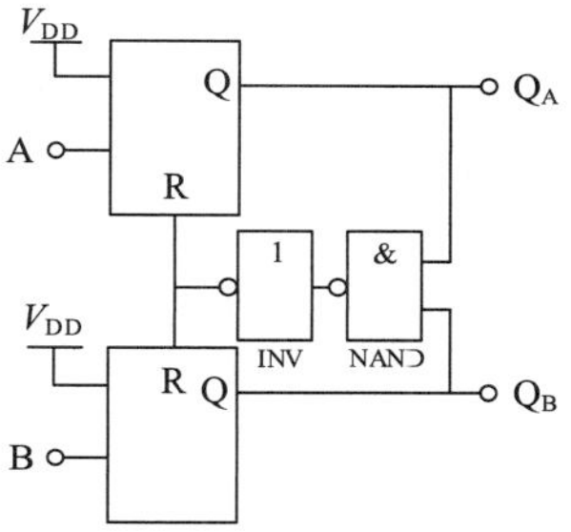

（a）鉴频鉴相器的结构

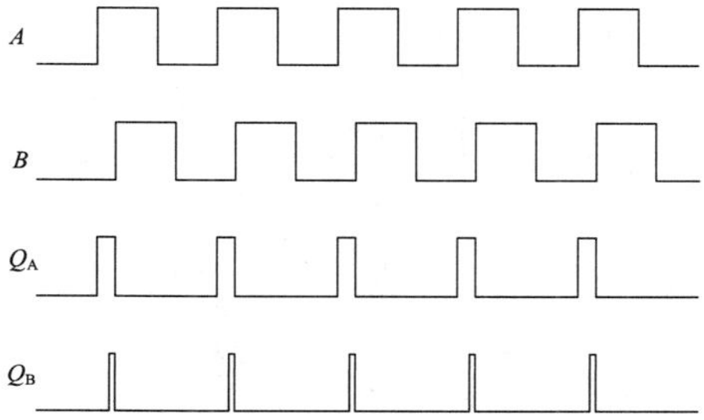

（b）波形图

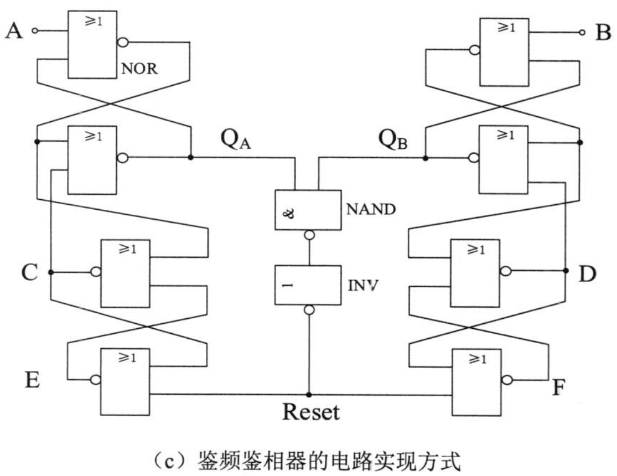

（c）鉴频鉴相器的电路实现方式

图 9.42

9.4 图 9.43 所示的电路为振荡器的某一级，假定$|V_{DS}| \leqslant 0.2|V_{GS} - V_{TH}|$，CMOS 管工作于深度线性区，试确定最大允许的$V_{cont}$值。

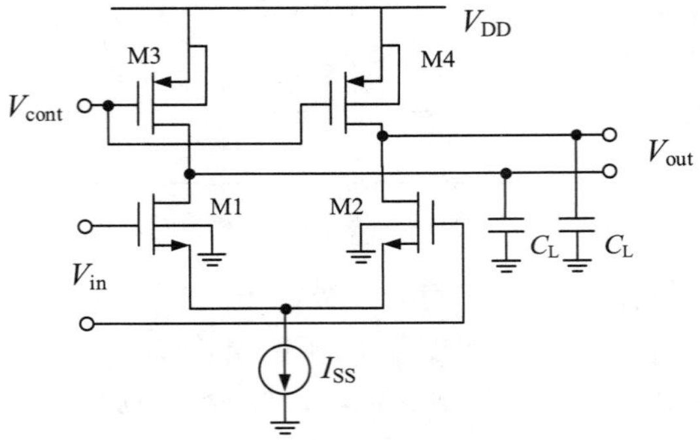

图 9.43

9.5 在如图 9.44 所示的电路中，Q_A和Q_B的波形如图 9.44（b）所示，且当Q_A(Q_B)为高电平时，开关S_1(S_2)接到“2”端，否则接到“1”端。如果$I_1 = I_2$，那么Q_B的窄脉冲对输出电压V_{out}的影响是什么？请画出V_{out}的波形。

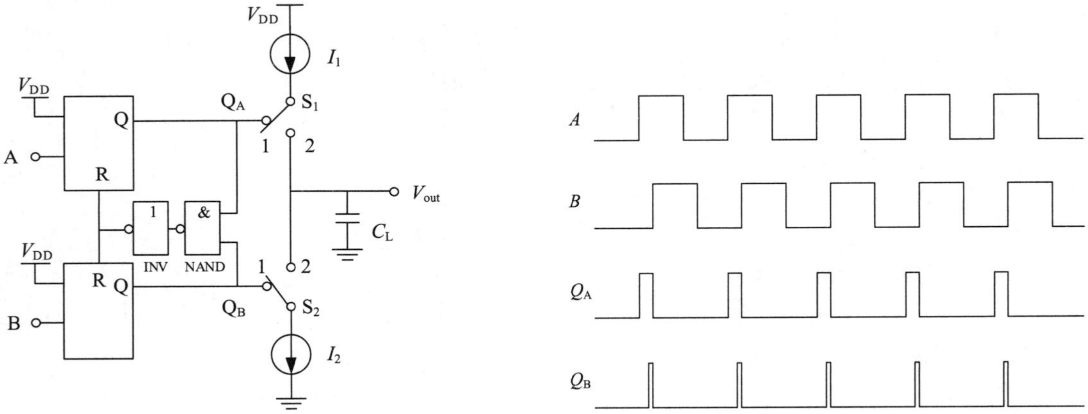

（a）电路结构　　　　（b）波形图

图 9.44

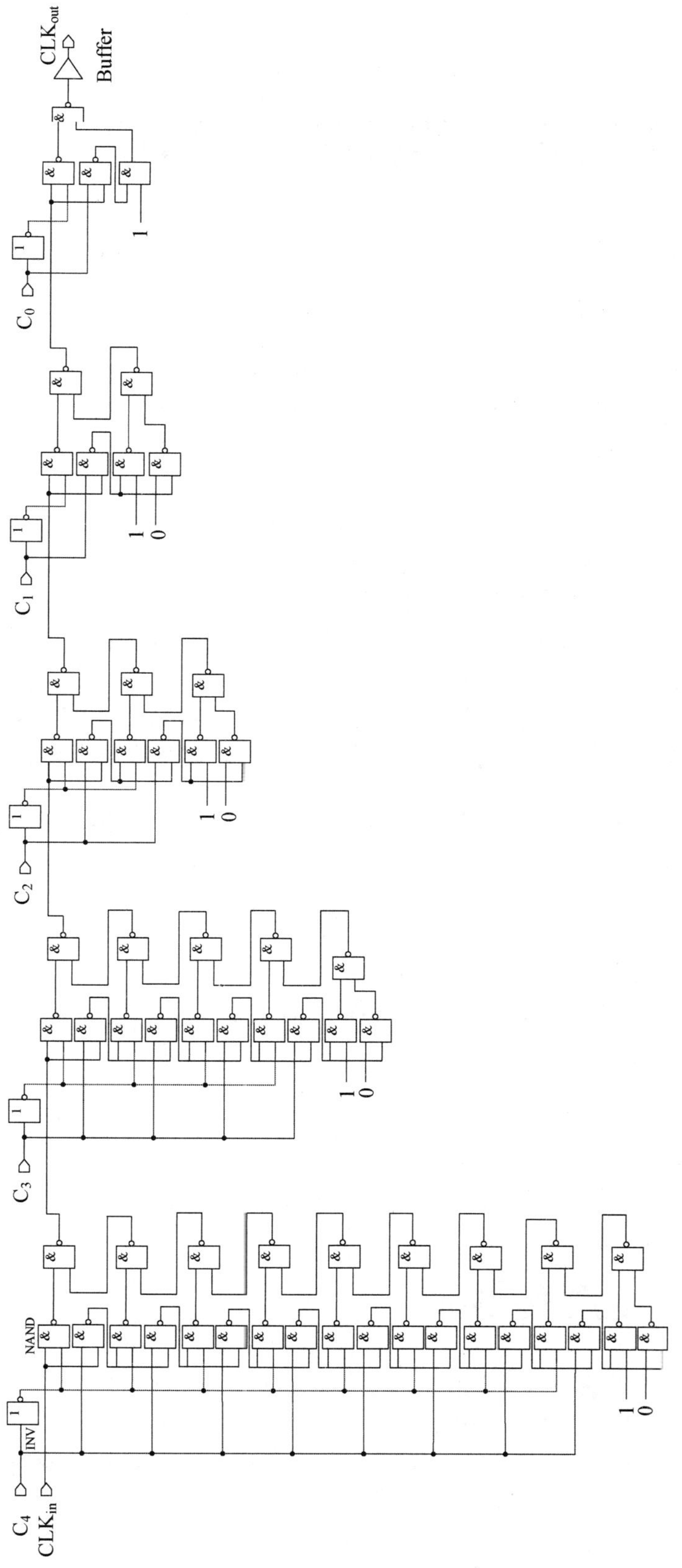

图 9.33　粗延迟线的电路结构

第 10 章　数据转换电路

由于现实世界的物理量和人类能够感知的信息（声音和图像）都是模拟量，而海量的复杂信息处理需要在数字领域进行，因此需要模拟域（连续域）↔数字域（离散域）之间的数据转换电路。图 10.1 所示为信号处理系统的典型结构，输入的模拟信号经过放大器（Amplifier）和滤波器（Pre Filter）后，被模数转换器（Analog to Digital Converter，ADC）转换为数字信号，然后在 DSP（Digital Signal Processing）中按照特定的算法对其进行处理，最后利用数模转换器（Digital to Analog Converter，DAC）将处理后的数字信号转换为模拟信号，以产生人类能够感知的声音和图像信息。

随着集成电路制造工艺的微细化（摩尔定律），DSP 的运算速度不断提升、功能日益强大，信号处理系统要求数据转换电路朝着高速、高分辨率和高精度的方向发展。另外，低功耗、小面积、易于集成的数据转换电路也是混合信号 SoC 的重要组成模块。

本章主要介绍各种数据转换器的电路结构、工作原理和性能特点，包括 ADC 和 DAC[1,2]。数据转换器在信号链电路中起着十分重要的作用，要求其具有高速、高精度和低功耗的特性。各种数据转换器的电路结构不同，它们的性能也各有所长、各具特色。通过对本章的学习，读者可以了解各种数据转换器的结构和工作原理，为今后设计或使用数据转换器奠定基础。

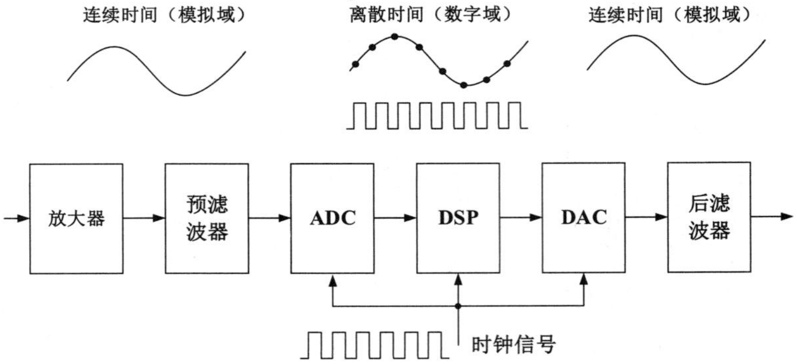

图 10.1　信号处理系统的典型结构

10.1　模数转换器的性能参数

模数转换器（ADC）的功能是将输入的模拟电压信号转换为相应的数字信号，其性能参数包括分辨率、采样速度、变换误差（变换精度）、输入电压范围、功耗及电路面积等。采样速度是指每秒钟内 ADC 采样（变换）的次数，其单位通常用 Sampling/sec (S/s)或 sps（sampling per second）表示。ADC 的发展趋势是，采用先进的 CMOS 工艺，不断提升采样速度、分辨率（变换精度）和低功耗等性能指标，或针对具体应用背景对这些指标进行折中和优化。

10.1.1　ADC 的分辨率和量化误差

分辨率（Resolution）是指 ADC 输出数字信号的位数，通常用 *N*-bit 表示，意味着将模拟输入电压范围按 $1/2^N$ 进行等分。对于分辨率为 *N*-bit 的 ADC，如果模拟输入电压范围是 V_{FS}，则该 ADC 能够分辨的最小电压 $\varDelta = V_{FS}/2^N$，$\varDelta$ 称为 ADC 的量化步长，用 1 LSB（Least Significant Bit，最低有效位）表示。

假设模拟输入电压范围 V_{FS} =1.0V，不同分辨率的 ADC 的最低有效位及典型应用场合如表 10.1 所示。显然，分辨率越高，最低有效位越小，对输入电压分割得越精细。

表 10.1　不同分辨率的 ADC 的最低有效位及典型应用场合

分辨率（*N*-bit）	最低有效位 $\varDelta$（1 LSB）	典型应用场合
8-bit	3.9mV	视频
10-bit	0.98mV	高清电视
16-bit	15.3μV	声音，图像
20-bit	1.9 μV	高精度信号检测

对于输入的模拟电压信号，其小于最低有效位 $\varDelta$ 的电压量为量化误差，即当输入的模拟电压变化量小于 $\varDelta$ 时，ADC 的输出保持不变，此时只有一个对应的数字输出。

下面以分辨率为 2-bit 的理想 ADC 为例，说明量化误差的概念。在图 10.2（a）中，横轴为模拟输入电压，上部阶梯状的折线为理想 2-bit ADC 的输出曲线，斜线为理想无限精度（分辨率 *N* 趋于无穷大）ADC 的输出曲线，下部为它们之间的差值，即量化误差。显然，量化误差在±0.5LSB 之间变化，它是 ADC 固有的误差，也称为量化噪声（Quantization Noise）。图 10.2（b）所示为量化噪声的功率谱密度，量化噪声为白噪声，均匀分布在 $-f_s/2$～$f_s/2$ 之间，其中 f_s 为采样频率。量化噪声的平均功率如式（10.1）所示

$$P_{qn} = \int_{-f_s/2}^{f_s/2} S_e(f)\mathrm{d}f = \int_{-f_s/2}^{f_s/2} \frac{\varDelta^2}{12 f_s}\mathrm{d}f = \frac{\varDelta^2}{12} \tag{10.1}$$

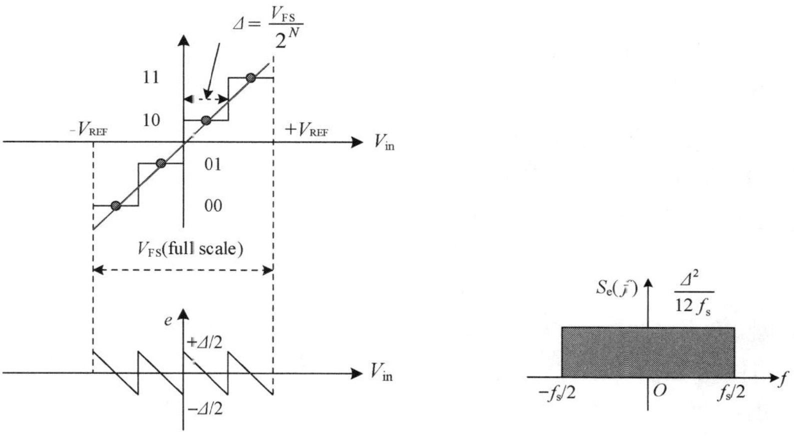

（a）　　　　　　　　　　　　（b）

图 10.2　理想 2-bit ADC 的量化误差

10.1.2 ADC 的静态误差

对于实际的 ADC（非理想），由于电路中存在各种器件工艺误差、电路噪声及非线性现象，其输入-输出特性偏离其理想特性，因此，我们下面考察 ADC 的变换误差或变换精度。当输入模拟电压为直流或低频信号时，ADC 的变换误差通常称为静态误差，静态误差包括非直线性误差、失调误差、增益误差和失码。

1）非直线性误差

对于理想的 ADC，输入的模拟电压每增加或减小 1 LSB，输出的数字信号就会加 1 或减 1（编码连续跳变一次）。但在实际的 ADC 中，数字信号连续跳变时所对应的模拟电压增量并不是恰好等于 1 LSB，而是在其左右随机变动。图 10.3 所示为 3-bit ADC 的理想（虚线）和实际（实线）输入-输出特性曲线的示意图。

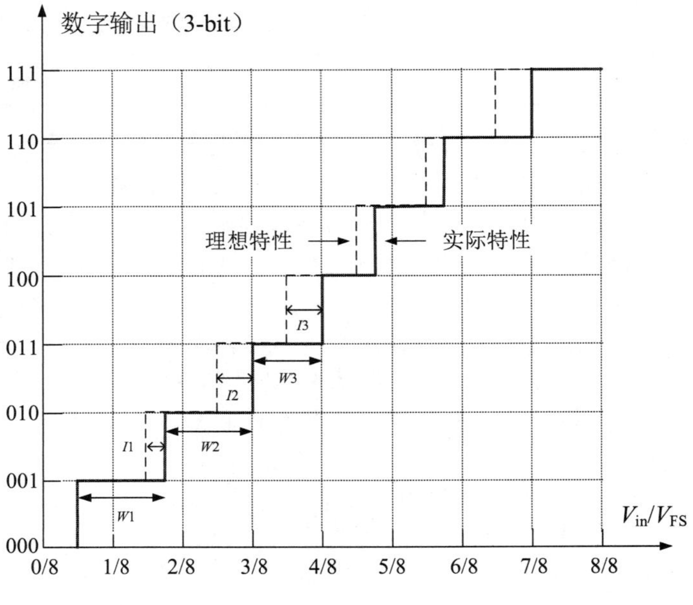

图 10.3　3-bit ADC 的理想（虚线）和实际（实线）输入-输出特性曲线的示意图

微分非直线性误差（Differential Nonlinearity Error，DNL）的定义为：数字信号连续跳变（编码加 1 或减 1）时所对应的实际模拟电压增量（实际码宽）V_i 与理想模拟电压增量（Δ=1 LSB）的差值除以 Δ，其单位为 LSB，如式（10.2）所示

$$\mathrm{DNL}_i = \frac{V_i - \Delta}{\Delta} \quad (\mathrm{LSB}) \tag{10.2}$$

积分非直线性误差（Integral Nonlinearity Error，INL）是微分非直线性误差 DNL_i 的累积（积分）值，其单位为 LSB，如式（10.3）所示。INL 代表实际特性与理想特性的累积偏离量。显然，DNL 与 INL 之间的关系如式（10.4）所示

$$\mathrm{INL}_j = \sum_{k=0}^{j} \mathrm{DNL}_k \quad (\mathrm{LSB}) \tag{10.3}$$

$$\mathrm{DNL}_j = \mathrm{INL}_j - \mathrm{INL}_{j-1} \quad (\mathrm{LSB}) \tag{10.4}$$

为了分析和评价 ADC 的 DNL 和 INL，可利用“码密度法（Code Density Test）”对 ADC 进行仿真和测试。例如，图 10.4 所示为笔者研发的 12-bit ADC 的 DNL 和 INL 的仿真结果（横轴为 ADC 的输出数字码）。

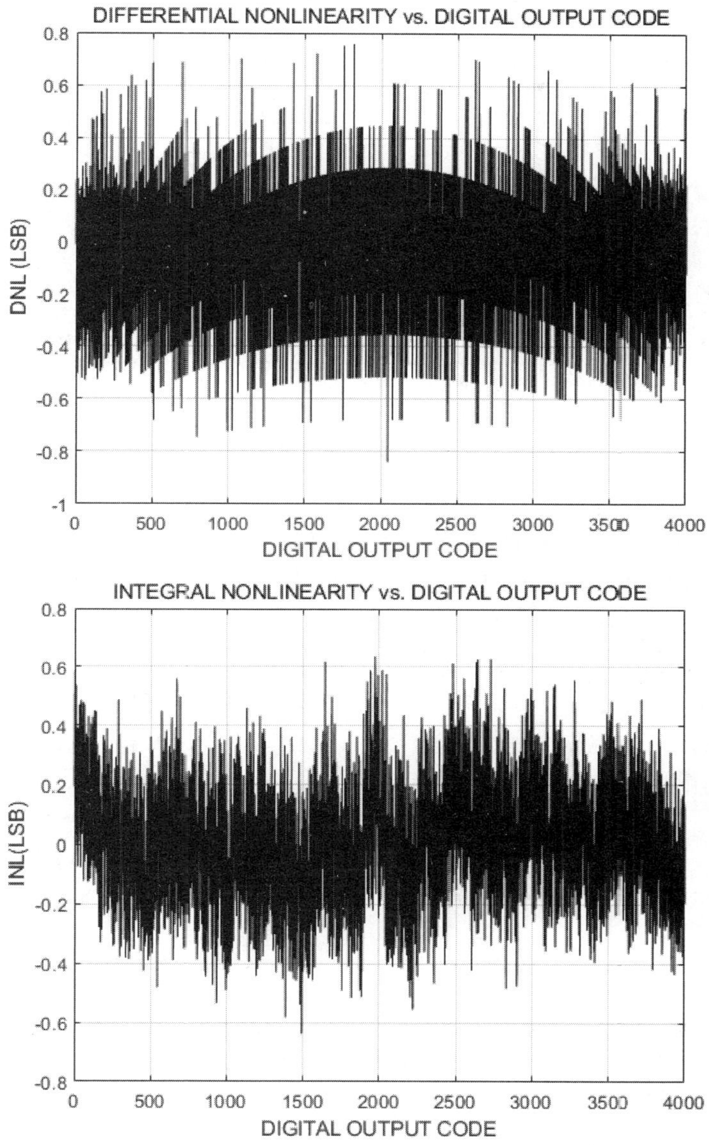

图 10.4　笔者研发的 12-bit ADC 的 DNL 和 INL 的仿真结果

2）失调误差

在实际的 ADC 中，当输入模拟电压为零时，输出的数字信号可能并不等于零；或者当输出的数字信号为零时，输入模拟电压并不等于零。如图 10.5 所示，理想特性与实际特性之间的差值称为失调误差（Offset 误差）。这里假定 ADC 中不存在前面讲述的非直线性误差。失调误差主要由 ADC 中的运算放大器或比较器的失调电压（或电流）引起，可以通过补偿的方法消除。

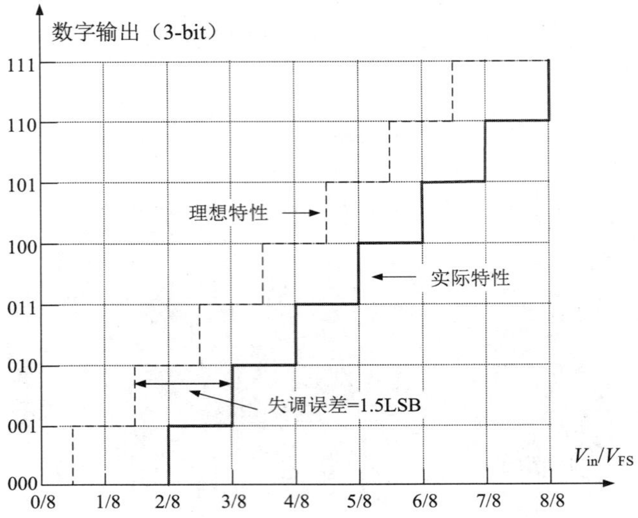

图 10.5　ADC 的失调误差

3）增益误差

对于实际的 ADC，其输入-输出特性曲线的斜率与理想值可能不同，它们之间的偏差称为增益误差。如图 10.6 所示，当输出数字值为最大值时，所对应的实际模拟输入电压与其理想值之间的偏差称为增益误差（Gain 误差）。这里假定不存在前面讲述的非直线性误差和失调误差。增益误差主要是由 ADC 中的基准电压或基准电流的误差、运算放大器的有限增益和带宽、电容等器件不匹配引起的。增益误差会影响 ADC 的动态范围，若增益误差为正，则数字输出全为 1 时的输入模拟电压小于满量程电压；若增益误差为负，则数字输出全为 1 时的输入模拟电压大于满量程电压。

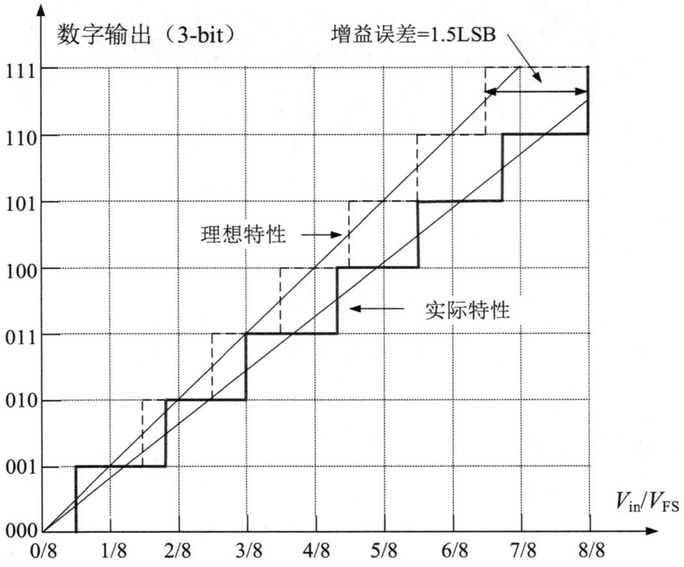

图 10.6　ADC 的增益误差

4）失码

这里以如图 10.7 所示的输入-输出特性为例，说明失码的概念。当 ADC 的模拟输入电压连续增加时，数字输出从 011 直接跳变到 101，没有输出中间的 100 编码，这种现象称为失码（Missing Code）。发生失码时，该数字码对应的实际码宽等于 0。由式（10.2）可知，当某个数字码的实际码宽 $V_i = 0$ 时，DNL = −1LSB，因此，当出现 DNL = −1LSB 的情况时，ADC 就会发生失码现象。失码主要是由 ADC 内部的 DAC 误差引起的。

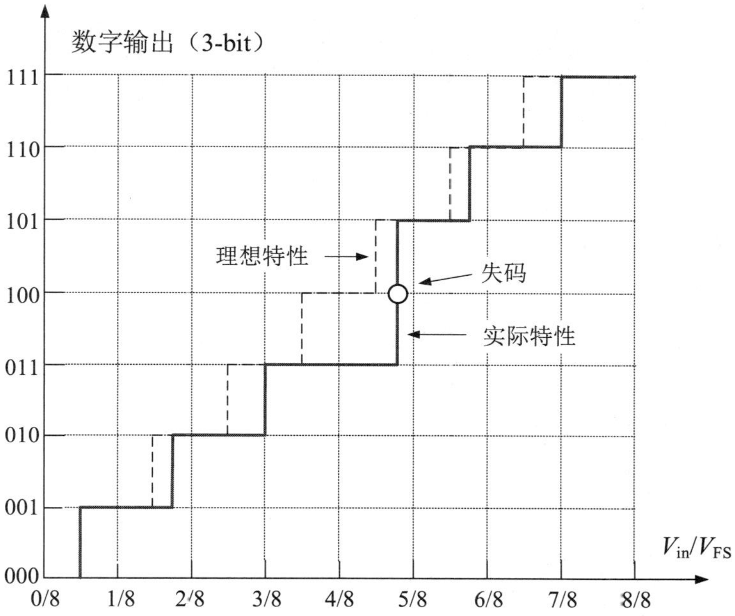

图 10.7 ADC 的失码

10.1.3 ADC 的动态误差

当 ADC 的输入信号为高频或快速变化的信号时，需要考察 ADC 的输出信号的频谱特性（反映 ADC 的高频特性，含寄生参数的影响），进而分析其动态性能。给 ADC 输入满幅正弦信号，然后对 ADC 的输出数字信号进行整数周期的 FFT 变换（离散快速傅里叶变换），得到 ADC 输出信号的频谱，并对该频谱中的基波、各高次谐波分量和噪声基底进行分析。这些高次谐波分量和噪声基底反映了 ADC 的变换误差，包括量化误差和由电路的各种非理想因素产生的误差。图 10.8 所示为笔者研发的一款 1 Msps 采样率、12-bit ADC 的输出信号频谱。注意，在计算噪声功率时，只需计算到 1/2 采样频率处即可（Nyquist 采样定理）。

ADC 的动态性能参数主要有信噪比（Signal-to-Noise Ratio，SNR）、信号与噪声和总谐波的失真比（Signal-to-Noise and Distortion Ratio，SNDR）、无杂散动态范围（Spurious-Free Dynamic Range，SFDR）、总谐波失真（Total Harmonic Distortion，THD）、有效位数（Effective Number Of Bits，ENOB）、优值（FoM）等。

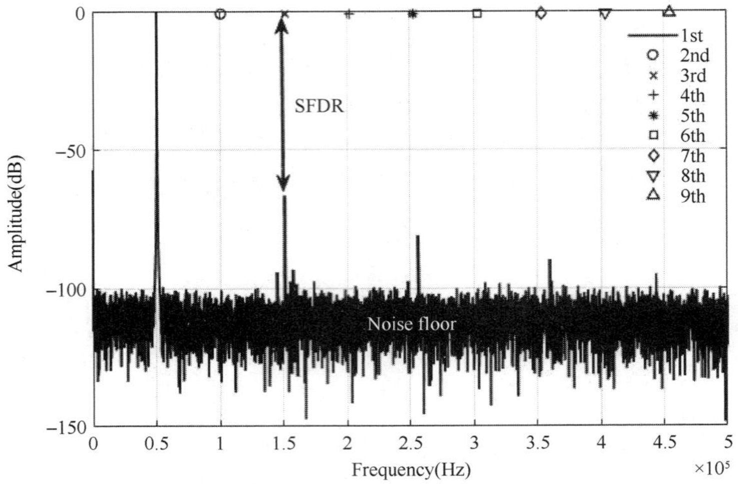

图 10.8　笔者研发的一款 1 Msps 采样率、12-bit ADC 的输出信号频谱

1）信噪比（SNR）

SNR 为信号功率 P_{Signal} 与噪声基底（Noisefloor）功率 $P_{\text{Noisefloor}}$ 的比值，其单位为分贝（dB），可用式（10.5）表示。噪声基底功率是指除各高次谐波分量外的所有噪声的总和（也称为本底噪声或背景噪声），它是由量化噪声和电路噪声引起的。

$$\text{SNR}=10\log\frac{P_{\text{Signal}}}{P_{\text{Noisefloor}}}\quad(\text{dB})\tag{10.5}$$

2）信号与噪声和总谐波的失真比（SNDR）

SNDR 是在 SNR（仅含噪声基底）的基础上，考虑了输出信号中所有高次谐波分量的功率。SNDR 是信号功率与噪声基底功率和所有高次谐波分量功率之和的比值，单位也是 dB，可用式（10.6）表示

$$\text{SNDR}=10\log\frac{P_{\text{Signal}}}{P_{\text{Noisefloor}}+P_{\text{Harmonics}}}\quad(\text{dB})\tag{10.6}$$

式中，P_{Signal} 是信号功率，$P_{\text{Noisfloore}}$ 是噪声基底功率，$P_{\text{Harmonics}}$ 是输出信号中所有高次谐波分量功率之和。显然，SNDR 小于 SNR。

3）无杂散动态范围（SFDR）

SFDR 是信号功率与最大谐波分量功率的比值，单位也是 dB，如式（10.7）所示

$$\text{SFDR}=10\log\frac{P_{\text{Signal}}}{P_{\text{max\_harmonics}}}\quad(\text{dB})\tag{10.7}$$

4）总谐波失真（THD）

THD 是指总谐波功率与信号功率的比值，单位也是 dB，如式（10.8）所示

$$\text{THD}=10\log\frac{P_{\text{Harmonics}}}{P_{\text{Signal}}}\quad(\text{dB})\tag{10.8}$$

5）有效位数（ENOB）

对于理想的 ADC，不存在电路噪声，只存在量化噪声。对于分辨率为 *N*-bit 的 ADC，量化噪声功率 P_{qn} 如式（10.9）所示，式中，$\varDelta$ 为量化步长，$\varDelta$=1LSB。

$$P_{\rm qn} = \int_{-f_s/2}^{+f_s/2} S_e(f)\,df = \int_{-f_s/2}^{+f_s/2} \frac{\Delta^2}{12 f_s} df = \frac{\Delta^2}{12} \tag{10.9}$$

设输入 ADC 的满幅正弦信号为 $v(t) = A\sin(\omega_0 t)$，则 $\Delta = 2A / 2^N$，即 $A = \Delta \times 2^{N-1}$，则一个周期内的信号平均功率为

$$P_{\rm Signal} = \frac{1}{T}\int_{-T/2}^{T/2} v^2(t)dt = \frac{1}{T}\int_{-T/2}^{T/2} [\Delta \times 2^{N-1} \sin(\frac{2\pi}{T}t)]^2 dt = \frac{(\Delta \times 2^{N-1})^2}{2} \tag{10.10}$$

由式（10.9）和式（10.10）可计算得到 N-bit 理想 ADC 的 SNR 为

$$\text{SNR} = 10\log\frac{P_{\rm Signal}}{P_{\rm qn}} = 10\log\frac{(\Delta \times 2^{N-1})^2/2}{\Delta^2/12} = 10\log(1.5 \times 2^{2N}) = 6.02N + 1.76 \tag{10.11}$$

式（10.11）表明，在只考虑量化噪声的情况下，ADC 的分辨率 N 每增加 1 bit，SNR 就会增加 6.02dB。由式（10.11）可求得理想 ADC 的分辨率 N 与信噪比 SNR 之间的关系，如式（10.12）所示

$$N = \frac{\text{SNR} - 1.76}{6.02} \quad \text{(bit)} \tag{10.12}$$

对于实际的 ADC，除了量化噪声，还存在由电路的各种非理想因素产生的噪声。如果将式（10.12）中的 SNR 替换为 SNDR，此时对应的 N 被定义为实际 ADC 的有效位数（ENOB），如式（10.13）所示。由于 SNDR 小于 SNR，因此实际 ADC 的有效位数（ENOB）小于其分辨率（N）。而对于理想 ADC（只存在量化噪声），其有效位数就等于分辨率。ENOB 是评估 ADC 变换精度（变换误差）的一个重要参数，它是指在量化噪声、电路噪声和失真都存在的情况下，ADC 实际所能达到的分辨率，是 SNDR 的直观表示

$$\text{ENOB} = \frac{\text{SNDR} - 1.76}{6.02} \quad \text{(bit)} \tag{10.13}$$

6）优值（FoM）

优值，又称品质因数（Figure of Merit，FoM），是评估 ADC 综合性能（采样率、变换精度和功耗）的一个常用参数。FoM 的定义为

$$\text{FoM} = \frac{\text{Power}}{2^{\text{ENOB}} \times f_s} \quad \text{(J/conv.-step)} \tag{10.14}$$

其中，Power 是 ADC 的功耗，ENOB 是有效位数，f_s 是采样率。FoM 的单位是 J/conv.-step，即 ADC 每转换 1 次所消耗的能量（J），显然，FoM 的值越小，ADC 的综合性能越好。

10.2　典型的 ADC 电路

不同的应用背景对 ADC 的性能要求不同，不同结构的 ADC 在性能（采样速度、分辨率、功耗、面积等）方面也有显著差异。根据采样速度的高低，可以将 ADC 分为高速、中速和低速三大类。高速 ADC 主要包括并行 ADC、两步式 ADC、流水线 ADC；中速 ADC 主要有逐次逼近 ADC；低速 ADC 主要包括积分型 ADC、威尔金森 ADC 和过采样 ADC（Σ-Δ ADC）。在功耗和面积限定的前提下，ADC 的采样速度和分辨率通常是相互矛盾的。

10.2.1 并行式 ADC

并行式 ADC（Parallel ADC）也称为快闪 ADC（Flash ADC），它采用并行电路结构，在一个动作周期内完成所有数字位的变换，因此采样速度非常快，且不需要采样保持（S/H）电路。

图 10.9 所示为 3-bit 并行式 ADC 的电路实例。利用电阻串分压电路，将基准电压 V_{REF} 等分为 8 个值，每个值都连接到一个比较器的同相输入端，比较器的反向输入端均连接输入电压 V_{in}。比较器的输出经过 $2^N(8) \rightarrow N(3)$ 的编码电路后，即可得到 N-bit 数字输出码（$D_2D_1D_0$）。

并行式 ADC 的优点是采样速度快。但是，对于分辨率为 N 的 ADC，需要 2^N 个比较器和 2^N 个分压电阻，因此并行式 ADC 的缺点是电路的面积和功耗大，且随分辨率呈指数级增长。另外，有较大的输入电容负载（针对输入电压）。因此，并行式 ADC 适用于超高采样速度（数 Gsps）、低分辨率（通常在 8-bit 以内）的场合，如数字示波器等高速检测系统。

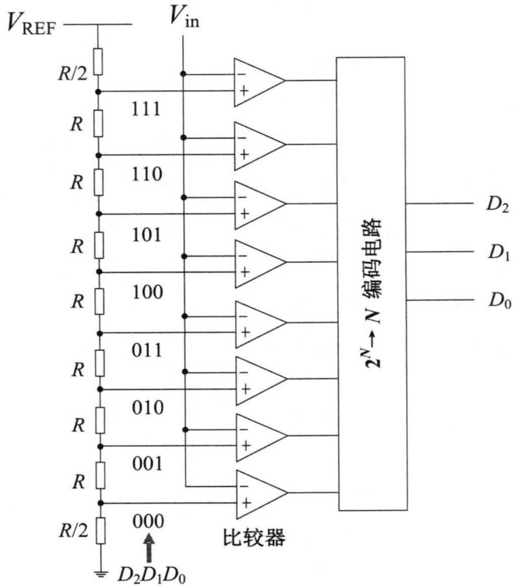

图 10.9　3-bit 并行式 ADC 的电路实例

10.2.2 两步式 ADC

对于并行式 ADC，随着分辨率 N 的增加，所需的比较器个数呈指数级增长。为了缓减这一矛盾，可采用两步式 ADC（Two Step ADC）。图 10.10 所示为 4-bit 两步式 ADC 的电路实例，主要由粗 A/D 变换、细 A/D 变换两个模块组成。其动作原理是：先由粗 A/D 变换模块确定高 2 位（D_3，D_2）；然后根据高 2 位的变换结果决定选用哪一组（共 4 组）电阻串进行低 2 位的 A/D 变换，再由细 A/D 变换模块确定低 2 位（D_1，D_0）。粗 A/D 变换、细 A/D 变换均采用上述并行式 ADC 电路。

两步式 ADC 的特点是完成 1 次变换需要分粗 A/D 变换、细 A/D 变换两步完成。假定 ADC 的分辨率 $N=N1+N2$，那么两步式 ADC 所需的比较器数为 $2^{N1}+2^{N2}$，而并行式 ADC 需要 2^N 个比较器。显然，与并行式 ADC 相比，两步式 ADC 的功耗和面积将显著减小（尤其是当 N 较大时）。例如，对于 8-bit 分辨率，两步式 ADC（$N1=N2=4$）需要 32 个比较器，而并行式 ADC 需要 256 个比较器。

但是，由于两步式 ADC 分两步完成 1 次变换，为了使输入电压在变换期间保持不变，需要加入采样/保持（S/H）电路。

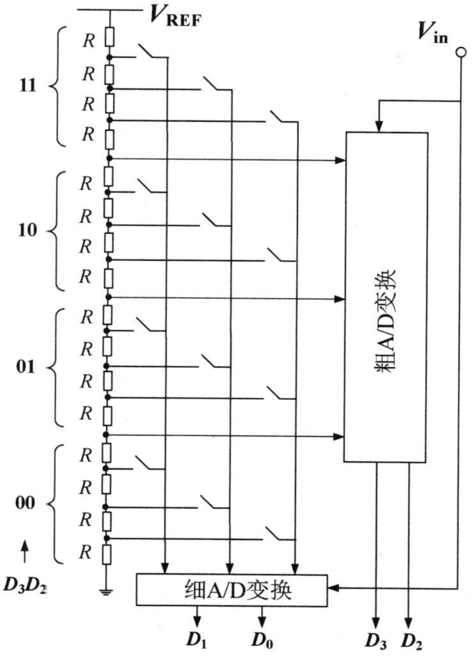

图 10.10　4-bit 两步式 ADC 的电路实例

10.2.3　流水线 ADC

流水线 ADC（Pipelined ADC）也属于高速 ADC，由于利用了“数据流水作业”的优势，因此流水线 ADC 可以实现较高的采样速度。

N-bit 流水线 ADC 的电路结构如图 10.11 所示，它由 N 个相同的子级（Stage）级联而成，每个子级仅完成 n-bit（n=1～2）的变换，从高位到低位依次确定 ADC 的输出值。尽管得到一个完整的输出数据需要 N 个时钟周期，但由于采用流水线 ADC 结构，在每个时钟周期内都可输入新的采样值，进行连续变换，因此流水线 ADC 的采样频率与工作时钟频率相同。显然，增加流水线的级数可以提高 ADC 的分辨率，流水线 ADC 的电路复杂度随着分辨率的增加而线性增长，而不像并行式 ADC 那样呈指数级增长。因此，采用流水线 ADC 结构可显著提高变换速度，同时，流水线 ADC 具有电路结构简单、面积小和功耗低的优点。

图 10.11（b）所示为单个子级的电路结构。该子级的输入电压为 V_{i-1}（上一个子级的输出电压），经过本级的 Sub-ADC（通常用比较器 CMP 实现）变换后，得到本级的数字输出 D_i。该数字输出 D_i 经过本级的 DAC 变换后，得到本级的模拟变换结果 V_{DAC}。从输入电压 V_{i-1} 中减去本级的变换结果 V_{DAC}，即可得到本级的余量电压，再将该余量电压放大 2^n 倍后输出到下一级，作为下一级的输入电压 V_i。

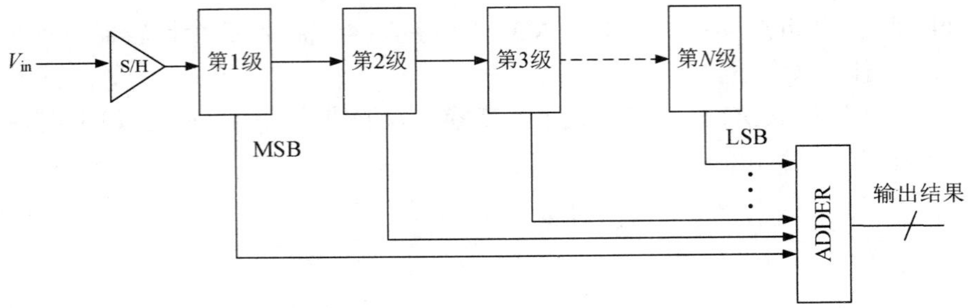

（a）流水线ADC

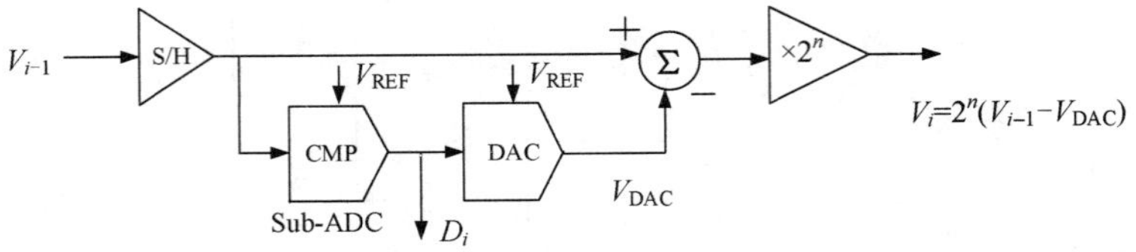

（b）单个子级的电路结构

图 10.11　N-bit 流水线 ADC 的电路结构

流水线 ADC 的变换和动作时序如图 10.12 所示，该图中只给出了第 1 级和第 2 级的动作时序，其他子级的动作时序以此类推。在采样/保持（S/H）电路处于保持的阶段，第 1 级进入采样–变换阶段，产生本级的变换结果，并通过 DAC 电路产生本级的 V_{DAC} 电压。在下一阶段，第 1 级进入余量电压放大阶段，输出本级的余量电压，而第 2 级进入采样–变换阶段，产生第 2 级的变换结果和 V_{DAC} 电压。因此，相邻两级的采样–变换和余量电压放大在时序上是交替进行的。

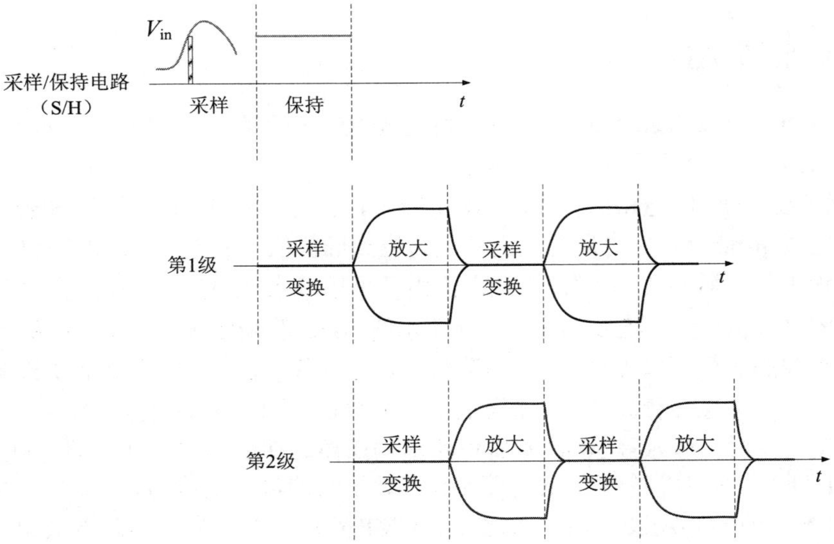

图 10.12　流水线 ADC 的变换和动作时序

流水线 ADC 的核心是子级电路，下面具体分析各种子级电路的结构与工作原理，包括 1-bit 子级、2-bit 子级和 1.5-bit 子级电路。

1）1-bit 子级

对于 1-bit 子级（1-bit stage），每一级只确定 1-bit 输出数字码，余量电压放大器的电压放大倍数为 2。在图 10.13 中，分别给出了第 1 级和第 2 级的数字输出结果及余量电压放大器的传输曲线（粗实线）。第 1 级的数字输出 D_1 及余量电压放大器的输出电压 V_{res} 与本级输入电压 V_{in} 之间的关系分别如式（10.15）和式（10.16）所示，显然，余量电压放大器的最大输入和输出范围均为 $\pm V_{ref}$。其他子级的数字输出与余量电压放大器输出以此类推，不断地对输入电压进行分割，直到所有的子级变换完成为止，所有的输出数字码就被确定了，此时就完成了对 1 个输入模拟电压的数字变换。

$$D_1=\begin{cases}0; & -V_{ref}<V_{in}<0\\ 1; & 0<V_{in}<+V_{ref}\end{cases} \tag{10.15}$$

$$V_{res}=\begin{cases}2V_{in}+V_{ref}; & -V_{ref}<V_{in}<0\\ 2V_{in}-V_{ref}; & 0<V_{in}<+V_{ref}\end{cases} \tag{10.16}$$

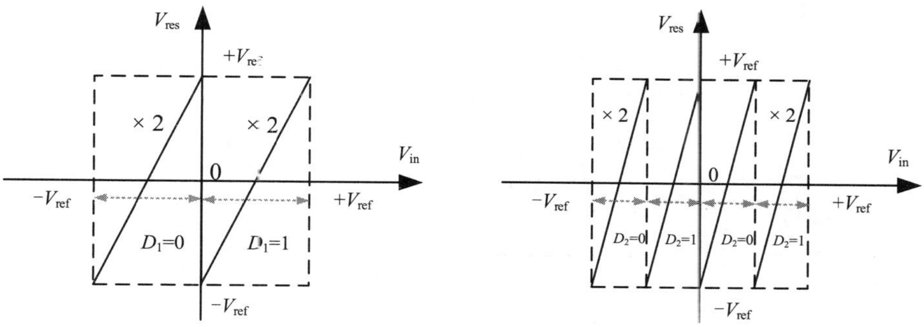

图 10.13　第 1 级和第 2 级的数字输出及余量电压放大器的传输曲线

图 10.14 所示为 1-bit 子级电路的实例，它是由开关电容电路实现的，电路的工作分为采样-变换和余量电压放大两个阶段。

① 采样-变换阶段。

在采样-变换阶段，开关 1 闭合、开关 2 打开，此时两个电容 C_s 和 C_f 处于并联状态，采样输入电压（前一级的输出电压）$V_{res}(i)$，而余量电压放大器（OPAMP）此时处于空闲状态。同时，Sub-ADC 和 DAC 模块均工作，产生本级的数字变换结果（D_i）及 V_{DAC} 电压。

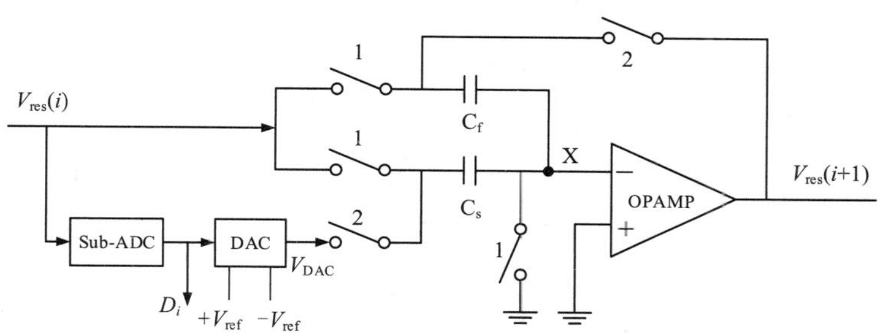

图 10.14　1-bit 子级电路的实例

② 余量电压放大阶段。

在余量电压放大阶段，开关 2 闭合、开关 1 打开，此时形成电压增益为C_s/C_f的反相比例放大器。由于 X 点的电荷守恒，可得

$$[0-V_{res}(i)](C_s+C_f)=[0-V_{res}(i+1)]C_f+(0-V_{DAC})C_s \tag{10.17}$$

若令$C_s=C_f$，则可求得余量电压放大器的电压传输特性为

$$V_{res}(i+1)=2V_{res}(i)-V_{DAC} \tag{10.18}$$

式中，$V_{DAC}=-V_{ref}$（$D_i=0$）或$V_{DAC}=+V_{ref}$（$D_i=1$），显然，式（10.18）与式（10.16）一致。

2）2-bit 子级

对于 2-bit 子级（2-bit stage），每一级确定 2-bit 输出数字码，余量电压放大器的电压放大倍数为$2^2=4$。图 10.15 所示为第 1 级的数字输出结果（D_1D_2）及余量电压放大器的传输曲线（粗实线）。

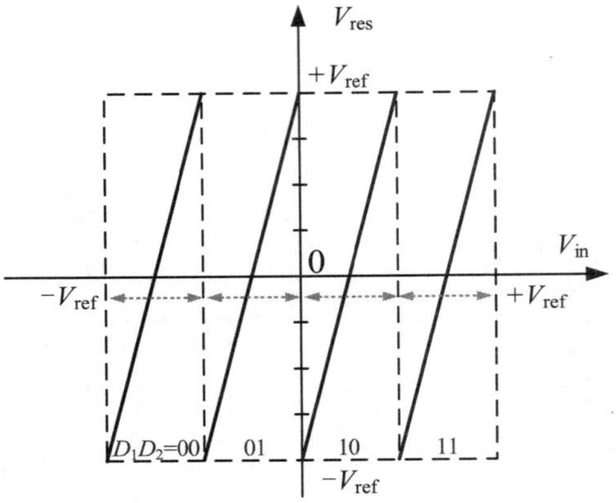

图 10.15　第 1 级的数字输出结果及余量电压放大器的传输曲线（2-bit 子级）

图 10.16 所示为 10-bit、5 级（每级 2-bit）流水线 ADC 的一次转换过程实例，对于图中给定的输入电压V_{in}（$\frac{3}{8}V_{ref}$），从第 1 级到第 5 级的数字输出分别为 10、11、01、01、00，即该V_{in}值对应的 10-bit 输出数字码为 1011010100。

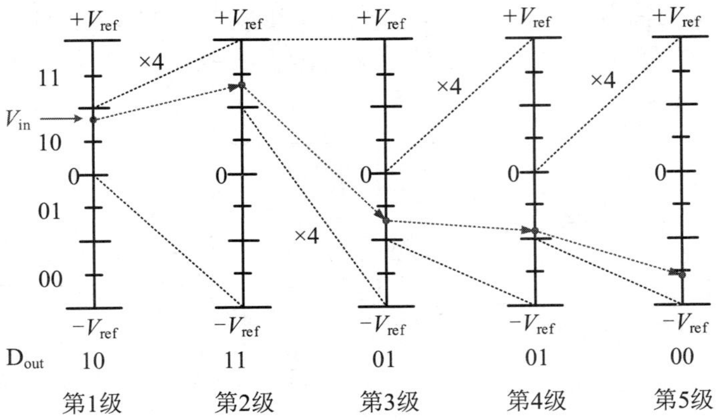

图 10.16　10-bit、5 级流水线 ADC 的一次转换过程实例

3）1.5-bit 子级

我们在前面讨论 1-bit 子级和 2-bit 子级时，假定子级内部的电路模块（比较器和余量电压放大器等）均是理想的，即它们不存在失调电压，余量电压放大器的增益也是理想值。在这种情况下，每一级的输入电压范围均相同，即余量电压放大器的输出电压满足：$-V_{ref} \leqslant V_{res} \leqslant +V_{ref}$。但是，在实际电路中，由于存在各种非理想因素，余量电压放大器的输出电压可能会超出上述允许范围（$\pm V_{ref}$）。当余量电压超出 $\pm V_{ref}$ 时，下一级的 Sub-ADC 无法进行正确转换，此时，Sub-ADC 将维持 $\pm V_{ref}$ 所对应的数字码不变，即输出被钳位，从而导致“数字失码”现象发生[3]。

下面以 1-bit 子级为例，说明上述现象产生的原因。图 10.17（a）和图 10.17（b）分别为 Sub-ADC（比较器）和余量电压放大器存在失调电压时，余量电压放大器的输出电压偏离理想值的情况。当 Sub-ADC 的比较器存在失调电压时，比较器的阈值电压会左右移动，同时余量电压会上下移动，结果导致余量电压放大器的传输曲线沿一定角度移动，从而偏离理想曲线。当余量电压放大器存在失调电压时，余量电压放大器的传输曲线沿纵轴上下移动偏离理想曲线。无论是哪种失调电压，最终都会使得余量电压超出 $\pm V_{ref}$。另外，当余量电压放大器的电压增益偏离理想值时，也会导致同样的结果。

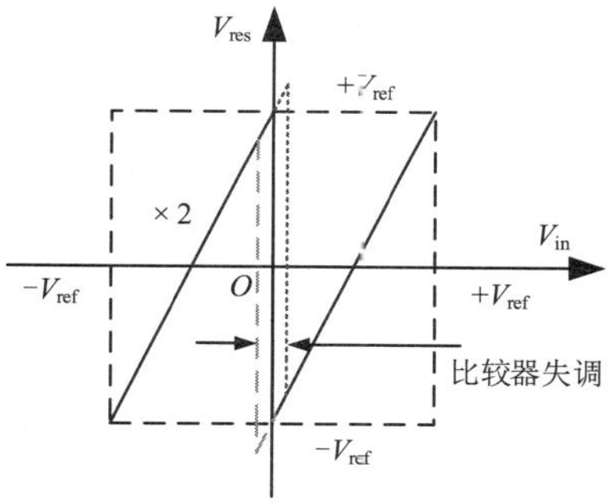

（a）比较器失调

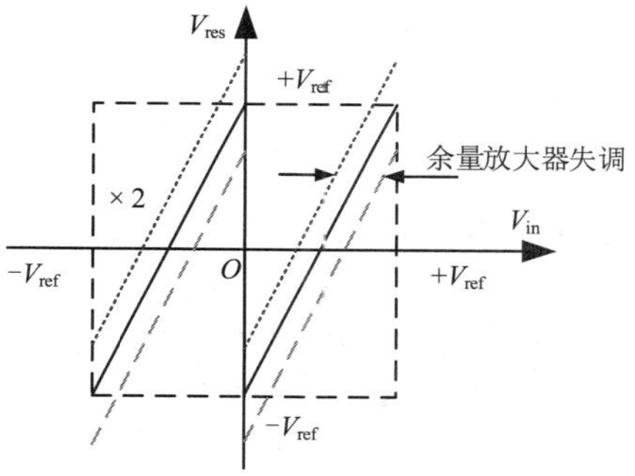

（b）余量电压放大器失调

图 10.17　失调电压导致的余量电压放大器的输出电压偏离理想值

为了消除由电路非理想因素导致的上述余量电压溢出现象，可以减小余量电压放大器的电压增益。通常将余量电压放大器的电压增益减小为原来的一半，理论上这个增益缩减是任意的，只要保证各个子级的最大输入电压范围均相同且不超出 $\pm V_{ref}$ 即可。

参照图 10.18，对于 2-bit 子级，如果将余量电压放大器的电压增益减小为 2（原来为 $2^2=4$），则其传输曲线如图 10.18（a）所示。但是，对于采用这种 2-bit 子级的流水线 ADC，在求出最终的数字输出码（称为数字校正）时，需要同时完成加法和减法运算。为了简化数字校正时的运算，提出了一种数字校正时仅需加法运算的增益缩减子级。如果将如图 10.18（a）所示的传输曲线向右平移 $V_{ref}/4$，即可得到如图 10.18（b）所示的传输曲线。若再去掉图 10.18（b）中的第 4 个输出数字码（11），则可得到如图 10.18（c）所示的传输曲线，这就是 1.5-bit 子级的传输曲线。由于此时 2-bit 子级的 Sub-ADC 仅输出 3 个数字码（00,01,10），其有效分辨率为 $\log_2(3)=1.589$，因此，该子级被称为 1.5-bit 子级。注意，在 1.5-bit 子级中引入了 0.5-bit 冗余位，即其有效分辨率（1.5-bit）小于名义分辨率（2-bit），因此，最终输出时需要对 1.5-bit 子级的输出数字码进行数字校正。

对于如图 10.18（c）所示的 1.5-bit 子级，即使 Sub-ADC 的比较器中具有较大的失调电压（小于 $\pm V_{ref}/4$），余量电压也不会超过 $\pm V_{ref}$。这大大降低了对比较器和余量电压放大器的失调电压的要求。

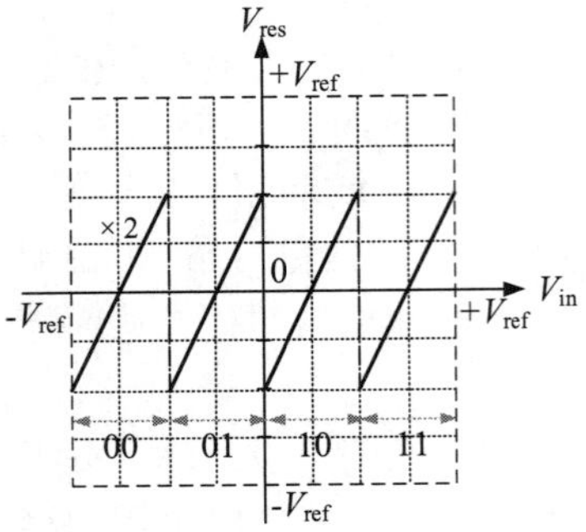

（a）

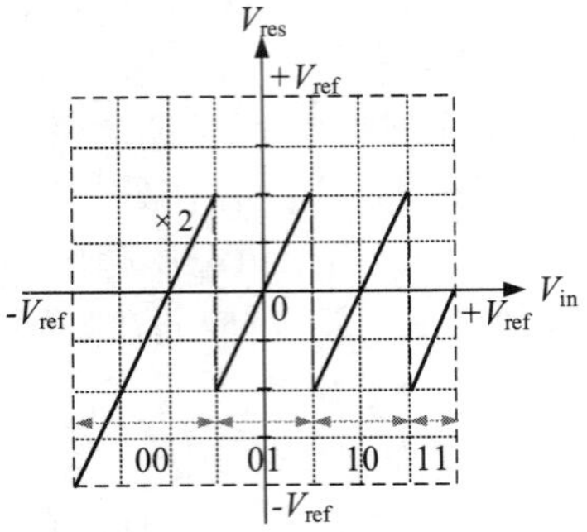

（b）

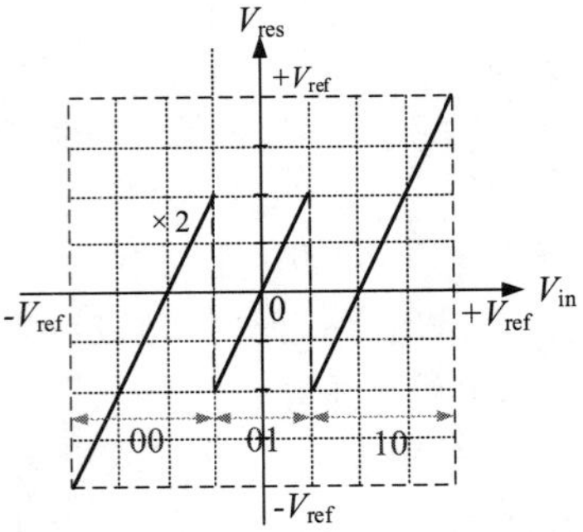

（c）

图 10.18　2-bit 子级与 1.5-bit 子级的余量电压放大器传输曲线

对于如图 10.18（c）所示的 1.5-bit 子级，其余量电压放大器的传输特性如式（10.19）所示

$$V_{res}=\begin{cases}2V_{in}+V_{ref}\text{，}V_{in}<-\dfrac{V_{ref}}{4}\\2V_{in}\text{，}\qquad -\dfrac{V_{ref}}{4}<V_{in}<+\dfrac{V_{ref}}{4}\\2V_{in}-V_{ref}\text{，}V_{in}>+\dfrac{V_{ref}}{4}\end{cases}\tag{10.19}$$

图 10.19 所示为 1.5-bit 子级电路的实例，电路的工作分为采样-变换和余量电压放大两个阶段。在采样-变换阶段，开关的接法如图 10.19 所示，此时两个电容 C_s 和 C_f 并联接在 V_{in} 和地之间，采样输入电压 V_{in}（前一级的输出电压），而余量电压放大器（OPAMP）此时处于空闲状态。同时，Sub-ADC 和 DAC 模块均工作，产生本级的数字变换结果（$D_{i1}D_{i0}$）及 V_{DAC} 电压。Sub-ADC 主要由 2 个比较器（CMP）构成，其数字输出与输入电压 V_{in} 之间的关系如式（10.20）所示

$$D_{i1}D_{i0}=\begin{cases}00,V_{in}<-\dfrac{V_{ref}}{4}\\01,-\dfrac{V_{ref}}{4}<V_{in}<+\dfrac{V_{ref}}{4}\\10,V_{in}>+\dfrac{V_{ref}}{4}\end{cases}\tag{10.20}$$

在余量电压放大阶段，开关 S_1 断开，开关 S_2 和 S_3 的接法与图 10.18 中的接法相反，此时形成电压增益为 C_s/C_f 的反相比例放大器。由于 X 点的电荷守恒，可得

$$(0-V_{in})(C_s+C_f)=(0-V_{res})C_f+(0-V_{DAC})C_s\tag{10.21}$$

令 $C_s=C_f$，可求得余量电压放大器的电压传输特性为

$$V_{res}=2V_{in}-V_{DAC}\tag{10.22}$$

而 DAC 的输出电压 V_{DAC} 为

$$V_{DAC}=\begin{cases}-V_{ref}, & D_{i1}D_{i0}=00\\ 0, & D_{i1}D_{i0}=01\\ +V_{ref}, & D_{i1}D_{i0}=10\end{cases} \tag{10.23}$$

将式（10.23）代入式（10.22），可得

$$V_{res}=2V_{in}-V_{DAC}=\begin{cases}2V_{in}+V_{ref}, & V_{in}<-\dfrac{V_{ref}}{4}\\ 2V_{in}, & -\dfrac{V_{ref}}{4}<V_{in}<+\dfrac{V_{ref}}{4}\\ 2V_{in}-V_{ref}, & V_{in}>+\dfrac{V_{ref}}{4}\end{cases} \tag{10.24}$$

显然，式（10.24）与式（10.19）一致。图 10.19 所示 1.5-bit 子级电路的数字输出及余量电压放大器的传输曲线如图 10.20 所示。

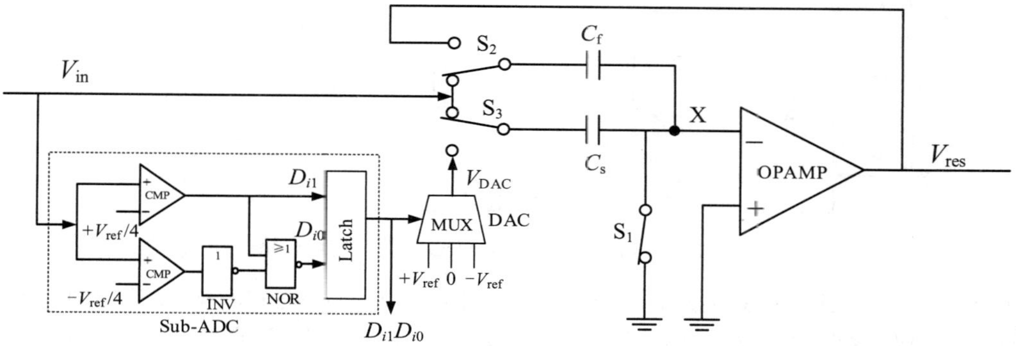

图 10.19　1.5-bit 子级电路的实例

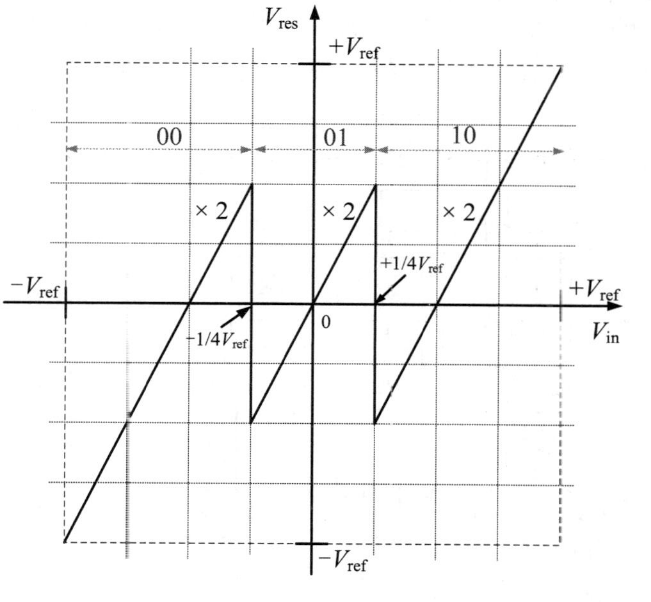

图 10.20　1.5-bit 子级电路的数字输出及余量电压放大器的传输曲线

4）流水线 ADC 的数字校正

由于流水线 ADC 是从高位到低位依次确定各 bit 的值，当所有的数字位都被确定后，需要将它们在时序上对齐，然后一并输出（并行输出），这个过程称为数字校正。图 10.21 所示为 1-bit 子级流水线 ADC 的数字校正电路，从最高位（MSB）开始，利用移位寄存器对各级输出的数字码进行移位（延迟）操作，直到最低位（LSB）出现后，所有的数字码恰好在时序上对齐，此时可并行输出数字变换结果，从而得到一个完整的输出数字码（对应某个模拟电压的数字变换结果）。

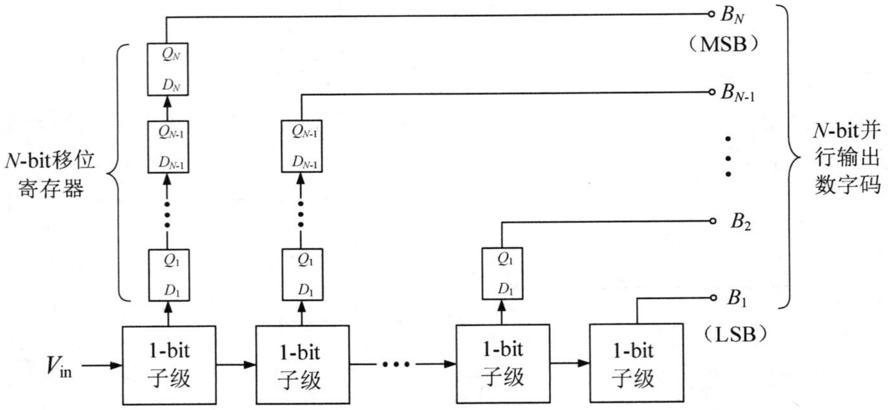

图 10.21　1-bit 子级流水线 ADC 的数字校正电路

对于 1.5-bit 子级流水线 ADC，由于在每一级中都引入了 0.5-bit 冗余位，因此在进行数字校正时，不仅要将各子级的输出数字码在时序上对齐，还需要消除冗余位的影响。图 10.22 所示为 1.5-bit 子级、5 级、有效分辨率为 6-bit 的流水线 ADC 的数字校正电路，由延时电路和冗余位消除电路组成。首先利用延时电路（D-FF）将各子级的输出数字码在时序上对齐，然后利用冗余位消除电路消除各子级的冗余位，最后可得到校正后的 6-bit 输出数字码 $D_5 \sim D_0$。注意，由于最后 1 级（第 5 级）不需要进行余量电压放大，因此该子级为 2-bit 子级。

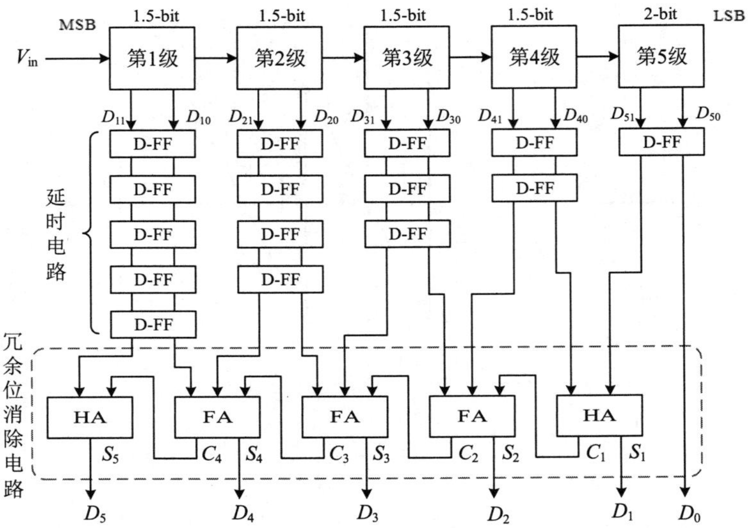

图 10.22　1.5-bit 子级、5 级、有效分辨率为 6-bit 的流水线 ADC 的数字校正电路

下面分析 1.5-bit 子级流水线 ADC 的数字校正方法（冗余位消除方法）。在 1.5-bit 子级中，由于将 2-bit 子级的传输曲线向右平移了 $+V_{ref}/4$，这相当于在 Sub-ADC 的比较器中人为引入了 $-V_{ref}/4$ 的失调电压，因此，需要利用数字校正消除该失调电压的影响。

这里以 1.5-bit 子级、3 级、有效分辨率为 4-bit 的流水线 ADC 为例，说明其数字校正的原理，如图 10.23（a）所示，其中，第 1 级和第 2 级为 1.5-bit 子级，第 3 级为 2-bit 子级。为了便于比较，图 10.23（b）中给出了 2-bit 子级、2 级、4-bit 流水线 ADC（不存在失调误差的理想 ADC）。在图 10.24 中，分别画出了 2-bit 子级（虚线）和 1.5-bit 子级（实线）的余量电压放大器的传输曲线。

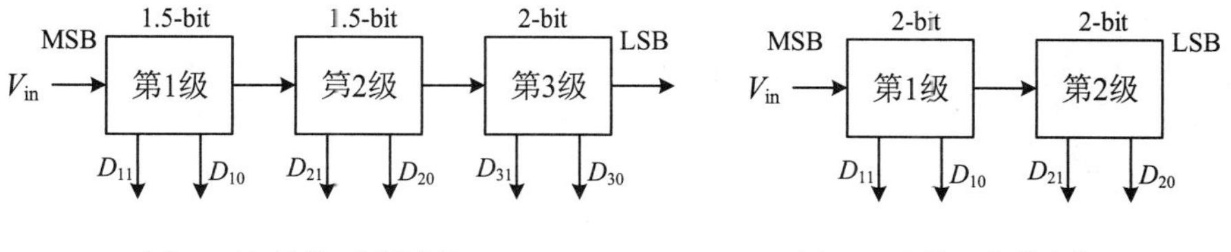

（a）1.5-bit 子级 3 级流水线 ADC　　　（b）2-bit 子级 2 级流水线 ADC

图 10.23　有效分辨率为 4-bit 的流水线 ADC

对于如图 10.23（a）所示的 1.5-bit 子级 3 级流水线 ADC，以图 10.24 中的输入电压 V_{in1}（$-\frac{9}{16}V_{ref}$）为例，说明其变换过程。从图 10.24 中可以看出，对于第 1 级，其变换结果为 $D_{11}D_{10}=00$，输出到第 2 级的余量电压在 $-V_{ref}/4$～0 之间。对于第 2 级，由于输入电压在 $-V_{ref}/4$～0 之间，其变换结果为 $D_{21}D_{20}=01$。而第 2 级的输出电压等于本级的输入电压减去本级的 V_{DAC}，再乘以 2（放大 2 倍），即 $V_{res}(2)=2\left[V_{in}(2)-V_{DAC}\right]$，由于 $V_{in}(2)$ 在 $-V_{ref}/4$～0 之间，$V_{DAC}=0$（第 2 级的输出 $D_{21}D_{20}=01$），因此 $V_{res}(2)$ 在 $-V_{ref}/2$～0 之间，该电压为第 3 级的输入电压。由于第 3 级为 2-bit 子级，根据图 10.24 中 2-bit 子级的传输曲线，第 3 级的变换结果应为 $D_{31}D_{30}=01$。表 10-2 中给出了 1.5-bit 子级的变换结果（校正前），若将第 1、2、3 级的变换结果（校正前）错位相加，如表 10-2 中的第 4 栏所示，则可得到其最终变换结果为 0011，该结果与采用如图 10.23（b）所示的 2-bit 子级 2 级流水线 ADC 的变换结果（表 10-2 中的第 2 栏）完全相同。

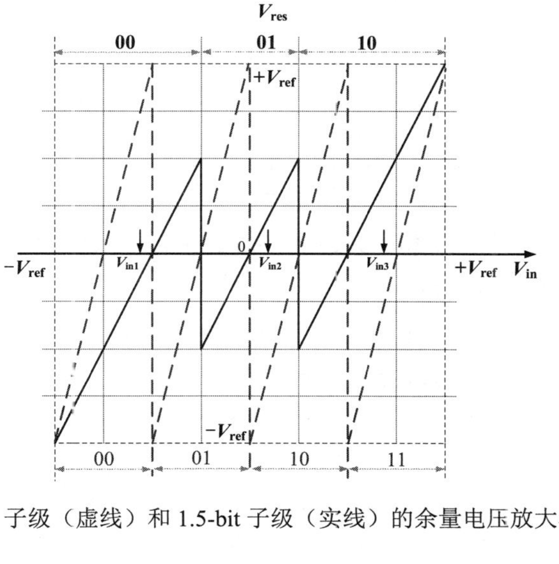

图 10.24　2-bit 子级（虚线）和 1.5-bit 子级（实线）的余量电压放大器的传输曲线

按照同样的方法，可以推导出图 10.24 中的输入电压 V_{in2} 和 V_{in3} 所对应的变换结果，如表 10-2 所示（请读者练习推导）。由表 10-2 可知，对于 1.5-bit 子级流水线 ADC，只要将其相邻子级的输出数字码进行错位相加（该过程称为数字校正），即可得到与 2-bit 子级流水线 ADC 完全相同的变换结果，这样就消除了 1.5-bit 子级中的冗余位的影响。

表 10-2　2-bit 子级和 1.5-bit 子级流水线 ADC 的变换结果比较

输入电压 V_{in}	2-bit 子级流水线 ADC 的变换结果	1.5-bit 子级流水线 ADC 的变换结果（校正前）	1.5-bit 子级流水线 ADC 的变换结果（校正后，错位相加）
$V_{in1}=-\frac{9}{16}V_{ref}$	$D_3D_2D_1D_0$=0011	$D_{11}D_{10}$=00 $D_{21}D_{20}$=01 $D_{31}D_{30}$=01	00 01 + 01 0011
$V_{in2}=\frac{3}{32}V_{ref}$	$D_3D_2D_1D_0$=1000	$D_{11}D_{10}$=01 $D_{21}D_{20}$=01 $D_{31}D_{30}$=10	01 01 + 10 1000
$V_{in3}=\frac{22}{32}V_{ref}$	$D_3D_2D_1D_0$=1101	$D_{11}D_{10}$=10 $D_{21}D_{20}$=10 $D_{31}D_{30}$=01	10 10 + 01 1101

因此，如果各子级的输出数字码在时序上已经对齐，那么在进行数字校正时，只需将相邻子级的输出数字码进行错位相加即可。图 10.25 所示为 1.5-bit 子级、5 级、有效分辨率为 6-bit 的流水线 ADC 的数字校正算法。在图 10.22 中，HA（Half Adder）是半加器，FA（Full Adder）是全加器，用于实现图 10.25 所示的错位相加功能。

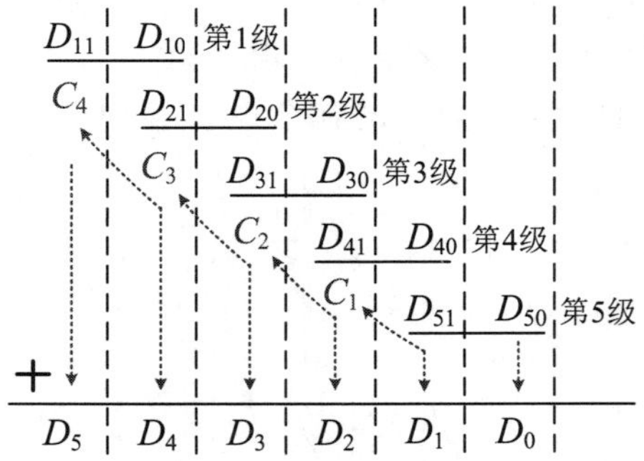

图 10.25　1.5-bit 子级、5 级、有效分辨率为 6-bit 的流水线 ADC 的数字校正算法

5）Pipelined ADC 的其他技术

① 运算放大器共享技术。对于流水线 ADC，由于相邻两子级的采样-变换和余量电压放大在时序上是交替进行的，通过合适的时序控制，可以使相邻的两个子级电路共享一个余量电压放大器。此时余量电压放大器在采样-变换和余量电压放大阶段均被利用，可减小电路的功耗和面积。

② 数字校准技术。在实际的 ADC 电路中，存在各种电路非理想因素，如比较器和余量电压放大器的失调电压、Sub-ADC 和 DAC 的非线性、放大器的增益非线性及各种噪声等。

通过分析与建立这些误差的数学模型，可在数字领域对它们进行校准，称为 ADC 的数字校准（Digital Calibration）技术。大量实践证明，利用数字校准技术，可有效消除误差的影响，进而提高 ADC 的变换精度（ENOB）。

③ 流水线逐次逼近 ADC。通过将流水线 ADC 与逐次逼近 ADC（SAR-ADC，详见下一小节）相结合，可形成流水线逐次逼近 ADC。在这种 ADC 中，各子级电路用逐次逼近 ADC 实现，其余与上述流水线 ADC 相同。图 10.26 所示为 10-bit 流水线逐次逼近 ADC 的电路实例，该电路采用三级流水线结构，每一级电路的分辨率为 4-bit，级间余量电压放大器的增益为 $2^3=8$（增益缩减的目的是防止余量电压发生溢出）。这种结构充分利用了流水线和逐次逼近 ADC 的优点，具有采样速度快、分辨率高、功耗低及电路容易实现等特点。

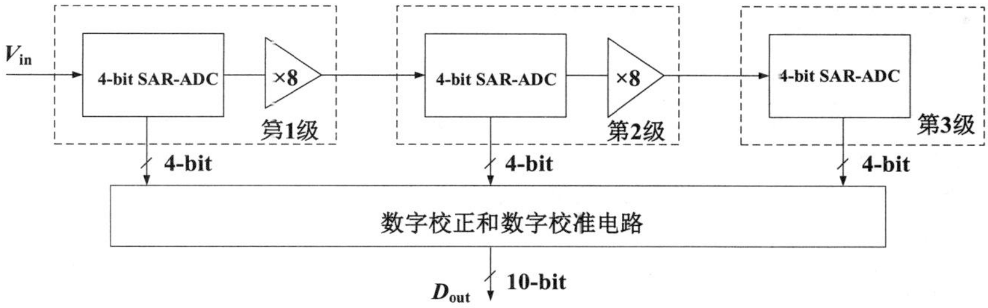

图 10.26 10-bit 流水线逐次逼近 ADC 的电路实例

10.2.4 逐次逼近 ADC

逐次逼近（Successive Approximation Register，SAR）ADC，简称为 SAR-ADC，其变换速度和分辨率都处于 ADC 家族的中档位置。SAR-ADC 的最大特点是电路结构简单、易于实现，它仅需要一个比较器和一个数模转换器（DAC），从而大大降低了电路的复杂度，使得电路的功耗和面积显著减小，同时，噪声和误差源的种类和数量也相应减少，尤其适用于 SoC 芯片的内置 ADC。

10.2.4.1 SAR-ADC 的基本结构和工作原理

SAR-ADC 的基本结构如图 10.27 所示，主要由采样保持电路（S/H）、比较器（CMP）、逐次逼近寄存器（SAR）、数字控制逻辑电路（Control Logic）和 DAC 组成[4]。采样保持电路采样并保持待转换的模拟电压，因为 *N*-bit SAR-ADC 需要 *N* 个周期才能完成一次转换。数字控制逻辑电路按照二分查找法，从最高位到最低位逐位确定逐次逼近寄存器（SAR）的值，它也是 ADC 的输出数字信号。DAC 根据 SAR 的值产生对应的模拟电压。比较器比较输入模拟电压和 DAC 输出电压的大小，数字控制逻辑电路根据比较器的输出结果确定 SAR 中当前位的数字值，直到 SAR 的所有位都被确定为止，此时一次转换过程结束。

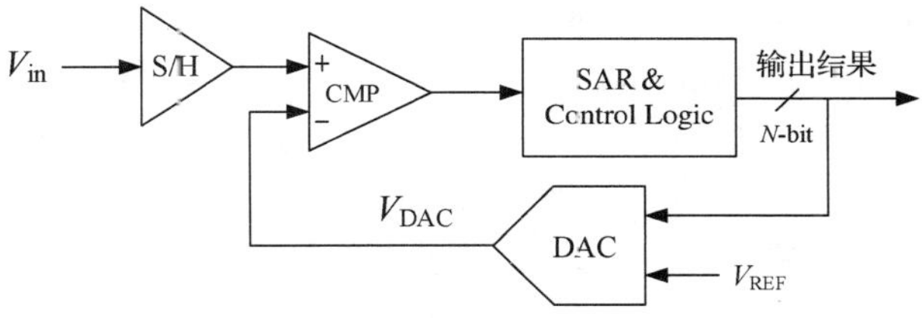

图 10.27 SAR-ADC 的基本结构

SAR-ADC 完成一次数据转换的流程如图 10.28 所示。首先，采样并保持模拟输入电压 V_{in}，将其加到比较器的正向输入端。然后，数字控制逻辑电路将 SAR 的最高位（MSB）赋值 1，其余位赋值 0，此时 DAC 产生输出电压 V_{DAC}，将其加到比较器的负向输入端与 V_{in} 进行比较。若 $V_{in} > V_{DAC}$，则比较器输出高电平，SAR 的最高位赋值保持不变，即最高位被确定为 1；若 $V_{in} < V_{DAC}$，则比较器输出低电平，此时需将 SAR 的最高位置 0，即最高位被确定为 0，这样 SAR 的最高位就确定了。然后，确定次高位，在确定次高位时，保持已经确定的最高位的值不变，其余方法和流程与上述相同。按照同样的方法，依次确定 *N*-bit 的值，直到最低位（LSB）为止，这样就完成了一次完整的变换过程。对于 *N*-bit SAR-ADC，完成一次变换（或采样）所需的时间为 *N* 个时钟周期。由于 SAR-ADC 的输出数字码是从高位到低位依次确定的，因此可以进行串行数据输出，便于远距离传输（单线结构）。

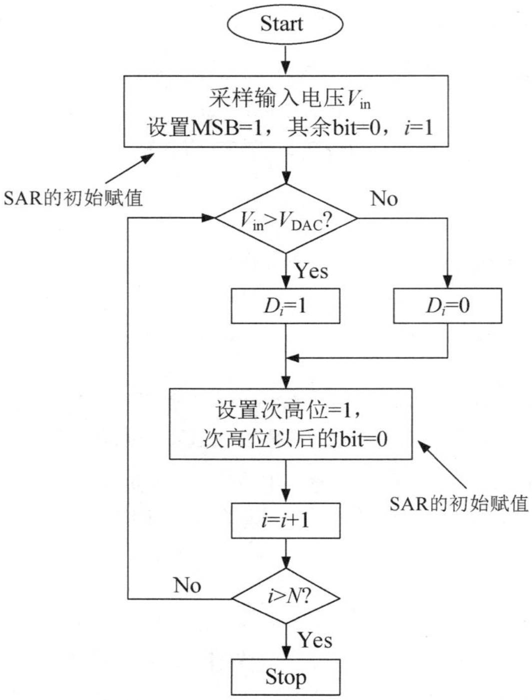

图 10.28　SAR-ADC 完成一次数据转换的流程

下面以 3-bit SAR-ADC 为例，说明其数据转换过程，如图 10.29 所示。在第一个周期（T_1），3-bit SAR 寄存器的初始值被设置为 $D_2D_1D_0=100$，此时 DAC 的输出 $V_{DAC}=1/2V_{REF}$，由于输入电压 $V_{in}>V_{DAC}$，SAR 的最高位保持 1 不变（$D_2=1$）；在第二个周期（T_2），最高位始终保持不变（$D_2=1$），SAR 的初始值被置为 110，此时 $V_{DAC}=6/8V_{REF}$，由于 $V_{in}<V_{DAC}$，因此需要把次高位置为 0（$D_1=0$）；在第三个周期（T_3），保持 D_2 和 D_1 不变（$D_2=1$，$D_1=0$），SAR 的初始值被置为 101，此时 $V_{DAC}=5/8V_{REF}$，由于 $V_{in}>V_{DAC}$，因此最低位保持 1 不变（$D_0=1$）。因此，对于图 10.29 中的输入电压 V_{in}，其最终的数字转换结果为 $D_2D_1D_0=101$。

由以上分析可知，在 SAR-ADC 中，数字控制逻辑电路按照二分查找法控制 DAC 产生一系列 V_{DAC} 电压（V_{DAC} 的正负增量为 1 LSB 的二进制加权值），使 V_{DAC} 逐次逼近输入电压 V_{in}，这种操作可以一直进行下去，对于 *N*-bit SAR-ADC，需要 *N* 个周期完成全部逼近过程。确定最低位时，采用 V_{DAC} 的最小电压增量（$1\ LSB = V_{REF}/2^N$）。随着分辨率 N 增加，V_{DAC} 的最小电压增量（$V_{REF}/2^N$）减小，若该电压增量比比较器的失调电压还要小，则无法继续进行逼近，因此比较器的失调电压限制了 SAR-ADC 的分辨率（DAC 的变换精度也会影响 SAR-ADC 的分辨率）。

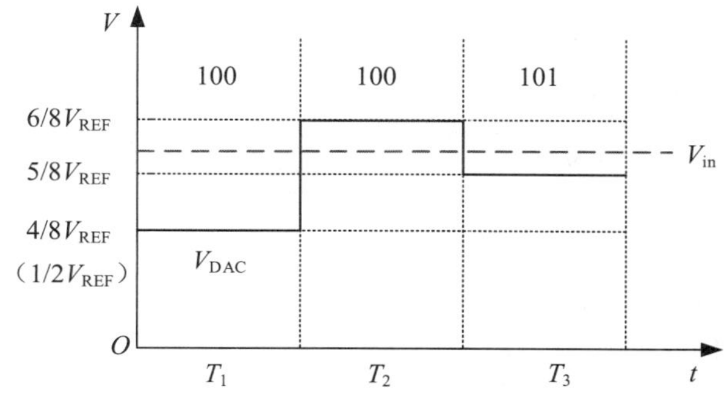

图 10.29　3-bit SAR-ADC 的一次转换过程实例

SAR-ADC 的逐次逼近过程与利用天平称重的原理相同，如图 10.30 所示，对于重量未知的物体（置于天平的左边），我们可以利用不同重量刻度的砝码（置于天平的右边），逐步试探物体的重量，直至最后天平达到平衡时，物体的重量就被称量出来了。在 SAR-ADC 中，比较器就是天平，一系列 V_{DAC} 电压就是不同重量刻度的砝码，最终的数字变换结果就是天平达到平衡时的砝码组合。

图 10.30　SAR-ADC 的工作原理与利用天平称重的原理相同

10.2.4.2　SAR-ADC 的结构分类

在不同类型的 SAR-ADC 中，比较器和数字控制逻辑电路的结构基本相同，只有 DAC 的电路结构变化较大，可以说 DAC 是 SAR-ADC 的核心模块。目前，DAC 主要采用电荷定标型结构（电容型 DAC），它利用电容存储电荷，并通过改变电容连接的电压值使电荷再分配，从而实现数模转换功能。下面将分别介绍三种电荷定标型 DAC，包括二进制加权电容结构、电容电阻混合结构及采用桥电容的分段电容结构。

1）二进制加权电容结构

二进制加权电容结构 DAC 的电路结构（4-bit）如图 10.31 所示，主要由二进制加权电容阵列（C～8C）、开关阵列（S_0～S_3）和比较器（CMP）构成。开关阵列中的开关切换受数字控制逻辑电路的控制。另外，C_C 是补偿电容，S_C 是其控制开关，S_S 是接地开关。该 DAC 的工作过程可分为三步：采样、保持和电荷再分配。下面以 4-bit 分辨率为例，说明其工作原理。

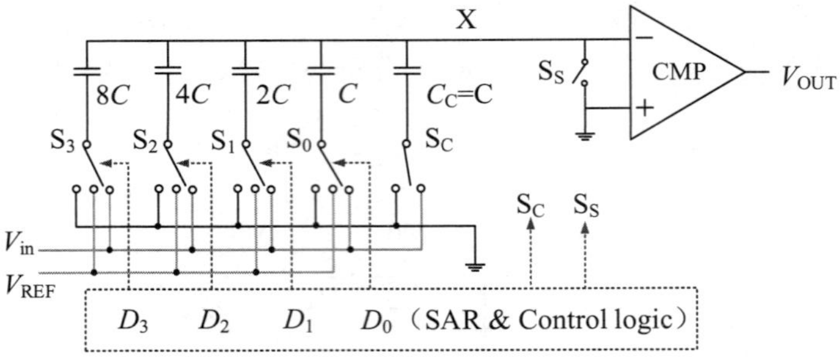

图 10.31 二进制加权电容结构 DAC 的电路结构（4-bit）

第一步：采样阶段。在数字控制逻辑电路的控制下，所有电容的上极板接地（开关 S_S 闭合）、下极板接到输入信号 V_{in}。这样就在电容的上极板 X 节点处存储了与输入信号 V_{in} 成正比的电荷 $Q_X=-16CV_{in}$，从而完成了对输入电压的采样。

第二步：保持阶段。此时，将开关 S_S 断开，并将所有电容的下极板接地。根据电荷守恒原理（不考虑电荷泄露问题），节点 X 处的电荷应与采样阶段相同，即 $Q_X=-16CV_{in}=16CV_X$，此时节点 X 处的电压就变为 $V_X=-V_{in}$。

第三步：电荷再分配阶段。此时，开关 S_S 一直处于断开状态，补偿电容 C_C 的下极板接地。根据 SAR 寄存器中的数据（D_3～D_0），分别控制开关 S_3～S_0 的接法，若数据 $D_i=1$，则将对应的电容下极板接 V_{REF}，若 $D_i=0$，则将其接地。电荷再分配阶段的等效电路如图 10.32 所示，C_H 为电容阵列中所有下极板接 V_{REF} 的电容之和（$C_H=\sum_{i=0}^{3}D_i\times 2^i\times C$），$C_L$ 为电容阵列中所有下极板接地的电容之和，显然，$C_H+C_L=16C$。

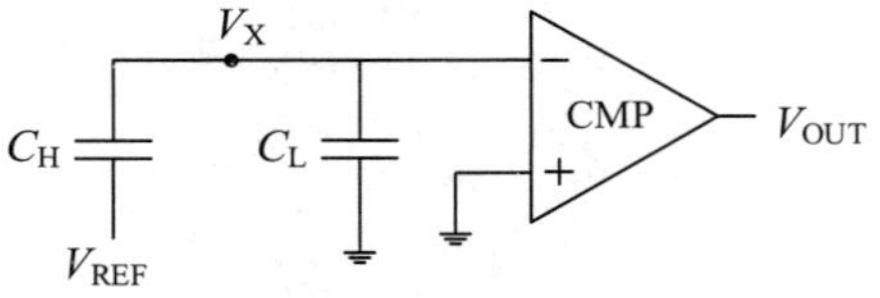

图 10.32 电荷再分配阶段的等效电路

设此时节点 X 处的电压为 V_X，电荷为 Q_X，则 Q_X 可表示为

$$Q_X=(V_X-V_{REF})C_H+V_XC_L=16CV_X-V_{REF}C_H \tag{10.25}$$

由于节点 X 处的电荷守恒，此时的电荷 Q_X 与保持阶段的 Q_X 相同，即 $Q_X=-16CV_{in}$。将 $Q_X=-16CV_{in}$ 代入式（10.25），可得

$$V_X=\frac{Q_X+V_{REF}C_H}{16C}=-V_{in}+\frac{\sum_{i=0}^{3}D_i\times 2^i}{16}V_{REF} \tag{10.26}$$

式（10.26）中的后半部分就是 DAC 的输出电压 V_{DAC}，即

$$V_{DAC}=\frac{\sum_{i=0}^{3}D_i\times 2^i}{16}V_{REF} \tag{10.27}$$

因此，$V_X = V_{DAC} - V_{in}$，由于比较器的输入信号为V_X和 0，比较器实质上用来比较输入电压V_{in}和V_{DAC}的大小。例如，当确定最高位时，初始设置为$D_3 = 1$、$D_2 = D_1 = D_0 = 0$，由式(10.27)可求得，此时$V_{DAC} = V_{REF}/2$，若$V_{in} < V_{REF}/2$，则$V_X > 0$，此时比较器输出低电平，$D_3 = 0$；相反，若$V_{in} > V_{REF}/2$，则$V_X < 0$，此时比较器输出高电平，应保持$D_3 = 1$不变。按照此逐次逼近算法，可依次确定其他位（D_2，D_1，D_0）的值。

电荷定标型 DAC 具有转换速度快、功耗低和面积小等特点，但其变换速度受比较器的动作速度及开关的 RC 时间常数的限制（由开关的导通电阻 R_{on} 与电路中的电容引起的延时）。

2）电容电阻混合结构

对于前面介绍的二进制加权电容结构 DAC，共需要 N+1 个电容，其最大电容为$2^{N-1}C$，最小电容为 C。当 ADC 的分辨率 N 增加时，所需的电容数及最大电容值都急剧增加。这将增大集成电路的设计难度，这是因为，实现大电容需要占用较大的芯片面积，同时电容值相差越大，电容之间的匹配精度越差。为了克服以上问题，提出了电容电阻混合结构 DAC。

图 10.33 所示为基于电容电阻混合结构 DAC 的 8-bit SAR-ADC 的电路结构，其中，高 4-bit（$D_7 \sim D_4$）采用二进制加权电容 DAC、低 4-bit（$D_3 \sim D_0$）采用电阻串分压 DAC。利用这种电容电阻混合结构 DAC，可以减少电容的数目并降低电容匹配的复杂度（因为电容的差值减小了），尤其适用于高分辨率 SAR-ADC。但这种结构的电阻串中有静态电流（静态功耗）。

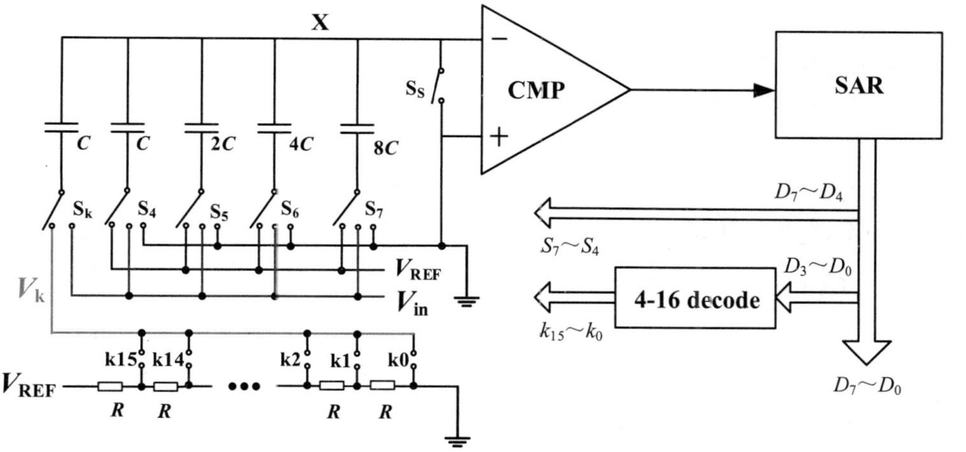

图 10.33　基于电容电阻混合结构 DAC 的 8-bit SAR-ADC 的电路结构

该 DAC 的工作过程也分为三步：采样、保持和电荷再分配。

第一步：采样阶段。开关S_S闭合（所有电容的上极板均接地），开关S_7（D_7）、S_6（D_6）、S_5（D_5）、S_4（D_4）和S_K均接输入电压V_{in}。此时，输入电压V_{in}给所有电容充电（采样），总电容为$C_{in} = 8C + 4C + 2C + C + C = 16C$，比较器反向输入端（X 节点处）的总电荷为$Q_X = -V_{in}C_{in} = -16CV_{in}$。

第二步：保持阶段。此时，将开关S_S断开，并将所有电容的下极板接地。根据电荷守恒原理，节点 X 处的电荷应与采样阶段相同，即$Q_X = -16CV_{in} = 16CV_X$，此时节点 X 处的电压就变为$V_X = -V_{in}$。

第三步：电荷再分配阶段。首先，从高位到低位依次决定高 4-bit：$D_7 \sim D_4$。在决定高 4-bit 期间，S_k始终接V_k（$V_k = 0$，k_0闭合）。按照前述逐次逼近算法可依次得到高 4-bit 的变换结果。然后决定低 4-bit：$D_3 \sim D_0$。在决定低 4-bit 期间，高 4-bit 的值保持不变。在图 10.33 中，利用电阻串分压电路将基准电压 V_{REF} 等分为 16 个子基准电压，再通过 4-16 译码电路，将 $D_3 \sim D_0$ 所对应的子基准电压 V_k 连接到电容 C 的下极板，从而可依次确定低 4-bit 的数字码。

设比较器反向输入端的电压为 V_X，则该处的总电荷可表示为

$$Q_X = (V_X - V_{\mathrm{REF}})C_H + V_X C_L + (V_X - V_k)C \tag{10.28}$$

式中，C_H 和 C_L 分别为电容阵列中所有下极板接 V_{REF} 和接地的电容之和，显然，$C_H + C_L = 15C$。

可将式（10.28）进一步整理为

$$Q_X = 16CV_X - V_{\mathrm{REF}}C_H - V_k C \tag{10.29}$$

由于 C_H 和 V_k 可分别表示为

$$C_H = \sum_{i=4}^{7} D_i \times 2^{i-4} C \tag{10.30}$$

$$V_k = \sum_{i=0}^{3} D_i \times 2^{i-4} \times V_{\mathrm{REF}} \tag{10.31}$$

根据电荷守恒原理，$Q_X = -16CV_{\mathrm{in}}$，代入式（10.29）可得

$$V_X = -V_{\mathrm{in}} + \frac{V_{\mathrm{REF}}}{16}\sum_{i=4}^{7} D_i \times 2^{i-4} + \frac{V_{\mathrm{REF}}}{16}\sum_{i=0}^{3} D_i \times 2^{i-4} = -V_{\mathrm{in}} + V_{\mathrm{REF}}\sum_{i=0}^{7} D_i \times 2^{i-8} \tag{10.32}$$

显然，$V_X = V_{\mathrm{DAC}} - V_{\mathrm{in}}$。因此，利用比较器甄别输入电压 V_{in} 和 V_{DAC} 的大小，即可依次决定各位（$D_7 \sim D_0$）的值。

3）采用桥电容的分段电容结构

采用电容电阻混合结构 DAC，虽然可以减少电容的数目及降低电容匹配的复杂度，但这种结构中存在电阻串分压电路，会导致静态功耗增加。因此，提出了采用桥电容的分段电容结构 DAC 电路（Split-CDAC）。图 10.34 所示为采用桥电容的分段电容结构 12-bit SAR-ADC，C_b 是桥电容（$C_b = \frac{64}{63}C$），桥电容的左右两边各为 6-bit 二进制加权电容结构 DAC，其中，右边对应高 6-bit（$D_{11} \sim D_6$），左边对应低 6-bit（$D_5 \sim D_0$）。该结构可减小 DAC 中的静态功耗（由于无电阻串分压电路），另外，由于电容值的分布范围减小，不仅可以提高电容的匹配精度，还可以减小电容的充放电电流并减少充放电时间，有利于降低功耗和提高转换速度。

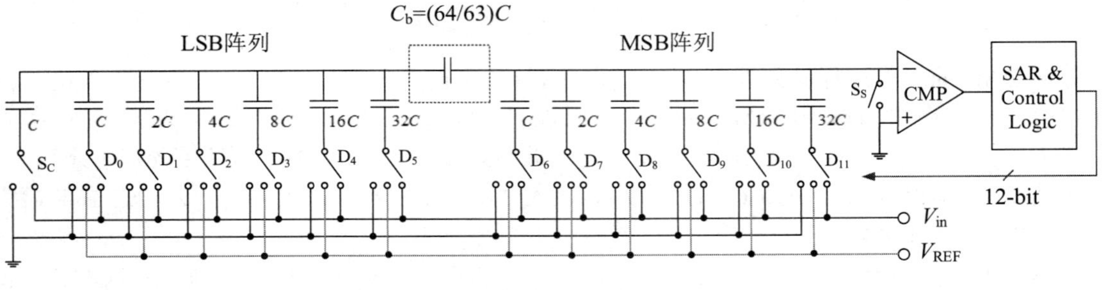

图 10.34　采用桥电容的分段电容结构 12-bit SAR-ADC

该 DAC 的工作过程也分为三步：采样、保持和电荷再分配。

第一步：采样阶段。开关 S_S 闭合，并将所有开关切换到 V_{in}，采样阶段的等效电路如图 10.35 所示（C_b 与 64C 的串联等效电容等于 C）。此时，比较器负向输入端的总电荷为 $Q_X = -64CV_{\mathrm{in}}$。

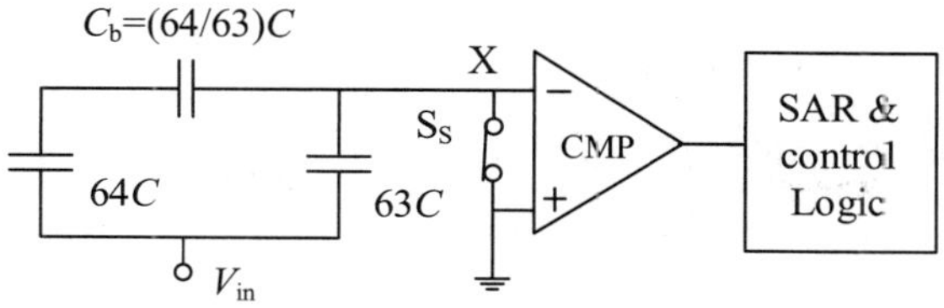

图 10.35 采样阶段的等效电路

第二步：保持阶段。将开关 S_S 断开，并将所有电容（C_b 除外）的下极板接地。根据电荷守恒原理，节点 X 处的电荷应与采样阶段相同，即 $Q_X = -64CV_{in} = 64CV_X$，此时，节点 X 处的电压就变为 $V_X = -V_{in}$。

第三步：电荷再分配阶段（转换阶段）。此时开关 S_C 始终接地。按照前面讲述的逐次逼近算法，可从高位到低位依次确定 12-bit（D_{11}~D_0）的变换结果。转换阶段的等效电路如图 10.36 所示，这里，C_1 和 C_2 分别代表 LSB 电容阵列中连接到 0 和 V_{REF} 的总电容值，C_3 和 C_4 分别代表 MSB 电容阵列中连接到 0 和 V_{REF} 的总电容值。C_1 ~ C_4 可分别表示为 $C_2 = \sum_{i=0}^{5} D_i \times 2^i C$，$C_4 = \sum_{i=6}^{11} D_i \times 2^{i-6} C$，$C_1 + C_2 = 64C$，$C_3 + C_4 = 63C$。

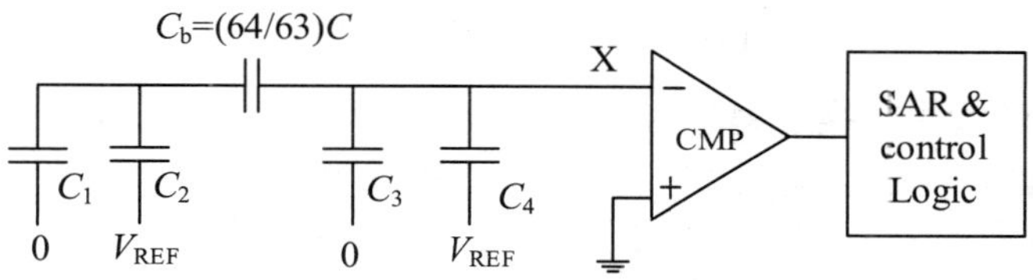

图 10.36 转换阶段的等效电路

利用戴维南定理，可得到转换阶段的戴维南等效电路，如图 10.37 所示。

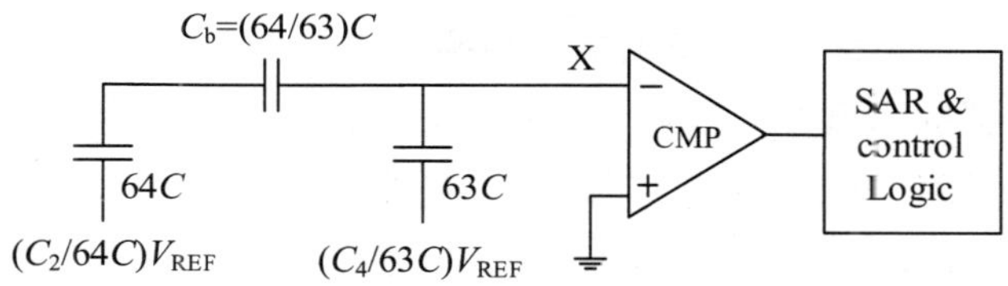

图 10.37 转换阶段的戴维南等效电路

设比较器反向输入端的电压为 V_X，则此时该处的总电荷可表示为

$$Q_X = (V_X - \frac{C_2}{64C} V_{REF}) \times C + (V_X - \frac{C_4}{63C} V_{REF}) \times 63C \tag{10.33}$$

根据电荷守恒原理，$Q_X = -64CV_{in}$，代入上式可求得

$$V_X = \frac{V_{REF}}{2^{12}} \sum_{i=0}^{11} (D_i \times 2^i) - V_{in} \tag{10.34}$$

式中，前半部分就是 DAC 的输出电压 V_{DAC}，即 $V_X = V_{DAC} - V_{in}$。因此，可利用比较器甄别输入电压 V_{in} 和 V_{DAC} 的大小，并按照前面讲述的逐次逼近算法，从高位到低位依次确定 12-bit（D_{11}~D_0）的值。

由于分数桥电容 C_b 不是 C 的整数倍（$C_b = \frac{64}{63}C$），因此难以保证 C_b 与其他电容的匹配精度，从而会影响 ADC 的变换精度。为此，可用单位桥电容（$C_b = C$）代替分数桥电容，从而形成基于单位桥电容的分段电容结构 DAC[5]。

10.2.5 积分型 ADC

积分型 ADC（Integrating ADC）属于高分辨率、低采样速度的 ADC，主要用在数字电压表、CMOS 图像传感器（CIS）等领域。图 10.38 所示为积分型 ADC 的电路结构，主要由积分器、比较器和控制逻辑电路组成。这里省略了输入电压（V_{in}）前的采样保持电路。

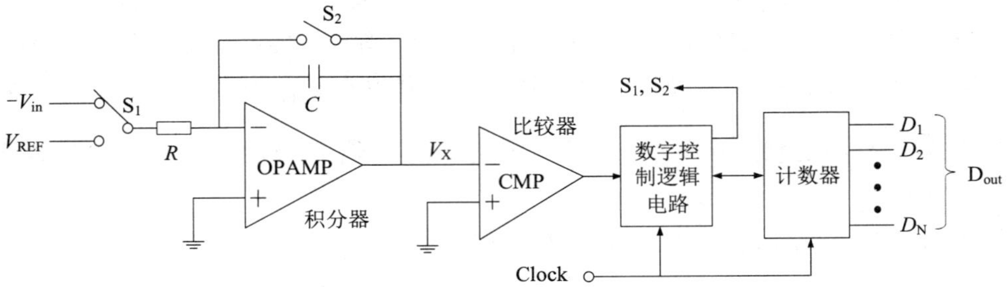

图 10.38　积分型 ADC 的电路结构

积分型 ADC 的数据转换过程分为 2 个阶段，即积分电容 C 的充电阶段和放电阶段，这种结构也称为双斜坡（Dual-Slop）积分结构。在积分电容的充电阶段，积分器的输入端接到输入模拟电压（$-V_{in}$），且复位开关 S_2 打开。此时，积分器的输出电压 V_X 从 0 开始直线上升，假定充电阶段的时长为 T_1，则当充电阶段结束时，V_X 的值如式（10.35）所示

$$V_X(T_1) = -\int_0^{T_1} \frac{-V_{in}}{RC} dt = \frac{V_{in}}{RC} T_1 \tag{10.35}$$

在积分电容的放电阶段，积分器的输入端接到基准电压（V_{REF}），复位开关 S_2 仍然处于打开状态。此时，积分器的输出电压 V_X 从 $V_X(T_1)$ 开始直线下降，其下降斜率为常数（$-V_{REF}/RC$），与输入电压的大小无关。与此同时，逻辑控制电路中的计数器（Counter）开始计数，当 V_X 下降到 0 时，比较器的输出信号发生翻转，控制计数器停止计数，放电阶段结束。假定放电阶段的时长为 T_2，则

$$V_X(T_2) = V_X(T_1) - \int_0^{T_2} \frac{V_{REF}}{RC} dt = \frac{V_{in}}{RC} T_1 - \frac{V_{REF}}{RC} T_2 = 0 \tag{10.36}$$

由式（10.36）可求得 T_2 与 T_1 之间的关系为

$$T_2 = \frac{V_{in}}{V_{REF}} T_1 \tag{10.37}$$

假设计数器的时钟信号（Clock）的频率为 f_{clk}（$T_{clk} = 1/f_{clk}$），将充电阶段的时长 T_1 设为固定值，即 $T_1 = 2^N \times T_{clk}$，式中，N 为 ADC 的分辨率。如果放电阶段的时长 $T_2 = k \times T_{clk}$（k 为计数器的值），则由式（10.37）可得

$$V_{in} = \frac{T_2}{T_1} V_{REF} = \frac{k \times T_{clk}}{2^N \times T_{clk}} V_{REF} = \frac{k}{2^N} V_{REF} \tag{10.38}$$

显然，计数器的值 k 就是 ADC 的数字输出结果。

积分型 ADC 的工作原理类似于沙漏，沙漏中放入的沙子越多，沙子全部漏完所需要的时间越长（沙子流出的速度为常数）。而在积分型 ADC 中，输入电压越大，充电阶段结束时积分器的输出电压越高，则放电阶段所需的时间越长，如图 10.39 所示。另外，为了使积分器能够进行正、反两个方向的积分，要求加到积分器上的基准电压和待转换的模拟电压的极性相反。

当一次模拟输入电压的转换结束后，将复位开关 S_2 闭合，直到下一个新的数据转换开始为止。

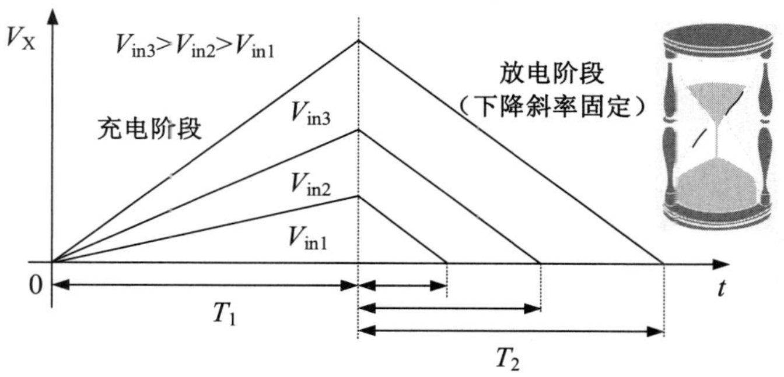

图 10.39　积分型 ADC 的工作原理

积分型 ADC 的优点是高分辨率（可达 20-bit 以上）、高线性度、电路简单易于实现及低功耗。其缺点是数据转换速度很慢，当 $V_{in} = V_{REF}$ 时，转换速度最慢，此时需要的转换时间为 $2T_1 = 2^{N+1} \times T_{clk}$，即需要 2^{N+1} 个时钟信号周期。例如，如果分辨率 N=16-bit，时钟信号的频率为 1MHz（$T_{clk} = 10^{-6}$ s），则完成一次数据转换过程需要 131ms。因此，积分型 ADC 不适用于高速信号处理的场合，通常用于直流电压的检测和转换，如数字万用表等需要高精度测量的仪表。

10.2.6　威尔金森 ADC

威尔金森 ADC（Wilkinson ADC）的电路结构如图 10.40 所示，它由斜坡电压发生器（积分器）、比较器、计数器和寄存器组成。

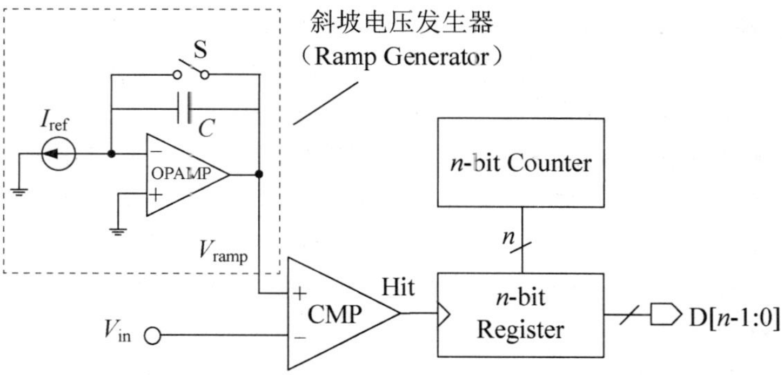

图 10.40　威尔金森 ADC（Wilkinson ADC）的电路结构

威尔金森 ADC 的工作周期分为数据转换阶段和复位阶段。参照图 10.41，当复位开关 S 断开时，进入数据转换阶段，此时斜坡电压发生器的输出电压 V_{ramp} 直线上升，与此同时，计数器（Counter）开始计数。当斜坡电压 V_{ramp} 超过输入电压 V_{in} 时，比较器的输出信号 Hit 向上跳变，控制计数器停止计数，同时将计数器的数据存入寄存器（Register）中。至此，即完成了对 1 个输入模拟电压的转换。接着，进入复位阶段，此时将复位开关 S 闭合，电容开始放电，V_{ramp} 电压直线下降，当 $V_{ramp} < V_{in}$ 时，比较器的输出信号 Hit 向下跳变（复位），最后，当 V_{ramp} 电压下降到 0 时，复位周期结束。

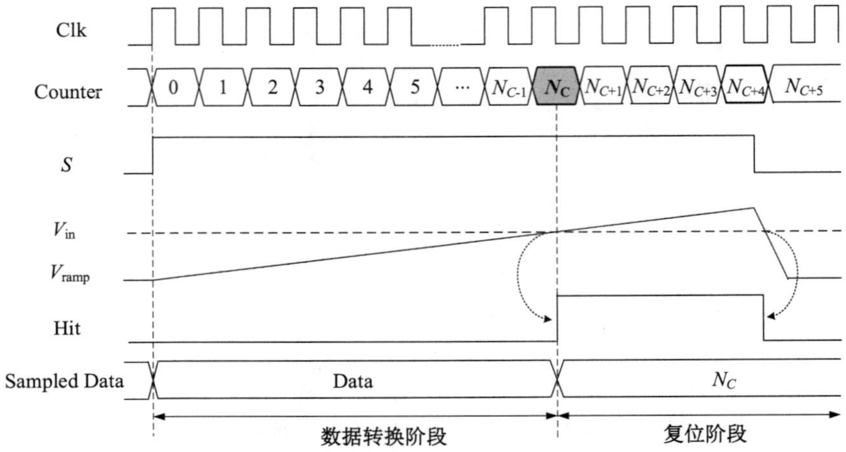

图 10.41　威尔金森 ADC 的工作原理

威尔金森 ADC 的分辨率与工作时钟 Clk 的时钟频率 f_{clk} 有关，f_{clk} 越高（时钟周期 T_{clk} 越小），ADC 的分辨率越高。

威尔金森 ADC 具有电路结构简单、功耗低和易于实现多通道扩展等优点。对于多通道模拟输入系统，斜坡电压发生器和计数器可以被所有通道公用，每个通道只需包含一个比较器和寄存器即可。威尔金森 ADC 的转换速度与输入信号的大小及时钟频率 f_{clk} 有关，属于低速 ADC。

10.2.7　过采样 ADC

本章前面介绍的 ADC 统称为奈奎斯特采样率 ADC（Nyquist-Rate ADC）。由于模拟元器件的特性失配和电路的非理想特性，这些 ADC 的分辨率被限制在 10-bit～12-bit 以内，为了进一步提高变换精度（ENOB），必须采用一些电路补偿和数字校准技术。

过采样 ADC（Over-Sampling ADC，Σ-Δ ADC，Sigma-delta ADC），利用过采样（Over-Sampling）技术和噪声整形（Noise Shaping）技术降低信号带宽内的量化噪声功率，从而提高 ADC 的信噪比及有效位数（ENOB）。另外，由于过采样 ADC 主要用高速数字电路实现（以速度换精度），不需要复杂的高精度（匹配）模拟电路，因此电路实现容易。过采样 ADC 是高分辨率（16-bit～24-bit）、低中速 ADC，广泛应用在数字音视频等要求高分辨率的场合。

本节首先从量化噪声的特性出发，引入过采样技术和噪声整形技术，使读者了解过采样 ADC 提高分辨率（转换精度）的措施。然后介绍过采样 ADC 的核心模块—Σ-Δ 调制器的原理和实现方法。最后介绍过采样 ADC 的整体结构，其中包括数字低通滤波器和降采样电路。

10.2.7.1　过采样和噪声整形技术

1）过采样技术

根据奈奎斯特采样定理，若输入模拟信号的最高频率（带宽）为 f_b，则最小采样频率（奈奎斯特频率）$f_N = 2f_b$。若实际采样频率 f_s 远远高于奈奎斯特频率 f_N，则过采样率（Over-Sampling Ratio）M 的定义为

$$M = \frac{f_s}{f_N} = \frac{f_s}{2f_b} \tag{10.39}$$

若采样频率 $f_s = f_N$，则量化噪声的功率谱密度 $S_e(f)$ 为

$$S_e(f) = \frac{\Delta^2}{12f_N} \tag{10.40}$$

图 10.42（a）所示为采样频率 $f_s = f_N$ 时量化噪声的功率谱密度 $S_e(f)$，它在（$0 \sim f_N/2$）之间是均匀分布的。假设过采样率为 M，则实际采样频率 $f_s = Mf_N$，此时量化噪声功率均匀分布在 $0 \sim +Mf_N/2$ 之间，如图 10.42（b）所示，即此时的量化噪声功率谱密度 $S_e(f)$ 为

$$S_e(f) = \frac{\Delta^2}{12Mf_N} \tag{10.41}$$

此时，信号带宽内的量化噪声功率为

$$P_e = \int_{-f_b}^{f_b} S_e(f)\mathrm{d}f = \frac{\Delta^2}{12}\frac{1}{M} \tag{10.42}$$

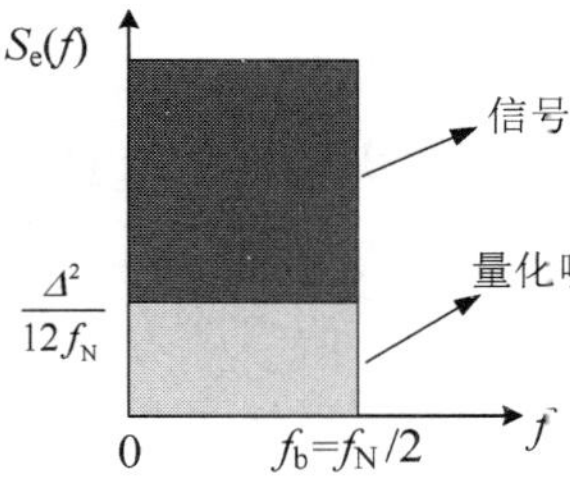

（a）奈奎斯特采样

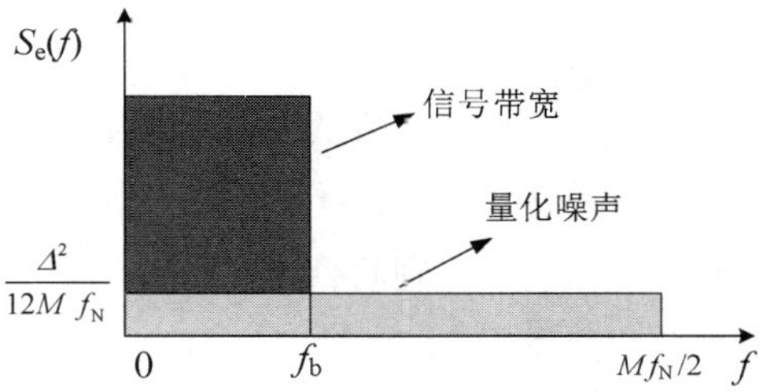

（b）过采样

图 10.42　量化噪声的功率谱密度

由式（10.42）可知，在 ADC 的分辨率 N 不变（$\Delta = V_{REF}/2^N$ 不变）的前提下，利用过采样技术，信号带宽内的量化噪声功率减小为原来的 $1/M$，M 越大，量化噪声功率越小。此时，过采样 ADC 在信号带宽内的信噪比为[参照式（10.11）]

$$\mathrm{SNR(dB)} = 10\lg\frac{P_s}{P_e} = 10\lg\frac{\Delta^2/2}{\frac{\Delta^2}{12}\times\frac{1}{M}} = 6.02N + 1.76 + 10\lg(M) \tag{10.43}$$

显然，随着过采样率 M 的增加，信号带宽内的量化噪声功率减小，SNR 增大，从而使有效位数（ENOB）增加。因此，利用过采样技术可以提高 ADC 的变换精度。

2）噪声整形技术

若利用滤波器将信号带宽 f_b 内的量化噪声进一步衰减，而保持信号能够正常通过，则可进一步提高信号带宽内的信噪比，从而提高过采样 ADC 的变换精度，这就是噪声整形技术。如图 10.43 所示，首先让输入信号通过低通滤波器，然后进行量化，最后通过高通滤波器，

使信号频谱恢复原状，而量化噪声被高通滤波器整形，信号带宽 f_b 内的量化噪声减小。

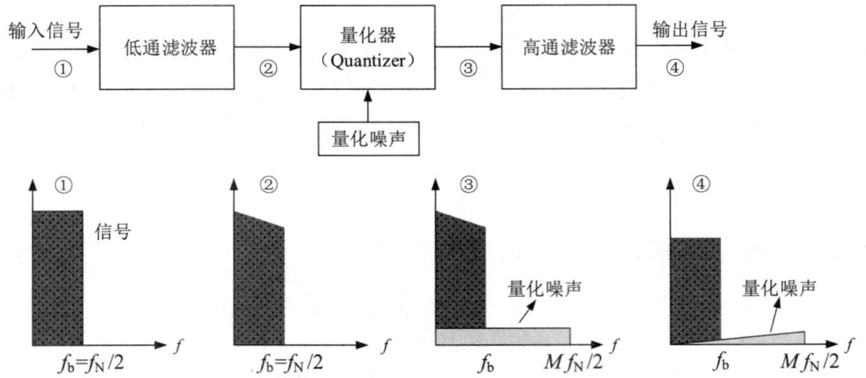

图 10.43 噪声整形技术

综上所述，利用过采样技术与噪声整形技术可以使信号带宽内的量化噪声功率减小，从而提高 ADC 的变换精度，这是过采样 ADC 提高变换精度的关键措施。下面讨论它们的实现方法。

10.2.7.2 Σ-Δ 调制器

1）Σ-Δ 调制器的结构与工作原理

在过采样 ADC 中，过采样与噪声整形的功能均在 Σ-Δ 调制器中实现。我们首先从增量调制的原理出发，然后逐步引入 Σ-Δ 调制器的结构。图 10.44 所示为 1-bit 增量调制的原理，图中，$X_a(t)$ 为输入的模拟信号，阶梯信号 $X_n(t)$ 为 1-bit 增量调制信号，Δt 和 $\varDelta$ 分别为增量调制的时间步长和电压幅度步长。

调制信号 $X_n(t)$ 的产生方式为：根据前一个采样周期 Δt 结束时的 $X_a(t)$与 $X_n(t)$ 的相对大小，决定下一个采样周期 Δt 内 $X_n(t)$ 的值，如果 $X_a(t) > X_n(t)$，则给 $X_n(t)$ 增加一个 $\varDelta$ 电压值，如果 $X_a(t) < X_n(t)$，则将 $X_n(t)$ 减小一个 $\varDelta$ 电压值。增量调制的编码方式为：当 $X_n(t)$ 增加一个 $\varDelta$ 时，输出编码为 1，当 $X_n(t)$ 减小一个 $\varDelta$ 时，输出编码为−1。显然，调制信号 $X_n(t)$ 的两个相邻阶梯之间的差值被限制在 $\varDelta$ 范围内，当 Δt 足够小且输入模拟信号 $X_a(t)$ 变化得较慢时，$X_n(t)$ 可以近似表示 $X_a(t)$。Δt 和 $\varDelta$ 越小，$X_n(t)$ 与 $X_a(t)$ 的近似程度越高，当 Δt 和 $\varDelta$ 都趋于 0 时，$X_n(t)$ 与 $X_a(t)$ 完全相同。

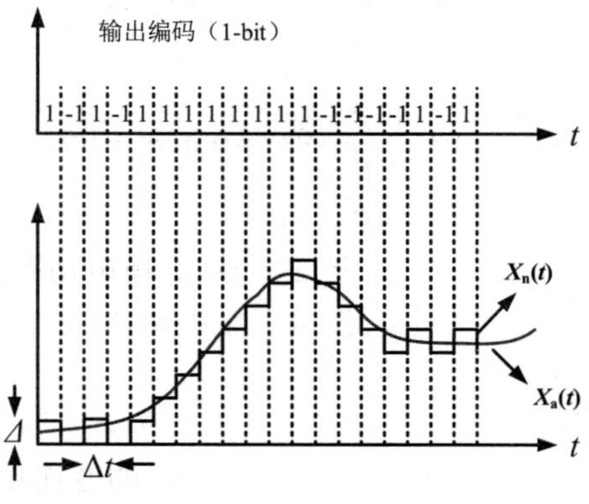

图 10.44 1-bit 增量调制的原理

1-bit 增量调制器的结构如图 10.45 所示，其中，量化编码器的采样频率为 $f_s(f_s = 1/\Delta t)$。将模拟输入信号 $X_a(t)$ 与调制信号 $X_n(t)$ 的差值 $e = X_a(t) - X_n(t)$ 输入量化编码器进行编码，若 $e < 0$，则输出编码为 1；若 $e > 0$，则输出编码为-1。积分器用来产生调制信号 $X_n(t)$，每隔一个采样间隔 Δt，根据输出编码的值决定在积分器输出电压的基础上增加或减小一个 $\varDelta$ 电压值。若输出编码为 1，则积分器的输出减小一个 $\varDelta$ 电压值，若输出编码为-1，则积分器的输出增加一个 $\varDelta$ 电压值。

但是，当输入模拟信号 $X_a(t)$ 的斜率发生陡变时，由于在每个采样间隔 Δt 内，调制信号 $X_n(t)$ 只能增加或减小一个 $\varDelta$ 电压值，可能导致 $X_n(t)$ 跟不上 $X_a(t)$ 的变化，造成严重的失真，这种失真称为过载失真，如图 10.46 所示，由此产生的误差称为过载量化噪声。

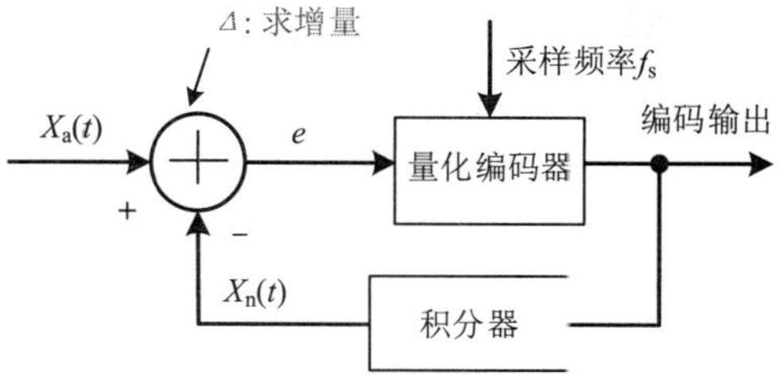

图 10.45 1-bit 增量调制器的结构

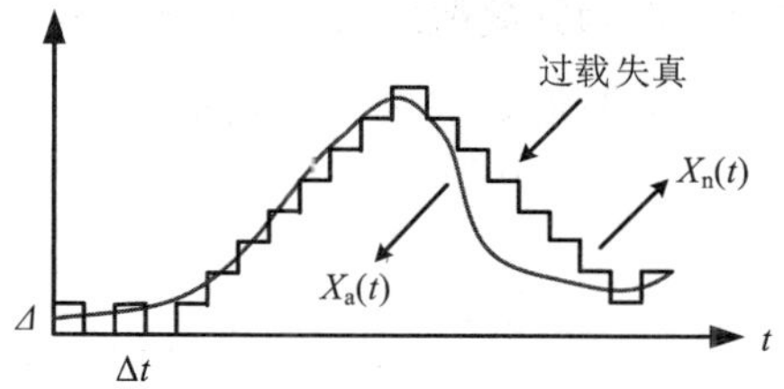

图 10.46 1-bit 增量调制器的过载失真现象

在图 10.45 中，由于积分器的输出信号上升或下降的斜率是固定不变的，其斜率为 $D = \varDelta/\Delta t = f_s\varDelta$，它称为调制器的最大跟踪斜率。当输入模拟信号的斜率超过 D 时，将发生过载失真现象。假定输入模拟信号为正弦信号 $X_a(t) = A\sin(2\pi f_a t)$，则其斜率的最大值为 $2A\pi f_a$，因此，为了不发生过载失真现象，必须满足条件：$2A\pi f_a \leqslant f_s\varDelta$。显然，输入信号的频率 f_a 越高，允许的最大输入信号幅值 A 越小。

对于如图 10.45 所示的 1-bit 增量调制器，为了避免过载失真现象发生，允许的最大输入信号幅值 A 与输入信号的频率 f_a 有关（$2A\pi f_a \leqslant f_s\varDelta$）。为了克服这一缺点，可在增量调制器的前端增加一个积分器，如图 10.47 所示。假定输入模拟信号 $X_a(t) = A\sin(2\pi f_a t)$，则第一个积分器的输出信号 $X_i(t)$ 的最大上升/下降斜率为 A，因此，为了避免过载失真现象，只要满足 $A \leqslant f_s\varDelta$ 即可。此时，允许的最大输入信号幅值 A 与输入信号的频率 f_a 无关。

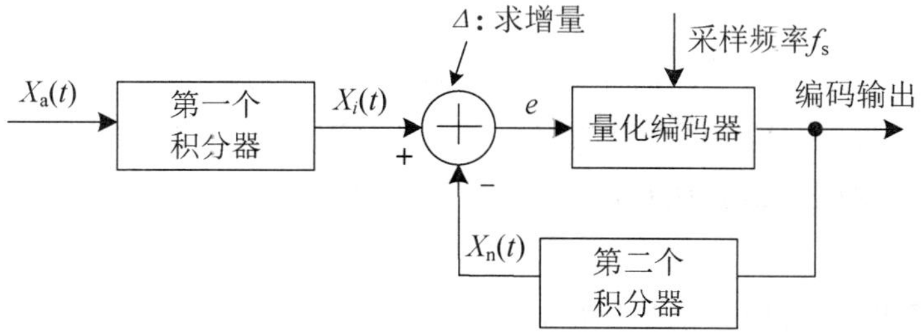

图 10.47 1-bit 增量调制器的改进结构

如果将图 10.47 中的两个积分器合并，即可得到如图 10.48 所示的 1-bit 增量调制器的简化结构，由于该增量调制器中同时存在对误差求增量（Δ）及求和（Σ）的运算，因此称为 Σ-Δ 调制器。如果只有一个积分器，则称为一阶 Σ-Δ 调制器。

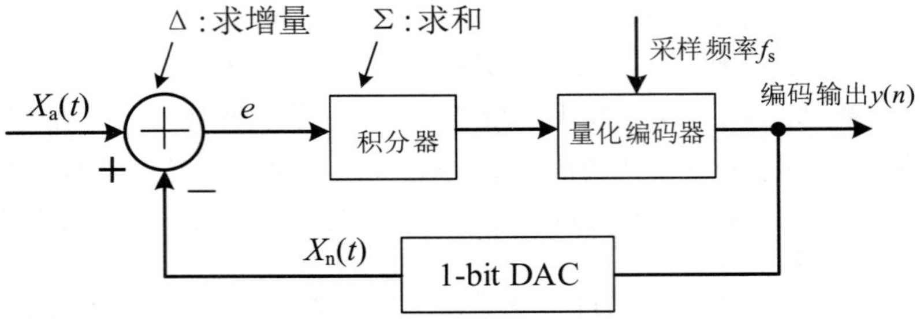

图 10.48　1-bit 增量调制器的简化结构

为了便于用数字电路（离散域）实现 Σ-Δ 调制器，需要将图 10.48 中的一阶 Σ-Δ 调制器的结构转换为其离散线性模型（z 域），如图 10.49 所示，图中，量化器用量化噪声 $e_q[n]$ 表示，积分器用离散形式的累加器表示，1-bit DAC 的传递函数用单位增益表示。

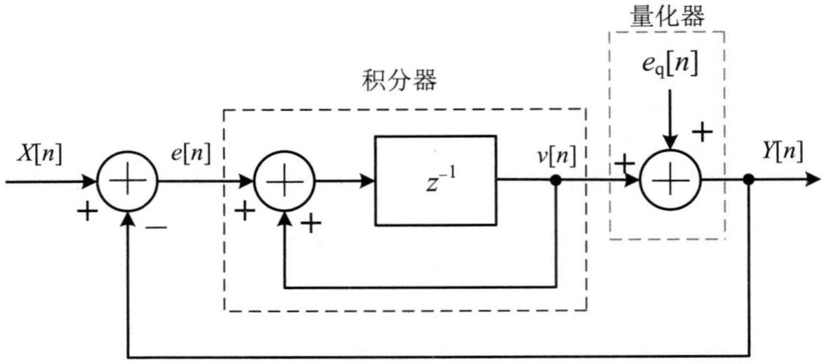

图 10.49　一阶 Σ-Δ 调制器的离散线性模型

由图 10.49 可求得一阶 Σ-Δ 调制器的输出与输入之间的关系。由于积分器的时域输入-输出关系为 $v[n]=e[n-1]+v[n-1]$，则其 z 域的传递函数为

$$V(z)=\frac{z^{-1}}{1-z^{-1}}E(z) \tag{10.44}$$

由于 $Y(z)=V(z)+E_q(z)$，$E(z)=X(z)-Y(z)$，利用式（10.44），可求得一阶 Σ-Δ 调制器在 z 域的输入-输出关系

$$Y(z)=z^{-1}X(z)+(1-z^{-1})E_q(z) \tag{10.45}$$

由式（10.45）可知，Σ-Δ 调制器的输出由两部分组成，其中，第一部分由输入信号 $X(z)$ 产生（仅延时一个周期，Σ-Δ 调制器对输入信号的频谱特性无影响），第二部分由量化噪声 $E_q(z)$ 产生。

我们下面考察噪声 $E_q(z)$ 的传递函数 $H(z)=1-z^{-1}$ 的性质。将 $z=e^{j\omega T_s}=e^{j2\pi f/f_s}$ 代入 $H(z)$ 中（f_s 为实际采样频率），可求得传递函数 $H(z)$ 的幅频特性 $H(f)$，如式（10.46）及图 10.50 所示。

$$|H(f)|=2\left|\sin(\pi\frac{f}{f_s})\right| \tag{10.46}$$

由图 10.50 可知，当频率在 0～$f_s/2$ 内时，由于噪声的传递函数具有高通滤波器的特性，因此可使量化噪声的低频成分衰减、高频成分增大，即实现了噪声整形（Noise Shaping）。量化噪声的高频成分最终可用低通数字滤波器滤除，从而可实现高精度的 A/D 变换，这就是 Σ-Δ 调制器的噪声整形原理。

下面我们求整形后的量化噪声的功率谱密度。整形后的量化噪声的功率谱密度为 $S_{es}(f)$，等于量化噪声的功率谱密度 $S_e(f)$ 与量化噪声传递函数 $H(f)$ 的平方的乘积，即

$$S_{es}(f)=S_e(f)H^2(f)=\frac{\Delta^2}{24Mf_b}\times 4\sin^2(\pi\frac{f}{f_s})=\frac{\Delta^2}{6f_s}\times[1-\cos(2\pi\frac{f}{f_s})] \tag{10.47}$$

由式（10.47）可画出整形后的量化噪声的功率谱密度，如图 10.51 所示。输入信号带宽（$<f_b$）内的量化噪声功率为

$$P_e=\int_0^{f_b}S_{es}(f)df=\frac{\Delta^2}{6f_s}\int_0^{f_b}[1-\cos(2\pi\frac{f}{f_s})]df=\frac{\pi^2\Delta^2}{72M^3} \tag{10.48}$$

式中，M 为过采样率（$f_s=2Mf_b$），显然，M 越大，输入信号带宽内的量化噪声功率越小。

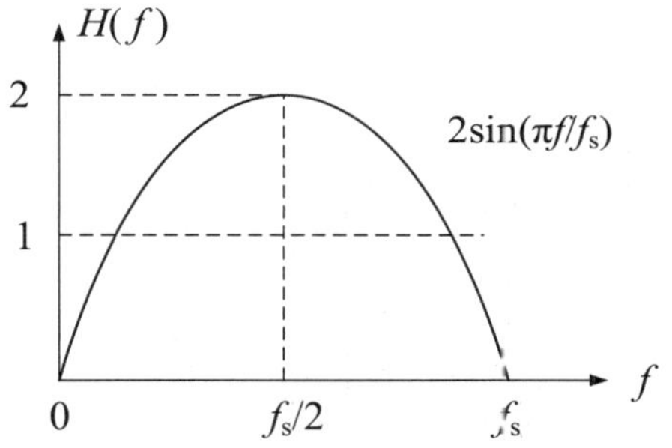

图 10.50 量化噪声传递函数的幅频特性

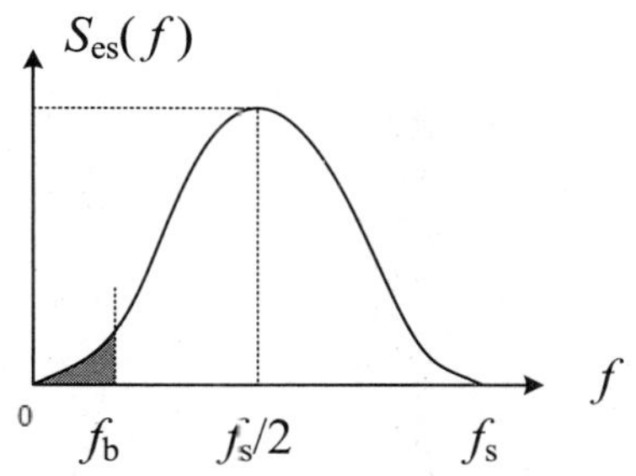

图 10.51 整形后的量化噪声的功率谱密度

对于 1-bit Σ-Δ 调制器，其输出 $y[n]$只可能是两个值：1 或−1。除非输入信号恰好是这两个值中的一个，否则输入和输出信号是不可能相等的，这样输入和输出信号之间就存在一个误差 $e[n]$。假设输入信号 $x[n]$是一个直流信号（小于 V_{ref}），若输出 $y[n]=1$，则表明输入信号比输出信号小，此时的误差 $e[n]$是负值，$e[n]$经过积分器的累积产生 $v[n]$。经过若干个时钟周期后，当负的误差积累得足够大时，就会使输出信号 $y[n]$变为−1。由于 $y[n]=-1$，将使误差信号 $e[n]$为正，同样，当正的误差积累得足够大时，又会使输出信号 $y[n]$变为 1。经过平均，由于正负误差相互抵消，因此输入和输出信号之间的误差不断减小。经过一段时间后，1 和−1 出现的密度就代表了直流输入信号的值，输入信号的值越大，出现 1 的概率就越大，反之，出现−1 的概率就越大。因此，输出信号 $y[n]$是一个 1-bit 数字码流，它的平均值就是输入信号的近似值。

图 10.52 所示为输入直流信号（$X_a(t)=5/9$）时 Σ-Δ 调制器的输出 $y[n]$。由于输入信号的幅度不变，调制器输出主要为正脉冲。经过若干个时钟周期后，当负的误差积累得足够大时，就会使输出 $y[n]=-1$，但很快又会回到 $y[n]=1$ 的状态。

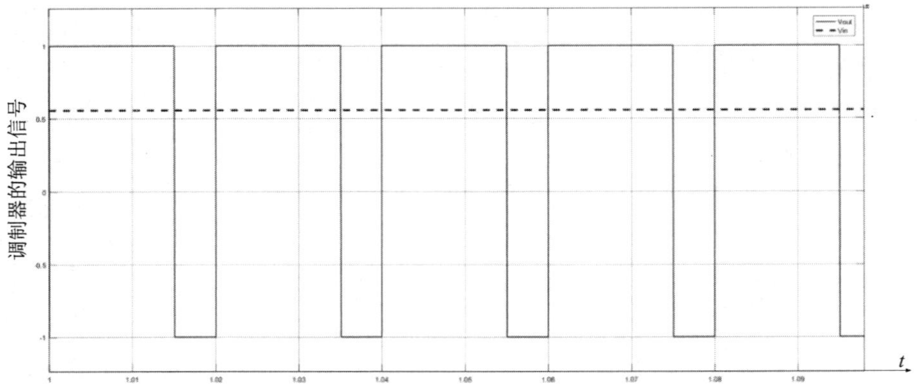

图 10.52　输入直流信号（$X_a(t)=5/9$）时 Σ-Δ 调制器的输出 $y[n]$

图 10.53 所示为输入正弦信号时 Σ-Δ 调制器的输出 $y[n]$。当输入接近 1.0 时，调制器的输出主要为正脉冲，相反，当输入在−1.0 附近时，调制器输出中几乎没有正脉冲，主要是负脉冲。当输入接近 0 时，调制器输出在两个电平之间摆动。计算平均值时包含的采样值越多，对输入信号的近似程度就越好。

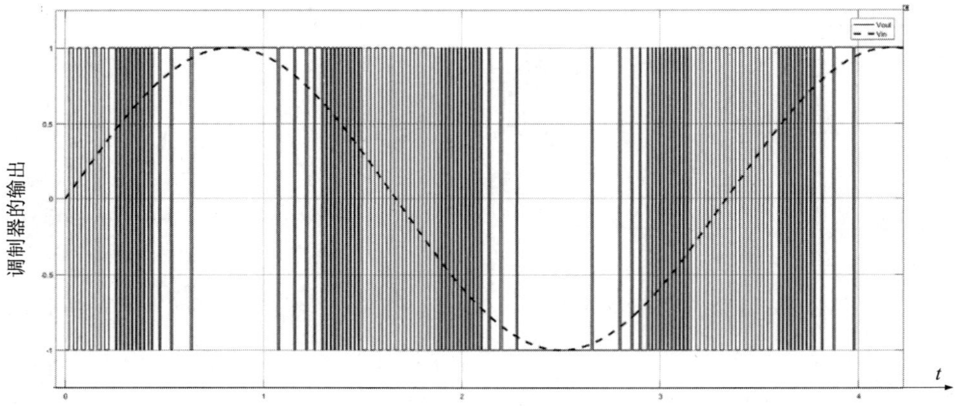

图 10.53　输入正弦信号时 Σ-Δ调制器的输出

2）Σ-Δ 调制器的电路实现

目前，Σ-Δ 调制器大多采用开关电容电路实现。图 10.54 所示为一阶 Σ-Δ调制器的电路实现。该电路由 1-bit 量化器（锁存比较器，动作频率为 f_s）、1-bit 开关电容 DAC 及一个积分器组成。积分器由开关电容电路实现。

在图 10.54 中，Φ_1 和 Φ_2 为一对互补的 CMOS 开关。当 Φ_1 闭合时（Φ_2 断开），电容 C_1 对输入电压 V_{in} 进行采样，A 点的电荷 $Q_A=-C_1V_{in}$；当 Φ_2 闭合（Φ_1 断开）时，C_1 的左端接入 DAC 的输出电压 V_{DAC}，电容 C_1 上的电荷重新分配（OPAMP 的反向输入端为虚地），此时 A 点的电荷 $Q_A=C_1(0-V_{DAC})+C_2(0-V_B)$。由于 A 点的电荷守恒，因此可求得积分器的输出电压 V_B 为

$$V_B=\frac{C_1}{C_2}(V_{in}-V_{DAC}) \tag{10.49}$$

若令 $C_1=C_2$，则积分器的离散域输出电压可表示为

$$V_B[n]=V_B[n-1]+V_{in}[n-1]-V_{DAC}[n-1] \tag{10.50}$$

显然，该电路可实现对误差求增量（V_{in}与V_{DAC}的差值）及求和（积分）的运算。图 10.55 所示为一阶 Σ-Δ 调制器电路中各点电压的波形示意图（$V_{in}=+V_{ref}/4$）。

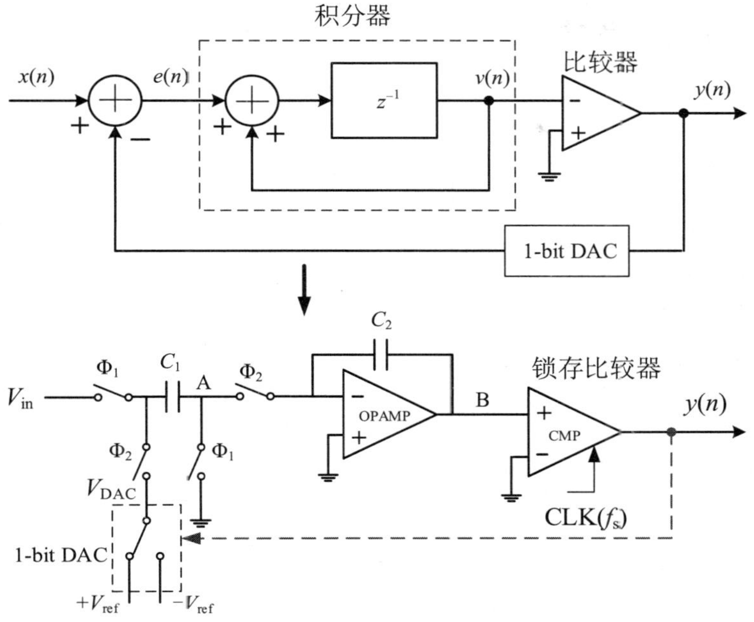

图 10.54 一阶 Σ-Δ 调制器的电路实现

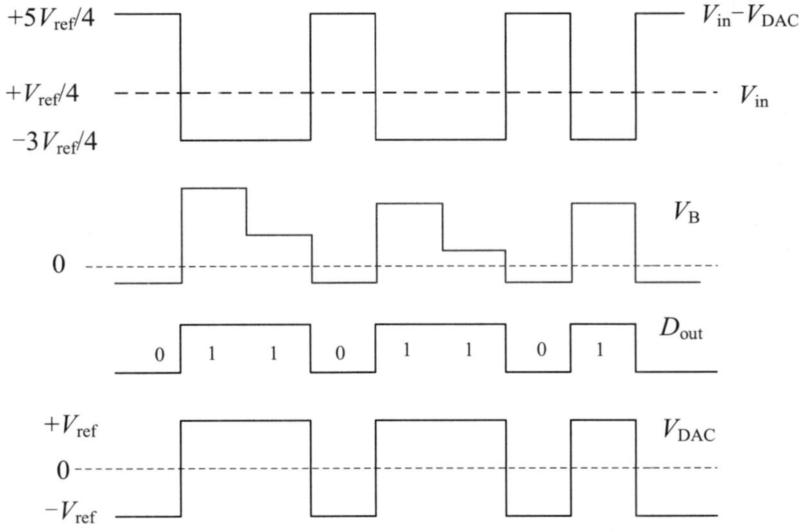

图 10.55 一阶 Σ-Δ 调制器电路中各点电压的波形示意图（$V_{in}=+V_{ref}/4$）

在上述 Σ-Δ 调制器的电路实现中，积分器中的运算放大器的线性度、失调电压、噪声和建立时间等参数都对 Σ-Δ 调制器的性能有影响，需要采用高精度的运算放大器。

3）提高 Σ-Δ ADC 变换精度的其他措施

前面讨论的是最简单的一阶单级 1-bit Σ-Δ调制器。为了进一步提高 Σ-Δ ADC 的变换精度（或 SNR，或有效位数 ENOB），可采取以下措施：①采用高阶和多级 Σ-Δ调制器；②采用多位量化器。下面分别讨论它们。

（1）采用高阶和多级 Σ-Δ调制器。

如果在如图 10.49 所示的一阶 Σ-Δ调制器的前馈支路中增加一个积分器，即可形成二阶 Σ-Δ调制器，如图 10.56 所示。

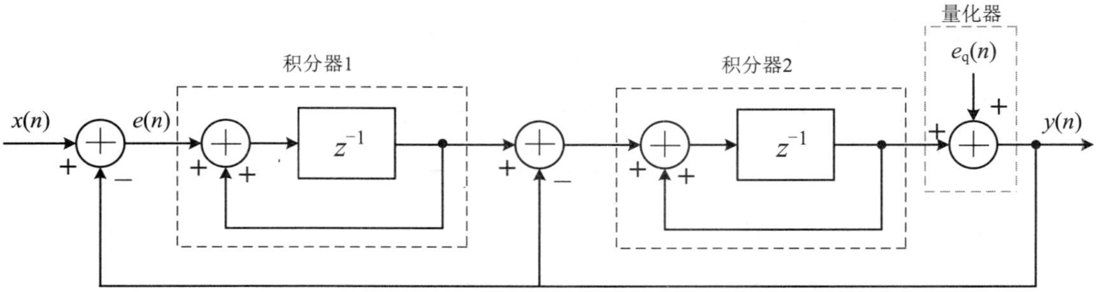

图 10.56　二阶 Σ-Δ 调制器

对于如图 10.56 所示的二阶 Σ-Δ 调制器，其离散域的输出可表示为

$$Y(z)=z^{-1}X(z)+(1-z^{-1})^2E_q(z) \tag{10.51}$$

由式（10.51）可知，此时量化噪声的传递函数变为$(1-z^{-1})^2$，从而产生二阶噪声整形。一般来说，在一阶 Σ-Δ 调制器的前馈支路中插入 L 个积分器，就可以得到 L 阶 Σ-Δ 调制器（L 阶噪声整形），其量化噪声的传递函数为$(1-z^{-1})^L$。对于 L 阶 Σ-Δ 调制器，量化噪声的传递函数的幅频特性 $H(f)$ 如式（10.52）所示

$$|H(f)|=[2\sin(\pi\frac{f}{f_s})]^L \tag{10.52}$$

图 10.57 所示为高阶 Σ-Δ 调制器的量化噪声的传递函数幅频特性。显然，Σ-Δ 调制器的阶数 L 越高，信号带宽内的量化噪声传递函数的幅值越小。因此，采用高阶 Σ-Δ调制器可以更加有效地实现噪声整形，使信号带宽内的量化噪声的功率密度显著减小。但是，高阶（3 阶及以上）的 Σ-Δ 调制器的稳定性能会变差，因此，需要引入多级 Σ-Δ调制器。

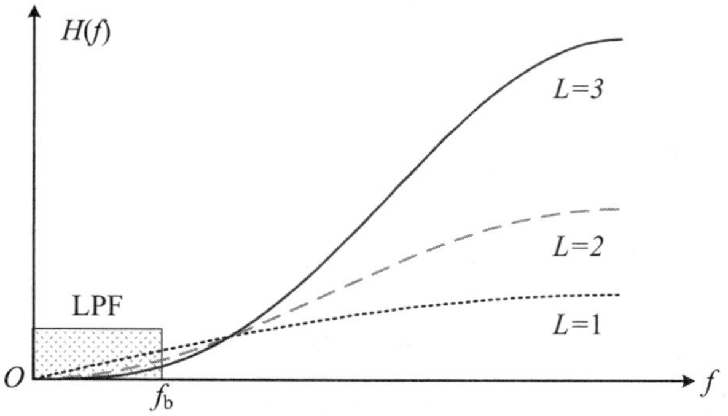

图 10.57　高阶 Σ-Δ 调制器的量化噪声的传递函数幅频特性

前面讨论的均为单级 Σ-Δ 调制器。多级 Σ-Δ调制器，称为 MASH（Multi-stage Noise Shaping）方式 Σ-Δ调制器，它是将多个低阶 Σ-Δ调制器级联而形成的，这种结构可提高高阶 Σ-Δ调制器的稳定性。例如，由于一阶和二阶 Σ-Δ调制器的稳定性较好，因此可将多个这种低阶的 Σ-Δ

调制器级联，即可形成一个高阶的 Σ-Δ调制器，这种多级 Σ-Δ调制器既具有高阶 Σ-Δ调制器的噪声整形效果，又具有良好的稳定性。但是，在多级 Σ-Δ调制器中，需要注意各级电路之间的匹配问题。

（2）采用多位量化器。

前面讨论的均为 1-bit Σ-Δ 调制器，采用多位（Multi-bit）量化器（4-bit～6-bit）可提高 Σ-Δ调制器的 SNR。由式（10.43）可知，过采样 ADC 在信号带宽内的信噪比 SNR 为

$$\mathrm{SNR(dB)} = 10\lg\frac{P_s}{P_e} = 6.02N + 1.76 + 10\lg(M) \tag{10.53}$$

显然，随着量化器的位数 N 增加，ADC 的 SNR 提高。或者，在 ADC 的 SNR 确定的前提下，采用多位量化器后（N 增加），可以相应降低高阶 Σ-Δ调制器的阶数 L 或过采样率 M，有利于设计稳定的 Σ-Δ调制器。

但是，对于采用多位量化器的 Σ-Δ 调制器，需要高精度的多位（Multi-bit）DAC 电路，这增加了电路的复杂度。

对于过采样 ADC，若其 Σ-Δ 调制器的阶数为 L，量化器的位数为 N，过采样率为 M，则其信号带宽内的信噪比 SNR 为[6]

$$\mathrm{SNR} = \frac{P_s}{P_e} = \frac{3}{2}\frac{(2^N-1)^2}{\pi^{2L}}(2L+1)M^{2L+1} \tag{10.54}$$

用 dB 表示 SNR，则有

$$\mathrm{SNR(dB)} = 10\log\frac{P_s}{P_e} = 6.73 + 20\log(2^N-1) + 10\log(2L+1) + 10(2L+1)\log\frac{M}{\pi} \tag{10.55}$$

该过采样 ADC 的有效位数（ENOB）如式（10.56）所示

$$\mathrm{ENOB} = \frac{\mathrm{SNR(dB)} - 1.76}{6.02} \quad (\mathrm{bit}) \tag{10.56}$$

图 10.58 所示为过采样 ADC 在信号带宽内的信噪比特性，横轴为过采样率 M。显然，SNR 随 Σ-Δ 调制器的阶数 L、量化器的位数 N 及过采样率 M 增加。

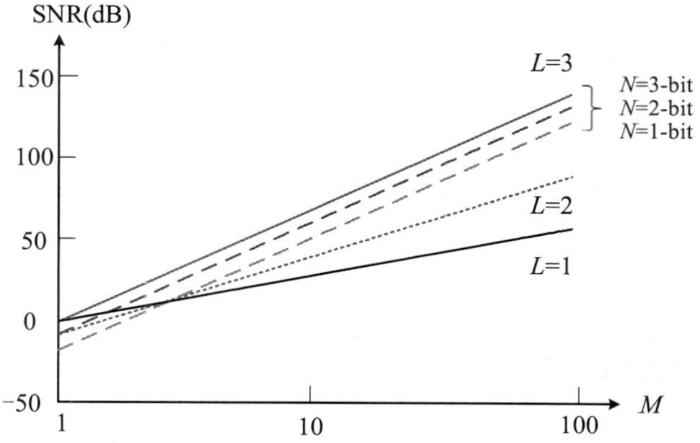

图 10.58　过采样 ADC 在信号带宽内的信噪比特性

在设计过采样 ADC 时，根据拟实现的有效位数（ENOB），可由式（10.56）和式（10.55）合理地确定 Σ-Δ 调制器的阶数 L、量化器的位数 N 和过采样率 M。

10.2.7.3 数字抽样滤波器

由于 Σ-Δ 调制器的输出信号通常为 1-bit 的高频数字信号，为了降低数字信号的频率（恢复到奈奎斯特采样率）并提高 ADC 的分辨率（由 1-bit 提高到 N-bit），需要在 Σ-Δ 调制器之后加入数字抽样滤波器。

过采样 ADC 的整体结构如图 10.59 所示。数字抽样滤波器由低通滤波器和压缩采样器构成。低通滤波器对 Σ-Δ 调制器输出的 1-bit 高速数据流求平均值（相当于低通滤波），以抑制信号带宽以外的高频量化噪声和其他电路噪声，并提高 ADC 的分辨率（由 1-bit 高速数据流变为 N-bit 低速数据流，N>1）。压缩采样器用于将量化器输出的高频信号以奈奎斯特速率重新采样（降采样），从而最终得到奈奎斯特采样率（f_s/M）的 N-bit 数字信号，这里的 M 为过采样率，也可以是任意整数值，只要满足（f_s/M）≥ $2f_b$ 即可（奈奎斯特采样定理）。图 10.59 中还给出了各个模块输出信号的频谱特性。

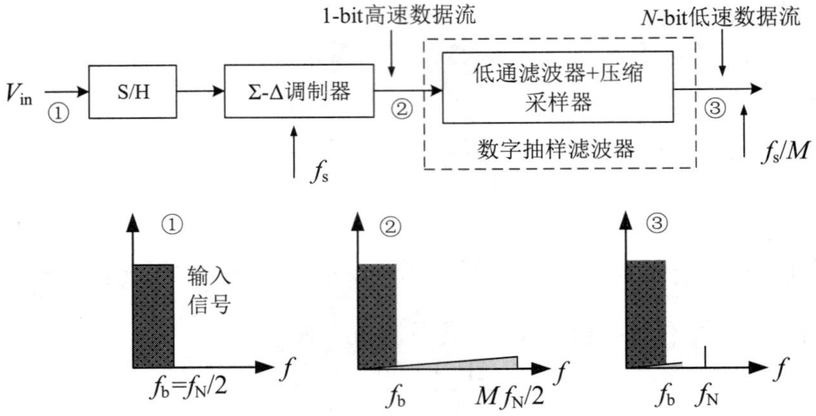

图 10.59 过采样 ADC 的整体结构

对于 Σ-Δ ADC，由于某时刻的数字输出值与前面各时刻的采样值有关，因此其静态误差无意义，不能像普通奈奎斯特采样率 ADC 那样用积分非线性和微分非线性来度量这些 ADC 的性能，而可以用信噪比（SNR）、有效位数、动态范围（Dynamic Range，DR）等性能参数来估计变换精度。信噪比为信号功率与信号带内噪声功率的比值。而动态范围是满刻度时的正弦输入信号功率与信噪比为 1 的正弦输入信号功率之比，动态范围也称为有效信号范围。

10.3 ADC 的性能仿真与测试

ADC 的性能仿真与测试对设计优化和测试评价 ADC 非常重要。本节介绍 ADC 的性能仿真与测试方法，供读者在设计和测试评价 ADC 时参考。ADC 的性能分为静态性能与动态性能，前者反映 ADC 对直流或变化缓慢的输入电压信号的转换精度，而后者反映的是 ADC 对快速变化的输入电压信号的转换精度。

10.3.1 静态性能参数的仿真与测试

ADC 的静态性能参数的仿真与测试通常采用码密度法（Code Density Test），这是一种统计学的分析方法。如图 10.60 所示，码密度法的具体仿真与测试方法是，给 ADC 输入一个幅度为 A 的模拟正弦信号，要求幅度 A 比基准电压 V_{ref} 略大一些（例如大 5%），以保证所有的码字都能被采样到。然后仿真与测试 ADC 的输出，并对输出结果进行统计（Matlab），得出每个码字出现的次数，这就是码密度。根据码密度可以计算出各个码宽的大小，从而得出各种静态性能参数（DNL，INL）。为了保证能够采样到所有的码字，要求 ADC 实现非相关采样（随机采样），即要求输入信号的频率和采样频率不相关，因此，要求采样频率与输入正弦信号频率之间为非整数倍关系。另外，为了提高统计分析的精度，需要仿真与测试足够多的采样点（通常需要 100 万个以上的采样数据）。

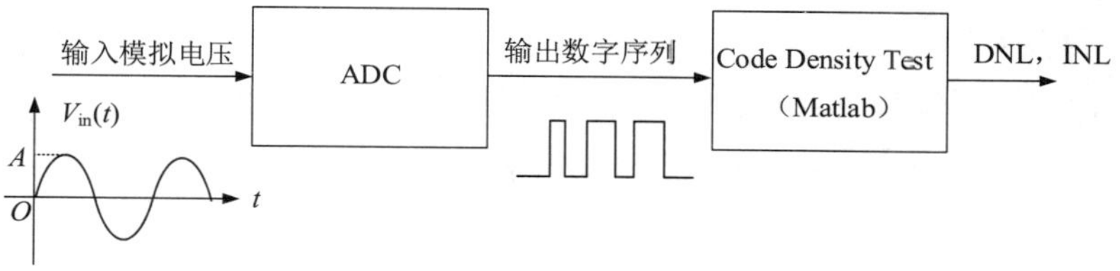

图 10.60 采用码密度法仿真与测试 ADC 的静态性能参数

10.3.2 动态性能参数的仿真与测试

如图 10.61 所示，ADC 的动态性能参数的仿真与测试通常采用傅里叶变换法，即在频域分析 ADC 的性能参数。具体方法是，给 ADC 输入一个幅度为 A 的模拟正弦信号，要求幅度 A 比基准电压 V_{ref} 略小一些（例如小 5%），以保证输入 ADC 的信号是完整的正弦信号（但是幅度 A 不能太小，否则有些码字采不到）。然后仿真与测试 ADC 的输出，并对输出结果进行快速傅里叶变换（FFT），得到输出信号的频谱特性。根据该频谱可以计算得到 ADC 的各种动态性能参数（SNR，SFDR，THD，SNDR，ENOB）。

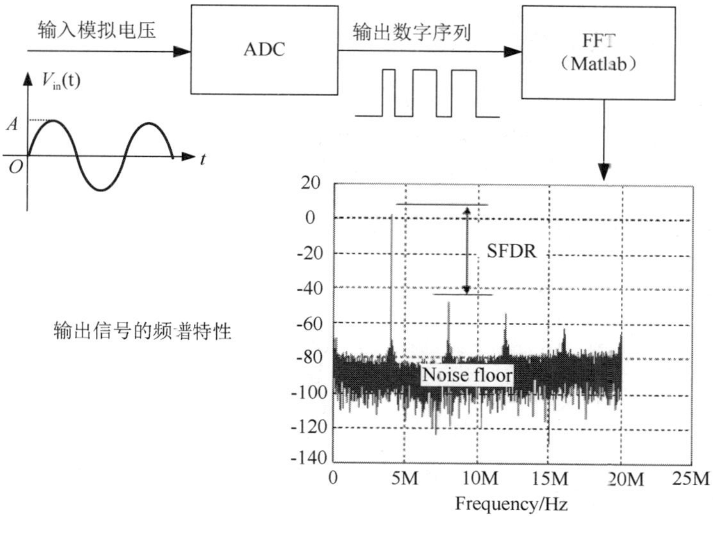

图 10.61 ADC 的动态性能参数的仿真与测试

在仿真与测试 ADC 的动态性能时，需要加入周期性的正弦信号。由于 FFT 算法的前提是假设对无限周期信号进行频谱分析，而采样数据是某段时间内的有限数据，因此需要保证采样数据窗口内的时域信号可以在整个时域内进行周期延拓。图 10.62 所示为采样数据窗口为正弦信号周期的整数倍时的 FFT 变换结果，显然，由于采样数据窗口内的正弦信号周期延拓后仍然为正弦信号，因此其 FFT 变换的结果为单一谱线。相反，如果采样数据窗口不是输入正弦信号周期的整数倍，那么在进行周期延拓时会发生异常（波形发生畸变），使得 FFT 的变换结果不再是单一谱线，而是发生频谱泄漏，如图 10.63 所示。如果输入正弦信号发生频谱泄漏，这些输入信号的泄漏频谱与 ADC 的噪声和高次谐波叠加，那么就无法通过输出信号的频谱精确地评价 ADC 的性能。

因此，在实际的仿真与测试中，为了防止频谱泄漏，需要采用相关采样，以保证采样数据窗口内包含信号的整数个周期。为了实现相关采样，输入正弦信号的频率 f_{in}、采样频率 f_{s}、采样周期数 N_{cycle} 及采样点数 N_{sample} 之间应满足如式（10.57）所示的关系，同时要求 N_{cycle} 与 N_{sample} 为整数且互为素数，并且 N_{sample} 为 2 的整数次幂（FFT 要求），此外，还要满足 $f_{\text{s}} > 2f_{\text{in}}$（奈奎斯特采样定理）。例如，假设 ADC 的采样频率 $f_{\text{s}} = 1\text{MHz}$，采样点数 $N_{\text{sample}} = 2^{13} = 8192$，采样周期数 $N_{\text{cycle}} = 185$，则由式（10.57）可求得输入信号的频率 $f_{\text{in}} = 22.583\text{kHz}$。

$$\frac{f_{\text{in}}}{f_{\text{s}}} = \frac{N_{\text{cycle}}}{N_{\text{sample}}} \tag{10.57}$$

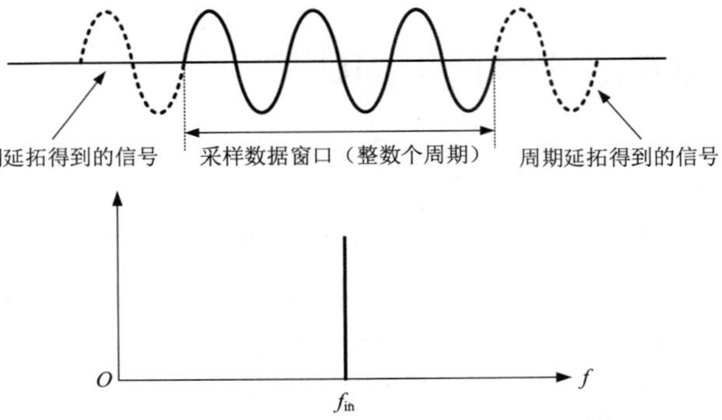

图 10.62　采样数据窗口为正弦信号周期的整数倍时的 FFT 变换结果

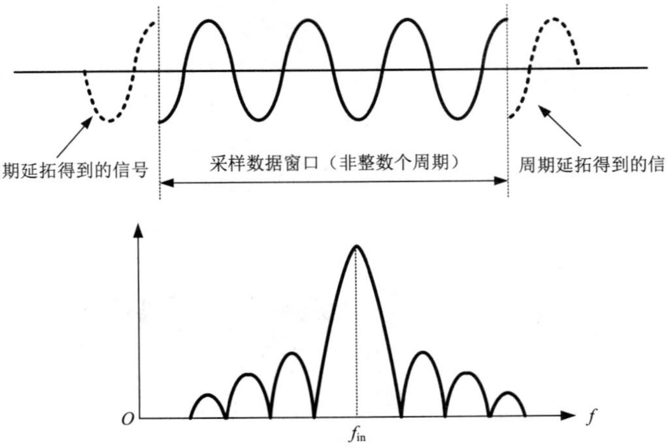

图 10.63　采样数据窗口为正弦信号周期的非整数倍时的 FFT 变换结果

10.4 数模转换器的基本性能

数模转换器（DAC）的应用领域非常广泛。例如，在语音信号处理系统中，需要经过“原始声音→ADC→DSP→DAC→输出声音”的信号处理过程；在液晶等图像显示驱动系统中，需要利用 DAC 将数字图像信号转变为模拟驱动信号；在前面介绍的 ADC（如流水线 ADC、SAR-ADC 等）中，需要利用 DAC 产生 ADC 的初步变换结果；在混合信号集成电路中，利用 DAC 可实现对各种基准电压的调节（例如可对比较器的基准电压进行编程调节）。

DAC 的功能是将输入的 N-bit 数字信号转换为相应的模拟电压信号，其性能参数包括分辨率、转换速度、变换误差（变换精度）、输出电压范围、功耗及电路面积等。

对于分辨率为 N-bit 的 DAC，其模拟输出电压 V_{out} 与数字输入数据之间的关系可表示为

$$V_{out} = V_{REF}(D_{N-1}2^{-1} + D_{N-2}2^{-2} + \cdots + D_0 2^{-N}) \tag{10.58}$$

式中，V_{REF} 为基准电压（最大输出电压），D_{N-1}，D_{N-2}，…，D_0 为 N-bit 数字输入数据（D_{N-1} 为 MSB，D_0 为 LSB）。显然，基准电压 V_{REF} 被等分成 2^N 份，即模拟输出电压的最小变化量为 $V_{REF}/2^N$，因此，DAC 的 LSB 定义为

$$\text{LSB} = \frac{V_{REF}}{2^N} \tag{10.59}$$

1 LSB 表示 DAC 能够转换的最小模拟电压量。图 10.64 所示为理想 3-bit DAC 的转换曲线（图中的虚斜线为理想无限精度 DAC 的转换曲线）。

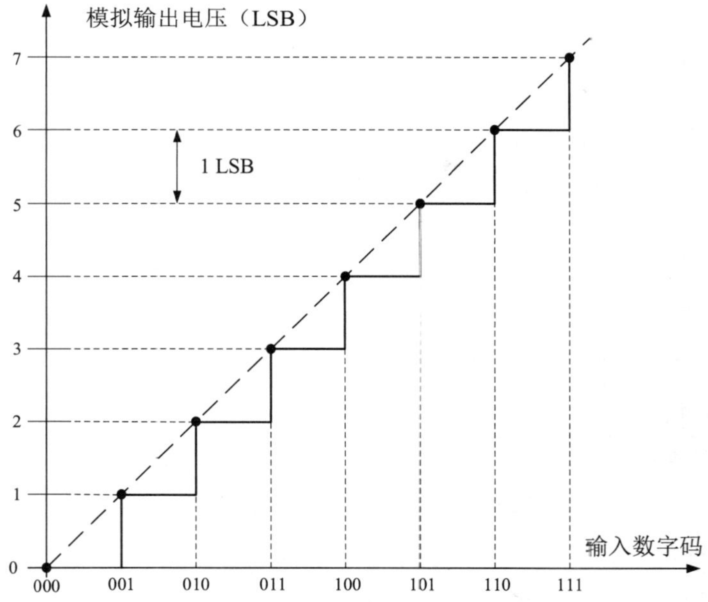

图 10.64 理想 3-bit DAC 的转换曲线

转换速度是指每秒钟内 DAC 转换的次数，其单位通常用 Sampling/sec (S/s)或 sps（sampling per second）表示。DAC 的转换速度是由其建立时间决定的。当输入的 N-bit 数字信号由全 0 突然跳变为全 1 时，输出电压最终稳定在 $V_{REF} \pm 0.5\text{LSB}$ 范围内所需的时间称为建立时间，它是 DAC 的最大响应时间，所以可用它衡量转换速度的快慢。

对于实际的 DAC，由于受到电路中各种非理想因素的影响，其输入–输出特性会偏离如图 10.64 所示的理想 3-bit DAC 的转换曲线，转换精度达不到 1 LSB，即实际 DAC 的有效位数小于分辨率 N-bit。下面我们讨论 DAC 的变换误差，包括静态误差和动态误差。

10.4.1 DAC 的静态误差

DAC 的静态误差是指基于 DAC 的输入–输出特性曲线，评价 DAC 的实际特性偏离理想值的程度。静态误差包括微分非线性误差、积分非线性误差、失调误差和增益误差。

1）微分非线性误差

DAC 的微分非线性误差（Differential Nonlinearity，DNL）指的是：当输入的数字码连续变化时，DAC 的相邻 2 个输出电压的实际增量与理想增量（1 LSB）之差，如图 10.65 所示，DNL 可表示为

$$\mathrm{DNL}_i = \frac{V_i - V_{i-1} - \mathrm{LSB}}{\mathrm{LSB}} \qquad (i = 1 \sim 2^N - 1) \tag{10.60}$$

式中，V_i 和 V_{i-1} 为 DAC 的相邻 2 个模拟输出电压，DNL 的单位为 LSB（理想情况下，DNL=0）。

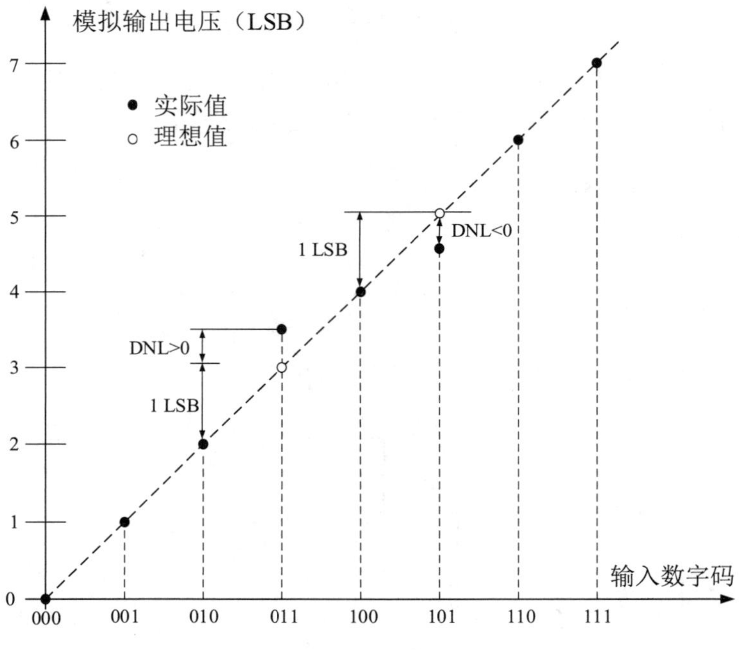

图 10.65 DAC 的微分非线性误差

2）积分非线性误差

DAC 的积分非线性误差（Integrated Nonlinearity，INL）指的是：DAC 的实际输出模拟电压与其理想值的偏差，如图 10.66 所示。INL 可表示为

$$\mathrm{INL}_i = \frac{V_{\mathrm{out}}(i) - V_{\mathrm{ide}}(i)}{\mathrm{LSB}} \qquad (i = 1 \sim 2^N - 1) \tag{10.61}$$

式中 $V_{\mathrm{out}}(i)$ 和 $V_{\mathrm{ide}}(i)$ 分别为实际输出模拟电压和其理想值，INL 的单位为 LSB（理想情况下，INL=0）。

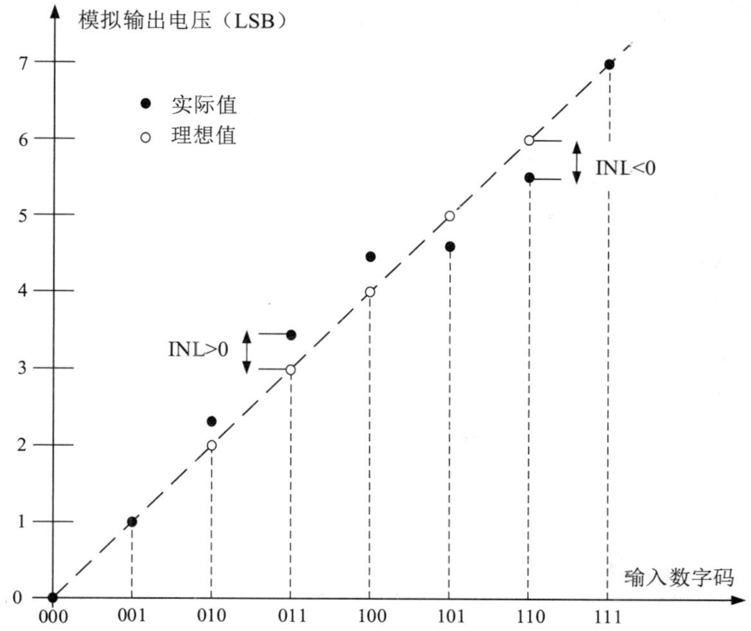

图 10.66　DAC 的积分非线性误差

3）失调误差

失调误差（Offset Error）指的是，当输入数字信号为 0 时实际输出模拟电压与其理想值之间的差值，如图 10.67 所示（失调电压可正可负，图 10.67 为失调电压为正的情况）。对于理想的 DAC，失调误差为零。

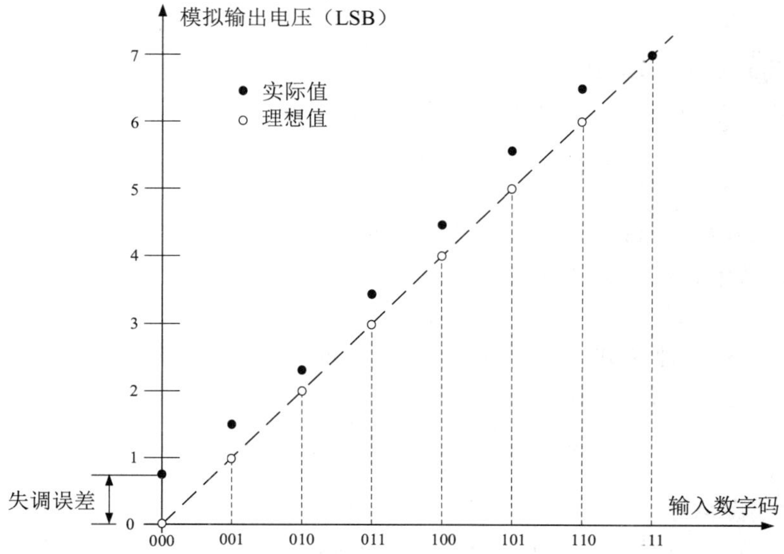

图 10.67　DAC 的失调误差

4）增益误差

DAC 的增益误差（Gain Error）指的是，当失调误差被校准后，输入数字信号为最大值时，实际输出模拟电压与其理想值之间的差值，如图 10.68 所示。对于理想的 DAC，增益误差为零。

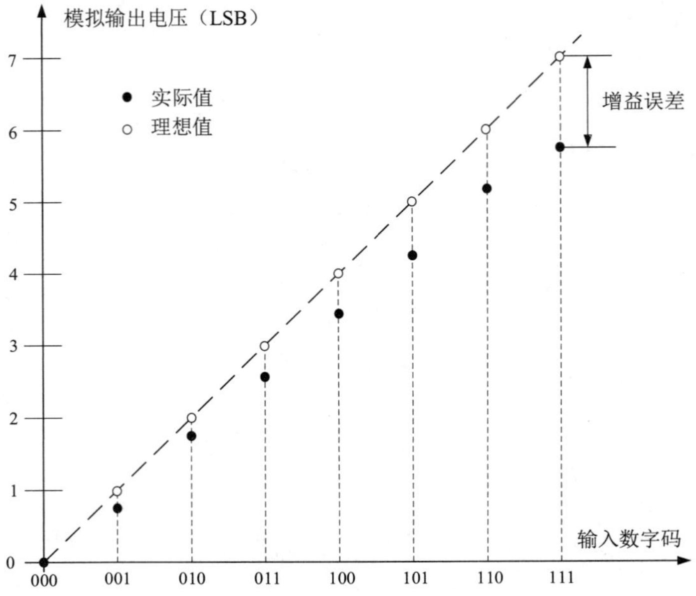

图 10.68　DAC 的增益误差

10.4.2　DAC 的动态误差

DAC 的动态误差主要是指基于输出信号的频谱特性评价 DAC 的转换精度。动态误差包括信噪比、无杂散动态范围、总谐波失真、信号与噪声和总谐波失真比等。

1）信噪比（SNR）

信噪比（Signal-to-Noise Ratio，SNR）指的是，DAC 的输出信号功率与总基底噪声功率（不包括高次谐波功率）的比值，如式（10.62）所示

$$\mathrm{SNR}=10\log\left(\frac{P_{\mathrm{Signal}}}{P_{\mathrm{Noisefloor}}}\right)\quad (\mathrm{dB}) \tag{10.62}$$

如果仅考虑 DAC 的量化误差，对于分辨率为 N-bit 的 DAC，其信噪比 SNR 可表示为（请读者参考 10.1.3 节中针对 ADC 的推导）

$$\mathrm{SNR}=6.02N+1.76\quad (\mathrm{dB}) \tag{10.63}$$

若将上式中的信噪比 SNR 替换为 DAC 的 SNDR（见下面的定义），则可求得 DAC 的有效位数 ENOB，如式（10.64）所示

$$\mathrm{ENOB}=\frac{\mathrm{SNDR}-1.76}{6.02}\quad (\mathrm{bit}) \tag{10.64}$$

2）无杂散动态范围

无杂散动态范围（Spurious Free Dynamic Range，SFDR）指的是，在信号频带内，DAC 输出的基波信号功率 P_{Signal} 与最大谐波功率 P_{Fade} 的比值，如式（10.65）所示

$$\mathrm{SFDR}=10\log\left(\frac{P_{\mathrm{Signal}}}{P_{\mathrm{Fade}}}\right)\quad (\mathrm{dB}) \tag{10.65}$$

3）总谐波失真

总谐波失真（Total Harmonic Distortion，THD）指的是，信号频带内的所有谐波功率之和 P_{Thd} 与信号功率 P_{Signal} 的比值，如式（10.66）所示

$$\text{THD} = 10\log(\frac{P_{\text{Thd}}}{P_{\text{Signal}}}) \quad (\text{dB}) \tag{10.66}$$

4）信号与噪声和总谐波失真比

信号与噪声和总谐波失真比（SNDR），是在 SNR 的基础上，考虑了输出信号中所有高次谐波分量的功率。SNDR 是信号功率与噪声基底功率和所有高次谐波分量功率之和的比值，如式（10.67）所示

$$\text{SNDR} = 10\log\frac{P_{\text{Signal}}}{P_{\text{Noisefloor}} + P_{\text{Harmonics}}} \quad (\text{dB}) \tag{10.67}$$

10.5　典型的数模转换器电路

典型的 DAC 电路可以分为三大类：电阻型、电流源型和电容型 DAC。其中，电阻型 DAC 又分为梯形电阻网络 DAC、二进制加权电阻网络 DAC 和 R-$2R$ 梯形电阻网络 DAC。

10.5.1　梯形电阻网络 DAC

梯形电阻网络 DAC（Resistor String DAC），是利用 2^N 个等值电阻形成的梯形电阻网络，将基准电压 V_{REF} 等分割，并结合 CMOS 开关实现数模转换的功能。图 10.69 所示为 4-bit 梯形电阻网络 DAC 的电路实例 1，其中，D_3（MSB）、D_2、D_1、D_0（LSB）为输入的 4-bit 数字信号，V_{out} 为 DAC 的模拟输出电压。

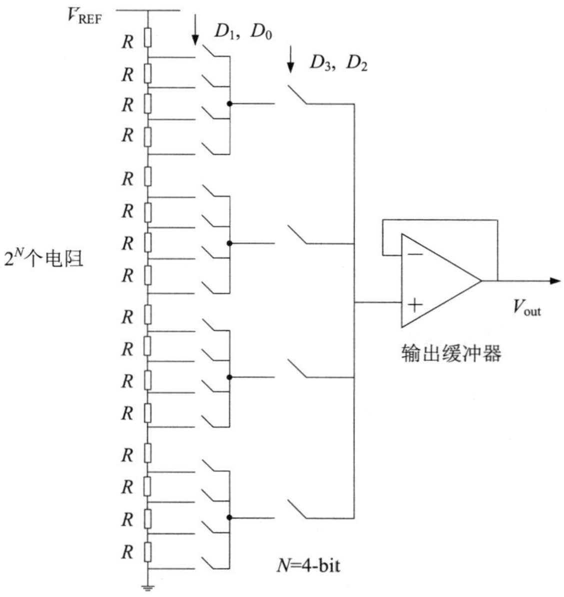

图 10.69　4-bit 梯形电阻网络 DAC 的电路实例 1

图 10.69 所示的 4-bit 梯形电阻网络 DAC 电路的特点：①由于用梯形电阻将基准电压 V_{REF} 等分割，DAC 的线性度较好；②DAC 的变换精度主要取决于电阻的相对精度，因此在版图设计时需要注意电阻的对称性（提高电阻比值的精度）；③电路结构简单，但电阻的方块电阻大小决定功耗和占用面积；④变换速度主要由 *RC* 时间常数决定，其中，*R* 为 CMOS 开关的导通电阻，*C* 为 CMOS 开关接点与地之间的寄生电容；⑤输出端需要加入输出缓冲器，起到隔离负载的作用，以保证流过梯形电阻网络的电流相等、分压比恒定。

对于如图 10.69 所示的 DAC，由于每个 CMOS 开关都存在导通电阻与寄生电容，因此 DAC 的 *RC* 时间常数较大，影响其变换速度。为此，可以使用开关结构的梯形电阻网络 DAC，如图 10.70 所示。与如图 10.69 所示的结构相比，由于图 10.70 中的电阻串与输出端之间只有一个 CMOS 开关（图 10.69 中有 2 个 CMOS 开关），减小了开关的串联电阻和每个开关节点与地之间的寄生电容，因此具有较高的变换速度，尤其是当 DAC 的位数较多时，效果更明显。但是，该结构需要译码电路（Decoder），会占用较大的电路面积。

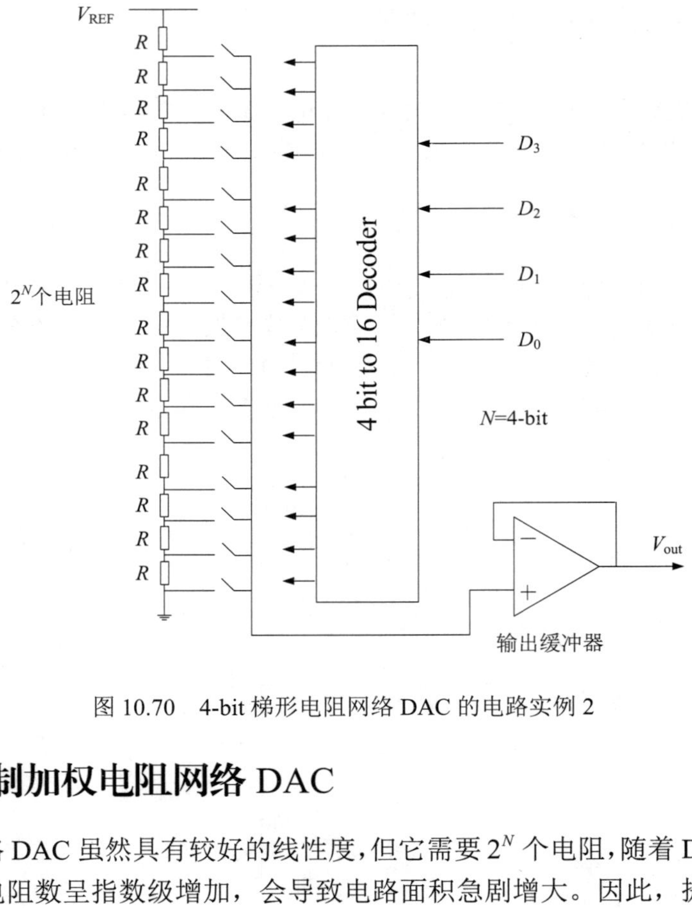

图 10.70　4-bit 梯形电阻网络 DAC 的电路实例 2

10.5.2　二进制加权电阻网络 DAC

梯形电阻网络 DAC 虽然具有较好的线性度，但它需要 2^N 个电阻，随着 DAC 的分辨率（*N*）提高，所需要的电阻数呈指数级增加，会导致电路面积急剧增大。因此，提出了二进制加权电阻网络 DAC。

图 10.71 所示为 4-bit 二进制加权电阻网络 DAC，其电阻值按照 $2^0R, 2^1R, \ldots, 2^{N-1}R$ 变化，电阻网络中仅有 *N* 个电阻。

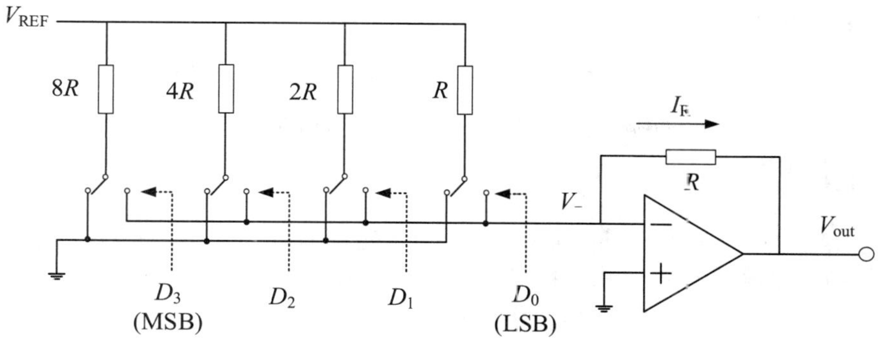

图 10.71 4-bit 二进制加权电阻网络 DAC

由图 10.71 可知，假定输出运算放大器是理想的（V_-=0，虚地），则流过运算放大器的反馈电阻 R 的电流为

$$I_R = V_{REF}(D_3 \times \frac{1}{8R} + D_2 \times \frac{1}{4R} + D_1 \times \frac{1}{2R} + D_0 \times \frac{1}{R}) \tag{10.68}$$

因此输出电压 V_{out} 如式（10.69）所示

$$V_{out} = -I_R \times R = -V_{REF}(D_3 \times \frac{1}{8} + D_2 \times \frac{1}{4} + D_1 \times \frac{1}{2} + D_0 \times 1) \tag{10.69}$$

二进制加权电阻网络 DAC 需要的电阻较少。但是，它需要分布范围很宽的电阻值，如对于 8-bit DAC，最大电阻是最小电阻的 128 倍，这将导致电阻之间的匹配精度变差，从而影响 DAC 的变换精度。另外，在输入数字码发生变化使得开关切换的瞬间，容易产生短时毛刺干扰。

10.5.3 *R*-2*R* 梯形电阻网络 DAC

为了克服二进制加权电阻网络 DAC 的电阻匹配问题，提出了一种 *R*-2*R* 梯形电阻网络 DAC，这是目前非常流行的一种 DAC 结构。图 10.72 所示为 4-bit *R*-2*R* 梯形电阻网络 DAC，该电路中只有两种电阻：*R* 和 2*R*，因此很容易实现电阻之间的匹配，且电阻网络中仅有 2*N*（*N* 为 DAC 的分辨率）个电阻。

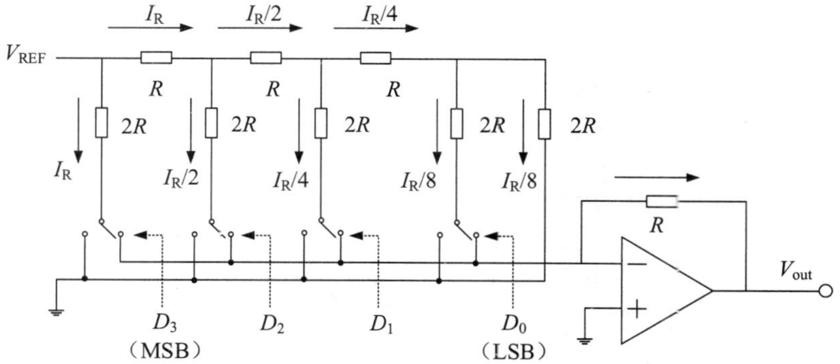

图 10.72 4-bit *R*-2*R* 梯形电阻网络 DAC

在如图 10.72 所示的 4-bit *R*-2*R* 梯形电阻网络 DAC 中，由于水平方向上每个电阻 R 右边的等效电阻均为 R（利用了运算放大器的“虚地”性质），因此可在各 2R 支路中得到二进制

加权电流，最后得到的输出电压 V_{out} 如式（10.70）所示

$$V_{out} = -I_R \times R \times (D_3 \times 1 + D_2 \times \frac{1}{2} + D_1 \times \frac{1}{4} + D_0 \times \frac{1}{8}) \tag{10.70}$$

10.5.4 电流舵 DAC

电流舵 DAC（Current Steering DAC）属于电流定标 DAC，图 10.73 所示为采用二进制加权电流源的 4-bit 电流舵 DAC，由该图可知，输出电压 V_{out} 可表示为

$$V_{out} = R_F \times (D_3 \times 8I + D_2 \times 4I + D_1 \times 2I + D_0 \times I) \tag{10.71}$$

如果令电流 I 为

$$I = \frac{V_{REF}}{2^N \times R_F} \tag{10.72}$$

式中，N 为 DAC 的分辨率，这里 $N = 4$，则输出电压 V_{out} 如式（10.73）所示

$$V_{out} = V_{REF} \times (D_3 \times \frac{1}{2} + D_2 \times \frac{1}{4} + D_1 \times \frac{1}{8} + D_0 \times \frac{1}{16}) \tag{10.73}$$

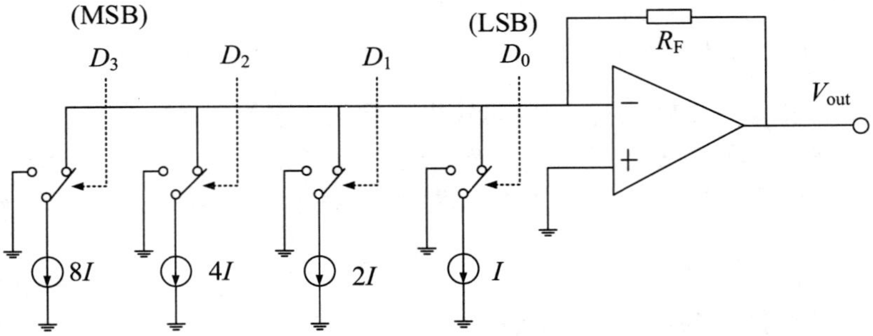

图 10.73 采用二进制加权电流源的 4-bit 电流舵 DAC

电流舵 DAC 的优点是可以提供较大的负载驱动电流，因此通常用作高速 DAC。

在如图 10.73 所示的电流舵 DAC 中，由于采用二进制加权电流源，随着分辨率 N 增加，电流源的电流值分布相应增大，电路实现时电流源之间的匹配精度变差，从而会影响 DAC 的变换精度。为了克服这一缺点，可以采用电流单元阵列产生定标电流，图 10.74 所示为 7-bit 电流舵 DAC 中的定标电流实例。

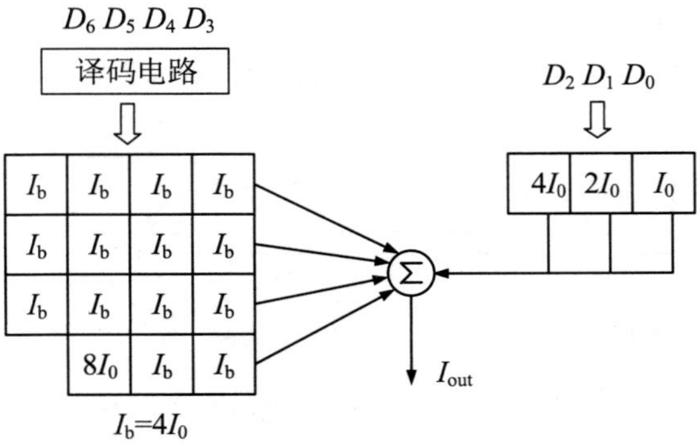

图 10.74 7-bit 电流舵 DAC 中的定标电流实例

在图 10.74 中，高 4-bit（D_6～D_3）采用电流单元阵列，通过标准电流单元（$I_b = 4I_0$）的相加形成输出电流 I_{out}，输出电流的单调性较好，从而克服了电流值分布较大时电流源匹配精度变差的问题。而低 3-bit（D_2～D_0）仍然采用二进制加权电流源，其目的是减少电路元件数目（减小电流单元阵列的规模）。但图 10.74 中需要加入电流单元阵列的译码电路。

10.5.5 电容型 DAC

电容型 DAC，也称为电荷再分配 DAC（Charge-Redistribution DAC）或电荷定标 DAC，是目前使用广泛的一种 DAC 结构（在本章的 SAR-ADC 中，已使用了电容型 DAC）。在电容型 DAC 中，利用电容存储电荷，并通过开关切换电容所连接的电压值使电荷再分配，从而实现数模转换的功能。

图 10.75 所示为二进制加权电容型 N-bit DAC 的典型电路结构，由二进制加权电容阵列、选择开关和输出缓冲器组成。该 DAC 的工作过程分为两步（两个时钟周期 $\Phi 1$ 和 $\Phi 2$），在 $\Phi 1$ 期间，复位（Reset）开关闭合，同时，所有电容的下极板接地，此时所有电容两端都接地，V_+ 端电压等于 0，电容上储存的总电荷也为 0。在 $\Phi 2$ 期间，复位开关打开，且当 $D_i = 0$ 时，第 i 位的开关接地，当 $D_i = 1$ 时，第 i 位的开关接 V_{REF}。在 $\Phi 2$ 期间，V_+ 端的总电荷 Q_t 可表示为

$$Q_t = CV_+ + C(V_+ - D_0V_{REF}) + 2C(V_+ - D_1V_{REF}) + \cdots + 2^{N-1}C(V_+ - D_{N-1}V_{REF}) \qquad (10.74)$$

根据电荷守恒原理，$Q_t = 0$，由式（10.74）可求得输出电压 $V_{out}(=V_+)$，如式（10.75）所示

$$V_{out} = \frac{\sum_{i=0}^{N-1} 2^i \times C \times D_i \times V_{REF}}{C + C + 2C + \cdots + 2^{N-1}C} \qquad (10.75)$$

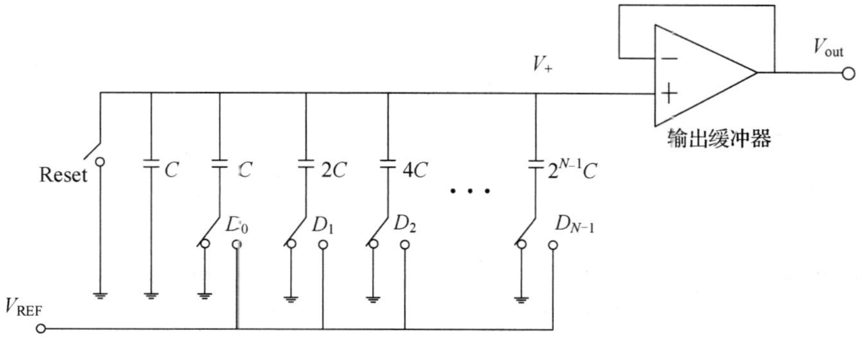

图 10.75 二进制加权电容型 N-bit DAC 的典型电路结构

对于二进制加权电容型 DAC，随着分辨率 N 增加，二进制加权电容值的分布增大，在电路实现时难以保证电容之间的匹配精度。为此，可用单位电容阵列替代二进制加权电容阵列，但需要附加单位电容阵列的译码电路。另外，也可用电容与电阻的组合电路（高位用电容、低位用串联电阻）实现，请读者参考本章 SAR-ADC 中的相关内容。

以上分别介绍了三种典型的 DAC 电路结构，包括电阻型、电流源型和电容型 DAC。电阻型 DAC 的线性度好，但需要大量的电阻和开关，会占用很大的芯片面积；电流源型 DAC 的转换速度快，但功耗较大；电容型 DAC 兼具转换速度快、功耗低和面积小的特点，适用于 ADC 电路。

本章小结

本章首先介绍了 ADC 的性能参数及各种转换误差，它们是 ADC 的主要性能指标，这些参数是设计和使用 ADC 时的重要依据。

接着介绍了几种典型的 ADC 电路，根据采样速度的快慢，可以将 ADC 分为高速、中速和低速三大类。高速 ADC 主要包括并行式 ADC、两步式 ADC、流水线 ADC，尤其是流水线 ADC 及其改进结构兼具采样速度快和分辨率高的特点，是当今 ADC 领域的研究热点。逐次逼近 ADC 属于中速 ADC，由于其电路结构简单、功耗低、面积小，通常用作 SoC 的内置 ADC；低速 ADC 主要包括积分型 ADC、威尔金森 ADC 和过采样 ADC（Σ-Δ ADC），Σ-Δ ADC 具有高分辨率的特点，广泛应用在音频信号处理领域。在功耗和面积限定的前提下，ADC 的采样速度和分辨率通常是相互矛盾的，在具体设计时，需要针对其应用背景对这些指标进行折中和优化。

然后介绍了 DAC 的性能参数及各种转换误差，与 ADC 类似。最后介绍了三种典型的 DAC 电路，包括电阻型、电流源型和电容型 DAC。电阻型 DAC 的线性度好，但需要大量的电阻和开关，会占用很大的芯片面积，通常用于对精度要求比较高的场合，尤其是 *R*-2*R* 梯形电阻网络 DAC，其电路实现简单，是一种被广泛采用的 DAC 结构。电流源型 DAC 的转换速度快，但功耗较大。电容型 DAC 兼具转换速度快、功耗低、面积小的特点，适用于 ADC 电路。

ADC 和 DAC 的发展趋势是，采用先进的（纳米级）CMOS 工艺和创新的电路结构，不断提升采样速度、分辨率（变换精度）等性能指标。

本章只介绍了 ADC 和 DAC 的一些基础知识，读者可在此基础上，通过阅读相关文献，进一步加深对它们的理解，并为设计和应用高性能数据转换电路奠定基础。

参考文献

[1] 佛朗哥 • 马洛博蒂. 数据转换器 [M]. 程军、陈贵灿，等译. 西安：西安交通大学出版社，2013.

[2] M. Gustavsson, J. J. Wikner, N. Tan. CMOS Data Converters for Communications [M]. New York, Kluwer Academic Publishers, 2002.

[3] S. H. Lewis and P. R. Gray. A Pipelined 5-Msample/s 9-bit Analog-to-Digital Converter [J]. IEEE Journal of Solid-State Circuits, Vol. sc-22, No. 6, pp.954-961, 1987.

[4] K. Bacrania. A 12-bit successive-approximation-type ADC with digital error correction [J]. IEEE Journal of Solid-State Circuits, Vol. sc-21, No. 6, pp.1016-1025, 1986.

[5] Wei Liu, Tingcun Wei, et. al. A SAR-ADC using unit bridge capacitor and with calibration for the front-end electronics of PET imaging [J]. Nuclear Instruments and Methods in Physics Research A, Vol. 818, pp.9-13, 2016.

[6] Phillip E. Allen. CMOS Analog Circuit Design [M]. Third Edition. New Tork: Chapter 10. Oxford University Press, 2011.

习题

10.1 若一个 3-bit ADC 的积分非线性误差（INL）被限制在±1 LSB 以内，画出其可能的输入–输出特性曲线。在这种情况下，可能的最大微分非线性误差（DNL）为多少？

10.2 一个 3-bit ADC 的输入–输出特性曲线如图 10.76 所示。(1) 求该 ADC 的±INL 和±DNL；(2) 该 ADC 是否单调？

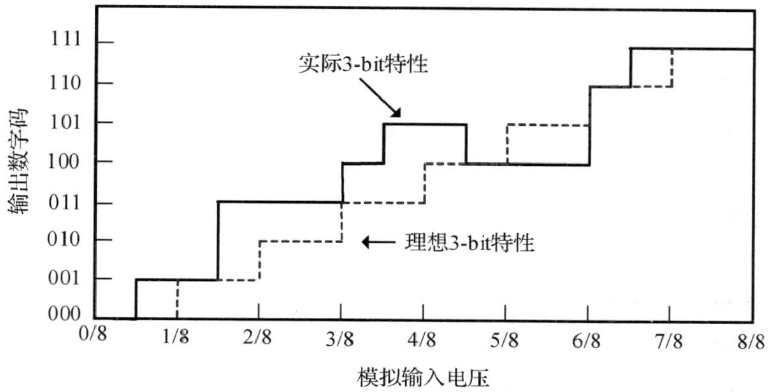

图 10.76

10.3 图 10.77 中显示了 N-bit 并行式 ADC 中的两个比较器，比较器 1 和比较器 2 的失调电压分别记为 V_{OS1} 和 V_{OS2}。图中还给出了 ADC 的部分理想转换函数。(1) 比较器的失调电压为多少时会引起误码？用 V_{OS1}、V_{OS2}、N 和 V_{REF} 来表示此条件；(2) 假设所有失调电压完全相同，用 $V_{OS1}(=V_{OS2})$、N 和 V_{REF} 来表示 INL 的值；(3) 用 V_{OS1}、V_{OS2}、N 和 V_{REF} 来表示 DNL。

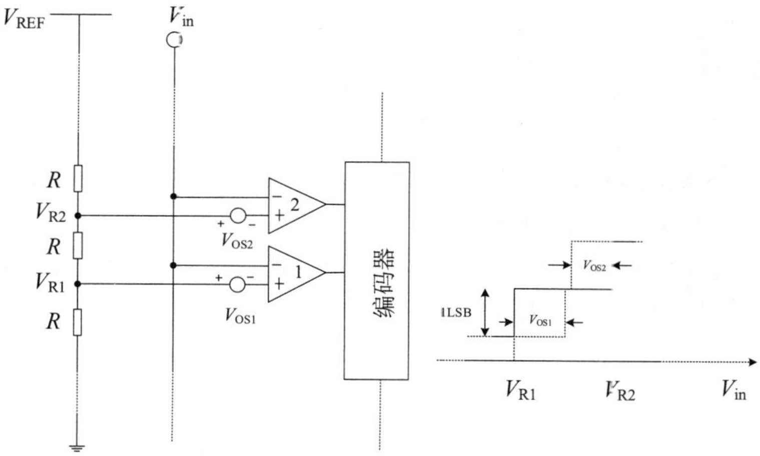

图 10.77

10.4 对于 2-bit 子级 4-bit 流水线 ADC，如果输入电压 V_{in1}、V_{in2} 和 V_{in3} 的大小如图 10.78 所示，请分别给出对应 V_{in1}、V_{in2} 和 V_{in3} 的 ADC 变换结果。

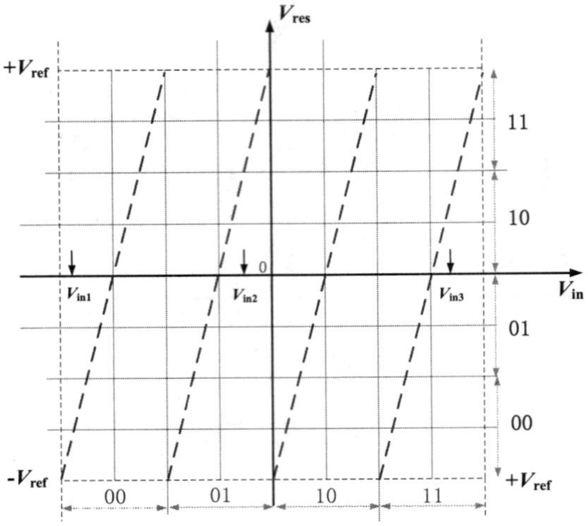

图 10.78

10.5 一个 6-bit SAR-ADC 的基准电压 $V_{REF}=2V$，如果输入电压 $V_{in}=0.82V$，请描述 SAR-ADC 的转换过程，说明中间的数字码及最终转换后的输出数字码是多少？

10.6 假设多位量化器、高阶 Σ-Δ 调制器的理想信噪比为

$$\mathrm{SNR(dB)}=10\log\frac{P_s}{P_e}=6.73+20\log(2^N-1)+10\log(2L+1)+10(2L+1)\log\frac{M}{\pi}$$

式中，N 表示量化器的位数，L 为阶数，M 为过采样率。如果一个 Σ-Δ ADC 采用 3 位量化器，过采样率 $M=64$，那么对于二阶和四阶 Σ-Δ 调制器，最大可以获得的 SNR 分别为多少？对应的有效位（ENOB）分别是多少？

10.7 对于一个采用 1-bit 量化器的 Σ-Δ ADC，如果输入信号的带宽 $f_b=20\text{kHz}$，为了使 SNR = 100dB，那么对于一阶和二阶 Σ-Δ 调制器，需要的采样频率分别为多少？假设 N-bit 量化器、L 阶 Σ-Δ 调制器的理想信噪比为

$$\mathrm{SNR(dB)}=10\log\frac{P_s}{P_e}=6.73+20\log(2^N-1)+10\log(2L+1)+10(2L+1)\log\frac{M}{\pi}$$

10.8 对于一个理想的 8-bit DAC，若基准电压 $V_{REF}=2.56V$，则一个 LSB 电压是多少？若输入为 10110011，则 DAC 的输出电压为多少？

10.9 已知一个 10-bit DAC 的实际 SNR = 57dB，则此 DAC 的 ENOB 为多少？

10.10 对于图 10.79 中给出的电路，用 I_0、I_1、I_2 和 I_3 表示 I_{out}。

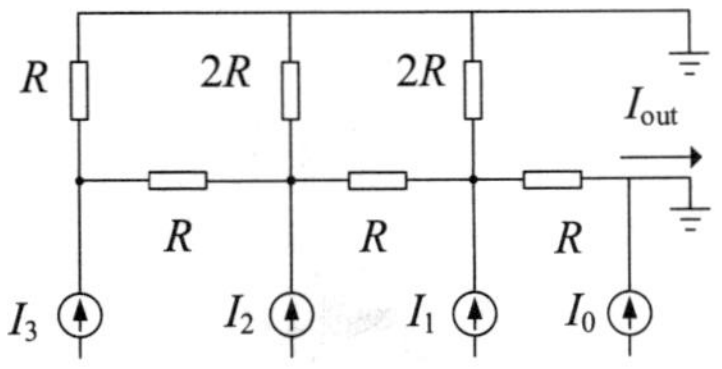

图 10.79